计 算 机 科 学 丛 书

原书第2版

计算机组成与设计
硬件/软件接口

[美] 戴维·A. 帕特森（David A. Patterson） 著
约翰·L. 亨尼斯（John L. Hennessy）

易江芳 刘先华 等译

Computer Organization and Design
The Hardware/Software Interface, RISC-V Edition, Second Edition

机械工业出版社
CHINA MACHINE PRESS

Computer Organization and Design: The Hardware/Software Interface，RISC-V Edition，Second Edition

David A. Patterson, John L. Hennessy

ISBN: 9780128203316

Copyright © 2021 Elsevier Inc. All rights reserved.

Authorized Chinese translation published by China Machine Press.

计算机组成与设计：硬件 / 软件接口 RISC-V 版（原书第 2 版）（易江芳 刘先华 等译）

ISBN: 9787111727972

Copyright © Elsevier Inc. and China Machine Press. All rights reserved.

No part of this publication may be reproduced or transmitted in any form or by any means, electronic or mechanical, including photocopying, recording, or any information storage and retrieval system, without permission in writing from Elsevier (Singapore) Pte Ltd. Details on how to seek permission, further information about the Elsevier's permissions policies and arrangements with organizations such as the Copyright Clearance Center and the Copyright Licensing Agency, can be found at our website: www. elsevier.com/permissions.

This book and the individual contributions contained in it are protected under copyright by Elsevier Inc. and China Machine Press (other than as may be noted herein).

This edition of Computer Organization and Design: The Hardware/Software Interface，RISC-V Edition，Second Edition is published by China Machine Press under arrangement with ELSEVIER Inc.

This edition is authorized for sale in the Chinese mainland (excluding Hong Kong SAR, Macao SAR and Taiwan). Unauthorized export of this edition is a violation of the Copyright Act. Violation of this Law is subject to Civil and Criminal Penalties.

本版由 ELSEVIER Inc. 授权机械工业出版社在中国大陆地区（不包括香港、澳门特别行政区及台湾地区）出版发行。

本版仅限在中国大陆地区（不包括香港、澳门特别行政区及台湾地区）出版及标价销售。未经许可之出口，视为违反著作权法，将受民事及刑事法律之制裁。

本书封底贴有 Elsevier 防伪标签，无标签者不得销售。

注意

本书涉及领域的知识和实践标准在不断变化。新的研究和经验拓展我们的理解，因此须对研究方法、专业实践或医疗方法作出调整。从业者和研究人员必须始终依靠自身经验和知识来评估和使用本书中提到的所有信息、方法、化合物或本书中描述的实验。在使用这些信息或方法时，他们应注意自身和他人的安全，包括注意他们负有专业责任的当事人的安全。在法律允许的最大范围内，爱思唯尔、译文的原文作者、原文编辑及原文内容提供者均不对因产品责任、疏忽或其他人身或财产伤害及 / 或损失承担责任，亦不对由于使用或操作文中提到的方法、产品、说明或思想而导致的人身或财产伤害及 / 或损失承担责任。

北京市版权局著作权合同登记　图字：01-2021-3924 号。

图书在版编目（CIP）数据

计算机组成与设计：硬件 / 软件接口：RISC-V 版：原书第 2 版 /（美）戴维·A. 帕特森，（美）约翰·L. 亨尼斯著；易江芳等译．—北京：机械工业出版社，2023.3（2024.11 重印）

（计算机科学丛书）

书名原文：Computer Organization and Design: The Hardware/Software Interface, RISC-V Edition, Second Edition

ISBN 978-7-111-72797-2

I. ①计… II. ①戴… ②约… ③易… III. ①计算机体系结构 IV. ① TP303

中国国家版本馆 CIP 数据核字（2023）第 050661 号

机械工业出版社（北京市百万庄大街 22 号　邮政编码 100037）

策划编辑：曲　熠　　　　　　　责任编辑：曲　熠

责任校对：薄萌钰　王明欣　　　责任印制：常天培

北京铭成印刷有限公司印刷

2024 年 11 月第 1 版第 3 次印刷

185mm × 260mm · 32 印张 · 814 千字

标准书号：ISBN 978-7-111-72797-2

定价：169.00 元

电话服务　　　　　　　　　网络服务

客服电话：010-88361066　机　工　官　网：www.cmpbook.com

　　　　　010-88379833　机　工　官　博：weibo.com/cmp1952

　　　　　010-68326294　金　书　网：www.golden-book.com

封底无防伪标均为盗版　机工教育服务网：www.cmpedu.com

教材的选择往往是一个令人沮丧的妥协过程——教学方法的适用度、知识点的覆盖范围、文辞的流畅性、内容的严谨度、成本的高低等都需要考虑。本书之所以是难得一见的好书，正是因为它能满足各个方面的要求，不再需要任何妥协。这不仅是一部关于计算机组成的教科书，也是所有计算机科学教科书的典范。

——Michael Goldweber，泽维尔大学

我从第 1 版开始就在使用本书，到现在已经很多年了。这次的版本是对已有经典内容的又一次完美升级。从桌面计算到移动计算再到大数据、云计算，技术的发展为嵌入式处理器（如 ARM）开拓了新的应用领域，为通过软硬件交互来提高性能带来了新素材。所有这些都离不开基本的组成原理。

——Ed Harcourt，圣劳伦斯大学

无论是对于 80 后、90 后还是 00 后，这都是一本应该珍藏在书架上（或 iPad 中）的计算机体系结构教材。这本书既古老又新颖，不仅介绍了那些伟大的原理——摩尔定律、抽象、加速经常性事件、冗余、存储层次、并行和流水线，而且使用现代设计对这些伟大原理进行了说明。

——Mark D. Hill，威斯康星大学麦迪逊分校

本书的新版本与新兴的嵌入式和众核（GPU）系统的发展保持同步，当前的发展趋势使得平板电脑和智能手机很快变成新的桌面电脑。本书接纳了这些变化，但仍介绍了大量计算机组成与设计的基本原理，这对于新设备和新系统的软硬件设计人员来说非常有用。

——Dave Kaeli，东北大学

本书不仅讲解计算机体系结构，而且为读者准备了迎接新的变化与挑战的"锦囊"。目前，半导体工艺技术按比例缩小的困难使得所有系统功率受限，而移动系统和大数据处理的性能需求却仍在不断增长。在计算技术的新时代，必须进行软硬件协同设计，并且系统级体系结构优化与部件级优化一样重要。

——Christos Kozyrakis，斯坦福大学

Patterson 和 Hennessy 讨论了不断变化的计算机硬件体系结构中的重要议题，强调硬件和软件模块在不同抽象层次上的交互。书中涵盖各种硬件和软件机制，I/O 和并行的概念贯穿其中，全景式呈现了后 PC 时代的计算机体系结构。无论是平板电脑硬件工程师还是云计算软件架构师，如果你正对能源效率和并行化问题一筹莫展，那么本书必将成为不二之选。

——Jae C. Oh，雪城大学

译者序

Computer Organization and Design: The Hardware/Software Interface, RISC-V Edition, Second Edition

Patterson 和 Hennessy 是计算机领域的知名学者，他们为计算机体系结构设计和评估以及产业发展做出了巨大贡献，并产生了持久影响。两位学者因此获得了 2017 年图灵奖，这是当时计算机体系结构领域的一大盛事。两位教授合著的 *Computer Organization and Design: The Hardware/Software Interface* 及其姊妹篇 *Computer Architecture: A Quantitative Approach* 堪称计算机体系结构学科的"圣经"，是计算机系统设计从业者的必读经典。自 20 世纪 90 年代至今，北京大学在国内率先使用这两本著作作为本科及研究生计算机体系结构课程的教材，译者以学生、助教和教师的不同身份经历了本书的多个版本变迁，深感受益匪浅。

Patterson 及其 UC Berkeley 的团队提出了 RISC（Reduced Instruction Set Computer，精简指令系统计算机），并于 1982 年推出了 RISC-I 处理器。1984 年，Hennessy 与他人联合创立了 MIPS 公司，而 UC Berkeley 团队的研究成果则通过 Sun 公司的 SPARC 系列处理器在产业界发挥作用。这些都对后续诸多处理器的设计产生了极为深远的影响。2014 年，在 Patterson 教授的领导下，UC Berkeley 设计并推出了 RISC-V 开放指令系统。该指令系统继续秉承前四代指令系统简单、规整的特点，同时又尽可能摒弃之前指令系统的各种缺陷，具有短小精悍、便于扩展、易于实现等新特点。值得一提的是，该指令系统完全开源，这大大地推动了硬件开源设计的发展。

相应地，本书在 MIPS 版和 ARM 版的基础上，特别推出了 RISC-V 版，这满足了广大读者学习和了解新技术及其发展的需要。该版本使用 RISC-V 指令系统作为实例，抽丝剥茧般呈现了设计一套新指令系统所需的技术考虑及其与微体系结构之间的密切联系，真正做到了"知其然，知其所以然"，这正是国外优秀的计算机体系结构研究者的"底蕴"。作为教育界同行，我们非常希望本书能够帮助国内的读者积累这样的底蕴。Patterson 教授曾经表示过，RISC-V 的未来在中国。我们也特别希望这部经典著作之 RISC-V 版中译本的出版，能够对我国的软硬件生态建设和发展有所贡献，能够对计算机体系结构领域的教学和科研有所帮助。

感谢清华大学郑纬民教授对 MIPS 版前 3 版中译本所做的工作，感谢西北工业大学康继昌教授、樊晓桠教授和安建峰副教授对 MIPS 版第 4 版中译本所做的工作，感谢西北工业大学王党辉副教授、国防科技大学陈微教授分别翻译了第 5 版的 MIPS 版、ARM 版，是他们的工作为本书提供了良好的参考范本，并为其在国内拥有更广泛的读者群奠定了基础。

北京大学信息科学技术学院计算机系的周叔欣、周昱晨、戚妙、张馨月、张炜奇、赵宏烨等也参加了本书的翻译和校对工作。

由于译者水平有限，书中难免存在一些翻译不当或理解欠妥的地方，恳请读者批评指正。

译者
2023 年 1 月

我们能体验的最美好的事情莫过于神秘，它是所有真实的艺术和科学的源泉。

——阿尔伯特·爱因斯坦，《我的信仰》，1930 年

关于本书

我们认为，在学习计算机科学与工程时，除了掌握计算的基本原理外，还应该了解该领域的最新进展。同时，我们还认为，各种计算领域中的读者都应学习计算机系统的组成理论，因为这是决定计算机系统的功能、性能、能耗甚至最终成功的关键。

现代计算机技术需要各个计算领域的专业人员对计算机软件和硬件都有所了解。软硬件在不同层次上的相互影响，恰好也提供了一个理解计算基础的框架。不管你的关注点是硬件还是软件，专业是计算机科学还是电气工程，计算机组成和设计的核心思想都是相同的。因此，本书的重点是展示硬件和软件之间的关系，并重点关注现代计算机的基本概念。

本书从 MIPS 版的第 1 版起就提出了以上观点，最近从单处理器向多核微处理器的转变再一次印证了这个颇有远见的观点。然而，程序员无视我们的忠告，不想改造程序，只想依赖计算机体系结构设计者、编译器设计者或者芯片设计者来让自己的程序运行得更快、更高效——这样的时代已经一去不复返了。为了运行得更快，需要把程序改造成并行的。让程序员尽可能不知道他们正在使用的底层硬件的并行属性是许多研究者的目标，但这需要花费很长时间才能实现。我们的观点是，至少在接下来的十年里，如果想让程序在并行计算机上运行得更为高效，大多数程序员还是需要了解硬件/软件接口的。

本书的读者包括：不了解汇编语言或者逻辑设计，但需要了解计算机基本组成的人；具有汇编语言或者逻辑设计背景，但想学习如何设计计算机或者想搞清楚系统的工作原理的人。

关于另一本书

有些读者可能熟悉我们的另一本书——*Computer Architecture: A Quantitative Approach*（《计算机体系结构：量化研究方法》，后文简称为《量化研究》）。该书已广为流传，经常以作者的姓名命名，称为"Hennessy 和 Patterson"（本书则常被称为"Patterson 和 Hennessy"）。我们写《量化研究》的动机是，希望能够使用坚实的工程基础、量化的成本/性能折中来描述计算机体系结构的基本原则。我们使用的方法是，基于商业系统，将实例与评估相结合，建立真实的设计体验。我们的目标是，证实可以使用量化分析方法而不是描述性方法来学习计算机体系结构。希望这一方法有助于培养能深入理解计算机的专业人才。

本书的大多数读者并不一定要成为计算机体系结构设计者。但是，未来软件系统的性能和能效，很大程度上取决于软件设计者对所使用系统的基本硬件技术的了解程度。因此，编译器设计者、操作系统设计者、数据库程序员以及大多数其他软件设计者需要对本书中提到的基本原则有深入的理解。同样，硬件设计者也需要清楚地知道自己的设计对软件应用程序

的影响。

　　因此，本书不仅仅是《量化研究》一书的子集，而是进行了大幅修订以满足不同读者的需要。我们非常高兴地看到《量化研究》的后续版本也在不断修订，删除了大量的介绍性材料。相比第 1 版，此后两本书之间的内容重叠会越来越少。

关于 RISC-V 版本

　　选择合适的指令系统对于计算机体系结构教材来说至关重要。不管是不是主流指令系统，我们都不希望介绍那些具有不必要的新奇特性的指令系统。理想情况是，你学习的第一个指令系统应该是一个典范，就像你的初恋一样。令人惊讶的是，你学习的第一个指令系统和你的初恋都会令你分外怀念。

　　由于当时有太多选择，所以在《量化研究》的第 1 版中我们提出了自己的 RISC 风格指令系统。之后，MIPS 指令系统因简洁的风格而日益受到关注，我们在本书 MIPS 版的第 1 版时选择了它，并且《量化研究》的后续版本也是如此。MIPS 一直为我们和读者提供了很好的服务。

　　多年来，使用 MIPS 指令系统的芯片数以亿计，并且还在不断生产出来。它们一般用于嵌入式设备，而该领域的指令系统几乎不可见。因此，目前很难找到一台真实的计算机，让读者能够下载并运行 MIPS 程序。

　　好消息是，最近一个开放的 RISC 指令系统首次亮相，并快速获得了不少追捧者。它就是由加州大学伯克利分校（UC Berkeley）开发的 RISC-V 指令系统，它不仅消除了 MIPS 指令系统的弊病，而且还具备指令系统应有的简洁、优雅和现代的特点。

　　此外，RISC-V 指令系统不是闭源的，它提供了一套开源的模拟器、编译器、调试器等，这些都很容易获得。它甚至还提供使用硬件描述语言编写的开源的 RISC-V 处理器实现，而且，2020 年还引入了基于 RISC-V 的低成本开发板，相当于树莓派（Raspberry Pi），而 MIPS 指令系统则不具备这些资源。读者不仅可以学习这些设计，还能修改它们并贯穿整个实现流程，以充分了解这些修改对性能、晶片面积和能耗方面的影响。

　　这对于计算产业和教育行业来说是一个令人激动的机会。截止到写这篇前言之时，已经有 300 多家公司加入 RISC-V 基金会，赞助商名单几乎囊括了除 ARM 和 Intel 以外的所有主要厂商，包括 Alibaba、Amazon、AMD、Google、HP、IBM、Microsoft、NVIDIA、Qualcomm、Samsung 和 Western Digital 公司。

　　正是因为这些，我们为本书撰写了 RISC-V 版本，同样，《量化研究》也有对应版本。

　　在 RISC-V 版本中，我们从 64 位的 RV64 切换到 32 位的 RV32。授课教师发现 64 位指令系统额外的复杂性增加了学生的学习难度。RV32 减少了 10 条指令，即删除了 ld、sd、lwu、addw、subw、addwi、sllw、srlw、sllwiw、srliw，而且学生不必费心理解 64 位寄存器的低 32 位操作。我们还可以在很大程度上忽略双字（doubleword），只在文本处理中使用字（word）。在这一版中，我们在第 4 章之前隐藏了看起来有些奇怪的 SB 和 UJ 指令编码格式，第 4 章会解释在 SB 和 UJ 编码格式的立即数字段使用旋转位排序可以带来硬件开销上的好处，这一章主要讨论数据通路的硬件设计。正如我们在 MIPS 版的第 6 版中所做的，这一版也添加了一个在线章节（4.5 节）来展示多周期实现，同时我们对其进行了修改以匹配 RISC-V 指令系统。这是因为一些授课教师喜欢在单周期实现之后、引入流水线之前介绍一下多周期实现。

相比 MIPS 版，RISC-V 版唯一的修改就是那些与指令系统相关的描述，主要影响第 2、3 章，以及第 5 章中的虚拟存储部分和第 6 章中的 VMIPS 示例。在第 4 章中，我们改用 RISC-V 指令，修改了相关的图表，添加了一些"详细阐述"模块，这些变化没有我们想象中那么复杂。第 1 章和大多数附录几乎没有变化。由于存在大量的在线文档，并且与 RISC-V 相关的修改过多，因此 MIPS 版中的附录 A（汇编器、链接器和 SPIM 仿真器，详见 MIPS 版的第 6 版）很难再用。另外，第 2、3 和 5 章中包含数百条 RISC-V 指令的快速概览，这些指令都不在本书详细介绍的 RISC-V 核心指令范围内。

第 2 版中的改变

可以说，自上一版出版以来，计算机体系结构的技术和商业范畴有了更多的变化，主要表现在以下方面：

- 摩尔定律放缓。单个芯片的晶体管数量每两年翻一番，戈登·摩尔的这一预测在 50 年之后不再成立。半导体技术仍然会改进，但比过去更慢，更难以预测。
- 领域定制体系结构（DSA）兴起。一部分由于摩尔定律放缓，另一部分由于登纳德缩放定律终结，通用处理器的性能每年仅提高几个百分点。此外，阿姆达尔定律也说明，即使增加单个芯片上的处理器数量，所得到的实际好处也是有限的。2020 年，DSA 被普遍认为是最有前途的。它不像通用处理器那样尝试运行所有东西，而是专注于如何比传统 CPU 更好地运行某个领域的程序。
- 利用微体系结构进行安全攻击。Spectre 证明了利用推测式乱序执行和硬件多线程可以进行基于时间的侧信道攻击。而且，这并不是源于可被修复的错误，而是对主流处理器设计风格的根本性挑战。
- 开放指令系统和开源实现。开源软件的机会和影响已经来到了计算机体系结构领域。开放指令系统如 RISC-V 使得不同组织能够在没有事先协许可的情况下就开始构建自己的处理器，并且 RISC-V 的专有实现和开源实现一样可以自由下载和使用。开源软件与硬件是学术研究和教学的福音，能够让学生看到并去增强产业的技术实力。
- 信息技术产业再次整合。云计算导致不超过 6 家公司便可提供计算基础设施供所有人使用。与 20 世纪 60 年代和 70 年代的 IBM 非常相似，这些公司决定了所部署的软件栈和硬件。上述变化导致其中一些"超级大公司"开发出自己的 DSA 和 RISC-V 芯片，用于部署在它们的云中。

本书反映了上述这些变化，更新了所有的例题和图。针对用书教师提出的要求，对教学方法也做了进一步改进，这一改进的灵感来自给我的孙子辅导数学课时使用的教科书。

在详细介绍第 2 版的修订情况之前，首先看下表。该表给出了这一版的主要内容，并为软件人员和硬件人员分别提供了阅读建议。

章或附录	节	软件人员	硬件人员
第 1 章 计算机抽象及相关技术	1.1 ～ 1.12	👓	👓
	📖 1.13（历史）	👓	👓
第 2 章 指令：计算机的语言	2.1 ～ 2.14	👓	👓
	📖 2.15（编译器和 Java）	👓	
	2.16 ～ 2.23	👓	👓
	📖 2.24（历史）	👓	👓

（续）

章或附录	节	软件人员	硬件人员
附录 D 指令集体系结构概述	🌐 D.1 ～ D.6	👓	
第 3 章 计算机的算术运算	3.1 ～ 3.5	👓	👓
	3.6 ～ 3.8（子字并行）	👓	👓
	3.9 ～ 3.10（谬误）	👓	👓
	🌐 3.11（历史）		👓
附录 A 逻辑设计基础	A.1 ～ A.13		👓
第 4 章 处理器	4.1（概述）	👓	👓
	4.2（逻辑设计的一般方法）		👓
	4.3 ～ 4.4（简单实现）	👓	👓
	🌐 4.5（多周期实现）		👓
	4.6（流水线概述）	👓	👓
	4.7（流水线数据通路）	👓	👓
	4.8 ～ 4.10（冒险、例外）		👓
	4.11 ～ 4.13（并行、实例）	👓	👓
	🌐 4.14（Verilog 描述的流水线控制）		👓
	4.15 ～ 4.16（谬误）	👓	👓
	🌐 4.17（历史）	👓	👓
附录 C 将控制映射至硬件	🌐 C.1 ～ C.6		👓
第 5 章 大而快：层次化存储	5.1 ～ 5.10	👓	👓
	🌐 5.11（廉价磁盘冗余阵列）	👓	👓
	🌐 5.12（Verilog 描述的 cache 控制器）		👓
	5.13 ～ 5.17	👓	👓
	🌐 5.18（历史）	👓	👓
第 6 章 并行处理器：从客户端到云	6.1 ～ 6.9	👓	👓
	🌐 6.10（集群网络）	👓	👓
	6.11 ～ 6.15	👓	👓
	🌐 6.16（历史）	👓	👓
附录 B 图形与计算 GPU	🌐 B.1 ～ B.11	👓	👓

仔细阅读 👓　　闲时阅读 👓　　参考阅读 👓
回顾阅读 👓　　背景阅读 👓

- 每一章都增加了"性能提升"一节。第 1 章中给出了实现矩阵乘法运算的 Python 版本，但是性能较为低下，这激发了我们学习 C 语言的兴趣，第 2 章用 C 语言重写该程序。后续章节分别采用数据级并行、指令级并行、线程级并行以及调整存储访问顺序以匹配现代服务器的存储层次结构等方法来对矩阵乘法运算进行加速。书中使用的计算机支持 512 位 SIMD 操作、推测式乱序执行、三级高速缓存，并包含 48 个处理器内核。四种优化方法的实现虽然只添加了 21 行 C 语言代码，但可以将矩阵乘法运算加速近 50 000 倍，将整个程序的运行时间从 Python 版本的近 6h 缩短到优化后的 C 语言版本的不到 1s。如果我重新当一次学生，这个运行示例必定会激励我使用 C 语言，并学习本书中的底层硬件概念。

- 每一章都增加了"自学"一节，在该节中会提出一些启发思考的问题并提供答案，以帮助读者评估自己对章节内容的掌握情况。
- 除了解释摩尔定律和登纳德缩放定律不再成立之外，第 2 版中的一个重要变化就是不再强调摩尔定律是推动变革的重要因素。
- 第 2 章中使用更多的篇幅强调二进制数没有实质性的含义，是程序决定了数据类型，这对于初学者来说不太容易理解。
- 为了与 RISC-V 指令系统进行比较，除了 ARMv7、ARMv8 和 x86 之外，第 2 章还对 MIPS 进行了简要介绍。（本书的 MIPS 版本也进行了这样的比较，我们也对其进行了更新。）
- 第 2 章中基准测试程序的例子从 SPEC2006 升级到 SPEC2017。
- 第 4 章中，根据教师的要求，在单周期实现和流水线实现之间，将 RISC-V 的多周期实现作为一节在线内容。一些教师认为使用这种三步教学法可使流水线的讲授更为简单。
- 第 4 章和第 5 章的"实例"一节都已更新为 ARM A53 微体系结构和 Intel i7 6700 Skylake 微体系结构。
- 第 5 章和第 6 章的"谬误与陷阱"一节都增加了使用 Row Hammer 和 Spectre 进行硬件安全攻击的内容。
- 第 6 章增加了一节，介绍领域定制体系结构，并使用 Google 的张量处理单元 TPUv1 作为示例。第 6 章的"实例"一节更新为将 Google 的 TPUv3 DSA 超级计算机与 NVIDIA Volta GPU 集群进行比较。

最后，我们还更新了本书的所有练习。

虽然发生了不少变化，但我们依然保留了旧版本中那些有用的元素。为使本书更适合作为参考书籍，我们仍在新术语第一次出现时在页边给出定义。书中名为"理解程序性能"的模块是用来帮助读者理解如何改善程序性能的，同样，"硬件/软件接口"模块是用来帮助读者了解该接口并进行软硬件划分权衡的。书中仍保留"重点"模块，以防止读者在学习过程中"只见树木而不见森林"。"自我检测"部分在每一章的结尾都附有答案，可以帮助读者第一时间确认自己对书中内容的理解。这一版也包括 RISC-V 的参考数据卡⊖，这是受到了 IBM System/360 的"绿卡"的启发。该卡片已更新，适于在书写 RISC-V 汇编程序时作为参考资料使用。

教学支持⊖

我们收集了大量的资料，帮助教师使用本书进行授课。只要教师在出版商处进行注册，就能获得练习答案、书中的图表、教学讲义以及其他资料。除此之外，配套网站还提供了开源 RISC-V 软件的下载链接。如需更多信息，可访问出版商网站：https://textbooks.elsevier.com/web/manuals.aspx?isbn=9780128203316⊜。

⊖ 参考数据卡见本书封面和封底的背面。——编辑注
⊖ 关于本书教辅资源，只有使用本书作为教材的教师才可以申请，需要的教师请访问爱思唯尔的教材网站 https://textbooks.elsevier.com/ 进行申请。——编辑注
⊜ 也可访问出版商网站 https://www.elsevier.com/books-and-journals/book-companion/9780128203316。——编辑注

结束语

从后续的"致谢"一节可以看到，我们花了大量的时间来进行修订。这本书经过了多次印刷，我们也有机会不断完善。如果你在此版中发现任何一处错误或遗漏，请联系出版商。

本书的这一版本是 Hennessy 和 Patterson 自 1989 年长期合作以来的第四次突破。由于要管理一所世界一流大学，Hennessy 校长无法再对编写新版本做出实质性的承诺。这使得另一位作者再次感到自己像一个没有安全措施就走上钢丝的人。因此，加州大学伯克利分校的同事和致谢中提到的人在本书的内容方面发挥了更大的作用。无论如何，这一次只有一位作者对你所阅读的新内容负责。

致谢

对于本书的每一个版本，我们都很幸运地得到了许多读者、审稿人和其他贡献者的帮助。这些人的帮助使这本书变得更好。

我们非常感谢 Khaled Benkrid 以及他在 ARM 公司的同事，他们非常认真地检查了 ARM 的相关材料，并提供了有益的反馈。

特别感谢 Rimas Avizenis 博士，他开发了各种版本的矩阵乘法程序并提供了性能数据。非常感谢他从加州大学伯克利分校毕业后还继续提供帮助。当我在加州大学洛杉矶分校读研究生时，曾与他父亲一起工作，而能与他在加州大学伯克利分校共事，真的是一种美好的缘分。

同时，还要感谢我的长期合作者——Randy Katz（加州大学伯克利分校），他帮助我提出了"计算机体系结构中的伟大思想"的概念，并将其作为我们一起合作开设的本科生课程的教学内容。

我还要感谢 David Kirk 和 John Nickolls 以及他们在 NVIDIA 的同事（Michael Garland、John Montrym、Doug Voorhies、Lars Nyland、Erik Lindholm、Paulius Micikevicius、Massimiliano Fatica、Stuart Oberman 和 Vasily Volkov），他们编写了第一个深入阐述 GPU 的附录。我希望能再次表达我对 Jim Larus 的感激之情，最近他刚被任命为洛桑联邦理工学院（EPFL）计算机和通信科学学院的院长。感谢他愿意在汇编语言编程方面贡献自己的专业知识，并欢迎本书的读者使用他开发及维护的模拟器。

还要感谢 Jason Bakos（南卡罗来纳大学），是他在原始版本的基础上更新并重新设计了新的章末练习。原始版本由 Perry Alexander（堪萨斯大学）、Javier Bruguera（圣地亚哥德孔波斯特拉大学）、Matthew Farrens（加州大学戴维斯分校）、Zachary Kurmas（大峡谷州立大学）、David Kaeli（东北大学）、Nicole Kaiyan（阿德莱德大学）、John Oliver（加州州立理工大学圣路易斯 – 奥比斯波分校）、Milos Prvulovic（佐治亚理工学院）、Jichuan Chang（谷歌公司）、Jacob Leverich（斯坦福大学）、Kevin Lim（惠普公司）和 Partha Ranganathan（谷歌公司）开发。

特别感谢 Jason Bakos，他在 Peter Ashenden（Ashenden 设计公司）提供的版本的基础上更新了课程讲义。

感谢下面这些教师，他们回复了出版商的调查问卷，审阅了我们的提议，还参加了各种专题小组会议。

专题小组人员如下：Bruce Barton（萨福克郡社区学院），Jeff Braun（蒙大拿大学理工分校），Ed Gehringer（北卡罗来纳州立大学），Michael Goldweber（泽维尔大学），Ed Harcourt（圣劳伦斯大学），Mark Hill（威斯康星大学麦迪逊分校），Patrick Homer（亚利桑那大学），Norm

Jouppi（惠普实验室），Dave Kaeli（东北大学），Christos Kozyrakis（斯坦福大学），Jae C. Oh（雪城大学），Lu Peng（路易斯安那州立大学），Milos Prvulovic（佐治亚理工学院），Partha Ranganathan（惠普实验室），David Wood（威斯康星大学），Craig Zilles（伊利诺伊大学厄巴纳－香槟分校）。

调查问卷和审阅人员如下：Mahmoud Abou-Nasr（韦恩州立大学），Perry Alexander（堪萨斯大学），Behnam Arad（加州州立大学萨克拉门托分校），Hakan Aydin（乔治梅森大学），Hussein Badr（纽约州立大学石溪分校），Mac Baker（弗吉尼亚军事学院），Ron Barnes（乔治梅森大学），Douglas Blough（佐治亚理工学院），Kevin Bolding（西雅图太平洋大学），Miodrag Bolic（渥太华大学），John Bonomo（威斯特敏斯特学院），Jeff Braun（蒙大拿大学理工分校），Tom Briggs（西盆斯贝格大学），Mike Bright（格罗夫城学院），Scott Burgess（洪堡州立大学），Fazli Can（毕尔肯大学），Warren R. Carithers（罗切斯特理工学院），Bruce Carlton（梅萨社区学院），Nicholas Carter（伊利诺伊大学厄巴纳－香槟分校），Anthony Cocchi（纽约市立大学），Don Cooley（犹他州立大学），Gene Cooperman（东北大学），Robert D. Cupper（阿勒格尼学院），Amy Csizmar Dalal（卡尔顿学院），Daniel Dalle（舍布鲁克大学），Edward W. Davis（北卡罗来纳州立大学），Nathaniel J. Davis（空军技术学院），Molisa Derk（俄克拉荷马城市大学），Andrea Di Blas（斯坦福大学），Nathan B. Doge（得克萨斯大学达拉斯分校），Derek Eager（沙斯卡曲湾大学），Ata Elahi（南康涅狄格州立大学），Ernest Ferguson（西南密苏里州立大学），Rhonda Kay Gaede（阿拉巴马大学），Etienne M. Gagnon（魁北克大学蒙特利尔分校），Costa Gerousis（克里斯托弗新港大学），Paul Gillard（纽芬兰纪念大学），Michael Goldweber（泽维尔大学），Georgia Grant（圣马特奥学院），Paul V. Gratz（得克萨斯农工大学），Merrill Hall（大师学院），Tyson Hall（南方耶稣复临大学），Ed Harcourt（圣劳伦斯大学），Justin E. Harlow（南佛罗里达大学），Paul F. Hemler（汉普顿-悉尼学院），Jayantha Herath（圣克劳德州立大学），Martin Herbordt（波士顿大学），Steve J. Hodges（卡布利洛学院），Kenneth Hopkinson（康奈尔大学），Bill Hsu（旧金山州立大学），Dalton Hunkins（圣波拿文都大学），Baback Izadi（纽约州立大学新帕尔兹分校），Reza Jafari，Abbas Javadtalab（康卡迪亚大学），Robert W. Johnson（科罗拉多理工大学），Bharat Joshi（北卡罗来纳大学夏洛特分校），Nagarajan Kandasamy（德雷塞尔大学），Rajiv Kapadia，Ryan Kastner（加州大学圣巴巴拉分校），E. J. Kim（得克萨斯农工大学），Jihong Kim（首尔大学），Jim Kirk（联合大学），Geoffrey S. Knauth（利康明学院），Manish M. Kochhal（韦恩州立大学），Suzan Koknar-Tezel（圣约瑟夫大学），Angkul Kongmunvattana（哥伦布州立大学），April Kontostathis（乌尔辛纳斯学院），Christos Kozyrakis（斯坦福大学），Danny Krizanc（维思大学），Ashok Kumar，S. Kumar（得克萨斯大学），Zachary Kurmas（大峡谷州立大学），Adrian Lauf（路易斯维尔大学），Robert N. Lea（休斯敦大学），Alvin Lebeck（杜克大学），Baoxin Li（亚利桑那州立大学），Li Liao（特拉华大学），Gary Livingston（马萨诸塞大学），Michael Lyle，Douglas W. Lynn（俄勒冈理工学院），Yashwant K. Malaiya（科罗拉多州立大学），Stephen Mann（滑铁卢大学），Bill Mark（得克萨斯大学奥斯汀分校），Ananda Mondal（克拉夫林大学），Euripedes Montagne（中佛罗里达大学），Tali Moreshet（波士顿大学），Alvin Moser（西雅图大学），Walid Najjar（加州大学河滨分校），Vijaykrishnan Narayanan（宾夕法尼亚州立大学），Danial J. Neebel（洛拉斯学院），Victor Nelson（奥本大学），John Nestor（拉斐特学院），Jae C. Oh（雪城大学），Joe Oldham（中心学院），Timour Paltashev，James Parkerson（阿肯色大学），Shaunak Pawagi（纽

约州立大学石溪分校），Steve Pearce，Ted Pedersen（明尼苏达大学），Lu Peng（路易斯安那州立大学），Gregory D. Peterson（田纳西大学），William Pierce（护德学院），Milos Prvulovic（佐治亚理工学院），Partha Ranganathan（惠普实验室），Dejan Raskovic（阿拉斯加大学费尔班克斯分校），Brad Richards（皮吉声大学），Roman Rozanov，Louis Rubinfield（维拉诺瓦大学），Md Abdus Salam（南方大学），Augustine Samba（肯特州立大学），Robert Schaefer（丹尼尔韦伯斯特学院），Carolyn J. C. Schauble（科罗拉多州立大学），Keith Schubert（加州州立大学圣贝纳迪诺分校），William L. Schultz，Kelly Shaw（里士满大学），Shahram Shirani（麦克马斯特大学），Scott Sigman（杜瑞大学），Shai Simonson（史东希尔学院），Bruce Smith，David Smith，Jeff W. Smith（佐治亚大学雅典分校），Mark Smotherman（克莱姆森大学），Philip Snyder（约翰斯·霍普金斯大学），Alex Sprintson（得克萨斯农工大学），Timothy D. Stanley（杨百翰大学），Dean Stevens（莫宁赛德学院），Nozar Tabrizi（凯特林大学），Yuval Tamir（加州大学洛杉矶分校），Alexander Taubin（波士顿大学），Will Thacker（温斯洛普大学），Mithuna Thottethodi（普渡大学），Manghui Tu（南犹他大学），Dean Tullsen（加州大学圣地亚哥分校），Steve VanderLeest（凯尔文学院），Christopher Vickery（纽约市立大学皇后学院），Rama Viswanathan（贝洛伊特学院），Ken Vollmar（密苏里州立大学），Guoping Wang（印第安纳 – 普渡联合大学），Patricia Wenner（巴克内尔大学），Kent Wilken（加州大学戴维斯分校），David Wolfe（古斯塔夫阿道夫学院），David Wood（威斯康星大学麦迪逊分校），Ki Hwan Yum（得克萨斯大学圣安东尼奥分校），Mohamed Zahran（纽约市立学院），Amr Zaky（圣塔克拉拉大学），Gerald D. Zarnett（瑞尔森大学），Nian Zhang（南达科他矿业理工学院），Xiaoyu Zhang（加州州立大学圣马科斯分校），Jiling Zhong（特洛伊大学），Huiyang Zhou（北卡罗来纳州立大学），Weiyu Zhu（伊利诺伊卫斯理大学）。

特别感谢 Mark Smotherman，他通过多次检查发现了技术和写作方面的问题，这显著提高了本书的质量。

我们还要感谢 Morgan Kaufmann 这个大家庭同意在 Katey Birtcher、Steve Merken 和 Beth LoGiudice 的带领下再次出版这本书，没有他们我当然不可能完成这项工作。还要感谢负责图书制作过程的 Janish Paul 以及负责封面设计的 Patrick Ferguson。

最后，我欠着 Yunsup Lee 和 Andrew Waterman 莫大的人情，是他们在创业之余，利用业余时间将本书 MIPS 版改写成 RISC-V 版本。Eric Love 也是如此，他在完成博士学位的同时编辑了 RISC-V 版本的练习。我们都很兴奋，想看看 RISC-V 在学术界和其他领域到底能做些什么。

以上共提到近 150 人，是他们帮助我们完成了新书，我希望这是迄今为止我们最好的一本书。谢谢各位！

David A. Patterson

戴维·A. 帕特森（David A. Patterson）

自 1977 年加入加州大学伯克利分校以来，他一直在该校教授计算机体系结构课程，并在那里担任计算机科学 Pardee 教席。他曾因教学工作获得加州大学杰出教学奖、ACM Karlstrom 奖、IEEE Mulligan 教育奖章以及 IEEE 本科教学奖。因为对 RISC 的贡献，Patterson 获得了 IEEE 技术进步奖和 ACM Eckert-Mauchly 奖，并因为对 RAID 的贡献分享了 IEEE Johnson 信息存储奖。他和 Hennessy 共同获得了 IEEE John von Neumann 奖章以及 C&C 奖金。与 Hennessy 一样，Patterson 是美国国家工程院、美国国家科学院、美国艺术与科学院和计算机历史博物馆院士，ACM 和 IEEE 会士，并入选了硅谷工程名人堂。他曾担任加州大学伯克利分校电气工程与计算机科学（EECS）系计算机科学分部主任、计算研究学会主席和 ACM 主席。这些工作使他获得了 ACM、CRA 以及 SIGARCH 的杰出服务奖。他因在科学普及和计算多样化方面的贡献而获得了 Tapia 成就奖，并与 Hennessy 共同获得了 2017 年 ACM 图灵奖。

在伯克利，Patterson 领导了 RISC I 的设计与实现工作，这可能是第一台 VLSI 精简指令系统计算机，为商用 SPARC 体系结构奠定了基础。他也是廉价磁盘冗余阵列（RAID）项目的领导者，RAID 技术引导许多公司开发出了高可靠的存储系统。他还参加了工作站网络（NOW）项目，正是因为该项目，才有了被互联网公司广泛使用的集群技术以及后来的云计算。这些项目获得了四个 ACM 最佳论文奖。2016 年，他成为伯克利的荣休教授和谷歌杰出工程师，在谷歌，他致力于面向机器学习的领域定制体系结构的研究工作。他还是 RISC-V 国际协会副主席和 RISC-V 国际开源实验室主任。

约翰·L. 亨尼斯（John L. Hennessy）

斯坦福大学第十任校长，从 1977 年开始任教于该校电气工程与计算机科学系。Hennessy 是 IEEE 和 ACM 会士，美国国家工程院、美国国家科学院、美国哲学院以及美国艺术与科学院院士。Hennessy 获得的众多奖项包括：2001 年 ACM Eckert-Mauchly 奖（因对 RISC 的贡献），2001 年 Seymour Cray 计算机工程奖，2000 年与 Patterson 共同获得 IEEE John von Neumann 奖章，2017 年又与 Patterson 共同获得 ACM 图灵奖。他还获得了七个荣誉博士学位。

1981 年，Hennessy 带领几位研究生在斯坦福大学开始研究 MIPS 项目。1984 年完成该项目后，他暂时离开大学，与他人共同创建了 MIPS Computer Systems 公司（现在的 MIPS Technologies 公司），该公司开发了早期的商用 RISC 微处理器之一。2006 年，已有超过 20 亿个 MIPS 微处理器应用在从视频游戏和掌上计算机到激光打印机和网络交换机的各类设备中。Hennessy 后来领导了共享存储器体系结构（DASH）项目，该项目设计了第一个可扩展 cache 一致性多处理器原型，其中的很多关键思想都在现代多处理器中得到了应用。除了参与与科研活动和履行学校职责之外，Hennessy 还作为前期顾问和投资者参与了很多初创项目，为相关领域学术成果的商业化做出了杰出贡献。

他目前是 Knight-Hennessy 学者奖学金项目的主管，并担任 Alphabet 的非执行董事长。

目 录

Computer Organization and Design: The Hardware/Software Interface, RISC-V Edition, Second Edition

赞誉
译者序
前言
作者简介

第1章 计算机抽象及相关技术 ……… 1

1.1 引言 ……………………………… 1
　1.1.1 传统的计算应用分类及其特点 … 2
　1.1.2 欢迎来到后 PC 时代 ………… 3
　1.1.3 你能从本书中学到什么 ……… 4
1.2 计算机体系结构中的 7 个伟大思想 … 6
　1.2.1 使用抽象简化设计 ………… 6
　1.2.2 加速经常性事件 …………… 6
　1.2.3 通过并行提高性能 ………… 7
　1.2.4 通过流水线提高性能 ……… 7
　1.2.5 通过预测提高性能 ………… 7
　1.2.6 存储层次 …………………… 7
　1.2.7 通过冗余提高可靠性 ……… 7
1.3 程序表象之下 ………………… 8
1.4 箱盖后的硬件 ………………… 10
　1.4.1 显示器 …………………… 11
　1.4.2 触摸屏 …………………… 12
　1.4.3 打开机箱 ………………… 13
　1.4.4 数据安全 ………………… 15
　1.4.5 与其他计算机通信 ……… 16
1.5 处理器和存储制造技术 ……… 17
1.6 性能 …………………………… 20
　1.6.1 性能的定义 ……………… 20
　1.6.2 性能的度量 ……………… 22
　1.6.3 CPU 性能及其度量因素 … 23
　1.6.4 指令性能 ………………… 24
　1.6.5 经典的 CPU 性能公式 … 25
1.7 功耗墙 ………………………… 28
1.8 沧海巨变：从单处理器向多处理器
　　转变 …………………………… 30

1.9 实例：评测 Intel Core i7 ……… 32
　1.9.1 SPEC CPU 基准评测程序 … 32
　1.9.2 SPEC 功耗基准评测程序 … 34
1.10 性能提升：使用 Python 语言编写
　　矩阵乘法程序 ………………… 34
1.11 谬误与陷阱 ………………… 35
1.12 本章小结 …………………… 37
1.13 历史视角和拓展阅读 ……… 39
1.14 自学 ………………………… 39
1.15 练习 ………………………… 41

第2章 指令：计算机的语言 ……… 46

2.1 引言 …………………………… 46
2.2 计算机硬件的操作 …………… 48
2.3 计算机硬件的操作数 ………… 50
　2.3.1 存储器操作数 …………… 51
　2.3.2 常数或立即数操作数 …… 53
2.4 有符号数与无符号数 ………… 54
2.5 计算机中的指令表示 ………… 59
2.6 逻辑操作 ……………………… 65
2.7 用于决策的指令 ……………… 67
　2.7.1 循环 ……………………… 68
　2.7.2 边界检查的简便方法 …… 70
　2.7.3 case/switch 语句 ……… 70
2.8 计算机硬件对过程的支持 …… 71
　2.8.1 使用更多的寄存器 ……… 72
　2.8.2 嵌套过程 ………………… 74
　2.8.3 在栈中为新数据分配空间 … 75
　2.8.4 在堆中为新数据分配空间 … 76
2.9 人机交互 ……………………… 78
2.10 对大立即数的 RISC-V 编址和
　　寻址 …………………………… 82
　2.10.1 大立即数 ……………… 82
　2.10.2 分支中的寻址 ………… 83
　2.10.3 RISC-V 寻址模式总结 … 85

2.10.4 机器语言译码 ················· 86

2.11 并行性与指令：同步 ·········· 88

2.12 翻译并启动程序 ················ 90

2.12.1 编译器 ························ 90

2.12.2 汇编器 ························ 90

2.12.3 链接器 ························ 92

2.12.4 加载器 ························ 94

2.12.5 动态链接库 ················· 94

2.12.6 启动 Java 程序 ············· 96

2.13 以 C 排序程序为例的汇总整理 ··· 97

2.13.1 swap 过程 ··················· 97

2.13.2 sort 过程 ···················· 98

2.14 数组与指针 ······················ 102

2.14.1 用数组实现 clear ·········· 103

2.14.2 用指针实现 clear ·········· 104

2.14.3 比较两个版本的 clear ······· 105

🌐 2.15 高级专题：编译 C 语言和解释
Java 语言 ··························· 105

2.16 实例：MIPS 指令 ·············· 105

2.17 实例：ARMv7（32 位）指令 ····· 106

2.17.1 寻址模式 ···················· 107

2.17.2 比较和条件分支指令 ······· 108

2.17.3 ARM 的独特之处 ·········· 108

2.18 实例：ARMv8（64 位）指令 ···· 109

2.19 实例：x86 指令 ················ 109

2.19.1 Intel x86 的演变 ·········· 110

2.19.2 x86 寄存器和寻址模式 ······· 111

2.19.3 x86 整数操作 ·············· 113

2.19.4 x86 指令编码 ·············· 115

2.19.5 x86 总结 ··················· 116

2.20 实例：RISC-V 指令系统的剩余
部分 ································ 116

2.21 性能提升：使用 C 语言编写矩阵
乘法程序 ··························· 117

2.22 谬误与陷阱 ······················ 118

2.23 本章小结 ························· 120

🌐 2.24 历史视角和扩展阅读 ········· 122

2.25 自学 ····························· 122

2.26 练习 ····························· 124

第 3 章　计算机的算术运算 ············· 130

3.1 引言 ······························· 130

3.2 加法和减法 ······················· 130

3.3 乘法 ······························· 133

3.3.1 串行版的乘法算法及其硬件
实现 ·························· 133

3.3.2 带符号乘法 ·················· 136

3.3.3 快速乘法 ···················· 136

3.3.4 RISC-V 中的乘法 ·········· 136

3.3.5 总结 ························· 137

3.4 除法 ······························· 137

3.4.1 除法算法及其硬件实现 ······· 137

3.4.2 有符号除法 ·················· 140

3.4.3 快速除法 ···················· 140

3.4.4 RISC-V 中的除法 ·········· 141

3.4.5 总结 ························· 141

3.5 浮点运算 ························· 142

3.5.1 浮点表示 ···················· 143

3.5.2 例外和中断 ·················· 144

3.5.3 IEEE 754 浮点数标准 ······ 144

3.5.4 浮点加法 ···················· 147

3.5.5 浮点乘法 ···················· 150

3.5.6 RISC-V 中的浮点指令 ······ 153

3.5.7 精确算术 ···················· 157

3.5.8 总结 ························· 159

3.6 并行性与计算机算术：子字并行 ··· 160

3.7 实例：x86 中的 SIMD 扩展和高级
向量扩展 ··························· 160

3.8 性能提升：子字并行和矩阵乘法 ··· 162

3.9 谬误与陷阱 ······················· 163

3.10 本章小结 ························· 166

🌐 3.11 历史视角和拓展阅读 ········· 166

3.12 自学 ····························· 166

3.13 练习 ····························· 169

第 4 章　处理器 ······················· 173

4.1 引言 ······························· 173

4.1.1 一种基本的 RISC-V 实现 ······ 174

4.1.2 实现概述 ···················· 174

4.2　逻辑设计的一般方法 ················ *176*

4.3　建立数据通路 ·········· *179*

4.4　一个简单的实现方案 ·········· *185*

　　4.4.1　ALU 控制 ··········· *185*

　　4.4.2　设计主控制单元 ········ *186*

　　4.4.3　数据通路操作 ········· *191*

　　4.4.4　控制的结束 ········· *193*

　　4.4.5　为什么现在不使用单周期
　　　　　实现 ··············· *194*

4.5　多周期实现 ·········· *195*

4.6　流水线概述 ·········· *195*

　　4.6.1　面向流水线的指令系统设计 ··· *198*

　　4.6.2　流水线冒险 ········· *199*

　　4.6.3　总结 ·············· *204*

4.7　流水线数据通路和控制 ·········· *205*

　　4.7.1　流水线的图形化表示 ······ *214*

　　4.7.2　流水线控制 ········· *216*

4.8　数据冒险：前递与停顿 ·········· *219*

4.9　控制冒险 ·········· *229*

　　4.9.1　假设分支不发生 ········ *229*

　　4.9.2　缩短分支延迟 ········· *230*

　　4.9.3　动态分支预测 ········· *232*

　　4.9.4　流水线总结 ········· *234*

4.10　例外 ·········· *234*

　　4.10.1　RISC-V 体系结构中如何处理
　　　　　　例外 ·············· *235*

　　4.10.2　流水线实现中的例外 ······· *236*

4.11　指令间的并行性 ·········· *239*

　　4.11.1　推测的概念 ········· *240*

　　4.11.2　静态多发射 ········· *241*

　　4.11.3　动态多发射处理器 ······· *245*

　　4.11.4　能效和高级流水线 ······· *248*

4.12　实例：ARM Cortex-A53 和
　　　Intel Core i7 6700 ·········· *249*

　　4.12.1　ARM Cortex-A53 ·········· *250*

　　4.12.2　A53 流水线的性能 ······· *252*

　　4.12.3　Intel Core i7 6700 ·········· *253*

　　4.12.4　Intel Core i7 处理器的性能 ··· *255*

4.13　性能提升：指令级并行和矩阵
　　　乘法 ·············· *257*

4.14　高级专题：数字设计概述——使用
　　　硬件设计语言进行流水线建模以及
　　　更多流水线示例 ·········· *258*

4.15　谬误与陷阱 ·········· *258*

4.16　本章小结 ·········· *259*

4.17　历史视角和拓展阅读 ·········· *260*

4.18　自学 ·········· *260*

4.19　练习 ·········· *261*

第 5 章　大而快：层次化存储 ·········· *271*

5.1　引言 ·········· *271*

5.2　存储技术 ·········· *275*

　　5.2.1　SRAM 存储技术 ········· *275*

　　5.2.2　DRAM 存储技术 ········· *275*

　　5.2.3　闪存 ·············· *277*

　　5.2.4　磁盘 ·············· *277*

5.3　cache 基础 ·········· *279*

　　5.3.1　cache 访问 ·········· *281*

　　5.3.2　处理 cache 失效 ········· *285*

　　5.3.3　处理写操作 ········· *286*

　　5.3.4　cache 实例：Intrinsity FastMATH
　　　　　处理器 ·············· *288*

　　5.3.5　总结 ·············· *289*

5.4　cache 的性能评估和改进 ·········· *290*

　　5.4.1　使用更为灵活的替换策略降低
　　　　　cache 失效率 ·········· *292*

　　5.4.2　在 cache 中查找数据块 ········ *296*

　　5.4.3　选择替换的数据块 ······· *297*

　　5.4.4　使用多级 cache 减少失效
　　　　　代价 ·············· *298*

　　5.4.5　通过分块进行软件优化 ······· *300*

　　5.4.6　总结 ·············· *303*

5.5　可靠的存储器层次 ·········· *304*

　　5.5.1　失效的定义 ········· *304*

　　5.5.2　纠正 1 位错、检测 2 位错的
　　　　　汉明编码 ·········· *305*

5.6　虚拟机 ·········· *308*

　　5.6.1　虚拟机监视器的必备条件 ····· *309*

　　5.6.2　指令系统体系结构（缺乏）
　　　　　对虚拟机的支持 ·········· *310*

5.6.3 保护和指令系统体系结构 ····· 310

5.7 虚拟存储 ···· 311

5.7.1 页的存放和查找 ···· 313

5.7.2 缺页失效 ···· 315

5.7.3 支持大虚拟地址空间的虚拟
存储 ···· 316

5.7.4 关于写 ···· 317

5.7.5 加快地址转换：TLB ···· 318

5.7.6 Intrinsity FastMATH TLB ···· 319

5.7.7 集成虚拟存储、TLB 和
cache ···· 321

5.7.8 虚拟存储中的保护 ···· 323

5.7.9 处理 TLB 失效和缺页失效 ···· 324

5.7.10 总结 ···· 326

5.8 存储层次结构的一般框架 ···· 327

5.8.1 问题一：块放在何处 ···· 327

5.8.2 问题二：如何找到块 ···· 328

5.8.3 问题三：当 cache 发生失效时
替换哪一块 ···· 329

5.8.4 问题四：写操作如何处理 ···· 329

5.8.5 3C：一种理解存储层次结构的
直观模型 ···· 330

5.9 使用有限状态自动机控制简单的
cache ···· 332

5.9.1 一个简单的 cache ···· 332

5.9.2 有限状态自动机 ···· 333

5.9.3 使用有限状态自动机作为
简单的 cache 控制器 ···· 334

5.10 并行和存储层次结构：cache
一致性 ···· 336

5.10.1 实现一致性的基本方案 ···· 337

5.10.2 监听协议 ···· 337

5.11 并行与存储层次结构：廉价磁盘
冗余阵列 ···· 339

5.12 高级专题：实现 cache 控制器 ···· 339

5.13 实例：ARM Cortex-A53 和 Intel
Core i7 的存储层次结构 ···· 339

5.14 实例：RISC-V 系统的其他部分和
特殊指令 ···· 343

5.15 性能提升：cache 分块和矩阵
乘法 ···· 344

5.16 谬误与陷阱 ···· 345

5.17 本章小结 ···· 349

5.18 历史视角和拓展阅读 ···· 349

5.19 自学 ···· 349

5.20 练习 ···· 352

第 6 章 并行处理器：从客户端
到云 ···· 364

6.1 引言 ···· 364

6.2 创建并行处理程序的难点 ···· 366

6.3 SISD、MIMD、SIMD、SPMD 和
向量机 ···· 369

6.3.1 x86 中的 SIMD：多媒体
扩展 ···· 371

6.3.2 向量机 ···· 371

6.3.3 向量与标量 ···· 372

6.3.4 向量与多媒体扩展 ···· 373

6.4 硬件多线程 ···· 375

6.5 多核及其他共享内存多处理器 ···· 378

6.6 GPU 简介 ···· 381

6.6.1 NVIDIA GPU 体系结构简介 ···· 382

6.6.2 NVIDIA GPU 存储结构 ···· 383

6.6.3 对 GPU 的展望 ···· 384

6.7 领域定制体系结构 ···· 386

6.8 集群、仓储级计算机和其他消息
传递多处理器 ···· 389

6.9 多处理器网络拓扑简介 ···· 392

6.10 与外界通信：集群网络 ···· 395

6.11 多处理器测试基准和性能模型 ···· 395

6.11.1 性能模型 ···· 397

6.11.2 Roofline 模型 ···· 398

6.11.3 两代 Opteron 的比较 ···· 400

6.12 实例：评测 Google TPUv3 超级计算
机和 NVIDIA Volta GPU 集群 ···· 403

6.12.1 深度学习神经网络的训练和
推理 ···· 403

6.12.2 领域定制体系结构的超级计算
机网络 ···· 403

6.12.3　领域定制体系结构的超级计算　　　　6.17　自学 ……………………………… 415

　　　　　机节点 ……………………… 404　　　　6.18　练习 ……………………………… 416

6.12.4　领域定制体系结构的计算 …… 406

6.12.5　TPUv3 领域定制体系结构与　　　　**附录 A　逻辑设计基础** …………… 425

　　　　　Volta GPU 的比较 ………… 406　　　**术语表** ……………………………… 483

6.12.6　性能 ……………………… 407

6.13　性能提升：多处理器和矩阵　　　　　　**网络内容**⊖

　　　乘法 ……………………… 409　　　　　　　附录 B　图形与计算 GPU

6.14　谬误与陷阱 ……………………… 411　　　　　附录 C　将控制映射至硬件

6.15　本章小结 ……………………… 413　　　　　　附录 D　指令集体系结构概述

6.16　历史视角和拓展阅读 …………… 415　　　　　扩展阅读

⊖ 网络内容请访问原书配套网站 https://www.elsevier.com/books-and-journals/book-companion/9780128203316 下载。——编辑注

计算机抽象及相关技术

1.1 引言

欢迎阅读本书！我们很高兴有机会来分享令人兴奋的计算机系统世界。这绝不是一个枯燥乏味、进步缓慢、新思想在忽视中凋零的领域。相反！计算机是难以置信而充满活力的信息技术产业的产物，其各类相关产品约占美国国民生产总值的 10%。美国经济在某些方面已经与快速发展的信息技术密不可分。这个不同寻常的行业在以惊人的速度拥抱创新。在过去的 40 年中，已经出现了许多新型计算机，这些新型计算机的引入导致了计算产业的革命，而它们很快又被其他人建造的更好的计算机所取代。

人类文明因为那些我们不假思索即可完成的要务数量的增加而进步。
Alfred North Whitehead,
数学导论, 1911

自从 20 世纪 40 年代末电子计算机诞生以来，这场创新竞争已经带来了史无前例的进步。例如，如果运输行业能够和计算机行业保持同样的发展速度，那么如今我们花一分钱就可以在一秒内从纽约赶到伦敦。稍微思考一下这样的进步会如何改变社会——居住在南太平洋的塔希提岛，而工作在旧金山，晚上去莫斯科参加波修瓦芭蕾舞团的演出——你就能理解这种变革的意义了。

沿着农业革命、工业革命的发展方向，计算机促进了人类的第三次革命——信息革命。由此产生的人类智力的成倍增长自然而深刻地影响了人们的日常生活，甚至改变了人们寻求新知识的方式。现在有了一种新的科学探索方式，即计算科学家加入了理论与实验科学家的行列，共同探索天文学、生物学、化学和物理学等领域的前沿问题。

计算机革命仍在继续向前推进。每当计算成本降低为原来的 1/10 时，计算机的发展机遇就会成倍增长。原本出于经济因素而不可行的应用突然变得切实可行。例如在不久之前，下述各项应用还曾经只是"计算机科学幻想"。

- 车载计算机：直到 20 世纪 80 年代初微处理器的价格和性能得到显著改善之前，用计算机来控制汽车几乎是天方夜谭。如今，计算机可以通过控制汽车发动机降低污染、提高燃油效率，还能通过近乎自动的驾驶技术和气囊保护实现碰撞时对乘客的保护，从而增加汽车的安全性。

- 手机：谁曾预想到计算机系统的发展会导致全球半数以上的人口拥有移动电话，并让人们几乎可以与世界上任何地方的人进行交流？

- 人类基因组项目：以前用以匹配和分析人类 DNA 序列的计算机设备成本高达数亿美元。15 ～ 25 年前，这个项目的计算机成本要高出 10 ～ 100 倍，那时，几乎没有人会考虑加入这个项目。目前，该项目的计算机成本仍然在持续下降，人们将很快就能够获得自己的基因组，从而量身定制医疗服务。

- 万维网：在本书第 1 版出版时，万维网还不存在，而现在万维网已经改变了我们的社会。对于很多人来说，网络已经取代了图书馆和报纸。

- 搜索引擎：随着万维网内容的规模和价值的增长，如何找到相关信息变得越来越重要。如今，很多人的生活都很大程度地依赖着搜索引擎，如果没有搜索引擎，生活可能会变得举步维艰。

显然，计算机技术的进步几乎影响着社会的方方面面。硬件的进步使得程序员能够创造出奇妙而有用的软件，进而证明了为什么计算机无所不在。现在的科学幻想往往预示着未来最具影响力的应用，例如，虚拟现实眼镜、无现金社会以及自动驾驶汽车都即将到来。

1.1.1　传统的计算应用分类及其特点

从智能家电到手机再到最大的超级计算机，虽然在计算机中使用了一套通用的硬件技术（见 1.4 节和 1.5 节），但不同的应用具有不同的设计要求，并以不同的方式使用核心硬件技术。宽泛地说，计算机主要用于如下三种不同的应用场景中。

笔记本形式的个人计算机（Personal Computer，PC）可能是最广为人知的计算机形式，本书的读者几乎都在广泛使用。个人计算机强调以低成本向单个用户交付良好的性能，通常运行第三方软件。这类计算方式推动了许多计算技术的发展，尽管它仅有 40 年的历史！

个人计算机：用于个人使用的计算机，通常包含图形显示器、键盘和鼠标。

服务器是过去曾是庞然大物的计算机的现代形式，通常只能通过网络访问。服务器适用于执行巨大的工作负载，其中可能包括单个复杂应用——通常是科学或工程应用程序，也可以执行许多小型作业，例如在构建大型 Web 服务器时发生的任务。这些应用程序通常来自其他来源（如数据库或模拟系统）的软件，但往往会针对特定需求进行修改或定制。服务器采用与桌面计算机相同的基础技术构建，但能够提供更强大的计算、存储和输入 / 输出能力。通常情况下，服务器更强调可靠性，因为相比单用户个人计算机而言，服务器发生故障的代价更高。

服务器：用于为多个用户并行运行大型程序的计算机，通常只能通过网络访问。

服务器的成本和功能范围跨度极其广泛。最低端的服务器可能比一台不带屏幕和键盘的桌面计算机稍贵一些，大约需要 1000 美元。此类低端服务器通常用于文件存储、小型商业应用或简单的 Web 服务。最高端的服务器则是**超级计算机**（supercomputer），当前的超级计算机一般由几十万个处理器和数**太字节**（terabyte）的内存组成，且成本高达几千万甚至数亿美元。超级计算机通常用于高端科学和工程计算，例如天气预报、石油勘探、蛋白质结构测定和其他大规模问题。尽管这样的超级计算机代表了最高的计算能力，但它们只占据了服务器中相对较小的一部分，在整个计算机市场中所占总销售收入的比例也很小。

超级计算机：具有最高的性能和成本的一类计算机，一般被配置为服务器且通常耗费数千万美元甚至数亿美元。

太字节：原始的定义为 1 099 511 627 776（2^{40}）字节，而通信和辅助存储系统研发人员用其表示 1 000 000 000 000（10^{12}）字节。为了减少混淆，本书使用太比字节（tebibyte, TiB）这个术语来表示 2^{40} 字节，而使用太字节（terabyte, TB）表示 10^{12} 字节。图 1-1 展现了十进制和二进制数值与名称的全部范围。

嵌入式计算机是计算机中最大的一个类别，其应用场景和性能范围也最为广泛。嵌入式计算机包括汽车、电视机中的微处理器或计算机，以及控制飞机或货船的处理器网络。当今的一个流行术语是物联网（IoT），它暗示着所有小型设备都可以通过互联网进行无线通信。嵌入式计算系统的设计目标是运行单一应用程序或者一组相关的应用程序，并且通常和硬件集成在一起以单一系统的方式一并

嵌入式计算机：用于运行某预定应用程序或软件集合的计算机，一般内嵌于其他设备中。

交付。因此，尽管嵌入式计算机的数量庞大，但仍然有大多数用户从来没有意识到他们正在使用计算机。

十进制			二进制			增长百分比
术语	缩写	数值	术语	缩写	数值	
千字节	KB	10^3	千比字节	KiB	2^{10}	2%
兆字节	MB	10^6	兆比字节	MiB	2^{20}	5%
吉字节	GB	10^9	吉比字节	GiB	2^{30}	7%
太字节	TB	10^{12}	太比字节	TiB	2^{40}	10%
拍字节	PB	10^{15}	拍比字节	PiB	2^{50}	13%
艾字节	EB	10^{18}	艾比字节	EiB	2^{60}	15%
泽字节	ZB	10^{21}	泽比字节	ZiB	2^{70}	18%
尧字节	YB	10^{24}	尧比字节	YiB	2^{80}	21%
千尧字节	RB	10^{27}	千尧比字节	RiB	2^{90}	24%
兆尧字节	QB	10^{30}	兆尧比字节	QiB	2^{100}	27%

图 1-1   通过为所有常见规格术语添加二进制记法解决了 2^x 与 10^y 字节的不明确性。在最后一列中，我们标记了二进制术语比相应的十进制术语大出多少的具体比例，可以看到该数值从上往下逐渐增大。这些前缀可以用于位和字节，所以吉位（Gb）为 10^9 位，而吉比位（Gib）为 2^{30} 位。制定公制系统的组织创建了十进制名称的前缀，最后两个数据单位是在 2019 年提出的，用来预测全球存储系统的容量。所有前缀都来源于它们所代表的 1000 的幂的拉丁语词源

嵌入式应用常常具有特定的应用程序要求，这需要将最低性能与严格的成本及功耗限制结合在一起考虑。以音乐播放器为例，处理器只需要尽快执行有限的功能，除此之外，成本和功耗最小化是最重要的目标。尽管成本很低，但是嵌入式计算机通常对故障的容忍度较低，因为故障可能会令人不安（例如，新买的电视无法正常工作），甚至是破坏性的（例如，飞机或货船上的计算机系统崩溃）。在面向消费者的嵌入式应用（如数字家电）中，一般通过简单设计来获得可靠性——其重点在于尽可能地保证一项功能的正常运转。而在大型嵌入式系统中，采用了服务器领域的冗余技术。尽管本书的重点是通用计算机，但大多数概念直接或稍作修改即可适用于嵌入式计算机。

详细阐述 "详细阐述"是正文中的一些简短段落，提供读者可能感兴趣的特定主题的更多详细信息。因为后续材料并不依赖于详细阐述内容，所以对此不感兴趣的读者可以直接跳过。

许多嵌入式处理器都是使用处理器核进行设计的，处理器核是使用 Verilog 或 VHDL（参见第 4 章）等硬件描述语言编写的处理器版本。它使得设计人员可将其他专用硬件与处理器核集成在一块单芯片上进行制造。

1.1.2　欢迎来到后 PC 时代

技术的持续进步给计算机硬件带来了革命性的代际变迁，也改变了整个信息技术产业。从本书的上一版出版以来，我们经历了这种变化，这种变化就好像 40 年前个人电脑所带来的影响一样重大。替代个人电脑的是**个人移动设备**（Personal Mobile Device，PMD）。个人移动设备利用电池供电，通过无线方式连接到互联网，价格通

个人移动设备：连接到互联网的小型无线设备；它们依靠电池供电，并通过下载 App 的方式来安装软件。常见的例子有智能手机和平板电脑。

常只有几百美元。此外，和个人电脑一样，用户可以下载软件（"应用程序"）在其上运行。与个人电脑不同的是，个人移动设备不再拥有键盘和鼠标，更可能依靠触摸屏或语音作为输入。当前的个人移动设备是智能手机或平板电脑，但未来的个人移动设备可能包括电子眼镜。图 1-2 给出了平板电脑及智能手机与个人计算机及传统手机之数量随时间快速增长情况的对比。

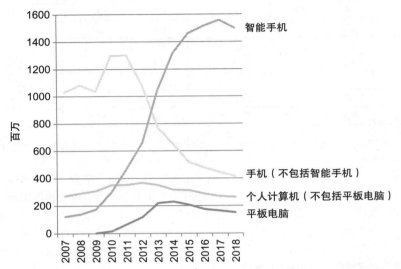

图 1-2   代表着后 PC 时代的平板电脑及智能手机每年的产量与个人计算机及传统手机的对比。智能手机反映了手机行业近期的增长情况，并于 2011 年超过了个人计算机产量。个人计算机、平板电脑和传统手机的数量正在下降。2011 年是手机出货量的高峰年，2012 年是个人计算机出货量的高峰年，2014 年是平板电脑出货量的高峰年。个人计算机从 2007 年占总出货量的 20% 下降到 2018 年的 10%

云计算接替了传统服务器，它依赖于现在称为仓储级计算机（Warehouse Scale Computer，WSC）的巨型数据中心。像亚马逊和谷歌这样的公司构建了包含 50 000 台服务器的仓储级计算机，一些公司租用其中的一部分为个人移动设备提供软件服务而无须建立自己的仓储级计算机。事实上，正如个人移动设备和仓储级计算机正在改变硬件行业一样，通过云计算实现的**软件即服务**（SaaS）正在彻底改变软件行业。当今的软件开发人员经常会将应用的一部分运行在个人移动设备上，另一部分则部署在云上。

云计算：通过互联网提供服务的大规模服务器集群，一些服务提供商动态地将不同数量的服务器作为像水、电一样的公用资源进行租用。

软件即服务：通过互联网以服务的方式提供软件和数据，通常是通过一个小型客户端程序（例如运行在本地客户端设备上的浏览器）连接网络以运行程序或获取数据，而不是必须完全在本地设备上安装和运行所有二进制代码。具体的例子包括 Web 搜索和社交网络。

1.1.3   你能从本书中学到什么

成功的程序员总是关注程序的性能，因为让用户快速获得结果对于软件的成功而言至关重要。20 世纪六七十年代，限制计算机性能的主要因素是计算机的内存容量。因此，当时的程序员经常遵循一个简单的信条：尽量减少程序占用的内存空间以加速程序运行。近 20 年以来，计算机设计和存储器技术有了显著进步，除了嵌入式计算系统以外，大多数应用系统中内存容量对计算机性能的影响已大大降低了。

现在，关心性能的程序员应该非常明确，20世纪60年代的简单存储模型已经不复存在，现代计算机的特征是处理器的并行性和存储的层次性。我们将在第3章至第6章中展示如何将C程序的性能提高200倍，从而阐释这一理解的重要性。此外，正如我们在1.7节中所阐述的，当今程序员需要考虑在个人移动设备或云上程序运行的能效，这就要求他们了解代码之下的诸多细节。因此，为了创造有竞争力的软件，程序员必须加强对计算机组成的认知。

我们很荣幸有机会解释这个革命性的计算机器中的内容，并阐明程序之下的软件以及机箱覆盖下的硬件是如何工作的。在你读完这本书的时候，我们相信你能够回答以下问题：

- 用C或Java等高级语言编写的程序如何被翻译成机器语言，以及硬件如何执行最终的程序？这些概念是理解软硬件如何影响程序性能的基础。
- 软件和硬件之间的接口是什么？软件如何指导硬件执行所需的功能？这些概念对于理解如何编写软件是至关重要的。
- 什么因素决定了程序的性能，以及程序员如何改进程序性能？我们将从本书知道，这取决于原始程序、将该程序转换成计算机语言的软件以及硬件执行该程序的有效性。
- 硬件设计人员可以使用哪些技术来提高性能？本书将介绍现代计算机设计的基本概念。感兴趣的读者可以在我们的进阶教材《计算机体系结构：量化研究方法》中找到更多关于此主题的内容。
- 硬件设计人员可以使用哪些技术来改善能效？程序员可以做些什么来改变能效？
- 串行处理发展到并行处理的原因和结果是什么？本书给出了这一发展变化的动机，描述了当前支持并行的硬件机制，并评述了新一代**"多核"微处理器**（见第6章）。

多核微处理器：在单个集成电路中包含多个处理器（"核"）的微处理器。

- 自1951年第一台商用计算机诞生以来，计算机架构师提出的哪些伟大思想奠定了现代计算技术的基础？

如果不了解这些问题的答案，那么要在现代计算机上改进程序性能，或者要评估不同计算机解决特定问题的优劣，都将是一个复杂的反复试验过程而非一个深入分析的科学过程。

第1章为本书的其余章节奠定基础。其中介绍了基本概念和定义，对软件和硬件的主要组成部分进行了剖析，展示了如何评估性能和功耗，介绍了集成电路（推动计算机革命的技术），并在最后解释了技术向多核转变的原因。

在本章及后面的章节中，读者可能会看到很多新的术语，或者可能听到过但不确定确切含义的术语。请不要惊慌或担心！在描述现代计算机时，确实会使用许多专用术语，这使我们能够精确地描述计算机的功能或性能。此外，计算机设计师（包括本书作者）喜欢使用**首字母缩略词**，一旦知道这些字母代表的是什么，就很容易理解了。为了帮助读者记住和理解这些术语，在术语第一次出现的时候，本书将给出**明确**定义。经过与术语的短时间接触，你将会熟练掌握它们，而且你的朋友也将对你正确使用BIOS、CPU、DIMM、DRAM、PCIe、SATA等许多缩略词印象深刻。

首字母缩略词：通过提取一串单词的首字母构成的单词。例如：RAM是随机存取储单元（Random Access Memory）的首字母缩略词，CPU是中央处理单元（Central Processing Unit）的首字母缩略词。

为了加强对程序运行时如何应用软件和硬件以影响性能的理解，我们安排了贯穿整书的专门模块"理解程序性能"，概括对程序性能的重要理解。下面就是第一个。

理解程序性能 程序的性能取决于以下各因素的组合：程序中所用算法的有效性，用来创建程序和将其翻译为机器指令的软件系统，计算机执行这些机器指令（可能包括输入 / 输出操作）时的有效性。下表总结了软件和硬件是如何影响程序性能的。

软件或硬件组成部分	该部分如何影响性能	该主题出现的位置
算法	决定了源码级语句的数量和执行I/O操作的数量	其他书籍
编程语言、编译器和体系结构	决定了每条源码级语句对应的计算机指令数量	第2、3章
处理器和存储系统	决定了指令执行速度	第4、5、6章
I/O系统（硬件和操作系统）	决定了I/O操作可能的执行速度	第4、5、6章

自我检测　"自我检测"部分旨在帮助读者评估自己是否理解一章中介绍的主要概念并理解这些概念的含义。其中一些问题的答案比较简单，另外一些问题则适用于小组讨论。在本章最后可以找到一些具体问题的答案。"自我检测"只出现在章节末，如果你确定自己完全理解了该章节的内容，则可以跳过该部分。

1. 每年嵌入式处理器的销售数量远远超过 PC 处理器甚至后 PC 处理器的数量。根据自己的经验，你支持还是反对这种看法？尝试列举你家中的嵌入式处理器。它与你家中传统计算机的数量相比如何？
2. 如前所述，软件和硬件都会影响程序的性能。请思考以下哪个例子属于性能瓶颈。
   - 所选算法
   - 编程语言或编译器
   - 操作系统
   - 处理器
   - I/O 系统和设备

1.2　计算机体系结构中的 7 个伟大思想

现在我们来介绍计算机架构师在过去 60 年中提出的 7 个伟大思想。这些思想非常强大，以至于在应用这些思想产生首台计算机之后的很长时间里，新一代的架构师仍然在设计中通过模仿向先驱致敬。这些伟大的思想将贯穿在本章和后续章节的主题中，明确使用了近 100 次。

1.2.1　使用抽象简化设计

计算机架构师和程序员都必须发明新技术来提高自己的工作效率，否则设计时间会随着资源的增长而显著延长。提高硬件和软件生产率的主要技术之一是使用抽象（abstraction）来表示不同的设计层次——隐藏低层细节以提供给高层一个更简单的模型。

1.2.2　加速经常性事件

加速经常性事件（make the common case fast）远比优化罕见情形能够更好地提升性能。具有讽刺意味的是，经常性事件往往比罕见情形更简单，因此通常更容易提升。这个常识性建议意味着设计者需要知道经常性事件是什么，这只有通过仔细的实验和测量才可能得出（见 1.6 节）。

1.2.3　通过并行提高性能

自计算诞生以来，计算机架构师就通过并行计算操作来获得更高性能。在本书中我们将会看到很多 并行 的例子。

1.2.4　通过流水线提高性能

并行性的一种特殊场景在计算机体系结构中非常普遍，因此它有着专有名称： 流水线 （pipelining）。例如在许多西部片中有坏人纵火，而在消防车出现之前可能会有一个"消防队列"来灭火——小镇居民们排成一个长链来运水灭火，这可以使水桶在链上快速移动而无须人员往返奔跑。

1.2.5　通过预测提高性能

遵照谚语"请求宽恕胜于寻求许可"，下一个伟大思想就是 预测 。在某些情况下，假设从预测错误中恢复的代价并不高，且预测相对准确，则平均来说进行预测并开始工作可能会比等到明确结果后再执行更快。

1.2.6　存储层次

由于存储器的速度通常会影响性能，存储器的容量限制了可被解决的问题的规模，且当今的内存成本常常是计算机成本的主要部分，因此程序员希望存储器速度更快、容量更大、价格更便宜。架构师发现可以通过 存储层次 （hierarchy of memory）来处理这些冲突的需求。在存储层次中，速度最快、容量最小并且每位价格最昂贵的存储器处于顶层，而速度最慢、容量最大且每位价格最便宜的存储器处于底层。正如我们将在第 5 章中看到的那样，高速缓存给了程序员这样的错觉：主存与存储层次顶层几乎一样快，且与存储层次底层拥有几乎一样大的容量和便宜的价格。

1.2.7　通过冗余提高可靠性

计算机不仅要速度快，更需要工作可靠。由于任何物理设备都可能发生故障，因此我们通过引入冗余组件来使系统 可靠 ，该组件在系统发生故障时可以替代失效组件并帮助检测故障。我们使用牵引式挂车（即卡车）来理解可靠性：卡车后轴两侧都具有双轮胎，在一个轮胎出现故障时卡车仍然可以继续行驶。（当然，在一个轮胎出现故障时，卡车司机会立即前往修理厂进行修理，从而恢复其冗余性。）

在之前的版本中，我们列出了第 8 个伟大思想，即"面向摩尔定律的设计"。Intel 公司的创始人之一 Gordon Moore（戈登·摩尔）在 1965 年做出了一个非凡的预测：集成电路资源（单芯片上集成的晶体管数量）将每年翻一番。10 年后，他将自己的预测修正为每两年翻一番。

他的预测是准确的，50 年来，摩尔定律持续推动计算机体系结构的发展。由于计算机设计可能需要数年时间，每个芯片（"晶体管"，参见 1.5 节）的可用资源在项目开始和结束时很容易实现双倍或三倍增长。就像双向飞碟运动员一样，计算机架构师必须预测设计完成时的工艺水平，而不是设计开始时的工艺水平。

然而，没有一种指数增长可以永远持续下去，摩尔定律已经不再准确。摩尔定律的放缓给计算机设计师带来了巨大的挑战。一些人不愿相信摩尔定律的终结，不能接受这样的事实。一部分原因是分不清以下两种说法：摩尔预测的每两年翻一番的趋势现在已经不准确了；半导体工艺水平不再提升。事实上，半导体工艺水平仍然在进步，只不过进步速度较之前慢了许多。从本版开始，我们将讨论摩尔定律放缓带来的问题，该问题将在第6章重点讨论。

详细阐述 在集成电路加工工艺随摩尔定律发展的鼎盛时期，单芯片资源的成本随着加工工艺的进步而降低。在最近几代工艺中，芯片成本保持不变甚至有所提升，其原因包括：加工设备成本提升、在更小的特征尺寸下需要更加精细的加工过程、愿意对新加工工艺进行投资的公司数量减少。越来越少的竞争自然会导致更高的价格。

1.3　程序表象之下

一个典型的应用程序，如字处理程序或大型数据库系统，可以由数百万行代码构成，并依靠软件库来实现异常复杂的功能。众所周知，计算机中的硬件只能执行极为简单的低级指令。从复杂的应用程序到原始的指令涉及若干软件层次来将高层次操作解释或翻译成简单的计算机指令，这可以作为伟大的 抽象 思想的一个例子。

图 1-3 给出了这些软件的层次结构，外层是应用软件，中心是硬件，**系统软件**（systems software）位于两者之间。

> *在巴黎，我对当地人讲法语，他们只是瞪着眼看着我；我从来没能让这些白痴理解他们自己的语言。*
> *马克·吐温，*
> *异国奇遇，1869*

系统软件：提供常用服务的软件，包括操作系统、编译器、加载程序和汇编器等。

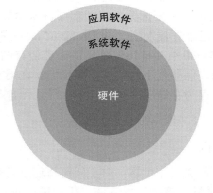

图 1-3　简化的硬件和软件层次图，将硬件作为同心圆的中心，应用软件作为最外层。在复杂的应用中通常存在多层应用软件层。例如，一个数据库系统可运行于系统软件之上，而驻留在该系统软件上的某应用反过来又运行在该数据库之上

系统软件有很多种，其中有两种对于现代计算机系统来说是必需的：操作系统和编译器。**操作系统**（operating system）是用户程序和硬件之间的接口，为用户提供各种服务和监控功能。操作系统最为重要的作用是：

- 处理基本的输入和输出操作。
- 分配外存和内存。
- 为多个应用程序提供共享计算机资源的服务。

当前我们使用的操作系统主要有 Linux、iOS、Android 和 Windows。

编译器（compiler）完成另外一项重要功能：把高级语言（如 C、C++、Java 或 Visual Basic 等）编写的程序翻译成硬件能执行的指令。这个翻译过程是相当复杂的，这里仅作简要介绍，第 2 章将作深入介绍。

操作系统：为了使程序更好地在计算机上运行而管理计算机资源的监控程序。

编译器：将高级语言翻译为计算机所能识别的机器语言的程序。

从高级语言到硬件语言

谈到电子硬件，首先需要谈到电信号的发送。对于计算机来说，最简单的信号是通和断。因此，计算机只用 2 个字母来表示。正如英语 26 个字母写多少不受限制一样，计算机的 2 个字母写多少也不受限制。代表 2 个字母的符号是 0 和 1，我们通常认为计算机语言就是二进制数。每个字母就是二进制数字中的一个**二进制位**（binary digit）或一位（bit）。计算机服从于我们的命令，即计算机术语中的**指令**（instruction）。指令是能被计算机识别并执行的位串，可以将其视为数字。例如，位串

> **二进制位**：也称为位。基数为 2 的数字中的 0 或 1，它是信息的基本组成元素。

1001010100101110

告诉计算机将两个数相加。第 2 章将解释为什么数字既表示指令又表示数据。我们不希望在此处涉及第 2 章的具体内容，但是使用数字既表示指令又表示数据是计算机的基础。

> **指令**：计算机硬件能够理解并遵从的命令。

第一代程序员是直接使用二进制数与计算机通信的，这是一项非常乏味的工作。所以他们很快发明了助记符，以符合人类的思维方式。最初助记符是手工翻译成二进制的，其过程显然过于烦琐。随后设计人员开发了一种称为**汇编器**（assembler）的软件，可以将助记符形式的指令自动翻译成对应的二进制。例如，程序员写下

> **汇编器**：将指令由助记符形式翻译成二进制形式的程序。

add A,B

汇编程序会将该符号翻译成

1001010100101110

该指令告诉计算机将 A 和 B 两个数相加。这种符号语言的名称今天还在用，即**汇编语言**（assembly language）。而机器可以理解的二进制语言是**机器语言**（machine language）。

> **汇编语言**：以助记符形式表示的机器指令。

虽然这是一个巨大的进步，但汇编语言仍然与科学家用来模拟液体流动或会计师用来结算账目所使用的符号相去甚远。汇编语言需要程序员写出计算机执行的每条指令，要求程序员像计算机一样思考。

> **机器语言**：以二进制形式表示的机器指令。

认识到可以编写一个程序来将更强大的高级语言翻译成计算机指令是计算机早期的一个重大突破。**高级编程语言**及其编译器大大地提高了软件的生产率。图 1-4 给出了这些程序和编程语言之间的关系，这是抽象思想之伟大的另外一个例子。

> **高级编程语言**：如 C、C++、Java、Visual Basic 等可移植的语言，由一些单词和代数符号组成，可以由编译器转换为汇编语言。

编译器使得程序员可以写出高级语言表达式。

A + B

编译器将其编译为如下的汇编语言语句：

add A,B

然后，汇编器将此语句翻译为二进制指令，告诉计算机将两个数 A 和 B 相加。

使用高级编程语言有以下几个好处。第一，可以使程序员用更自然的语言来思考，用英文和代数符号来表示，形成的程序看起来更像文字而不是密码表（见图 1-4）。而且，它们可按用途进行设计。例如，Fortran 是为科学计算设计的，Cobol 是为商业数据操作设计的，

Lisp 是为符号操作设计的，等等。还有一些特定领域的语言，只为少数专业人群设计，如机器学习的研究人员等。

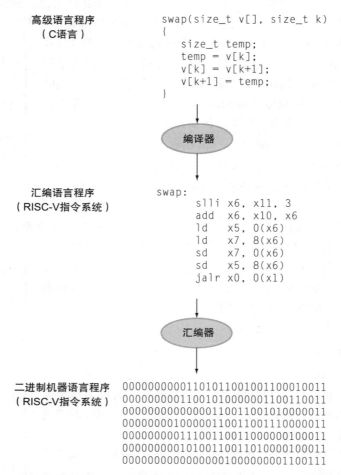

高级语言程序
（C语言）

```
swap(size_t v[], size_t k)
{
    size_t temp;
    temp = v[k];
    v[k] = v[k+1];
    v[k+1] = temp;
}
```

编译器

汇编语言程序
（RISC-V指令系统）

```
swap:
    slli x6, x11, 3
    add  x6, x10, x6
    ld   x5, 0(x6)
    ld   x7, 8(x6)
    sd   x7, 0(x6)
    sd   x5, 8(x6)
    jalr x0, 0(x1)
```

汇编器

二进制机器语言程序
（RISC-V指令系统）

```
00000000001101011001001100010011
00000000011001010000001100110011
00000000000001100110010100000011
00000001000001100110011110000011
00000000011100110011000000100011
00000000010100110011010000100011
00000000000001000000000011100111
```

图 1-4　C 程序编译为汇编语言程序，再汇编为二进制机器语言程序。尽管将高级语言翻译成二进制的机器语言仅需要两步，但一些编译器将"中间人"略去并直接产生二进制的机器语言。这些语言和本图中列举的程序将在第 2 章详细介绍

　　第二，高级语言提高了程序员的生产率。如果使用较少行数的编程语言即可表示出设计用意，则可加速程序的开发，这是软件开发方面少有的共识之一。简明性是高级语言相对汇编语言最为明显的优势。

　　第三，采用高级语言编写程序提高了程序相对于计算机的独立性，因为编译器和汇编程序能够把高级语言程序翻译成任何计算机的二进制指令。高级编程语言的这些好处，使其直到今天仍应用广泛。

1.4　箱盖后的硬件

　　我们已经在上节通过程序揭示了计算机软件，在本节中我们将打开机箱盖学习其中的硬件。任何一台计算机的基础硬件都要完成相同的基本功能：输入数据、输出数据、处理数据和存储数据。本书的主题就是描述这些功能是怎样完成的，随后各章将分别讨论这 4 项任务。

本书在遇到重要知识点时，都会用"重点"标题加以强调，希望读者对其重点记忆。全书大致有 10 多个重要知识点，这里是第一个，即计算机是由输入、输出、处理和存储数据任务的 5 个部件构成的。

计算机的两个关键部件是**输入设备**（input device）和**输出设备**（output device），例如麦克风是输入设备，而扬声器是输出设备。输入为计算机提供数据，输出将计算结果送给用户。像无线网络等设备既是输入设备又是输出设备。

> **输入设备**：为计算机提供信息的装置，如键盘。
>
> **输出设备**：将计算结果输出给用户（如显示器）或其他计算机的装置。

第 5 章和第 6 章将详细介绍 I/O 设备，这里由外部 I/O 设备开始先对计算机硬件做一些基本的介绍。

重点　组成计算机的五个经典部件是输入、输出、存储器、数据通路（在计算机中也称运算器）和控制器，其中后两个部件通常合称为处理器。图 1-5 展示了一台计算机的标准组成部分。该组成与硬件技术无关，你总能够把任何现在或过去的计算机中的任何组件归于这五类组件之一。为了加深读者对这一重点的印象，我们将在每章开始都给出此图，并突出显示该章关注的部分。

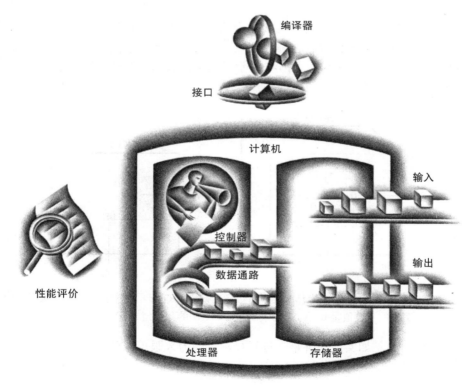

图 1-5　组成计算机的五个经典部件。处理器从存储器中得到指令和数据，输入部件将数据写入存储器，输出部件从存储器中读出数据，控制器向数据通路、存储器、输入和输出部件发出命令信号

1.4.1　显示器

最吸引人的 I/O 设备应该是图形显示器了。大多数个人移动设备都用**液晶显示**（Liquid Crystal Display，LCD）来获得轻巧、低功耗的显示效果。LCD 并非光源，而是控制光的传输。

典型的 LCD 内含棒状液态分子团形成的转动螺旋线，用来弯曲来自显示器后方的光线或者少量的反射光线。当电流通过时，液态分子棒不再弯曲，也不再使光线弯曲。由于两层相互垂直的偏光板之间充满液晶材料，如果它不弯曲则光线不能通过。（在不施加任何电压的情况下，液晶处于初始状态，并将入射光的方向扭转 90°，让背光源的入射光能够通过整个结构，在显示屏上呈现白色；而当施加电压时，光线不再弯曲，显示屏呈现黑色。）今天，大多数 LCD 显示器采用**动态矩阵**（active matrix）**显示**技术，其每个像素都由一个晶体管精确地控制电流，使图像更清晰。在彩色动态矩阵 LCD 中，还有一个红 – 绿 – 蓝屏决定三种颜色分量的强度，每个点需要三个晶体管开关。

通过计算机显示器，我将飞机降落在航空母舰的甲板上，观察到一个原子打到势阱中，乘着火箭以接近光的速度飞翔，同时我了解到计算机最深层的工作原理。

Ivan Sutherland，计算机图形学之父，科学美国人，1984

液晶显示：一种显示技术，用液体聚合物薄层的带电或者不带电来使能或阻止光线的传输。

动态矩阵显示：一种液晶显示技术，使用晶体管控制单个像素上光线的传输。

像素：图像元素的最小单元。屏幕由数百万到数千万像素组成的矩阵构成。

图像由**像素**矩阵组成，可以表示成二进制位的矩阵，称为位图（bit map）。针对不同的屏幕尺寸及分辨率，典型的屏幕中显示矩阵的大小可以从 1024×768 到 2048×1536。彩色显示器使用 8 位来表示每个三原色（红、绿和蓝），每个像素用 24 位表示，可以显示百万种不同的颜色。

计算机硬件采用光栅刷新缓冲区（又称为帧缓冲区）来保存位图以支持图像。要显示的图像保存在帧缓冲区中，每个像素的二进制值以刷新频率读出到显示设备。图 1-6 显示了用 4 位表示一个像素的简化设计的帧缓冲区。

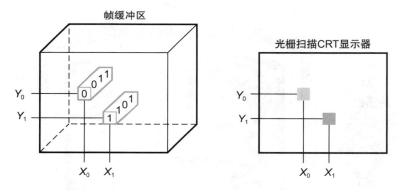

图 1-6   左边帧缓冲区中的每个坐标决定了右边光栅扫描 CRT 显示器中相应坐标的灰度。像素 (X_0, Y_0) 的灰度值是 0011，小于像素 (X_1, Y_1) 的灰度值，(X_1, Y_1) 的灰度值是 1101

使用位图的目的是如实地在屏幕上进行显示。因为人眼可以分辨出屏幕上的细小变化，所以图形系统仍面临着挑战。

1.4.2 触摸屏

PC 使用 LCD 来进行显示，而后 PC 时代的平板电脑和智能手机使用接触敏感的显示设备替代了键盘和鼠标。这使其拥有良好的用户界面，用户直接指向感兴趣的内容，而不需要使用鼠标。

触摸屏可采用多种方式实现，许多平板电脑采用电容感应实现。如果绝缘玻璃上覆盖一层透明的导体，人的手指接触到屏幕范围时，由于人是导体，将会使屏幕的电场发生变化，进而导致电容发生变化。这种技术允许同时接触多个点，可提供非常好的用户界面。

1.4.3　打开机箱

图 1-7 显示了 Apple iPhone XS Max 智能手机的内部结构。不难看出，在计算机的五个经典部件中，I/O 在该设备中占主导地位。I/O 设备包括电容式多点触控 LCD 显示屏、前置摄像头、后置摄像头、麦克风、耳机插孔、扬声器、加速度计、陀螺仪、Wi-Fi 网络和蓝牙网络。数据通路、控制器和存储器只占很小一部分。

图 1-7　Apple iPhone XS Max 手机的组成。左侧是电容式多点触控屏幕和 LCD 显示屏。旁边是电池。最右侧是将 LCD 连接到 iPhone 背面的金属框架。中间的小部件就是我们认为的计算机，为了紧凑地安装在电池旁边的外壳内，它们的形状不是简单的矩形。图 1-8 显示了金属外壳左侧的电路板特写，这是包含处理器和存储器的逻辑印制电路板（由 TechInsights 提供，www.techInsights.com）

图 1-8 中的小矩形是**集成电路**，也称为芯片，是推动计算机发展的关键技术。图 1-8 中间的 A12 芯片包含了两个大的 ARM 处理器和四个小的 ARM 处理器，它们以 2.5 GHz 的时钟频率运行。处理器是计算机中最活跃的部分。它严格按照程序中的指令运行，完成数据计算、数据测试、按照结果发出控制信号让 I/O 设备做出动作等操作。有时，人们将处理器称为**中央处理单元**（central processor unit），即 **CPU**。

为进一步理解硬件，图 1-9 展示了一款微处理器的内部细节。处理器从逻辑上包括两个主要部件——数据通路和控制器，分别相当于处理器的"肌肉"和"大脑"。**数据通路**负责完成算术运算，**控制器**负责指示数据通路、存储器和 I/O 设备按照程序的指令正确执行。第 4 章将进一步详细说明数据通路和控制器。

图 1-8 的 iphone XS Max 封装中还包括一个容量为 2GiB 的内存芯片。**内存**（memory）是程序运行时的存储空间，它同时也用于保存程序运行时所使用的数据。内存由 DRAM 芯片组成。DRAM 是 Dynamic Random Access Memory（**动态随机访问存储器**）的缩写。内存由多片 DRAM 芯片组成，用来承载程序的指令和数据。与串行访问内存（如磁带）不同的是，无论数据存储在什么位置，DRAM 访问内存所需的时间基本相同。

集成电路：也叫芯片，一种集成了几十个至上亿个晶体管的设备。

中央处理单元：也称为处理器，处理器是计算机中最活跃的部分，它包括数据通路和控制器，能完成数据相加、数据测试、按结果发出控制信号使 I/O 设备做出动作等操作。

数据通路：处理器中执行算术操作的部分。

控制器：处理器中根据程序的指令指挥数据通路、存储器和 I/O 设备的部分。

内存：程序运行时的存储空间，同时还存储程序运行时所需的数据。

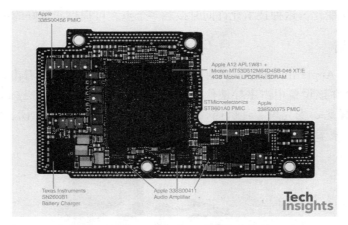

图 1-8　图 1-7 中 Apple iPhone XS Max 的逻辑板。中间的大集成电路是 Apple A12 芯片，它
　　　　包含两个大的 ARM 处理器和四个小的 ARM 处理器，运行频率为 2.5 GHz，封装
　　　　内部还有 2GiB 的主存。图 1-9 显示了 A12 封装内部处理器芯片的照片。连接到背
　　　　面对称板上的大小类似的芯片，是用于非易失性存储的 64 GiB 闪存芯片。板上的
　　　　其他芯片包括电源管理集成控制器和音频放大器芯片（由 TechInsights 提供，www.
　　　　techInsights.com）

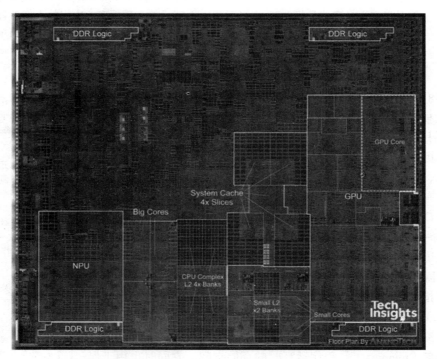

图 1-9　A12 内部的处理器集成电路。芯片尺寸为 8.4mm × 9.91mm，采用 7nm 工艺制造
　　　　（见 1.5 节）。芯片的中间部分是两个相同的 ARM 大核，右下角是四个 ARM 小核，
　　　　最右端是一个图形处理单元（Graphic Processor Unit，GPU，见 6.6 节），最左端是
　　　　用于神经网络的领域定制加速器（见 6.7 节），简称为 NPU。中间部分还包含了大小
　　　　核的二级高速缓存（L2，见第 5 章）。顶端和底端是与主存（DDR DRAM）的接口
　　　　（由 TechInsights 提供，www.techinsights.com）

进一步深入了解任何一个硬件部件会加深对计算机的理解。在处理器内部使用的是另外一种存储器——高速缓存。**高速缓存**（cache memory）是一种小而快的存储器，一般作为 DRAM 的缓冲（缓存的一个非技术性定义是：隐藏事物的安全地方）。高速缓存采用的是另一种存储技术，称为**静态随机访问存储器**（Static Random Access Memory，SRAM），其速度更快而且不那么密集，因此价格比 DRAM 更贵（见第 5 章）。SRAM 和 DRAM 是存储器层次中的两个层次。

如前所述，改进设计的一个伟大思想是抽象。最重要的抽象之一是硬件和底层软件之间的接口。鉴于其重要性，该抽象被命名为计算机**指令系统体系结构**（instruction set architecture），或简称**体系结构**（architecture）。计算机体系结构包含了程序员正确编写二进制机器语言程序所需的全部信息，如指令、I/O 设备等。一般来说，操作系统需要封装 I/O 操作、存储器分配和其他低级的系统功能细节，以使得应用程序员无须关注这些细节。提供给应用程序员的基本指令系统和操作系统接口合称为**应用二进制接口**（Application Binary Interface，ABI）。

计算机体系结构可以让计算机设计者独立地讨论功能，而不必考虑具体硬件。例如，我们讨论数字时钟的功能（如计时、显示时间、设置闹钟）时，可以不涉及时钟的硬件（如石英晶体、LED 显示、按钮）。计算机设计者将体系结构与体系结构的**实现**（implementation）分开考虑也是沿用同样的思路：硬件的实现方式必须依照体系结构的抽象。这些概念产生了另一个重点。

重点 无论硬件还是软件都可以使用抽象分成多个层次，每个较低的层次把细节对上层隐藏起来。抽象层次中的一个关键接口是指令系统体系结构——硬件和底层软件之间的接口。这一抽象接口使得同一软件可以由成本不同、性能也不同的实现方法来完成。

1.4.4 数据安全

到目前为止，我们已经理解了如何输入数据，如何使用这些数据进行计算，以及如何显示结果。然而，一旦关掉电源，所有数据就丢失了，因为计算机中的内存是**易失性存储**。与之不同的是，如果关掉 DVD 机的电源，所记录的内容将不会丢失，因为 DVD 采用的是**非易失性存储**。

为了区分易失性存储与非易失性存储，我们将前者称为**主存储**（main memory）或**主要存储**（primary memory），将后者称为**辅助存储**（secondary memory）。辅助存储形成了存储层次中更低的一层。DRAM 自 1975 年起在主存储中占主导地位，而**磁盘**在辅助存储中占主导地位的时间更早。由于器件尺寸和前面所述的特点，非易失性半导体存储——**闪存**（flash memory）在个人移动设备中替代了磁盘。图 1-8 所示的 iPhone XS 中的芯片上包含了 64 GiB 闪存。除了非易失性外，闪存比 DRAM 慢，但却便宜很多。虽然每位的价格

DRAM：动态随机访问存储器，集成电路形式的存储器，可随机访问任何地址的内存。在 2012 年，其访问时间大约为 50ns，每 GB 的价格为 5～10 美元。

高速缓存：高速缓存是一种小而快的存储器，一般作为大而慢的存储器的缓冲。

静态随机访问存储器：另一种集成电路形式的存储器，但是比 DRAM 更快，集成度更低。

指令系统体系结构：也叫体系结构，是低层次软件和硬件之间的抽象接口，包含编写正确运行的机器语言程序所需要的全部信息，包括指令、寄存器、存储器访问和 I/O 等。

应用二进制接口：用户部分的指令加上应用程序员调用的操作系统接口，定义了二进制层次可移植的计算机的标准。

实现：遵循体系结构抽象的硬件。

易失性存储：类似 DRAM 的存储器，仅在加电时保存数据。

非易失性存储：在掉电时仍可保持数据的存储器，用于存储需运行的程序，例如 DVD。

主存储：也叫主要存储。这种存储用来保持运行中的程序，在现代计算机中一般由 DRAM 组成。

高于磁盘，但是闪存在体积、电容、可靠性和能耗方面都优于磁盘。因此闪存是个人移动设备中的标准辅助存储。遗憾的是，与硬盘和 DRAM 不同的是，闪存在写入 100 000 ～ 1 000 000 次后可能老化或损坏。因此，文件系统必须记录写操作的数目，而且具备类似"移动常用的数据"这种避免存储器损坏的策略。在第 5 章中将会对磁盘和闪存进行详细介绍。

1.4.5 与其他计算机通信

我们已经介绍了如何输入、计算、显示和保存数据，但对于今天的计算机来说，还有一项不可缺少的功能：计算机网络。如图 1-5 所示，处理器与存储器和 I/O 设备连接。通过网络，一台计算机可以与其他计算机通信，从而扩展计算能力。当今网络已经十分普遍，逐步成为计算机系统的核心组成部分。一台新型个人移动设备或服务器如果没有网络接口将是十分可笑的。联网的计算机具有如下几个主要优点：

- 通信：信息可在计算机之间高速交换。
- 资源共享：I/O 设备可以通过网络共享，不必每台计算机都配备。
- 远距离访问：用户无须在要使用的计算机旁边，可远距离连接计算机。

网络的传输距离和性能是多种多样的，根据传输速度以及信息传输的距离，通信代价随之增长。最为普遍的网络类型是以太网。它的传输距离可达到 1 公里，传输速率可达到 10Gbps。根据传输距离和速率特点，以太网可以将一座建筑物中同一层的计算机连接起来，这就形成了通常称为局域网（Local Area Network，LAN）的一个例子。局域网通过交换机进行连接，可以提供路由与安全服务。**广域网**可跨越大陆，是因特网的骨干构成部分，可支持万维网。它通常以光纤为基础并从通信公司租用。

在过去的 40 年间，因为广泛的使用和性能的大幅度提升，网络已经改变了计算的方式。在 20 世纪 70 年代，个人很难接触到电子邮件，网络和 Web 还不存在，物理邮寄的磁带成为两地之间传输大量数据的主要载体。局域网根本不存在，少数几个广域网容量很小且访问受限。

随着网络技术的进步，网络变得越来越便宜，速度越来越快。约 40 年前，第一个标准局域网的最大带宽为 10Mbps，只能支持数十台计算机共享工作。今天，局域网技术已能提供 1Gbps ～ 100Gbps 的带宽。光通信技术已经使广域网有了类似的发展，带宽从几百 Kbps 到 Gbps，支持几百到几百万台计算机与全球网络互连。网络规模的飞速扩大，伴随着带宽的急剧增长，使得网络技术成为最近 30 年来信息革命的中心。

近 15 年来，新的联网创新变革了计算机通信的方式。推动后 PC 时代的无线技术的广泛应用，加上原本用于无线电的廉价半导体技术（CMOS）被用于存储器和微处理器，使其价格大幅度降低，产量剧增。当前无线通信技术（IEEE 标准 802.11ac）支持从 1Mbps 到近 1300Mbps 的传输速率。无线技术和基于线路的网络相当不同，因为所有用户可以在最近的区域里共享电波。

辅助存储：非易失性存储，用来保存两次运行之间的程序和数据。在个人移动设备中一般由闪存组成，在服务器中由磁盘组成。

磁盘：也叫硬盘，是使用磁介质材料构成的以旋转盘片为基础的非易失性二级存储设备。因为是旋转的机械设备，所以磁盘的访问时间大约是 5 ～ 20 毫秒，2020 年每 GB 的价格大约为 0.01 ～ 0.2 美元。

闪存：一种非易失性半导体内存，单位价格和速度均低于 DRAM，但单位价格比磁盘高，速度也比磁盘快。其访问时间大约为 5 ～ 50 毫秒，2012 年，每 GB 的价格大约为 0.75 ～ 1 美元。

局域网：一种用于在一定地理区域（例如同一栋大楼）内传输数据的网络。

广域网：一种可以跨越大陆数百公里的网络。

自我检测　半导体 DRAM 存储器、闪存和磁盘存储器有很大差别。对于任一技术，试从易失性、相对 DRAM 的近似访问时间和相对 DRAM 的近似价格三方面进行比较。

1.5　处理器和存储制造技术

　　处理器和存储正在以令人难以置信的速度发展，因为计算机设计者一直采用最新的电子技术进行设计，以期在竞争中取得优势。图 1-10 描述了不断进步的各种新型技术，包括这些技术出现的时间和性价比。这些技术确定了计算机能够做什么，以及以多快的速度发展变化。我们相信，所有计算机专业人员都应该熟悉集成电路的基础知识。

年份	计算机中采用的技术	相对性价比
1951	真空管	1
1965	晶体管	35
1975	集成电路	900
1995	超大规模集成电路	2 400 000
2020	甚大规模集成电路	500 000 000 000

图 1-10　随着时间的推进，不同计算机实现技术的性价比。来源：波士顿计算机博物馆，其中 2020 年的数据由作者推断得到（见 1.13 节）

　　晶体管仅仅是一种受电流控制的开关。集成电路是由成千上万个晶体管组成的芯片。当戈登·摩尔预测资源持续翻番时，他是在预测单芯片上晶体管数量的增长速度。为了描述这些晶体管从几百个增长到成千上万的情形，形容词超大规模被添加到术语中，即**超大规模集成电路**（Very Large-Scale Integrated Circuit），简写为 VLSI。

晶体管：一种由电信号控制的简单开关。

超大规模集成电路：由数十万到数百万晶体管组成的电路。

　　集成度的增长率是相当稳定的。图 1-11 描述了自 1977 年以来 DRAM 容量的发展情况。从图中可以看出，由于摩尔定律放缓的影响，最近用了 6 年的时间才将容量翻了两番。

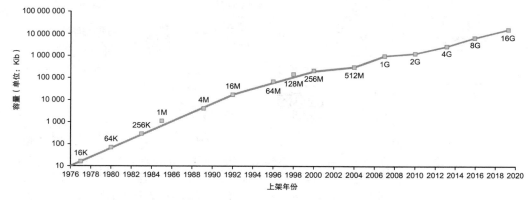

图 1-11　单片 DRAM 容量随时间增长的情况。纵轴单位为 Kib（2^{10} 位）。在过去的几十年中，平均每隔 3 年 DRAM 容量翻两番，即每年增长约 60%。近年来，增长速度有所放缓，接近每 2 到 3 年翻一番的水平。摩尔定律的放缓以及制造更小尺寸的 DRAM 单元难度的增加，给 DRAM 三维结构的比例带来技术挑战

为了理解集成电路的制造过程，我们从头开始介绍。芯片的制造从**硅**开始，硅是沙子中的一种物质。由于硅的导电能力不强，因此称为**半导体**。使用特殊的化学方法可以对硅添加某些材料，将其细微的区域转变为以下三种类型之一：

- 优秀的导电体（细微的铜线或铝线）。
- 优秀的绝缘体（类似于塑料或玻璃膜）。
- 可在特殊条件下导电或绝缘的区域（作为开关）。

晶体管属于第三种类型。VLSI 电路是由数十亿个上述三种类型的材料组合起来并封装在一起制成的。

集成电路的制造过程对芯片的价格非常关键，因此对计算机设计者十分重要。图 1-12 给出了集成电路制造的整个过程。集成电路的制造是从**硅锭**（silicon crystal ingot）开始的，它像一根巨大的香肠。目前使用的硅锭直径大部分为 8 ～ 12in$^{\ominus}$，长度大部分为 12 ～ 24in。硅锭经切片机切成厚度不超过 0.1in 的**晶圆**。这些晶圆经过一系列化学加工过程最终生成前述的晶体管、导体和绝缘体。如今的集成电路仅包含一层晶体管，但可能具有 2 至 8 层的金属导体，并由绝缘层隔开。

晶圆或者曝光成像的几十个步骤中出现一个细微的瑕疵就会使其附近的电路失效，这些**缺陷**（defect）使得制成一个完美的晶圆几乎是不可能的。解决这一问题的最简单策略是，将许多独立组件放置在某一晶圆上，然后在曝光成像后切割为**晶片**（die），有时候也非正式地称为**芯片**（chip）。图 1-13 的照片所示就是切割之前的微处理器晶圆，而图 1-9 则是单个微处理器晶片的照片。

> **硅**：一种自然元素，是一种半导体。
>
> **半导体**：一种导电性能不好的物质。
>
> **硅锭**：一根由单硅晶体构成的圆棒。直径大部分为 8 ～ 12in，长度大部分为 12 ～ 24in。
>
> **晶圆**：厚度不超过 0.1in 的硅锭切片，用于制造芯片。
>
> **缺陷**：晶圆或者曝光成像过程中的一个微小的瑕疵，晶片可能因为包含这个缺陷而失效。
>
> **晶片**：从晶圆中切割出来的一个单独的矩形区域，非正式的名称是芯片。

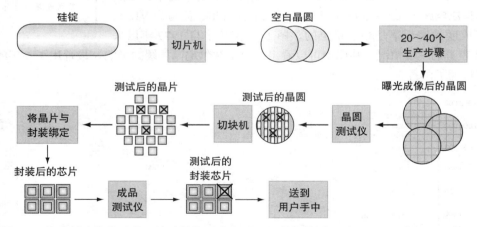

图 1-12   芯片制造的全过程。从硅锭切下来之后，空白的晶圆经过 20 ～ 40 步加工，产生曝光成像后的晶圆（见图 1-13）。这些曝光成像后的晶圆由晶圆测试设备进行测试，测试后生成一张图，表明哪些部分是合格的。之后，这些晶圆被进一步切成晶片（见图 1-9）。在本图中，一个晶圆能生产 20 个晶片，其中有 17 个通过测试（× 表示该晶片存在缺陷）。本例中晶片的良率是 17/20，也就是 85%。这些合格晶片被封装起来并且在发布给用户之前再次测试。不合格的封装会在最终测试中被发现

图 1-13　第十代 Intel Core 处理器（Ice Lake）芯片的 10 纳米 12 英寸（300mm）晶圆（Intel
　　　　提供）。该晶圆在良率为 100% 时，可产生的晶片数目是 506。根据 AnandTech1 的
　　　　说法，每个 Ice Lake 芯片为 11.4mm × 10.7mm。晶圆边缘几十个不完整的芯片是没
　　　　用的。之所以包含它们，是因为这样给硅片生产用于曝光的掩膜相对容易。该晶片
　　　　使用 10nm 的工艺，这意味着最小的晶体管的特征尺寸约为 10nm，尽管它们通常
　　　　比实际的特征尺寸还要小。这个特征尺寸是将晶体管"图纸尺寸"和最终的生产尺
　　　　寸相比得出的

通过切分，可以只淘汰那些有瑕疵的晶片，而不必淘汰整个晶
圆。对这一过程的量化描述可以用工艺**良率**（yield）来表示，其定
义为合格晶片数占总晶片数的百分比。

> **良率**：合格芯片数占总芯片数的百分比。

当晶片尺寸增大时，集成电路的价格会快速上升，因为良率和晶圆中晶片的总数都下降
了。为了降低价格，较大的晶片常采用下一代工艺来收缩尺寸，因为它使用了更小的晶体管
和导线。这可以改进每晶圆的晶片数和工艺良率。2020 年的典型工艺尺寸为 7nm，这意味着
晶片上的最小特征尺寸是 7nm。

合格晶片要连接到 I/O 引脚上，使用压焊工艺形成封装。由于封装过程也可能出错，因
此在封装之后必须进行最后一次测试再交付给用户。

虽然我们已经讨论了芯片的成本，但是成本和价格是有区别的。公司要从市场上获得最
大的投资回报，投资回报必须包括公司的研发（R&D）、营销、销售、制造设备维护、场地
租金、账务等成本，且要有税前利润和税收。单一供应商芯片（如微处理器）的利润可能高
于多供应商芯片（如 DRAM）的利润。由于价格会根据供求关系波动，多家公司很容易制造
出超过市场需求的芯片。

详细阐述　集成电路的成本可以用下面 3 个简单公式来表示：

$$每晶片的价格 = \frac{每晶圆的价格}{每晶圆的晶片数 \times 良率}$$

$$每晶圆的晶片数 \approx \frac{晶圆面积}{晶片面积}$$

$$工艺良率 = \frac{1}{(1 + (单位面积的缺陷数 \times 芯片面积 / 2))^N}$$

第一个公式是直接导出的。第二个公式是近似的，因为没有减去晶圆边上不满足晶片矩

形要求的面积（参见图 1-13）。第三个公式是基于集成电路工厂的良率经验，与重要加工步骤的数量呈指数关系。

因此，晶片的成本取决于工艺良率、晶片和晶圆的面积，与晶片面积之间一般并不是线性关系。

自我检测　产量是决定集成电路价格的关键因素之一。下列哪些理由说明了芯片产量越高成本就越低？

1. 高产量使得在制造过程中能够面向具体设计做适当调节，从而提高良率。
2. 设计高产量芯片的工作量比设计低产量芯片的小。
3. 制造芯片用的掩膜很贵，产量高时每芯片的成本就低。
4. 工程开发的成本高，并且很大程度上与产量无关，故产量高时每芯片的开发成本较低。
5. 产量高时，通常每晶片的面积比产量低时小，因此良率较高。

1.6　性能

对计算机的性能进行评价是富有挑战性的。由于现代软件系统的规模及其复杂性，加上硬件设计者广泛采用了大量先进的性能改进方法，使性能评价变得更加困难。

在不同的计算机中挑选合适的产品，性能是极其重要的因素之一。精确地测量和比较不同计算机之间的性能对于购买者和设计者都很重要。销售计算机的人也需要知道这些。销售人员通常希望用户看到他们的计算机表现最好的一面，无论这一面是否能准确地反映购买者的应用需求。因此，理解怎样才能更合理地测量性能并知晓所选择的计算机的性能限制相当重要。

本节将首先介绍性能评价的不同方法，然后分别从计算机用户和设计者的角度描述性能的度量标准，最后分析这些度量标准之间有什么联系，并提出经典的处理器性能公式，我们在全书中都要使用它进行性能分析。

1.6.1　性能的定义

当我们说一台计算机比另一台计算机具有更好的性能时，意味着什么？虽然这个问题看起来很简单，但如果用客机问题模拟一下，就可以知道其内藏玄机。图 1-14 列出了若干典型客机的型号、载客量、航程、航速等参数。如果要指出表中哪架客机的性能最好，那么我们首先要对性能进行定义。如果考虑不同的性能度量，那么性能最佳的客机是不同的。可以看到，巡航速度最高的是 Concorde（已于 2003 年退出服务序列），航程最远的是波音 777-200LR，载客量最大的则是空中客车 A380-800。

飞机	载客量	航程（mile）	航速（mile/h）	乘客吞吐率（载客量×航速）
波音737	240	3000	564	135 360
英国宇航公司/Sud Concorde	132	4000	1350	178 200
波音777-200LR	301	9395	554	166 761
空中客车A380-800	853	8477	587	500 711

图 1-14　若干商用飞机的载客量、航程和航速。最后一列展示的是飞机运载乘客的速度，它等于载客量乘以航速（忽略距离、起飞和降落次数）

假定用速度来定义性能，这里仍然有两种可能的定义。如果你关心点对点的到达时间，那么可以认为只搭载一名旅客的航速最快的客机是性能最好的。如果你关心的是运输 500 名旅客，那么如图中最后一列所示，空中客车 A380-800 的性能是最好的。与此类似，我们可以用若干不同的方法来定义计算机性能。

如果你在两台不同的桌面计算机上运行同一个程序，那么可以说首先完成作业的那台计算机更快。如果你运行的是一个数据中心，有好几台服务器供很多用户投放作业，那么应该说在一天之内完成作业最多的那台计算机更快。个人计算机用户会对降低**响应时间**（response time）感兴趣，响应时间是指从开始一个任务到该任务完成的时间，又被称为**执行时间**。而数据中心的管理者感兴趣的常常是提高**吞吐率**或者**带宽**——在给定时间内完成的任务数。因此，在大多数情况下，我们需要对个人移动设备采用不同的应用程序作为评测基准，并采用不同的性能度量标准。个人移动设备更关注响应时间，而服务器则更关注吞吐率。

> **响应时间**：也叫执行时间（execution time），是计算机完成某任务所需的总时间，包括硬盘访问、内存访问、I/O 活动、操作系统开销和 CPU 执行时间等。

> **吞吐率**：也叫作带宽（bandwidth），性能的另一种度量参数，表示单位时间内完成的任务数量。

┃例题┃吞吐率和响应时间 ─────────────────────────

下面两种改进计算机系统的方式能否增加其吞吐率或减少其响应时间，或可二者兼得？

1. 将计算机中的处理器更换为更高速的型号。
2. 为系统增加额外的处理器，使用多处理器来分别处理独立的任务，如搜索万维网等。

┃答案┃ 一般来说，降低响应时间几乎总是可以增加吞吐率。因此，方式 1 同时改进了响应时间和吞吐率。方式 2 不会使任务完成得更快，只有吞吐率得到提高。

但是，如果方式 2 对处理任务的需求和吞吐率一样大，系统可能强制后续请求进行排队。在这种情况下，改善吞吐率可同时改进响应时间，因为这会减少队列中的等待时间。所以，在实际的计算机系统中，响应时间和吞吐率往往相互影响。 ─────────■

在讨论计算机性能时，本书前几章将主要考虑响应时间。为了使性能最大化，我们希望任务的响应时间或执行时间最小化。对于某个计算机 X，我们可将性能和执行时间的关系表达为：

$$性能_X = \frac{1}{执行时间_X}$$

这意味着如果有两台计算机 X 和 Y，X 比 Y 性能更好，则有

$$性能_X > 性能_Y$$
$$\frac{1}{执行时间_X} > \frac{1}{执行时间_Y}$$
$$执行时间_Y > 执行时间_X$$

也就是说，如果 Y 的执行时间比 X 长，那么就说 X 比 Y 快。

在讨论计算机设计时，经常要定量地比较两台不同计算机的性能。我们将使用"X 的执行速度是 Y 的 *n* 倍"的表述方式，即

$$\frac{性能_X}{性能_Y} = n$$

如果 X 的执行速度是 Y 的 n 倍，那么在 Y 上的执行时间是在 X 上的执行时间的 n 倍，即

$$\frac{性能_X}{性能_Y} = \frac{执行时间_Y}{执行时间_X} = n$$

| 例题 | 相对性能 ——

如果计算机 A 运行一个程序只需要 10 秒，而计算机 B 运行同样的程序需要 15 秒，那么计算机 A 比计算机 B 快多少？

| 答案 | 我们知道，如果

$$\frac{性能_A}{性能_B} = \frac{执行时间_B}{执行时间_A} = n$$

则计算机 A 的执行速度是计算机 B 的 n 倍，故性能之比为

$$\frac{15}{10} = 1.5$$

因此 A 的执行速度是计算机 B 的 1.5 倍。————————————————————————————————

在以上的例子中，我们可以说，计算机 B 比计算机 A 慢 1/3，因为

$$\frac{性能_A}{性能_B} = 1.5$$

意味着

$$\frac{性能_A}{1.5} = 性能_B$$

简单地说，当我们试图将计算机的比较结果量化时，通常使用术语"和……的性能一样"。因为性能和执行时间是倒数关系，提高性能就需要减少执行时间。为了避免对术语增加和减少的潜在误解，当我们想说"改善性能"和"改善执行时间"的时候，通常说"增加性能"和"减少执行时间"。

1.6.2　性能的度量

时间是计算机性能的衡量标准：完成同样的计算任务，需要时间最少的计算机是最快的。程序的执行时间一般以秒为单位。然而，时间可以用不同的方式来定义，这取决于我们所计数的内容。对时间最直接的定义是挂钟时间（wall clock time），也叫响应时间（response time）、运行时间（elapsed time）等。这些术语均表示完成某项任务所需的总时间，包括了磁盘访问、内存访问、I/O 活动和操作系统开销等一切时间。

计算机经常被共享使用，一个处理器也可能同时运行多个程序。在这种情况下，系统可能更侧重于优化吞吐率，而不是致力于将单个程序的执行时间变得最短。因此，我们往往要把运行自己任务的时间与一般的运行时间区别开来。在这里可以使用 **CPU 执行时间**（CPU execution time）来进行区别，简称为 **CPU 时间**，只表示在 CPU 上花费的时间，而不包括等待 I/O 或运行其他程序的时间。（需要注意的是，用户所感受到的是程序的运行时间，而不是 CPU 时间。）CPU 时间还可进一步分为用于用户程序的时间和操作系统为用户程序执

CPU 执行时间：简称为 CPU 时间，执行某一任务在 CPU 上所花费的时间。

行相关任务所花去的 CPU 时间。前者称为**用户 CPU 时间**（user CPU time），后者称为**系统 CPU 时间**（system CPU time）。要精确区分这两种 CPU 时间是困难的，因为通常难以分清哪些操作系统的活动是属于哪个用户程序的，而且不同操作系统的功能也千差万别。

> **用户 CPU 时间**：程序本身所花费的 CPU 时间。

为了一致，我们保持区分基于响应时间的性能和基于 CPU 执行时间的性能。我们使用术语**系统性能**（system performance）表示空载系统的响应时间，并用术语 **CPU 性能**（CPU performance）表示用户 CPU 时间。本章我们概括介绍计算机性能，虽然既适用于响应时间的度量，也适用于 CPU 时间的度量，但本章的重点将放在 CPU 性能上。

> **系统 CPU 时间**：为执行程序而花费在操作系统上的时间。

理解程序性能 不同的应用关注计算机系统性能的不同方面。许多应用，特别是那些运行在服务器上的应用，主要关注 I/O 性能，所以此类应用既依赖硬件又依赖软件，关注的是测量出的总执行时间。在其他一些应用中，用户可能对吞吐率、响应时间或两者的复杂组合更为关注（例如，最差响应时间下的最大吞吐率）。要改进程序的性能，必须明确定义性能指标，然后通过测量程序执行时间、查找可能的限制因素来找到性能瓶颈。在后续章节中，我们将介绍如何在系统的各个部分寻找瓶颈并改进性能。

虽然作为计算机用户我们关心的是时间，但当我们深入研究计算机的细节时，使用其他的度量可能更为方便。特别是对计算机设计者而言，他们需要考虑如何度量计算机硬件完成基本功能的速度。几乎所有计算机的构建都需要基于时钟，该时钟确定各类事件在硬件中何时发生。这些离散时间间隔被称为**时钟周期数**（clock cycle，或称**滴答数**、**时钟滴答数**、**时钟数**、**周期数**）。设计人员在提及**时钟周期**时，可能使用完整时钟周期的时间（例如 250 皮秒或 250ps），也可能使用时钟周期的倒数，即时钟频率（例如 4GHz），在下一小节中，我们将正式确定硬件设计者常用的时钟周期与计算机用户常用的秒数之间的关系。

> **时钟周期数**：也叫滴答数、时钟滴答数、时钟数、周期数，为计算机一个时钟周期的时间，通常是指处理器时钟，并在固定频率下运行。

> **周期长度**：每个时钟周期持续的时间长度。

自我检测

1. 假设某应用同时使用了个人移动设备和云，其性能受网络性能限制。那么对于下列三种方法，哪种只改进了吞吐率？哪种同时改进了响应时间和吞吐率？哪种都没有改进？

   a. 在个人移动设备和云之间增加一条额外的网络信道，从而增加总的网络吞吐率，并减少网络访问的延迟（现在已经存在两条网络信道）。

   b. 改进网络软件，从而减少网络通信延迟，但并不增加吞吐率。

   c. 增加计算机的内存。

2. 计算机 C 的性能是计算机 B 的 4 倍，而计算机 B 运行给定的应用需要 28 秒，请问计算机 C 运行同样的应用需要多长时间？

1.6.3 CPU 性能及其度量因素

用户和设计者往往用不同的指标衡量性能。如果我们能够将这些不同的指标联系起来，就可以确定设计变更对用户可感知的性能的影响，由于我们都在关注 CPU 性能，因此性能度量的基本指标应该是 CPU 执行时间。一个简单公式可将最基本的指标（时钟周期数和时钟周期长度）与 CPU 时间联系起来：

$$程序的\ CPU\ 执行时间 = 程序的\ CPU\ 时钟周期数 \times 时钟周期长度$$

由于时钟频率和时钟周期长度互为倒数，故另一种表达形式为

$$程序的CPU执行时间 = \frac{程序的CPU时钟周期数}{时钟频率}$$

这个公式清楚地表明，硬件设计者减少程序执行所需的 CPU 时钟周期数或缩短时钟周期长度，就能改进性能。在后面几章中我们将看到，设计者经常要面对这二者之间的权衡。许多技术在减少时钟周期数的同时也会增加时钟周期长度。

┃例题┃改进性能 ──■

我们最喜欢的某个程序在时钟频率为 2GHz 的计算机 A 上运行需要 10 秒。现在尝试帮助计算机设计者建造一台计算机 B，将运行时间缩短为 6 秒。设计人员已经确定可以大幅提高时钟频率，但这可能会影响 CPU 其余部分的设计，使得计算机 B 运行该程序时需要相当于计算机 A 的 1.2 倍的时钟周期数。那么，我们应该建议计算机设计者将时钟频率设计目标确定为多少？

┃答案┃ 我们首先要知道在 A 上运行该程序需要多少时钟周期数：

$$CPU时间_A = \frac{CPU时钟周期数_A}{时钟频率_A}$$

$$10秒 = \frac{CPU时钟周期数_A}{2\times10^9 \dfrac{时钟周期数}{秒}}$$

$$CPU时钟周期数_A = 10秒 \times 2\times10^9 \frac{时钟周期数}{秒} = 20\times10^9 时钟周期数$$

在 B 上执行程序的 CPU 时间可用下述公式计算：

$$CPU时间_B = \frac{1.2\times CPU时钟周期数_A}{时钟频率_B}$$

$$6秒 = \frac{1.2\times20\times10^9时钟周期数}{时钟频率_B}$$

$$时钟频率_B = \frac{1.2\times20\times10^9时钟周期数}{6秒} = \frac{0.2\times20\times10^9时钟周期数}{秒}$$

$$= \frac{4\times10^9时钟周期数}{秒} = 4GHz$$

因此，要在 6 秒内运行完该程序，计算机 B 的时钟频率必须提高为 A 的 2 倍。────■

1.6.4　指令性能

上述性能公式并未涉及程序所需的指令数。然而，由于编译器明确生成了要执行的指令，且计算机必须通过执行指令来运行程序，因此执行时间必然依赖于程序中的指令数。一种考虑执行时间的方法是，执行时间等于执行的指令数乘以每条指令的平均时间。因此，一个程序需要的时钟周期数可写为：

$$CPU\ 时钟周期数 = 程序的指令数 \times 指令平均时钟周期数$$

指令平均时钟周期数（clock cycle per instruction）表示执行每条指令所需的时钟周期平均数，缩写为 CPI。根据所完成任务的不同，不同的指令需要的时间可能不同，CPI 是程序的所有指令所用时钟周期的平均数。CPI 提供了一种相同指令系统在不同实现下比较性能的方法，因为在指令系统不变的情况下，一个程序执行的指令数是不变的。

> **指令平均时钟周期数**：表示执行某个程序或者程序片段时每条指令所需的时钟周期平均数。

┃例题┃ 性能公式的使用 ────────────────

假设我们有相同指令系统的两种不同实现。计算机 A 的时钟周期长度为 250ps，对某程序的 CPI 为 2.0；计算机 B 的时钟周期长度为 500ps，对同样程序的 CPI 为 1.2。对于该程序，请问哪台计算机执行的速度更快？快多少？

┃答案┃ 我们知道，对于固定的程序，每台计算机执行的总指令数是相同的，我们用 I 来表示该数值。首先，求每台计算机的 CPU 时钟周期数：

$$CPU\ 时钟周期数_A = I \times 2.0$$
$$CPU\ 时钟周期数_B = I \times 1.2$$

现在，可以计算每台计算机的 CPU 时间：

$$CPU\ 时间_A = CPU\ 时钟周期数_A \times\ 时钟周期长度 = I \times 2.0 \times 250ps = 500 \times I\ ps$$

对于 B，同理有：

$$CPU\ 时间_B = I \times 1.2 \times 500ps = 600 \times I\ ps$$

显然，计算机 A 更快。具体快多少可由执行时间之比来计算给出：

$$\frac{CPU性能_A}{CPU性能_B} = \frac{执行时间_B}{执行时间_A} = \frac{600 \times I\ ps}{500 \times I\ ps} = 1.2$$

因此，对于该程序，计算机 A 的性能是计算机 B 的 1.2 倍。────────

1.6.5 经典的 CPU 性能公式

现在我们可以用**指令数**（程序执行所需要的指令总数）、CPI（指令平均时钟周期数）和时钟周期长度来写出基本的性能公式：

> **指令数**：执行某程序所需的总指令数量。

$$CPU\ 时间 = 指令数\ \times CPI \times\ 时钟周期长度$$

或考虑到时钟频率和时钟周期长度互为倒数，可写为：

$$CPU时间 = \frac{指令数 \times CPI}{时钟频率}$$

这些公式特别有用，因为它们将三个影响性能的关键因素进行了分离。如果知道实现方案或替代方案如何影响这三个参数，我们可用这些公式来比较不同的实现方案或评估某个设计的替代方案。

┃例题┃ 代码片段的比较 ────────────────

编译器的设计人员试图为某计算机在两个代码序列之间选择更优的排列。硬件设计者给出了如下数据：

	每类指令的CPI		
	A	B	C
CPI	1	2	3

对于某特定高级语言语句的实现，两个代码序列所需的指令数量如下：

代码序列	每类指令的数量		
	A	B	C
1	2	1	2
2	4	1	1

请问哪个代码序列执行的指令数更多？哪个执行速度更快？每个代码序列的 CPI 分别是多少？

答案 代码序列 1 共执行 2+1+2=5 条指令。代码序列 2 共执行 4+1+1=6 条指令。所以，代码序列 1 执行的指令数更少。

基于指令数和 CPI，我们可以用 CPU 时钟周期数公式计算出每个代码序列的总时钟周期数：

$$CPU时钟周期数 = \sum_{i=1}^{n} (CPI_i \times C_i)$$

因此

$$CPU\ 时钟周期数_1 = (2 \times 1) + (1 \times 2) + (2 \times 3) = 2+2+6 = 10\ 个周期$$
$$CPU\ 时钟周期数_2 = (4 \times 1) + (1 \times 2) + (1 \times 3) = 4+2+3 = 9\ 个周期$$

故代码序列 2 更快，尽管它多执行了一条指令。由于代码序列 2 的总时钟周期数较少，而指令数较多，因此它一定具有较小的总 CPI。CPI 可使用如下公式计算：

$$CPI = \frac{CPU时钟周期数}{指令数}$$

$$CPI_1 = \frac{CPU时钟周期数_1}{指令数_1} = \frac{10}{5} = 2.0$$

$$CPI_2 = \frac{CPU时钟周期数_2}{指令数_2} = \frac{9}{6} = 1.5$$

重点 图 1-15 给出了计算机在不同层次上的性能指标及其测量单位。通过这些指标的组合可以计算出程序的执行时间（单位为秒）：

$$执行时间 = \frac{秒}{程序} = \frac{指令数}{程序} \times \frac{时钟周期数}{指令} \times \frac{秒}{时钟周期}$$

性能的构成因素	测量单位
程序的 CPU 执行时间	程序执行的时间，以秒为单位
指令总数	程序执行的指令数目
每条指令的时钟周期数（CPI）	每条指令平均执行的时钟周期数
时钟周期长度	每个时钟周期的长度，以秒为单位

图 1-15　基本的性能指标及其测量单位

需要铭记于心的是，时间是唯一对计算机性能进行测量的完整而可靠的指标。例如，对指令系统进行调整从而减少指令数目可能降低时钟周期长度或提高 CPI，从而抵消了指令数量改进所带来的效果。类似地，由于 CPI 与执行的指令类型相关，执行指令数最少的代码未必具有最快的执行速度。

如何确定性能公式中这些因素的值呢？我们可以通过运行程序来测量 CPU 的执行时间，并且计算机的说明书中通常介绍了时钟周期长度。难以测量的是指令数和 CPI。当然，如果确定了时钟频率和 CPU 执行时间，我们只需要知道指令数或者 CPI 两者之一，就可以依据性能公式计算出另一个。

可以使用体系结构仿真器等软件工具，预先执行程序来测量出指令数，也可以用大多数处理器中的硬件计数器来测量执行的指令数、平均 CPI 和性能损失源等。由于指令数量取决于计算机体系结构，并不依赖于计算机的具体实现，因而我们可以在不知道计算机全部实现细节的情况下对指令数进行测量。但是，CPI 与计算机的各种设计细节密切相关，包括存储系统和处理器结构（我们将在第 4、5 章中看到），以及应用程序中不同类型的指令所占的比例。因此，CPI 对于不同应用程序是不同的，对于相同指令系统的不同实现方式也是不同的。

上述例子表明，只用一种因素（如指令数）去评价性能是危险的。当比较两台计算机时必须考虑全部三个因素，它们组合起来才能确定执行时间。如果某个因素相同（如上例中的时钟频率），则必须考虑不同的因素才能确定性能的优劣。因为 CPI 根据**指令分布**

> **指令分布**：在一个或多个程序中，对指令的动态使用频度的评价指标。

（instruction mix）的不同而变化，所以即使时钟频率是相同的，也必须比较指令总数和 CPI。在本章最后的练习题中，有几道题目要求评价一系列计算机和编译器的改进对时钟频率、CPI 和指令数目的影响。在 1.10 节，我们将讨论一种常见的性能评价方式，由于并非全面考虑各种因素，这可能形成误导。

理解程序性能　程序的性能与算法、编程语言、编译器、体系结构以及实际的硬件有关。下表概括了这些组成部分是如何影响 CPU 性能公式中的各种因素的。

硬件或软件指标	影响什么	如何影响
算法	指令数，CPI	算法决定源程序执行指令的数目，从而也决定了 CPU 执行指令的数目。算法也可能通过使用较快或较慢的指令影响 CPI。例如，当算法使用更多的除法运算时，将会导致 CPI 增大
编程语言	指令数，CPI	编程语言显然会影响指令数，因为编程语言中的语句必须翻译为指令，从而决定了指令数。编程语言也可影响 CPI，例如，Java 语言充分支持数据抽象，因此将进行间接调用，需要使用 CPI 较高的指令
编译器	指令数，CPI	因为编译器决定了源程序到计算机指令的翻译过程，所以编译器的效率既影响指令数又影响 CPI。编译器的角色可能十分复杂，并以多种方式影响 CPI
指令系统体系结构	指令数，时钟频率，CPI	指令系统体系结构影响 CPU 性能的所有三个方面，因为它影响完成某功能所需的指令数、每条指令的周期数以及处理器的时钟频率

详细阐述　也许你期望 CPI 最小值为 1.0。在第 4 章我们将看到，有些处理器在每个时钟周期可对多条指令取指并执行。有些设计者用 IPC（Instruction Per Clock Cycle）来代替指令平均执行周期数 CPI。如一个处理器每时钟周期平均可执行 2 条指令，则它的 IPC=2，CPI=0.5。

详细阐述　虽然时钟周期长度传统上是固定的，但是为了节省能量或暂时提升性能，当今的计算机可以使用不同的时钟频率，因此我们需要对程序使用平均时钟频率。例如，Intel Core i7 处理器在过热之前可以暂时将时钟频率提高 10%。Intel 称之为快速模式（Turbo mode）。

自我检测 某 Java 程序在桌面处理器上运行需要 15 秒。一个新版本的 Java 编译器发行了，其编译产生的指令数量是旧版本 Java 编译器的 0.6 倍，不幸的是，CPI 增加为原来的 1.1 倍。请问该程序在新版本的 Java 编译器中运行速度是多少？从以下三个选项中选出正确答案。

a. $\dfrac{1.5 \times 0.6}{1.1}$ =8.2秒

b. $15 \times 0.6 \times 1.1$ =9.9 秒

c. $\dfrac{1.5 \times 1.1}{0.6}$ =27.5秒

1.7 功耗墙

图 1-16 描述了 36 年来 Intel 八代微处理器的时钟频率和功率的增长趋势。两者的快速增长几乎保持了几十年，但近几年来突然缓和下来。二者增长率保持同步的原因在于它们是密切相关的，而放缓的原因在于功率已经达到了实际极限，无法再将普通商用处理器冷却下来。

虽然功率决定了能够冷却的极限，然而在后 PC 时代，能量是真正关键的资源。对于个人移动设备来说，电池寿命比性能更为关键。对于具有 100 000 个服务器的仓储式计算机来说，冷却费用非常高，因此设计者要尽量降低其功率和冷却所带来的成本。在评价性能时，使用执行时间比使用 MIPS（见 1.10 节）之类的比率更加可信，与此类似，在评价功耗时使用焦耳这样的能量单位比瓦特这样的功率单位更加合理，可以为能耗采用焦耳 / 秒这样的评价单位。

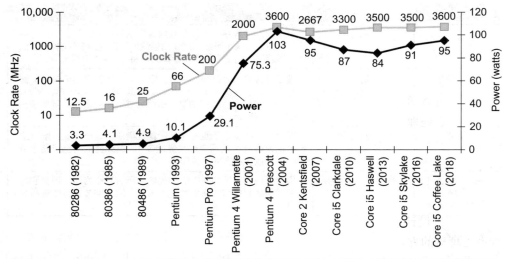

图 1-16   36 年间 Intel x86 九代微处理器的时钟频率和功耗。奔腾 4 处理器的时钟频率和功耗提高很大，但是性能提升不大。Prescott 发热问题导致奔腾 4 处理器的生产线被放弃。Core 2 生产线恢复使用低时钟频率的简单流水线和片上多处理器。Core i5 采用同样的流水线

当前在集成电路技术中占统治地位的是 CMOS（互补型金属氧化半导体），其主要的能耗来源是动态能耗，即在晶体管开关过程中产生的能耗，即晶体管的状态从 0 翻转到 1 或从 1 翻转到 0 消耗的能量。动态能耗取决于每个晶体管的负载电容和工作电压：

$$能耗 \propto 负载电容 \times 电压^2$$

这个等式表示的是一次 $0 \to 1 \to 0$ 或 $1 \to 0 \to 1$ 的逻辑转换过程中消耗的能量。一个晶体管消耗的能量为：

$$能耗 \propto 1/2 \times 负载电容 \times 电压^2$$

每个晶体管需要的功耗是一次翻转需要的能耗和开关频率的乘积：

$$功耗 \propto 1/2 \times 负载电容 \times 电压^2 \times 开关频率$$

开关频率是时钟频率的函数，负载电容是连接到输出上的晶体管数量（称为扇出）和工艺的函数，该函数决定了导线和晶体管的电容。

思考一下图 1-16 的趋势，为什么时钟频率增长为 1000 倍，而功耗只增长了 30 倍呢？因为功率是电压平方的函数，功率和能耗能够通过降低电压来大幅减少，每次工艺更新换代时都会这样做。一般来说，每次技术更新换代可以使得电压降低大约 15%。20 多年来，电压从 5V 降到了 1V。这就是功耗只增长 30 倍的原因。

| 例题 | 相对功耗 ——————

假设我们需要开发一种新处理器，其负载电容只有复杂的旧处理器的 85%。再进一步假设其电压可以调节，与旧处理器相比电压降低了 15%，进而导致频率也降低了 15%，请问这对动态功耗有何影响？

| 答案 |

$$\frac{功耗_{新}}{功耗_{旧}} = \frac{(电容负载 \times 0.85) \times (电压 \times 0.85)^2 (开关频率 \times 0.85)}{电容负载 \times 电压^2 \times 开关频率}$$

于是功耗比为：

$$0.85^4 = 0.52$$

因此新处理器的功耗大约为旧处理器的一半。——————

目前的问题是如果电压继续下降会使晶体管的泄漏电流过大，就像水龙头不能被完全关闭一样。目前 40% 的功耗是由于泄漏电流造成的，如果晶体管的泄漏电流进一步增大，情况将会变得难以处理。

为了解决功耗问题，设计者已尝试连接大型设备以改善冷却效果，同时关闭芯片中在给定时钟周期内暂时不用的部分。尽管有很多更加昂贵的方式来冷却芯片，可以继续将芯片的功耗提升到如 300W 的水平，但这对于个人计算机甚至服务器来说成本太高了，个人移动设备就更不用说了。

由于计算机设计者遇到了功耗墙问题，因此他们需要开辟新的路径，选择不同于 30 年来设计微处理器的方式。

详细阐述 虽然动态能耗是 CMOS 能耗的主要来源，但静态能耗也是存在的，因为即使在晶体管关闭的情况下，也有泄漏电流存在。在服务器中，典型的电流泄漏占 40% 的能耗。因此，只要增加晶体管的数目，即使这些晶体管总是关闭的，也仍然会增加漏电能耗。人们采用各种各样的设计和工艺创新来控制电流泄漏，但还是难以进一步降低电压。

详细阐述 功耗成为集成电路设计的挑战有两个原因。首先，电源必须由外部输入并且分布到芯片的各个角落。现代微处理器通常使用几百个引脚作为电源和地线！同样，多层次芯片互联仅仅为了解决芯片的电源和地的分布比例问题。其次，功耗作为热量形式散发，因此必须进行散热处理。服务器芯片的功耗可高达 100W 以上，因此芯片及外围系统的散热是仓储规模计算机的主要开销（见第 6 章）。

1.8 沧海巨变：从单处理器向多处理器转变

功耗的极限迫使微处理器的设计产生了巨变。图 1-17 给出了桌面微处理器的程序响应时间的发展。从 2002 年起，其每年的增长速率从 1.5 下降到 1.03。

在 2006 年，所有桌面和服务器公司都在单个微处理器芯片中加入了多个处理器，以求更大的吞吐率，而不再继续追求降低单个程序运行在单个处理器上的响应时间。为了减少处理器（processor）和微处理器（microprocessor）这两个词语之间的混淆，一些公司将处理器作为"核"（core）的代称，这种语境下的微处理器就是多核处理器了。因此，"四核"微处理器是一个包含了 4 个处理器或者 4 个核的芯片。

> 迄今为止，很多软件很像独奏者所写的音乐；使用当代的芯片，我们对于编写二重奏、四重奏以及小型合奏的经验不多，为大型交响乐或者合唱谱曲则是一种不同的挑战。
>
> *Brian Hayes, Computing in a Parallel Universe, 2007*

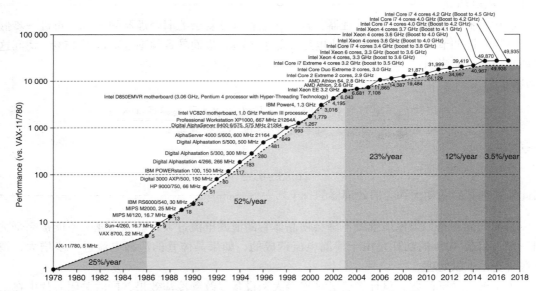

图 1-17 自 20 世纪 80 年代中期以来处理器性能的发展。本图描绘了和 VAX 11/780 相比，采用 SPECint 评测程序得到的性能数据（见 1.11 节）。在 20 世纪 80 年代中期以前，性能的增长主要靠技术驱动，平均每年增长 25%。在这个阶段之后，增长速度达到 52%，这归功于体系结构和组织方式的创新。从 20 世纪 80 年代中期开始，性能每年大约提高 52%，如果按照原先的 25% 的增长率计算，则到 2002 年的性能只有实际的 1/7。从 2003 年开始，受到功耗、指令级并行程度和存储器长延迟的限制，单核处理器的性能增长放缓，大约每年 3.5%

在过去，程序员可以依赖于硬件、体系结构和编译器的创新，无须修改一行代码，就能实现程序的性能每 18 个月翻一番。而今天，程序员要想显著改进响应时间，必须重写程序以充分利用多处理器的优势。而且，随着核的数目不断加倍，程序员也必须不断改进代码，以便在新微处理器上获得显著的性能提升。

为了强调软件和硬件系统的协同工作，我们在本书中用"硬件/软件接口"的概念来进行描述，介绍一些重要的观点，下面是本书中的第一个。

硬件/软件接口 并行性对计算性能一直十分重要，但它往往是隐蔽的。第4章将说明流水线，它是一种漂亮的技术，通过指令重叠执行使程序运行得更快。这是指令级并行的一个例子。在抽取了硬件的并行本质之后，程序员或编译器可认为在硬件中指令是串行执行的。

迫使程序员意识到硬件的并行性，并显式地按并行方式重写程序，曾经是计算机体系结构的"高压线"，以致很多采用此种方式进行革新的公司都失败了（见6.15节）。从这个历史的角度来观察，令人吃惊的是，整个信息技术行业已经认为未来程序员将成功切换到显式并行编程上。

为什么程序员编写显式并行程序如此困难呢？第一个原因是并行编程以提高性能为目的，这必然增加编程的难度。不仅程序必须要正确，能够解决重要问题，而且运行速度要快，还需要为用户或其他程序提供接口以便使用。如果不关心性能的话，编写一个串行程序就足够了。

第二个原因是为了发挥并行硬件的速度，程序员必须将应用划分为每个核上有大致相同数量的任务，并同时完成。还要尽可能减少调度的开销，不浪费并行性能。

打个比方，现在有一个写新闻故事的任务，如果由八名记者共同来完成，能否提高八倍的写作速度呢？为了实现这一目标，这个新闻故事需要进行划分，让每个记者都有事可做。假如某名记者分到的任务比其他七名记者加起来的任务还要多，那用八名记者的好处就不存在了。因此，任务分配必须平衡才能得到预期的加速。另一个存在的危险是记者要花费时间互相交流才能完成所分配的任务。如果故事的一部分（例如结论）在所有其他部分完成之前无法撰写，则缩短故事撰写时间的计划将会失败。所以，必须尽量减少通信和同步的开销。对于上述与并行编程的类比来说，其挑战包括调度、负载平衡、同步所需时间以及各部分间通信负载等问题。你也许会想到，当更多的记者来写一个故事时挑战会更大，类似地，当核的数目更多时并行编程的挑战也将更大。

为了反映业界的这个沧海巨变，后面的五章中每章都会至少有一节介绍有关并行的内容：

- 第2章，2.11节。通常独立的并行任务需要一次次地协调，通报它们何时完成了所分配的任务。这一章将解释多核处理器任务同步时所使用的指令。
- 第3章，3.6节。获取并行性的最简单方式是，将计算单元并行工作，例如两个向量相乘。子字并行正是利用了位宽更大且能同时处理多个操作数的算术单元这种特性。
- 第4章，4.10节。鉴于显式并行编程十分困难，在20世纪90年代人们付出了巨大的努力，从最初的流水线开始，让硬件和编译器可以发现隐含的并行性。这一章介绍了一些激进的技术，包括同时进行多指令的取指和执行，预测决策结果以及基于预测的推测式执行机制等。
- 第5章，5.10节。降低通信开销的一个方法是让所有处理器使用统一的地址空间，由此使得任何处理器可以读写任何数据。当今的计算机都采用高速缓存技术，即在处理器附近更快的存储器中保存数据的一个临时副本。可以想象，如果多个处理器的高速缓存中的共享数据不一致，并行编程将尤为困难。这一章将介绍保持所有高速缓存数据一致性的机制。

- 第 5 章，5.11 节。这一节介绍如何使用多个磁盘共同构成一个能够提供更高吞吐率的系统，这就是廉价磁盘冗余阵列（RAID）的灵感。RAID 流行的真正原因是它能够通过采用适当数量的冗余磁盘提供更高的可靠性。这一节将介绍不同 RAID 级别的性能、成本和可靠性。

除了这些章节之外，还有一整章来介绍并行处理。第 6 章详细叙述了并行编程的挑战，提出了两种方法来解决：共享内存通信和显式消息传递，介绍了一种易于编程的并行性模型，讨论了使用基准评测程序对并行处理器进行评测的困难，为多核微处理器引入了一个新的简单性能模型，最后基于该模型对四种多核处理器进行了描述和评价。

如上所述，第 3 ~ 6 章使用矩阵向量相乘作为利用并行提高性能的例子。

附录 B 介绍了一种在桌面计算机中越来越普及的硬件部件：图形处理单元（Graphics Processing Unit，GPU）。它是为加速图像处理而发明的。得益于高度的并行性，GPU 表现出了优越的性能，并已发展为完善的编程平台。

附录 B 介绍了 NVIDIA GPU 及其并行编程环境的重要部分。

> 我想，就像书一样，"计算机"是一个全世界广泛应用的概念。但我没有想到它会发展得如此迅速，因为我完全没有预料到在一块芯片上可以得到像我们最终得到的如此多的部件。晶体管的进步完全出乎我们的预料，它比我们预想的发展要快。
>
> *J. Presper Eckert，ENIAC 的合作发明者，1991*

1.9   实例：评测 Intel Core i7

本书的每一章都有"实例"一节，它将本书中的概念与我们日常使用的计算机联系起来，这些小节涵盖了现代计算机中使用的技术。下面是本书中的第一个"实例"小节，我们将以 Intel Core i7 为例，说明如何制造集成电路，以及如何测量性能和功耗。

1.9.1   SPEC CPU 基准评测程序

用户日复一日使用的程序是用于评价新型计算机最完美的程序。所运行的一组程序集构成了**工作负载**（workload）。要评价两台计算机系统，只需简单地比较工作负载在两台计算机上的执行时间。然而大多数用户并不这样做，他们通过其他方法测量计算机的性能，希望这些方法能够反映计算机执行用户工作负载的情况。最常用的测量方法是使用一组专门用于测量性能的**基准评测程序**（benchmark）。这些评测程序形成负载，用户期望预测实际负载的性能。我们在前面提到，要加速经常性事件的执行，必须先准确地知道哪些是经常性事件，因此基准评测程序在计算机体系结构中具有非常重要的作用。

> **工作负载**：运行在计算机上的一组程序，可以直接采用用户的一组实际应用程序，也可以从实际程序中构建。一个典型的工作负载必须指明程序和相应的频率。

> **基准评测程序**：遴选出来用于比较计算机性能的程序。

SPEC（System Performance Evaluation Cooperative）是由许多计算机销售商共同出资赞助并支持的合作组织，目的是为现代计算机系统建立基准评测程序集。1989 年，SPEC 建立了重点面向处理器性能的基准程序集（现在称为 SPEC89）。历经 5 代发展，目前最新的是 SPEC CPU2017，它包括 10 个整数基准程序集（SPECspeed 2017 Integer）和 13 个浮点基准程序集（SPECspeed 2017 Floating Point）。整数基准程序集包括 C 编译器、下象棋程序、量子计算机仿真等，浮点基准程序集包括有限元模型结构化网格法、分子动力学质点法、流体动力学稀疏线性代数法等。

图 1-18 列举了 SPEC 整数基准程序及其在 Intel Core i7 上的执行时间，显示了指令数、CPI 和时钟周期长度等影响执行时间的因素。注意，CPI 的最大值和最小值相差达到 4 倍多。

描述	名称	指令数 （×10⁹）	CPI	时钟周期长度 （×10⁻⁹秒）	执行时间 （秒）	参考时间 （秒）	SPEC 分值
Perl解释器	perlbench	2684	0.42	0.556	627	1774	2.83
GNU C编译器	gcc	2322	0.67	0.556	863	3976	4.61
路由规划	mcf	1786	1.22	0.556	1215	4721	3.89
离散事件模拟–计算机网络	omnetpp	1107	0.82	0.556	507	1630	3.21
通过XSLT将XML转换成HTML	xalancbmk	1314	0.75	0.556	549	1417	2.58
视频压缩	x264	4488	0.32	0.556	813	1763	2.17
人工智能：alpha-beta树搜索（国际象棋）	deepsjeng	2216	0.57	0.556	698	1432	2.05
人工智能：蒙特卡罗树搜索（围棋）	leela	2236	0.79	0.556	987	1703	1.73
人工智能：递归解决方案生成器（数独）	exchange2	6683	0.46	0.556	1718	2939	1.71
通用数据压缩	xz	8533	1.32	0.556	6290	6182	0.98
几何平均	—	—	—	—	—	—	2.36

图 1-18　SPECspeed 2017 Integer 基准程序在频率为 1.8 GHz 的 Intel Xeon E5-2650L 上的运行结果。按照经典的 CPU 性能公式，执行时间是本表中三个因素的乘积：以十亿为单位的指令数、每条指令的时钟周期数（CPI）以及纳秒级的时钟周期长度。SPEC 分值由 SPEC 提供，基于参考时间除以所测量的执行时间而得到。SPECspeed 2017 所引用的分值是所有 SPEC 分值的几何平均。SPECspeed 2017 有多个用于 perlbench、gcc、x264 和 xz 的输入文件。对于此图，执行时间和总时钟周期数是这些程序所有输入的运行时间之和

为了简化评测结果，SPEC 决定使用单一的数字来归纳所有 12 种整数基准程序。具体方法是将被测计算机的执行时间标准化，即将参考处理器的执行时间除以被测计算机的执行时间，这样的归一化结果产生了一个测量值，称为 SPEC 分值。SPEC 分值越大，表示性能越好（因为 SPEC 分值和被测计算机的执行时间成反比）。CINT2006 或 CFP2006 的综合评测结果是取 SPEC 分值的几何平均值。

详细阐述 在使用 SPEC 分值比较两台计算机时采用的是几何平均值，这样可以使得无论采用哪台计算机进行标准化都可得到同样的相对值。如果采用的是算术平均值，结果会随选用的参照计算机而变。

几何平均值的公式是

$$\sqrt[n]{\prod_{i=1}^{n} 执行时间比_i}$$

其中，执行时间比$_i$是总计 n 个工作负载中第 i 个程序的执行时间按参考计算机进行标准化的结果，并且

$$\prod_{i=1}^{n} a_i 表示 a_1 \times a_2 \times \cdots \times a_n$$

1.9.2　SPEC 功耗基准评测程序

由于能耗和功耗日益重要，SPEC 增加了一组用于评估功耗的基准评测程序，它可以报告一段时间内服务器在不同负载水平下（以 10% 的比例递增）的功耗。与前面类似，图 1-19 给出了在基于 Intel Nehalem 处理器的服务器上的评测结果。

目标负载（%）	性能（ssj_ops）	平均功耗（W）
100%	4 864 136	347
90%	4 389 196	312
80%	3 905 724	278
70%	3 418 737	241
60%	2 925 811	212
50%	2 439 017	183
40%	1 951 394	160
30%	1 461 411	141
20%	974 045	128
10%	485 973	115
0%	0	48
合计	26 815 444	2 165
$\sum$ssj_ops / $\sum$power		12 385

图 1-19　SPECpower_ssj2008 在服务器上的运行结果。服务器的具体配置为双插槽 2.2GHz Intel Xeon Platinum 8276L 处理器，配备 192GiB DRAM 及 80GB 固态硬盘

SPECpower 最早来自面向 Java 商业应用的 SPEC 基准程序（SPECJBB2005），它主要评测处理器、高速缓存、主存以及 Java 虚拟机、编译器、垃圾回收器、操作系统等。性能采用吞吐率来测量，单位是每秒完成的任务数量。同样，为了简化结果，SPEC 采用单个的数字来对评测结果进行归纳，称为每瓦执行的服务器端 Java 操作数（overall ssj_ops per watt），该单一化评测指标的计算公式是：

$$\text{overall ssj\_ops per watt} = \frac{\sum_{i=0}^{10} \text{ssj\_ops}_i}{\sum_{i=0}^{10} \text{power}_i}$$

式中，ssj_ops_i 为工作负载在每 10% 增量处的性能，power_i 是对应的功耗。

1.10　性能提升：使用 Python 语言编写矩阵乘法程序

为展示本书中优化思想的效果，在每一章中都增加了"性能提升"（Going Faster）一节，用来说明如何提升矩阵乘法程序的性能。从下面的 Python 程序开始。

```
for i in xrange(n):
    for j in xrange(n):
        for k in xrange(n):
            C[i][j] += A[i][k] * B[k][j]
```

我们使用 Google Cloud Engine 中的 n1-standard-96 服务器，它配置有两个 Intel Skylake Xeon 芯片，每个芯片有 24 个处理器或内核，运行 Python 3.1 版。如果矩阵大小为 960×960，使用 Python 2.7 需要运行大约 5 分钟。由于浮点计算次数随着矩阵大小的立方而

增长，如果矩阵大小是 4096×4096，则需要将近 6 小时才能结束运行。虽然使用 Python 很快能够编写出矩阵乘法程序，但谁想等那么久才得到答案呢？

在第 2 章中，我们会将矩阵乘法程序的 Python 版本转换为 C 版本，性能将提高 200 倍。C 语言编程的抽象层次比 Python 更接近硬件，因此本书使用它作为编程语言。缩小抽象差距也使它比 Python 快得多（Leiserson, 2020）。

- 针对数据级并行，第 3 章中通过 C 语言内联函数实现子字并行，将性能提高约 8 倍。
- 针对指令级并行，第 4 章中使用循环展开来挖掘多指令发射和乱序执行硬件的潜力，将性能再提高约 2 倍。
- 针对存储层次优化，第 5 章中使用 cache 分块将性能再提高约 1.5 倍。
- 针对线程级并行，第 6 章中使用 OpenMP 中的循环并行来挖掘多核硬件的潜力，将性能再提高 12 ～ 17 倍。

后四个优化步骤利用了我们对现代微处理器中底层硬件工作原理的理解，总共只需要 21 行 C 语言代码。图 1-20 显示了对原始 Python 版本程序加速了近 50 000 倍（纵轴采用对数比例尺）。无须等待 6 小时，只需不到 1 秒！

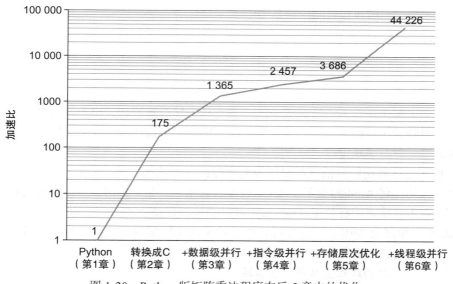

图 1-20　Python 版矩阵乘法程序在后 5 章中的优化

详细阐述　为加速 Python 程序，程序员通常调用高度优化的库，而不是手动编写 Python 代码。由于我们试图比较 Python 与 C 的内在速度，因此展示了手写 Python 代码的矩阵乘法速度。如果改用 Numpy 库，960×960 矩阵乘法将用时不到 1 秒而不是 5 分钟。

1.11　谬误与陷阱

本书中每一章都会有"谬误与陷阱"一节，其目的是说明我们在实际中经常遇到的误解，我们称之为谬误。当讨论谬误时，我们会举出一个反例。我们也讨论陷阱，即那些容易犯的错误。陷阱通常是指仅在有限的上下文中才正确的一般原理。本节旨在帮助你在设计或使用计算机时避免犯同样的错误。价格 / 性能谬误和陷阱曾使包括我们在内的许多计

科学一定开始于神话和对神话的批判。
卡尔·波普尔爵士，The Philosophy of Science, 1957

算机架构师掉入圈套。因此，本书在这方面绝不缺少相关案例。下面介绍本书的第一个陷阱，虽然它曾迷惑了许多设计者，却揭示了计算机设计中的一个重要关系。

陷阱：在改进计算机的某个方面时期望总性能的提高与改进大小成正比。

加速经常性事件的伟大思想所导致的令人泄气的结果困扰着软件和硬件设计人员。它提醒我们一个事件所需要的时间影响着改进它的机会。

用一个简单的设计问题就可以很好地对其进行说明。假设一个程序在一台计算机上运行需要 100 秒，其中 80 秒的时间用于乘法操作。如果要把该程序的运行速度提高 5 倍，乘法操作的速度应该改进多少？

改进后的程序执行时间可用下面的 Amdahl 定律计算：

> **Amdahl 定律**：阐述了"对于特定改进的性能提升可能由所使用的改进特征的数量所限制"的规则。它是"收益递减定律"的量化版本。

$$改进后的执行时间 = \frac{受改进影响的执行时间}{改进量} + 不受影响的执行时间$$

代入本例的数据进行计算：

$$改进后的执行时间 = \frac{80}{n} + (100 - 80)$$

由于要求快 5 倍，新的执行时间应该是 20，则有：

$$20 = \frac{80}{n} + 20$$

$$0 = \frac{80}{n}$$

也就是说，如果乘法运算占总负载的 80%，则无论怎样改进乘法，也无法达到性能提高 5 倍的结果。针对特定情况的性能提升，受到被改进的特征所占比例的限制。这个概念在日常生活中被称为边际收益递减定律。

当我们知道一些功能所消耗的时间及其可能的加速比时，就可以使用 Amdahl 定律对性能提升进行预估。将 Amdahl 定律与 CPU 性能公式结合，是一种对性能改进进行评估的很方便的工具。在本章练习中有关于 Amdahl 定律的更详细讨论。

Amdahl 定律还被应用于讨论并行处理器数量的实际限制，我们将在第 6 章的"谬误与陷阱"一节中对其进行研究。

谬误：低利用率的计算机具有更低功耗。

由于服务器的工作负载是变化的，所以低利用率情况下的功率很重要。例如，谷歌的仓储式计算机中服务器利用率在大多数情况下位于 10% ～ 50% 之间，只有不到 1% 的时间达到 100% 的利用率。即使花费 5 年时间来研究如何很好地运行 SPECpower 基准评测程序，在 2020 年，根据最优结果进行配置的计算机中，10% 的工作负载情况下也会使用 33% 的峰值功耗。实际工作中的系统由于没有针对 SPECpower 进行配置，其结果肯定会更加糟糕。

由于服务器的工作负载差异大且消耗了很大比例峰值功耗，Luiz Barroso 和 Urs Holzle[2007] 提出需要对硬件重新进行设计以达到"按能量比例计算"。这就是说，如果未来的服务器中在 10% 的工作负载时仅使用 10% 的峰值功耗，将减少数据中心的电费，并在环保时代做出重要的节能减排贡献。

谬误：面向性能的设计和面向能效的设计具有不相关的目标。

由于能耗是功率和时间的乘积，在通常情况下，对于软硬件的性能优化而言，即使优化需要更多的能耗，但是这些优化缩短了系统运行时间，因此整体上也还是节约了能量。一个重要的原因在于，只要程序运行，计算机的其他部分就会消耗能量。因此，即使优化的部分多消耗了一些能量，运行时间缩短也可以降低整个系统的能耗。

陷阱：用性能公式的一个子集去度量性能。

我们之前就指出过只用时钟频率、指令数和 CPI 之一来预测性能的危险。而另一种常犯的错误是只用三种因素之二去比较性能。虽然这样做在有些限定场景下可能正确，但这种方法仍然容易被误用。实际上，几乎所有取代时间以度量性能的方法都会导致误导性的声明、扭曲的结果或错误的解释。

有一种取代时间以度量性能的尺度是**每秒百万条指令数**，即 MIPS。对于一个给定的程序，MIPS 可简单表示为：

> **MIPS**：基于百万条指令的程序执行速度的一种度量。指令数除以执行时间与 10^6 之积就得到了 MIPS。

$$MIPS = \frac{指令数}{执行时间 \times 10^6}$$

MIPS 是指令执行的速率，它规定了性能与执行时间成反比，越快的计算机具有越高的 MIPS 值。MIPS 的优点是既容易理解，又符合人的直觉，机器越快则 MIPS 值越高。

但实际上使用 MIPS 作为度量性能的指标存在三个问题。首先，MIPS 规定了指令执行的速率，但没有考虑指令的能力。我们没有办法用 MIPS 比较不同指令系统的计算机，因为指令数肯定是不同的。其次，在同一计算机上，不同的程序会有不同的 MIPS，因而一台计算机不能拥有单一的 MIPS 分值。例如，将执行时间用 MIPS、CPI、时钟频率代入之后可得：

$$MIPS = \frac{指令数}{\dfrac{指令数 \times CPI}{时钟频率} \times 10^6} = \frac{时钟频率}{CPI \times 10^6}$$

回顾一下，图 1-18 显示了 SPECspeed 2017 Integer 在 Intel Xeon 上的 CPI 最大值和最小值是相差 5 倍的，这导致相应的 MIPS 也是如此。最后一点也是最重要的一点，如果一个新程序执行的指令数更多，但每条指令的执行速度更快，则 MIPS 可能独立于性能而发生变化！

自我检测　考虑某程序在两台计算机上的性能测量结果，如下表：

测量内容	计算机A	计算机B
指令数	100亿条	80亿条
时钟频率	4 GHz	4 GHz
CPI	1.0	1.1

a. 哪台计算机的 MIPS 值更高？

b. 哪台计算机更快？

1.12　本章小结

虽然很难准确预测计算机的成本与性能在未来将发展到怎样的水平，但可以确定的是一定会比现在的计算机好得多。为了能够跟随这样的进步，计算机设计人员和程序员必须理解更广泛的问题。

硬件和软件设计者都采用分层的方法构建计算机系统，每个下层都对其上层隐藏本层的细节。抽象思想是理解当今计算机系统的基础，但这并不意味着设计者只要懂得抽象原理就足够了。也许最重要的抽象层次是硬件和底层软件之间的接口，称为指令系统体系结构。保持指令系统体系结构恒定，使得基于该指令系统体系结构的不同实现（可能在成本和性能上有所不同）能够运行相同的软件。这种方法的一个可能不足是，会阻止某些需要修改该接口的创新。

（哪里……）ENIAC 配备有 18 000 个真空管，重达 30 吨，未来的计算机可能只需 1000 个真空管，或许仅仅有 1.5 吨重。
大众机械，1949 年 3 月

有一个可靠的测量并报告性能的方法，即用真实程序的执行时间作为尺度。该执行时间与我们能够通过下面公式测量到的其他重要指标相关：

$$\frac{秒数}{程序} = \frac{指令数}{程序} \times \frac{时钟周期数}{指令数} \times \frac{秒数}{时钟周期数}$$

在本书中我们将多次使用这一公式及其组成因子。但请记住，任何一个独立的因子都不能决定性能，只有三个因子的乘积，即执行时间才是可靠的性能度量标准。

重点 执行时间是唯一有效且不可推翻的性能度量指标。人们曾经提出许多其他度量指标，但均存在不足之处。有些从一开始就没有反映执行时间，因而是无效的；还有一些只能在有限条件下正确，超出了限制条件则失效，或是没有清晰地说明有效性的限制条件。

现代处理器的关键硬件技术是硅。硅技术加快了硬件的进步，与此同时，计算机组织中的新思想也改进了计算机的性价比。这其中有两个重要的新思想：第一，开发程序中的并行性，当前的典型方法是借助多处理器；第二，开发存储器层次结构的访问局部性，当前的典型方法是使用高速缓存。

能效已经取代芯片面积成为微处理器设计中最重要的资源。在试图改进性能的同时节省功耗，这样的需求已经迫使硬件行业转向多核微处理器，从而要求软件行业转向并行编程。并行化现在是提高性能的必要途径。

计算机设计总是以价格和性能来度量的，也包括其他一些重要的因素，如能耗、可靠性、成本及可扩展性等。尽管本章的重点在于价格、性能和能耗，但是最佳的设计应该在特定的应用领域中取得所有因素之间适当的平衡。

本书导读

在所有抽象的底部是计算机的五个经典部件：数据通路、控制器、存储器、输入和输出（见图 1-5）。这五个部件也是本书后面几章的框架：

- 数据通路：第 3、4、6 章和附录 B。
- 控制器：第 4、6 章和附录 B。
- 存储器：第 5 章。
- 输入：第 5 章和第 6 章。
- 输出：第 5 章和第 6 章。

如上所述，第 4 章介绍处理器如何开发隐式并行性，第 6 章介绍并行变革的核心——显式并行多核微处理器，附录 B 介绍高度并行的图形处理器芯片。第 5 章介绍如何层次化挖掘存储结构的访问局部性。第 2 章介绍指令系统——编译器和计算机之间的接口——并强调了编译器和编程语言在利用指令系统特性方面的作用。附录 A 提供了第 2 章指令系统的参考数据。第 3 章介绍计算机如何处理算术运算数据。附录 A 对逻辑设计进行了介绍。

1.13　历史视角和拓展阅读

本书的每一章都有"历史视角和拓展阅读"一节，可在配套网站上找到。我们可能通过一个系列的计算机来追踪某一思想的发展历程，或者描述一些历史上的重要项目，如果读者有兴趣进一步探究的话，我们还提供相关参考资料。

本章的"历史视角"为一些关键思想提供了相关历史背景知识，其目的是向读者介绍对技术进步做出贡献的重要历史人物及其事迹，并将其成就置于当时的历史背景中进行思考。温故知新，读者也许能更好地理解那些将影响未来计算技术的力量。配套网站中每个历史视角之后都会有"拓展阅读"的提示，这部分内容具体见配套网站中的"Further Reading"部分。1.13节的剩余部分可在配套网站上在线查找。

> 活跃的科学领域就像一个巨大的蚁丘；人们消失在互相对立的观点中，以光速传递着信息，将信息从一个地方传到另一个地方。
> *Lewis Thomas，《细胞生命的礼赞》中的"自然科学"，1974*

1.14　自学

从本版开始，我们在每章中增加了一节，给出了一些希望能够引发读者思考的练习题，并给出了答案，以帮助读者检查对相关知识的掌握程度。

将体系结构中的伟大思想映射到真实世界中。找出计算机体系结构中七个伟大思想在真实世界中的最佳示例：

　　a. 在烘干衣物的同时洗涤下一批衣物，以此来减少洗衣服的时间

　　b. 把备用钥匙藏起来，以防丢失大门钥匙

　　c. 在挑选冬季长途旅行路线时，查看你将驾车经过的城市的天气预报

　　d. 超市中 10 件以下商品的快速结账通道

　　e. 某城市大型图书馆系统的地方分馆

　　f. 由安装在四个轮子上的电动机驱动的汽车

　　g. 可选的自动驾驶汽车模式，需要购买自助泊车和导航配置

如何评测最快？考虑 3 个不同处理器 P1、P2 和 P3，它们具有相同的指令系统。处理器 P1 的时钟周期为 0.33ns，CPI 为 1.5；处理器 P2 的时钟周期为 0.40ns，CPI 为 1.0；处理器 P3 的时钟周期为 0.25ns，CPI 为 2.2。

　　a. 哪个处理器具有最高的时钟频率？是多少？

　　b. 哪个处理器是最快的？如果答案与 a 不同，请解释原因。哪个处理器是最慢的？

　　c. 题目 a 和 b 会对评测程序的重要性产生什么影响呢？

阿姆达尔定律和"兄弟情"。阿姆达尔定律（Amdahl's law）基本上是收益递减定律，它适用于投资和计算机体系结构领域。比如，你的兄弟加入了一家初创公司，并试图说服你投资，因为他认为"盈利是肯定的"。

　　a. 你决定将 10% 的储蓄用于投资。假设这家创业公司是你唯一的投资，那么你在创业公司的投资回报率（即你投资的倍数）必须是多少才能使你的整体财富翻倍？

　　b. 假设创业公司可以提供你在 a 中计算出的投资回报率，并假设你的储蓄与 a 中计算前的相同，那么你需要投资多少储蓄才能实现整体财富的投资回报率（即投资倍数）等于初创公司投资回报率的 90%？如果是 95%，又如何？

　　c. 以上结果与计算机中的 Amdahl 定律有何关联？这跟"兄弟情"又有什么关系呢？

DRAM 价格和成本。图 1-21 描绘了 1975 年至 2020 年 DRAM 芯片的价格变化，而图 1-11 显示了每隔一段相同时间单个 DRAM 芯片的容量变化。图中显示容量增加为原来的 100 万倍（从 16Kb 到 16Gb），而单位容量（GiB）的存储价格降为原来的 1/2500 万（从 1 亿美元到 4 美元）。请注意，单位容量（GiB）的存储价格会随时间波动，但每颗存储芯片的容量变化具有平滑的增长曲线。

  a. 你能从图 1-21 中看出摩尔定律增长变缓的证据吗？

  b. 为什么价格变化是单芯片容量变化的 25 倍？除了芯片容量增加，还有什么其他原因吗？

  c. 为什么你认为单位容量的存储价格会在 3 ～ 5 年内波动？它与 1.5 节中的芯片成本公式有关，还是与市场上的其他因素有关？

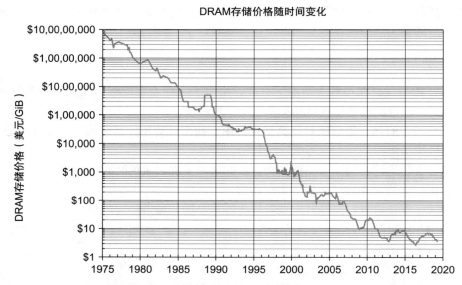

图 1-21 1975 ～ 2020 年间单位容量（GiB）的存储价格（来源：https://jcmit.net/memoryprice.htm）

自学答案

将体系结构中的伟大思想映射到真实世界中。

  a. 通过流水线提高性能

  b. 通过冗余提高可靠性（另一种答案：通过并行提高性能）

  c. 通过预测提高性能

  d. 加速经常性事件

  e. 存储层次

  f. 通过并行提高性能（另一种答案：通过冗余提高可靠性）

  g. 使用抽象简化设计

最快的计算机。

  a. 时钟频率是时钟周期的倒数。P1=1/(0.33 × 10^{-9}s) ≈ 3.03GHz，同理，P2=2.5GHz，P3=4GHz。P3 的时钟频率最高。

  b. 因为是相同的指令系统，所有程序的指令数相同，所以可以用单条指令的平均时钟周期数（CPI）与时钟周期的乘积来衡量性能，即单条指令的平均执行时间：

- P1=1.5×0.33ns=0.495ns（也可以使用"CPI/时钟频率"来计算指令的平均执行时间，即 1.5/3.03GHz≈0.495ns）
- P2=1.0×0.40ns=0.400ns（或者 1.0/2.5GHz=0.400ns）
- P3=2.2×0.25ns=0.550ns（或者 2.2/4.0GHz=0.550ns）

P2 最快，P3 最慢。尽管 P3 具有最高的时钟频率，但平均而言它需要更多的时钟周期数，以至于失去了高时钟频率带来的好处。

c. CPI 计算与所运行的评测程序有关。如果评测程序代表真实的工作负载，那么这些问题的答案就是正确的。如果评测程序与真实工作负载不符，则它们可能就是错误的。易于注意到的事物（例如时钟频率）与实际性能之间的差异充分说明了开发优秀评测程序的重要性。

阿姆达尔定律和"兄弟情"。

a. 如果要使你的积蓄翻番，需要 11 倍的投资回报率：90%×1+10%×11=2.0。

b. 你必须拿出所有财产的 89%，才能获得所有投资回报率的 90%：90%×11 倍 =9.9 倍，11%×1+89%×11=9.9。

你必须拿出所有财产的 94.5%，才能获得所有投资回报率的 95%：95%×11 倍 =10.45 倍，5.5%×1+94.5%×11=10.45。

c. 即使你成功投资初创公司带来高回报，你未投资的部分也会限制你的投资回报。与此相似，无论你将改进部分做得多快，未加速的部分仍会限制加速带来的好处。而你的投资金额数量往往受到你对兄弟所做判断的信心的影响，特别是因为 90% 的创业公司都不会成功！

DRAM 价格和成本。

a. 尽管价格波动，但从 2013 年开始，价格似乎趋于平缓，这与摩尔定律增速放缓是一致的。例如，DRAM 存储在 2013 年、2016 年和 2019 年都是 4 美元 /GiB。而在过去没有出现这样长期持平的现象。

b. 这两幅图都没有提到 DRAM 芯片的产量，这可以解释为什么价格变化比单芯片容量变化要更大。根据芯片生产制造学习曲线，其中产量每增加 10 倍，会导致成本减半。同时在芯片封装方面也有技术创新，可以长期降低芯片成本，同时降低价格。

c. 因为有多家公司生产同类型产品，作为产品部件的 DRAM，很容易受到市场压力和价格波动的影响。当供小于求时价格上涨，反之则价格下跌。曾经有一段时期 DRAM 的利润比较高，因此人们建造了更多的生产线，直到出现供大于求导致价格下跌，才又开始减少新生产线的投入。

1.15　练习

完成练习所需的相对时间标示在题号之后的方括号中。平均来说，在标级［10］的习题上所用的时间会是标级［5］的习题的 2 倍。做题前应先阅读的课本章节则标示在尖括号中。例如，<1.4> 表示应该阅读 1.4 节以帮助你完成该习题。

1.1　［2］<1.1> 请列举和描述三种类型的计算机。

1.2　［5］<1.2> 计算机体系结构中的七个伟大思想与其他领域的思想相似。请将计算机体系结构中的七个伟大思想——"使用抽象简化设计""加速经常性事件""通过并行提高性能""通过流水线提高性能""通过预测提高性能""存储层次""通过冗余提高可靠性"与其他领域的下列思想进行匹配：

a. 汽车制造中的组装生产线。

b. 吊桥缆索。

c. 采用风向信息的飞机和船舶导航系统。

d. 高楼中的高速电梯。

e. 图书馆的存阅处。

f. 通过增大 CMOS 晶体管的栅极面积来减少翻转时间。

g. 制造自动驾驶汽车，其控制系统是安装在汽车上的传感器系统，例如车道偏离检测系统和智能导航控制系统。

1.3 ［2］< 1.3 > 请描述高级语言（例如 C）编写的程序转化为能够直接在计算机处理器上执行的表示的具体步骤。

1.4 ［2］< 1.4 > 一个彩色显示器中的每个像素由三种基色（红、绿、蓝）构成，每种基色用 8 位表示，帧大小为 1280×1024。

a. 为了保存一帧图像最少需要多大的帧缓冲（以字节计算）？

b. 在 100Mbps 的网络上传输一帧图像最少需要多长时间？

1.5 ［5］下表给出了 2010 年以来 Intel 台式机处理器的多项性能指标。"工艺"列显示了每个处理器制造工艺的最小特征尺寸。假设芯片尺寸保持相对恒定，并且每个处理器中包含的晶体管数量按 $(1/t)^2$ 缩放，其中 t 表示最小特征尺寸。对于每个性能指标，请计算 2010 年到 2019 年的平均改善比率，以及以相应的改善比率翻倍所需的年数。

台式机处理器	年份	工艺	最大时钟频率（GHz）	单核整数 IPC	核数	DRAM 最大带宽（GB/s）	单精度浮点（Gflop/s）	L3 cache（MiB）
Westmere i7-620	2010	32	3.33	4	2	17.1	107	4
Ivy Bridge i7-3770K	2013	22	3.90	6	4	25.6	250	8
Broadwell i7-6700K	2015	14	4.20	8	4	34.1	269	8
Kaby Lake i7-7700K	2017	14	4.50	8	4	38.4	288	8
Coffee Lake i7-9700K	2019	14	4.90	8	8	42.7	627	12
平均每年改善比率	__%	__%	__%	__%	__%	__%	__%	__%
翻倍所需年数	__年	__年	__年	__年	__年	__年	__年	__年

1.6 ［4］< 1.6 > 有 3 种不同的处理器 P1、P2 和 P3 执行同样的指令系统。P1 的时钟频率为 3GHz，CPI 为 1.5；P2 的时钟频率为 2.5GHz，CPI 为 1.0；P3 的时钟频率为 4GHz，CPI 为 2.2。

a. 以每秒执行的指令数为标准，哪个处理器性能最高？

b. 如果每个处理器执行一个程序都花费 10s 时间，求它们的时钟周期数和指令数。

c. 我们试图把执行时间减少 30%，但这会引起 CPI 增大 20%。请问为达到时间减少 30% 的目标，时钟频率应达到多少？

1.7 ［20］< 1.6 > 同一个指令系统体系结构有两种不同的实现方式。根据 CPI 的不同将指令分成四类（A、B、C 和 D）。P1 的时钟频率为 2.5GHz，CPI 分别为 1、2、3 和 3；P2 的时钟频率为 3GHz，CPI 分别为 2、2、2 和 2。

给定一个程序，有 1.0×10^6 条动态指令，按如下比例分为 4 类：A，10%；B，20%；C，50%；

D，20%。

　　a. 每种实现方式下的整体 CPI 是多少？

　　b. 计算两种情况下的时钟周期总数。

1.8 ［15］< 1.6 > 编译器对应用程序性能有极深的影响。假定对于一个程序，如果采用编译器 A，则动态指令数为 1.0×10^9，执行时间为 1.1s；如果采用编译器 B，则动态指令数为 1.2×10^9，执行时间为 1.5s。

　　a. 在给定处理器时钟周期长度为 1ns 时，求每个程序的平均 CPI。

　　b. 假定被编译的程序分别在两个不同的处理器上运行。如果这两个处理器的执行时间相同，求运行编译器 A 生成之代码的处理器时钟比运行编译器 B 生成之代码的处理器时钟快多少。

　　c. 假设开发了一种新的编译器，只需 6.0×10^8 条指令，程序平均 CPI 为 1.1。求这种新的编译器在原处理器环境下相对于原编译器 A 和 B 的加速比。

1.9 2004 年发布的 Pentium 4 Prescott 处理器时钟频率为 3.6GHz，工作电压为 1.25V。假定平均情况下静态功耗为 10W，动态功耗为 90W。

2012 年发布的 Core i5 Ivy Bridge 时钟频率为 3.4GHz，工作电压为 0.9V。假定平均情况下静态功耗为 30W，动态功耗为 40W。

1.9.1 ［5］< 1.7 > 分别求出每个处理器的平均电容负载。

1.9.2 ［5］< 1.7 > 对于每种技术，求出静态功耗占总耗散功耗的比例和静态功耗相对于动态功耗的比率。

1.9.3 ［15］< 1.7 > 如果要将整体耗散功耗降低 10%，请计算出在保持漏电流不变的情况下电压要降低多少。注意：功率定义为电压与电流的乘积。

1.10 在某处理器中，假定算术指令、load/store 指令和分支指令的 CPI 分别是 1、12 和 5。同时假定某程序在单个处理器核上运行时需要执行 2.56×10^9 条算术指令、1.28×10^9 条 load/store 指令和 2.56×10^8 条分支指令，并假定处理器的时钟频率为 2GHz。

现假定程序并行运行在多核上，分配到每个处理器核上运行的算术指令和 load/store 指令数目为单核情况下相应指令数目除以 $0.7 \times p$（p 为处理器核数），而每个处理器的分支指令的数量保持不变。

1.10.1 ［5］< 1.7 > 求出当该程序分别运行在 1、2、4 和 8 个处理器核上的执行时间，并求出其他情况下相对于单核处理器的加速比。

1.10.2 ［10］< 1.6, 1.8 > 如果算术指令的 CPI 加倍，对分别运行在 1、2、4 和 8 个处理器核上的执行时间有何影响？

1.10.3 ［10］< 1.6, 1.8 > 如果要使单核处理器的性能与四核处理器相当，单处理器中 load/store 指令的 CPI 应该降低多少？此处假定四核处理器的 CPI 保持原数值不变。

1.11 假定一个直径 15cm 的晶圆的成本是 12，包含 84 枚晶片，其缺陷参数为 0.020 个 /cm²。而一个直径 20cm 的晶圆的成本是 15，包含 100 枚晶片，其缺陷参数为 0.031 个 /cm²。

1.11.1 ［10］< 1.5 > 分别求出每种晶圆的工艺良率。

1.11.2 ［5］< 1.5 > 分别求出每种晶片的价格。

1.11.3 ［5］< 1.5 > 如每晶圆的晶片数增加 10%，每单位面积的缺陷数增加 15%，求晶片面积和工艺良率。

1.11.4 ［5］< 1.5 > 假设随着电子器件制造技术的进步，工艺良率从 0.92 上升到 0.95。给定晶片面积为 200mm²，求每一种技术下单位面积的缺陷数。

1.12   SPEC CPU2006 的 bzip2 基准程序在 AMD Barcelona 处理器上执行的总指令数为 2.389×10^{12}，执行时间为 750s，该程序的参考执行时间为 9650s。

1.12.1   ［5］< 1.6,1.9 > 如果时钟周期长度为 0.333ns，求 CPI 值。

1.12.2   ［5］< 1.9 > 求该程序的 SPEC 分值。

1.12.3   ［5］< 1.6, 1.9 > 如果基准程序的指令数增加 10%，CPI 不变，则 CPU 时间增加多少？

1.12.4   ［5］< 1.6, 1.9 > 如果基准程序的指令数增加 10%，CPI 增加 5%，则 CPU 时间增加多少？

1.12.5   ［5］<1.6, 1.9 > 根据上题中指令数和 CPI 的变化，求 SPEC 分值的变化。

1.12.6   ［10］< 1.6 > 假设正在开发一款新的 AMD Barcelona 处理器，其工作频率为 4GHz，在其指令系统中增加了一些新的指令，从而使程序中的指令数目减少了 15%，程序的执行时间降到了 700s，新的 SPEC 分值为 13.7，求新的 CPI。

1.12.7   ［10］< 1.6 > 当时钟频率由 3GHz 上升到 4GHz 时，上一题算出的 CPI 比 1.12.1 的高。请确定 CPI 的升高是否与频率升高相同。如果不同，为什么？

1.12.8   ［5］< 1.6 >CPU 时间减少了多少？

1.12.9   ［10］< 1.6 > 对第二个基准程序 libquantum，假定执行时间为 960ns，CPI 为 1.61，时钟频率为 3GHz。在时钟频率为 4GHz 时，在不影响 CPI 的前提下执行时间减少 10%，求指令总数。

1.12.10   ［10］< 1.6 > 在指令总数和 CPI 保持不变的前提下，如果要将 CPU 时间进一步减少 10%，求时钟频率。

1.12.11   ［10］< 1.6 > 在指令总数保持不变的前提下，如果要将 CPI 降低 15%，CPU 时间减少 20%，求时钟频率。

1.13   在 1.11 节中提到使用性能公式的子集来作为性能评价指标的陷阱。下面的习题将对其进行说明。考虑下面两种处理器。P1 的时钟频率为 4GHz，平均 CPI 为 0.9，需要执行 5.0×10^9 条指令；P2 的时钟频率为 3GHz，平均 CPI 为 0.75，需要执行 1.0×10^9 条指令。

1.13.1   ［5］< 1.6, 1.11 > 一个常见的错误是，认为时钟频率最高的计算机具有最高的性能。这种说法正确吗？请用 P1 和 P2 来验证这一说法是否正确。

1.13.2   ［10］< 1.6, 1.11 > 另一个错误是，认为执行指令最多的处理器需要更多的 CPU 时间。考虑 P1 执行 1.0×10^9 条指令序列所需的时间，假定 P1 和 P2 的 CPI 不变，计算一下 P2 用同样的时间可以执行多少条指令。

1.13.3   ［10］< 1.6, 1.11 > 一个常见的错误是用 MIPS（每秒百万条指令数）来比较两台不同的处理器的性能，并认为 MIPS 数值大的处理器具有最高的性能。这种说法正确吗？请用 P1 和 P2 验证这一说法是否正确。

1.13.4   ［10］< 1.11 > 另一个常见的性能标志是 MFLOPS（每秒百万条浮点指令），其定义为

$$MFLOPS = \frac{浮点操作的数目}{执行时间 \times 10^6}$$

但此指标与 MIPS 有同样的问题。假定 P1 和 P2 上执行的指令有 40% 的浮点指令，求出各处理器的 MFLOPS 数值。

1.14   在 1.11 节中提到的另一个易犯的错误是希望通过只改进计算机的一个方面来改进计算机的总体性能。假如一台计算机上运行一个程序需要 250s，其中 70s 用于执行浮点指令，85s 用于执行 L/S 指令，40s 用于执行分支指令。

1.14.1   ［5］< 1.11 > 如果浮点操作的时间减少 20%，总时间将减少多少？

1.14.2   ［5］< 1.11 > 如果将总时间减少 20%，整型操作时间应减少多少？

1.14.3   ［5］< 1.11 > 如果只减少分支指令时间，总时间能否减少 20%？

1.15　假定一个程序需要执行 50×10^6 条浮点指令、110×10^6 条整型指令、80×10^6 条 L/S 指令和 16×10^6 条分支指令。每种类型指令的 CPI 分别是 1、1、4 和 2。假定处理器的时钟频率为 2GHz。

1.15.1　［10］< 1.11 > 如果我们要将程序运行速度提高至原来的 2 倍，浮点指令的 CPI 应如何改进？

1.15.2　［10］< 1.11 > 如果我们要将程序运行速度提高至原来的 2 倍，L/S 指令的 CPI 应如何改进？

1.15.3　［5］< 1.11 > 如果整数和浮点指令的 CPI 减少 40%，L/S 和分支指令的 CPI 减少 30%，程序的执行时间能改进多少？

1.16　［5］< 1.8 > 当程序被调整到多核处理器系统的多个处理器上运行时，在每个处理器上的执行时间可分成计算时间、由于互锁临界区和 / 或处理器之间传输数据的通信带来的时间开销。

假定一个程序在单处理器上执行需要的时间 t 为 100s。当它在 p 个处理器上运行时，每个处理器需要 t/p 的计算时间，以及 4s 的额外开销，且此开销与处理器数量无关。在处理器数目分别为 2、4、8、16、32、64 和 128 时，计算每个处理器的执行时间。在每种情况下，列出相对于单处理器的加速比和实际加速比与理想加速比的比值（理想加速比是指没有开销情况下的加速比）。

自我检测答案

1.1 节　问题讨论：可以有多种答案。

1.4 节　DRAM 存储器：具有易失性，访问时间短（50 ～ 70ns），每 GB 的价格为 5 ～ 10 美元。磁盘存储器：具有非易失性，访问时间是 DRAM 的 100 000 ～ 400 000 倍，每 GB 的价格是 DRAM 的 1/100。闪存：具有非易失性，访问时间是 DRAM 的 100 ～ 1000 倍，每 GB 的价格是 DRAM 的 1/10 ～ 1/7 倍。

1.5 节　1、3、4 是正确答案，答案 5 一般可认为正确，因为产量高时能促使额外投资去缩小晶片面积，例如减小 10% 从经济上来看就是很好的决策了，但这往往不太现实。

1.6 节　1. a. 两者都改进；b. 延迟；c. 都不改进。2. 7s。

1.6 节　b

1.11 节　a. 计算机 A 有较高的 MIPS 值；b. 计算机 B 更快。

指令：计算机的语言

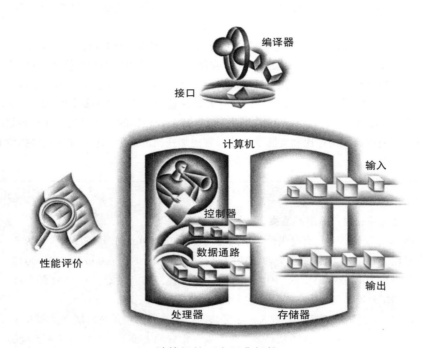

计算机的五个经典部件

2.1 引言

要控制计算机硬件，就必须用它的语言。计算机语言中的单词称为指令，其词汇表称为**指令系统**（instruction set）。在本章中，你将看到一个真实计算机的指令系统，有人为书写和计算机可读两种形式。我们以自上而下的方式介绍指令。从一种看似受限的编程语言符号开始，逐步完善，直到成为计算机的实际语言。第 3 章继续这个向下的过程，揭示计算硬件和浮点数的表示。

你可能认为计算机语言和人类语言一样种类繁多，但实际上计算机语言都十分类似，更像是区域方言而非各自独立的语言。因此，一旦学会了一种，再学习其他语言就很容易了。

本书所选指令系统为 RISC-V，2010 年初由加州大学伯克利分校开发。

为了演示学会其他指令系统有多么容易，我们还将快速浏览另外两个流行的指令系统。

1. MIPS 是设计于 20 世纪 80 年代的指令系统典范。在许多方面，RISC-V 都遵循类似的设计。

2. Intel x86 起源于 20 世纪 70 年代，现在仍然支持 PC 以及后 PC 时代的云端。

指令系统的相似性是因为所有计算机都是基于相似基本原理的硬件技术构建的，且因为有些基本操作是所有计算机都必须提供的。此外，计算机设计人员都有一个共同目标：找到

我同上帝说西班牙语，和女人说意大利语，跟男人说法语，对我的马说德语。

查理五世，神圣罗马帝国皇帝（1500—1558）

指令系统：被一个给定体系结构所理解的命令词汇表。

一种让构建硬件和编译器容易，同时最大化性能且最小化成本和资源的语言。这是个历史悠久的目标。下述引文写于计算机可购买前的 1946 年，但在今天同样适用：

> 通过形式逻辑方法很容易看出，存在某些在理论上足以控制和执行任意操作序列的 [指令系统]……从现有观点来看，选择一个 [指令系统] 的真正决定性考虑因素是更具实用性：[指令系统] 所要求的硬件简单性，及其应用于实际重要问题的清晰度以及处理这些问题的速度。
>
> ——Burks、Goldstine 和 von Neumann，1946

对于今天的计算机而言，"硬件简单性"与 20 世纪 40 年代一样值得考虑。本章的目标便是讲述一个遵循此想法的指令系统，分别展示它在硬件中如何表示，及其（更初级的语言）与高级编程语言之间的关系。我们的示例使用 C 语言编写；2.15 节展示了对于像 Java 这样的面向对象的语言，上述部分会有怎样的变化。

通过学习如何表示指令，还能发现计算的秘密：**存储程序概念**。此外，可以通过使用计算机语言编写程序，并在本书附带的模拟器上运行以练习这门"外语"技能。我们还将看到编程语言和编译器优化对性能的影响。在本章结束时将简要介绍指令系统的历史演变以及其他计算机语言。

> **存储程序概念**：指令与多种类型的数据不加区别地存储在存储器中并因此易于更改，因此产生了存储程序计算机。

我们将逐步介绍第一个指令系统，同时给出计算机结构的基本原理。这个自顶向下、循序渐进的教程将组件与解释相结合，使计算机语言更加易于接受。图 2-1 给出了本章所包含指令系统的预览。

RISC–V 操作数

名称	示例	注解
32个寄存器	x0～x31	快速定位数据。在RISC-V中，只对寄存器中的数据执行算术运算。寄存器x0总是等于0
2³⁰个存储字	Memory[0], Memory[4], ..., Memory[4 294 967 292]	只能被数据传输指令访问。RISC-V使用字节寻址，因此顺序字访问相差4。存储器保存数据结构、数组和换出的寄存器的内容

RISC–V 汇编语言

类别	指令	示例	含义	注解
算术运算	加	add x5, x6, x7	x5 = x6 + x7	三寄存器操作数；加
	减	sub x5, x6, x7	x5 = x6 - x7	三寄存器操作数；减
	立即数加	addi x5, x6, 20	x5 = x6 + 20	用于加常数
数据传输	取字	lw x5, 40(x6)	x5 = Memory[x6 + 40]	从存储器取字到寄存器
	取字（无符号数）	lwu x5, 40(x6)	x5 = Memory[x6 + 40]	从存储器取无符号字到寄存器
	存字	sw x5, 40(x6)	Memory[x6 + 40] = x5	从寄存器存字到存储器
	取半字	lh x5, 40(x6)	x5 = Memory[x6 + 40]	从存储器取半字到寄存器
	取半字（无符号数）	lhu x5, 40(x6)	x5 = Memory[x6 + 40]	从存储器取无符号半字到寄存器
	存半字	sh x5, 40(x6)	Memory[x6 + 40] = x5	从寄存器存半字到存储器
	取字节	lb x5, 40(x6)	x5 = Memory[x6 + 40]	从存储器取字节到寄存器
	取字节（无符号数）	lbu x5, 40(x6)	x5 = Memory[x6 + 40]	从存储器取无符号字节到寄存器
	存字节	sb x5, 40(x6)	Memory[x6 + 40] = x5	从寄存器存字节到存储器
	取保留字	lr.d x5, (x6)	x5 = Memory[x6]	取；原子交换的前半部分
	存条件字	sc.d x7, x5, (x6)	Memory[x6] = x5; x7 = 0/1	存；原子交换的后半部分
	取立即数高位	lui x5, 0x12345	x5 = 0x12345000	取左移12位后的20位立即数

图 2-1　本章中出现的 RISC-V 汇编语言。此信息列在本书 RISC-V 参考数据卡⊖的第 1 列中

⊖　见本书封面和封底的背面。——编辑注

RISC-V 汇编语言

类别	指令	示例	含义	注解
逻辑运算	与	and x5, x6, x7	x5 = x6 & x7	三寄存器操作数；按位与
	或	or x5, x6, x8	x5 = x6 | x8	三寄存器操作数；按位或
	异或	xor x5, x6, x9	x5 = x6 ^ x9	三寄存器操作数；按位异或
	与立即数	andi x5, x6, 20	x5 = x6 & 20	寄存器与常数按位与
	或立即数	ori x5, x6, 20	x5 = x6 | 20	寄存器与常数按位或
	异或立即数	xori x5, x6, 20	x5 = x6 ^ 20	寄存器与常数按位异或
移位操作	逻辑左移	sll x5, x6, x7	x5 = x6 << x7	按寄存器给定位数左移
	逻辑右移	srl x5, x6, x7	x5 = x6 >> x7	按寄存器给定位数右移
	算术右移	sra x5, x6, x7	x5 = x6 >> x7	按寄存器给定位数算术右移
	逻辑左移立即数	slli x5, x6, 3	x5 = x6 << 3	根据立即数给定位数左移
	逻辑右移立即数	srli x5, x6, 3	x5 = x6 >> 3	根据立即数给定位数右移
	算术右移立即数	srai x5, x6, 3	x5 = x6 >> 3	根据立即数给定位数算术右移
条件分支	相等即跳转	beq x5, x6, 100	if (x5 == x6) go to PC+100	若寄存器数值相等则跳转到PC相对地址
	不等即跳转	bne x5, x6, 100	if (x5 != x6) go to PC+100	若寄存器数值不等则跳转到PC相对地址
	小于即跳转	blt x5, x6, 100	if (x5 < x6) go to PC+100	若寄存器数值比较结果小于则跳转到PC相对地址
	大于或等于即跳转	bge x5, x6, 100	if (x5 >= x6) go to PC+100	若寄存器数值比较结果大于或等于则跳转到PC相对地址
	小于即跳转（无符号）	bltu x5, x6, 100	if (x5 < x6) go to PC+100	若寄存器数值比较结果小于则跳转到PC相对地址（无符号）
	大于或等于即跳转（无符号）	bgeu x5, x6, 100	if (x5 >= x6) go to PC+100	若寄存器数值比较结果大于或等于则跳转到PC相对地址（无符号）
无条件跳转	跳转–链接	jal x1, 100	x1 = PC+4; go to PC+100	用于PC相关的过程调用
	跳转–链接（寄存器地址）	jalr x1, 100(x5)	x1 = PC+4; go to x5+100	用于过程返回；非直接调用

图 2-1　本章中出现的 RISC-V 汇编语言。此信息列在本书 RISC-V 参考数据卡的第 1 列中（续）

详细阐述 RISC-V 是一套由国际 RISC-V 组织控制的开放结构，不像 ARM、MIPS 或 x86 那样是公司拥有的专属结构。2020 年，国际 RISC-V 组织的企业会员超过 200 家，知名度迅速提升。

2.2 计算机硬件的操作

每台计算机都必须能够实现算术运算。RISC-V 汇编语言的符号

add a, b, c

指示计算机将两个变量 b 和 c 相加并将其总和放入 a 中。

> 毫无疑问，必须有实现基本算术运算的指令。
> *Burk、Goldstine 和 von Neumann, 1947*

这种符号表示是固定的，其中每个 RISC-V 算术指令只执行一个操作，并且必须总是只有三个变量。例如，假设要将四个变量 b、c、d 和 e 的和放入变量 a 中。（本节不深究"变量"的概念，下一节将详细解释。）

以下指令序列将四个变量相加：

```
add a, b, c    // The sum of b and c is placed in a
add a, a, d    // The sum of b, c, and d is now in a
add a, a, e    // The sum of b, c, d, and e is now in a
```

因此，需要三条指令来完成这四个变量相加。

上面每行双斜线（//）的右边是给读者的注释，而计算机会将其忽略。请注意，与其他编程语言不同，该语言每行最多只能包含一条指令。与 C 语言的另一个区别是注释总是在一行的末尾终止。

类似于加法的操作一般有三个操作数：两个被加到一起的数和一个放置总和的位置。要

求每条指令恰好有三个操作数，不多也不少，符合硬件简单的设计原则：操作数数量可变的硬件比固定数量的硬件更复杂。这种情况说明了硬件设计三条基本原则之一：

设计原则 1：简单源于规整。

现使用以下两个示例展示用高级编程语言编写的程序和用初级符号表示的程序间的关系。

| **例题** | 将两条 C 赋值语句编译成 RISC-V ─────────────────────────

这段 C 程序代码包含五个变量 a、b、c、d 和 e。由于 Java 是从 C 发展而来的，所以本例以及接下来若干示例都适用于这两种高级编程语言：

```
a = b + c;
d = a – e;
```

编译器将 C 语言转换成 RISC-V 汇编指令。写出编译器生成的 RISC-V 代码。

| **答案** | RISC-V 指令对两个源操作数进行操作，并将结果放入一个目标操作数。因此，上面的两条简单语句直接编译成以下两条 RISC-V 汇编指令。

```
add a, b, c
sub d, a, e
```

| **例题** | 将一条复杂的 C 赋值语句编译成 RISC-V ─────────────────

有一条包含五个变量 f、g、h、i 和 j 的复杂语句：

```
f = (g + h) – (i + j);
```

C 编译器可能产生什么样的 RISC-V 汇编指令？

| **答案** | 编译器必须将该语句分解为多条汇编指令，因为每条 RISC-V 指令只执行一个操作。第一条 RISC-V 指令计算 g 与 h 之和。因为必须将结果放于某处，所以编译器会创建一个名为 t0 的临时变量：

```
add t0, g, h // temporary variable t0 contains g + h
```

虽然下一个操作是减法，但是需要在做减法之前先计算 i 与 j 之和。因此，第二条指令将 i 和 j 的和放入由编译器创建的另一个名为 t1 的临时变量中：

```
add t1, i, j // temporary variable t1 contains i + j
```

最后，减法指令从第一条指令求得的和中减去第二条指令求得的和，并将差值放入变量 f 中，完成编译：

```
sub f,t0,t1 // f gets t0 – t1, which is (g + h) – (i + j)
```

详细阐述 为了提高可移植性，Java 最初被设计为依赖于软件的解释器。这个解释器的指令系统称为 Java 字节码（bytecode，见 2.15 节），它与 RISC-V 指令系统有很大不同。为了使性能接近于等效的 C 程序，现在的 Java 系统通常会将 Java 字节码编译为像 RISC-V 这样的机器指令。由于完成这种编译通常比 C 程序晚得多，因此这样的 Java 编译器通常称为即时（Just In Time，JIT）编译器。2.12 节展示了在程序启动过程中，相对于 C 编译器，JIT 是如何延后使用的，2.13 节展示了 Java 程序编译和解释的性能比较。

自我检测 对于一个给定函数，哪种编程语言可能需要大量代码？将以下三种表示语言进行排序。

    1. Java
    2. C
    3. RISC-V 汇编语言

2.3 计算机硬件的操作数

与高级语言程序不同，算术指令的操作数会受到限制；它们必须取自寄存器，而寄存器数量有限并内建于硬件的特殊位置。寄存器是硬件设计中的基本元素，当计算机设计完成后，对程序员也可见，因此可以将寄存器视为计算机构建的"砖块"。在 RISC-V 体系结构中，寄存器的大小为 32 位；成组的 32 位频繁出现，因此它们在 RISC-V 体系结构中被命名为**字**。（另一个常见大小是成组的 64 位，在 RISC-V 体系结构中称为**双字**。）

> **字**：计算机中的一种基本访问单元，通常是 32 位一组，对应于 RISC-V 体系结构中单个寄存器的位宽。

程序语言的变量和寄存器之间的一个主要区别是寄存器数量有限，在当前 RISC-V 等计算机上通常为 32 个（关于寄存器数量的演变历史见 2.25 节）。因此，我们继续自顶向下逐步引入 RISC-V 语言的符号表示，在本节中，我们增加了限制，即 RISC-V 算术指令的三个操作数必须从 32 个 32 位寄存器中选择。

> **双字**：计算机中的另一种基本访问单元，通常是 64 位一组。

寄存器个数限制为 32 个的原因可以在我们硬件设计三条基本设计原则的第二条中找到。

设计原则 2：更少则更快。

简单来讲，数量过多的寄存器可能会增加时钟周期，因为电信号传输的距离越远，所花费的时间就越长。

诸如"更少则更快"的设计原则不是绝对的，31 个寄存器也许并不比 32 个更快。然而，这种发现背后的真相也需要计算机设计人员认真对待。在这种情况下，设计人员必须在程序对更多寄存器的渴求和设计人员对缩短时钟周期的期望之间取得平衡。另一个不使用超过 32 个寄存器的原因是指令格式的位数限制，如 2.5 节所介绍的。

第 4 章展示了寄存器在硬件构造中扮演的核心角色；正如将在该章中看到的，有效使用寄存器对于提高程序性能至关重要。

尽管我们可以简单地使用寄存器编号 0 到 31 来编写指令，但是 RISC-V 约定在"x"后面跟一个寄存器编号来表示，有一些例外的寄存器名称我们将稍后介绍。

| 例题 | 使用寄存器编译 C 赋值语句 ————————————————————————————————————

编译器的工作是将程序变量与寄存器相关联。以我们前面例子中的赋值语句为例：

```
f = (g + h) - (i + j);
```

变量 f、g、h、i 和 j 分别分配给寄存器 x19、x20、x21、x22 和 x23。编译后的 RISC-V 代码是什么？

| 答案 | 编译后的程序与之前的例子非常相似，只是我们用上面提到的寄存器名称替换了变量，并将两个临时变量用两个临时寄存器 x5 和 x6 代替：

```
add x5, x20, x21  // register x5 contains g + h
add x6, x22, x23  // register x6 contains i + j
sub x19, x5, x6   // f gets x5 - x6, which is (g + h) - (i + j)
```

2.3.1 存储器操作数

程序语言中，有如同这些例子一样包含单个数据元素的简单变量，也有更复杂的数据结构——数组和结构体。这些复杂数据结构可以包含比计算机中寄存器数量更多的数据元素。计算机如何表示和访问这样庞大的数据结构呢？

回顾一下计算机的五个组成部分。处理器只能在寄存器中保存少量数据，但是计算机内存可以存储数十亿数据元素。因此，数据结构（数组和结构体）可以保存在内存中。

如上所述，RISC-V 指令中的算术运算只作用于寄存器，因此，RISC-V 必须包含在内存和寄存器之间传输数据的指令。这些指令称为**数据传输指令**。要访问内存中的字，指令必须提供内存**地址**。内存只是一个大型一维数组，其地址作为该数组的下标，从 0 开始。例如，在图 2-2 中，第三个数据元素的地址是 2，内存第 2 号单元存放的数据是 10。

> **数据传输指令**：在内存和寄存器之间传送数据的命令。
>
> **地址**：用于描述内存数组中特定数据元素位置的值。

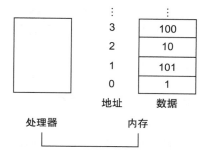

图 2-2 内存地址和存储的内容。如果这些元素是字，这些地址将是不正确的，因为 RISC-V 实际上使用字节寻址，每个字代表 4 个字节。图 2-3 展示了顺序字编址的正确内存寻址

将数据从内存复制到寄存器的数据传输指令通常称为载入指令（load）。载入指令的格式是操作名称后面紧跟数据待取的寄存器，然后是寄存器和用于访问内存的常量⊖。指令的常量部分和第二个寄存器中的内容⊜相加组成内存地址。实际的 RISC-V 指令名称是 lw，表示取字。

│例题│ 当操作数在内存中时，编译 C 赋值语句 ────────────────────■

假设 A 是一个由 100 个字组成的数组，并且编译器和之前一样将寄存器 x20 和 x21 分别分配给变量 g 和 h。我们还假设数组的起始地址或基址存放在寄存器 x22 中。编译这个 C 赋值语句：

```
g = h + A[8];
```

│答案│ 虽然在这个赋值语句中只有一个操作，但其中一个操作数在内存中，所以我们必须先将 A[8] 传送到一个寄存器。该数组元素的地址是数组 A 的基址（在寄存器 x22 中）加上元素序号 8 的和。数据应该放在一个临时寄存器中以便下一条指令使用。根据图 2-2，第一条编译后的指令是：

```
ld   x9, 8(x22) // Temporary reg x9 gets A[8]
```

⊖ 即偏移量。——译者注
⊜ 即基址。——译者注

（之后我们将对这条指令做轻微的调整，但现在使用简化的版本。）下一条指令可以对 x9 操作，因为 A[8] 已存放在寄存器 x9 中。该指令必须将 h（存放在 x21 中）和 A[8]（存放在 x9 中）相加，并将该和放入与 g 相对应的寄存器 x20 中：

```
add   x20, x21, x9 // g = h + A[8]
```

存放基址的寄存器（x22）被称为基址寄存器，而数据传输指令中的常数 8 称为偏移量。————■

硬件 / 软件接口   除了将变量与寄存器相对应以外，编译器还将像数组和结构体这样的数据结构分配到内存中的相应位置。编译器可以将正确的起始地址放入数据传输指令中。

由于 8 位字节在许多程序中非常有用，几乎所有的体系结构都是按单个字节寻址的。因此，字的地址与字内的 4 个字节之一的地址是相匹配的，并且连续字的地址相差 4。例如，图 2-3 显示了图 2-2 中字的实际 RISC-V 地址，第三个字的字节地址是 8。

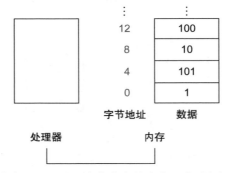

图 2-3   实际的 RISC-V 内存地址和这些内存中字的内容。为了与图 2-2 对照，改变了的地址
用灰色标出。由于 RISC-V 按字节寻址，因此字地址是 4 的倍数：字包含 4 个字节

计算机分为两种，一种使用最左边或"大端"字节的地址作为字地址，另一种使用最右端或"小端"字节的地址作为字地址。RISC-V 属于后者，称为小端编址。由于仅在以字形式和 4 个单独字节访问相同数据时，字节顺序才会有影响，因此大多数情况下不需要关心"大小端"。

字节寻址也会影响数组下标。为了在上面的代码中获得正确的字节地址，加到基址寄存器 x22 的偏移量必须是 8×4（或 32），以便取地址将选择 A[8] 而不是 A[8/4]。（参见 2.22 节对相关陷阱的介绍。）

与载入指令相反的指令通常被称为存储指令（store），它从寄存器复制数据到内存。存储指令的格式类似于载入指令的格式：操作名称，接着是要写回内存的寄存器，然后是基址寄存器，最后是选择数组元素的偏移量。同样，RISC-V 地址是由常数和基址寄存器内容共同决定的。实际上的 RISC-V 指令名称是 sw，表示存储字。

详细阐述   在许多体系结构中，字的起始地址必须是 4 的倍数。该要求称为对齐限制。（第 4 章将指出为什么对齐会使数据传输更快。）RISC-V 和 Intel x86 没有对齐限制，但 MIPS 确实有此限制。

> **对齐限制**：数据在内存中要与自然边界对齐的要求。

硬件 / 软件接口   由于加载和存储指令中的地址是二进制数，我们可以看到为什么作为主存的 DRAM 以二进制而不是十进制表示容量大小。也就是说，是以 gibibyte（2^{30}）或 tebibyte（2^{40}）表示，而不是 gigabyte（10^9）或 terabyte（10^{12}）表示，见图 1-1。

| **例题** | 使用 **load** 和 **store** 编译生成指令 —————————————————————————————■

假设变量 h 存放在寄存器 x21 中，数组 A 的基址存放在寄存器 x22 中。C 赋值语句的

RISC-V 汇编代码是什么？

```
A[12] = h + A[8];
```

答案 虽然在 C 语句中只有一个操作，但是现在在内存中有两个操作数，所以我们需要更多的 RISC-V 指令。前两个指令与前一个例子相同，只是这次我们在加载指令中使用了字节寻址正确的偏移量 32 来选择 A[8]，并且加法指令将总和放在寄存器 x9 中：

```
lw   x9, 32(x22)    // Temporary reg x9 gets A[8]
add  x9, x21, x9    // Temporary reg x9 gets h + A[8]
```

最后的指令使用 48（4×12）作为偏移量，寄存器 x22 作为基址寄存器，将总和存储到 A[12] 中。

```
sw   x9, 48(x22)    // Stores h + A[8] back into A[12]
```

加载字和存储字是在 RISC-V 体系结构中存储器和寄存器之间传输字的指令。某些品牌的计算机使用其他的载入和存储指令来传输数据。采用这种替代方案的一种体系结构是 2.17 节中描述的 Intel x86。

硬件/软件接口 许多程序有着比计算机中寄存器数量更多的变量。所以，编译器会尽量把最常用的变量存放在寄存器中，剩下的存放在内存中，使用 load 和 store 在寄存器和内存之间传输变量。将不常用的变量（或稍后才使用的变量）存放到内存的过程称为寄存器换出。

关于大小和速度的硬件设计原则表明内存一定比寄存器慢，因为寄存器更少。事实确实如此，如果数据在寄存器而不是内存中，数据访问速度会更快。

而且，数据在寄存器中更有用。RISC-V 算术指令可以读取两个寄存器，对它们进行操作并写入结果。RISC-V 数据传输指令只读取一个操作数或写入一个操作数，并不对其进行操作。

因此，与内存相比，寄存器的访问时间更短，吞吐率更高。这使得寄存器中的数据访问速度更快，使用更简单。与访问内存相比，访问寄存器所需的能耗也少得多。要获得最高的性能并节约能耗，指令系统体系结构必须有足够多的寄存器，并且编译器必须有效使用寄存器。

详细阐述 让我们全面看待寄存器相对于内存的能耗和性能。假设访问一个 32 位数据，和 2020 年的 DRAM 相比，寄存器大约快 200 倍（50ns 与 0.25ns），能效提高了 10 000 倍（1000pJ 与 0.1pJ）。这些巨大的差异导致了缓存的出现，它们被用于减少访问内存带来的能耗和性能损失（参见第 5 章）。

2.3.2 常数或立即数操作数

程序经常会在一次操作中用到常数，例如，递增数组下标以指向数组的下一个元素。实际上，在运行 SPEC CPU2006 基准测试程序集时，超过一半的 RISC-V 算术指令有一个常数操作数。

只使用目前介绍过的指令，我们需要将常数从内存中取出才能使用。（这些常数会在程序加载的时候存放到内存中。）例如，要将常数 4 加到寄存器 x22，可以使用以下代码：

```
lw  x9, AddrConstant4(x3)    // x9 = constant 4
add x22, x22, x9             // x22 = x22 + x9 (where x9 == 4)
```

假设 x3 + AddrConstant4 是常数 4 的内存地址。

避免使用加载指令的一种方法是提供另一个版本的算术指令，它的其中一个操作数是常数。这种带有一个常数操作数的快速加指令称为立即数加或 addi。要将 4 加到寄存器 x22，只需写成：

```
addi      x22, x22, 4      // x22 = x22 + 4
```

常数操作数经常出现；的确，addi 是大多数 RISC-V 程序中最常用的指令。通过把常数作为算术指令操作数，和从存储器取中出常数相比，操作速度更快，能耗更低。

常数 0 有另一个作用，通过有效使用它可以简化指令系统体系结构。例如，你可以使用常 0 寄存器求原数的相反数。因此，RISC-V 专用寄存器 x0 硬连线到常数 0。根据使用频率来确定要定义的常数，这是第 1 章中重要思想 加速经常性事件 的另一个实例。

自我检测　鉴于寄存器的重要性，芯片中的寄存器数量随时间变化的增长率是下面哪个？
1. 非常快：和摩尔定律一样快，摩尔定律预测每 24 个月芯片上的晶体管数量增长 1 倍。
2. 非常慢：由于程序通常以计算机语言实现，并且指令系统体系结构存在惯性，因此寄存器数量的增长速度与新指令系统在体系结构中的可行性保持一致。

详细阐述　尽管本书中的 RISC-V 寄存器为 32 位宽，但 RISC-V 架构师构思了 ISA 的多种变体。除了这种称为 RV32 的变体之外，还有一种具有 64 位寄存器的名为 RV64 的变体，拥有大地址空间的 RV64 能更好地适用于高性能服务器和智能手机。

详细阐述　RISC-V 中偏移量加基址寄存器的寻址方式对于数组和结构体来说非常适用，因为寄存器可以指向结构的起始地址，偏移量可以选择所需的元素。我们将在 2.13 节看到这样的例子。

详细阐述　数据传输指令中的寄存器最初是为了保存一个数组的下标，而偏移量用于指向数组的起始地址。因此，基址寄存器也被称为下标寄存器。而现在，内存容量大大增加，数据分配的软件模型更加复杂，所以数组的基地址通常在寄存器中传输，正如我们将看到的，它不再适合用偏移量保存。

详细阐述　从 32 位地址计算机到 64 位地址计算机的变化让编译器编写者不得不考虑 C 语言中数据类型的大小。显然，指针应该是 64 位，但整型应该是多少位？此外，C 语言有数据类型 int、long int 和 long long int。问题来自于将一种数据类型转换为另一种数据类型的时候，在 C 代码中出现了意外溢出，这种溢出并不完全符合标准，不幸的是该情况并不罕见。下表显示了两个常见的选项：

操作系统	指针	int	long int	long long int
Microsoft Windows	64 位	32 位	32 位	64 位
Linux 和大部分 Unix	64 位	32 位	64 位	64 位

2.4　有符号数与无符号数

首先来快速回顾一下计算机是如何表示数的。由于人类有十根手指，人们会习惯性地想到十进制，但其实数可以用任意基数表示。例如，十进制的 123 等于二进制的 1111011。

数字以一系列高低电信号的形式保存在计算机硬件中，因此它们被认为是基数为 2 的数。（正如基数为 10 的数称为十进制数，基数 2 的数称为二进制数。）

由于在计算机中所有信息都由**二进制数位**（binary digit）或位（bit）表示，因此二进制数计算的"原子"单位是单个数位。有两种取值，可以被理解为：高或低，开或关，真或假，1 或 0。

二进制数位：也称作位。以 2 为基数表示，或 0 或 1，作为信息的基本单位。

推广到任意基数，第 i 个数位 d 的值是

$$d \times 基^i$$

其中 i 从 0 开始并从右向左递增。显然，这种表示方法可以计算字中的位所表示的数：简单地把该位用作基数的幂。下标 10 表示十进制数字，2 表示二进制数字。例如，

1011_2

表示

$$(1 \times 2^3) + (0 \times 2^2) + (1 \times 2^1) + (1 \times 2^0)_{10}$$
$$= (1 \times 8) + (0 \times 4) + (1 \times 2) + (1 \times 1)_{10}$$
$$= \quad 8 \quad + \quad 0 \quad + \quad 2 \quad + \quad 1_{10}$$
$$= 11_{10}$$

在 32 位字中，从右向左依次将位编号为 0，1，2，3……下图展示了 RISC-V 字内的位编号和数字 1011_2 的存放位置：

31 30 29 28	27 26 25 24	23 22 21 20	19 18 17 16	15 14 13 12	11 10 9 8	7 6 5 4	3 2 1 0
0 0 0 0	0 0 0 0	0 0 0 0	0 0 0 0	0 0 0 0	0 0 0 0	0 0 0 0	1 0 1 1

（32 位宽）

由于字既可以横向表示也可以纵向表示，因此最左侧和最右侧可能不明确。**最低有效位**（least significant bit）指的是最右边的位（上图中第 0 位），**最高有效位**（most significant bit）指的是最左边的位（上图中第 31 位）。

最低有效位：以 RISC-V 为例，指字中最右边的位。

最高有效位：以 RISC-V 为例，指字中最左边的位。

RISC-V 的字为 32 位宽，因此可以表示 2^{32} 种不同的组合模式。这些组合自然就可以表示从 0 到 $2^{32}-1$ 之间（$4\ 294\ 967\ 295_{10}$）的数：

```
00000000 00000000 00000000 00000000₂ = 0₁₀
00000000 00000000 00000000 00000001₂ = 1₁₀
00000000 00000000 00000000 00000010₂ = 2₁₀
...              ...
11111111 11111111 11111111 11111101₂ = 4 294 967 293₁₀
11111111 11111111 11111111 11111110₂ = 4 294 967 294₁₀
11111111 11111111 11111111 11111111₂ = 4 294 967 295₁₀
```

也就是说，32 位二进制数可以用每位的数值乘上 2 的幂之和（这里 x_i 表示 x 的第 i 位）来表示：

$$(x_{31} \times 2^{31}) + (x_{30} \times 2^{30}) + (x_{29} \times 2^{29}) + \cdots + (x_1 \times 2^1) + (x_0 \times 2^0)$$

稍后将会看到，由于一些原因，这些正数称为无符号数。

硬件 / 软件接口　以 2 为基数不符合人类常识。我们有 10 个手指，自然会用 10 作基数。为什么计算机不使用十进制？事实上，第一台商用计算机确实提供了十进制算术。问题在于计算机仍然使用开关信号，需要用若干个二进制数位来表示一个十进制数，因此十进制被证

明是非常低效的。所以后来的计算机全部转向了二进制，只将相对不频繁的输入 / 输出事件转为十进制。

注意，上面的二进制位模式只是数的简单表示。实际上数有无限多位，除了最右边的少数几位以外，其余大部分都是 0。因此，通常不显示前导 0。

在第 3 章中，我们为加、减、乘、除操作的二进制位模式设计硬件。如果这些操作结果正确但不能用最右端的硬件位来表示，则称溢出发生。如何处理溢出取决于编程语言、操作系统和程序。

计算机程序可以计算正数和负数，因此需要一种表示方法来区分正数和负数。最显然的解决方法是增加一个单独的符号位来表示，这种表示方法称为原码（sign and magnitude）表示。

然而，这种表示有若干缺点。首先，在哪里放置符号位并不明确，放在右边还是左边？早期的计算机都尝试过。其次，由于无法预先知道结果的符号是什么，这种加法器可能需要额外的步骤来设置符号。最后，一个单独的符号位意味着这种表示既有正零又有负零，这会给疏忽大意的程序员带来问题。这些缺点导致符号和幅值表示方法很快就被放弃了。

在寻找一个更具吸引力的替代方法时出现了这样一个问题，如果试图从一个小数中减去一个大数，无符号数表示方法的结果会是什么？答案是它会尝试从一串前导 0 中借位，所以结果会有一串前导 1。

鉴于没有明显的更优替代方法，最终解决方案是选择简化硬件的表示方法：前导 0 表示正数，前导 1 表示负数。这种表示有符号二进制数的约定称为二进制补码（two's complement）表示法：

```
00000000 00000000 00000000 00000000₂ =  0₁₀
00000000 00000000 00000000 00000001₂ =  1₁₀
00000000 00000000 00000000 00000010₂ =  2₁₀
......
01111111 11111111 11111111 11111101₂ =  2 147 483 645₁₀
01111111 11111111 11111111 11111110₂ =  2 147 483 646₁₀
01111111 11111111 11111111 11111111₂ =  2 147 483 647₁₀
10000000 00000000 00000000 00000000₂ = - 2 147 483 648₁₀
10000000 00000000 00000000 00000001₂ = - 2 147 483 647₁₀
10000000 00000000 00000000 00000010₂ = - 2 147 483 646₁₀
......
11111111 11111111 11111111 11111101₂ = - 3₁₀
11111111 11111111 11111111 11111110₂ = - 2₁₀
11111111 11111111 11111111 11111111₂ = - 1₁₀
```

从 0 到 2 147 483 647₁₀（$2^{31}-1$）的正数与之前的表示相同。位模式 1000…0000₂ 表示最小负数 -2 147 483 648₁₀（-2^{31}）。而后是一组递增的负数：从 -2 147 483 647₁₀（1000 ... 0001₂）到 -1₁₀（1111 ... 1111₂）。

二进制补码表示确实有一个负数没有相应的正数：-2 147 483 648₁₀。这种不平衡也会令疏忽大意的程序员发愁，但是符号和幅值表示却会给程序员与硬件设计人员带来问题。因此，现在所有计算机都使用二进制补码来表示有符号数。

二进制补码表示的优点是，所有负数的最高有效位都为 1。因此，硬件只需要检测这一位就可以查看是正数还是负数（数字 0 被认为是正数）。这个位通常被称为符号位（sign bit）。理解了符号位的作用，就可以用每位数值乘以 2 的幂之和来表示正负数的 32 位数：

$$(x_{31} \times -2^{31}) + (x_{30} \times 2^{30}) + (x_{29} \times 2^{29}) + \cdots + (x_1 \times 2^1) + (x_0 \times 2^0)$$

符号位乘以 -2^{31}，然后其余位分别乘以它们各自基值的正值。

| 例题 | **二进制转换为十进制** ————————————————————————————■

下面这个 32 位二进制补码的十进制数是多少？

11111111 11111111 11111111 11111100$_2$

| 答案 | 将数字的位值代入上述公式：

$$(1 \times -2^{31}) + (1 \times 2^{30}) + (1 \times 2^{29}) + \cdots + (1 \times 2^2) + (0 \times 2^1) + (0 \times 2^0)$$
$$= -2^{31} + 2^{30} + 2^{29} + \cdots + 2^2 + 0 + 0$$
$$= -2\ 147\ 483\ 648_{10} + 2\ 147\ 483\ 644_{10}$$
$$= -4_{10}$$

稍后将给出一个简化负数转正数计算的捷径。——————————————————————————■

正如对无符号数的操作结果可能超出硬件容量而产生溢出一样，对二进制补码的操作也是如此。当二进制位模式下最左边的保留位与左边的无限数位不相同时（即符号位不正确），溢出发生：当数为负数时最左侧为 0，或当数为正数时最左侧为 1。

硬件 / 软件接口 有符号相比无符号更适用于载入和算术运算。有符号载入的功能是复制符号位填充寄存器的剩余部分（称为符号扩展），其目的是在该寄存器中正确表示该数。由于位模式表示的是无符号数，因此无符号载入只需在数据的左侧填充 0。

当把一个 32 位字载入一个 32 位寄存器中时，上述讨论是无意义的，此时有符号数和无符号数的载入是相同的。RISC-V 确实提供了两种字节载入方式：无符号字节载入（lbu）将字节视为无符号数，因此用零扩展填充寄存器的最左位，而字节载入（lb）使用带符号整数。由于 C 程序几乎总是使用字节来表示字符，而不是将字节视为有符号短整数，所以 lbu 实际上专门用于字节载入。

硬件 / 软件接口 与上面讨论的有符号数不同，内存地址自然地从 0 开始并延续到最大的地址。换句话说，负地址是没有意义的。因此，程序有时需要处理可正可负的数，而有时需要处理只能为正的数。一些编程语言反映了这种区别。例如，C 语言将以上两种情况中的前者称作整数（在程序中声明为 int）并将后者称作无符号整数（unsigned int）。一些 C 语言风格的指导书甚至建议将前者声明为 signed int，加以清晰区别。

看一下使用二进制补码时的两种有用的快捷方式。第一种是对二进制补码求相反数的快速方法。简单地把每个 0 都转为 1 以及每个 1 都转为 0，然后对结果加 1。这个捷径是基于以下观察：一个数与其取反表达式的和一定是 $111 \ldots 111_2$，它表示 -1。由于 $x + \bar{x} = -1$，因此 $x + \bar{x} + 1 = 0$ 或 $\bar{x} + 1 = -x$。（用符号 $\bar{x}$ 表示 x 按位取反。）

| 例题 | **求相反数的捷径** ————————————————————————————————■

对 2_{10} 求相反数，然后通过对 -2_{10} 求相反数来验证结果。

| 答案 |

2_{10} = 00000000 00000000 00000000 00000010$_2$

通过按位取反再加 1 对该数求反，

$$
\begin{array}{r}
11111111\ 11111111\ 11111111\ 11111101_2 \\
+\qquad\qquad\qquad\qquad\qquad\qquad\qquad 1_2 \\
\hline
=\ 11111111\ 11111111\ 11111111\ 11111110_2 \\
=\ -2_{10}
\end{array}
$$

另外，对

$$11111111\ 11111111\ 11111111\ 11111110_2$$

先取反再加 1：

$$
\begin{array}{r}
00000000\ 00000000\ 00000000\ 00000001_2 \\
+\qquad\qquad\qquad\qquad\qquad\qquad\qquad 1_2 \\
\hline
=\ 00000000\ 00000000\ 00000000\ 00000010_2 \\
=\ 2_{10}
\end{array}
$$

第二种方式是将一个用 n 位表示的二进制数转换为一个用多于 n 位表示的数。先取位数更少的数的最高位（符号位），并将其复制来填充位数更多的数的新位。原来的非符号位被复制到新字的右侧部分。这个方式常被称为符号扩展（sign extension）。

┃例题┃符号扩展的快捷方式

将 16 位二进制数 2_{10} 和 -2_{10} 转换成 32 位二进制数。

┃答案┃ 数字 2 的 16 位二进制表示为：

$$00000000\ 00000010_2 = 2_{10}$$

通过把最高有效位（0）复制 16 份放到字的左侧，将其转换为 32 位数。把原来的值放到右侧：

$$00000000\ 00000000\ 00000000\ 00000010_2 = 2_{10}$$

使用前面的快捷方式对 16 位二进制数 2 求反。因此，

$$0000\ 0000\ 0000\ 0010_2$$

变成

$$
\begin{array}{r}
1111\ 1111\ 1111\ 1101_2 \\
+\qquad\qquad\qquad\quad 1_2 \\
\hline
=\ 1111\ 1111\ 1111\ 1110_2
\end{array}
$$

将负数转换为 32 位意味着要将符号位复制 16 次并放到左侧：

$$11111111\ 11111111\ 11111111\ 11111110_2 = -2_{10}$$

该方式之所以有效是因为在正数二进制补码的左边实际上是无限个 0，而负数的二进制补码在左边是无限个 1。二进制位模式隐藏了前面的位以适应硬件的宽度，符号扩展只是恢复其中的一些。

总结

本节的重点是要在计算机中表示正整数和负整数，尽管所有表示方法都有优缺点，但自

1965 年以来的一致选择都是二进制补码表示方法。

详细阐述 对于有符号十进制数，由于其没有大小限制，因此使用"−"来表示负数。对于给定数据大小的二进制和十六进制（见图 2-4）位串，可以对符号进行编码，因此通常不使用带"+"或"−"的二进制或十六进制符号。

详细阐述 二进制补码的命名源于下述规则：一个 n 位数与其 n 位相反数的无符号和为 2^n，因此，一个数 x 的相反数或"二进制补码"为 $2^n - x$。

"二进制补码"和"原码"以外的第三种替代表示方法称为反码。反码的相反数通过反转每一位，0 变成 1，1 变成 0 或 $\bar{x}$ 来求得。因为 x 的补数是 $2^n - x - 1$，这正好可以解释补码的命名。它试图成为一种比"原码"更好的解决方案，并且一些早期的科学计算机确实使用了这种表示方法。它与二进制补码相似，但它有两个 0：$00...00_2$ 为正 0，而 $11...11_2$ 为负 0。最小负数 $10...00_2$ 表示 $-2\,147\,483\,647_{10}$，所以正数和负数的个数是平衡的。反码加法器中需要一个额外的步骤来减去一个数字，因此，现在的计算机中二进制补码占主导地位。

第 3 章中讨论浮点时，将会看到最后一种表示方法。它用 $00...000_2$ 表示最小负数，$11...11_2$ 表示最大正数，而 0 通常表示为 $10...00_2$。这种表示方法通过给数加上偏移量得到一个非负表示形式，因此称为偏移表示法（biased notation）。

> **反码**：一种数的表示方法。用 $10...00_2$ 表示最小负数，$01...11_2$ 表示最大正数，负数和正数的个数相等，且有两个零，一个正零（$00...00_2$）和一个负零（$11...11_2$）。该术语也用于表示按位取反：0 变 1，1 变 0。

> **偏移表示法**：一种数的表示方法。用 $00...00_2$ 表示最小负数，$11...11_2$ 表示最大正数，$10...00_2$ 表示零，通过给数加上偏移量得到一个非负表示形式。

自我检测 以下 64 位二进制补码数的十进制数是多少？

11111111 11111111 11111111 11111111 11111111 11111111 11111111 11111000_2

1. -4_{10}
2. -8_{10}
3. -16_{10}
4. $18\,446\,744\,073\,709\,551\,608_{10}$

如果这是个 64 位的无符号数，对应的十进制数值又是多少？

2.5　计算机中的指令表示

人们使用计算机指令的方式和计算机识别指令的方式是不同的，现在我们开始解释这种差异。

指令以一系列高低电平信号的形式保存在计算机中，并且以数字的形式表示。实际上，每条指令的各个部分都可以被视为一个单独的数，把这些数字并排拼到一起便形成了指令。RISC-V 的 32 个寄存器也只是用 0 到 31 这些数来表示。

例题 将一条 RISC-V 汇编指令翻译为一条机器指令

下面以 RISC-V 为例，对于符号表示为

```
add x9, x20, x21
```

的 RISC-V 指令，首先以十进制表示，然后用二进制表示。

答案 十进制表示为：

0	21	20	0	9	51

一条指令的每一段称为一个字段。第一、第四和第六个字段（0、0 和 51）组合起来告诉 RISC-V 计算机该指令执行加法操作。第二个字段给出了作为加法运算的第二个源操作数的寄存器编号（21 表示 x21），第三个字段给出了加法运算的另一个源操作数（20 代表 x20）。第五个字段存放要接收总和的寄存器编号（9 代表 x9）。因此，该指令将寄存器 x20 和寄存器 x21 相加并将和存放在寄存器 x9 中。

该指令也可表示为二进制的形式：

0000000	10101	10100	000	01001	0110011
7 位	5 位	5 位	3 位	5 位	7 位

这种指令的设计被称为**指令格式**。从位数可以看出，这个 RISC-V 指令只需要 32 位，刚好是一个字。按照"简单源于规整"的设计原则，RISC-V 指令都是 32 位长。

> **指令格式**：由二进制数字字段组成的指令表示形式。

为了把它和汇编语言区分开来，我们把指令的数字表示称作**机器语言**，把这样的指令序列称作机器码。

> **机器语言**：用于计算机系统内通信的二进制表示。

也许你现在正在阅读和编写冗长的二进制字串。为了避免这种乏味，我们可以通过使用比二进制基数更大且更容易转换为二进制的进制表示。由于几乎所有的计算机数据大小都是 4 的倍数，所以**十六进制**（基数为 16）**数**很流行。由于基数 16 是 2 的幂，所以我们可以通过将二进制数的每 4 位替换为一位 16 进制数来完成二进制到十六进制的转换，反之亦然。图 2-4 显示了在十六进制和二进制之间的转换。

> **十六进制数**：以 16 为基数的数字表示。

十六进制	二进制	十六进制	二进制	十六进制	二进制	十六进制	二进制
0_{16}	0000_2	4_{16}	0100_2	8_{16}	1000_2	c_{16}	1100_2
1_{16}	0001_2	5_{16}	0101_2	9_{16}	1001_2	d_{16}	1101_2
2_{16}	0010_2	6_{16}	0110_2	a_{16}	1010_2	e_{16}	1110_2
3_{16}	0011_2	7_{16}	0111_2	b_{16}	1011_2	f_{16}	1111_2

图 2-4　十六进制 – 二进制转换表。只需将一位十六进制数替换为相应的 4 位二进制数，反之亦然。如果二进制数的长度不是 4 的倍数，则从右向左进行转换

因为经常要处理不同的进制，为了避免混淆，我们给十进制数加下标 10，给二进制数加下标 2，给十六进制数加下标 16。（如果没有下标，则默认为十进制。）此外，C 和 Java 使用符号 0x*nnnn* 来表示十六进制数。

例题 二进制和十六进制间的转换 ━━━━━━━━━━━━━━━━━━━━━━━

将下面的 8 位十六进制数转换为二进制，将 32 位二进制数转换为十六进制：

```
eca8 6420₁₆
0001  0011  0101  0111  1001  1011  1101  1111₂
```

答案 利用图 2-4，答案只需查表一次即可得到：

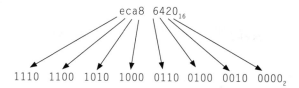

按反方向查表一次：

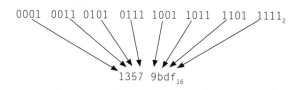

RISC-V 字段

给 RISC-V 字段命名使其更易于讨论：

funct7	rs2	rs1	funct3	rd	opcode
7 位	5 位	5 位	3 位	5 位	7 位

以下是 RISC-V 指令中每个字段名称的含义：

- opcode（**操作码**）：指令的基本操作，这个缩写是它的惯用名称。
- rd：目的操作数寄存器，用来存放操作结果。
- funct3：一个另外的操作码字段。
- rs1：第一个源操作数寄存器。
- rs2：第二个源操作数寄存器。
- funct7：一个另外的操作码字段。

> **操作码**：用于表示指令操作和指令格式的字段。

当指令需要比上面显示的更长的字段时就会出现问题。例如，加载寄存器指令必须指定两个寄存器和一个常数。如果地址使用上述格式中 5 位字段中的一个，则加载寄存器指令内的最大常数将被限制为 2^5-1（或 31）。该常数用于从数组或数据结构中取数，并且它通常需要比 31 大得多的数。所以 5 位字段太小，用处不大。

因此，在所有指令保持相同长度的需求和保持单一的指令格式的需求之间产生了矛盾，这个矛盾也将我们引向最终的设计原则。

设计原则 3：优秀的设计需要适当的折中。

RISC-V 设计人员选择的折中方案是保持所有指令长度相同，对于不同的指令使用不同的指令格式。例如，上面的格式称为 R 型（用于寄存器）。另一种指令格式的类型是 I 型，用于带一个常数的算术指令（例如 addi）以及加载指令。I 型的字段如下所示：

immediate	rs1	funct3	rd	opcode
12 位	5 位	3 位	5 位	7 位

12 位 immediate 字段为补码值，所以它可以表示从 -2^{11} 到 $2^{11}-1$ 之间的整数。当 I 型格式用于加载指令时，immediate 字段表示一个字节偏移量，所以加载字指令可以取相对于基地址偏移 ±（2^{11} 或 2048）字节（±（2^8 或 256）个字）的任何字。我们发现，超过 32 个寄

存器在这种格式下使用起来会很困难，因为 rd 和 rs1 字段都需要增添额外的一位，这导致一个字是不够的。

我们分析一下 2.3.1 节提到的加载寄存器指令：

```
ld x9, 32(x22) // Temporary reg x9 gets A[8]
```

这里，22（x22）存放在 rs1 字段中，32 存放在 immediate 字段中，9（x9）存放在 rd 字段中。我们还需要一个存储字指令 sw 的指令格式，它需要两个源寄存器（用于基址和存储数据）和一个用于地址偏移量的 immediate 字段。S 型的字段如下所示：

immediate[11:5]	rs2	rs1	funct3	immediate[4:0]	opcode
7 位	5 位	5 位	3 位	5 位	7 位

S 型格式的 12 位 immediate 字段分成了两个字段：低 5 位和高 7 位。RISC-V 体系结构设计师选择这种设计是因为它能够在所有指令格式中保持 rs1 和 rs2 字段在相同的位置（图 4-14c 显示这种字段拆分简化了硬件）。保持尽可能相似的指令格式降低了硬件的复杂性。同样，opcode 和 funct3 字段也总是保持同样的大小并在同一个位置。

指令格式通过操作码字段中的值来区分：每个格式在第一个字段（opcode）中被分配了一组不同的操作码值，以便硬件知道如何处理指令的其余部分。图 2-5 显示了迄今为止涉及的所有 RISC-V 指令在每个字段中的值。

指令	格式	funct7	rs2	rs1	funct3	rd	opcode
add (add)	R	0000000	reg	reg	000	reg	0110011
sub (sub)	R	0100000	reg	reg	000	reg	0110011
指令	格式	immediate	rs1		funct3	rd	opcode
addi (add immediate)	I	constant	reg		000	reg	0010011
lw (load word)	I	address	reg		010	reg	0000011
指令	格式	immed-iate	rs2	rs1	funct3	immed-iate	opcode
sw (store word)	S	address	reg	reg	010	address	0100011

图 2-5　RISC-V 指令编码。这里" reg "表示 0 至 31 之间的寄存器编号，" address "表示 12 位地址或常量。funct3 和 funct7 字段充当附加的操作码字段

| 例题 | 将 RISC-V 汇编语言翻译为机器语言 ————————————————————————•

现在我们可以举一个例子来描述从程序员编写程序到计算机执行指令的整个过程。假设数组 A 的基址存放于 x10，h 存放于 x21，则赋值语句：

```
A[30] = h + A[30] + 1;
```

被编译成：

```
lw   x9, 120(x10)   // Temporary reg x9 gets A[30]
add  x9, x21, x9    // Temporary reg x9 gets h+A[30]
addi x9, x9, 1      // Temporary reg x9 gets h+A[30]+1
sw   x9, 120(x10)   // Stores h+A[30]+1 back into A[30]
```

这三条指令的 RISC-V 机器语言代码是什么？

| 答案 | 为了方便起见，我们首先使用十进制数来表示机器语言指令。从图 2-5 中，我们可以确定三条机器语言指令：

immediate	rs1	funct3	rd	opcode
120	10	2	9	3

funct7	rs2	rs1	funct3	rd	opcode
0	9	21	0	9	51

immediate	rs1	funct3	rd	opcode
1	9	0	9	19

immediate[11:5]	rs2	rs1	funct3	immediate[4:0]	opcode
3	9	10	2	24	35

lw 指令由操作码字段中的值 3（见图 2-5）和 funct3 字段中的值 2 共同标识。基址寄存器 10 在 rs1 字段中指定，目标寄存器 9 在 rd 字段中指定。用于选定 A[30]（120 = 30×4）的偏移量存放在 immediate 字段中。

接下来的 add 指令由操作码字段中的值 51、funct3 字段中的值 0 和 funct7 字段中的值 0 共同指定。三个寄存器操作数（9、21 和 9）存放于 rd、rs1 和 rs2 字段中。

随后的 addi 指令由操作码字段中的值 19 和 funct3 字段中的值 0 共同决定。寄存器操作数（9 和 9）存放在 rd 和 rs1 字段中，常量加数 1 存放于 immediate 字段中。

sw 指令由操作码字段中的值 35 和 funct3 字段中的值 2 共同标识。寄存器操作数（9 和 10）分别存放于 rs2 和 rs1 字段中。地址偏移量 120 分开存放于两个 immediate 字段之中。由于高位的 immediate 字段已经包含了低 5 位的值，所以可以通过除以 2^5 来分解偏移量 120。则高位的 immediate 字段存储除以 2^5 的商 3，低位的 immediate 字段存储余数 24。

因为 $120_{10} = 0000\ 0111\ 1000_2$，所以与上述十进制对应的二进制机器指令如下所示：

immediate	rs1	funct3	rd	opcode
000011110000	01010	010	01001	0000011

funct7	rs2	rs1	funct3	rd	opcode
0000000	01001	10101	000	01001	0110011

immediate	rs1	funct3	rd	opcode
000000000001	01001	000	01001	0010011

immediate[11:5]	rs2	rs1	funct3	immediate[4:0]	opcode
0000011	01001	01010	010	11000	0100011

详细阐述 在处理常量时，RISC-V 汇编语言程序员不会被强迫使用 addi。程序员只需简单地写上一个 add，根据操作数是否都取自寄存器（R 型）或有一个操作数是常量（I 型），汇编器就能生成正确的操作码和指令格式，详见 2.12 节。我们在 RISC-V 中对于不同的操作码和指令格式使用显式名称，这样使得在引入汇编语言和机器语言时不会混淆。

详细阐述 虽然 RISC-V 同时具有 add 和 sub 指令，但它并没有与 addi 相对应的 subi 指令。因为 immediate 字段表示的是二进制补码整数，所以 addi 可以用来做常数减法。

硬件/软件接口 保持所有指令长度相同的需求与设置尽可能多的寄存器的需求相矛盾。任何增加的寄存器数量都会让指令格式的每个寄存器字段至少增加一位。鉴于这些约束和更少则更快的设计原则，如今的大多数指令系统体系结构都是设置 16 或 32 个通用寄存器。

图 2-6 总结了本节中描述的 RISC-V 机器语言的各个部分。正如我们将在第 4 章中所看

到的，相关指令的二进制表示的相似性简化了硬件设计。这些相似之处是 RISC-V 体系结构中规整性的另一个实例。

R型指令	funct7	rs2	rs1	funct3	rd	opcode	示例
add (add)	0000000	00011	00010	000	00001	0110011	add x1, x2, x3
sub (sub)	0100000	00011	00010	000	00001	0110011	sub x1, x2, x3
I型指令	immediate		rs1	funct3	rd	opcode	示例
addi (add immediate)	001111101000		00010	000	00001	0010011	addi x1, x2, 1000
lw (load word)	001111101000		00010	010	00001	0000011	lw x1, 1000 (x2)
S型指令	immed-iate	rs2	rs1	funct3	immed-iate	opcode	示例
sw (store word)	0011111	00001	00010	010	01000	0100011	sw x1, 1000(x2)

图 2-6　2.5 节介绍的 RISC-V 体系结构。目前为止介绍的三种 RISC-V 指令格式是 R 型、I 型和 S 型。R 型格式有两个源寄存器操作数和一个目标寄存器操作数。I 型格式用一个 12 位的 immediate 字段替换了一个源寄存器操作数。S 型格式有两个源操作数和一个 12 位的 immediate 字段，但没有目标寄存器操作数。S 型的 immediate 字段分为两部分，最左边的字段是 11 ~ 5 位，最右边的字段是 4 ~ 0 位

重点 当前的计算机构建基于两个关键原则：

1. 指令由数字形式表示。
2. 程序和数据一样保存在存储器中来进行读写。

这些原则引出了"存储程序"的概念，这一发明让计算机突破了瓶颈。图 2-7 展示了这个概念的力量。具体而言，存储器可以存储一个编辑器程序的源代码、相应的编译后的机器代码、编译程序正在使用的文本，甚至是生成机器代码的编译器。

图 2-7　存储程序概念。存储程序可以让一台执行记账的计算机在眨眼之间变成帮助作者写作的计算机。只需将程序和数据加载到存储器，然后告诉计算机在存储器中的给定位置开始执行，就可以实现这种功能切换。采用与处理数据相同的方式处理指令极大地简化了存储器硬件和计算机系统软件。具体来说，针对数据的存储器技术也可以用于程序，例如编译器等程序可以将方便人类使用的符号编码翻译成计算机可以理解的代码

将指令作为数据的一个结果就是程序经常以二进制数据文件的形式来发布。商业上的意义是计算机可以继承（已有的）与指令系统体系结构兼容的软件。这种"二进制兼容性"通常会导致行业围绕少数几个指令系统体系结构形成联盟。

自我检测　下图代表的是哪条 RISC-V 指令？请从四个选项中选出最正确的一项。

funct7	rs2	rs1	funct3	rd	opcode
32	9	10	000	11	51

1. sub x9, x10, x11
2. add x11, x9, x10
3. sub x11, x10, x9
4. sub x11, x9, x10

如果某人的年龄是 40_{10} 岁，那么他的年龄用十六进制表示是多少？

2.6　逻辑操作

尽管最初计算机只对整字进行操作，但人们很快发现，在一个字内对几个位构成的字段甚至是对单个位进行操作都是十分有用的。检查一个字中每个由 8 位组成的字符就是一个例子（见 2.9 节）。随之而来的是，人们在编程语言和指令系统体系结构中添加了一些操作，用于简化打包或者拆包。这些指令被称为逻辑操作。图 2-8 显示了 C、Java 和 RISC-V 中的逻辑运算。

> "正相反，"叮当弟接着说，"如果那是真的，那就是真的；如果那曾经是真的，它就是曾经为真过；但是既然现在它不是真的，那么现在它就是假的。这就是逻辑。"
>
> *Lewis Carroll, 爱丽丝漫游仙境, 1865*

逻辑操作	C操作符	Java操作符	RISC-V指令
左移	<<	<<	sll, slli
右移	>>	>>>	srl, srli
算术右移	>>	>>	sra, srai
按位与	&	&	and, andi
按位或	|	|	or, ori
按位异或	^	^	xor, xori
按位取反	~	~	xori

图 2-8　C 和 Java 中的逻辑操作符及其对应的 RISC-V 指令。实现 NOT 的一种方法是使用 XOR，其中一个操作数为全 1（FFFF FFFF FFFF FFFF_{16}）

第一类操作称为移位。一个字中的所有位都向左或向右移，用 0 填充空出来的位。例如，如果寄存器 x19 中的值为：

```
00000000 00000000 00000000 00001001₂ = 9₁₀
```

并且指令让它左移 4 位，那么新的值为：

```
00000000 00000000 00000000 10010000₂ = 144₁₀
```

对应于左移的是右移。这两条 RISC-V 移位指令的实际名称是**左移逻辑立即数**（slli）和**右移逻辑立即数**（srli）。假设初始值位于寄存器 x19 中且结果应存入寄存器 x11，则以下指令执行上述操作：

```
slli x11, x19, 4 // reg x11 = reg x19 << 4 bits
```

这些移位指令使用 I 型格式。因为它不适用于对一个 32 位寄存器移动大于 31 位的操作，只有 I 型格式中 12 位的 immediate 字段中的低位被实际使用。其余的位被重新用作额外的操作码字段，即 funct7。

funct7	immediate	rs1	funct3	rd	opcode
0	4	19	1	11	19

slli 的编码在 opcode 字段为 19，rd 字段为 11，funct3 字段为 1，rs1 字段为 19，immediate 字段为 4，funct7 字段为 0。

逻辑左移提供了另外一个好处。左移 i 位相当于乘以 2^i，就像是十进制数左移 i 位相当于乘以 10^i 一样。例如，上述 slli 左移 4 位，相当于乘以 16（2^4）。上面的第一个二进制[⊖]表示 9，并且 $9 \times 16 = 144$，刚好是第二个二进制的值。RISC-V 提供了第三种类型的移位指令——算术右移（srai）。这个变体与 srli 很相似，但它不是用零填充空出的左边的位，而是用原来的符号位来填充。它还提供了三个移位操作的变体：sll、srl 和 sra。它们从寄存器中取出移位的位数，而不是从立即数中。

另外一个有用的操作是与（AND）。（我们把这个词大写来避免操作和英文连接词之间的混淆。）AND 是按位操作的，只有当两个操作数的位都是 1 时，结果才是 1。例如，如果寄存器 x11 中的值为：

00000000 00000000 00001101 11000000₂

寄存器 x10 的值为：

00000000 00000000 00111100 00000000₂

那么，在执行 RISC-V 指令之后：

    and x9, x10, x11   // reg x9 = reg x10 & reg x11

寄存器 x9 的值为：

00000000 00000000 00001100 00000000₂

如你所见，AND 可以在源操作数的某些位为 0 时，将结果数的对应位设为 0。这种和 AND 联合使用的源操作数习惯上被称为掩码，因为掩码隐藏了某些位。

AND：两个操作数的逻辑按位操作，只有在两个操作数中的对应位都是 1 时，结果的对应位才是 1。

为了将一个值放入到一大堆 0 当中，存在一个与 AND 相对应的操作，称为**或**（OR）。这是一个按位操作，如果任一操作数的位为 1，则结果的对应位为 1。为了详细说明，如果寄存器 x10 和 x11 中的值与上例一样，则 RISC-V 指令的结果：

    or x9, x10, x11 // reg x9 = reg x10 | reg x11

是寄存器 x9 中的这个值：

00000000 00000000 00111101 11000000₂

OR：两个操作数的逻辑按位操作，如果两个操作数中的对应位有一个为 1，则结果的对应位为 1。

最后一个逻辑操作是**按位取反**（NOT）。NOT 只有一个操作数，如果操作数中的某位为 0，那么它将结果的对应位设为 1，反之亦然。使用我们以前的符号，它计算 $\bar{x}$。

为了保持三操作数格式，RISC-V 的设计者决定引入指令 XOR

NOT：一个操作数的逻辑按位取反操作，也即是说，把每个 1 替换为 0，把每个 0 替换为 1。

XOR：两个操作数的逻辑按位操作，用于计算两个操作数的异或。也就是说，只有两个操作数的对应位不同时，它才会计算为 1。

⊖ 寄存器 x19 中的值。——译者注

（**异或**）来取代 NOT。因为异或是在两个操作数对应位相同时设 0，不同时设 1，所以 NOT 等价于异或 111...111。

如果寄存器 x10 的值和上例一样，寄存器 x12 的值为 0，则 RISC-V 指令的结果：

```
xor x9, x10, x12 // reg x9 = reg x10 ^ reg x12
```

是寄存器 x9 中的这个值：

```
00000000 00000000 00110001 11000000₂
```

上面的图 2-8 显示了 C 和 Java 操作符与 RISC-V 指令之间的关系。常量在逻辑运算和算术运算中都很有用，所以 RISC-V 还提供了立即数与（andi）、立即数或（ori）和立即数异或（xori）。

详细阐述 C 允许在字中定义"位字段"或"字段"，它们都允许将对象打包在字中，并匹配外部强制接口（如 I/O 设备）。所有字段必须适用于单个字。字段是无符号整数并可以短至 1 位。C 编译器使用 RISC-V 中的逻辑指令来插入和提取字段：andi、ori、slli 和 srli。

自我检测 下面哪个操作可以从一个字中分离出一个字段？
1. AND
2. 左移之后进行右移

2.7 用于决策的指令

计算机与简单计算器的区别在于它的决策能力。根据输入数据和计算中产生的值执行不同的指令。在编程语言中，通常使用 if 语句来表示决策，有时 if 语句也会和 go to 语句以及标签结合使用。RISC-V 汇编语言包含两个决策类指令，类似于带 go to 的 if 语句。第一条指令是：

```
beq rs1, rs2, L1
```

该指令表示如果寄存器 rs1 中的值等于寄存器 rs2 中的值，则转到标签为 L1 的语句执行。助记符 beq 代表相等则分支。第二条指令是：

```
bne rs1, rs2, L1
```

该指令表示如果寄存器 rs1 中的值不等于寄存器 rs2 中的值，则转到标签为 L1 的语句执行。助记符 bne 代表不等则分支。这两条指令通常称作**条件分支指令**。

> 自动计算机的实用性在于重复使用给定的指令序列的可能性，其重复次数取决于计算结果。这种选择取决于数的符号（0 被机器认为是正数）。因此，我们引入了一条"指令"（条件传输"指令"），该指令将根据给定数的符号来从两条路径中选择正确的一个执行。
> *Burks、Goldstine 和 von Neumann，1947*

条件分支指令：一条指令，先检测一个值，然后根据检测结果允许后续控制流转移到程序中的一个新地址。

例题 将 **if-then-else** 语句编译为条件分支指令

在下面的代码段中，f、g、h、i 和 j 是变量。如果五个变量 f 到 j 对应于 x19 到 x23 这 5 个寄存器，这个 C 语言的 if 语句编译后的 RISC-V 代码是什么？

```
if (i == j) f = g + h; else f = g – h;
```

答案 图 2-9 显示了 RISC-V 代码应该执行的操作的流程图。第一个表达式比较寄存器中两个变量是否相等。如果 i 和 j 相等则跳转，那么需要一条 beq 指令。一般来说，如果我们测试相反的条件来进行跳转，代码将更有效率，那么需要一条 bne 指令。代码如下：

```
bne x22, x23, Else   // go to Else if i ≠ j
```

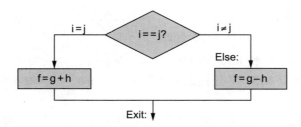

图 2-9   上述 if 语句的操作流程图。左边方框对应 if 语句的 then 部分，右边方框对应 else 部分

下一个赋值语句执行单个操作，并且如果所有操作数都分配给了寄存器，则它只是一条指令：

```
add x19, x20, x21        // f = g + h (skipped if i ≠ j)
```

现在看看 if 语句的结尾部分。本例引入了另一种分支，通常称为无条件分支。该指令表示在遇到该指令时，程序必须分支。在 RISC-V 中表达无条件分支的一种方法是使用条件始终为真的条件分支：

```
beq x0, x0, Exit        // if 0 == 0, go to Exit
```

if 语句的 else 部分中的赋值语句可以再次编译成单一指令。我们只需要在该指令中附加标签 Else。另外，在该指令之后还需 Exit 标签，表示 if-then-else 编译后的代码结束：

```
Else:sub x19, x20, x21    // f = g – h (skipped if i = j)
Exit:
```

注意，就像汇编器计算 load 和 store 的数据地址一样，它也会计算分支目标地址，这缓解了编译器和汇编语言程序员计算分支地址的枯燥工作（见 2.12 节）。

硬件 / 软件接口 编译器经常产生分支和标签，但它们在编程语言中并不出现。使用高级编程语言编程的好处之一是可以避免编写显式标签和分支，这也是其编码速度更快的原因。

2.7.1 循环

对于二选一的 if 语句和循环中的迭代计算，决策是十分重要的。而且在这两种情况下，汇编语言指令是相同的。

例题 编译一个 C 语言的 while 循环

下面是一个 C 语言的常见循环：

```
while (save[i] == k)
    i += 1;
```

假设 i 和 k 对应于寄存器 x22 和 x24，数组的基址保存在 x25 中。与此 C 语言代码相对应的 RISC-V 汇编代码是什么？

答案 第一步是将 save[i] 加载到临时寄存器中。在将 save[i] 加载到临时寄存器之前，需要得到它的地址。在将 i 加到数组 save 的基址以形成地址之前，由于字节寻址问题，必须将索引 i 乘以 4。幸运的是，我们可以使用左移，因为左移 2 位相当于乘以 2^2 或 4（参见上一节）。我们需要给指令添加标签 Loop，以便我们可以在循环结尾跳转回该指令：

```
Loop: slli x10, x22, 2      // Temp reg x10 = i * 4
```

要获得 save[i] 的地址，我们需要将 x10 和保存在 x25 中的基址相加：

```
add x10, x10, x25        // x10 = address of save[i]
```

现在我们可以利用这个地址将 save[i] 加载到临时寄存器了：

```
lw x9, 0(x10)         // Temp reg x9 = save[i]
```

下一条指令将进行循环判断，如果 save[i] ≠ k 则退出：

```
bne x9, x24, Exit       // go to Exit if save[i] ≠ k
```

接下来的指令将 i 加 1：

```
addi x22, x22, 1        // i = i + 1
```

循环的结尾回到循环顶部的 while 判断。我们只需在它后面添加 Exit 标签：

```
beq x0, x0, Loop       // go to Loop

Exit:
```

（见 2.25 节自学中对该指令序列的优化。）

硬件 / 软件接口 这种以分支结尾的指令序列对于编译来说非常基础，它们有专门的术语：基本块。基本块指的是指令序列：除了在指令序列的结尾，序列中没有分支；以及除了在序列起始处，序列中没有分支目标和分支标签。编译的基础工作之一就是将程序划分为基本块。

基本块：一个没有分支的指令序列（除了可能在结尾处），同时没有分支目标或分支标签（除了可能在起始处）。

对相等或不相等的判断可能是最常见的判断，但也有很多其他两个数之间的关系。例如，for 循环可能需要判断下标变量是否小于 0。完整的相互关系有小于 (<)、小于等于 (≤)、大于 (>)、大于等于 (≥)、相等 (=)、不等于 (≠)。

位模式的比较还必须处理有符号和无符号数之间的差别。有时候，最高有效位是 1 代表一个负数，当然，它小于任何正数（最高有效位是 0）。另一方面，对于无符号整数，最高有效位是 1 表示大于任何最高有效位是 0 的数。（我们很快将利用最高有效位的这种双重含义来降低数组边界检查的成本。）RISC-V 提供了指令来处理这两种情况。这些指令与 beq 和 bne 具有相同的形式，但是执行不同的比较。小于则分支指令（blt）比较寄存器 rs1 和 rs2 中的值（采用二进制补码表示），如果 rs1 中的值较小则跳转。大于等于分支（bge）指令是相反情况，也就是说，如果 rs1 中的值至少不小于 rs2 中的值则跳转。无符号的小于则分支指令（bltu）意味着，如果二者是无符号数，那么 rs1 中的值小于 rs2 中的值则跳转。最后，无符号数的大于等于则分支指令（bgeu）在相反的情况下跳转。

另一种提供这些额外分支指令的方法是根据比较结果设置寄存器，然后使用 beq 或 bne 指令根据该临时寄存器中的值来进行分支判断。这种由 MIPS 指令系统使用的方法可以使处理器数据通路稍微简单一些，但它需要更多指令来表达程序。

ARM 指令系统使用的另一种方法是，保留额外的位来记录指令执行期间发生的情况。这些额外的位称为条件代码或标志位，用于表明例如算术运算的结果是否为负数或零，或溢出。

条件分支利用这些条件代码的组合来执行期望的判断。

条件代码的一个缺点是，如果许多指令总是设置它们，则会生成让流水线执行困难的依赖关系（参见第 4 章）。

2.7.2　边界检查的简便方法

将有符号数当作无符号数处理，给我们提供了一种低成本的方式检查是否 $0 \leqslant x < y$，常用于检测数组下标是否越界。关键在于二进制补码表示中的负整数看起来像无符号表示中很大的数；因为最高有效位在有符号数中表示符号位，但在无符号数中表示数的很大一部分。因此，无符号比较 $x < y$ 在检测 x 是否小于 y 的同时，也检测了 x 是否为负数。

| 例题 |──

利用该简便方法可以降低下标越界检查的开销：如果 x20 ≥ x11 或 x20 是负数则跳转到 IndexOutOfBounds。

| 答案 | 检查代码仅使用无符号数的大于或等于来进行两项检查：

```
bgeu x20, x11, IndexOutOfBounds // if x20 >= x11 or
x20 < 0, goto IndexOutOfBounds
```

2.7.3　case/switch 语句

大多数编程语言都包含 case 或 switch 语句，允许程序员根据某个值选择多个分支中的一个。实现 switch 的最简单方法是通过一系列的条件测试，将 switch 语句转换成 if-then-else 语句。

有时，另一种更有效的方法是编码形成指令序列的地址表，称为**分支地址表**或**分支表**，程序只需要索引到表中，然后跳转到合适的指令序列。因此，分支表只是一个字数组，其中包含与代码中的标签对应的地址。该程序将分支表中的相应条目加载到寄存器中，

> **分支地址表**：也称作分支表，一种包含了不同指令序列地址的表。

然后需要使用寄存器中的地址进行跳转。为了支持这种情况，RISC-V 这类指令系统包含一个间接跳转指令，该指令对寄存器中指定的地址执行无条件跳转。在 RISC-V 中，跳转－链接指令（jalr）用于此目的。我们将在下一节中看到这种多功能指令更多常见的使用方式。

硬件 / 软件接口　虽然在类似 C 和 Java 这样的编程语言中有很多决策和循环的语句，但在指令系统级别实现它们的基础语句是条件分支。

自我检测

Ⅰ. C 语言中有许多决策和循环语句，但在 RISC-V 中却很少。下面的各项有没有阐明这种差别？为什么？

1. 更多的决策语句让代码更易于阅读和理解。

2. 更少的决策语句简化了负责执行的底层任务。

3. 更多的决策语句意味着更少的代码量，这缩减了编程的时间。

4. 更多的决策语句意味着更少的代码量，这意味着执行更少的操作。

II. 为什么 C 语言提供了两种 AND 操作（& 和 &&）和两种 OR 操作（| 和 ||），而 RISC-V 没有？

1. 逻辑操作 AND 和 OR 对应于 & 和 |，而条件分支对应于 && 和 ||。

2. 上面说反了，&& 和 || 对应于逻辑操作，而 & 和 | 对应于条件分支。

3. 它们是多余的，表示同样的意思：&& 和 || 都是简单地继承于 C 语言的前身——B 语言。

2.8　计算机硬件对过程的支持

过程（procedure）或函数是编程人员用于结构化编程的一种工具，两者均有助于提高程序的可理解性和代码的可重用性。过程允许程序员一次只专注于任务的一部分；参数可以传递数值并返回结果，因此用以充当过程和其余程序与数据之间的接口。2.15 节描述了 Java 中过程的等效表示，但 Java 对计算机的要求和 C 完全相同。过程是用软件实现抽象的一种方式。

> **过程**：一个根据给定参数执行特定任务的已存储的子程序。

可以把过程想象成一个携带秘密计划离开的侦探，他获取资源，执行任务，掩盖踪迹，然后带着预期结果返回原点。一旦任务完成，则再无任何干扰。更重要的是，侦探只在"需要知道"的基础上运作，因此侦探不能对雇主有任何臆断。

> **跳转 - 链接指令**：跳转到某个地址的同时将下一条指令的地址保存在寄存器（在 RISC-V 中通常是 x1）中的指令。

同样，在执行过程时，程序必须遵循以下六个步骤：

1. 将参数放在过程可以访问到的位置。

2. 将控制转交给过程。

3. 获取过程所需的存储资源。

4. 执行所需的任务。

5. 将结果值放在调用程序可以访问到的位置。

6. 将控制返回到初始点，因为过程可以从程序中的多个点调用。

如上所述，寄存器是计算机中访问数据最快的存储位置，因此期望尽可能多地使用它们。RISC-V 软件为过程调用分配寄存器时遵循以下约定：

- x10 ～ x17：八个参数寄存器，用于传递参数或返回值。
- x1：一个返回地址寄存器，用于返回到起始点。

除了分配这些寄存器之外，RISC-V 汇编语言还包含一个仅用于过程的指令：跳转到某个地址的同时将下一条指令的地址保存到目标寄存器 rd。**跳转 - 链接指令**（jal）写作：

```
jal x1, ProcedureAddress        // jump to
ProcedureAddress and write return address to x1
```

指令中的链接部分表示指向调用点的地址或链接，以允许该过程返回到合适的地址。存储在寄存器 x1 中的这个"链接"被称为**返回地址**。返回地址是必需的，因为同一过程可能在程序的不同部分被调用。

> **返回地址**：指向调用点的链接，允许过程返回到合适的地址；在 RISC-V 中它被存储在寄存器 x1 中。

为了支持这种情况下的过程返回，类似 RISC-V 的计算机使用了间接跳转（如上述跳转 - 链接指令（jalr）），用以处理 case 语句：

```
jalr x0, 0(x1)
```

正如所期望的那样，寄存器跳转 – 链接指令跳转到存储在寄存器 x1 中的地址。因此，调用程序或称为**调用者**将参数值放入 x10 ~ x17 中，并使用 jal x1, X 跳转到过程 X（有时称为**被调用者**）。被调用者执行计算，将结果放在相同的参数寄存器中，并使用 jalr x0, 0(x1) 将控制返还给调用者。

> **调用者**：启动过程并提供必要参数值的程序。

> **被调用者**：根据调用者提供的参数执行一系列已存储的指令的过程，然后将控制权返还给调用者。

在存储程序概念中，需要一个寄存器来保存当前执行指令的地址。由于历史原因，这个寄存器总是被称为**程序计数器**（program counter）（在 RISC-V 体系结构中缩写为 PC），尽管其更合理的名称可能是指令地址寄存器。jal 指令实际上将 PC + 4 保存在其指定寄存器（通常为 x1）中，以链接到后续指令的字节地址来设置过程返回。

> **程序计数器**：包含程序中正在执行指令地址的寄存器。

详细阐述 通过使用 x0 作为目标寄存器，跳转 – 链接指令也可用于实现过程内的无条件跳转。由于 x0 硬连线为零，其效果是丢弃返回地址：

```
jal x0, Label  // unconditionally branch to Label
```

2.8.1 使用更多的寄存器

假设对于一个过程，编译器需要比 8 个参数寄存器更多的寄存器。由于在任务完成后必须掩盖踪迹，调用者所需的所有寄存器都必须恢复到调用该过程之前所存储的值。这种情况是需要将寄存器换出到存储器中的一个例子，正如 2.3.1 节的"硬件 / 软件接口"部分所述。

> **栈**：一种被组织成后进先出队列并用于寄存器换出的数据结构。

换出寄存器的理想数据结构是**栈**（stack）——一种后进先出的队列。栈需要一个指向栈中最新分配地址的指针，以指示下一个过程应该放置换出寄存器的位置或寄存器旧值的存放位置。在 RISC-V 中，**栈指针**（stack pointer）是寄存器 x2，也称为 sp。栈指针按照每个被保存或恢复的寄存器按字进行调整。栈应用非常广泛，因而传送数据到栈或从栈传输数据都具有专业术语：将数据放入栈中称为**压栈**，从栈中移除数据称为**弹栈**。

> **栈指针**：指示栈中最新分配的地址的值，用于指示应该被换出的寄存器的位置，或寄存器旧值的存放位置。在 RISC-V 中为寄存器 sp 或 x2。

> **压栈**：向栈中添加元素。

> **弹栈**：从栈中移除元素。

按照历史惯例，栈按照从高到低的地址顺序"增长"。这就意味着可以通过减栈指针将值压栈；通过增加栈指针缩小栈，从而弹出栈中的值。

| 例题 | 编译一个没有调用其他过程的 C 过程━━━━━━━━━━━━━━━━━━━━━●

将 2.2 节的例题转化为一个 C 过程：

```
int leaf_example (int g, int h, int i, int j)
{
        int f;

        f = (g + h) - (i + j);
        return f;
}
```

编译后的 RISC-V 汇编代码是什么呢？

| 答案 | 参数变量 g、h、i 和 j 分别对应参数寄存器 x10、x11、x12 和 x13，f 对应于 x20。编译后的程序从如下过程标号开始：

```
leaf_example:
```

下一步是保存该过程使用的寄存器。过程体中的 C 赋值语句与之前的例题相同，使用两个临时寄存器（x5 和 x6）。因此，需要保存三个寄存器：x5、x6 和 x20。通过在栈中创建三个字（12 字节）空间并将数据存入，实现将旧值"压"入栈中：

```
addi sp, sp, -12        // adjust stack to make room for 3 items
sw   x5, 8(sp)      // save register x5 for use afterwards
sw   x6, 4(sp)          // save register x6 for use afterwards
sw   x20, 0(sp)         // save register x20 for use afterwards
```

图 2-10 展示了过程调用之前、之中和之后栈的情况。

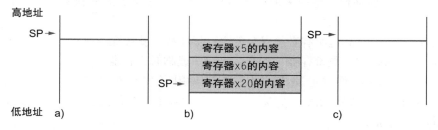

图 2-10　过程调用之前（a）、之中（b）和之后（c）栈指针以及栈的值。栈指针总是指向栈"顶"，或者图中栈的最后一个字

以下三条语句对应于 2.2 节例题后的过程体：

```
add x5, x10, x11    // register x5 contains g + h
add x6, x12, x13    // register x6 contains i + j
sub x20, x5, x6     // f = x5 − x6, which is (g + h) − (i + j)
```

为了返回 f 的值，将其复制到一个参数寄存器中：

```
addi x10, x20, 0 // returns f (x10 = x20 + 0)
```

在返回之前，通过从栈中"弹出"数据来恢复寄存器的三个旧值：

```
lw x20, 0(sp)     // restore register x20 for caller
lw x6, 4(sp)      // restore register x6 for caller
lw x5, 8(sp)      // restore register x5 for caller
addi sp, sp, 12 // adjust stack to delete 3 items
```

通过一个使用返回地址的跳转寄存器结束过程：

```
jalr x0, 0(x1)       // branch back to calling routine
```

先前示例使用了临时寄存器，并假设其旧值必须被保存和恢复。为了避免保存和恢复一个其值从未被使用过的寄存器（通常为临时寄存器），RISC-V 软件将 19 个寄存器分成两组：

- x5 ~ x7 以及 x28 ~ x31：临时寄存器，在过程调用中不被被调用者（被调用的过程）保存。
- x8 ~ x9 以及 x18 ~ x27：保存寄存器（saved register），在过程调用中必须被保存。（一旦使用，由被调用者保存并恢复）

这一简单约定减少了寄存器换出。在上述例子中，由于调用者不希望在过程调用中保存寄存器 x5 和 x6，可以从代码中去掉两次存储和两次载入。但仍须保存并恢复 x20，因为被调用者必须假设调用者需要该值。

2.8.2 嵌套过程

不调用其他过程的过程称为叶子（leaf）过程。如果所有过程都是叶子过程，情况将会变得简单，但事实并非如此。正如一个侦探任务的一部分可能是雇佣其他侦探一样，被雇佣的侦探进而雇佣更多的侦探，过程调用其他过程也是如此。更进一步，递归过程甚至调用的是自身的"克隆"。就像在过程中使用寄存器时需要小心一样，在调用非叶子过程时必须更加注意。

例如，假设主程序调用过程 A，参数为 3，将值 3 存入寄存器 x10 然后使用 jal x1，A。再假设过程 A 通过 jal x1，B 调用过程 B，参数为 7，也存入 x10。由于 A 尚未结束任务，所以寄存器 x10 的使用存在冲突。同样在寄存器 x1 中的返回地址也存在冲突，因为它现在具有 B 的返回地址。除非采取措施阻止这类问题发生，否则该冲突将导致过程 A 无法返回其调用者。

一种解决方法是将其他所有必须保存的寄存器压栈，就像保存寄存器压栈一样。调用者将所有调用后还需要的参数寄存器（x10 ~ x17）或临时寄存器（x5 ~ x7 和 x28 ~ x31）压栈。被调用者将返回地址寄存器 x1 和被调用者使用的保存寄存器（x8 ~ x9 和 x18 ~ x27）压栈。调整栈指针 sp 以计算压栈寄存器的数量。返回时，从存储器中恢复寄存器并重新调整栈指针。

┃ 例题 ┃ 编译一个递归 C 过程，演示嵌套过程的链接 ─────────────────●

处理一个计算阶乘的递归过程：

```
int fact (int n)
{
    if (n < 1) return (1);
        else return (n * fact(n − 1));
}
```

RISC-V 汇编代码是什么呢？

┃ 答案 ┃ 参数变量 n 对应参数寄存器 x10。编译后的程序从过程的标签开始，然后在栈中保存两个寄存器，返回地址和 x10：

```
fact:
    addi sp, sp, -8    // adjust stack for 2 items
    sw x1, 4(sp)       // save the return address
    sw x10, 0(sp)      // save the argument n
```

第一次调用 fact 时，sw 保存程序中调用 fact 的地址。下面两条指令测试 n 是否小于 1，如果 n ≥ 1 则跳转到 L1。

```
addi    x5, x10, -1     // x5 = n - 1
bge     x5, x0, L1      // if (n - 1) >= 0, go to L1
```

如果 n 小于 1，fact 将 1 放入一个值寄存器中以返回 1：它将 1 加 0 并将和存入 x10 中。然后从栈中弹出两个已保存的值并跳转到返回地址：

```
addi    x10, x0, 1   // return 1
addi    sp, sp, 8    // pop 2 items off stack
jalr    x0, 0(x1)    // return to caller
```

在从栈中弹出两项之前，可以加载 x1 和 x10。因为当 n 小于 1 时 x1 和 x10 不会改变，所以跳过这些指令。

如果 n 不小于 1，则参数 n 递减，然后用递减后的值再次调用 fact：

```
L1: addi x10, x10, -1  // n >= 1: argument gets (n - 1)
    jal  x1, fact      // call fact with (n - 1)
```

下一条指令是 fact 的返回位置，其结果在 x10 中。现在旧的返回地址和旧的参数与栈指针一起被恢复：

```
addi  x6, x10, 0   // return from jal: move result of fact
                   //                  (n - 1) to x6:
lw    x10, 0(sp)   // restore argument n
lw    x1, 4(sp)    // restore the return address
addi  sp, sp, 8    // adjust stack pointer to pop 2 items
```

接下来，参数寄存器 x10 得到旧参数与 fact(n-1) 结果的乘积，目前在 x6 中。假设有一个乘法指令可用，尽管在第 3 章才会涉及：

```
mul   x10, x10, x6   // return n * fact (n - 1)
```

最后，fact 再次跳转到返回地址：

```
jalr  x0, 0(x1)    // return to the caller
```

硬件 / 软件接口　C 变量通常指一个存储位置，其解释取决于其类型（type）和存储方式（storage class）。示例类型包括整型和字符型（见 2.9 节）。C 语言有两种存储方式：动态的（automatic）和静态的（static）。动态变量位于过程中，并在程序退出时失效。静态变量从过程进入到退出始终存在。在所有过程之外声明的 C 变量以及使用关键字 static 声明的所有变量，都被认为是静态的。其余的都是动态的。为了简化静态数据的访问，一些 RISC-V 编译器保留一个寄存器 x3 用作全局指针（global pointer）或 gp。

全局指针：指向静态数据区的保存寄存器。

图 2-11 总结了过程调用中保存的对象及不保存的对象。需要注意的是，有些方案也保存了栈，以确保调用者在弹栈时取回与压栈时相同的数据。sp 以上的栈通过确保被调用者不在其上进行写入来保存；sp 本身就是由被调用者将其被减去的值重新加上来保存的；并且其他寄存器通过将它们保存到栈（若被使用）并从栈中将其恢复来进行保存。

保存	不保存
保留寄存器：x8~x9，x18~x27	临时寄存器：x5~x7，x28~x31
栈指针寄存器：x2(sp)	参数/结果寄存器：x10~x17
帧指针：x8(fp)	
返回地址：x1(ra)	
栈指针以上的栈	栈指针以下的栈

图 2-11　过程调用中保存的对象及不保存的对象。如果软件依赖于全局指针寄存器（将在下面讨论），则也需要保存

2.8.3　在栈中为新数据分配空间

最后一点复杂性在于栈也用于存储过程的局部变量，但这些变量不适用于寄存器，例如局部数组或结构体。栈中包含过程所保存的寄存器和局部变量的段称为**过程帧**或**活动记录**。图 2-12 展示了过程调用之前、之中和之后栈的状态。

过程帧：也称作活动记录。栈中包含过程保存的寄存器和局部变量的段。

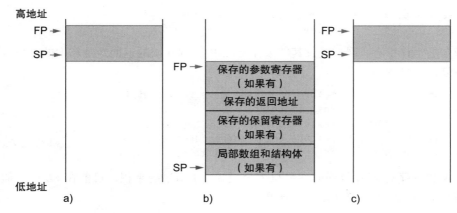

图 2-12   过程调用之前（a）、之中（b）和之后（c）栈的分配情况。帧指针（fp 或 x8）指向帧的第一个字，通常是保存的参数寄存器，栈指针（sp）指向栈顶。调整栈以容纳所有保存的寄存器和常驻存储器的局部变量。由于栈指针在程序执行过程中可能会发生改变，对程序员而言，尽管只需要使用栈指针和少量的地址运算即可完成对变量的引用，但通过稳定的帧指针可以更容易地引用变量。如果在过程中栈内没有局部变量，编译器将不设置和不恢复帧指针以节省时间。当使用帧指针时，在调用中使用 sp 的地址进行初始化，且可以使用 fp 恢复 sp。相关内容也可以在本书 RISC-V 参考数据卡的第 4 列中找到

　　一些 RISC-V 编译器使用**帧指针** fp 或者寄存器 x8 来指向过程帧的第一个字。栈指针在过程中可能会发生改变，因此对存储器中局部变量的引用可能会有不同的偏移量，具体取决于它们在过程中的位置，从而使过程更难理解。帧指针在过程中为局部变量引用提供一个稳定的基址寄存器。注意，不管是否使用显式的帧指针，栈上都会显示一条活动记录。我们可以通过维护稳定的 sp 来减少对 fp 的使用：在示例中，仅在进入和退出过程时才调整栈。

> **帧指针**：指向给定过程的局部变量和保存的寄存器地址的值。

2.8.4　在堆中为新数据分配空间

　　除了动态变量（对于过程局部有效）之外，C 程序员还需要为静态变量和动态数据结构分配内存空间。图 2-13 展示了运行 Linux 操作系统时 RISC-V 分配内存的约定。栈从用户地址空间的高端开始（见第 5 章）并向下扩展。低端内存的第一部分是保留的，之后是 RISC-V 机器代码，通常称为**代码段**（text segment）。在此之上是静态数据段（static data segment），用于存放常量和其他静态变量。虽然数组具有固定长度，且因此可与静态数据段很好地匹配，但像链表等数据结构往往会随生命周期增长和缩短。存放这类数据结构（数组和链表）的段通常称为堆（heap），它放在内存中。注意，这种分配允许栈和堆相向而长，从而随着这两个段的此消彼长达到内存的高效使用。

> **代码段**：UNIX 目标文件的段，包含源文件中例程的机器语言代码。

　　C 语言通过显式函数调用来分配和释放堆上的空间。malloc() 在堆上分配空间并返回指向它的指针，free() 释放指针所指向的堆空间。C 程序控制内存分配，这是许多常见和困难 bug 的根源。忘记释放空间会导致"内存泄漏"，最终耗尽大量内存，可能导致操作系

统崩溃。过早释放空间会导致"悬空指针"，这可能导致指针指向程序未曾打算访问的位置。Java 主要使用自动内存分配和垃圾回收机制来避免这类错误。

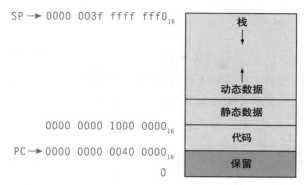

图 2-13　程序和数据的 RISC-V 内存分配。这些地址只是一种软件规定，而不是 RISC-V 体系结构的一部分。栈指针初始化为 0000 003f ffff fff0₁₆ 并向下增长至数据段。在另一端，程序代码（图中的"代码"）从 0000 0000 0040 0000₁₆ 开始。静态数据始于文本段末；在本例中，假设地址是 0000 0000 1000 0000₁₆。之后是动态数据，由 C 中的 malloc 和 Java 中的 new 分配。它在称为堆的区域中向栈的方向增长。关于这点可参考本书 RISC-V 参考数据卡的第 4 列

图 2-14 总结了 RISC-V 汇编语言的寄存器约定。这个约定是加速经常性事件的另一个例子：大多数过程可以使用多达 8 个参数寄存器、12 个保留寄存器和 7 个临时寄存器而无须进入内存。

名称	寄存器号	用途	调用时是否保存？
x0	0	常数0	不适用
x1（ra）	1	返回赋值（链接寄存器）	是
x2（sp）	2	栈指针	是
x3（gp）	3	全局指针	是
x4（tp）	4	线程指针	是
x5～x7	5～7	临时	否
x8～x9	8～9	保留	是
x10～x17	10～17	参数/结果	否
x18～x27	18～27	保留	是
x28～x31	28～31	临时	否

图 2-14　RISC-V 寄存器约定。此信息也可见本书 RISC-V 参考数据卡的第 2 列

详细阐述　如果参数超过 8 个怎么办？ RISC-V 约定将栈中额外的参数放在帧指针的上方。过程期望前 8 个参数在寄存器 x10 到 x17 中，其余参数在内存中，可通过帧指针寻址。

如图 2-12 的图题所述，帧指针的方便性在于对过程中栈内变量的所有引用都具有相同的偏移。但是，帧指针并不是必需的。RISC-V C 编译器仅在改变了栈指针的过程中使用帧指针。

详细阐述　一些递归过程可以不使用递归而用迭代实现。迭代可以通过消除与递归调用相关的开销来显著提高性能。例如，考虑一个用于求和的过程：

```
int sum (int n, int acc) {
    if (n > 0)
        return sum(n - 1, acc + n);
    else
        return acc;
}
```

考虑过程调用 sum(3,0)。这将导致对 sum(2,3)、sum(1,5) 和 sum(0,6) 的递归调用，然后结果 6 将返回四次。这种求和的递归调用称为尾调用（tail call），而这个使用尾递归的示例可以用迭代高效实现（假设 x10=n，x11=acc，结果放入 x12）：

```
sum: ble x10, x0, sum_exit    // go to sum_exit if n <= 0
     add x11, x11, x10        // add n to acc
     addi x10, x10, -1        // subtract 1 from n
     jal x0, sum              // jump to sum
sum_exit:
     addi x12, x11, 0         // return value acc
     jalr x0, 0(x1)           // return to caller
```

自我检测   以下关于 C 和 Java 的描述哪个通常是正确的？

1. C 程序员显式管理数据，而 Java 则是自动管理。

2. C 会比 Java 导致更多的指针错误和内存泄漏错误。

2.9   人机交互

计算机的发明是为了数字计算，但很快被用于商业方面的文本处理。当前大多数计算机使用字节来表示字符，也就是每个人都遵循的表示方法 ASCII（American Standard Code for Information Interchange）。图 2-15 总结了 ASCII 码。

> !(@ | = > (wow open tab at bar is great)
>
> 键盘诗 "Hatless Atlas" 的第 4 行，1991（一些对 ASCII 字符的命名："!" 是 wow，"(" 是 open，"|" 是 bar，等等）

ASCII值	字符	ASCII值	字符	ASCII值	字符	ASCII值	字符	ASCII值	字符	ASCII值	字符
32	space	48	0	64	@	80	P	96	`	112	p
33	!	49	1	65	A	81	Q	97	a	113	q
34	"	50	2	66	B	82	R	98	b	114	r
35	#	51	3	67	C	83	S	99	c	115	s
36	$	52	4	68	D	84	T	100	d	116	t
37	%	53	5	69	E	85	U	101	e	117	u
38	&	54	6	70	F	86	V	102	f	118	v
39	'	55	7	71	G	87	W	103	g	119	w
40	(	56	8	72	H	88	X	104	h	120	x
41	)	57	9	73	I	89	Y	105	i	121	y
42	*	58	:	74	J	90	Z	106	j	122	z
43	+	59	;	75	K	91	[	107	k	123	{
44	,	60	<	76	L	92	\	108	l	124		
45	-	61	=	77	M	93	]	109	m	125	}
46	.	62	>	78	N	94	^	110	n	126	~
47	/	63	?	79	O	95	_	111	o	127	DEL

图 2-15   字符的 ASCII 表示。请注意，大写和小写字母恰好相差 32，这个观察可以用作检查或切换大小写的捷径。未显示的 ASCII 值包括格式化字符。例如，8 表示退格，9 表示 "tab" 字符，13 表示回车。另一个有用的值是 0 表示 null，C 语言用它来标记字符串结尾

| 例题 | **ASCII 码与二进制数**　————————————————————————————

我们可以用一串 ASCII 码而不是整数来表示数。如果用 ASCII 码表示 10 亿这个数，相对于 32 位整数，会增加多少存储？

| 答案 | 十亿是 1 000 000 000，需要 10 个 ASCII 码表示，每个 8 位长。因此存储增长为（10×8）/ 32 倍[⊖]，即 2.5 倍。除了存储上的增长之外，硬件对这样的十进制数进行加减乘除也是困难的，并伴有更大的能耗。这些困难解释了为什么计算机专家变得相信二进制计算机是自然的，而偶尔出现的十进制计算机是奇怪的。————————————————————————————

一系列指令可以从字中提取一个字节，因此对字的加载和存储足以传输字节和字。但由于某些程序中文本的流行，所以 RISC-V 提供了字节转移指令。加载无符号字节（lbu）指令从内存加载一个字节，将其放在寄存器的最右边 8 位。存储字节（sb）指令从寄存器的最右边 8 位取一个字节并将其写入内存。因此，我们复制一个字节的顺序如下：

```
lbu x12, 0(x10)    // Read byte from source
sb  x12, 0(x11)    // Write byte to destination
```

字符通常组合成具有可变数量的字符串。字符串的表示有三种选择：（1）字符串的第一个位置保留，用于给出字符串的长度；（2）附加带有字符串长度（如在结构体中）的变量；（3）字符串的最后位置用一个字符标记字符串结尾。C 语言使用第三种选择，使用值为 0 的字节终止字符串（在 ASCII 中命名为 null）。因此，字符串 "Cal" 在 C 语言中用以下 4 个字节表示，十进制数表示为 67、97、108 和 0。（下面我们将看到，Java 使用第一个选项。）

| 例题 | **编译字符串复制程序，展示如何使用 C 语言字符串**　——————————————————

strcpy 过程将字符串 y 复制到字符串 x，C 语言使用 null 字节标记字符串结束：

```
void strcpy (char x[], char y[])
{
    size_t i;
    i = 0;
    while ((x[i] = y[i]) != '\0') /* copy & test byte */
        i += 1;
}
```

编译后的 RISC-V 汇编代码是什么？

| 答案 | 下面是基本的 RISC-V 汇编代码段。假设数组 x 和 y 的基址分别存放在 x10 和 x11 中，而 i 在 x19 中。strcpy 调整栈指针，然后将保存的寄存器 x19 保存在栈中：

```
strcpy:
    addi  sp, sp, -4     // adjust stack for 1 more item
    sw    x19, 0(sp)     // save x19
```

将 i 初始化为 0，下一条指令通过 0 加 0 将 x19 设为 0 并将结果放在 x19 中：

```
    add  x19, x0, x0    // i = 0+0
```

这是循环的开始。y [i] 的地址首先通过将 i 加到 y [] 来形成：

```
    L1: add  x5, x19, x11 // address of y[i] in x5
```

注意，我们不必将 i 乘以 4，因为 y 是字节数组而不是字，如前面的例子中那样。

为了加载 y[i] 中的字符，我们使用无符号加载字节，将字符放入 x6 中：

———————————
⊖ 对比二进制表示。——译者注

```
lbu  x6, 0(x5)  // x6 = y[i]
```

类似的地址计算将 x[i] 的地址放在 x7 中，然后 x6 中的字符存储在那个地址中。

```
add   x7, x19, x10    // address of x[i] in x7
sb    x6, 0(x7)       // x[i] = y[i]
```

接下来，如果字符为 0，则退出循环。也就是说，如果它是字符串的最后一个字符，我们退出：

```
beq x6, x0, L2
```

如果不是，递增 i 继续循环：

```
addi  x19, x19, 1  // i = i + 1
jal   x0, L1       // go to L1
```

如果不继续循环，它就是字符串的最后一个字符；我们恢复 x19 和栈指针，然后返回。

```
L2: lw     x19, 0(sp)     // restore old x19
    addi   sp, sp, 4      // pop 1 word off stack
    jalr   x0, 0(x1)      // return
```

在 C 语言中字符串复制通常使用指针而不是数组，以避免在上面的代码中对 i 进行操作。有关数组与指针的说明，请参见 2.14 节。━━━━━━━━━━━━━━━━━━━━━━━■

由于上面的 strcpy 过程是一个叶过程，编译器可以将 i 分配给临时寄存器并避免保存和恢复 x19。因此，我们可以将它们视为被调用者在方便的时候可使用的寄存器，而不是将这些寄存器视为临时寄存器。当编译器找到一个叶过程时，它会在使用必须保存的寄存器之前耗尽所有临时寄存器。

Java 中的字符和字符串

Unicode 是大多数人类语言中字母表的通用编码。图 2-16 给出了 Unicode 字母表的列表，Unicode 中的字母表几乎与 ASCII 中的有用符号一样多。为了更具包容性，Java 将 Unicode 用于字符。默认情况下，它使用 16 位来表示一个字符。

RISC-V 指令系统具有加载和存储这种 16 位半字的指令。load half unsigned（加载无符号半字）从内存中读取一个半字，将它放在寄存器的最右边 16 位，用零填充最左边的 16 位。与加载字节一样，加载半字（lh）将半字视为有符号数，因此进行符号扩展以填充寄存器的最左边 16 位。存储半字（sh）从寄存器的最右边 16 位取半字并将其写入内存。我们按下面的序列来复制一个半字：

```
lhu x19, 0(x10) // Read halfword (16 bits) from source
sh  x19, 0(x11) // Write halfword (16 bits) to dest
```

字符串是标准的 Java 类，具有专门的内置支持和用于连接、比较和转换的预定义方法。与 C 语言不同，Java 包含一个给出字符串长度的字，类似于 Java 数组。

详细阐述 RISC-V 软件需要保持栈的“四字”（16 字节）地址对齐，以获得更好的性能。这意味着在栈上分配的 char 变量可能占用多达 16 个字节，即使它并不需要这么多。但是，C 字符串变量或字节型数组会把每 16 个字节压缩为“四字”，Java 字符串变量或 short 型数组将每 8 个半字压缩为“四字”。

详细阐述 为了反映网络的国际性，如今的大多数网页都使用 Unicode 而不是 ASCII。

因此现在 Unicode 可能比 ASCII 更受欢迎。

Latin	Malayalam	Tagbanwa	General Punctuation
Greek	Sinhala	Khmer	Spacing Modifier Letters
Cyrillic	Thai	Mongolian	Currency Symbols
Armenian	Lao	Limbu	Combining Diacritical Marks
Hebrew	Tibetan	Tai Le	Combining Marks for Symbols
Arabic	Myanmar	Kangxi Radicals	Superscripts and Subscripts
Syriac	Georgian	Hiragana	Number Forms
Thaana	Hangul Jamo	Katakana	Mathematical Operators
Devanagari	Ethiopic	Bopomofo	Mathematical Alphanumeric Symbols
Bengali	Cherokee	Kanbun	Braille Patterns
Gurmukhi	Unified Canadian Aboriginal Syllabic	Shavian	Optical Character Recognition
Gujarati	Ogham	Osmanya	Byzantine Musical Symbols
Oriya	Runic	Cypriot Syllabary	Musical Symbols
Tamil	Tagalog	Tai Xuan Jing Symbols	Arrows
Telugu	Hanunoo	Yijing Hexagram Symbols	Box Drawing
Kannada	Buhid	Aegean Numbers	Geometric Shapes

图 2-16　Unicode 中的示例字母表。Unicode 版本 4.0 具有超过 160 个 "块"，每个块是一个符号集合的名称。每个块都是 16 的倍数。例如，希腊语从 0370_{16} 开始，西里尔语从 0400_{16} 开始。前三列显示了 48 个块，这些块大致以 Unicode 的数字顺序对应于人类语言。最后一列 16 个块是多种语言的，且不按顺序。默认的是 16 位编码，称为 UTF-16。称为 UTF-8 的变长编码将 ASCII 子集保持为 8 位，并对其他字符使用 16 或 32 位。UTF-32 每个字符使用 32 位。每年 6 月都会发布新的 Unicode 版本，2020 年发布了 13.0 版。9.0 到 13.0 版添加了各种表情符号，而早期版本添加了新的语言块和象形文字。总共将近 150 000 个字符。想了解更多信息，请访问 www.unicode.org

自我检测

I. 以下关于 C 和 Java 中字符和字符串的陈述哪些是正确的？

1. C 中的字符串占用的内存大约是 Java 中相同字符串的一半。

2. 字符串只是 C 和 Java 中一维字符数组的非正式名称。

3. C 和 Java 中的字符串使用 null（0）来标记字符串的结尾。

4. 对字符串的操作（如求长度）在 C 中比在 Java 中更快。

II. 以下哪种类型的变量在存放 $1\,000\,000\,000_{10}$ 时占用最多的内存空间？

1. C 语言中的 int

2. C 语言中的 string

3. Java 中的 string

重点　计算小白惊讶于数据自身居然没有对数据的类型进行编码，而是将其放在对数据进行操作的程序中。

打个比方，"won" 这个词是什么意思？在不知道上下文（特别是它使用的语言）的情况下，你无法回答这个问题。这里有四种选择：

1）在英语中，它是动词 win 的过去式。

2）在韩语中，它是一个名词，是韩国的货币单位。

3）在波兰语中，它是一个形容词，意思是好闻的。

4）在俄语中，它是一个形容词，意思是臭。

一个二进制数也可以代表多种类型的数据。例如，32 位模式 01100010 01100001 01010000 00000000 可以表示：

1）1 650 544 640，如果程序将其视为无符号整数。

2）+1 650 544 640，如果程序将其视为有符号整数。

3）"baP"，如果程序将其视为以空字符结尾的 ASCII 字符串。

4）如果程序将数据视为 Pantone 配色系统的青色、品红色、黄色和黑色四种基色的混合，则颜色为深蓝色。

之前的重点部分提醒我们指令也可以表示为数字，因此位模式可以表示 MIPS 机器语言的指令

011000	10011	00001	01010	00000	000000

它对应于汇编语言指令的乘法（参见第 3 章）：

```
mult $t2, $s3, $at
```

如果你不小心将图像数据给了一个文字处理程序，它会试图将它解释为文本，你会在屏幕上看到奇怪的图像。如果将文本数据提供给图形显示程序，你将遇到类似的问题。这种不受限制的行为就是为什么文件系统要求给出文件类型的后缀的命名约定（例如，.jpg、.pdf 或 .txt），这使得程序能够通过检查文件后缀名是否匹配来减少上述尴尬情形的发生。

2.10 对大立即数的 RISC-V 编址和寻址

虽然将所有 RISC-V 指令保持 32 位长可以简化硬件，但有时候使用 32 位或更大的常量或地址会很方便。本节从较大常量的一般解决方案开始，然后描述了分支指令中使用的指令地址优化。

2.10.1 大立即数

虽然常量通常很短并且适合 12 位字段，但有时它们也会更大。

RISC-V 指令系统包括指令 load upper immediate（取立即数高位，lui），用于将 20 位常数加载到寄存器的第 31 位到第 12 位。最右边的 12 位全部用 0 填充。例如，这条指令允许使用两条指令创建 32 位常量。lui 使用新的指令格式——U 型，因为其他格式不能支持如此大的常量。

例题 **加载一个 32 位常数** ━━

将以下 32 位常量加载到寄存器 x19 的 RISC-V 汇编代码是什么？

```
00000000 00111101 00000101 00000000
```

答案 首先，我们使用 lui 加载 12 到 31 位，十进制值为 976：

```
lui   x19, 976 // 976decimal = 0000 0000 0011 1101 0000
```

之后寄存器 x19 的值是：

```
00000000 00111101 00000000 00000000
```

下一步是添加最低 12 位，其十进制值为 1280：

```
addi    x19, x19, 1280    // 1280_decimal = 00000101 00000000
```

寄存器 x19 中的最终值即是所需的：

```
00000000 00111101 00000101 00000000
```

详细阐述 在前面的例子中，常量的第 11 位为 0。如果第 11 位已经设为 1，则会出现额外的复杂情况：12 位立即数是符号扩展的，因此加数将为负数。这意味着除了添加常量的最右边 11 位之外，我们还需要减去 2^{12}。为了弥补这个错误，只需将 lui 加载的常量添加一个 1，因为 lui 常量缩小了 2^{12} 倍。

硬件/软件接口 编译器或汇编程序必须将大的常量分解为多个部分，然后将它们重新组装到寄存器中。正如你所料，对于加载和存储指令中的常量来说，立即数字段的大小限制是一个问题。

因此，RISC-V 机器语言的符号表示不再受硬件限制，而是受限于汇编程序的构建者选择包含的内容（参见 2.12 节）。我们坚持以靠近硬件层次的方式来解释计算机的体系结构，注意，当我们使用汇编程序的扩展语言时，在实际处理器的实现中是找不到的。

2.10.2 分支中的寻址

RISC-V 分支指令使用带有 12 位立即数的 RISC-V 指令格式。这种格式可以表示从 −4096 到 4094 的分支地址，以 2 的倍数表示。由于最近的一些原因，它只能跳转到偶数地址。SB 型格式包括一个 7 位操作码、一个 3 位功能码、两个 5 位的寄存器操作数（rs1 和 rs2）和一个 12 位地址立即数。该地址使用特殊的编码方式，简化了数据通路设计，但使组装变得复杂。下面这条指令

```
bne  x10, x11, 2000  // if x10 != x11, go to location 2000_ten = 0111 1101 0000
```

可以组装为 S 类型（正如我们将看到的，它实际上有点复杂，参见 4.4 节）：

0011111	01011	01010	001	01000	1100111
imm[12:6]	rs2	rs1	funct3	imm[5:1]	opcode

其中条件分支的操作码是 1100111_2，而 bne 的 funct3 码是 001_2。

无条件跳转 – 链接指令（jal）也使用带有 12 位立即数的指令格式。该指令由一个 7 位操作码、一个 5 位目标寄存器操作数（rd）和一个 20 位地址立即数组成。链接地址，即 jal 之后的指令的地址，被写入 rd 中。

与 SB 型格式一样，UJ 型格式的地址操作数使用特殊的立即数编码方式，它不能编码奇数地址。所以，

```
jal x0, 2000 // go to location 2000_ten = 0111 1101 0000
```

被组装为 U 类型（4.4 节给出 jal 指令的真实格式）：

00000000001111101000	00000	1101111
imm[20:1]	rd	opcode

如果程序的地址必须适合这个 20 位字段，则意味着没有程序可能大于 2^{20}，而这对于今天的需求来说太小，不是一个现实的选择。另一种方法是指定一个与分支地址偏移量相加的寄存器，以便分支指令可以按如下来计算：

程序计数器 = 寄存器内容 + 分支地址偏移量

这样就允许程序大到 2^{32}，并且仍然能够使用条件分支指令，解决了分支地址大小问题。那么问题是使用哪个寄存器？

答案来自于如何使用条件分支指令。条件分支指令在循环和 if 语句中使用，因此它们倾向于转移到附近的指令。例如，SPEC 基准测试中约有一半的条件分支跳到小于 16 条指令距离的位置。由于程序计数器（PC）包含当前指令的地址，如果我们使用 PC 作为该寄存器，可以在距离当前指令的 $\pm 2^{10}$ 字的地方分支，或者跳转到距离当前指令 $\pm 2^{18}$ 个字的地方。几乎所有循环和 if 语句都小于 2^{10} 个字，因此 PC 是理想的选择。这种形式的寻址方式称为 **PC 相对寻址**。

> **PC 相对寻址**：一种寻址方式，它的地址是 PC 和指令中的常量之和。

与最新的计算机一样，RISC-V 对条件分支和无条件跳转使用 PC 相对寻址，因为这些指令的目标地址可能距离分支很近。另一方面，过程调用可能需要转移超过 2^{18} 个字的距离，因为不能保证被调用者接近调用者。因此，RISC-V 允许使用双指令序列来非常长距离地跳转到任何 32 位地址：lui 将地址的第 12 位至第 31 位写入临时寄存器，jalr 将地址的低 12 位加到临时寄存器并跳转到目标位置。

由于 RISC-V 指令长度为 4 个字节，因此 RISC-V 分支指令可以设计为通过让 PC 相对偏移表示分支和目标指令之间的字数而不是字节数，以便扩展其范围。但是，RISC-V 架构师也希望支持只有 2 个字节长的指令，因此 PC 相对偏移表示分支和目标指令之间的半字数。因此，jal 指令中的 20 位地址字段可以编码为距当前 PC $\pm 2^{19}$ 个半字或 ± 1 MiB 的距离。类似地，条件分支指令中的 12 位立即数字段也是半字地址，这意味着它表示 13 位的字节地址。

│ 例题 │ 描述机器语言中的分支偏移 ──────────────

2.7.1 节的 while 循环已编译为下列 RISC-V 汇编代码：

```
Loop:slli x10, x22, 3     // Temp reg x10 = i * 4
     add  x10, x10, x25   // x10 = address of save[i]
     lw   x9, 0(x10)      // Temp reg x9 = save[i]
     bne  x9, x24, Exit   // go to Exit if save[i] != k
     addi x22, x22, 1     // i = i + 1
     beq  x0, x0, Loop    // go to Loop
Exit:
```

如果我们假设将循环的开始放在内存的 80000 处，那么这个循环的 RISC-V 机器代码是什么？

│ 答案 │ 汇编指令及其地址如下：

地址	指令					
80000	0000000	00011	10110	001	01010	0010011
80004	0000000	11001	01010	000	01010	0110011
80008	0000000	00000	01010	011	01001	0000011
80012	0000000	11000	01001	001	01100	1100011
80016	0000000	00001	10110	000	10110	0010011
80020	1111111	00000	00000	000	01101	1100011

请记住，RISC-V 指令是字节地址，因此相连字的地址相差 4。第四行上的 bne 指令将 3 个字或 12 个字节加到指令地址上，指明分支目标和分支指令（12 + 80012）相关，而不使用完整的目标地址（80024）。最后一行上的分支指令对向后分支（−20 + 80020）进行类似的计算，对应于标签 Loop。 ■ ────────────

详细阐述　在第 2 章和第 3 章中，出于教学原因，我们假设分支和跳转使用 S 和 U 格式。条件分支和无条件跳转使用的格式（称为 SB 和 UJ）与 S 和 U 类型中的字段长度和功能相匹配，但这些位是旋转的。一旦你从第 4 章中了解了硬件，SB 和 UJ 的基本原理就更容易理解。SB 和 UJ 格式简化了硬件，但要求汇编程序（和编写者）做更多的工作。图 4-17 和图 4-18 显示了硬件开销的减少。

硬件 / 软件接口　大多数条件分支到达附近的位置，但偶尔会转移到很远的位置，远远超过条件分支指令中的 12 位地址能表示的范围。汇编程序解决该问题与处理大地址或常量的方法一样：插入无条件跳转到分支目标，并将条件取反，以便条件分支决定是否跳过该无条件跳转。

例题｜远距离分支

寄存器 x10 等于 0 时给定一个分支，

```
beq    x10, x0, L1
```

用一对提供更大分支距离的指令替换它。

答案｜用下面的指令替换短地址条件分支指令：

```
    bne    x10, x0, L2
    jal    x0, L1
L2:
```

2.10.3　RISC-V 寻址模式总结

多种不同的寻址形式通常称为**寻址模式**。图 2-17 显示了每种寻址模式如何识别操作数。RISC-V 指令的寻址模式如下：

寻址模式：根据对操作数和地址使用的不同，在多种寻址方式中加以区分的寻址机制。

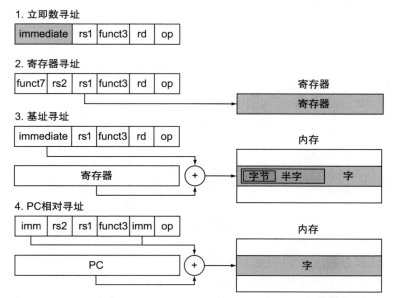

图 2-17　四种 RISC-V 寻址模式的示意图。操作数以灰色阴影表示。寻址模式 3 的操作数在内存中，而模式 2 的操作数在寄存器中。注意加载和存储对字节、半字或字的访问有不同的版本。对于寻址模式 1，操作数是指令本身的一部分。模式 4 寻址指令在内存中，将长地址与 PC 相加。注意一种操作可以使用多个寻址模式。例如，加法可以使用立即数寻址（addi）和寄存器寻址（add）

1. 立即数寻址，操作数是指令本身的常量。
2. 寄存器寻址，操作数在寄存器中。
3. 基址或偏移寻址，操作数在内存中，其地址是寄存器和指令中的常量之和。
4. PC 相对寻址，分支地址是 PC 和指令中常量之和。

2.10.4　机器语言译码

有时必须通过逆向工程将机器语言恢复到初始的汇编语言。例如发生"内存转储"（core dump）时。图 2-18 显示了 RISC-V 机器语言对应的二进制编码。这个图有助于在汇编语言和机器语言之间进行手动翻译。

格式	指令	操作码	Funct3	Funct6/7
R型	add	0110011	000	0000000
	sub	0110011	000	0100000
	sll	0110011	001	0000000
	xor	0110011	100	0000000
	srl	0110011	101	0000000
	sra	0110011	101	0000000
	or	0110011	110	0000000
	and	0110011	111	0000000
	lr.d	0110011	011	0001000
	sc.d	0110011	011	0001100
I型	lb	0000011	000	n.a.
	lh	0000011	001	n.a.
	lw	0000011	010	n.a.
	lbu	0000011	100	n.a.
	lhu	0000011	101	n.a.
	addi	0010011	000	n.a.
	slli	0010011	001	000000
	xori	0010011	100	n.a.
	srli	0010011	101	000000
	srai	0010011	101	010000
	ori	0010011	110	n.a.
	andi	0010011	111	n.a.
	jalr	1100111	000	n.a.
S型	sb	0100011	000	n.a.
	sh	0100011	001	n.a.
	sw	0100011	010	n.a.
SB型	beq	1100111	000	n.a.
	bne	1100111	001	n.a.
	blt	1100111	100	n.a.
	bge	1100111	101	n.a.
	bltu	1100111	110	n.a.
	bgeu	1100111	111	n.a.
U型	lui	0110111	n.a.	n.a.
UJ型	jal	1101111	n.a.	n.a.

图 2-18　RISC-V 指令的编码。所有指令都有一个操作码字段，除了 U 型和 UJ 型之外的所有格式都使用 funct3 字段。R 型指令使用 funct7 字段，立即数移位（slli，srli，srai）使用 funct6 字段

| 例题 | 机器码译码 ─────────────────────

与下面这条机器指令对应的汇编语言语句是什么？

00578833_{16}

答案　第一步是将十六进制转换为二进制：

0000 0000 0101 0111 1000 1000 0011 0011

要知道如何解释这些位，我们需要确定指令格式，为此首先需要确定操作码。操作码是最右边的 7 位，即 0110011。在图 2-18 中搜索该值，我们看到操作码对应于 R 型算术指令。因此，我们可以将二进制格式解析为下图中列出的字段：

funct7	rs2	rs1	funct3	rd	opcode
0000000	00101	01111	000	10000	0110011

我们通过查看字段值来译码指令的剩余部分。funct7 和 funct3 字段均为零，表示指令是加法。操作数寄存器 rs2 字段的十进制值为 5，rs1 为 15，rd 为 16。这些数字代表寄存器 x5、x15 和 x16。现在我们可以得到汇编指令：

```
add x16, x15, x5
```

图 2-19 显示了所有 RISC-V 指令格式。图 2-1 显示了本章中介绍的 RISC-V 汇编语言。下一章将介绍用于实数的乘法、除法和算术运算的 RISC-V 指令。

名称 （字段大小）	字段						备注
	7位	5位	5位	3位	5位	7位	
R型	funct7	rs2	rs1	funct3	rd	opcode	算术指令格式
I型	immediate[11:0]		rs1	funct3	rd	opcode	加载&立即数算术
S型	immed[11:5]	rs2	rs1	funct3	immed[4:0]	opcode	存储
U型	immediate[31:12]				rd	opcode	大立即数格式

图 2-19　四种 RISC-V 指令格式。图 4-14d 显示了条件分支（SB）缺少的 RISC-V 格式，其格式与 S 和 U 类型中的字段长度匹配，但位是旋转的。一旦你从第 4 章中了解了硬件，SB 的基本原理就容易理解了，因为 SB 简化了硬件，但要求汇编程序做更多的工作

自我检测

I. RISC-V 中条件分支的字节地址范围是多少（1K = 1024）？

  1. 地址在 0 到 4K−1 之间

  2. 地址在 0 到 8K−1 之间

  3. 分支前后地址范围各大约为 2K

  4. 分支前后地址范围各大约为 4K

II. RISC-V 中跳转－链接指令的字节地址范围是多少（1M = 1024K）？

  1. 地址在 0 到 512K−1 之间

  2. 地址在 0 到 1M−1 之间

  3. 分支前后地址范围各大约为 512K

  4. 分支前后地址范围各大约为 1M

2.11　并行性与指令：同步

当任务之间相互独立时，并行 执行更为容易，但通常任务之间需要协作。协作通常意味着一些任务正在写入其他任务必须读取的值。需要知道任务何时完成写入以便其他任务安全地读出，因此任务之间需要同步。如果它们不同步，则存在**数据竞争**（data race）的危险，那么程序的结果会根据事件发生的次序而改变。

> **数据竞争**：如果来自两个不同的线程的访存请求访问同一个位置，至少有一个是写，且连续出现，那么这两次存储访问形成了数据竞争。

例如，回想一下 1.8 节中提到的 8 个记者写作一篇故事的类比。假设一位记者在写完总结之前需要阅读前面所有的章节。那么，他必须知道其他记者什么时候完成各自的章节，以便之后不会出现他写完总结后其他记者又修改了各自章节的情况。也就是说，他们最好同步每个部分的写作和阅读，以便与前面章节的内容一致。

在计算中，同步机制通常由用户级的软件例程所构建，而这依赖于硬件提供的同步指令。在本节中，我们将重点介绍加锁（lock）和解锁（unlock）同步操作的实现。加锁和解锁可直接用于创建只有单个处理器可以操作的区域，称为互斥（mutual exclusion）区，以及实现更复杂的同步机制。

在多处理器中实现同步所需的关键是一组硬件原语，能够提供以原子方式读取和修改内存单元的能力。也就是说，在内存单元的读取和写入之间不能插入其他任何操作。如果没有这样的能力，构建基本同步原语的成本将会很高，并会随着处理器数量的增加而急剧增加。

有许多基本硬件原语的实现方案，所有这些都提供了原子读和原子写的能力，以及一些判断读写是不是原子操作的方法。通常，体系结构设计人员不希望用户使用基本的硬件原语，而是期望系统程序员使用原语来构建同步库，这个过程通常复杂且棘手。

我们从**原子交换**（atomic exchange 或 atomic swap）原语开始，展示如何使用它来构建基本同步原语。它是构建同步机制的一种典型操作，会将寄存器中的值与存储器中的值进行交换。

为了了解如何使用它来构建基本同步原语，假设要构建一个简单的锁变量，其中值 0 用于表示锁变量可用，值 1 用于表示锁变量已被占用。处理器尝试通过将寄存器中的 1 与该锁变量对应的内存地址的值进行交换来设置加锁。如果某个其他处理器已声明访问该锁变量，则交换指令的返回值为 1，表明该锁已被其他处理器占用，否则为 0，表示加锁成功。在后一种情况下，锁变量的值变为 1，以防止其他处理器也加锁成功。

例如，考虑两个处理器尝试同时进行交换操作：这种竞争会被阻止，因为其中一个处理器将首先执行交换，并返回 0，而第二个处理器在进行交换时将返回 1。使用交换原语实现同步的关键是操作的原子性：交换是不可分割的，硬件将对两个同时发生的交换进行排序。尝试以这种方式设置同步变量的两个处理器都不可能认为它们同时设置了变量。

实现单个的原子存储操作为处理器的设计带来了一些挑战，因为它要求在单条不可中断的指令中完成存储器的读和写操作。

另一种方法是使用指令对，其中第二条指令返回一个值，该值表示该指令对是否被原子执行。如果任何处理器执行的所有其他操作都发生在该对指令之前或之后，则该指令对实际上是原子的。因此，当指令对实际上是原子操作时，没有其他处理器可以在指令对之间改变值。

在 RISC-V 中，这对指令指的是一个称为保留加载（load-reserved）字（lr.w）的特殊加载指令和一个称为条件存储（store-conditional）字（sc.w）的特殊存储指令。这些指令按序使用：如果保留加载指令指定的内存位置的内容在条件存储指令执行到同一地址之前发生了变化，则条件存储指令失败且不会将值写入内存。条件存储指令定义为将（可能是不同的）寄存器的值存储在内存中，如果成功则将另一个寄存器的值更改为 0，如果失败则更改为非零值。因此，sc.w 指定了三个寄存器：一个用于保存地址，一个用于指示原子操作失败或成功，还有一个用于如果成功则将值存储在内存中。由于保留加载指令返回初始值，并且条件存储指令仅在成功时返回 0，因此以下序列在寄存器 x20 中指定的内存位置上实现原子交换：

```
again:lr.w x10, (x20)      // load-reserved
      sc.w x11, x23, (x20)  // store-conditional
      bne  x11, x0, again   // branch if store fails
      addi x23, x10, 0      // put loaded value in x23
```

每当处理器干预并修改 lr.w 和 sc.w 指令之间的内存中的值时，sc.w 就会将非零值写入 x11，从而导致代码序列重新执行。在此序列结束时，x23 的值和 x20 指向的内存位置的值发生了原子交换。

详细阐述 虽然同步是为多处理器而提出的，但原子交换对于单个处理器操作系统中处理多个进程也很有用。为了确保单个处理器中的执行不受任何干扰，如果处理器在两个指令对之间进行上下文切换，则条件存储也会失败（参见第 5 章）。

详细阐述 保留加载 / 条件存储机制的一个优点是可以用于构建其他同步原语，例如原子的比较和交换（atomic compare and swap）或原子的取后加（atomic fetch-and-increment），这在一些并行编程模型中使用。这些同步原语的实现需要在 lr.w 和 sc.w 之间插入更多指令，但不会太多。

由于条件存储会在另一个 store 尝试加载保留地址或异常之后失败，因此必须注意选择在两个指令之间插入哪些指令。特别是，只有保留加载 / 条件存储块中的整点算术、前向分支和后向分支被允许执行且不会出现问题；否则，可能会产生死锁情况——由于重复的页错误，处理器永远无法完成 sc.w。此外，保留加载和条件存储之间的指令数应该很少，以将由于不相关事件或竞争处理器导致条件存储频繁失败的可能性降至最低。

详细阐述 虽然上面的代码实现了原子交换，但下面的代码可以更有效地获取寄存器 x20 对应存储中的锁变量，其中值 0 表示锁变量是空闲的，值 1 表示锁变量被占用：

```
       addi x12, x0, 1       // copy locked value
again: lr.w x10, (x20)       // load-reserved to read lock
       bne  x10, x0, again   // check if it is 0 yet
       sc.w x11, x12, (x20)  // attempt to store new value
       bne  x11, x0, again   // branch if store fails
```

我们只使用普通的存储指令将 0 写入该位置来释放锁变量：

```
sw x0, 0(x20)    // free lock by writing 0
```

自我检测　什么时候使用类似保留加载和条件存储的原语？

1. 当并行程序中相互协作的线程需要同步以获得用于读取和写入共享数据的正确行为时。
2. 当单处理器上相互协作的进程需要同步以读取和写入共享数据时。

2.12   翻译并启动程序

本节介绍将非易失性存储（磁盘或闪存）文件中的 C 程序转换为计算机上可运行程序的四个步骤。图 2-20 显示了转换的层次结构。有些系统将这些步骤结合起来以减少转换时间，但程序的转换过程一定会经历这四个逻辑阶段。本节遵循此转换层次结构。

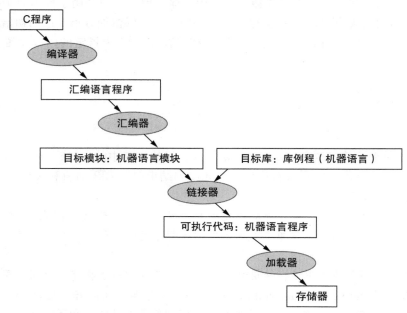

图 2-20　C 语言的转换层次结构。首先将高级语言程序编译成汇编语言程序，然后用机器语言组装成目标模块。链接器将多个模块与库程序组合在一起以解析所有引用。然后，加载器将机器代码放入适当的存储器位置以供处理器执行。为了加快转换过程，可以跳过或将一些步骤组合到一起。一些编译器直接生成目标模块，一些系统使用链接加载器执行最后两个步骤。为了识别文件类型，UNIX 遵循文件的后缀约定：C 源文件命名为 x.c，汇编文件命名为 x.s，目标文件命名为 x.o，静态链接库程序为 x.a，动态链接库路径为 x.so，以及默认情况下，可执行文件称为 a.out。MS-DOS 使用后缀 .C、.ASM、.OBJ、.LIB、.DLL 和 .EXE 的效果相同

2.12.1   编译器

编译器将 C 程序转换为机器能理解的符号形式——汇编语言程序（assembly language program）。高级语言程序比汇编语言使用更少的代码行，因此程序员的工作效率更高。

> 汇编语言：一种能被翻译为二进制机器语言的符号语言。

在 1975 年，许多操作系统和汇编器都是用**汇编语言**（assembly language）编写的，因为那时的计算机内存很小而且编译器效率还很低下。如今每个 DRAM 芯片的内存容量增加了数百万倍，从而减少了程序员对程序大小的关注，今天的优化编译器几乎可以像汇编语言专家那样生成汇编语言程序，而且对大型程序的优化效果有时甚至比人工优化更好。

2.12.2   汇编器

由于汇编语言是高层软件的接口，因此汇编器还可以处理机器指令的常见变体，就像这

些变体是它自己的指令一样。硬件不需要实现这些指令；然而，它们在汇编语言中的出现简化了程序转换和编程。这类指令称为**伪指令**。

如上所述，RISC-V 硬件确保寄存器 x0 总是取 0。也就是说，每当使用寄存器 x0 时，它提供 0，如果程序员尝试更改 x0 中的值，则新值会被直接丢弃。寄存器 x0 用于创建汇编语言指令，将一个寄存器的内容复制到另一个寄存器。因此，即使在 RISC-V 机器语言中不存在这条指令，RISC-V 汇编器也能够识别以下指令：

伪指令：汇编指令的一种常见变体，可以把它看作汇编语言指令。

```
li x9, 123     // load immediate value 123 into register x9
```

汇编器将此汇编语言指令转换为与以下指令等效的机器语言：

```
addi x9, x0, 123 // register x9 gets register x0 + 123
```

RISC-V 汇编器还将 mv（move）转换为 addi 指令。于是

```
mv x10, x11  // register x10 gets register x11
```

变为

```
addi x10, x11, 0 // register x10 gets register x11 + 0
```

汇编器还接受 j Label 作为 jal x0, Label 的替代，无条件跳转到标签位置。它还将跳转到远距离的分支指令转换为一个分支指令和一个跳转指令。如上所述，RISC-V 汇编器允许将大常量加载到寄存器中，尽管立即数指令的位数有限。因此，上面介绍的 load immediate（li）伪指令可以创建大于 addi 的立即数字段可包含的常量；加载地址（la）宏对符号地址的工作方式类似。最后，它可以通过确定程序员想要的指令变体来简化指令系统。例如，算术和逻辑指令使用常量时，RISC-V 汇编器不要求程序员指定指令的立即数版本，它只是生成正确的操作码。于是

```
and x9, x10, 15 // register x9 gets x10 AND 15
```

变为

```
andi x9, x10, 15 // register x9 gets x10 AND 15
```

我们在指令中包含"i"以提醒读者，andi 与没有立即数操作数的 and 指令不同，具有不同的指令格式，会生成不同的操作码。

总之，伪指令为 RISC-V 提供了比硬件实现更丰富的汇编语言指令系统。如果要编写汇编程序，请使用伪指令来简化任务。但是，要了解 RISC-V 体系结构并确保获得最佳性能，请学习图 2-1 和图 2-18 中真正的 RISC-V 指令。为减少真实指令与伪指令的混淆，第 2 章和第 3 章将只使用真实指令，即使在某些代码中有经验的汇编语言程序员会使用伪指令。

汇编器也会接收不同基数的数字。除了二进制和十进制之外，它们通常接收比二进制更简短又容易转换为位模式的基数。RISC-V 汇编器使用十六进制和八进制。

这种特性非常方便，但汇编器的主要任务是汇编成机器代码。汇编器将汇编语言程序转换为目标文件（object file），该目标文件是机器指令、数据和将指令正确放入内存所需信息的组合。

为了在汇编语言程序中产生每条指令的二进制版本，汇编器必须确定与所有标签相对应的地址。汇编器会跟踪分支中使用的标签和**符号表**中的数据传输指令。正如你所料，该表由符号和对应地址成对组成。

符号表：用于匹配标签名和指令所在内存的地址的表。

UNIX 系统的目标文件通常包含六个不同的部分：

- 目标文件头，描述了目标文件的其他部分的大小和位置。
- 代码段，包含机器语言代码。
- 静态数据段，包含在程序生命周期内分配的数据（UNIX 允许程序使用静态数据，它在整个程序中都存在；也允许使用动态数据，它可以根据程序的需要增长或缩小。见图 2-13。）
- 重定位信息，标记了在程序加载到内存时依赖于绝对地址的指令和数据。
- 符号表，包含剩余的未定义的标签，例如外部引用。
- 调试信息，包含有关如何编译目标模块的简明描述，以便调试器可以将机器指令与 C 源文件相关联并使数据结构可读。

下一小节将介绍如何链接已汇编完成的子程序，例如库程序。

2.12.3　链接器

到目前为止我们所呈现的内容表明，对一个程序的一行进行单一更改需要编译和汇编整个程序。完全重新翻译是对计算资源的严重浪费。这种重复对于标准库程序来说尤其浪费，因为程序员将要编译和汇编根据定义几乎永远不会改变的例程。另一种方法是独立编译和汇编每个过程，因此更改一行代码只需要编译和汇编一个过程。这种替代方案需要一个新的系统程序，称为**链接编辑器**或**链接器**，它将所有独立汇编的机器语言程序"缝合"在一起。链接器有用的原因是修正代码要比重新编译和重新汇编快得多。

> **链接器**：也叫链接编辑器，是一个系统程序，它将独立汇编的机器语言程序组合起来，并解析所有未定义的标签，最终生成可执行文件。

链接器的工作有三个步骤：

1. 将代码和数据模块按符号特征放入内存。
2. 决定数据和指令标签的地址。
3. 修正内部和外部引用。

链接器使用每个对象模块中的重定位信息和符号表来解析所有未定义的标签。这些引用发生在分支指令和数据地址中，因此该程序的工作与编辑器的工作非常相似：它找到旧地址并用新地址替换它们。"编辑器"是"链接编辑器"或简称"链接器"的原始名称。

如果解析了所有外部引用，则链接器接下来将确定每个模块将占用的内存位置。回想一下，图 2-13 显示了将程序和数据分配给内存的 RISC-V 准则。由于文件是单独汇编的，因此汇编器无法知道模块的指令和数据相对于其他模块的位置。当链接器将模块放入内存时，必须重定位所有的绝对引用（即与寄存器无关的内存地址）以反映其真实地址。

> **可执行文件**：一种具有目标文件格式的功能程序，不包含未解析的引用。它可以包含符号表和调试信息。"剥离的可执行文件"不包含这些信息，可以包括用于加载器的重定位信息。

链接器生成可在计算机上运行的**可执行文件**。通常，此文件具有与目标文件相同的格式，但它不包含任何未解析的引用。具有部分链接的文件是可能的，例如库程序，在目标文件中仍然有未解析的地址。

| 例题 | 目标文件的链接 ━━━━━━━━━━━━━━━━━━━━━━━━━━━━━━━━◆

链接下面的两个目标文件。给出已完成的可执行文件的前几条指令的更新地址。用汇编语言显示指令只是为了使例子利于理解；实际上，指令应是数字形式。

请注意，在目标文件中，我们用灰色表示链接过程中必须更新的地址和符号：引用过程 A 和 B 的地址的指令，以及引用数据字 X 和 Y 的地址的指令。

目标文件首部			
	名字	过程A	
	正文大小	100_{16}	
	数据大小	20_{16}	
正文段	地址	指令	
	0	lw x10, 0(x3)	
	4	jal x1, 0	
	...	...	
数据段	0	(X)	
	...		
重定位信息	地址	指令类型	依赖
	0	lw	X
	4	jal	B
符号表	标签	地址	
	X	–	
	B	–	
	名字	过程B	
	正文大小	200_{16}	
	数据大小	30_{16}	
正文段	地址	指令	
	0	sw x11, 0(x3)	
	4	jal x1, 0	
	...	...	
数据段	0	(Y)	
	...		
重定位信息	地址	指令类型	依赖
	0	sw	Y
	4	jal	A
符号表	标签	地址	
	Y	–	
	A	–	

答案 过程 A 需要找到 load 指令中的可变标签 X 的地址，并找到 jal 指令中过程 B 的地址。过程 B 需要找到 store 指令中可变标签 Y 的地址，及其 jal 指令中过程 A 的地址。

从图 2-14 我们知道正文段从地址 0000 0000 0040 0000$_{16}$ 开始，数据段从 0000 0000 1000 0000$_{16}$ 开始。过程 A 的正文放在第一个地址，数据放在第二个地址。过程 A 的目标文件首部表示其正文为 100_{16} 字节，数据为 20_{16} 字节，因此过程 B 正文的起始地址为 40 0100$_{16}$，数据的起始地址是 1000 0020$_{16}$。

可执行文件首部		
	正文大小	300_{16}
	数据大小	50_{16}
正文段	地址	指令
	0000 0000 0040 0000$_{16}$	lw x10, 0(x3)
	0000 0000 0040 0004$_{16}$	jal x1, 252_{10}
	...	...

	$0000\ 0000\ 0040\ 0100_{16}$	sw x11, 32(x3)
	$0000\ 0000\ 0040\ 0104_{16}$	jal x1, -260_{10}
	...	...
数据段	地址	
	$0000\ 0000\ 1000\ 0000_{16}$	(X)
	...	...
	$0000\ 0000\ 1000\ 0020_{16}$	(Y)
	...	...

现在链接器更新指令的地址字段。它使用指令类型字段来获得要编辑的地址格式。此处有三种类型：

1. 跳转和链接指令使用 PC 相对寻址。因此，对于地址 $40\ 0004_{16}$ 处的 jal 转到 $40\ 0100_{16}$（过程 B 的地址），它必须在其地址字段中放入（$40\ 0100_{16}$–$40\ 0004_{16}$）或 252_{10}。同样，因为 $40\ 0000_{16}$ 是过程 A 的地址，在 $40\ 0104_{16}$ 处的 jal 在其地址字段中放入负数 -260_{10}（$40\ 0000_{16}$–$40\ 0104_{16}$）。

2. load 指令的地址更为复杂，因为它们与基址寄存器有关。此示例使用 x3 作为基址寄存器，假设它初始化为 $0000\ 0000\ 1000\ 0000_{16}$。为了获得地址 $0000\ 0000\ 1000\ 0000_{16}$（字 X 的地址），我们在地址 $40\ 0000_{16}$ 的 lw 的地址字段中放入 0_{10}。类似地，我们在地址 $40\ 0100_{16}$ 的 sw 的地址字段中放入 20_{16} 以获得地址 $0000\ 0000\ 1000\ 0020_{16}$（字 Y 的地址）。

3. store 指令地址的处理方式与 load 指令类似，只是它们的 S 型指令格式与 load 指令的 I 型格式不同。我们在地址 $40\ 0100_{16}$ 的 sw 的地址字段中放入 32_{10}，得到地址 $0000\ 0000\ 1000\ 0020_{16}$（字 Y 的地址）。

2.12.4　加载器

现在可执行文件在磁盘上，操作系统将其读取到内存并启动它。**加载器**在 UNIX 系统中遵循以下步骤：

1. 读取可执行文件首部以确定正文段和数据段的大小。

2. 为正文和数据创建足够大的地址空间。

3. 将可执行文件中的指令和数据复制到内存中。

4. 将主程序的参数（如果有）复制到栈顶。

5. 初始化处理器寄存器并将栈指针指向第一个空闲位置。

6. 跳转到启动例程，将参数复制到参数寄存器中并调用程序的主例程。当主例程返回时，启动例程通过 exit 系统调用终止程序。

加载器：将目标程序放在主存中以准备执行的系统程序。

2.12.5　动态链接库

本节首先描述了在程序运行之前链接库文件的传统方法。虽然这种静态方法是调用库例程的最快方法，但有一些缺点：

- 库例程成为可执行代码的一部分。如果发布了修复错误或支持新硬件设备的新版本库，则静态链接程序仍将继续使用旧版本。

- 它会加载执行过程中在任何位置可能会调用的所有库的所有例程，即使有些例程不一定会用到。相对于程序，库可能很大，例如，运行在 Linux 操作系统上的 RISC-V 系

事实上，计算机科学中的每一个问题都可以通过增加一个间接的中间层来解决。
David Wheeler

统的标准 C 库是 1.5 MiB。

这些缺点引出了**动态链接库**（Dynamically Linked Library，DLL），其库例程在程序运行之前不会被链接和加载。程序和库例程都保存有关非局部过程及其名字的额外信息。在 DLL 的最初版本中，加载器运行一个动态链接程序，使用文件中的额外信息来查找相应的库并更新所有外部引用。

动态链接库：在执行期间链接到程序的库例程。

DLL 初始版本的缺点是，它仍然链接了可能被调用的库的所有例程，而不是在程序运行期间调用的那些例程。这种观察引出了 DLL 的延迟过程链接版本，其中每个例程仅在被调用之后才链接。

像这个领域的许多创新一样，这项技巧依赖于一个间接层次。图 2-21 展示了这种技术。它从非局部例程开始，在程序结束时调用一组虚例程，每个非局部例程有一个入口。每个虚入口都包含一个间接跳转。

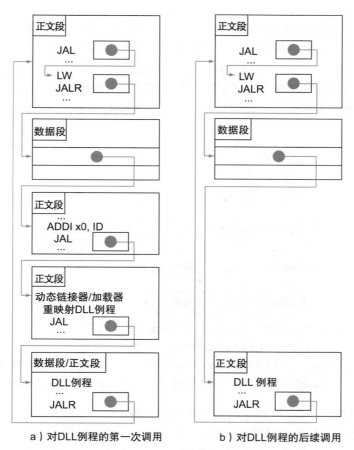

　　a) 对DLL例程的第一次调用　　　　　　b) 对DLL例程的后续调用

图 2-21　通过延迟过程链接动态链接库。a）第一次调用 DLL 例程的步骤。b）在后续调用中跳过查找例程、重映射例程和链接例程的步骤。正如我们将在第 5 章中看到的那样，操作系统可以通过使用虚拟内存管理对其进行重映射来避免复制所需的例程

第一次调用库例程时，程序调用虚入口并执行间接跳转。这个跳转指向一段代码，它将一个数字放入寄存器来识别所需的库例程，然后跳转到动态链接器 / 加载器。链接器 / 加载器找到所需的例程，重新映射它，并更改间接跳转位置中的地址以指向该例程。然后跳转到

这个例程。例程完成后，它将返回到初始调用点。此后，它都会间接跳转到该例程而不需额外的中间过程。

总之，DLL 需要额外的空间来存储动态链接所需的信息，但不要求复制或链接整个库。它们在第一次调用例程时会付出大量的开销，但此后只需一个间接跳转。请注意，从库返回不会产生额外的开销。微软的 Windows 广泛依赖动态链接库，如今 UNIX 系统上程序执行的默认设置也是使用动态链接库。

2.12.6   启动 Java 程序

上面的讨论主要描述了执行程序的传统模型，重点在于以特定指令系统体系结构甚至体系结构的特定实现为目标的程序的快速执行。实际上，可以像 C 一样执行 Java 程序。然而，Java 是为了不同的目标而发明的，目标之一是能在任何计算机上安全运行，即使它可能会延长执行时间。

图 2-22 显示了 Java 典型的转换和执行步骤。Java 不是编译成目标计算机的汇编语言，而是首先编译成易于解释的指令：**Java 字节码**指令系统（参见 2.15 节）。该指令系统被设计得非常接近 Java 语言，因此编译步骤相对简单，实际上没有进行任何优化。与 C 编译器一样，Java 编译器检查数据类型并为每种类型生成正确的操作。Java 程序转化为这些字节码的二进制形式。

> **Java 字节码**：为解释 Java 程序而设计的指令系统中的指令。

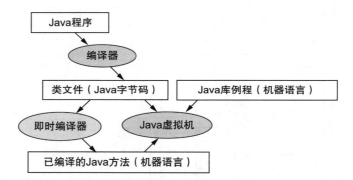

图 2-22   Java 的转换层次结构。Java 程序首先被编译成 Java 字节码的二进制版本，所有地址都由编译器定义。Java 程序现在可以在解释器上运行，称为 Java 虚拟机（JVM）。程序运行时，JVM 链接到 Java 库中所需的方法。为了获得更高的性能，JVM 可以调用 JIT 编译器，该编译器有选择地将方法编译为运行它的机器的本地机器语言

称为 **Java 虚拟机**（JVM）的软件解释器可以执行 Java 字节码。解释器是一个模拟指令系统体系结构的程序。例如，本书使用的 RISC-V 模拟器是一个解释器。由于转换非常简单，所以地址可以由编译器填写或在运行时被 JVM 发现，不需要单独的汇编步骤。

> **Java 虚拟机**：解释 Java 字节码的程序。

解释的优点是可移植性。Java 虚拟机软件的可用性意味着大多数人可以在 Java 发布后不久编写和运行 Java 程序。如今，Java 虚拟机可以在数十亿台设备中找到，从手机到互联网浏览器。

解释的缺点是性能较低。20 世纪 80 年代和 90 年代令人难以置信的性能提升使得许多重要应用程序的解释成为可能，但与传统编译的 C 程序相比，10 倍的速度差距使 Java 对某

些应用程序没有吸引力。

为了保持可移植性并提高执行速度，Java 发展的下一阶段目标是设计在程序运行时翻译的编译器。这样的**即时编译器**（JIT）通常会对正在运行的程序进行剖视，以找到"热点"方法所在的位置，然后将它们翻译成（运行虚拟机的）宿主机对应的指令。编译过的部分将在下次运行程序时保存，以便每次运行时速度更快。这种解释和编译的平衡随着时间的推移而发展，因此经常运行的 Java 程序几乎没有解释的开销。

> **即时编译器**：对一类编译器的通用名称，该类编译器可以在运行时将已解释过的代码段翻译为宿主机上的机器语言。

随着计算机的速度变得越来越快，编译器也变得更为强大，并且随着研究人员发明出更好的动态编译 Java 的方法，Java 与 C 或 C ++ 之间的性能差距正在缩小。2.15 节将更深入地介绍 Java、Java 字节码、JVM 和 JIT 编译器。

自我检测　对于 Java 的设计者来说，解释器相对于翻译器的哪些优势最重要？

1. 解释器易于编写
2. 更准确的错误信息
3. 更少的目标代码
4. 机器独立性

2.13　以 C 排序程序为例的汇总整理

以片段形式展示汇编语言代码的一个危险是，读者不知道完整的汇编语言程序是怎样的。在本节中，我们给出了两个 C 过程的 RISC-V 代码：一个用于交换（swap）数组元素，另一个用于对它们进行排序（sort）。

2.13.1　swap 过程

让我们从图 2-23 中交换过程的代码开始。此过程是交换内存中的两个位置。当手动把 C 程序翻译成汇编语言时，我们遵循以下步骤：

1. 为程序中的变量分配寄存器。
2. 为过程体生成汇编代码。
3. 保存过程调用间的寄存器。

本节按这 3 个部分描述 swap 过程，最后将所有部分合并到一起。

```
void swap(int v[], size_t k)
{
    int temp;
    temp = v[k];
    v[k] = v[k+1];
    v[k+1] = temp;
}
```

图 2-23　交换内存中两个位置的 C 过程。本小节在排序示例中使用此过程

swap 的寄存器分配

如 2.8 节中所述，RISC-V 的参数传递默认使用寄存器 x10 到 x17。由于 swap 只有两个参数 v 和 k，因此可以在寄存器 x10 和 x11 中保存。唯一的一个变量是 temp，我们用寄存器 x5 来保存它，因为 swap 是一个叶过程（参见 2.8.2 节）。该寄存器分配对应于图 2-23 中 swap 过程第一部分的变量声明。

swap 过程体的代码

swap 剩余的 C 代码如下所示：

```
temp    = v[k];
v[k]    = v[k+1];
v[k+1]  = temp;
```

回想一下，RISC-V 的内存地址是字节寻址，因此字实际上相差 4 个字节。因此，在将索引 k 与地址相加之前，需要将索引 k 乘以 4。忘记相邻的字地址间相差 4 而不是 1 是汇编语言编程中常见的错误。

因此，第一步是通过左移 2 位使 k 乘 4 以得到 v[k] 的地址：

```
slli    x6, x11, 2     // reg x6 = k * 4
add     x6, x10, x6    // reg x6 = v + (k * 4)
```

现在我们使用 x6 加载 v[k]，然后通过向 x6 加 4 来加载 v[k + 1]：

```
lw    x5, 0(x6)     // reg x5 (temp) = v[k]
lw    x7, 4(x6)     // reg x7 = v[k + 1]
                   // refers to next element of v
```

接下来，我们将 x5 和 x7 中的值存储到交换的地址：

```
sw    x7, 0(x6)     // v[k] = reg x7
sw    x5, 4(x6)     // v[k+1] = reg x5 (temp)
```

现在我们已经分配了寄存器并且翻译好了程序的代码。剩下的是保存 swap 程序中使用过的保留寄存器。因为在这个叶过程中没有使用保留寄存器，所以没有需要保存的寄存器。

完整的 swap 过程

我们现在已经得到完整的例程。剩下的就是添加过程标签和返回跳转。

```
swap:
  slli   x6, x11, 2  // reg x6 = k * 4
  add    x6, x10, x6 // reg x6 = v + (k * 4)
  lw     x5, 0(x6)   // reg x5 (temp) = v[k]
  lw     x7, 4(x6)   // reg x7 = v[k + 1]
  sw     x7, 0(x6)   // v[k] = reg x7
  sw     x5, 4(x6)   // v[k+1] = reg x5 (temp)
  jalr   x0, 0(x1)   // return to calling routine
```

2.13.2　sort 过程

为了确保读者能够理解汇编语言中编程的严谨性，我们将尝试第二个更长的示例。在这种示例中，我们将构建一个调用 swap 过程的例程。这个程序使用冒泡或交换排序对整数数组进行排序，这是最简单的排序之一，但不是最快的排序。图 2-24 显示了该程序的 C 语言版本。我们还是以几个步骤介绍此程序，并在最后将它们组合到一起。

```
void sort (int v[], size_t int n)
{
    size_t i, j;
    for (i = 0; i < n; i += 1) {
        for (j = i - 1; j >= 0 && v[j] > v[j + 1]; j -= 1) {
            swap(v,j);
        }
    }
}
```

图 2-24　对数组 v 执行排序的 C 过程

sort 的寄存器分配

过程 sort 的 v 和 n 两个参数保存在参数寄存器 x10 和 x11 中，我们将寄存器 x19 分配给 i，并将 x20 分配给 j。

sort 过程体的代码

过程体由两个嵌套的 for 循环和一个包含参数的 swap 调用组成。让我们从外而内展开代码。

第一个翻译步骤是第一个 for 循环：

```
for (i = 0; i < n; i += 1) {
```

回想一下，C 的 for 语句有三个部分：初始化、循环判断和循环增值。只需要一条指令就可以将 i 初始化为 0，这是 for 语句的第一部分：

```
addi   x19, x0, 0
```

它只需要一条指令来递增 i，即 for 语句的最后一部分：

```
addi   x19, x19, 1  // i += 1
```

如果 i<n 非真，则应该退出循环，换句话说，如果 i ≥ n，则应该退出。此判断只需一条指令：

```
for1tst: bge x19, x11, exit1  // go to exit1 if x19 ≥ x1 (i≥n)
```

循环的底部只是跳转回到循环判断处：

```
        j for1tst    // branch to test of outer loop
exit1:
```

那么第一个 for 循环的代码框架是：

```
    addi x19, x0, 0         // i = 0
for1tst:
    bge x19, x11, exit1     // go to exit1 if x19 ≥ x1 (i≥n)
     …
    (body of first for loop)
     …
    addi x19, x19, 1   // i += 1
    j for1tst              // branch to test of outer loop
exit1:
```

瞧！（练习部分将探究为类似的循环编写更快的代码。）

第二个 for 循环的 C 语句如下：

```
for (j = i - 1; j >= 0 && v[j] > v[j + 1]; j -= 1) {
```

该循环的初始化部分仍然是一条指令：

```
addi   x20, x19, -1    // j = i - 1
```

循环结束时 j 的自减也是一条指令：

```
addi   x20, x20, -1 j -= 1
```

循环判断有两个部分。如果任一条件为假，我们退出循环，因此如果第一个判断（j<0）为假则必须退出循环：

```
for2tst:
    blt x20, x0, exit2  // go to exit2 if x20 < 0 (j < 0)
```

该分支将跳过第二个条件判断。如果没有跳过，则 j ≥ 0。

如果第二个判断 v[j] > v[j+1] 非真，或者如果 v[j] ≤ v[j+1]，则退出。首先，我们通过将 j 乘以 4（因为我们需要一个字节地址）来创建地址并将其加到 v 的基址上：

```
slli    x5, x20, 2       // reg x5 = j * 4
add     x5, x10, x5       // reg x5 = v + (j * 4)
```

现在我们加载 v[j]:

```
lw        x6, 0(x5)          // reg x6 = v[j]
```

因为我们知道第二个元素是紧跟的一个字，所以，将寄存器 x5 中的地址加 4，得到 v[j+1]：

```
lw        x7, 4(x5)          // reg x7 = v[j + 1]
```

我们判断 v[j] ≤ v[j+1] 以退出循环：

```
ble       x6, x7, exit2      // go to exit2 if x6 ≤ x7
```

循环的底部跳转回到内循环判断处：

```
jal, x0        for2tst            // branch to test of
inner loop
```

将这些部分结合到一起，第二个 for 循环的代码框架是这样的：

```
        addi x20, x19, -1  // j = i - 1
for2tst: blt x20, x0, exit2 // go to exit2 if x20 < 0 (j < 0)
        slli x5, x20, 2    // reg x5 = j * 4
        add  x5, x10, x5   // reg x5 = v + (j * 4)
        lw   x6, 0(x5)     // reg x6 = v[j]
        lw   x7, 4(x5)     // reg x7 = v[j + 1]
        ble  x6, x7, exit2 // go to exit2 if x6 ≤ x7
        . . .
        (body of second for loop)
        . . .
        addi x20, x20, -1  // j -= 1
        j    for2tst       // branch to test of inner loop
exit2:
```

sort 中的过程调用

下一步是翻译第二个 for 循环的循环体：

```
swap(v,j);
```

调用 swap 很容易：

```
jal x1, swap
```

sort 中的参数传递

当传递参数时问题就出现了，因为 sort 过程需要寄存器 x10 和 x11 中的值，但 swap 过程需要将其参数放在那些相同的寄存器中。一种解决方案是在过程较早地方将 sort 中的参数复制到其他寄存器中，使得寄存器 x10 和 x11 在调用 swap 时可用。（这个复制比在栈上保存和恢复更快。）我们首先在过程中将 x10 和 x11 复制到 x21 和 x22：

```
addi x21, x10, 0   // copy parameter x10 into x21
addi x22, x11, 0   // copy parameter x11 into x22
```

然后用这两个指令将参数传递到 swap：

```
addi x10, x21, 0   // first swap parameter is v
addi x11, x20, 0   // second swap parameter is j
```

保留 sort 中的寄存器

唯一剩下的代码是寄存器的保存和恢复。显然，我们必须在寄存器 x1 中保存返回地址，因为 sort 是一个过程并且调用自己。sort 过程还使用被调用者保存的寄存器 x19、x20、x21 和 x22，因此必须保存它们。所以 sort 的过程头如下：

```
addi    sp, sp, -20      // make room on stack for 5 regs
sd      x1, 16(sp)       // save x1 on stack
sd      x22, 12(sp)      // save x22 on stack
sd      x21, 8(sp)       // save x21 on stack
sd      x20, 4(sp)       // save x20 on stack
sd      x19, 0(sp)       // save x19 on stack
```

过程尾简单地反转所有这些指令，然后加一个 jalr 以便返回。

完整的 sort 过程

现在我们将所有部分放在一起，如图 2-25 所示，注意在 **for** 循环中用寄存器 x21 和 x22 替换对寄存器 x10 和 x11 的引用。再一次，为了使代码更容易理解，我们用过程中的每个代码块的用途来标识它们。在此示例中，C 中的 9 行 sort 过程在 RISC-V 汇编语言中变为 34 行。

保存寄存器		
	sort: addi sp, sp, -20	# make room on stack for 5 registers
	sw x1, 16(sp)	# save return address on stack
	sw x22, 12(sp)	# save x22 on stack
	sw x21, 8(sp)	# save x21 on stack
	sw x20, 4(sp)	# save x20 on stack
	sw x19, 0(sp)	# save x19 on stack

过程体		
移动参数	addi x21, x10, 0	# copy parameter x10 into x21
	addi x22, x11, 0	# copy parameter x11 into x22
外循环	addi x19,x0, 0	# i = 0
	for1tst:bge x19, x22, exit1	# go to exit1 if i >= n
内循环	addi x20, x19, -1	# j = i - 1
	for2tst:blt x20, x0, exit2	# go to exit2 if j < 0
	slli x5, x20, 2	# x5 = j * 4
	add x5, x21, x5	# x5 = v + (j * 4)
	lw x6, 0(x5)	# x6 = v[j]
	lw x7, 4(x5)	# x7 = v[j + 1]
	ble x6, x7, exit2	# go to exit2 if x6 < x7
参数传递和调用	addi x10, x21, 0	# first swap parameter is v
	addi x11, x20, 0	# second swap parameter is j
	jal x1, swap	# call swap
内循环	addi x20, x20, -1	j for2tst
	jal, x0 for2tst	# go to for2tst
外循环	exit2: addi x19, x19, 1	# i += 1
	jal, x0 for1tst	# go to for1tst

恢复寄存器		
	exit1: lw x19, 0(sp)	# restore x19 from stack
	lw x20, 4(sp)	# restore x20 from stack
	lw x21, 8(sp)	# restore x21 from stack
	lw x22, 12(sp)	# restore x22 from stack
	lw x1, 16(sp)	# restore return address from stack
	addi sp, sp, 20	# restore stack pointer

过程返回		
	jalr x0, 0(x1)	# return to calling routine

图 2-25 图 2-24 的 sort 过程的 RISC-V 汇编代码

详细阐述 这个例子中一个有效的优化是过程内联。在调用 swap 过程的代码出现的地方，编译器将从 swap 过程体中复制代码，而不是传递参数和使用 jal 指令调用代码。在这个例子中，内联将避免使用四条指令。内联优化的缺点是如果从多个地方调用内联过程，编译后的代码会增大。如果因此增加了 cache 失效率，这样的代码扩展可能导致性能较低；参见第 5 章。

理解程序性能 图 2-26 显示了编译器优化对 sort 程序性能、编译时间、时钟周期、指令数和 CPI 的影响。请注意，未经优化的代码具有最佳的 CPI，而 O1 优化具有最少的指令数，但 O3 是最快的，这说明执行时间是程序性能的唯一准确度量。

gcc优化	相对性能	时钟周期 （百万）	指令数 （百万）	CPI
无优化	1.00	158 615	114 938	1.38
O1（中级）	2.37	66 990	37 470	1.79
O2（完全）	2.38	66 521	39 993	1.66
O3（过程集成）	2.41	65 747	44 993	1.46

图 2-26 冒泡程序使用编译器优化后的性能、指令数和 CPI 的比较。程序将数组初始化为随机值，对 100 000 个 32 位字进行排序。这些程序在奔腾 4 上运行，时钟频率为 3.06GHz，系统总线为 533MHz，内存大小为 2GB 的 PC2100 DDR SDRAM。操作系统版本为 Linux 版本 2.4.20

图 2-27 比较了编程语言、编译与解释以及算法对各种性能的影响。第 4 列显示对于冒泡排序来说，未优化的 C 程序的执行速度为解释型 Java 代码的 8.3 倍。使用 JIT 编译器使 Java 程序的执行速度为未优化的 C 语言的 2.1 倍，并且比使用最高优化的 C 代码也就慢约 12%。（2.15 节给出了有关 Java 的解释与编译以及冒泡的 Java 和 jalr 代码的更多细节。）第 5 列中快速排序的比率并不接近，可能是因为在较短的执行时间内分摊运行时编译的成本更难。最后一列演示了更好的算法带来的影响，当排序 100 000 个元素时，带来了三个数量级的性能提升。即使将第 5 列中的解释型 Java 与第 4 列中最高优化的 C 代码进行比较，快速排序也会比冒泡排序快 50 倍（0.05×2468 或 123/2.41）。

语言	执行模式	优化选项	冒泡排序相对性能	快速排序相对性能	快速排序与 冒泡排序加速比
C	编译器	无优化	1.00	1.00	2468
	编译器	O1	2.37	1.50	1562
	编译器	O2	2.38	1.50	1555
	编译器	O3	2.41	1.91	1955
Java	解释器	—	0.12	0.05	1050
	即时编译器	—	2.13	0.29	338

图 2-27 两个排序算法的性能，分别使用 C 和 Java，以及分别采用解释和优化编译器相对于未优化的 C 版本的对比。最后一列显示了针对每种语言和执行选项的快速排序相对于冒泡排序的性能优势。这些程序在与图 2-26 相同的系统上运行。JVM 版本是 Sun 1.3.1，JIT 版本是 Sun Hotspot 1.3.1

2.14 数组与指针

理解指针对于所有 C 程序员新手来说都是具有挑战的。通过比较使用数组和数组下标的汇编代码与使用指针的汇编代码，可以从本质上理解指针。本节展示了清除内存中一个字序列的两个过程的 C 和 RISC-V 汇编版本：一个使用数组下标，另一个使用指针。图 2-28 给出了这两个 C 过程。

```
clear1(int array[], size_t int size){
    size_t i;
    for (i = 0; i < size; i += 1)
        array[i] = 0;
}
clear2(int *array, size_t int size){
    int *p;
    for (p = &array[0]; p < &array[size]; p = p + 1)
        *p = 0;
}
```

图 2-28　将一个数组全部清零的两个 C 过程。clear1 使用下标，而 clear2 使用指针。对于不熟悉 C 的人，第二个过程需要做一些解释。变量的地址用 & 表示，而指针指向的对象用 * 表示。声明部分则声明了 array 和 p 是整数的指针。clear2 中 for 循环的第一部分将 array 的第一个元素的地址分配给指针 p。for 循环的第二部分判断指针是否指向超出 array 的最后一个元素。在 for 循环的底部将指针递增 1，意味着将指针移动到其声明大小的下一个顺序对象。由于 p 是指向整数的指针，编译器会生成 RISC-V 指令将 p 递增 4，即 RISC-V 整数中的字节数。在循环中将 0 赋给 p 指向的对象

　　本节的目的是展示指针如何映射到 RISC-V 指令，而不是支持一种过时的编程风格。在本节末尾，将看到现代编译优化对这两个过程的影响。

2.14.1　用数组实现 clear

　　首先从数组版本的 clear1 开始，重点关注循环体并忽略过程链接代码。假设两个参数 array 和 size 分别在寄存器 x10 和 x11 中，并且给 i 分配寄存器 x5。

　　for 循环的第一部分，i 的初始化是很简单的：

```
addi   x5, x0, 0   // i = 0 (register x5 = 0)
```

要将 array[i] 设置为 0，必须首先获取其地址。先将 i 乘以 4 得到字节地址：

```
loop1: slli   x6, x5, 3   // x6 = i * 4
```

由于数组的起始地址在寄存器中，必须使用加法指令将其加到下标中以获取 array[i] 的地址：

```
add  x7, x10, x6   // x7 = address of array[i]
```

最后，即可将 0 存到该地址：

```
sw  x0, 0(x7)   // array[i] = 0
```

这条指令是循环体的结尾，因此下一步是增加 i 值：

```
addi x5, x5, 1   // i = i + 1
```

循环测试检测 i 是否小于 size：

```
blt  x5, x11, loop1 // if (i < size) go to loop1
```

现在已经得到了程序的所有片段。以下是使用下标对数组清零的 RISC-V 代码：

```
        addi    x5, x0, 0      // i = 0
loop1: slli    x6, x5, 2      // x6 = i * 4
        add     x7, x10, x6    // x7 = address of array[i]
        sw      x0, 0(x7)      // array[i] = 0
        addi    x5, x5, 1      // i = i + 1
        blt     x5, x11, loop1 // if (i < size) go to loop1
```

（只要 size 大于 0，此代码就能正确工作；ANSI C 需要在循环之前测试 size，但我们将在此处跳过该合法性。）

2.14.2 用指针实现 clear

使用指针的第二个过程给两个参数 array 和 size 分别分配寄存器 x10 和 x11，并给 p 分配寄存器 x5。第二个过程的代码首先把指针 p 赋值为数组第一个元素的地址：

```
addi    x5, x10, 0    // p = address of array[0]
```

以下代码是 for 循环体，将 0 存入 p：

```
loop2: sw    x0, 0(x5)    // Memory[p] = 0
```

这条指令实现循环体，因此以下代码迭代增加，即修改 p 以指向下一个字：

```
addi    x5, x5, 4    // p = p + 4
```

在 C 语言中，指针自增 1 意味着将指针移动到下一个序列对象。由于 p 是声明为 long long int 的指向整数的指针，且每个整数占用 8 个字节，所以编译器将 p 增加 4。

接下来是循环测试。首先计算 array 的最后一个元素的地址。先将 size 乘以 4 得到它的字节地址：

```
slli    x6, x11, 2    // x6 = size * 4
```

然后将乘积加上数组的初始地址得到数组之后的第一个字的地址：

```
add     x7, x10, x6    // x7 = address of array[size]
```

循环测试只需要判断 p 是否小于 array 的最后一个元素：

```
bltu x5, x7, loop2     // if (p<&array[size]) go to loop2
```

完成所有片段后，可以给出将数组清零的指针版的代码：

```
        addi x5, x10, 0      // p = address of array[0]
loop2:  sw   x0, 0(x5)       // Memory[p] = 0
        addi x5, x5, 4       // p = p + 4
        slli x6, x11, 2      // x6 = size * 4
        add  x7, x10, x6     // x7 = address of array[size]
        bltu x5, x7, loop2   // if (p<&array[size]) go to loop2
```

与第一个示例一样，此代码假定 size 大于 0。

注意，该程序在循环的每次迭代中均计算数组末端地址，即使它没有改变。更快的代码版本是将该计算移出循环：

```
        addi  x5, x10, 0     // p = address of array[0]
        slli  x6, x11, 2     // x6 = size * 4
        add   x7, x10, x6    // x7 = address of array[size]
loop2:  sw    x0, 0(x5)      // Memory[p] = 0
```

```
addi  x5, x5, 4        // p = p + 4
bltu  x5, x7, loop2    // if (p < &array[size]) go to loop2
```

2.14.3　比较两个版本的 clear

并列比较两个代码序列以表明数组下标和指针之间的区别：

```
addi x5, x0, 0     // i = 0                  addi  x5, x10, 0    // p = address of array[0]
loop1: slli x6, x5, 2    // x6 = i * 4       slli x6, x11, 2    // x6 = size * 4
    add  x7, x10, x6  // x7 = address of array[i]    add  x7, x10, x6    // x7 = address of array[size]
    sw   x0, 0(x7)    // array[i] = 0         loop2: sw   x0, 0(x5)    // Memory[p] = 0
    addi x5, x5, 1    // i = i + 1            addi x5, x5, 4     // p = p + 4
    blt  x5, x11, loop1 // if (i < size) go to loop1   bltu x5, x7, loop2  // if (p < &array[size]) go to loop2
```

左侧的版本在循环内必须具有"乘"和加，因为 i 增加了，每个地址必须由新的下标重新计算。右侧的内存指针版本直接增加指针 p。指针版本把实现缩放的移位操作和数组相关的加法操作移到循环外，从而将每次迭代执行的指令从 5 条减少到 3 条。这种手动优化对应于强度削弱（移位代替乘法）和循环变量消除（消除循环内的数组地址计算）的编译器优化。2.15 节描述了这两个优化及其他许多优化。

详细阐述　正如前面所提到的，C 编译器会增加一个检测来确保 size 大于 0。一种方法是在循环后用 blt x0,x11,afterLoop 跳转到该指令。

理解程序性能　我们曾经教育程序员要在 C 中使用指针来获得比数组更高的效率："即使无法理解代码也要使用指针。"现代优化编译器可以为数组版本生成同样好的代码。如今大多数程序员更倾向于让编译器去做繁重的工作。

2.15　高级专题：编译 C 语言和解释 Java 语言

本节简要概述 C 编译器的工作原理及 Java 的执行方式。因为编译器将显著影响计算机性能，所以理解编译器技术是理解性能的关键。记住，"编译器的构建"课程通常需要 1 或 2 个学期的讲授，因此我们的介绍只涉及基本内容。

面向 Java 这样的**面向对象语言**如何在 RISC-V 体系结构上执行感兴趣的读者。本节展示用于解释的 Java 字节码和前面章节中某些 C 程序段的 Java 版本的 RISC-V 代码，包括冒泡排序，并将涵盖 Java 虚拟机和即时（JIT）编译器。

> **面向对象语言**：一种面向对象而非动作，或面向数据而非逻辑的编程语言。

本节剩余内容可在配套网站找到。

2.16　实例：MIPS 指令

与 RISC-V 最为相似的指令系统 MIPS 也起源于学术界，但现在已属于 Wave Computing。尽管 MIPS 先于 RISC-V 25 年（出现），但 MIPS 和 RISC-V 有着相同的设计理念。好在如果了解 RISC-V，那么拾起 MIPS 将非常容易。为了展现它们的相似性，图 2-29 比较了 RISC-V 和 MIPS 的指令格式。MIPS ISA 既有 32 位版本，又有 64 位版本，分别对应于 MIPS-32 和 MIPS-64。除了需要更大的地址外（64 位寄存器而非 32 位寄存器），这些指令系统几乎完全相同。以下是 RISC-V 和 MIPS 的共同特征：

- 对于两种体系结构，所有指令都是 32 位宽。
- 两者均有 32 个通用寄存器，其中一个寄存器硬连线为 0。
- 访问内存的唯一方法是通过两种体系结构的加载和存储指令。

- 与其他一些体系结构不同，在 MIPS 或 RISC-V 中，没有可以加载或存储许多寄存器的指令。
- 两者都具有寄存器等于零跳转和寄存器不等于零跳转的分支指令。
- 两个指令系统的寻址模式都适用于所有字长。

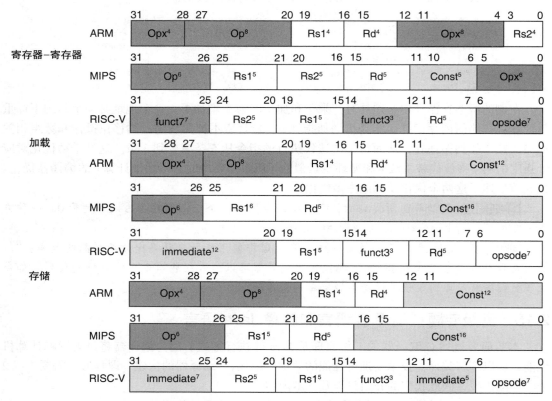

图 2-29　ARM、RISC-V 和 MIPS 的指令格式。差异在于通用寄存器的数量，ARM 为 16 个，RISC-V 和 MIPS 为 32 个

　　RISC-V 和 MIPS 的主要区别之一是除相等或不等外的条件分支。RISC-V 仅提供分支指令来比较两个寄存器，而 MIPS 提供比较指令，该指令根据比较是否为真将寄存器设为 0 或 1。接着，程序员根据预期比较结果，在该比较指令后跟上一条等于或不等于零的分支指令。遵循极简主义理念，MIPS 仅执行小于比较，让程序员改变操作数的顺序或改变分支测试条件以获得所有预期结果。MIPS 指令系统的小于比较指令存在有符号和无符号版本，分别为 slt 和 sltu。

　　除最常用的核心指令外，另一个主要区别是完整的 MIPS 指令系统要比 RISC-V 大得多，将在 2.20 节中看到。

2.17　实例：ARMv7（32 位）指令

　　作为最流行的嵌入式设备指令系统，到 2016 年有超 1000 亿台设备使用 ARM。最初它被命名为 Acorn Machine，后来更名为 Advanced RISC Machine。ARM 与 MIPS 同年推出并遵循类似理念。图 2-30 列出了 ARM 和 RISC-V 的相似之处。二者的主要区别在于，RISC-V

支持更多的寄存器，而 ARM 支持更多的寻址模式。

源/目的操作数类型	第二个源操作数
寄存器	寄存器
寄存器	立即数
寄存器	存储器
存储器	寄存器
存储器	立即数

图 2-30   ARM 与 RISC-V 指令系统的相似点

MIPS 和 ARM 的算术逻辑指令和数据传输指令有相似的核心指令，如图 2-31 所示。

寻址模式	描述	寄存器限制	对应的RISC-V指令
寄存器间接寻址	地址在寄存器中	不能是ESP或EBP	ld x10, 0(x11)
8位或32位偏移量的基址寻址	地址是：基址寄存器加上偏移量	不能是ESP	ld x10, 40(x11)
基址加比例下标寻址	地址是：基址+($2^{比例}$×下标)，其中比例为0、1、2或3	基址：任意GPR 下标：不能是ESP	slli x12, x12, 3 add x11, x11, x12 ld x10, 0(x11)
有8位或32位偏移量的基址寄存器加比例下标寻址	地址是：基址+($2^{比例}$×下标)+偏移量，其中比例为0、1、2或3	基址：任意GPR 下标：不能是ESP	slli x12, x12, 3 add x11, x11, x12 ld x10, 40(x11)

图 2-31   ARM 数据传输指令（寄存器－寄存器）以及对应的 RISC-V 指令。如果有多种等价的 RISC-V 指令选择，使用逗号分隔。由于 ARM 将移位操作（shift）作为每类数据操作指令的一部分，如有后面带有 1 的移位指令，例如 lsr1，实际上都使用移动指令（mov）实现。请注意，ARM 没有除法指令

2.17.1　寻址模式

图 2-32 显示了 ARM 支持的数据寻址模式。与 RISC-V 不同，ARM 不支持常零寄存器。RISC-V 只有三种简单的数据寻址模式（见图 2-18），但 ARM 有九种，包括相当复杂的计算。例如，ARM 有一种寻址方式，可以将一个寄存器任意移位，添加到其他寄存器中形成地址，然后用这个新地址更新另一个寄存器。

指令	功能
je name	ifequal(conditioncode){EIP=name}; EIP-128<=name<EIP+128
jmp name	EIP=name
call name	SP=SP-4;M[SP]=EIP+5;EIP=name;
movwEBX,[EDI+45]	EBX=M[EDI+45]
pushESI	SP=SP-4;M[SP]=ESI
popEDI	EDI=M[SP];SP=SP+4
addEAX,#6765	EAX=EAX+6765
testEDX,#42	Set condition code (flags) with EDX and 42
movsl	M[EDI]=M[ESI]; EDI=EDI+4;ESI=ESI+4

图 2-32   数据寻址模式总结。ARM 有独立的间接寻址寄存器和偏移寻址模式寄存器，而不是将 0 放入后一种模式的偏移中。为了得到更大的寻址范围，如果数据大小是半字或字，ARM 将偏移左移 1 位或 2 位

2.17.2　比较和条件分支指令

RISC-V 使用寄存器内容来判断分支条件，而 ARM 使用传统的四位条件码——负、零、进位和溢出，条件码保存在程序状态字中。条件码可以被设置在任何算术或逻辑指令上。与早期结构不同，该设置对每条指令是可选的。在流水线实现中，选择设置产生的问题更少。ARM 使用条件分支测试条件码，以确定所有无符号和有符号关系。

ARM 使用 CMP 指令从一个操作数中减去另一个操作数，并根据结果设置条件码。使用 CMN（Compare Negative）指令将一个操作数与另一个操作数相加，根据结果设置条件码。使用 TST 指令对两个操作数执行逻辑与（AND）操作，并设置除溢出以外的三个条件码，而使用 TEQ 指令对操作数进行异或（EOR）操作，并设置前三个条件码。

ARM 指令有一个显著特性，每条指令都可以根据条件码选择是否执行。每条指令编码的最高位都有一个 4 位字段，该字段根据条件码来确定本条指令是作为无操作指令 (nop) 还是实际指令。因此，条件分支可被视为有条件地执行无条件分支指令。条件执行机制使得分支可作用于单指令，而简单地、有条件地执行单条指令所需代码空间和时间更少。

图 2-29 显示了 ARM 和 MIPS 的指令格式。主要区别在于指令编码中的 4 位条件执行字段和较短的寄存器字段，这是因为 ARM 只支持一半的寄存器数量。

2.17.3　ARM 的独特之处

图 2-33 显示了 MIPS 中没有的一些算术逻辑指令。由于 ARM 没有常零寄存器，因此它需要使用单独的操作码来执行 MIPS 中可以使用 0 号寄存器执行的某些操作。此外，ARM 还支持多字计算。

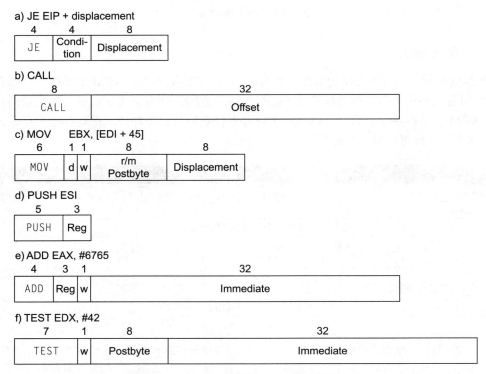

图 2-33　MIPS 中没有的 ARM 算术逻辑指令

ARM 的 12 位立即数字段有一个新颖的解释：先将字段低 8 位零扩展为 32 位值，然后循环右移，移位次数是字段高四位指定的数乘以 2。该方案的优点是可以在一个 32 位字中表示 2 的所有幂。这种拆分是否真的能比直接 12 位字段表示更多的立即数，将是一项有趣的研究。

操作数移位并不只限于立即数。所有算术和逻辑操作的第二个寄存器都可以选择在操作之前进行移位。移位类型选项为逻辑左移、逻辑右移、算术右移和循环右移。

ARM 还支持保存一组寄存器的指令，称为块加载（block load）和块存储（block store）。在指令编码中 16 位掩码的控制下，使用单条指令就可以实现将 16 个寄存器中的任何一个读出或写入内存。这些指令适用于在程序进入和返回时保存与恢复寄存器，还可用于内存块复制并且减少过程（procedure）进入和退出时的代码数量。

2.18 实例：ARMv8（64 位）指令

在指令系统存在的诸多问题中，最难克服的是内存地址空间太小。x86 首先成功地扩展到 32 位地址，后来扩展到 64 位地址，将它的许多"兄弟"都抛在了后面。例如，Apple II 中采用的 MOStek 6502 处理器仍然采用 16 位地址空间。虽然 Apple 的第一台个人计算机在商业上取得了成功，但仍因为地址空间缺乏而被扔进了历史的"垃圾堆"。

ARM 的架构师看到了人们对 32 位地址计算机的评价，于 2007 年开始设计 ARM 的 64 位地址版本，并最终在 2013 年完成。该版本并不只是做出一些细微的调整，而是进行了彻底的改革，将所有寄存器位宽变为 64 位，这基本上和 x86 一样。好消息是，如果你了解 MIPS，就会很容易掌握这个 64 位版本，它又被称为 ARMv8。

首先，与 RISC-V 相比，ARM 几乎放弃了 v7 版本中所有的独特之处：

* 删除了条件执行字段，这在 v7 版本中几乎每条指令都有。
* 立即数字段就是一个简单的 12 位数，在 v7 版本中需要根据编码运算得到。
* ARM 放弃了多 load 和多 store 指令。
* PC 不再是一个普通的寄存器，因为改写它可能会产生不可预测的跳转。

其次，ARM 添加了一些功能，这些功能在 MIPS 中很有用：

* v8 有 32 个通用寄存器，编译器开发者肯定很喜欢。与 MIPS 一样，将其中一个寄存器硬连线为 0，不过在加载和存储指令中该寄存器作为堆栈指针。
* v8 的寻址模式适用于所有数据类型，在 ARMv7 中则不然。
* 增加了除法指令，ARMv7 中没有除法指令。
* 添加了与 MIPS 中的 beq（branch if equal）和 bneq（branch if not equal）功能等价的指令。

由于 v8 指令系统的理念比 v7 更接近 RISC-V，我们的结论是 ARMv7 和 ARMv8 之间的主要相似之处仅在于名称。

2.19 实例：x86 指令

指令系统的设计者有时提供比 RISC-V 和 MIPS 更强大的操作。目标通常是减少程序执行的指令数。其风险在于：这种减少以简单为代价，因为指令执行更慢，所以会增加程序执行所需时间。这种缓慢可能是由于时钟周期更长或所需时钟周期数比简单序列更多。

情人眼里出西施。
Margaret Wolfe Hungerford,
Molly Bawn, 1877

因此，通向复杂操作的道路困难重重。2.22 节展示了复杂性的陷阱。

2.19.1　Intel x86 的演变

RISC-V 和 MIPS 是单个团队一起工作推出的不同版本，这些体系结构的各个部分很好地配合在一起。x86 的情况却并非如此；它是几个独立团体开发的产品，他们在近 40 年的时间里不断改进该体系结构，向原始指令集添加新的功能，正如有人向打包好的袋子里添加衣服。以下是 x86 的重要里程碑。

- 1978 年：Intel 8086 体系结构宣布其是与当时已经成功的 8 位微处理器 Intel 8080 的汇编语言兼容的扩展。8086 是 16 位体系结构，所有内部寄存器都是 16 位宽。与 RISC-V 不同，它的寄存器都是专用的，因此不认为 8086 是**通用寄存器**（GPR）体系结构。

  > **通用寄存器**：一种可以用于任何指令的地址或数据的寄存器。

- 1980 年：Intel 8087 浮点协处理器发布。该体系结构在 8086 的基础上扩展了大约 60 条浮点指令。它用栈来替代寄存器（见 2.24 节和 3.7 节）。
- 1982 年：80286 扩展了 8086 体系结构，将地址空间增加到 24 位，创建了详细的内存映射和保护模型（见第 5 章），并添加了一些指令来完善指令集并控制保护模型。
- 1985 年：80386 将 80286 体系结构扩展到 32 位。除了具有 32 位寄存器和 32 位地址空间外，80386 还增加了新的寻址模式和附加操作。扩展的指令使 80386 几乎成为一个通用寄存器处理器。除分段寻址外，80386 还增加了对页的支持（见第 5 章）。与 80286 一样，80386 也具有无须修改即可执行 8086 程序的模式。
- 1989 ～ 1995 年：之后 1989 年的 80486、1992 年的 Pentium 和 1995 年的 Pentium Pro 旨在提高性能，只有四条指令添加到了用户可见的指令集中：三条有助于多处理技术（见第 6 章），以及一条条件传送指令。
- 1997 年：在 Pentium 和 Pentium Pro 发布后，Intel 宣布将用 MMX（多媒体扩展）扩展 Pentium 和 Pentium Pro 体系结构。这个 57 条指令的新指令集使用浮点栈来加速多媒体和通信应用程序。MMX 指令在传统的单指令多数据（Single Instruction, Multiple Data, SIMD）体系结构上一次处理多个短数据元素（见第 6 章）。Pentium Ⅱ 没有引入任何新指令。
- 1999 年：Intel 添加了另外 70 条指令，标记 SSE（Streaming SIMD Extensions）作为 Pentium Ⅲ 的一部分。主要的变化是添加了 8 个独立的寄存器，将其宽度翻倍到 128 位，并添加一个单精度浮点数据类型。因此，可以并行执行四个 32 位浮点操作。为了提高内存性能，SSE 包括 cache 预取指令以及绕过 cache 并直接写入内存的流存储指令（见第 5 章）。
- 2001 年：Intel 又添加了另外 144 条指令，并标记为 SSE2。新数据类型是双精度算术，它允许并行执行成对的 64 位浮点操作。这 144 条指令几乎都是已存在的 MMX 和 SSE 指令的版本，它们并行运行 64 位数据。这种变化不仅可以实现更多的多媒体操作，而且相对于唯一的栈体系结构，它为编译器提供了不同的浮点操作目标。编译器可以选择将 8 个 SSE 寄存器用作浮点寄存器，如同其他计算机一样。这一变化大大提升了 Pentium 4 的浮点性能，Pentium 4 是第一款包含 SSE2 指令的微处理器。
- 2003 年：这次是非 Intel 的另一家公司改进了 x86 体系结构。AMD 宣布了一系列体系结构的扩展，将地址空间从 32 位增加到 64 位。类似于 1985 年在 80386 上从 16 位到 32 位地址空间的转换，AMD64 将所有寄存器扩展到 64 位。并将寄存器数增加到 16，将 128 位 SSE 寄存器的数增加到 16。ISA 的主要变化来自添加的一种称为长模式（long mode）的新模式，该模式用 64 位地址和数据重新定义了所有 x86 指令的执行。为了寻址更多的寄存器，它为指令添加了新的前缀。根据计算方式，长模式还添加了 4 到 10 条新指令，并去掉了 27 条旧指令。PC 相对寻址是另一个扩展。AMD64 仍然具有与 x86 相同的模式（遗产模式）以及将用户程序限制为 x86 但允许操作系统使用 AMD64 的模式（兼容模式）。与 HP / Intel IA-64 体系结构相比，这些模式能更好地过渡到 64 位寻址。

- 2004 年：Intel 认输并接受 AMD64，重新标记为 64 位扩展内存技术（Extended Memory 64 Technology，EM64T）。主要区别在于 Intel 添加了 128 位原子比较和交换指令，这个可能本应包含在 AMD64 中的指令。与此同时，Intel 宣布了另一代媒体扩展。SSE3 添加了 13 条指令，以支持复杂运算、结构数组上的图形操作、视频编码、浮点转换以及线程同步（见 2.11 节）。AMD 在后续芯片中添加了 SSE3，并向 AMD64 添加了缺少的原子交换指令，以维持与 Intel 的二进制兼容性。

- 2006 年：Intel 发布了 54 条新指令，作为 SSE4 指令集扩展的一部分。这些扩展执行的调整针对绝对差求和、数组结构的点积计算、窄数据到更宽数据的符号或零扩展、数目统计等。还增加了对虚拟机的支持（见第 5 章）。

- 2007 年：AMD 发布了 170 条指令，作为 SSE5 的一部分，包括 46 条基本指令集的指令增加了像 RISC-V 的 3 操作数指令。

- 2011 年：Intel 推出高级向量扩展，将 SSE 寄存器宽度从 128 位扩展到 256 位，从而重新定义了约 250 条指令并添加了 128 条新指令。

- 2015 年：Intel 发布了 AVX-512，它将寄存器和操作从 256 位扩展到 512 位，并再次重新定义了数百条指令并添加了更多指令。

这段历史说明了兼容性这个"金手铐"对 x86 的影响，因为每一阶段存在的软件基础都至关重要，不会因重大体系结构变化而使其受到危害。

无论 x86 有多失败，该指令集在很大程度上驱动了计算机的 PC 时代，并且仍然支配着后 PC 时代的绝大部分。与几百亿颗 ARM 芯片相比，每年制造 25 亿颗 x86 芯片看似不多，但许多公司都想控制这个市场。总而言之，芯片是越来越贵，这个多变的家族给人们带来了一种难以解释且无法喜爱的体系结构。

打起精神面对即将看到的内容！不必带着需要编写 x86 程序的担忧来阅读本节；相反，本节的目的是让你熟悉世界上最流行的桌面体系结构的优缺点。

本节关心的是 80386 的 32 位子集，而不是整个 16 位、32 位和 64 位指令集。我们将从寄存器和寻址模式开始说明，然后到整数操作，最后考虑指令编码。

2.19.2　x86 寄存器和寻址模式

80386 的寄存器展示了指令系统的进化（见图 2-34）。80386 将所有 16 位寄存器（段寄存器除外）扩展为 32 位，给名称加上前缀 E 来表示 32 位版本。通常被称为 GPR（General-Purpose Register，通用寄存器）。80386 只包含 8 个 GPR。这意味着 RISC-V 和 MIPS 程序可以使用四倍数量的寄存器。

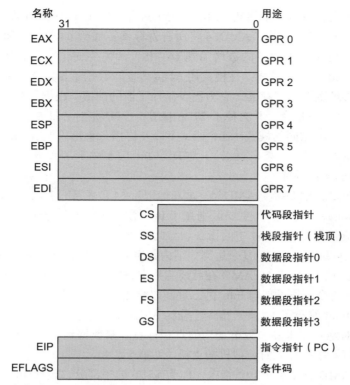

图 2-34   80386 寄存器组。从 80386 开始，前 8 个寄存器被扩展到 32 位，且可用作通用寄存器

图 2-35 展示了 2 操作数的算术、逻辑和数据传输指令。这里存在两个重要的区别。x86 算术和逻辑指令中必须有一个操作数既作为源操作数，又作为目的操作数；RISC-V 和 MIPS 允许源和目的操作数的寄存器分开。x86 的这种限制对有限寄存器带来了更大的压力，因为必须修改一个源寄存器。第二个重要的区别在于其中一个操作数可以在存储器中。因此，与 RISC-V 和 MIPS 不同，实际上任何指令都可能有一个操作数在存储器中。

下面详细描述的数据存储器寻址模式在指令中提供两种位宽的地址。这些所谓的偏移（displacement）可以是 8 位或 32 位。

尽管存储器操作数可以使用任何寻址模式，但每种模式可以使用哪些寄存器存在限制。图 2-36 展示了 x86 寻址模式和各模式下哪些 GPR 不能使用，以及如何使用 RISC-V 指令得到相同的效果。

源/目的操作数类型	第二个源操作数类型
寄存器	寄存器
寄存器	立即数
寄存器	存储器
存储器	寄存器
存储器	立即数

图 2-35   x86 算术、逻辑和数据传输指令允许的操作数组合情况。唯一的限制是缺少存储器 – 存储器模式。立即数可以是 8 位、16 位或 32 位；寄存器可以是图 2-34 中 14 个主要寄存器（除 EIP 和 EFLAGS）中的任意一个

模式	描述	寄存器限制	等价的RISC-V
寄存器间接寻址	地址在寄存器中	不能是ESP或EBP	`lw x10, 0(x11)`
8位或32位偏移量的基址寻址	地址是： 基址寄存器加上偏移量	不能是ESP	`lw x10, 40(x11)`

基址加比例下标寻址	地址是：
	基址+（2^比例×下标），
	其中比例为0、1、2或3
		基址：任意GPR
		下标：不能是ESP
			`slli x12, x12, 2`
			`add x11, x11, x12`
			`lw x10, 0(x11)`

8位或32位偏移量的基址
加比例下标寻址
	地址是：
	基址+（2^比例×下标）+偏移量，
	其中比例为0、1、2或3
		基址：任意GPR
		下标：不能是ESP
			`slli x12, x12, 2`
			`add x11, x11, x12`
			`lw x10, 40(x11)`

图 2-36　受寄存器限制的 x86 32 位寻址模式及其等价的 RISC-V 代码。其中包含了在 RISC-V 或 MIPS 中所没有的基址加比例下标寻址模式，以避免乘以 8（比例因子 3）来将寄存器中的下标转换为字节地址（见图 2-26 和图 2-28）。比例因子 1 用于 16 位数据，比例因子 2 用于 32 位数据。比例因子 0 表示地址不缩放。如果在第二或第四种模式中偏移量长于 12 位，那么 RISC-V 等效模式将需要更多指令，通常用 lui 来载入偏移量的第 12 到 31 位，然后用 add 将其加到基址寄存器（Intel 为称为基址寻址的模式提供了两个不同的名称：基址和下标。但其本质相同，且在这里将其合并）

2.19.3　x86 整数操作

8086 对 8 位（字节）和 16 位（字）数据类型提供支持。80386 在 x86 中增加了 32 位地址和数据（双字）。（AMD64 增加了 64 位地址和数据，称作四字；本节将关注 80386。）数据类型的区别也适用于寄存器操作以及存储器访问。

几乎所有操作都适用于 8 位数据和一个较长的数据大小。该大小由模式决定，为 16 位或 32 位。

显然，有些程序希望对所有三种大小的数据进行操作，因此 80386 体系结构提供了一种方便途径来指定每一种形式而不会显著扩展代码大小。它们认为 16 位或 32 位数据在大多数程序中占主导地位，因此设置一个默认的大尺寸是有意义的。这个默认数据大小由代码段寄存器中的一位设置。要重载默认数据大小，需在指令前附加一个 8 位前缀，以告诉机器该指令使用另一数据长度。

前缀解决方案是从 8086 借来的，8086 允许使用多个前缀来改变指令行为。最初的三个前缀忽略默认段寄存器，锁定总线以支持同步（见 2.11 节），或重复后续指令直到寄存器 ECX 减少到 0。最后一个前缀要配合一个字节传送指令以传送可变数目的字节。80386 还增加了一个前缀来改变默认地址长度。

x86 整数运算可分为四大类：

1. 数据传送指令，包括 move、push 和 pop。
2. 算术和逻辑指令，包括测试、整数和小数算术运算。
3. 控制流，包括条件分支、无条件分支、调用和返回。
4. 字符串指令，包括字符串传送和字符串比较。

除了算术和逻辑指令操作允许目的是寄存器或存储器位置外，前两个类别没有什么特别之处。图 2-37 展示了一些典型的 x86 指令及其功能。

指令	功能
je name	if equal(condition code){EIP=name}; EIP-128 <= name < EIP+128
jmp name	EIP=name
call name	SP=SP-4;M[SP]=EIP+5;EIP=name;
movw EBX,[EDI+45]	EBX=M[EDI+45]
push ESI	SP=SP-4;M[SP]=ESI
pop EDI	EDI=M[SP];SP=SP+4
add EAX,#6765	EAX=EAX+6765
test EDX,#42	Set condition code (flags) with EDX and 42
movsl	M[EDI]=M[ESI]; EDI=EDI+4;ESI=ESI+4

图 2-37　一些典型的 x86 指令及其功能。常用操作列表如图 2-38 所示。CALL 将下一条指令的 EIP 保存在栈中（EIP 是 Intel 的 PC）

x86 上的条件分支基于条件代码或标志。条件代码被设置为操作的副作用，大多数用于将结果的值与 0 进行比较。然后，分支测试条件代码。PC 相对分支地址必须以字节数指定，因为与 RISC-V 和 MIPS 不同，80386 指令没有对齐限制。字符串指令是 x86 的 8080 系列的一部分，并且在大多数程序中通常不执行。它们通常比等效的软件程序慢（参见 2.22 节的谬误）。

图 2-38 列出了一些 x86 整数指令。大部分指令都同时具有字节和字格式。

指令	含义
控制	**条件和无条件分支**
jnz,jz	如果条件成立则跳转到EIP+8位偏移量；JNE（代替JNZ）和JE（代替JZ）两者之一
jmp	无条件跳转——8位或16位偏移量
call	子程序调用——16位偏移量；返回地址压栈
ret	从栈中弹出返回地址并跳转到该地址
loop	循环分支——自减ECX；如果ECX≠O，则跳转到EIP+8位偏移量处
数据传输	**在寄存器之间或寄存器与存储器之间移动数据**
move	在寄存器之间或寄存器与存储器之间移动数据
push,pop	源操作数压栈；从栈顶弹出操作数到寄存器
les	从存储器中载入ES和GPR中的一个
算术，逻辑	**使用数据寄存器和存储器的算术与逻辑操作**
add,sub	将源操作数加到目的操作数；从目的操作数减去源操作数；寄存器-存储器格式
cmp	比较源操作数与目的操作数；寄存器-存储器格式
shl,shr,rcr	左移；逻辑右移；带条件码填充的循环右移
cbw	将EAX最右8位字节转换成EAX最右16位字
test	源操作数和目的操作数逻辑与，并设置标志位
inc,dec	目的操作数自增，目的操作数自减
or,xor	逻辑或；异或；寄存器-存储器格式
字符串	**字符串操作数间的移动；由重复前缀给定长度**
movs	通过递增ESI和EDI从源字符串复制到目的字符串；可以重复
lods	从字符串中取字节、字或双字到寄存器EAX

图 2-38　x86 中的典型操作。很多操作使用寄存器 - 存储器格式，其中一个源操作数或目的操作数可以是存储器，另一个可以是寄存器或立即数

2.19.4　x86 指令编码

把最糟的放在最后，80386 中的指令编码很复杂，有很多不同的指令格式。当只有一个操作数时，80386 的指令可能从 1 个字节到 15 个字节。

图 2-39 展示了图 2-37 中几个示例指令的指令格式。操作码字节通常含有一位以表明操作数是 8 位还是 32 位。对于某些指令，操作码可能还包括寻址模式和寄存器；在许多具有" register = register op immediate"形式的指令中都是如此。其他指令使用"后置字节"或额外的操作码字节，标记为"mod，reg，r/m"（模式，寄存器，寄存器 / 存储器），其中包含寻址模式信息。后置字节用于很多寻址存储器的指令。基址加比例下标寻址模式使用第二个后置字节，标记为"sc，index，base"（比例，下标，基址）。

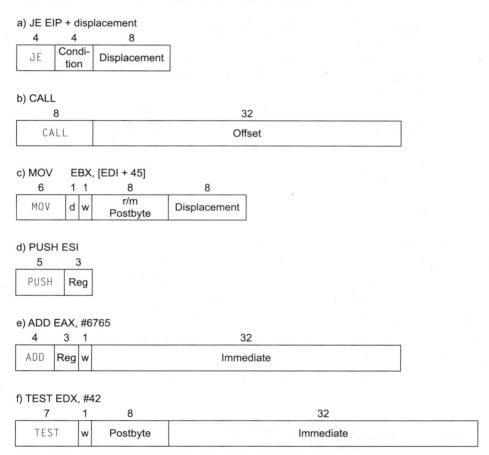

图 2-39　典型的 x86 指令格式。图 2-40 给出后置字节（postbyte）编码。很多指令包含 1 位的 w 字段，表明操作是字节还是双字。MOV 中的 d 字段可用于从存储器传出或传入到存储器，并表明传输方向。ADD 指令需要 32 位的立即数字段，因为在 32 位模式下，立即数为 8 位或 32 位。TEST 中的立即数字段长度为 32 位，因为在 32 位模式下没有 8 位的立即数检测。总的来说，指令长度可以从 1 到 15 个字节。较长的长度来自额外的 1 字节前缀，具有 4 字节立即数和 4 字节偏移地址，使用 2 字节的操作码，并使用比例下标寻址模式说明符，还需增加另一额外字节

图 2-40 展示了 16 位和 32 位模式的两个后置字节地址说明符的编码。不幸的是，要完

全理解哪些寄存器和哪些寻址模式可用，需要查看所有寻址模式的编码，有时甚至要看指令编码。

reg	w=0	w=1		r/m	mod=0		mod=1		mod=2		mod=3
		16b	32b		16b	32b	16b	32b	16b	32b	
0	AL	AX	EAX	0	addr=BX+SI	=EAX	same	same	same	same	same
1	CL	CX	ECX	1	addr=BX+DI	=ECX	addr as	addr as	addr as	addr as	as
2	DL	DX	EDX	2	addr=BP+SI	=EDX	mod=0	mod=0	mod=0	mod=0	reg
3	BL	BX	EBX	3	addr=BP+SI	=EBX	+ disp8	+ disp8	+ disp16	+ disp32	field
4	AH	SP	ESP	4	addr=SI	=(sib)	SI+disp8	(sib)+disp8	SI+disp8	(sib)+disp32	"
5	CH	BP	EBP	5	addr=DI	=disp32	DI+disp8	EBP+disp8	DI+disp16	EBP+disp32	"
6	DH	SI	ESI	6	addr=disp16	=ESI	BP+disp8	ESI+disp8	BP+disp16	ESI+disp32	"
7	BH	DI	EDI	7	addr=BX	=EDI	BX+disp8	EDI+disp8	BX+disp16	EDI+disp32	"

图 2-40   x86 的第一个地址说明符编码：mod，reg，r/m。前 4 列表示 3 位 reg 字段的编码，该字段取决于操作码的 w 位以及机器处于 16 位模式（8086）还是 32 位模式（80386）。其余列解释了 mod 和 r/m 字段。3 位的 r/m 字段取决于 2 位 mod 字段的值和地址的大小。用于地址计算的寄存器列在第六和第七列中，在 mod = 0 时（mod = 1 时加上一个 8 位的偏移量，mod = 2 时加上一个 16 位或 32 位的偏移量）取决于寻址模式。例外情况有：①在 16 位模式下，当 mod = 1 或 mod = 2 时，r/m = 6 选择 BP 加上偏移量；②在 32 位模式下，当 mod = 1 或 mod = 2 时，r/m = 5 选择 EBP 加上偏移量；③在 32 位模式下，当 mod 不等于 3 时，r/m = 4，其中（sib）表示使用图 2-35 所示的比例下标寻址模式。当 mod = 3 时，r/m 字段指示一个寄存器，与 w 字段组合，使用与 reg 字段相同的编码

2.19.5　x86 总结

Intel 的 16 位微处理器先于其竞争对手的下一代体系结构两年（例如 Motorola 68000），这一先机致使 8086 被选作 IBM PC 的 CPU。Intel 工程师普遍承认 x86 比 RISC-V 和 MIPS 等计算机更难构建，但在 PC 时代，大型市场意味着 AMD 和 Intel 可以提供更多资源来帮助克服额外的复杂性。市场规模弥补了 x86 风格上的欠缺，从乐观的角度来看，这使其前景更好。

最常用的 x86 体系结构并不太难实现，自 1978 年以来，AMD 和 Intel 通过快速提高整点程序的性能证明了这一点。为了获得这样的性能，编译器必须避免使用高速结构，它们一般难以实现。

然而在后 PC 时代，尽管已经具有相当多的体系结构和制造专业知识，x86 在个人移动设备中并不具备竞争力。

2.20　实例：RISC-V 指令系统的剩余部分

为了使指令系统体系结构广泛适用于各种计算机，RISC-V 架构师将指令系统划分为一个基本体系结构（base architecture）和几个扩展（extension）体系结构。每个都用字母表中的字母命名，基本体系结构命名为 I，表示整数。相对于当今其他流行指令系统，该基本体系结构仅有极少数指令，本章已经涵盖了这些相关指令。本节简要介绍基本体系结构以及五个标准扩展。

图 2-41 列出了 RISC-V 基本体系结构中的剩余指令。第一条指令为 auipc，用于 PC 相对存储器寻址。与 lui 指令一样，它保存一个 20 位的常数，对应于整数的第 12 位到第 31 位。auipc 用于将该数与 PC 相加并将结果写入寄存器。结合 addi 这样的指令，可以寻址

4 GiB 内的存储器的任意字节。这个特征对于位置无关代码（position-independent code）非常有用，无论从存储器的何处加载都可以正确执行。最常用于动态链接库。

RISC-V基本体系结构的剩余指令

指令	名称	格式	描述
PC+立即数高位	`auipc`	U	立即数高20位与PC相加；将结果写到寄存器
如果小于就设置	`slt`	R	比较寄存器；将布尔结果写到寄存器
如果小于就设置，无符号	`sltu`	R	比较寄存器；将布尔结果写到寄存器
如果小于就设置，立即数	`slti`	I	比较寄存器；将布尔结果写到寄存器
如果小于就设置，无符号立即数	`sltiu`	I	比较寄存器；将布尔结果写到寄存器

图 2-41　在 RISC-V 指令系统中剩余的 5 条指令

接下来的四条指令比较两个整数，然后将比较后的布尔结果写入寄存器。`slt` 和 `sltu` 分别将两个寄存器作为有符号和无符号数进行比较，如果第一个值小于第二个值，则将 1 写到寄存器，否则写 0。`slti` 和 `sltiu` 执行相同的比较，但它们的第二个操作数为立即数。

这就是基本体系结构。图 2-42 列出了五个标准扩展。第一个命名为 M，添加整数乘法和除法指令。第 3 章将介绍 M 扩展中的几条指令。

第二个扩展为 A，支持多处理器同步的原子存储器操作。2.11 节中介绍的保留加载（`lr.d`）和条件存储（`sc.d`）指令都属于 A 扩展。还包括 32 位字（`lr.w` 和 `sc.w`）版本。剩余 18 条指令是常见同步模式的优化，如原子交换和原子添加，但没有在保留加载和条件存储上添加任何其他功能。

RISC-V基本体系结构与扩展

助记符	描述	指令数
I	基本体系结构	51
M	整数乘法/除法	13
A	原子操作	22
F	单精度浮点	30
D	双精度浮点	32
C	压缩指令	36

图 2-42　RISC-V 指令系统体系结构分为基本 ISA（称作 I）以及五个标准扩展：M、A、F、D 和 C。RISC-V International 正在开发其他指令扩展。与其他大多数体系结构不同，RISC-V 软件栈仅有基本体系结构（I），如果处理器包括其他扩展选项的话，扩展选项仅由编译器分发

第三和第四个扩展 F 和 D 提供浮点数操作，将在第 3 章中讲述。

最后一个扩展 C 不提供任何新功能。相反，它采用最常见的 RISC-V 指令，如 `addi`，并提供长度仅为 16 位而非 32 位的等效指令。从而允许程序用更少的字节表示，这可以降低成本（将在第 5 章中看到），还能提升性能。为了适应 16 位，新指令对其操作数有限制：例如，某些指令只能访问 32 个寄存器中的一部分，且立即数字段更窄。

总而言之，RISC-V 的基本体系结构及其扩展共有 184 条指令以及 13 条系统指令（将在第 5 章末尾介绍）。

2.21　性能提升：使用 C 语言编写矩阵乘法程序

我们从重写 1.10 节中的 Python 程序开始。图 2-43 显示了用 C 语言编写的矩阵 - 矩阵乘法程序。这个程序通常称为 DGEMM（Double-precision GEneral Matrix Multiply，双精度通用矩阵乘法）。由于我们将矩阵长度作为参数传递，所以该版本的 DGEMM 没有使用 Python 版本中的二维数组（也许更直观），而是使用一维矩阵和地址计算以获得更好的性能。图中的注释给出了更直观的符号表示。图 2-44 给出了图 2-43 中内层循环的 x86 汇编程序。这 5 条浮点指令都以 "v" 开头并在名称中包含 "sd"（表示标量双精度）。

```
1. void dgemm (int n, double* A, double* B, double* C)
2. {
3.    for (int i = 0; i < n; ++i)
4.      for (int j = 0; j < n; ++j)
5.      {
6.        double cij = C[i+j*n]; /* cij = C[i][j] */
7.        for( int k = 0; k < n; k++ )
8.          cij += A[i+k*n] * B[k+j*n]; /* cij += A[i][k]*B[k][j] */
9.        C[i+j*n] = cij; /* C[i][j] = cij */
10.     }
11. }
```

图 2-43　C 语言版本的双精度矩阵乘法，也被称为双精度通用矩阵乘法（DGEMM）

```
1.  vmovsd (%r10),%xmm0          # Load 1 element of C into %xmm0
2.  mov    %rsi,%rcx             # register %rcx = %rsi
3.  xor    %eax,%eax             # register %eax = 0
4.  vmovsd (%rcx),%xmm1          # Load 1 element of B into %xmm1
5.  add    %r9,%rcx              # register %rcx = %rcx + %r9
6.  vmulsd (%r8,%rax,8),%xmm1,%xmm1  # Multiply %xmm1, element of A
7.  add    $0x1,%rax             # register %rax = %rax + 1
8.  cmp    %eax,%edi             # compare %eax to %edi
9.  vaddsd %xmm1,%xmm0,%xmm0     # Add %xmm1, %xmm0
10. jg     30 <dgemm+0x30>       # jump if %eax > %edi
11. add    $0x1,%r11             # register %r11 = %r11 + 1
12. vmovsd %xmm0,(%r10)          # Store %xmm0 into C element
```

图 2-44　针对图 2-43 未优化 C 代码中的嵌套循环体，使用 gcc、优化选项为 -O3 时生成的 x86 汇编程序片段

图 2-45 显示了相对于 Python 程序，C 语言程序随编译优化参数的性能变化。即使是未经优化的 C 程序，速度也快得多。随着我们提高优化级别，它会变得更快，随之而来的代价是更长的编译时间。性能提升的根本原因是 C 语言使用编译器而不是解释器，同时 C 的类型声明使得编译器能够生成更高效的代码。

-O0（编译最快）	-O1	-O2	-O3（运行最快）
77	208	212	212

图 2-45　图 2-43 中的 C 版本 DGEMM 相对于 1.10 节中的 Python 程序随编译优化级别的速度变化

2.22　谬误与陷阱

谬误：更强大的指令意味着更高的性能。

Intel x86 的一个强大之处在于前缀，它可以改变后续指令的执行。前缀可以重复后续指令，直到计数器递减至 0。因此，在存储器中移动数据，似乎自然的指令序列就是使用带有重复前缀的 move 来执行 32 位存储器到存储器的传送。

另一种方法是使用所有计算机中都有的标准指令，将数据加载到寄存器中，然后将寄存器存回存储器。这种方法的第二版是复制代码以减少循环开销，复制约快 1.5 倍。第三版使用更大的浮点寄存器而不是 x86 的整数寄存器，复制要比复杂的传送指令快 2.0 倍。

谬误：用汇编语言编程以获得最高性能。

曾经有一段时间，编程语言的编译器常常产生低级的指令序列；编译器日渐复杂意味着编译产生的代码和手工生成的代码之间的差距正在快速缩小。事实上，为了与当今的编译器竞争，汇编语言程序员需要彻底理解第 4 章和第 5 章中的概念（处理器流水线和存储器层次结构）。

编译器和汇编程序员之间的斗争正在逐渐消失。例如，C 为程序员提供了一个机会来提示编译器哪些变量要保留在寄存器中，哪些变量要换出到存储器中。当编译器不能很好地分配寄存器时，这些提示对性能来说至关重要。实际上，一些旧的 C 课本花费大量的时间给出了有效使用寄存器提示的例子。今天的 C 编译器通常忽略这些提示，因为编译器在分配方面比程序员做得更好。

即使手工编写能产生更快的代码，使用汇编语言编写的危险在于编码和调试所花费的时间、可移植性差以及难以维护。软件工程中少数几个被广泛接受的公理之一是编写的程序越长，编码需要的时间就越长，显然使用汇编语言编写程序比使用 C 或 Java 编写的程序要长得多。而且，一旦编码，接下来的危险就是它将变为一个流行程序。这种程序的寿命总是比预期的长，意味着程序员不得不几年就更新一次代码以使其适用于新版本的操作系统和最新的计算机。使用更高级语言而不是汇编语言编写不仅允许未来的编译器为将来的机器定制代码，还使软件更易于维护，并允许程序在更多指令系统的计算机上运行。

谬误：商用计算机二进制兼容的重要性意味着成功的指令系统无须改变。

虽然向后的二进制兼容性是神圣不可侵犯的，但图 2-46 显示了 x86 指令系统的快速发展。在其 40 年的生命周期中，平均每月至少新增一条指令。

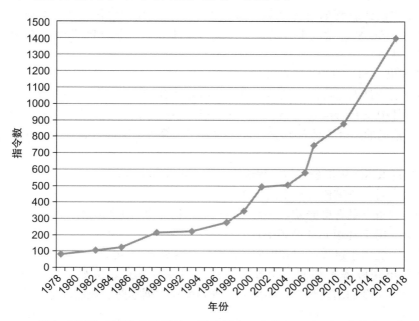

图 2-46　x86 指令系统随时间推移的增长。虽然其中一些扩展具有明显的技术价值，但这种快速变化也增加了其他公司试图构建兼容处理器的难度

陷阱：忘记在字节寻址的机器中，连续的字地址相差不为 1。

许多汇编语言程序员假设将寄存器中的地址递增 1 而不是字大小（以字节为单位）来找到下一个字的地址，他们因此而烦恼。提前预备以避后患！

陷阱：在变量的定义过程外，使用一个指针指向该变量。

处理指针的一个常见错误是从一个过程传递结果，而这个过程包含指向其局部数组的指针。遵循图 2-12 中的栈规则，一旦过程返回，包含局部数组的存储器将被重用。指向变量的指针可能导致混乱。

2.23 本章小结

存储程序（stored-program）计算机的两个原理是，对于程序来说，指令的使用与数据没有区别，以及都使用可变的存储器。这些原则允许单个机器在不同的专业领域辅助癌症研究人员、经济顾问和小说家。选择机器能够理解的指令系统时，需要全面平衡执行程序所需的指令数目、指令所需的时钟周期数以及时钟速度。正如本章所述，三条设计原则指导指令系统设计者如何权衡：

少即多。
Robert Browning,Andrea del Sarto, 1855

1. *简单源于规整。*规整性使 RISC-V 指令系统具有很多特点：所有指令都保持单一长度、算术指令中总是使用寄存器作为操作数、所有指令格式中寄存器字段都保持在相同位置。

2. *更少则更快。*对速度的要求导致 RISC-V 有 32 个寄存器而不是更多。

3. *优秀的设计需要适当的折中。*一个 RISC-V 的例子是，在指令中提供更大的地址和常数，与保持所有的指令具有相同的长度之间的折中。

本章的另一个重要思想是数据没有固有类型。任意一个给定的数可以表示一个整数、一个字符串、一种颜色甚至一条指令，是程序确定了数据的类型。

在第 1 章中已经看到如何将 加速经常性事件 的伟大思想应用于指令系统以及计算机体系结构。加速 RISC-V 经常性事件的例子，包括条件分支指令的 PC 相对寻址和较大常量操作数的立即数寻址。

图 2-47 列出了到目前为止所涉及的 RISC-V 指令。

在机器之上的是人类可读的汇编语言。汇编器将其翻译为机器可以理解的二进制数，甚至通过创建硬件中没有的符号指令来"扩展"指令系统。例如，太大的常量或地址被分成大小合适的块，常见的指令变体都有它们自己的名字，等等。隐藏更高层次的细节是 抽象 概念的另一个例子。

每种类型的 RISC-V 指令都与编程语言中出现的结构相关：

- 算术指令对应于赋值语句中的操作。
- 数据传输指令最有可能发生在处理数组或结构体等数据结构时。
- 条件分支用于 if 语句和循环中。
- 无条件分支用于过程调用和返回，以及 case/switch 语句。

这些指令出现频率不相同，少数常用指令占主导地位。例如，图 2-48 展示了 SPEC CPU2006 的每类指令的出现频率。不同的出现频率在数据通路、控制和流水线的章节中起着重要作用。

RISC-V指令	名称	格式
Add	add	R
Subtract	sub	R
Add immediate	addi	I
Load word	lw	I
Load word, unsigned	lwu	I
Store word	sw	S
Load halfword	lh	I
Load halfword, unsigned	lhu	I
Store halfword	sh	S
Load byte	lb	I
Load byte, unsigned	lbu	I
Store byte	sb	S
Load reserved	lr.d	R
Store conditional	sc.d	R
Load upper immediate	lui	U
And	and	R
Inclusive or	or	R
Exclusive or	xor	R
And immediate	andi	I
Inclusive or immediate	ori	I
Exclusive or immediate	xori	I
Shift left logical	sll	R
Shift right logical	srl	R
Shift right arithmetic	sra	R
Shift left logical immediate	slli	I
Shift right logical immediate	srli	I
Shift right arithmetic immediate	srai	I
Branch if equal	beq	SB
Branch if not equal	bne	SB
Branch if less than	blt	SB
Branch if greater or equal	bge	SB
Branch if less, unsigned	bltu	SB
Branch if greatr/eq, unsigned	bgeu	SB
Jump and link	jal	UJ
Jump and link register	jalr	I

图 2-47　到目前为止涉及的 RISC-V 指令系统。图 2-1 展示了本章介绍的 RISC-V 体系结构的更多细节。这里给出的信息可以在本书 RISC-V 参考数据卡的第 1 列和第 2 列中找到

指令分类	RISC-V示例	对应的高级语言	频率	
			整数	浮点
算术	add, sub, addi	赋值语句中的操作	16%	48%
数据传输	lw, sw, lh, sh, lb, sb, lui	对存储器中数据结构的引用	35%	36%
逻辑	and, or, xor, sll, srl, sra	赋值语句中的操作	12%	4%
分支	beq, bne, blt, bge, bltu, bgeu	if语句；循环	34%	8%
跳转	jal, jalr	过程调用&返回；switch语句	2%	0%

图 2-48　RISC-V 指令分类、示例、相应的高级程序语言结构，以及执行 SPEC CPU2006 基准测试程序时 RISC-V 指令的平均百分比（按整数和浮点分类）。图 3-22 显示了执行中单条 RISC-V 指令的平均百分比

在第 3 章解释计算机运算之后，将继续阐述 RISC-V 指令系统体系结构。

2.24 历史视角和扩展阅读

本节将逐步介绍指令系统体系结构（Instruction Set Architecture，ISA）的历史，并简要介绍编程语言和编译器。ISA 包括累加器体系结构、通用寄存器体系结构、栈体系结构以及 x86 和 ARM 的 32 位体系结构 ARMv7 的简短历史。也回顾了高级语言计算机体系结构的争议问题和精简指令系统计算机体系结构。编程语言的历史包括 Fortran、Lisp、Algol、C、Cobol、Pascal、Simula、Smalltalk、C++ 和 Java，编译器的历史包含其重要里程碑和实现它们的先驱。本节的剩余部分可在线查找。

2.25 自学

指令即数据。给定二进制数 $00000001010010110010100000100011_2$，对应的十六进制数是多少？如果这是一个无符号数，对应的十进制数是多少？如果这是一个有符号数，又是多少？如果这是一条汇编指令，它表示什么？

指令即数据，不安全。程序虽然只是保存在内存中的数据，但在第 5 章中将展示如何通过将部分地址空间标记为只读来保护计算机程序不会被篡改。尽管程序受到了保护，聪明的攻击者还是会利用 C 程序中的错误（bug）在程序执行期间插入他们自己的代码。

下面是一个简单的字符串复制程序，它将用户输入的内容复制到堆栈上的局部变量中。

```
#include <string.h>

void copyinput (char *input)
{
   char   copy[10];

   strcpy(copy, input);  // no bounds checking in strcpy
}

int main (int argc, char **argv)
{
   copyinput(argv[1]);

   return 0;
}
```

如果用户输入的字符超过 10 个，会发生什么？程序执行的后果是什么？攻击者又是怎么接管程序执行的呢？

性能提升的同时。以下是 2.7.1 节第一个例题的 C 程序中 while 循环部分对应的 RISC-V 汇编代码：

```
Loop:   slli x10, x22, 2 // Temp reg x10 = i * 4
        add x10, x10, x25// x10 = address of save[i]
        lw x9, 0(x10)    // Temp reg x9 = save[i]
        bne x9, x24, Exit// go to Exit if save [i] ≠ k
        addi x22, x22, 1 // i = i + 1
        beq x0, x0, Loop // go to Loop
Exit:
```

假设循环通常执行 10 次。如果能够让平均每次循环执行一条分支指令，而不是执行一条分支指令和一条跳转指令，那么循环的速度会更快。

反编译器（由汇编程序生成对应的 C 程序）。以下是一小段 MIPS 汇编程序，其中包含了前五条指令的注释：

```
sll  ix5, x18, 2  #  x5 = f * 4
add  x5,  x23, x5 #  x5 = &A[f]
sll  ix6, x19, 2  #  x6 = g * 4
add  x6,  x24, x6 #  x6 = &B[g]
lw   x18, 0(x5)   #  f = A[f]
addi x7,  x5, 4   #
lw   x5,  0( x7)  #
add  x5,  x5, x18 #
sw   x5,  0(x6)   #
```

假设变量 f、g、h、i 和 j 分别分配给寄存器 \$s0、\$s1、\$s2、\$s3 和 \$s4。假设数组 A 和 B 的基地址分别在寄存器 \$s6 和 \$s7 中。完成后四条指令的注释，然后给出对应的 C 代码。

自学答案

指令即数据。

二进制：$00000001010010110010100000100011_2$

十六进制：$14B2823_{16}$

十进制：21702691_{10}

由于前导位为 0，所以不论是有符号数还是无符号数，对应的十进制数都是相同的。

汇编指令（RISC-V）：

```
sw x20, 16(x22)
```

机器指令：

31 25	24 20	19 15	14 #	11 7	6 0
immediate[11:5]	rs2	rs1	funct3	immediate[4:0]	opcode
0000000	10100	10110	010	10000	0100011
7	5	5	3	5	7

指令即数据，不安全。 将用户输入复制到用户栈上的局部变量，最多可以安全地复制 9 个字符，再加上一个空字符（表示字符串的结束），再长就会覆盖堆栈上的其他内容。随着堆栈向下增长，堆栈下方的值包括来自早期过程调用的堆栈帧，其中包括返回地址。细心的攻击者不仅可以将代码插入堆栈，还可以改写堆栈中的返回地址，最终可以在程序返回时使用攻击者的返回地址，并开始执行放置在堆栈中的恶意代码。

性能提升的同时。 窍门是，反转条件分支并让它跳转到循环的顶部，而不是让它略过循环底部的跳转。为符合原程序中 while 循环的语义，在开始循环前代码必须先要进行一次条件检查：

```
       slli x10, x22, 2   // Temp reg x10 = i * 4
       add  x10, x10, x25 // x10 = address of save[i]
       lw   x9,  0(x10)   // Temp reg x9 = save[i]
       bne  x9,  x24, Exit // go to Exit if save[i] ≠ k

Loop: addi x22, x22, 1    // i = i + 1
       slli x10, x22, 2   // Temp reg x10 = i * 4
       add  x10, x10, x25 // x10 = address of save[i]
       lw   x9,  0(x10)   // Temp reg x9 = save[i]
       beq  x9,  x24, Loop // go to Loop if save[i] = k
Exit:
```

反编译器。对应的 C 代码:

```
slli  x5, x18, 2  # x5 = f * 4
add   x5, x23, x5 # x5 = &A[f]
slli  x6, x19, 2  # x6 = g * 4
add   x6, x24, x6 # x6 = &B[g]
lw    x18, 0(x5)  # f = A[f]
addi  x7, x5, 4   # x7=x5+4 =>x7 points to A[f+1] now
lw    x5, 0(x7)   # x5 = A[f+1]
add   x5, x5, x18 # x5 = x5 + $s0 =>x5 is now A[f] + A[f+1]
sw    x5, 0(x6)   # store the result into B[g]

B[g] = A[f] + A[f+1];
```

2.26   练习

2.1 [5] <2.2> 对于以下 C 语句,请编写相应的 RISC-V 汇编代码。假设 C 变量 f、g 和 h 已经分别放于寄存器 x5、x6 和 x7 中。使用最少数量的 RISC-V 汇编指令。

f = g + (h − 5);

2.2 [5] <2.2> 编写一条 C 语句,对应以下两条 RISC-V 汇编指令。

```
add f, g, h
add f, i, f
```

2.3 [5] <2.2, 2.3> 对于以下 C 语句,请编写相应的 RISC-V 汇编代码。假设变量 f、g、h、i 和 j 分别分配给寄存器 x5、x6、x7、x28 和 x29。假设数组 A 和 B 的基地址分别在寄存器 x10 和 x11 中。

B[8] = A[i−j];

2.4 [10] <2.2, 2.3> 对于以下 RISC-V 汇编指令,相应的 C 语句是什么? 假设变量 f、g、h、i 和 j 分别分配给寄存器 x5、x6、x7、x28 和 x29。假设数组 A 和 B 的基地址分别在寄存器 x10 和 x11 中。

```
slli  x30, x5, 3    // x30 = f*8
add   x30, x10, x30 // x30 = &A[f]
slli  x31, x6, 3    // x31 = g*8
add   x31, x11, x31 // x31 = &B[g]
lw    x5, 0(x30)    // f = A[f]

addi  x12, x30, 8
lw    x30, 0(x12)
add   x30, x30, x5
lw    x30, 0(x31)
```

2.5 [5] <2.3> 分别给出值 0xabcdef12 在小端对齐和大端对齐机器的存储器中的排列。假设数据从地址 0 开始存储,字长为 4 个字节。

2.6 [5] <2.4> 将 0xabcdef12 转换成十进制。

2.7 [5] <2.2, 2.3> 将以下 C 代码转换成 RISC-V 指令。假设变量 f、g、h、i 和 j 分别分配给寄存器 x5、x6、x7、x28 和 x29。假设数组 A 和 B 的基地址分别在寄存器 x10 和 x11 中。假设数组 A 和 B 的元素是一个字为 8 字节:

B[8] = A[i] + A[j];

2.8 [10] <2.2, 2.3> 将以下 RISC-V 指令转换成 C 代码。假设变量 f、g、h、i 和 j 分别分配给寄存器 x5、x6、x7、x28 和 x29。假设数组 A 和 B 的基地址分别在寄存器 x10 和 x11 中。

```
addi  x30, x10, 8
addi  x31, x10, 0
sw    x31, 0(x30)
lw    x30, 0(x30)
add   x5,  x30, x31
```

2.9 ［20］<2.2, 2.5> 对于练习 2.8 中的每条 RISC-V 指令，写出操作码（op）、源寄存器（rs1）和目标寄存器（rd）字段的值。对于 I 型指令，写出立即数字段的值，对于 R 型指令，写出第二个源寄存器（rs2）的值。对于非 U 型和 UJ 型指令，写出 funct3 字段，对于 R 型和 S 型指令，写出 funct7 字段。

2.10 假设寄存器 x5 和 x6 分别保存值 0x8000000000000000 和 0xD000000000000000。

2.10.1 ［5］<2.4> 以下汇编代码中 x30 的值是多少？

```
add x30, x5, x6
```

2.10.2 ［5］<2.4> x30 中的结果是否为预期结果，或者是否溢出？

2.10.3 ［5］<2.4> 对于上面指定的寄存器 x5 和 x6 的内容，以下汇编代码中 x30 的值是多少？

```
sub x30, x5, x6
```

2.10.4 ［5］<2.4> x30 中的结果是否为预期结果，或者是否溢出？

2.10.5 ［5］<2.4> 对于上面指定的寄存器 x5 和 x6 的内容，以下汇编代码中 x30 的值是多少？

```
add x30, x5, x6
add x30, x30, x5
```

2.10.6 ［5］<2.4> x30 中的结果是否为预期结果，或者是否溢出？

2.11 假设寄存器 x5 保存值 128_{10}。

2.11.1 ［5］<2.4> 对于指令 add x30, x5, x6，求出导致结果溢出的 x6 值的范围？

2.11.2 ［5］<2.4> 对于指令 sub x30, x5, x6，求出导致结果溢出的 x6 值的范围？

2.11.3 ［5］<2.4> 对于指令 sub x30, x6, x5，求出导致结果溢出的 x6 值的范围？

2.12 ［5］<2.2, 2.5> 写出以下二进制值对应的指令类型和汇编语言指令：

$0000\ 0000\ 0001\ 0000\ 1000\ 0000\ 1011\ 0011_2$

提示：图 2-20 可能有所帮助。

2.13 ［5］<2.2, 2.5> 写出以下指令的指令类型和十六进制表示：

```
sw x5, 32(x30)
```

2.14 ［5］<2.5> 写出以下 RISC-V 字段描述的指令的指令类、汇编语言指令以及二进制表示：

opcode=0x33, funct3=0x0, funct7=0x20, rs2=5, rs1=7, rd=6

2.15 ［5］<2.5> 写出以下 RISC-V 字段描述的指令的指令类型、汇编语言指令以及二进制表示：

opcode=0x3, funct3=0x3, rs1=27, rd=3, imm=0x4

2.16 假设希望将 RISC-V 寄存器堆扩展为 128 个寄存器，并将指令系统扩展为原来的四倍。

2.16.1 ［5］<2.5> 这将如何影响 R 型指令中每个字段的大小？

2.16.2 ［5］<2.5> 这将如何影响 I 型指令中每个字段的大小？

2.16.3 ［5］<2.5, 2.8, 2.10> 提出的两种变化中，每种变化如何减小 RISC-V 汇编程序的大小？另一方面，变化如何增加 RISC-V 汇编程序的大小？

2.17 假设有如下寄存器内容：

```
x5 = 0x00000000AAAAAAAA, x6 = 0x1234567812345678
```

2.17.1 ［5］<2.6> 对于上面显示的寄存器值，以下指令序列中 x7 的值是多少？

```
slli x7, x5, 4
or   x7, x7, x6
```

2.17.2 ［5］<2.6> 对于上面显示的寄存器值，以下指令序列中 x7 的值是多少？

```
slli x7, x6, 4
```

2.17.3 ［5］<2.6> 对于上面显示的寄存器值，以下指令序列中 x7 的值是多少？

```
srli x7, x5, 3
andi x7, x7, 0xFEF
```

2.18 ［10］<2.6> 找到完成以下功能的最短 RISC-V 指令序列：从寄存器 x5 中提取 16 位到 11 位，并使用该字段的值来替换寄存器 x6 中的 31 位到 26 位而不改变其他位。（务必使用 x5 ＝ 0 和 x6 ＝ 0xffffffffffffffff 来测试代码。）

2.19 ［5］<2.6> 写出可用于实现以下伪指令的 RISC-V 指令系统的最小子集：

```
not x5, x6     // bit-wise invert
```

2.20 ［5］<2.6> 对于以下 C 语句，编写执行相同操作的最小 RISC-V 汇编指令序列。假设 x6 ＝ A，且 x17 是 C 的基地址。

```
A = C[0] << 4;
```

2.21 ［5］<2.7> 假设 x5 保存值 0x00000000001010000。以下指令完成后 x6 的值是多少？

```
      bge x5, x0, ELSE
      jal x0, DONE
ELSE: ori x6, x0, 2
DONE:
```

2.22 假设程序计数器（PC）置为 0x20000000。

2.22.1 ［5］<2.10> 使用 RISC-V 跳转 – 链接（jal）指令可以到达的地址范围是什么？（换句话说，跳转指令执行后 PC 的可能值是多少？）

2.22.2 ［5］<2.10> 使用 RISC-V 的相等则分支（beq）指令可以到达的地址范围是什么？（换句话说，分支指令执行后 PC 的可能值是多少？）

2.23 考虑一条名为 rpt 的新指令。该指令将循环的条件检查和计数器递减组合成单条指令。例如 rpt x29, loop 将执行以下操作：

```
if (x29 > 0) {
      x29 = x29 -1;
      goto loop
   }
```

2.23.1 ［5］<2.7, 2.10> 如果要将该指令添加到 RISC-V 指令系统，那么最合适的指令格式是什么？

2.23.2 ［5］<2.7> 执行相同操作的 RISC-V 指令的最短序列是什么？

2.24 考虑以下 RISC-V 循环：

```
LOOP: beq  x6, x0, DONE
      addi x6, x6, -1
      addi x5, x5, 2
      jal  x0, LOOP
DONE:
```

2.24.1 ［5］<2.7> 假设寄存器 x6 初始化为 10。寄存器 x5 的最终值是多少（假设 x5 初始值为零）？

2.24.2 ［5］<2.7> 对于上面的循环，编写等效的 C 代码。假设寄存器 x5 和 x6 分别是整型 acc 和 i。

2.24.3 ［5］<2.7> 对于上面用 RISC-V 汇编语言编写的循环，假设寄存器 x6 初始化为 N。总共执行了多少条 RISC-V 指令？

2.24.4 ［5］<2.7> 对于上面用 RISC-V 汇编语言编写的循环，将指令"beq x6,x0,DONE"替换为"blt x6,x0,DONE"指令并写出等效的 C 代码。

2.25 ［10］<2.7> 将以下 C 代码转换成 RISC-V 汇编代码。使用最少数量的指令。假设 a、b、i 和 j 的值分别在寄存器 x5、x6、x7 和 x29 中。另外，假设寄存器 x10 保存数组 D 的基址。

```
for(i=0; i<a; i++)
    for(j=0; j<b; j++)
        D[4*j] = i + j;
```

2.26 ［5］<2.7> 实现练习 2.25 中的 C 代码需要多少条 RISC-V 指令？如果变量 a 和 b 初始化为 10 和 1 且数组 D 的所有元素初始值都为 0，那么为完成循环执行的 RISC-V 指令总数是多少？

2.27 ［5］<2.7> 将以下循环转换为 C 代码。假设 C 语言级的整数 i 保存在寄存器 x5 中，x6 保存名为 result 的 C 语言级的整数，x10 保存整数 MemArray 的基址。

```
        addi x6, x0, 0
        addi x29, x0, 100
LOOP: lw   x7, 0(x10)
        add  x5, x5, x7
        addi x10, x10, 8
        addi x6, x6, 1
        blt  x6, x29, LOOP
```

2.28 ［10］<2.7> 重写练习 2.27 中的循环以减少执行的 RISC-V 指令数。提示：注意变量 i 仅用于循环控制。

2.29 ［30］<2.8> 用 RISC-V 汇编语言实现以下 C 代码。提示：记住栈指针必须保持 16 位对齐。

```
int fib(int n){
    if (n==0)
        return 0;
    else if (n == 1)
        return 1;
    else
        return fib(n-1) + fib(n-2);
}
```

2.30 ［20］<2.8> 对于练习 2.29 中的每个函数调用，写出函数调用后栈的内容。假设栈指针最初位于地址 0x7ffffffc，且遵循图 2-11 中指定的寄存器约定。

2.31 ［20］<2.8> 将函数 f 转换为 RISC-V 汇编语言。假设 g 的函数声明是 int g(int a,int b)。函数 f 的代码如下：

```
int f(int a, int b, int c, int d){
  return g(g(a,b), c+d);
}
```

2.32 ［5］<2.8> 可以在这个函数中使用尾调用优化吗？如果不能，请解释原因。如果能，在有和没有优化的情况下，f 执行的指令数有何不同？

2.33 ［5］<2.8> 在练习 2.31 的函数 f 返回之前，寄存器 x10 ~ x14、x8、x1 和 sp 的内容是什么？记住，函数 f 的整体是已知的，但只知道函数 g 的声明。

2.34 ［30］<2.9> 用 RISC-V 汇编语言编写一个程序，将包含十进制正整数或负整数字符串的 ASCII 字符串转换为整数。要求程序用寄存器 x10 保存一个以空字符结尾的字符串的地址，该字符串包含一个可选的 "＋" 或 "－"，后跟一些 0 到 9 的数字组合。要求程序计算与这个数字字符串相等的整数值，然后将数字放入寄存器 x10 中。如果字符串中的任何位置出现非数字字符，则程序停止并将值 −1 存入寄存器 x10 中。例如，如果寄存器 x10 指向三个字节 50_{10}、52_{10}、0_{10}（以空字符结尾的字符串 "24"）的序列，则当程序停止时，寄存器 x10 应包含值 24_{10}。RISC-V 的 mul 指令将两个寄存器作为输入。没有 "muli" 指令。因此，只需将常数 10 存储在寄存器中。

2.35 考虑以下代码：

```
lb x6, 0(x7)
sw x6, 8(x7)
```

假设寄存器 x7 包含地址 0x10000000，且地址中的数据是 0x1122334455667788。

2.35.1 ［5］<2.3, 2.9> 在大端对齐的机器上 0×10000008 中存储的是什么值？

2.35.2 ［5］<2.3, 2.9> 在小端对齐的机器上 0×10000008 中存储的是什么值？

2.36 ［5］<2.10> 写出产生 32 位常量 $0x12345678_{16}$ 的 RISC-V 汇编代码，并将该值存储到寄存器 x10 中。

2.37 ［10］<2.11> 编写 RISC-V 汇编代码，使用 lr.d／sc.d 指令将以下 C 代码实现为原子 "set max" 操作。这里，参数 shvar 包含共享变量的地址，如果 x 大于它指向的值，则应该用 x 替换：

```
void setmax(int* shvar, int x) {
  // Begin critical section
  if (x > *shvar)
      *shvar = x;
  // End critical section}
}
```

2.38 ［5］<2.11> 以练习 2.37 中编写的代码为例，说明当两个处理器同时开始执行该关键部分时会发生什么，假设每个处理器每周期只执行一条指令。

2.39 假设给定处理器算术指令的 CPI 为 1，加载／存储指令的 CPI 为 10，分支指令的 CPI 为 3。假设程序有 5 亿条算术指令、3 亿条加载／存储指令和 1 亿条分支指令。

2.39.1 ［5］<1.6, 2.13> 假设将新的、更强大的算术指令添加到指令系统中。平均而言，通过使用这些更强大的算术指令，可以将执行程序所需的算术指令数减少 25%，同时时钟周期时间仅增加 10%。这是一个好的设计选择吗？为什么？

2.39.2 ［5］<1.6, 2.13> 假设有一种让算术指令性能加倍的方法。机器的整体加速是多少？如果有一种方法可以将算术指令的性能提高 10 倍，机器性能的整体加速又是多少？

2.40 假设对于一个给定程序，70% 的执行指令是算术指令，10% 是加载／存储指令，20% 是分支指令。

2.40.1 ［5］<1.6, 2.13> 假设算术指令需要 2 周期，加载／存储指令需要 6 周期，而一条分支指令需要 3 周期，求平均 CPI。

2.40.2 ［5］<1.6, 2.13> 对于性能提高 25%，如果加载／存储和分支指令都没有改进，一条算术指令平均需要多少周期？

2.40.3 ［5］<1.6, 2.13> 对于性能提高 50%，如果加载／存储和分支指令都没有改进，一条算术指令平均需要多少周期？

2.41 ［10］<2.22> 假设 RISC-V ISA 包含比例偏移寻址模式，类似于 2.19 节（图 2-39）中描述的 x86。描述如何使用比例偏移寻址模式加载来进一步减少执行练习 2.4 中给出的函数所需的汇编指令数。

2.42　[10] <2.22> 假设 RISC-V ISA 包含比例偏移寻址模式，类似于 2.19 节（图 2-39）中描述的 x86。描述如何使用比例偏移寻址模式加载来进一步减少实现练习 2.7 中给出的 C 代码所需的汇编指令数。

自我检测答案

2.2 节　RISC-V、C、Java

2.3 节　2. 非常慢。

2.4 节　第一个问题：2. -8_{10}；第二个问题：4. $18\ 446\ 744\ 073\ 709\ 551\ 608_{10}$。

2.5 节　3. `sub x11, x10, x9`；第二个问题：28_{16}。

2.6 节　都可以。1 掩码模式的"逻辑与"会导致想要的字段之外其他全为 0。正确的左移操作将左端字段的位都移走。合适的右移将字段放到字的最右端，剩余字段均为 0。注意："逻辑与"操作会保留字段原有的值，移位操作将字段移到字的最右边。

2.7 节　I. 全对。II. 1。

2.8 节　两个都对。

2.9 节　I. 1 和 2；II. 3。

2.10 节　I. 4. ±4K；II. 4. ±1M。

2.11 节　两个都对。

2.12 节　4. 机器无关。

计算机的算术运算

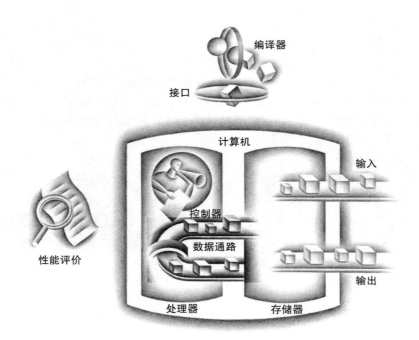

计算机的五个经典部件

3.1 引言

计算机的字由位组成，因此，字可以被表示为二进制数字。第 2 章说明了整数可以用十进制或二进制形式表示，但其他常用数字又该如何表示呢？例如：

- 如何表示小数和其他实数？
- 如果运算产生了一个大到无法表示的数该如何处理？
- 这些问题中隐藏着一个谜：硬件如何真正实现乘法或除法？

本章的目标就是揭开这些奥秘，包括实数的表示、算术的算法、实现这些算法的硬件，以及所有这些在指令系统中的含义。这些知识也许就能解释你已经遇到过的计算机疑难了。另外，我们还将介绍如何使用这些知识来加速计算密集型程序的运行。

数值精度才是科学的灵魂。

Sir D'arcy Wentworth
Thompson, On Growth
and Form, 1917

3.2 加法和减法

加法是计算机中的必备操作。数字从右到左逐位相加，并将进位传送到左侧的下一位数字，就和手动运算一样。减法也使用加法实现：相应的操作数被简单取反后再进行加法操作。

减法：加法机智的朋友。

No. 10, Top Ten Courses for
Athletes at a Football Factory,
David Letterman et al., Book
of Top Ten Lists, 1990

| 例题 | 二进制加法和减法 ─────────────────────

用二进制表示形式计算 6_{10} 加 7_{10}，再计算 7_{10} 减 6_{10}。

$$00000000\ 00000000\ 00000000\ 00000111_2 = 7_{10}$$
$$+\ \ 00000000\ 00000000\ 00000000\ 00000110_2 = 6_{10}$$
$$= 00000000\ 00000000\ 00000000\ 00001101_2 = 13_{10}$$

右边的 4 位发生了变化。图 3-1 展示了求和与进位，箭头表示进位是如何传递的。

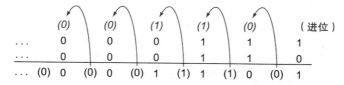

图 3-1　二进制加法，显示从右到左的进位。最右边一位将 0 和 1 相加，该位的结果为 1 且进位为 0。因此，右边第二位的操作为 $0+1+1$。求和产生结果 0 与进位 1。第三位是 $1+1+1$ 求和，进位为 1 且和为 1。第四位是 $1+0+0$，和为 1 且无进位

| 答案 | 7_{10} 减去 6_{10} 可以直接算得：

$$00000000\ 00000000\ 00000000\ 00000111_2 = 7_{10}$$
$$-\ \ 00000000\ 00000000\ 00000000\ 00000110_2 = 6_{10}$$
$$= 00000000\ 00000000\ 00000000\ 00000001_2 = 1_{10}$$

或者通过使用 -6 的二进制补码表示来进行加法运算：

$$00000000\ 00000000\ 00000000\ 00000111_2 = 7_{10}$$
$$+\ \ 11111111\ 11111111\ 11111111\ 11111010_2 = -6_{10}$$
$$= 00000000\ 00000000\ 00000000\ 00000001_2 = 1_{10}$$

─────────────────────

　　回想一下，硬件规模总是有一定限制的，比如字宽为 32 位，当运算结果超过这个限制时，就会发生溢出。在加法中何时会发生溢出？当不同符号的操作数相加时，不会发生溢出，因为总和一定不会大于其中任意一个操作数。例如，$-10+4=-6$。由于操作数可以表示成 32 位且其总和不大于任一操作数，所以总和也一定能表示成 32 位。因此，当正负操作数相加时不会发生溢出。

　　在减法中也有类似的不会发生溢出的情况，但原理相反：当操作数的符号相同时，不会发生溢出。为了说明这一点，需要记住 $c-a=c+(-a)$，这是因为我们通过将第二个操作数取反然后相加来实现减法。因此，当相同符号的操作数相减时，最终会变成相反符号的操作数相加。从上一段落可知，在这种情况下不会发生溢出。

　　知道加法和减法运算在什么时候不会发生溢出固然很好，但如何检测它何时发生呢？显然，加或减两个 32 位的数字可能产生一个需要 33 位才能表示的结果。

　　缺少第 33 位意味着当溢出发生时，符号位被结果的值占用而非结果的正确符号。由于溢出结果只可能多一位，所以只有符号位可能是错误的。因此，当两个正数相加但和为负数时，说明发生了溢出，反之亦然。这个假的和值意味着产生了向符号位的进位。

当正数减负数并得到负数结果，或者当负数减正数且结果为正数时，减法运算发生溢出。这种荒谬的结果意味着产生了从符号位的借位。图 3-2 展示了溢出发生时的运算、操作数和结果的各种组合情况。

操作	操作数 A	操作数 B	表明溢出的结果
A+B	≥0	≥0	< 0
A+B	< 0	< 0	≥0
A−B	≥0	< 0	< 0
A−B	< 0	≥0	≥0

图 3-2　加法和减法运算的溢出条件

刚刚看到了如何在计算机中检测二进制补码操作的溢出。那么无符号整数的溢出情况是怎样的呢？无符号整数通常用于表示忽略溢出的内存地址。

幸运的是，编译器可以轻松检查出使用分支指令的无符号溢出。如果总和小于加数中的任何一个，则加法溢出，而如果差大于被减数，则减法溢出。

附录 A 描述了执行加法和减法运算的硬件实现，被称为**算术逻辑单元（ALU）**。

> **算术逻辑单元**：执行加法、减法和常见逻辑操作（如 AND 和 OR）的硬件。

硬件 / 软件接口　计算机设计者必须考虑如何处理算术溢出。尽管一些类似 C 和 Java 这样的语言会忽略整数溢出，但像 Ada 和 Fortran 这样的语言则需要告知程序溢出。当溢出发生时，程序员或编程环境必须决定该如何处理。

小结

本节主要指出，无论数的表示形式如何，计算机的有限字长意味着算术运算可能会产生过量而无法用这种固定字长表示的运算结果，即发生溢出。虽然无符号数的溢出容易检测，但无符号数通常使用自然数做地址运算，而程序通常不需要检测地址计算的溢出，所以这些溢出总被忽略。二进制补码（有符号数）对检测溢出提出了更大的挑战，但仍有一些软件系统需要识别溢出，因此今天所有的计算机都支持溢出检测。

详细阐述　在通用微处理器中不常见的一个特性是饱和操作。饱和（saturation）意味着当计算溢出时，结果设置为最大正数或最小负数，而不是像二进制补码运算那样采用取模计算。饱和操作可能更适用于多媒体操作。例如，收音机上的音量旋钮可能会令人懊恼，当你转动它时，音量会持续变大一段时间，然后又立即变得非常柔和。无论旋钮开到多大，具有饱和度的旋钮都会停在最高音量处。标准指令系统的多媒体扩展通常提供饱和计算。

详细阐述　加法的速度取决于向高位进位的计算速度。有多种方案可预测进位，最坏情况下进位时间是加法器位长的 $\log_2$ 的函数。这些预期信号速度更快，因为它们依次通过的门数更少，但需要更多的门来预测正确的进位。最常见的是超前进位加法器（carry lookahead），见附录 A 中的 A.6 节。

自我检测　一些编程语言允许对字节和半字的二进制补码进行整数运算，而 RISC-V 仅对整字进行整数算术运算。正如第 2 章所述，RISC-V 确实有字节和半字的数据传输操作。那么应该为字节和半字算术运算生成哪些 RISC-V 指令呢？

1. 用 lb、lh 进行取数；用 add、sub、mul、div 进行算术运算，在每次操作后用 and 将结果对齐到 8 位或 16 位；然后使用 sb、sh 进行存储。

2. 用 lb、lh 进行取数；用 add、sub、mul、div 进行算术运算；然后使用 sb、sh 进行存储。

3.3　乘法

现在我们已经完成了对加法和减法的解释，准备构建更复杂的乘法运算。

首先让我们回顾一下在手工计算十进制数乘法时的步骤和操作数名称。先看一个例子，$1000_{10} \times 1001_{10}$，我们限制这个例子中只使用数字 0 和 1，稍后会解释限制原因。

> 乘法令人烦恼，除法同样糟糕；比例法使我迷茫，而演算让我疯狂。
>
> 佚名，*Elizabethan manuscript, 1570*

```
被乘数              1000₁₀
  乘数       ×      1001₁₀
                   1000
                  0000
                 0000
                1000
    积         1001000₁₀
```

第一个操作数称为被乘数，第二个操作数称为乘数，最后的结果称作积。你也许还记得小学时学到的乘法法则，即每次从右到左选择乘数中的一位，用这一位乘上被乘数，然后将所得到的中间结果相对于前一位的中间结果左移一位。

可以观察到，积的位数比被乘数和乘数都大得多。事实上，如果我们忽略符号位，n 位被乘数和 m 位乘数的积最多是 $n+m$ 位的数。也就是说，需要 $n+m$ 位来表示所有可能的结果。因此，像加法一样，乘法也需要处理溢出，因为我们常常想用一个 32 位的乘积来表示两个 32 位数相乘的结果。

在这个例子中，我们把十进制数限制为 0 和 1。因为只有两个选择，所以每一步的乘法都很简单：

1. 如果乘数位为 1，只需将被乘数（$1 \times$ 被乘数）复制到适当的位置。

2. 如果乘数位为 0，则将 0（$0 \times$ 被乘数）置于适当的位置。

虽然上面十进制的例子恰巧只使用了 0 和 1，但是二进制乘法必须只使用 0 和 1，因此也只提供了两个选择。

现在我们已经回顾了乘法的基础知识，按照惯例下一步是要介绍高度优化的乘法硬件。我们打破了这一惯例，相信你将通过观察多代乘法硬件和算法的演变而获得更深入的理解。现在，让我们假设被乘数和乘数都是正数。

3.3.1　串行版的乘法算法及其硬件实现

该设计模仿了我们在小学学到的算法，图 3-3 展示了该设计的硬件结构。我们绘制出了硬件结构，使得数据从上到下流动，更接近于使用纸笔计算的方法。

假设乘数位于 32 位乘法器寄存器中，并且将 64 位乘积寄存器初始化为 0。从上面的手工计算示例中可以清楚地看到，我们需要在每一步计算中将被乘数左移一位，因为它可能会和之前的中间结果相加。在 32 步计算之后，32 位被乘数会向左移动 32 位。因此，我们需要一个 64 位的被乘数寄存器，将其初始化为右半部分的 32 位被乘数和左半部分的零。然后该寄存器每执行一步便左移 1 位，将被乘数与 64 位的乘积寄存器中的中间结果对齐并累加到中间结果。

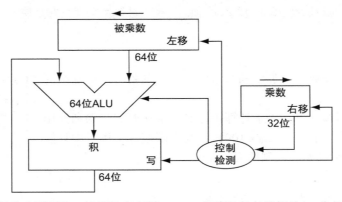

图 3-3　第一版乘法器硬件。被乘数寄存器、ALU 和乘积寄存器都是 64 位长，只有乘数寄存器是 32 位。（附录 A 描述了 ALU。）32 位被乘数最初存放在被乘数寄存器的右半部分，每一步左移 1 位。乘数在每步以相反方向移位。算法开始前，积初始化为 0。控制部件决定何时对被乘数寄存器和乘数寄存器进行移位，以及何时将新值写入积寄存器

图 3-4 显示了对于操作数的每一位都需要做的三个基本步骤。第一步中的乘数最低位（乘数第 0 位）决定了是否要把被乘数加到积寄存器当中。第二步中的左移起着将中间操作数左移的作用，就像手工计算做乘法一样。第三步中的右移给出了下次迭代要检测的乘数的下一位。这三个步骤重复 32 次就会得到最后的积。如果每个步骤花费一个时钟周期，那么该算法计算两个 32 位数相乘差不多要花费 200 个时钟周期。像乘法这样的算术运算的重要性随程序的不同而变化，但一般加法和减法出现的次数会是乘法的 5 到 100 倍。因此，在许多应用中，乘法花费若干时钟周期并不会显著影响性能。但是，Amdahl 定律（参见 1.11 节）提醒我们，一个慢速操作如果占据了一定的比例，也会限制程序性能。

这种算法和硬件很容易改进到每步只花费一个时钟周期。加速来源于操作的并行执行：如果乘数位是 1，那么

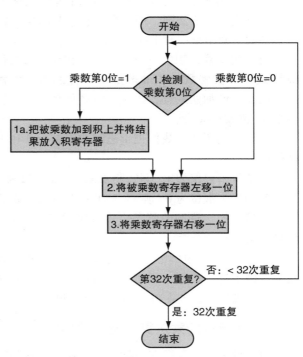

图 3-4　第一种乘法算法，采用了图 3-3 所示的硬件。如果乘数的最低有效位为 1，则将乘数加到积上。如果不是，则执行下一步。在下两步中将被乘数左移和乘数右移。将这三个步骤重复 32 次

对被乘数和乘数进行移位，与此同时，把被乘数加到积上。硬件只需要保证它检测的是乘数的最右位，而且得到的是被乘数移位前的值。注意到寄存器和加法器有未使用的部分后，通常会将加法器和寄存器的位长减半以进一步优化硬件结构。图 3-5 展示了修正后的硬件。

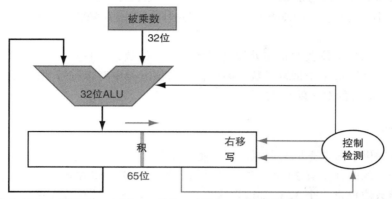

图 3-5　改良版乘法器硬件。和图 3-3 的第一版相比：被乘数寄存器和 ALU 都被缩减为 32 位，现在是积寄存器来进行右移，独立的乘数寄存器也消失了；乘数被放到了积寄存器的右半部分，该寄存器也从 64 位增加一位到 65 位以保存加法器的进位。这些改变的地方用灰色显示

硬件 / 软件接口　当乘数是常数的时候，也可以用移位运算来代替算术运算。有些编译器会将短常数的乘法运算替换为一系列的移位和加法运算。因为左移一位相当于把这个数变为之前的 2 倍，因此左移相当于把它和 2 的幂相乘。正如第 2 章提到的，几乎所有的编译器都会用移位运算来代替同 2 的幂相乘，进行强度缩减优化。

例题　乘法算法

使用 4 位长的数以节省空间，计算 $2_{10} \times 3_{10}$ 或者 $0010_2 \times 0011_2$ 的乘积。

答案　图 3-6 给出了按图 3-4 标出的每一步各个寄存器中的值，最后得到的结果是 $0000\ 0110_2$ 或者 6_{10}。灰色的数表示寄存器值在该步的变化，被圈起来的位是用来决定下一步操作的待检测位。

迭代次数	步骤	乘数	被乘数	积
0	初始值	0001①	0000 0010	0000 0000
1	1a：1⇒ 积 = 积 + 被乘数	0011	0000 0010	0000 0010
	2：被乘数左移	0011	0000 0100	0000 0010
	3：乘数右移	0000①	0000 0100	0000 0010
2	1a：1⇒ 积 = 积 + 被乘数	0001	0000 0100	0000 0110
	2：被乘数左移	0001	0000 1000	0000 0110
	3：乘数右移	0000⓪	0000 1000	0000 0110
3	1：0⇒ 无操作	0000	0000 1000	0000 0110
	2：被乘数左移	0000	0001 0000	0000 0110
	3：乘数右移	0000⓪	0001 0000	0000 0110
4	1：0⇒ 无操作	0000	0001 0000	0000 0110
	2：被乘数左移	0000	0010 0000	0000 0110
	3：乘数右移	0000	0010 0000	0000 0110

图 3-6　采用图 3-4 中算法的乘法举例。圆圈圈起来的是决定下一步执行的待检测位

3.3.2 带符号乘法

到目前为止，我们只处理了正数乘法的情况。对于如何处理带符号乘法，最简单的方式是先把被乘数和乘数转换为正数，然后记住它们的初始符号。这样，将之前的算法迭代执行 31 次，符号位不参与计算。正如我们小学学到的那样，只有在乘数和被乘数符号相反时，对积取反。

事实证明，如果记住我们正在处理具有无限位长的数，并且只用 32 位来表示它们，则上面的最后一种算法适用于带符号数。因此，在移位时需要对带符号数的积进行符号扩展。当算法结束时，低位的双字就是 32 位积。

3.3.3 快速乘法

摩尔定律提供了非常充足的资源，从而使硬件设计人员可以实现更快的乘法硬件。通过在乘法运算开始的时候检查 32 个乘数位，就可以判定是否要将被乘数加上。快速乘法可以通过为每个乘数位提供一个 32 位加法器来实现：一个输入是被乘数和一个乘数位相与的结果，另一个输入是上一个加法器的输出。

一种简单的方法是将右侧加法器的输出端连接到左侧加法器的输入端，形成一个高 64 位的加法器栈。另一种方式是将这 32 个加法器组织成如图 3-7 所示的并行树。这样我们就只需要等待 $\log_2(32)$，即 5 次 32 位长加法的时间，而不是 32 次。

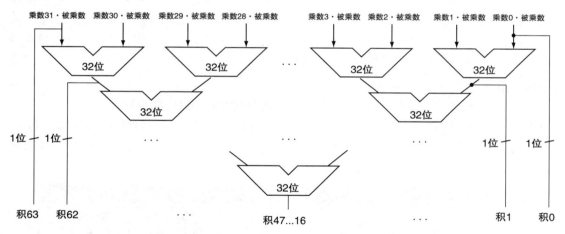

图 3-7   快速乘法器硬件。这个硬件"展开循环"来使用 31 个加法器，并协调它们实现最小化时延，而不是使用单个 32 位的加法器 31 次

事实上，由于使用进位保留加法器（参见附录 A 中的 A.6 节），乘法的速度甚至比 5 次加法还要快，并且因为容易将上述的设计流水化，它能够同时支持多个乘法（参见第 4 章）。

3.3.4 RISC-V 中的乘法

为了产生正确带符号或无符号的 64 位积，RISC-V 有四条指令：乘（mul），乘法取高位（mulh），无符号乘法取高位（mulhu），有符号 / 无符号乘法取高位（mulhsu）。要获得整数 32 位积，应使用 mul 指令。要想得到 64 位积的高 32 位，如果两个操作数都是有符号的，应使用 mulh 指令；如果两个操作数都是无符号的，则使用 mulhu 指令；如果一个操作数是有符号的而另一个是无符号的，则使用 mulhsu 指令。

3.3.5　总结

就像在小学学习的手工计算方法一样，乘法硬件只是进行简单的移位和相加。编译器甚至会直接使用移位指令来做 2 的幂的乘法。通过使用更多硬件，我们可以做 并行 加法，并且做得更快。

硬件 / 软件接口　软件可以使用乘法高位指令来检查 32 位乘法溢出。如果 mulhu 的结果为 0，则 32 位乘法不会溢出。如果 mulh 结果的所有位都是 mul 结果的符号位的复制，则 32 位有符号乘法没有溢出。

3.4　除法

乘法的逆操作是除法，除法操作使用相对较少且很诡异。它甚至会出现无效的计算操作：除以 0。

首先通过一个十进制数的长除法来回忆一下操作数的命名以及小学时学习的除法算法。由于与前一节类似的原因，我们仅使用十进制数字的 0 或 1。以下示例将计算 1001010_{10} 除以 1000_{10}：

$$
\begin{array}{r}
1001_{10} \text{ 商} \\
\text{除数 } 1000_{10} \overline{\smash{\big)}\,1001010_{10}} \text{ 被除数} \\
\underline{-1000} \\
10 \\
101 \\
1010 \\
\underline{-1000} \\
10_{10} \text{ 余数}
\end{array}
$$

除法的两个源操作数分别叫作**被除数**和**除数**，除法的结果叫作**商**，随之产生的附带结果叫作**余数**。下面是表示各部分间关系的另一种方式：

$$被除数 = 商 \times 除数 + 余数$$

其中余数小于除数。少数情况下会有程序使用除法指令来获得余数而忽略商。

基本除法算法试图查看可以减去一个多大的数字，从而每次得到商的一位数。我们精心挑选的十进制例子只使用数字 0 和 1，因此很容易计算出除数从被除数中减去的次数：要么是 0 次，要么是 1 次。二进制数只包含 0 或 1，因此二进制除法仅限于这两种选择，这就简化了二进制除法运算。

假设被除数和除数都是正数，那么商和余数也都是非负的。除法的源操作数和两个结果都是 32 位数，以下内容忽略符号位。

3.4.1　除法算法及其硬件实现

图 3-8 展示了模拟基本除法算法的硬件。在开始时将 32 位的商寄存器置 0。算法的每

Divide et impera.
拉丁语，意为"分而治之"，引自 Machiavelli 的一句政治箴言，1532

被除数：被除的数。

除数：被被除数除的数。

商：除法的主要结果；该数乘以除数再加上余数得到被除数。

余数：除法的附带结果；该数加上商和除数的乘积得到被除数。

次迭代都需要将除数右移一位，因此开始需要将除数放置到 64 位的除数寄存器的左半部分，并且每运算一步并将其右移 1 位，使之与被除数对齐。余数寄存器初始化为被除数。

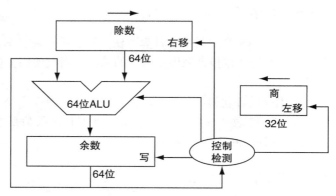

图 3-9 展示了第一个除法算法的三个步骤。与人不同，计算机没有聪明到能预先知道除数是否小于被除数。它必须先在步骤 1 中用被除数减去除数，这正是我们实现比较所使用的方式。如果结果是正数或 0，则除数小于或等于被除数，所以在商中生成一位 1（步骤 2a）。如果结果为负，则下一步是通过将除数加回余数来恢复原始值，并在商中生成一位 0（步骤 2b）。除数右移，然后再次迭代。在迭代完成后，余数和商将存放在其同名的寄存器中。

图 3-8　除法器硬件结构第一版。除数寄存器、ALU 和余数寄存器都是 64 位宽，只有商寄存器是 32 位宽。32 位的除数开始位于除数寄存器的左半部分且每次迭代右移 1 位。余数被初始化为被除数。控制逻辑决定除数和商寄存器何时移位，以及何时将新值写入余数寄存器

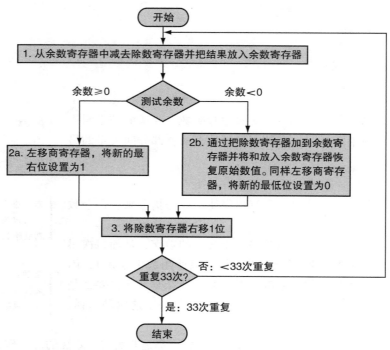

图 3-9　使用图 3-8 中硬件结构的除法算法。如果余数为正，则从被除数中减去除数，因此步骤 2a 产生商中的一位 1。步骤 1 后余数为负意味着不将除数从被除数中减去，所以步骤 2b 产生商中的一位 0，并把除数加到余数上，即为步骤 1 的逆操作。在步骤 3 中，最后一次移位根据下一次迭代的被除数将除数适当对齐。这些步骤重复 33 次

例题 │ 除法算法 ──

为节省篇幅，算法使用 4 位的版本，尝试用 7_{10} 除以 2_{10}，即 $0000\ 0111_2$ 除以 0010_2。

答案 │ 图 3-10 展示了每个步骤中各个寄存器的值，最后商为 3_{10}，余数为 1_{10}。注意，在步骤 2 中检测余数的正负时，仅简单检查余数寄存器的符号位是 0 还是 1 即可。这种算法的令人惊讶之处在于需要 $n+1$ 个步骤才能得到正确的商和余数。

迭代	步骤	商	除数	余数
0	初始值	0000	0010 0000	0000 0111
1	1：余数=余数−除数	0000	0010 0000	①110 0111
	2b：余数<0 ⇒+除数，左移商，商的第0位=0	0000	0010 0000	0000 0111
	3：右移除数	0000	0001 0000	0000 0111
2	1：余数=余数−除数	0000	0001 0000	①111 0111
	2b：余数<0 ⇒+除数，左移商，商的第0位=0	0000	0001 0000	0000 0111
	3：右移除数	0000	0000 1000	0000 0111
3	1：余数=余数−除数	0000	0000 1000	①111 1111
	2b：余数<0 ⇒+除数，左移商，商的第0位=0	0000	0000 1000	0000 0111
	3：右移除数	0000	0000 0100	0000 0111
4	1：余数=余数−除数	0000	0000 0100	⓪000 0011
	2a：余数≥0 ⇒左移商，商的第0位=1	0001	0000 0100	0000 0011
	3：右移除数	0001	0000 0010	0000 0011
5	1：余数=余数−除数	0001	0000 0010	⓪000 0001
	2a：余数≥0 ⇒左移商，商的第0位=1	0011	0000 0010	0000 0001
	3：右移除数	0011	0000 0001	0000 0001

图 3-10　使用图 3-9 中算法的除法示例。用灰色圈出的位用于检测以决定下一步骤

这个算法及其硬件结构可以被改进得更快且更便宜。通过操作数移位和商与减法同时进行来加速。该细化包括注意哪里有未使用的寄存器和将加法器和寄存器宽度减半。图 3-11 展示了修改后的硬件。

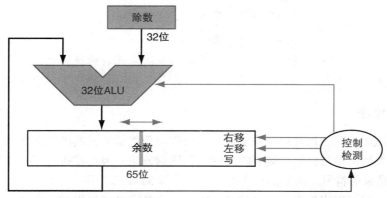

图 3-11　改进版本的除法硬件。除数寄存器、ALU 和商寄存器都是 32 位宽。和图 3-8 相比，ALU 和除数寄存器位宽减半且余数被左移。这个版本把商寄存器和余数寄存器的右半部分拼接在了一起。如图 3-5 所示，余数寄存器增加到了 65 位以确保加法器进位不会被丢失

3.4.2 有符号除法

到目前为止，我们忽略了有符号数的除法。最简单的解决办法是记住除数和被除数的符号，如果符号相异，则商为负。

详细阐述 有符号除法之所以复杂的原因之一是必须设置余数部分的符号。记住以下等式必须始终保持：

$$被除数 = 商 \times 除数 + 余数$$

要理解如何设置余数的符号，我们来看看 $\pm 7_{10}$ 除以 $\pm 2_{10}$ 的所有组合的示例。第一种情况很简单：

$$+7 \div +2：商 = +3，余数 = +1$$

检查结果：

$$+7 = 3 \times 2 + (+1) = 6 + 1$$

如果改变被除数的符号，商也一定会随之改变：

$$-7 \div +2：商 = -3$$

重写基本公式来计算余数：

$$余数 = (被除数 - 商 \times 除数) = -7 - (-3 \times +2) = -7 - (-6) = -1$$

因此，

$$-7 \div +2：商 = -3，余数 = -1$$

再次检查结果：

$$-7 = -3 \times 2 + (-1) = -6 - 1$$

答案不是商为 -4 以及余数为 +1（这也适用于这个公式）的原因是商的绝对值会根据被除数和除数符号而改变！显然，如果

$$-(x \div y) \neq (-x) \div y$$

编程将面临一个更大的挑战。这种异常情况通过让被除数和余数保持相同符号来避免，而不管除数和商的符号如何。

通过遵循相同规则来计算其他组合：

$$+7 \div -2：商 = -3，余数 = +1$$

$$-7 \div -2：商 = +3，余数 = -1$$

因此，如果源操作数的符号相反，那么正确的有符号除法算法的商为负，并让非零余数的符号与被除数的符号相匹配。

3.4.3 快速除法

摩尔定律适用于除法硬件以及乘法运算，所以希望能够通过其硬件来加速除法。通过使用许多加法器来加速乘法，但不能对除法使用相同的方法。因为在执行下一步运算之前，需要先知道减法结果的符号，而乘法运算可以立即计算 32 个部分积。

有些技术每步可以产生多于一位的商。SRT 除法技术试图根据被除数和余数的高位来查找表，以 预测 每步的多个商的位数。它依靠后续步骤纠正错误预测。今天的典型值是 4 位。关键在于猜测要减去的值。对于二进制除法，只有一个选择。这些算法使用余数的 6 位和除数的 4 位来索引查找表，以确定每个步骤的猜测。

这种快速方法的准确性取决于查找表中的值是否合适。3.9 节中的谬误展示了如果表不正确将会发生什么情况。

3.4.4　RISC-V 中的除法

你可能已经观察到图 3-5 中的乘法和图 3-11 中的除法都可以使用相同的顺序执行硬件。唯一需要的是一个可以左右移位的 64 位寄存器和一个实现加法或减法的 32 位 ALU。

为了处理有符号整数和无符号整数，RISC-V 有两条除法指令和两条余数指令：除（div），无符号除（divu），余数（rem），无符号余数（remu）。

3.4.5　总结

支持乘法和除法的通用硬件允许 RISC-V 提供一个单独用于乘法和除法的 64 位寄存器。通过预测多位商再纠正错误的预测方法来加速除法。图 3-12 总结了前面两节 RISC-V 体系结构的优化处理。

RISC-V 汇编语言

类别	指令	示例	含义	注解
算术运算	加	add x5, x6, x7	x5 = x6 + x7	三寄存器操作数
	减	sub x5, x6, x7	x5 = x6 - x7	三寄存器操作数
	立即数加	addi x5, x6, 20	x5 = x6 + 20	用于加常数
	小于置位	slt x5, x6, x7	x5 = 1 if x5 < x6, else 0	两个寄存器比较
	小于置位（无符号数）	sltu x5, x6, x7	x5 = 1 if x5 < x6, else 0	两个寄存器比较
	小于置位（立即数）	slti x5, x6, x7	x5 = 1 if x5 < x6, else 0	与立即数比较
	小于置位（无符号立即数）	sltiu x5, x6, x7	x5 = 1 if x5 < x6, else 0	与立即数比较
	乘	mul x5, x6, x7	x5 = x6 × x7	64位乘积的低32位
	高位乘	mulh x5, x6, x7	x5 = (x6 × x7) >> 32	64位有符号乘积的高32位
	高位乘（无符号数）	mulhu x5, x6, x7	x5 = (x6 × x7) >> 32	64位无符号乘积的高32位
	高位乘（有-无符号数）	mulhsu x5, x6, x7	x5 = (x6 × x7) >> 32	64位有-无符号乘积的高32位
	除	div x5, x6, x7	x5 = x6 / x7	除有符号32位数字
	无符号除	divu x5, x6, x7	x5 = x6 / x7	除无符号32位数字
	取余	rem x5, x6, x7	x5 = x6 % x7	对有符号32位除法取余
	无符号取余	remu x5, x6, x7	x5 = x6 % x7	对无符号32位除法取余
数据传输	取字	lw x5, 40(x6)	x5 = Memory[x6 + 40]	从存储器字到寄存器
	存字	sw x5, 40(x6)	Memory[x6 + 40] = x5	从寄存器字到存储器
	取半字	lh x5, 40(x6)	x5 = Memory[x6 + 40]	从存储器取半字到寄存器
	取半字（无符号数）	lhu x5, 40(x6)	x5 = Memory[x6 + 40]	从存储器取无符号半字到寄存器
	存半字	sh x5, 40(x6)	Memory[x6 + 40] = x5	从寄存器存半字到存储器
	取字节	lb x5, 40(x6)	x5 = Memory[x6 + 40]	从存储器取字节到寄存器
	取字节（无符号数）	lbu x5, 40(x6)	x5 = Memory[x6 + 40]	从存储器取无符号字节到寄存器
	存字节	sb x5, 40(x6)	Memory[x6 + 40] = x5	从寄存器存字节到存储器
	取保留字	lr.d x5, (x6)	x5 = Memory[x6]	取；原子交换的前半部分
	存条件字	sc.d x7, x5, (x6)	Memory[x6] = x5; x7 = 0/1	存；原子交换的后半部分
	取立即数高位	lui x5, 0x12345	x5 = 0x12345000	取左移12位后的20位立即数
	加立即数高位到PC	auipc x5, 0x12345	x5 = PC + 0x12345000	用作程序计数器相对寻址
逻辑运算	与	and x5, x6, x7	x5 = x6 & x7	三寄存器操作数；按位与
	或	or x5, x6, x8	x5 = x6 | x8	三寄存器操作数；按位或
	异或	xor x5, x6, x9	x5 = x6 ^ x9	三寄存器操作数；按位异或
	与立即数	andi x5, x6, 20	x5 = x6 & 20	寄存器与常数按位与
	或立即数	ori x5, x6, 20	x5 = x6 | 20	寄存器与常数按位或
	异或立即数	xori x5, x6, 20	x5 = x6 ^ 20	寄存器与常数按位异或
移位操作	逻辑左移	sll x5, x6, x7	x5 = x6 << x7	按寄存器给定位左移
	逻辑右移	srl x5, x6, x7	x5 = x6 >> x7	按寄存器给定位右移
	算术右移	sra x5, x6, x7	x5 = x6 >> x7	按寄存器给定位算术右移
	逻辑左移立即数	slli x5, x6, 3	x5 = x6 << 3	根据立即数给定位数左移
	逻辑右移立即数	srli x5, x6, 3	x5 = x6 >> 3	根据立即数给定位数右移
	算术右移立即数	srai x5, x6, 3	x5 = x6 >> 3	根据立即数给定位数算术右移

图 3-12　RISC-V 核心指令系统。RISC-V 机器语言列在本书的 RISC-V 参考数据卡中

类别	指令	示例	含义	注解
条件分支	相等则跳转	beq x5, x6, 100	if (x5 == x6) go to PC+100	如果寄存器比较相等则发生PC相对跳转
	不等则跳转	bne x5, x6, 100	if (x5 != x6) go to PC+100	如果寄存器比较不等则发生PC相对跳转
	小于则跳转	blt x5, x6, 100	if (x5 < x6) go to PC+100	如果寄存器比较小于则发生PC相对跳转
	大于或等于则跳转	bge x5, x6, 100	if (x5 >= x6) go to PC+100	如果寄存器比较大或等于则发生PC相对跳转
	小于则跳转（无符号数）	bltu x5, x6, 100	if (x5 < x6) go to PC+100	如果寄存器比较小于则发生PC相对跳转
	大于或等于则跳转（无符号数）	bgeu x5, x6, 100	if (x5 >= x6) go to PC+100	如果寄存器比较大于或等于则发生PC相对跳转
无条件跳转	跳转并链接	jal x1, 100	x1 = PC+4; go to PC+100	PC相对过程调用
	跳转并链接到寄存器所指位置	jalr x1, 100(x5)	x1 = PC+4; go to x5+100	过程返回；间接调用

图 3-12　RISC-V 核心指令系统。RISC-V 机器语言列在本书的 RISC-V 参考数据卡中（续）

硬件 / 软件接口 RISC-V 除法指令忽略溢出，因此软件必须判断商是否过大。除溢出外，除法也可能产生不适当的计算：除数为 0。一些计算机区分这两种异常事件。RISC-V 软件必须检查除数是否为 0 以及是否溢出。

详细阐述 如果余数为负，则算法不会立即将除数加回去。由于 $(r+d) \times 2 - d = r \times 2 + d \times 2 - d = r \times 2 + d$，它会在下一步中简单地将被除数加到移位后的余数上。这种每步花费一个时钟周期的非恢复（nonrestoring）除法算法将在练习中进一步探讨；图 3-9 中的算法被称为恢复（restoring）除法。第三种算法称作不执行（nonperforming）除法算法，即如果减法结果为负，则不保存。它能使算术操作平均减少三分之一。

3.5　浮点运算

除了有符号和无符号整数外，编程语言还支持小数，在数学中被称作实数。下面是一些实数的例子：

$3.14159265\cdots_{10}$（π）

$2.71828\cdots_{10}$（e）

0.000000001_{10} 或 $1.0_{10} \times 10^{-9}$（以秒为单位表示 1 纳秒）

$3\ 155\ 760\ 000_{10}$ 或 $3.15576_{10} \times 10^{9}$（以秒为单位表示 1 世纪）

如果方向错了，再快也没用。
美国谚语

请注意，在最后的例子中，这个数字（$3.15576_{10} \times 10^{9}$）并不表示小数，它比我们用 32 位有符号整数所能表示的还要大。后两个例子中的第二种表示方法称为**科学记数法**，该记数法在小数点左边只有一个数字。科学记数法中整数部分没有前导 0 的数字称为**规格化数**，这是一种常用的表示方法。例如，1.0×10^{-9} 是规格化的科学记数法表示，但是 $0.1_{10} \times 10^{-8}$ 和 $10.0_{10} \times 10^{-10}$ 就不是。

科学记数法：小数点左边只有一位数字的表示数的方法。

规格化：没有前导 0 的浮点表示法。

正如可以用科学记数法表示十进制数一样，我们同样可以用其来表示二进制数：

$$1.0_{2} \times 2^{-1}$$

为了保证二进制数的规格化形式，我们需要一个基数，使得这个二进制数在移位后（相当于增大或减小基数的指数），小数点左侧必须只剩一位非零数。只有以 2 为基数才符合我们的要求。由于基数不是 10，我们还需要一个新的小数点名称：二进制小数点。

支持这种数的计算机运算称为**浮点**运算，称作"浮点"是因为它表示二进制小数点不固定的数字，这与整数表示法不太相同。C 语言中使用 float 来表示这些数字。正如在科学记数法中一样，数被表示为在二进制小数点左边只有一个非零数字的形式。在二进制中，其格式为：

浮点：二进制小数点不固定的数的计算机表示。

$$1.xxxxxxxxx_2 \times 2^{yyyy}$$

（尽管在计算机中指数部分和其余部分都是用二进制表示的，但为了简化表达，我们用十进制来表示指数。）

利用规格化形式的标准科学记数法表示实数有三个优点：简化了包含浮点数的数据交换；由于都使用同一表示法，简化了浮点运算算法；提高了可存储在字中的数据的精度，因为无用的前导 0 占用的位被二进制小数点右边的实数位替代了。

3.5.1 浮点表示

浮点表示的设计者必须在**尾数**的位数大小和**指数**的位数大小之间找到一个平衡，因为固定的字大小意味着若一部分增加一位，则另一部分就得减少一位。即要做精度和范围之间的权衡：增加尾数位数的大小可以提高小数精度，而增加指数位数的大小则可以增加数的表示范围。正如在第 2 章的设计原则中讲的那样，好的设计需要好的权衡。

尾数： 该值通常在 0 和 1 之间，放置在尾数字段中。

指数： 在浮点运算的数值表示系统中，放置在指数字段中的值。

浮点数通常占用多个字的长度。下图是 RISC-V 浮点数的表示方法，其中 S 是浮点数的符号（1 表示负数），指数由 8 位指数字段（包括指数的符号）表示，尾数由 23 位数表示。正如第 2 章提过的那样，这种表示称为符号和数值，符号与数值的位是相互分离的。

31	30	29	28	27	26	25	24	23	22	21	20	19	18	17	16	15	14	13	12	11	10	9	8	7	6	5	4	3	2	1	0
S	指数								尾数																						

1位　　　　8位　　　　　　　　　　　　　　23位

通常来讲，浮点数可以这样表示：

$$(-1)^S \times F \times 2^E$$

F 是尾数字段中表示的值，而 E 是指数字段表示的值；之后会对这两个字段之间的确切关系做详细说明。（我们很快就会看到稍微复杂一点的 RISC-V。）

这些指定的指数和尾数位长使 RISC-V 计算机具有很大的运算范围。小到 $2.0_{10} \times 10^{-38}$，大到 $2.0_{10} \times 10^{38}$，计算机都能表示出来。但是它和无穷大不同，所以仍然可能存在数太大而表示不出来的情况。因此，和整点运算一样，浮点运算中也会发生**溢出**例外。注意这里的溢出表示因指数太大而无法在指数字段中表示出来。

浮点运算还会导致出现一种新的例外情况。正如程序员想知道他们什么时候计算了一个难以表示的太大的数一样，他们还想知道他们正在计算的非零小数是否变得小到无法表示，这两个事件都可能导致程序给出不正确的答案。为了和**上溢**区分开来，我们把这种情况称为**下溢**。当负指数太大而指数字段无法表示时，就会出现这种情况。

上溢： 正指数太大而无法用指数字段表示的情况。

下溢： 负指数太大而无法用指数字段表示的情况。

双精度： 以 64 位双字表示的浮点值。

单精度： 以 32 位字表示的浮点值。

减少下溢或上溢发生概率的一种方法是提供另一种具有更大指数范围的格式。在 C 语言中，这个数据类型称为双精度（double），基于双精度的运算称为**双精度**浮点运算，而**单精度**浮点就是前面介绍的格式。

双精度浮点数需要一个 RISC-V 双字才能表示，如下所示，其中 S 仍然是数的符号位，指数字段为 11 位，尾数字段为 52 位。

63	62	61	60	59	58	57	56	55	54	53	52	51	50	49	48	47	46	45	44	43	42	41	40	39	38	37	36	35	34	33	32
S	指数												尾数																		

1 位 　　　　　 11 位 　　　　　 20 位

31	30	29	28	27	26	25	24	23	22	21	20	19	18	17	16	15	14	13	12	11	10	9	8	7	6	5	4	3	2	1	0
尾数																															

32 位

RISC-V 双精度可以表示的实数范围小到 $2.0_{10} \times 10^{-308}$，大到 $2.0_{10} \times 10^{308}$。尽管双精度确实增加了指数字段能表示的范围，但其最主要的优点是由于有更大的尾数位数而具有更高的精度。

3.5.2 例外和中断

在上溢或下溢时应该让计算机发生什么以让用户知道出现了问题？有些计算机会通过引发**例外**（有时也称作**中断**）来告知问题的出现。例外或中断在本质上是一种非预期的过程调用。造成溢出的指令的地址保存在寄存器中，并且计算机会跳转到预定义的地址以调用相应的例外处理程序。中断的地址被保存下来，以便在某些情况下可以在执行纠正代码之后继续执行原程序。（4.10 节介绍了有关例外的更多细节；第 5 章描述了例外异常和中断发生的其他情况。）RISC-V 计算机不会在上溢或下溢时引发例外，不过，软件可以读取浮点控制和状态寄存器（fcsr）来检测是否发生上溢或下溢。

例外：也称为中断。打扰程序执行的意外事件；用于检测溢出。

中断：来自处理器之外的例外（有些体系结构用术语中断表示所有的例外）。

3.5.3 IEEE 754 浮点数标准

这些格式并非 RISC-V 所独有。它们是 IEEE 754 浮点数标准的一部分，1980 年以后的几乎所有计算机都遵循该标准。该标准极大地提高了移植浮点程序的简易程度和计算机的运算质量。

为了将更多的位打包到数中，IEEE 754 要求规格化二进制数的前导位 1 是隐含的。因此，在单精度下，该数实际上是 24 位长（隐含 1 和 23 位尾数），在双精度下则为 53 位长（1 + 52）。为了更精确，我们使用术语有效位数来表示隐含的 1 加上尾数，当尾数是 23 或 52 位数时，有效位数是 24 或 53 位。由于 0 没有前导 1，因此它被赋予保留的阶码 0，以便硬件不会给它附加一个前导位 1。

因此 $00...00_2$ 代表 0，其他的数就是用前面的形式，加上隐含的 1：

$$(-1)^S \times （1 + 尾数）\times 2^E$$

其中，尾数位表示大小在 0 到 1 之间的小数，E 表示指数字段的值，稍后将对这部分做详细分析。如果将尾数的各位从左到右依次用 s1，s2，s3，…来表示的话，则数的值为：

$$(-1)^S \times （1 + (s1 \times 2^{-1}) + (s2 \times 2^{-2}) + (s3 \times 2^{-3}) + (s4 \times 2^{-4}) + \cdots）\times 2^E$$

图 3-13 展示了 IEEE 754 浮点数的编码。IEEE 754 的其他特征是用特殊符号来表示异常

事件。例如，软件可以将结果设置为代表 $+\infty$ 或 $-\infty$ 的位模式，而不是除零中断。最大的指数是为这些特殊符号保留的。当程序员打印结果时，程序将输出一个无穷大的符号。（对于有数学训练经验的人来说，无穷的目的是形成实数的拓扑闭集。）

单精度		双精度		表示的对象
指数	尾数	指数	尾数	
0	0	0	0	0
0	非0	0	非0	正负非规格化数
1～254	任意数	1～2046	任意数	正负浮点数
255	0	2047	0	正负无穷
255	非0	2047	非0	NaN（非数）

图 3-13　IEEE 754 对浮点数的编码。一个单独的符号位决定了符号。非规格化数在 3.5.8 节的
"详细阐述"中描述。这些信息也可以在本书 RISC-V 参考数据卡的第 4 列中找到

IEEE 754 甚至还有表示无效运算结果的符号，例如 0/0 或无穷减去无穷。这个符号是 NaN，表示不是一个数。符号 NaN 的目的是让程序员可以推迟程序中的一些测试和决定，等到方便的时候再进行。

IEEE 754 的设计者也考虑到，对于浮点表示，尤其是进行排序操作时，最好能直接利用已有的整数比较硬件来处理。这就是符号位处于最高位的原因，这样一来就可以快速判定是小于 0、大于 0 还是等于 0。（这比简单的整数排序稍微复杂一点，因为这个记数法本质上是符号和数值的形式⊖而不是用 2 的补码表示。）

把指数字段放在有效位之前也简化了利用整数比较指令对浮点数的排序。因为只要两个数的指数部分符号相同，那么具有更大指数的数就一定更大。

负指数对简化排序提出了挑战。如果我们使用 2 的补码或其他指数为负数时指数字段的最高有效位为 1 的表示法，负指数反而会显得比较大。例如，$1.0_2 \times 2^{-1}$ 以单精度表示为：

31	30	29	28	27	26	25	24	23	22	21	20	19	18	17	16	15	14	13	12	11	10	9	8	7	6	5	4	3	2	1	0
0	1	1	1	1	1	1	1	1	0	0	0	0	0	0	0	0	0	0	0	0	0	0	0	0	0	0	0	0	0	0	0

（注意前导 1 隐含在有效位中。）以上面方法表示的 $1.0_2 \times 2^{+1}$ 看起来像更小的二进制数：

31	30	29	28	27	26	25	24	23	22	21	20	19	18	17	16	15	14	13	12	11	10	9	8	7	6	5	4	3	2	1	0
0	0	0	0	0	0	0	0	1	0	0	0	0	0	0	0	0	0	0	0	0	0	0	0	0	0	0	0	0	0	0	0

因此，最理想的表示法是将最小的负指数表示为 $00...00_2$，并将最大的正指数表示为 $11...11_2$。这种表示法称作移码表示法。从移码表示的数减去原数就可以得到相应的偏移值，从而由无符号的移码可得到真实的值。

IEEE 754 规定单精度的偏移值为 127，因此指数为 -1 表示为 $-1 + 127_{10}$，即 $126_{10} = 0111\ 1110_2$，$+1$ 表示为 $1 + 127_{10}$，即 $128_{10} = 1000\ 0000_2$。双精度的指数偏移值为 1023。带偏移值的指数意味着一个由浮点数表示的值实际上是：

$$(-1)^S \times (1 + 尾数) \times 2^{(指数 - 偏移值)}$$

⊖　原码。——译者注

单精度数的表示的范围从

$$\pm 1.0000\ 0000\ 0000\ 0000\ 0000\ 000_2 \times 2^{-126}$$

到

$$\pm 1.1111\ 1111\ 1111\ 1111\ 1111\ 111_2 \times 2^{+127}$$

让我们演示一下浮点表示。

| 例题 | ── ▪

用二进制的形式，分别用 IEEE 754 的单精度格式和双精度格式表示浮点数 -0.75_{10}。

| 答案 | -0.75_{10} 又可以表示为：

$$-3/4_{10}，即 -3/2^2{}_{10}$$

用二进制小数又可以表示为：

$$-11_2/2^2{}_{10}，即 -0.11_2$$

用科学记数法表示为：

$$-0.11_2 \times 2^0$$

用规格化的科学记数法表示为：

$$-1.1_2 \times 2^{-1}$$

单精度数通常表示为：

$$(-1)^S \times (1+ 尾数) \times 2^{(指数 -127)}$$

从 $-1.1_2 \times 2^{-1}$ 的指数部分减去 127 可得：

$$(-1)^S \times (1+0.1000\ 0000\ 0000\ 0000\ 0000\ 000_2) \times 2^{(126-127)}$$

因此 -0.75_{10} 的单精度二进制表示为：

31	30	29	28	27	26	25	24	23	22	21	20	19	18	17	16	15	14	13	12	11	10	9	8	7	6	5	4	3	2	1	0
1	0	1	1	1	1	1	1	0	1	0	0	0	0	0	0	0	0	0	0	0	0	0	0	0	0	0	0	0	0	0	0

1位　　　8位　　　　　　　　　　　　　23位

双精度表示为：

$$(-1)^1 \times (1+0.1000\ 0000\ 0000\ 0000\ 0000\ 0000\ 0000\ 0000\ 0000\ 0000\ 0000\ 0000\ 0000_2) \times 2^{(1022-1023)}$$

31	30	29	28	27	26	25	24	23	22	21	20	19	18	17	16	15	14	13	12	11	10	9	8	7	6	5	4	3	2	1	0
1	0	1	1	1	1	1	1	1	1	1	0	1	0	0	0	0	0	0	0	0	0	0	0	0	0	0	0	0	0	0	0

1位　　　　11位　　　　　　　　　　　20位

0	0	0	0	0	0	0	0	0	0	0	0	0	0	0	0	0	0	0	0	0	0	0	0	0	0	0	0	0	0	0	0

32位

── ▪

下面我们看一个反向的例子。

| 例题 | 将二进制浮点数转换为十进制浮点数 ──────────────────────── ▪

这个单精度浮点数表示的十进制数是多少？

31	30	29	28	27	26	25	24	23	22	21	20	19	18	17	16	15	14	13	12	11	10	9	8	7	6	5	4	3	2	1	0
1	1	0	0	0	0	0	0	1	0	1	0	0	0	0	0	0	0	0	0	0	0	0	0	0	0	0	0	0	0	0	0

答案 符号位为 1，指数字段为 129，尾数字段为 $1 \times 2^{-2} = 1/4$，即 0.25。使用基本公式：

$$(-1)^S \times (1+尾数) \times 2^{(指数-偏移值)} = (-1)^1 \times (1+0.25) \times 2^{(129-127)}$$
$$= -1 \times 1.25 \times 2^2$$
$$= -1.25 \times 4$$
$$= -5.0$$

在接下来的几小节中，我们将给出用于浮点加法和乘法的算法。它们的核心是对有效数位部分使用相应的整数运算，但需要额外的工作来处理指数和对结果进行规格化处理。我们首先给出一个十进制算法的直观推导，然后给出更详细的二进制版本，并给出相应图示。

遵循 IEEE 指导原则，IEEE 754 委员会在标准制定 20 年后进行了改革，以查看应该制定哪些更改（如果有的话）。修订后的标准 IEEE 754—2008 几乎包含 IEEE 754—1985 标准的所有内容，并增加了 16 位格式（"半精度"）和 128 位格式（"四精度"）。半精度具有 1 位符号、5 位指数（偏移值为 15）和 10 位尾数。四精度具有 1 位符号、15 位指数（偏移值为 26 2143）和 112 位尾数。修订后的标准还增加了十进制浮点计算。

详细阐述 为了在保留有效位的情况下增加表示范围，IEEE 754 标准之前的一些计算机使用的基数不是 2。例如，IBM 360 和 370 大型计算机使用的是基数 16。由于将 IBM 指数改变 1 相当于将有效数位移动 4 位，所以基数为 16 的规格化数的前导 0 多达 3 个！因此，这种十六进制数的表示方法意味着必须从有效位数中删除 3 位，这会对浮点运算的精度带来很大影响。最近的 IBM 大型机不仅支持早期的十六进制格式，还支持 IEEE 754 标准。

3.5.4　浮点加法

让我们用科学记数法表示的数的手算加法来说明一下浮点数的加法：$9.999_{10} \times 10^1 + 1.610_{10} \times 10^{-1}$。假设有效数位中只能保存 4 位十进制数字，而指数字段只能保存两位十进制数字。

第一步：为了能够对这些数做出正确的加法运算，我们必须将指数较小的数的小数点和指数较大的数的小数点对齐。因此，我们需要处理指数较小的数，即 $1.610_{10} \times 10^{-1}$，让它与具有较大的指数的数的指数相同。我们发现一个非规格化的浮点数可以有多种科学记数法的表示形式，从而可以利用该特性完成指数对齐，即

$$1.610_{10} \times 10^{-1} = 0.1610_{10} \times 10^0 = 0.016\ 10 \times 10^1$$

最右边的数是我们想要的版本，因为它的指数与较大数的指数相等，即 $9.999_{10} \times 10^1$。因此，第一步将较小数的有效数位进行右移，直到它的指数变得和较大数的指数一样。但是我们只能表示四位十进制数，所以在移位之后的数是：

$$0.016_{10} \times 10^1$$

第二步：将两个数的有效数位相加：

$$9.999_{10}$$
$$+ 0.016_{10}$$
$$10.015_{10}$$

和为 $10.015_{10} \times 10^1$。

第三步：这个和没有用规格化的科学记数法表示，因此要调整为：

$$10.015_{10} \times 10^1 = 1.0015_{10} \times 10^2$$

因此，在加法之后，我们必须对和进行移位，适当地调整指数大小，把它变为规格化的形式。这个例子展示了将和右移一位的情况，但是如果一个数是正数而另一个数是负数，那么得到的和可能有许多前导 0，这时需要进行左移操作。每当指数增大或减小时，我们都必须检测上溢或下溢，也就是说，必须确保指数大小没有超过指数字段的表示范围。

第四步：由于我们假定有效位数可能只有四位（不包括符号位），所以我们必须对最后结果进行舍入。在小学学过的算法中，如果右边多余的数在 0 和 4 之间，则直接舍去，如果右边的数在 5 和 9 之间，则舍去后前一位加 1。前面所得的和为：

$$1.0015_{10} \times 10^2$$

因为小数点右边的第四位数字在 5 到 9 之间，所以舍入到四位有效数位的结果是：

$$1.002_{10} \times 10^2$$

请注意，如果我们在舍入的时候运气不好，例如遇到前面各位都是 9 的情况，那么加上 1 的和仍不是规格化的，需要再次执行第三步。

图 3-14 显示了遵循该十进制加法示例的二进制浮点加法的算法。第一步和第二步与刚刚讨论的示例类似：调整指数较小的数的有效数位，让它和另一个较大数的小数点对齐，然后加上两个数的有效数位。第三步对结果进行规格化，并强制检测上溢或下溢。第三步中的上溢和下溢检测取决于操作数的精度。回想一下，指数中全为 0 的表示被保留并用于 0 的浮点表示。而且，指数中全为 1 的表示仅用于标识指定的值和超出正常浮点数范围之外的情况（请参考 3.5.8 节的 "详细阐述"）。对于以下示例，请记住，对于单精度，最大指数为 127，最小指数为 -126。

| 例题 | 二进制浮点加法 ────────────────────────────►

按照图 3-14 的算法，尝试将 0.5_{10} 和 -0.4375_{10} 用二进制相加。

| 答案 | 让我们首先看一下这两个数用规格化的科学记数法的二进制表示，假设保持 4 位精度：

0.5_{10}	$= 1/2_{10}$	$= 1/2^1_{10}$	
	$= 0.1_2$	$= 0.1_2 \times 2^0$	$= 1.000_2 \times 2^{-1}$
-0.4375_{10}	$= -7/16_{10}$	$= -7/2^4_{10}$	
	$= -0.0111_2$	$= -0.0111_2 \times 2^0$	$= -1.110_2 \times 2^{-2}$

现在我们按照如下的算法执行。

第一步：将指数较小的数（$-1.11_2 \times 2^{-2}$）的有效数位右移，直到其指数与较大的数相同：

$$-1.110_2 \times 2^{-2} = -0.111_2 \times 2^{-1}$$

第二步：将有效数位相加：

$$1.000_2 \times 2^{-1} + (-0.111_2 \times 2^{-1}) = 0.001_2 \times 2^{-1}$$

第三步：对和进行规格化，并检测上溢和下溢：

$$0.001_2 \times 2^{-1} = 0.010_2 \times 2^{-2} = 0.100_2 \times 2^{-3}$$
$$= 1.000_2 \times 2^{-4}$$

由于 $127 \geq -4 \geq -126$，没有上溢或下溢。（带偏移值的指数为 $-4+127$，即 123，它在最小指数 1 和未保留的带偏移值的最大指数 254 之间。）

第四步：对和进行舍入：

$$1.000_2 \times 2^{-4}$$

和已经完全符合 4 位精度，所以无须再做舍入。

所以和是

$$1.000_2 \times 2^{-4} = 0.0001\ 000_2 = 0.0001_2$$
$$= 1/2^4{}_{10} = 1/16_{10} = 0.0625_{10}$$

这就是 0.5_{10} 和 -0.4375_{10} 的和。━━━━━━━━━━━━━━━━━━━━■

许多计算机用专门硬件来尽可能快地运行浮点运算。图 3-15 描绘了浮点加法硬件的基本结构。

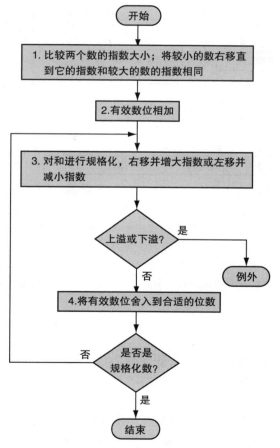

图 3-14　浮点加法。通常步骤 3 和步骤 4 执行一次即可，但如果舍入导致结果非规格化了，必须重复执行步骤 3

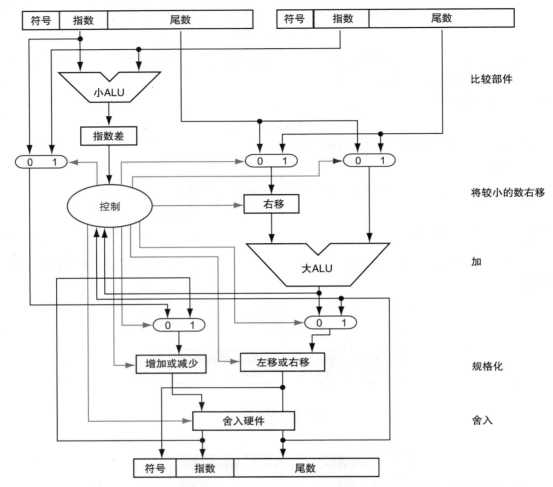

图 3-15 专用于浮点加法的算术单元结构图。图 3-14 的步骤从上到下对应于每个部分。首
先，使用小的 ALU 将一个操作数的指数减去另一个操作数的指数，以确定哪一个
更大以及大多少。这个差值控制着三个多选器；按从左到右的顺序，选择较大的
指数、较小加数的有效数位以及较大加数的有效数位。较小加数的有效数位进行
右移，然后使用大 ALU 将两数的有效数位相加。规格化步骤对总和进行左移或右
移，并相应地减少或增加指数。舍入产生的结果，但有可能需要再次规格化以产生
最终结果

3.5.5 浮点乘法

现在我们已经介绍完了浮点加法，下面开始介绍浮点乘法。我们从手工计算以十进制科
学记数法表示的浮点乘法开始：$1.110_{10} \times 10^{10} \times 9.200_{10} \times 10^{-5}$。假设我们只能保存四位有效数
位和两位指数字段。

第一步：和加法不同，我们通过简单地将操作数的指数相加来计算积的指数：

$$新的指数 = 10 + (-5) = 5$$

让我们用移码来表示指数并确保获得相同的结果：$10 + 127 = 137$ 和 $-5 + 127 = 122$，所以

$$新的指数 = 137 + 122 = 259$$

这个结果对于 8 位指数字段来说太大了，所以肯定有些地方出错了！问题在于偏移值，因为我们在进行指数相加的同时也进行了偏移值相加：

$$新的指数 = (10+127) + (-5+127) = 5 + 2 \times 127 = 259$$

因此，当我们将带偏移值的数相加时，为了得到正确的带偏移值的总和，我们必须从总和中减去一个偏移值：

$$新的指数 = 137+122-127 = 259-127 = 132 = 5+127$$

而 5 就是我们最初计算的指数。

第二步：下面开始有效数位部分的相乘：

$$
\begin{array}{r}
1.110_{10} \\
\times\ 9.200_{10} \\
\hline
0\ 000 \\
00\ 00 \\
222\ 0 \\
9990 \\
\hline
10212\ 000_{10}
\end{array}
$$

每个操作数的小数点右侧有三位数字，因此乘积的小数点应该放在从右数第 6 位有效位前：

$$10.212000_{10}$$

如果我们只能保留小数点右侧三位数字，则积为 10.212×10^5。

第三步：因为得到的乘积是非规格化的，所以要将其规格化：

$$10.212_{10} \times 10^5 = 1.0212_{10} \times 10^6$$

因此，在乘法之后，乘积需要右移一位得到规格化的结果，同时指数加 1。此时，我们可以检测上溢和下溢。如果两个操作数都很小，也就是说，如果两者都具有较小的负指数，则可能发生下溢。

第四步：我们假设有效数位只有四位数字（不包括符号位），所以必须将乘积舍入。乘积：

$$1.0212_{10} \times 10^6$$

舍入到四位有效数位是：

$$1.021_{10} \times 10^6$$

第五步：积的符号取决于原始操作数的符号。如果它们符号相同，则积的符号为正；否则，积的符号为负。因此，积为：

$$+1.021_{10} \times 10^6$$

在加法算法中，和的符号是由有效位数相加的结果来确定的，但是在乘法中，操作数的符号决定了乘积的符号。

同加法类似，如图 3-16 所示，二进制浮点数的乘法也与我们刚刚完成的十进制乘法的步骤非常相似。我们首先要将两数的带偏移值的指数相加并确保减去一个偏移值，以得到乘积的新的正确指数。接下来是有效数位的乘法，紧跟的是可选的规格化步骤。然后是检查指数的大小是否上溢或下溢，再对积进行舍入。如果舍入导致需要再次规格化，就要再次检查指数大小。最后，如果操作数的符号不同（积为负），则将积的符号位设置为 1；如果它们相同（积为正），则将积的符号位设置为 0。

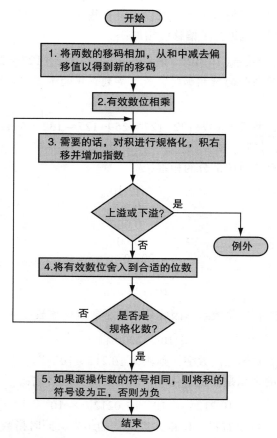

图 3-16 浮点乘法。通常执行步骤 3 和步骤 4 各一次，但如果舍入导致结果非规格化了，必须重复执行步骤 3

| 例题 | 二进制浮点乘法

请按照图 3-16 的步骤，求出 0.5_{10} 和 -0.4375_{10} 的积。

| 答案 |

在二进制下，即是要将 $1.000_2 \times 2^{-1}$ 和 $-1.110_2 \times 2^{-2}$ 相乘。

第一步：将不带偏移值的指数相加：

$$-1 + (-2) = -3$$

或使用移码表示为：

$$(-1+127) + (-2+127) - 127 = (-1-2) + (127+127-127) = -3+127 = 124$$

第二步：有效数位相乘：

$$
\begin{array}{r}
1.000_2 \\
\times\ 1.110_2 \\
\hline
0000 \\
1000 \\
1000 \\
1000 \\
\hline
1110000_2
\end{array}
$$

乘积为 $1.110000_2 \times 2^{-3}$，但我们需要保留 4 位有效数字，因此结果为 $1.110_2 \times 2^{-3}$。

第三步：现在我们要检查积以确保它是规格化的，然后检查指数是否上溢或下溢。积已经是规格化的了，并且因为 $127 \geqslant -3 \geqslant -126$，所以没有上溢或下溢。（使用移码表示法，$254 \geqslant 124 \geqslant 1$，因此指数大小合适。）

第四步：对积舍入，结果没什么影响：

$$1.110_2 \times 2^{-3}$$

第五步：因为操作数的符号相反，因此将积的符号设为负。所以，乘积为：

$$-1.110_2 \times 2^{-3}$$

转化为十进制来检查所得结果：

$$-1.110_2 \times 2^{-3} = -0.001110_2 = -0.00111_2$$
$$= -7/2^5{}_{10} = -7/32_{10} = -0.218\,75_{10}$$

而 0.5_{10} 和 -0.4375_{10} 的乘积正是 $-0.218\,75_{10}$。 ———————————————————————————■

3.5.6　RISC-V 中的浮点指令

RISC-V 支持 IEEE 754 标准定义的单精度和双精度格式，有以下这些指令：
- 单精度浮点加法指令（fadd.s）和双精度浮点加法指令（fadd.d）
- 单精度浮点减法指令（fsub.s）和双精度浮点减法指令（fsub.d）
- 单精度浮点乘法指令（fmul.s）和双精度浮点乘法指令（fmul.d）
- 单精度浮点除法指令（fdiv.s）和双精度浮点除法指令（fdiv.d）
- 单精度浮点平方根指令（fsqrt.s）和双精度浮点平方根指令（fsqrt.d）
- 单精度浮点相等指令（feq.s）和双精度浮点相等指令（feq.d）
- 单精度浮点小于指令（flt.s）和双精度浮点小于指令（flt.d）
- 单精度浮点小于或等于指令（fle.s）和双精度浮点小于或等于指令（fle.d）

如果比较结果为假，比较指令 feq、flt 和 fle 将整点寄存器设为 0；如果是真，则设为 1。因此软件可以使用整数分支指令 beq 和 bne 来比较结果并进行分支。

RISC-V 的设计者决定添加独立的浮点寄存器。它们被称为 f0，f1，…，f31。因此，它们包括独立的用于浮点寄存器的取存指令：fld 和 fsd 用于双精度，flw 和 fsw 用于单精度。浮点数据传输指令的基址寄存器仍为整点寄存器。从内存中取出两个单精度数，相加，然后将总和存回到内存的 RISC-V 代码如下所示：

```
flw     f0, 0(x10)  // Load 32-bit F.P. number into f0
flw     f1, 4(x10)  // Load 32-bit F.P. number into f1
fadd.s  f2, f0, f1  // f2 = f0 + f1, single precision
fsw     f2, 8(x10)  // Store 32-bit F.P. number from f2
```

单精度寄存器只是双精度寄存器的后半部分。注意，与整点寄存器 x0 不同，浮点寄存器 f0 没有硬连接到常数 0。

图 3-17 总结了本章所涉及的 RISC-V 体系结构的浮点部分，支持浮点的新增部分用灰色标记了出来。浮点指令使用与整点相同的指令格式：载入指令（load）使用 I 型格式，存储指令（store）使用 S 型格式，算术指令使用 R 型格式。

RISC-V浮点操作数

名称	示例	注解
32个浮点寄存器	f0～f31	一个f寄存器可以保存一个单精度浮点数或一个双精度浮点数
2^{30}个存储字	Memory[0], Memory[4],…, Memory[4 294 967 292]	只能被数据传输指令访问。RISC-V使用字节地址，因此顺序字相差4。存储器保存数据结构、数组和换出的寄存器的内容

RISC-V浮点汇编语言

类别	指令	示例	含义	注解
算术	单精度浮点加法	fadd.s f0, f1, f2	f0 = f1 + f2	（单精度）浮点数加法
	单精度浮点减法	fsub.s f0, f1, f2	f0 = f1 - f2	（单精度）浮点数减法
	单精度浮点乘法	fmul.s f0, f1, f2	f0 = f1 * f2	（单精度）浮点数乘法
	单精度浮点除法	fdiv.s f0, f1, f2	f0 = f1 / f2	（单精度）浮点数除法
	单精度浮点平方根	fsqrt.s f0, f1	f0 = √f1	（单精度）浮点数平方根
	双精度浮点加法	fadd.d f0, f1, f2	f0 = f1 + f2	（双精度）浮点数加法
	双精度浮点减法	fsub.d f0, f1, f2	f0 = f1 - f2	（双精度）浮点数减法
	双精度浮点乘法	fmul.d f0, f1, f2	f0 = f1 * f2	（双精度）浮点数乘法
	双精度浮点除法	fdiv.d f0, f1, f2	f0 = f1 / f2	（双精度）浮点数除法
	双精度浮点平方根	fsqrt.d f0, f1	f0 = √f1	（双精度）浮点数平方根
比较	单精度浮点相等	feq.s x5, f0, f1	x5 = 1 if f0 == f1, else 0	（单精度）浮点数比较
	单精度浮点小于	flt.s x5, f0, f1	x5 = 1 if f0 < f1, else 0	（单精度）浮点数比较
	单精度浮点小于或等于	fle.s x5, f0, f1	x5 = 1 if f0 <= f1, else 0	（单精度）浮点数比较
	双精度浮点相等	feq.d x5, f0, f1	x5 = 1 if f0 == f1, else 0	（双精度）浮点数比较
	双精度浮点小于	flt.d x5, f0, f1	x5 = 1 if f0 < f1, else 0	（双精度）浮点数比较
	双精度浮点小于或等于	fle.d x5, f0, f1	x5 = 1 if f0 <= f1, else 0	（双精度）浮点数比较
数据传输	浮点取字	flw f0, 4(x5)	f0 = Memory[x5 + 4]	从内存中取单精度字到浮点寄存器
	浮点取双字	fld f0, 8(x5)	f0 = Memory[x5 + 8]	从内存中取双精度字到浮点寄存器
	浮点存字	fsw f0, 4(x5)	Memory[x5 + 4] = f0	将浮点寄存器中的单精度字存储到内存
	浮点存双字	fsd f0, 8(x5)	Memory[x5 + 8] = f0	将浮点寄存器中的双精度字存储到内存

图 3-17   截止到目前已涉及的 RISC-V 浮点体系结构。这些信息也可以在本书前面的
RISC-V 参考数据卡的第 2 列中找到

硬件 / 软件接口   在支持浮点算术时，体系结构设计者面临的一个问题是，选择使用和整点指令相同的寄存器，还是要为浮点添加一组专用寄存器。由于程序通常会在不同的数据集上分别执行整点运算和浮点运算，因此设置独立的寄存器只会略微增加执行程序所需的指令数。其影响主要是来自于要创建一组不同的数据传输指令，以便在浮点寄存器和内存之间传输数据。

独立的浮点寄存器的好处是，在不需要增加指令位长的情况下，可获得倍增的寄存器数目，同时因为有独立的整点和浮点寄存器，可获得倍增的寄存器带宽，并且还能为浮点定制寄存器。例如，一些计算机将寄存器中所有类型的操作数转换为单一的内部格式。

例题   **将浮点 C 程序编译为 RISC-V 汇编代码**
将华氏温度转化为摄氏温度的 C 语言程序：

```
float f2c (float fahr)
{
```

```
    return ((5.0f/9.0f) *(fahr - 32.0f));
}
```

假设浮点参数 fahr 传入寄存器 f10 中，而结果也要存放在寄存器 f10 中。请写出 RISC-V
汇编代码。

答案 我们假设编译器将三个浮点常数存放在内存中，并可通过寄存器 x3 轻松地访问到。
首先用两条指令将常数 5.0 和 9.0 加载到浮点寄存器中：

```
f2c:
    flw f0, const5(x3) // f0 = 5.0f
    flw f1, const9(x3) // f1 = 9.0f
```

然后将它们相除，得到分数 5.0/9.0 的值：

```
fdiv.s f0, f0, f1 // f0 = 5.0f / 9.0f
```

（许多编译器在编译时就会计算 5.0 除以 9.0，并将单精度常数 5.0/9.0 保存在内存中，从而避
免在运行时进行除法运算。）接下来，我们加载常数 32.0，然后从 fahr（f10）中减去它：

```
flw    f1, const32(x3) // f1 = 32.0f
fsub.s f10, f10, f1    // f10 = fahr - 32.0f
```

最后，我们将两个中间结果相乘，将积作为返回结果放入 f10，然后返回：

```
fmul.s f10, f0, f10 // f10 = (5.0f / 9.0f)*(fahr - 32.0f)
jalr   x0, 0(x1)   // return
```

现在让我们在矩阵上执行浮点运算，其代码在科学计算程序中是很常见的。

例题 将二维矩阵的浮点 C 程序编译为 RISC-V 汇编代码 ─────────

大多数浮点计算都是以双精度执行的。让我们执行 C = C + A * B 的矩阵乘法。该代码是
图 2-43 中 DGEMM 的简化版本。现在假设 A、B、C 都是 32×32 的二维矩阵。

```
void mm (double c[][], double a[][], double b[][])
{
        size_t i, j, k;
     for (i = 0; i < 32; i = i + 1)
      for (j = 0; j < 32; j = j + 1)
       for (k = 0; k < 32; k = k + 1)
          c[i][j] = c[i][j] + a[i][k] *b[k][j];
}
```

数组起始地址作为函数参数，它们分别存放在 x10、x11 和 x12 中。假设整数变量分别存
放在 x5、x6 和 x7 中。请写出程序主体的 RISC-V 汇编代码。

答案 请注意，c[i][j] 用于最内层的循环中。由于该层的循环变量是 k，它不会影响
c[i][j]，所以我们可以避免每次循环加载和存储 c[i][j]。编译器在循环外将 c[i]
[j] 加载到寄存器中，然后将 a[i][k] 和 b[k][j] 的乘积累加到这个寄存器中，在最内
层循环结束后，将总和存放到 c[i][j] 中。

该程序主体首先将循环终止值 32 保存到临时寄存器，然后初始化三个 for 循环的循环变量：

```
    mm:...
        addi x28, x0, 32   // x28 = 32 (row size/loop end)
        addi x5, x0, 0   // i = 0; initialize 1st for loop
L1:  addi x6, x0, 0   // j = 0; initialize 2nd for loop
L2:  addi x7, x0, 0   // k = 0; initialize 3rd for loop
```

要计算出 c[i][j] 的地址，我们需要知道一个 32×32 的二维数组是如何存储在内存中的。如你所料，它的排布和 32 个有 32 个元素的一维数组一样。因此，第一步是跳过 i 个 "一维数组" 或行，以获得我们想要的一维数组的起始地址。所以我们将第一维中的下标乘以行的大小 32。由于 32 是 2 的幂，我们可以使用移位操作代替：

```
slli  x30, x5, 5    // x30 = i * 2^5(size of row of c)
```

现在再加上第 2 个下标去选择我们需要的所在行的第 j 个元素：

```
add  x30, x30, x6   // x30 = i * size(row) + j
```

为了将这个和变成一个字节索引，我们将它乘以一个矩阵元素所占的字节大小。由于每个元素都是双精度的，占 8 个字节，我们可以左移 3 位（因为 8 是 2 的 3 次幂）：

```
slli  x30, x30, 3   // x30 = byte offset of [i][j]
```

接下来，我们将这个总和加到 c 的基地址上，得到了 c[i][j] 的绝对地址，然后将双精度数 c[i][j] 加载到 f0 中：

```
add  x30, x10, x30  // x30 = byte address of c[i][j]
fld  f0, 0(x30)     // f0 = 8 bytes of c[i][j]
```

以下五条指令几乎与上面五条指令相同：计算地址，然后加载双精度数 b[k][j]：

```
L3: slli  x29, x7, 5    // x29 = k * 2^5(size of row of b)
    add   x29, x29, x6  // x29 = k * size(row) + j
    slli  x29, x29, 3   // x29 = byte offset of [k][j]
    add   x29, x12, x29 // x29 = byte address of b[k][j]
    fld   f1, 0(x29)    // f1 = 8 bytes of b[k][j]
```

同样，接下来的五条指令就像上面五条，计算地址然后加载双精度数 a[i][k]：

```
slli  x29, x5, 5    // x29 = i * 2^5(size of row of a)
add   x29, x29, x7  // x29 = i * size(row) + k
slli  x29, x29, 3   // x29 = byte offset of [i][k]
add   x29, x11, x29 // x29 = byte address of a[i][k]
fld   f2, 0(x29)    // f2 = a[i][k]
```

现在我们已经加载了所有的数据，终于准备好进行浮点运算了！我们将位于寄存器 f2 和 f1 中的 a 和 b 的元素相乘，然后累加到寄存器 f0 中：

```
fmul.d  f1, f2, f1  // f1 = a[i][k] * b[k][j]
fadd.d  f0, f0, f1  // f0 = c[i][j] + a[i][k] * b[k][j]
```

最后的部分需要将循环变量 k 加 1，如果 k 不等于 32，则返回继续循环；如果 k 等于 32，那么最内层的循环已经结束，我们需要将寄存器 f0 中的累加结果存回到 c[i][j] 中：

```
addi  x7, x7, 1    // k = k + 1
bltu  x7, x28, L3  // if (k < 32) go to L3
fsd   f0, 0(x30)   // c[i][j] = f0
```

同样，最后的 6 条指令递增中间和最外层循环的循环变量，如果循环变量不等于 32 则返回循环，如果等于 32 则退出循环：

```
addi  x6, x6, 1    // j = j + 1
bltu  x6, x28, L2  // if (j < 32) go to L2
addi  x5, x5, 1    // i = i + 1
bltu  x5, x28, L1  // if (i < 32) go to L1
. . .
```

后面的图 3-20 展示了 x86 的汇编语言代码，和图 3-19 中的 DGEMM 版本略有不同。

详细阐述 C 和许多其他编程语言都使用示例中讨论的数组排布，称为行主序。Fortran 改为使用列主序，即将数组按列依次存储。

详细阐述 将整点和浮点寄存器分开的另一个原因是 20 世纪 80 年代的微处理器没有足够的晶体管来将浮点单元和整点单元集成到同一块芯片上。因此，浮点单元，包括浮点寄存器，作为可选的辅助芯片。这样的可选加速器芯片被称为协处理器芯片。自 90 年代以来，在微处理器芯片上集成了浮点单元（以及几乎所有的其他功能单元）。

详细阐述 如 3.4 节所述，加速除法比乘法更具挑战性。除了 SRT 之外，另一种利用快速乘法器的技术是牛顿迭代法，它将除法变为寻找函数的零点来计算倒数 $1/c$，然后再乘以另一个操作数。如果不计算许多额外的位，迭代技术就不能进行正确的舍入。TI 的一款芯片通过在求倒数时额外多求几位来解决这个问题。

详细阐述 Java 在浮点数据类型和运算的定义中也采用了 IEEE 754 标准。因此，第一个例子中的代码可以很好地生成一类将华氏温度转换为摄氏温度的方法。

上面的第二个例子使用了多维数组，这个在 Java 中不被显式支持。Java 允许在数组里嵌套数组，但每个数组都可以有自己的长度，这与 C 语言中的多维数组不同。与第 2 章中的示例类似，第二个示例的 Java 版本需要大量的数组边界检查代码，包括在行访问结束时计算新的长度。它还需要检查对象引用是否非空。

3.5.7　精确算术

和整数能够精确表示最小数和最大数之间的每个数不同，浮点数无法做到真正精确的表示，通常只能用近似值来表示。原因在于，任意两个实数（比如 1 和 2）之间都有无穷多个实数，而双精度浮点数能精确表示的最多只有 2^{53} 个数。我们能做的就是获得和实际数字接近的浮点数表示。因此，IEEE 754 提供了几种舍入的方法，让程序员选择想要的近似值。

舍入听起来足够简单，但要精确地进行舍入则需要硬件在计算时包含额外的位。在前面的例子中，我们很难说清中间结果到底该占用多少位，但显然，如果每个中间结果必须被截断为精确的位数，那么最后就无法舍入了。因此，IEEE 754 在中间计算时，总是在右边保留两个额外的位，分别称为**保护位**（guard）和**舍入位**（round）。我们通过一个十进制的例子来说明它们的好处。

> **保护位**：在浮点运算的中间计算中，保留在右侧的两个额外位的第一位，用于提高舍入精度。

> **舍入位**：使中间结果符合浮点格式的方法，目标通常是找到符合格式的最接近的数。它也是在浮点运算的中间运算中保留在右侧的两个额外位的第二位，可以提高舍入精度。

┃ 例题 ┃ 利用保护位进行舍入 ─────────────────◀

求 $2.56_{10} \times 10^0$ 和 $2.34_{10} \times 10^2$ 相加之和，假设有 3 位有效十进制位。将结果舍入到用 3 位有效十进制位能表示的与精确结果最相近的数，首先使用保护位和舍入位，然后不使用，观察区别。

┃ 答案 ┃ 首先，我们必须将较小的数字向右移以对齐指数，所以 $2.56_{10} \times 10^0$ 变为 $0.0256_{10} \times 10^2$。由于有保护位和舍入位，所以当我们对齐指数时，能够表示两个最低有效位。其中保护位为 5，舍入位为 6，和为：

$$2.3400_{10}$$
$$+\ 0.0256_{10}$$
$$2.3656_{10}$$

总和为 $2.3656_{10} \times 10^2$。因为需要舍入 2 位，所以我们以 50 为界，如果后两位的值在 0~49 之间，则将其直接舍去，如果值在 51~99 之间，则舍入后向高位进 1。因此将和舍入到 3 位有效位的结果为 $2.37_{10} \times 10^2$。

再观察不带保护位和舍入位的情况，会在计算中丢掉 2 位有效位。新的和为：

$$2.34_{10}$$
$$+\ 0.02_{10}$$
$$2.36_{10}$$

结果为 $2.36_{10} \times 10^2$，比前一个结果最后一位小 1。

舍入的最坏情况是实际的数刚好在两个浮点表示之间，浮点的精度通常以有效数位中最低有效位的错误位数来衡量，这种衡量方式称为**最后位置单位的数目**，即 ulp。如果一个数的最低有效位比实际小 2，则称少了 2ulp。在没有上溢、下溢或无效操作引发例外的情况下，IEEE 754 标准保证计算机使用的数的误差在半个 ulp 以内。

> **最后位置单位**：用于表示在实际数和可表示数之间的有效数位中最低有效位上的误差位数。

详细阐述 虽然上面的例子确实只需要一个额外位就够了，但乘法可能需要两个额外位。因为二进制积可能有一个前导 0，因此，规格化时必须将积左移一位。这就将保护位转换为积的最低有效位，留下舍入位来帮助进行精确舍入。

IEEE 754 有四种舍入模式：总是向上舍入（朝 $+\infty$），总是向下舍入（朝 $-\infty$），截断，舍入到最接近的偶数。最后一种模式决定了数字恰好在两整数中间一半的情况下该怎么做。美国国内税务局（IRS）总是会在计算时向上舍入 0.50 美元。一个更公平的方法是前一半时间向上舍入，另一半时间向下舍入。IEEE 754 标准规定，如果中间结果的最低有效位是奇数则加 1，如果是偶数则截断。该方法总是在中间结果的最低有效位产生一个 0，因而有了这种舍入模式的名称。这种模式是最常用的，也是 Java 支持舍入的唯一模式。

额外舍入位的目的是让计算机获得相同的结果，就如同先以无限精度计算出中间结果再舍入一样。为了支持这个目标并舍入到最接近的偶数，这个标准设置了除了保护位和舍入位的第三位；只要在舍入位的右边有非零位，就将其设为 1。这个"粘滞位"允许计算机在舍入时能分辨出 0.50...00 和 0.50...01 之间的差异。

粘滞位可能会置 1，例如，在加法中将较小的数右移时。假设在上面的例子中我们将 $5.01_{10} \times 10^{-1}$ 和 $2.34_{10} \times 10^2$ 相加。即使有保护位和舍入位，我们将 0.0050 加到 2.34，也会得到和为 2.3450。因为右边有非零位，所以粘滞位将被置 1。如果没有粘滞位来记住是否有任何 1 被移出，我们会假设该数字等于 2.345000...00，并且舍入到最接近的偶数 2.34。通过粘滞位记住该数字大于 2.345000...00，我们会舍入到 2.35。

> **粘滞位**：用于舍入时除了保护位和舍入位之外的位，当右侧有非零位时就设为 1。

详细阐述 RISC-V、MIPS-64、PowerPC、AMD SSE5 和 Intel AVX 架构都提供了一条单独的指令来对三个寄存器进行乘法和加法操作：$a = a + (b \times c)$。显然，这条指令允许这种常见操作具有更高的浮点性能。同样重要的是，不是在不同的指令中执行两次舍入——在

> **混合乘加**：一条既执行乘法又执行加法的浮点指令，但只在加法后进行舍入。

乘法之后，然后在加法之后——乘加指令可以在加法之后只执行一次单独的舍入。该单独舍入步骤提高了乘加操作的精度。这种带单独舍入的操作被称为混合乘加。它被添加到修订的 IEEE 754—2008 标准中（见 3.11 节）。

3.5.8   总结

下面的"重点"强化了第 2 章中的存储程序概念：信息的含义不能仅仅通过查看位来确定，同样的位可以表示各种不同的意思。本节告诉我们计算机算术是有限精度的，因此和自然算术所得结果可能不同。例如，IEEE 754 标准浮点表示

$$(-1)^S \times (1 + 尾数) \times 2^{(指数-偏移值)}$$

几乎总是实数的近似值。计算机系统必须注意将现实世界中的算术和计算机算术之间的差距最小化，程序员有时需要意识到这种近似可能带来的后果。

重点 位模式没有固有的含义。它们可能代表有符号整数、无符号整数、浮点数、指令、字符串等。表示的内容取决于指令对字中的这些位执行什么操作。

现实世界中的数和计算机中的数的主要区别在于计算机中数的字长有限，因此精度有限；有可能因为计算一个太大或太小的数而导致无法用一个字表示。程序员必须记住这些限制并相应地编写程序。

硬件 / 软件接口 在上一章中，我们介绍了 C 语言的各种存储类型（参见 2.7 节中的硬件 / 软件接口部分）。下表显示了一些 C 语言和 Java 的数据类型、数据传输指令以及对第 2 章和本章中出现的那些数据类型的操作指令。请注意；Java 没有无符号整型。

C语言 数据类型	Java 数据类型	数据传输	操作
int	int	lw, sw	add, sub, addi, mul, mulh, mulhu, mulhsu, div, divu, rem, remu, and, andi, or, ori, xor, xori
unsigned int	–	lw, sw	add, sub, addi, mul, mulh, mulhu, mulhsu, div, divu, rem, remu, and, andi, or, ori, xor, xori
char	–	lb, sb	add, sub, addi, mul, div, divu, rem, remu, and, andi, or, ori, xor, xori
short	char	lh, sh	add, sub, addi, mul, div, divu, rem, remu, and, andi, or, ori, xor, xori
float	float	flw, fsw	fadd.s, fsub.s, fmul.s, fdiv.s, feq.s, flt.s, fle.s
double	double	fld, fsd	fadd.d, fsub.d, fmul.d, fdiv.d, feq.d, flt.d, fle.d

详细阐述 为了适应可能包括 NaN 的比较，该标准提供有序和无序作为比较选项。RISC-V 不提供无序比较的指令，但经过设计的有序比较序列具有相同的效果。（Java 不支持无序比较。）

为了从浮点运算中获得更大的精确度，该标准允许一些数以非规格化的形式表示。IEEE 允许出现非规格化的数字（也称为 denorm 或 subnormal），从而可以缩小 0 和最小的规格化数之间的差距。它们具有与零相同的指数，但是有效位非零。它们允许有效数位逐渐变小，

直到变为 0，这称为逐步下溢。例如，最小的单精度规格化正数是：

$$1.0000\ 0000\ 0000\ 0000\ 0000\ 000_2 \times 2^{-126}$$

但最小的单精度非规格化数是：

$$0.0000\ 0000\ 0000\ 0000\ 0000\ 001_2 \times 2^{-126},\ \text{即}\ 1.0_2 \times 2^{-149}$$

对于双精度，非规格化间隙为 1.0×2^{-1022} 到 1.0×2^{-1074}。

　　对于试图实现快速浮点计算单元的设计人员来说，偶尔会出现的非规格化操作数是一个令人头疼的问题。因此，许多计算机会在出现非规格化操作数时引发例外，让软件处理相应操作。尽管软件的操作是完全可行的，但它们的低性能影响了非规格化数在可移植的浮点软件中的受欢迎程度。另外，如果程序员并未考虑到非规格化数的情况，那么他们的程序执行结果可能会让他们感到惊讶。

自我检测　修订后的 IEEE 754—2008 标准增加了一个带 5 位指数字段的 16 位浮点格式。你认为它可能代表的数字范围是多少？

1. $1.0000\ 00 \times 2^0$ 到 $1.1111\ 1111\ 11 \times 2^{31}$，0
2. $\pm 1.0000\ 0000\ 0 \times 2^{-14}$ 到 $\pm 1.1111\ 1111\ 1 \times 2^{15}$，$\pm 0$，$\pm \infty$，NaN
3. $\pm 1.0000\ 0000\ 00 \times 2^{-14}$ 到 $\pm 1.1111\ 1111\ 11 \times 2^{15}$，$\pm 0$，$\pm \infty$，NaN
4. $\pm 1.0000\ 0000\ 00 \times 2^{-15}$ 到 $\pm 1.1111\ 1111\ 11 \times 2^{14}$，$\pm 0$，$\pm \infty$，NaN

3.6　并行性与计算机算术：子字并行

　　由于手机、平板电脑或笔记本电脑中的每个微处理器都有自己的图形显示器，随着晶体管数量的增加，对于图形操作的支持也不可避免地会增加。

　　许多图形系统最初使用 8 位数据来表示三原色中的一种，外加 8 位来表示一个像素的位置。在电话会议和视频游戏中添加了扬声器和麦克风对声音进行支持。音频采样需要 8 位以上的精度，但 16 位精度就已经足够了。

　　所有微处理器都对字节和半字有特殊支持，使其在存储时占用更少的存储器空间（见 2.9 节），但在典型的整数程序中对这类大小数据的算术运算非常少，因此几乎不支持除数据传输之外的其他操作。架构师发现，许多图形和音频应用会对这类数据的向量执行相同操作。通过在 128 位加法器内划分进位链，处理器可以同时对 16 个 8 位操作数、8 个 16 位操作数、4 个 32 位操作数或 2 个 64 位操作数的短向量进行并行操作。

　　这种分割加法器的开销很小，但带来的加速可能很大。

　　将这种在一个宽字内部进行的并行操作称为子字并行（subword parallelism）。更通用的名称是数据级并行（data level parallelism）。对于单指令多数据，它们也被称为向量或 SIMD（参见 6.6 节）。多媒体应用程序的逐渐普及促使了支持易于并行计算的窄位宽操作的算术指令的出现。在撰写本书时，RISC-V。International 仍在开发利用子字并行的扩展指令。下一节将介绍该体系结构的实例。

3.7　实例：x86 中的 SIMD 扩展和高级向量扩展

　　x86 的原始 MMX（MultiMedia eXtension，多媒体扩展）包含操作整数短向量的指令。而后，SSE（Streaming SIMD Extension，流式 SIMD 扩展）提供了操作单精度浮点数短向量的指令。第 2 章指出，在 2001 年，Intel 在其体系结构中增加了包含双精度浮点寄存器及其操作的 144 条指令作为 SSE2 的一部分。它包含 8 个可用于浮点操作数的 64 位寄存器。AMD 将其扩展到 16 个寄存器，作为 AMD64 的一部分，称为 XMM，Intel 将其标记为 EM64T 以供使用。图 3-18 总结了 SSE 和 SSE2 指令。

数据传输指令	算术运算指令		比较指令
MOV[AU]{SS|PS|SD|PD} xmm, {mem|xmm}	ADD{SS|PS|SD|PD} xmm,{mem|xmm}		CMP{SS|PS|SD|PD}
	SUB{SS|PS|SD|PD} xmm,{mem|xmm}		
MOV[HL]{PS|PD} xmm, {mem|xmm}	MUL{SS|PS|SD|PD} xmm,{mem|xmm}		
	DIV{SS|PS|SD|PD} xmm,{mem|xmm}		
	SQRT{SS|PS|SD|PD} {mem|xmm}		
	MAX{SS|PS|SD|PD} {mem|xmm}		
	MIN{SS|PS|SD|PD} {mem|xmm}		

图 3-18   x86 的 SSE/SSE2 浮点指令。xmm 是指一个 128 位 SSE2 寄存器操作数，而 {mem|xmm} 则指一个存储器操作数，或一个 SSE2 寄存器操作数。上表使用正则表达式来表示指令的变体。因此，MOV [AU] {SS | PS | SD | PD} 表示 MOVASS、MOVAPS、MOVASD、MOVAPD、MOVUSS、MOVUPS、MOVUSD 和 MOVUPD 这 8 条指令。方括号 [] 用来表示单字母替换式：A 表示在存储器中对齐的 128 位操作数；U 表示在存储器中未对齐的 128 位操作数；H 表示移动 128 位操作数的高半部分；L 表示移动 128 位操作数的低半部分。大括号 {} 和垂直竖线 | 用来表示基本操作的多个变体：SS 表示标量单精度浮点数，或 128 位寄存器中的 1 个 32 位操作数；PS 表示组合的单精度浮点数，或 128 位寄存器中的 4 个 32 位操作数；SD 表示标量双精度浮点数，或 128 位寄存器中的 1 个 64 位操作数；PD 表示组合的双精度浮点数，或 128 位寄存器中的 2 个 64 位操作数

除了在寄存器中存放单精度或双精度数，Intel 还允许将多个浮点操作数组合（packed）到单个 128 位 SSE2 寄存器中：4 个单精度或 2 个双精度。因此，SSE2 的 16 个浮点寄存器实际为 128 位宽。如果操作数能够在存储器中组织成 128 位对齐的数据，则每条 128 位数据传输指令可以载入和存储多个操作数。这种组合的浮点数格式可以并行运算 4 个单精度（PS）或 2 个双精度（PD）数。

2011 年，Intel 使用高级向量扩展（Advanced Vector Extensions，AVX）将寄存器的位宽再次翻倍，现称为 YMM。因此，现在单精度操作可以指定 8 个 32 位浮点运算或 4 个 64 位浮点运算。原有的 SSE 和 SSE2 指令现在可以操作 YMM 寄存器的低 128 位。因此，为了使用 128 位和 256 位操作，在 SSE2 操作的汇编指令前加上字母"v"（表示向量），然后使用 YMM 寄存器名而不是 XMM 寄存器名。例如，执行 2 个 64 位浮点加法的 SSE2 指令。

```
addpd  %xmm0, %xmm4
```

变为

```
vaddpd  %ymm0, %ymm4
```

该指令现在产生 4 个 64 位浮点加法。2015 年，英特尔将寄存器扩展至 512 位，现在称为 ZIMM，在某些微处理器中使用了 AVX512。英特尔已宣布计划在 x86 架构的最新版本中将 AVX 寄存器扩展到 1024 位。

详细阐述 AVX 还对 x86 添加了三地址指令。例如，vaddpd 现在可以指定

```
vaddpd  %ymm0, %ymm1, %ymm4    // %ymm4 = %ymm0 + %ymm1
```

而标准的两地址版本为：

```
addpd  %xmm0, %xmm4  // %xmm4 = %xmm4 + %xmm0
```

（和 RISC-V 不同，x86 的目的操作数在右边。）三地址可以减少计算所需的寄存器数和指令数。

3.8 性能提升：子字并行和矩阵乘法

回忆一下，图 2-43 中显示了 C 语言 DGEMM 的未优化版本。为了表现子字并行技术的性能影响，我们使用 AVX 指令重新编写代码运行。虽然最终编译器能够自动生成使用 x86 AVX 指令的高质量机器代码，但现在我们必须通过使用 C 内联函数的方式来"欺骗"一下，这些 C 内联函数或多或少都直接告诉编译器如何生成高质量代码。图 3-19 中是图 2-43 的增强版本。

```
1.   //include <x86intrin.h>
2.   void dgemm (size_t n, double* A, double* B, double* C)
3.   {
4.     for ( size_t i = 0; i < n; i+=8 )
5.       for ( size_t j = 0; j < n; j++ ) {
6.         __m512d c0 = _mm512_load_pd(C+i+j*n); /* c0 = C[i][j] */
7.         for( size_t k = 0; k < n; k++ )
8.           c0 = _mm512_add_pd(c0, /* c0 += A[i][k]*B[k][j] */
9.                 _mm512_mul_pd(_mm512_load_pd(A+i+k*n),
10.                _mm512_broadcast_sd(B+k+j*n)));
11.        _mm512_fmadd_pd(C+i+j*n, c0); /* C[i][j] = c0 */
12.      }
13.  }
```

图 3-19　DGEMM 优化版本（使用 C 内联函数生成 x86 的 AVX512 子字并行指令）。图 3-20 是编译器为内层循环生成的 x86 汇编语言

图 3-19 第 6 行的声明中使用 __m512d 数据类型，这告诉编译器该变量将保存 8 个双精度浮点数（8×64 位 = 512 位）。同样在第 6 行的内联函数 _mm512_load_pd() 中使用 AVX 指令将 8 个双精度浮点数从矩阵 C 并行（_pd）地加载到 c0 中。地址计算 C+i+j*n 代表元素 C[i+j*n]。对称地，第 11 行的最后一步使用内联函数 _mm256_store_pd() 将来自 c0 的 8 个双精度浮点数存储到矩阵 C 中。由于我们每次迭代都会遍历 8 个元素，因此第 4 行的外部 for 循环递增 i 乘以 8，而不是在第 2 章图 2-43 的第 3 行中乘以 1。

循环内部第 6 行中，我们首先使用 _mm512_load_pd() 再次加载 A 的 8 个元素。为了将这些元素乘以 B 的一个元素，首先我们使用内联函数 _mm512_broadcast_sd()，它将标量双精度数（在本例中即 B 的一个元素）的 8 个数据副本放在某个 ZMM 寄存器中。然后在第 11 行使用 _mm512_fmadd_pd 与这 8 个双精度数并行相乘，最后将 8 个乘积与 c0 中的 8 个数相加。

图 3-20 显示了编译器生成的内部循环体的 x86 代码。可以看到 3 条 AVX512 指令——

它们都以 v 开头并使用 pd 表示并行双精度——它们对应于上面提到的 C 内联函数。代码与第 2 章图 2-44 非常相似：整数指令几乎相同（但寄存器不同），浮点指令的差异一般只是从使用 XMM 寄存器的标量双精度（sd）到使用 ZMM 寄存器的并行双精度（pd）。图 3-20 的第 4 行是一个例外。A 的每个元素都必须乘以 B 的一个元素。一种解决方案是将 64 位 B 元素的 8 个数据副本并排放置到 512 位 ZMM 寄存器中，这正是指令 vbroadcastsd 所做的。还有一个差异是原始程序具有单独的浮点乘法和加法运算，而 AVX512 版本在第 6 行使用单个浮点运算来执行乘法和加法。

该 AVX 版本的速度提高了 7.8 倍，这非常接近于使用**子字并行**单次执行 8 倍的操作量时所期望的 8 倍提速。

```
1.  vmovsd (%r10),%xmm0              # Load 1 element of C into %xmm0
2.  mov    %rsi,%rcx                 # register %rcx = %rsi
3.  xor    %eax,%eax                 # register %eax = 0
4.  vmovsd (%rcx),%xmm1              # Load 1 element of B into %xmm1
5.  add    %r9,%rcx                  # register %rcx = %rcx + %r9
6.  vmulsd (%r8,%rax,8),%xmm1,%xmm1  # Multiply %xmm1, element of A
7.  add    $0x1,%rax                 # register %rax = %rax + 1
8.  cmp    %eax,%edi                 # compare %eax to %edi
9.  vaddsd %xmm1,%xmm0,%xmm0         # Add %xmm1, %xmm0
10. jg     30 <dgemm+0x30>           # jump if %eax > %edi
11. add    $0x1,%r11                 # register %r11 = %r11 + 1
12. vmovsd %xmm0,(%r10)              # Store %xmm0 into C element
```

图 3-20　使用图 3-19 中优化的 C 代码，编译生成嵌套循环体的 x86 汇编语言。请注意与第 2 章图 2-44 的相似之处，主要区别在于使用 ZMM 寄存器和并行双精度指令（pd 版本）而不是标量双精度（sd 版本）实现浮点运算。同时，使用一条乘加指令而不是单独的乘法和加法指令实现运算

3.9　谬误与陷阱

算术谬误和陷阱通常来源于计算机算术的有限精度和自然算术的无限精度之间的差异。

> 数学可能被定义为我们永远不知道自己在说什么，也不知道自己所说是否属实的学科。
>
> *Bertrand Russell, Recent Words on the Principles of Mathematics, 1901*

谬误：正如左移指令可以代替一个乘以 2 的幂的整数，右移等同于除以一个 2 的幂的整数。

回忆一下用二进制数 x（其中 x_i 表示第 i 位）表示数字

$$\cdots + (x^3 \times 2^3) + (x^2 \times 2^2) + (x^1 \times 2^1) + (x^0 \times 2^0)$$

将 c 位数字右移 n 位等同于除以 2^n。对于无符号整数也是如此。问题出在有符号整数。例如，假设要用 -5_{10} 除以 4_{10}，商应该是 -1_{10}。-5_{10} 的二进制补码表示是

11111111 11111111 11111111 11111011₂

根据这个谬误，右移两位应该除以 4_{10}（2^2）：

00111111 11111111 11111111 11111110₂

符号位是 0，这个结果显然是错的。右移产生的值实际上是 1 073 741 822₁₀ 而不是 -1_{10}。

一种解决方法是进行算术右移，扩展符号位而移入 0。产生 -5_{10} 的 2 位算术右移结果

11111111 11111111 11111111 11111110$_2$

结果是 -2_{10} 而不是 -1_{10}，虽然接近但仍不正确。

陷阱：浮点加法不满足结合律。

即使计算溢出，结合律也适用于二进制补码整数加法序列。然而，由于浮点数是实数的近似值，且计算机算术的精度有限，因此结合律不适用于浮点数。假定可以用浮点数表示大范围数字，当两个不同符号的大数加上一个小数字时会出现问题。例如，让我们来看看是否有 $c+(a+b)=(c+a)+b$。假设 $c=-1.5_{10}\times10^{38}$，$a=1.5_{10}\times10^{38}$，$b=1.0$，且都是单精度数。

$$c+(a+b)=-1.5_{10}\times10^{38}+(1.5_{10}\times10^{38}+1.0)$$
$$=-1.5_{10}\times10^{38}+(1.5_{10}\times10^{38})$$
$$=0.0$$
$$(c+a)+b=(-1.5_{10}\times10^{38}+1.5_{10}\times10^{38})+1.0$$
$$=(0.0_{10})+1.0$$
$$=1.0$$

由于浮点数的精度有限且结果为实数结果的近似值，$1.5_{10}\times10^{38}$ 远大于 1.0_{10}，所以 $1.5_{10}\times10^{38}+1.0$ 仍是 $1.5_{10}\times10^{38}$。这就是为什么 c、a、b 三者之和有 0.0 或 1.0 两种结果，这取决于浮点加法的顺序，所以 $c+(a+b)\neq(c+a)+b$。因此，浮点加法不满足结合律。

谬误：适用于整型数据类型的并行执行策略也适用于浮点数据类型。

一般来说，先编写串行运行程序，再编写并行运行程序，因此自然会产生一个问题，"这两个版本会得到相同的结果吗？"如果答案是否定的，你就假设在并行版本中有一个需要查找的 bug。

该方法假定计算机算术从串行到并行不会影响结果。也就是说，如果你要同时加 100 万个数，无论使用 1 个处理器还是 1000 个处理器，都会得到相同的结果。这个假设适用于二进制补码整数，因为整数加法满足结合律。然而，由于浮点加法不满足结合律，因此该假设不适用。

这个谬误有一个更令人烦恼的情况可能出现在并行计算机上，其中操作系统调度器可能使用不同数量的处理器，这取决于并行计算机上正在运行的其他程序。由于每次参与运行的处理器数量不同，会导致浮点求和按不同顺序计算。即使运行相同的代码和相同的输入，每次得到的答案也会略有不同，这可能会让对并行无意识的编程人员感到困惑。

在这种困惑下，编写浮点数并行代码的程序员需要验证结果是否可信，即使结果与串行代码的答案可能不完全相同。涉及此问题的领域称为数值分析，该问题本身就可以成为一本教科书的主题。这也是用于数值计算的 LAPACK 和 ScaLAPAK 等函数库流行的原因之一，这些函数库已经在串行和并行形式下验证有效。

谬误：只有理论数学家关心浮点精度。

1994 年 11 月的报纸头条证明了这种说法是谬误（见图 3-21）。下面是头条幕后的故事。

Pentium 使用标准浮点除法算法，每步生成多个商位，使用除数和被除数的最高有效位来猜测商的下两位。猜测取自包含 -2、-1、0、$+1$ 或 $+2$ 的查找表。猜测结果乘以除数并从余数中减去，从而产生一个新的余数。与不恢复余数除法一样，如果先前的猜测得到的余数太大，则在随后的过程中调整部分余数。

显然，Intel 工程师认为 80486 表中有五个元素永远不会被访问，并且优化了 Pentium 中的 PLA，使在该情况下返回 0 而不是 2。Intel 错了：前 11 位总是正确的，错误会偶尔出现在第 12 到 52 位或十进制数字的第 4 到 15 位。

图 3-21　1994 年 11 月的报刊文章样本，包括《纽约时报》《圣何塞信使报》《旧金山纪事报》和《信息世界》。Pentium 的浮点除法错误甚至成为电视节目 *David Letterman Late Show* 的开场喜剧独白。（"你知道那些有缺陷的 Pentium 芯片有什么好处吗？有缺陷的 Pentium salsa！"）Intel 最终花费了 5 亿美元以更换有缺陷的芯片

弗吉尼亚 Lynchburg 学院的数学教授 Thomas Nicely 在 1994 年 9 月发现了这个 bug。在致电 Intel 技术支持却没有得到官方回应后，他在网上公布了该发现。这在商业杂志上引发了一则故事，并引发 Intel 发布了一条声明。Intel 称其为仅会影响理论数学家的小故障，对于电子制表软件用户来说，该漏洞平均每 27 000 年才会发现一次。IBM 研究院很快反驳说电子制表软件用户平均每 24 天就能遇到一次这样的错误。很快，在 12 月 21 日，Intel 发布了以下声明表示认输：

> Intel 对近期发布的 Pentium 处理器缺陷的处理表示诚挚的歉意。"Intel Inside"标记意味着你的计算机拥有一个质量和性能都首屈一指的微处理器。成千上万的 Intel 员工非常努力工作以确保其真实有效。但没有微处理器总是完美的。Intel 仍相信，从技术上来说，一个极其微小的问题也有自己的生命周期。虽然 Intel 一定会对当前版本的 Pentium 处理器负责到底，但我们也认识到许多用户都有顾虑。我们想要解决这些顾虑。在计算机生命周期内的任何时候，Intel 都会为所有有需求的用户免费更换新版 Pentium 处理器（其中浮点除法缺陷已被更正）。

分析师估计，这次召回会导致 Intel 损失 5 亿美元，而 Intel 工程师当年没有拿到圣诞节奖金。

这个故事带给大家几点思考。如果在 1994 年 7 月修复这个漏洞会少花多少钱？修复 Intel 受损声誉的代价有多大？在像微处理器这样被广泛使用和信赖的产品中出现 bug 的相关责任是什么？

3.10   本章小结

数十年来，计算机算术已经在很大程度上被标准化，这极大地提高了程序的可移植性。在当今出售的每台计算机中，都有二进制补码整数算法，若其包含对浮点的支持，则提供 IEEE 754 二进制浮点算法。

计算机算术与传统算术的不同在于其受到有限精度的约束。该限制可能因为计算大于或小于预定限制的数而导致无效操作。这种例外现象称为"上溢"或"下溢"，可能导致例外或中断，以及类似于意外子程序调用的突发事件。第 4 章和第 5 章更详细地讨论了例外。

浮点算术作为实数的近似增加了挑战性，并且需要注意确保选择的计算机数能最接近实际数字。不精确性和有限浮点表达带来的挑战是数值分析领域的部分灵感来源。最近转向并行性的趋势使得数值分析再次获得关注，虽然在顺序计算机上长期被认为是安全的解决方案，但是在并行计算机中必须重新考虑，在寻找最快算法的同时也要获取正确结果。

数据级并行，特别是子字并行，为整数或浮点数据的算术密集型程序提供了一条提高性能的简单途径。我们展示了使用可一次执行 8 个浮点操作的指令来将矩阵乘法速度提高近 8 倍。

本章在解释计算机算术的同时也包含了更多 RISC-V 指令系统的描述。

图 3-22 对 SPEC CPU2006 整数和浮点基准的 20 个最常用 RISC-V 指令的使用频率进行了排序。可以看出，少数的指令主导着这些排名。在第 4 章中可以看到，这一观察结果对处理器的设计有重大影响。

无论指令系统是什么或其规模如何（RISC-V、MIPS、ARM、x86），永远不要忘记数位没有内在含义。相同的数位可以表示有符号整数、无符号整数、浮点数、字符串、指令等。在存储程序计算机中，对数位的操作决定其含义。

RISC-V指令	名称	频率	累计
立即数加法	addi	14.36%	14.36%
取字	lw	12.65%	27.01%
寄存器加法	add	7.57%	34.58%
取双精度浮点	fld	6.83%	41.41%
存字	sw	5.81%	47.22%
不等则分支	bne	4.14%	51.36%
左移立即数	slli	3.65%	55.01%
乘加混合	fmadd.d	3.49%	58.50%
相等则分支	beq	3.27%	61.77%
立即数字加法	addiw	2.86%	64.63%
存双精度浮点	fsd	2.24%	66.87%
双精度浮点乘法	fmul.d	2.02%	68.89%

图 3-22   SPEC CPU2006 基准测试中 RISC-V 指令的使用频率。表中包含 12 条最常使用的指令，这些指令占所有执行指令的 69%。伪指令在执行前转换为 RISC-V，因此在这里不会出现，这在一定程度上说明 addi 使用频繁

🌐 3.11   历史视角和拓展阅读

本节将回溯到冯·诺依曼时代以纵览浮点历史，包括有争议的 IEEE 标准令人惊讶的成就，以及 x86 中 80 位浮点堆栈体系结构的基本原理。详见配套网站上的 3.11 节。

> Gresham 法则（"劣币驱逐良币"）对计算机而言是："快的淘汰慢的，即使快的是错误的。"
>
> *W. Kahan, 1992*

3.12   自学

数据可以是一切。在第 2 章的自学部分中，我们给出了二进制位串 0000 0001 0100 1011 0010 1000 0010 0011$_2$ 对应的十六进制和十进制数，以及对应的 MIPS 汇编指令。如果采用 IEEE 754 标准，它对应的浮点数又会是什么呢？

大数。采用补码表示，最大的 32 位正整数是多少？你能用 IEEE 754 单精度浮点对它精确表示吗？如果不能，能多接近呢？如果是 IEEE 754 半精度浮点数表示呢？

Brain 的计算。机器学习（machine learning）正在开始发挥作用，它彻底改变了许多行

业。它使用浮点数来学习，但与科学编程不同，并不需要很高的精度。虽然大多数标准的科学编程都采用双精度浮点，但这也许算矫枉过正，因为用 32 位来表示精度已经足够了。理想情况下，还可以使用半精度（16 位），因为这样会让计算和内存的效率更高。不过，机器学习训练通常处理较小的数字，因此范围很重要。

这些对机器学习需求的观察导致了一种不属于 IEEE 标准的新格式，称为 Brain float 16（以发明该格式的 Google Brain 部门命名）。图 3-23 显示了其中的三种格式。

剩余的MIPS-32指令	汇编助记符	格式	MIPS伪指令	汇编助记符	格式
exclusive or (rs ⊕ rt)	xor	R	absolute value	abs	rd,rs
exclusive or immediate	xori	I	negate (*signed or unsigned*)	neg*s*	rd,rs
shift right arithmetic	sra	R	rotate left	rol	rd,rs,rt
shift left logical variable	sllv	R	rotate right	ror	rd,rs,rt
shift right logical variable	srlv	R	multiply and don't check oflw (*signed or uns.*)	mul*s*	rd,rs,rt
shift right arithmetic variable	srav	R	multiply and check oflw (*signed or uns.*)	mulo*s*	rd,rs,rt
move to Hi	mthi	R	divide and check overflow	div	rd,rs,rt
move to Lo	mtlo	R	divide and don't check overflow	divu	rd,rs,rt
load halfword	lh	I	remainder (*signed or unsigned*)	rem*s*	rd,rs,rt
load byte	lb	I	load immediate	li	rd,imm
load word left (*unaligned*)	lwl	I	load address	la	rd,addr
load word right (*unaligned*)	lwr	I	load double	ld	rd,addr
store word left (*unaligned*)	swl	I	store double	sd	rd,addr
store word right (*unaligned*)	swr	I	unaligned load word	ulw	rd,addr
load linked (*atomic update*)	ll	I	unaligned store word	usw	rd,addr
store cond. (*atomic update*)	sc	I	unaligned load halfword (*signed or uns.*)	ulh*s*	rd,addr
move if zero	movz	R	unaligned store halfword	ush	rd,addr
move if not zero	movn	R	branch	b	Label
multiply and add (S or *uns.*)	madd*s*	R	branch on equal zero	beqz	rs,L
multiply and subtract (S or *uns.*)	msub*s*	I	branch on compare (*signed or unsigned*)	bx*s*	rs,rt,L
branch on ≥ zero and link	bgezal	I	(x = lt, le, gt, ge)		
branch on < zero and link	bltzal	I	set equal	seq	rd,rs,rt
jump and link register	jalr	R	set not equal	sne	rd,rs,rt
branch compare to zero	bxz	I	set on compare (*signed or unsigned*)	sx*s*	rd,rs,rt
branch compare to zero likely	bxzl	I	(x = lt, le, gt, ge)		
(x = lt, le, gt, ge)			load to floating point (*s* or *d*)	l.*f*	rd,addr
branch compare reg likely	bxl	I	store from floating point (*s* or *d*)	s.*f*	rd,addr
trap if compare reg	tx	R			
trap if compare immediate	txi	I			
(x = eq, neq, lt, le, gt, ge)					
return from exception	rfe	R			
system call	syscall	I			
break (*cause exception*)	break	I			
move from FP to integer	mfc1	R			
move to FP from integer	mtc1	R			
FP move (*s* or *d*)	mov.*f*	R			
FP move if zero (*s* or *d*)	movz.*f*	R			
FP move if not zero (*s* or *d*)	movn.*f*	R			
FP square root (*s* or *d*)	sqrt.*f*	R			
FP absolute value (*s* or *d*)	abs.*f*	R			
FP negate (*s* or *d*)	neg.*f*	R			
FP convert (*w*, *s*, or *d*)	cvt.*f.f*	R			
FP compare un (*s* or *d*)	c.xn.*f*	R			

图 3-23　IEEE 754 单精度（fp32）、IEEE 754 半精度（fp16）和 Brain float 16 的浮点格式。Google 的 TPUv3 硬件使用 Brain float 16（参见 6.12 节）

假设 Brain float 16 遵循与 IEEE 754 相同的约定，只是字段长短不同。可以用这三种格式表示的最小非零正数是多少？ Brain float 16 的数字比 IEEE fp32 的数字小多少？ 比 fp16 呢？

（如果你了解规格化或非规格化，本问题中请忽略考虑它们。）

Brain 的面积和能耗。机器学习中的一个常见操作是乘法和累加，就像我们在 DGEMM 中看到的那样，乘法实现占据了大部分电路并消耗了大部分能量。如果我们有如图 3-7 所示的快速乘法器，则它们主要是输入宽度的平方的函数。fp32、fp16 和 Brain float 16 三种格式的乘法对应的面积 / 能耗的比是多少？ 请选择。

1. 32^2、16^2 和 16^2

2. 8^2、5^2 和 8^2

3. 23^2、10^2 和 7^2

4. 24^2、11^2 和 8^2

Brain 的编程。IEEE fp32 和 Brain float 16 具有相同大小的指数，你能分析这样的软件优势吗？

Brain 的选择。在机器学习领域，关于 Brain float 16 与 IEEE 754 半精度浮点数，以下哪些是正确的？

1. Brain float 16 的乘法器比 IEEE 754 半精度的乘法器占用更少的硬件资源。

2. Brain float 16 的乘法器比 IEEE 754 半精度的乘法器消耗更少的能量。

3. 与 IEEE 754 全精度进行转换，Brain float 16 比 IEEE 754 半精度更易于软件转换。

4. 以上皆对。

自学答案

数据可以是一切。将二进制数转换为 IEEE 754 浮点格式：

符号（1位）	指数（8位）	尾数（23位）
0	00000010_2	$10010110010100000100011_2$
+	2_{10}	$4\ 925\ 475_{10}$

由于单精度浮点的指数偏移为 127，因此指数实际上是 2-127（即 -125）。尾数可以被认为是 $4\ 925\ 475_{10} / (2^{23}-1) = 4\ 925\ 475_{10} / 8\ 388\ 607_{10} = 0.587\ 162\ 445\ 44_{10}$。实际有效数加上隐式 1，因此该二进制数表示的实数是 $1.587\ 162\ 445\ 44_{10} \times 2^{-125}$ 或大约为 $3.731\ 401_{10} \times 10^{-38}$。

这个练习再一次证明了数据本身没有意义，完全取决于软件如何解释它。

大数。最大的 32 位正整数的补码表示是 $2^{31}-1 = 2\ 147\ 483\ 647$。

你无法用 IEEE 754 单精度浮点数准确表示它。

符号（1位）	指数（8位）	尾数（23位）
0	00000010_2	$00000000000000000000000_2$
+	158_{10}	0_{10}

即 $1.0 \times 2^{(158-127)} = 1.0 \times 2^{31} = 2\ 147\ 483\ 648$，比 $2^{31}-1$ 大 1。

IEEE 754 半精度能表示的最大的数是：

符号（1位）	指数（5位）	尾数（10位）
0	11110_2	1111111111_2
+	30_{10}	1023_{10}

即 $(1+1023/1024) \times 2^{(30-15)} = 1.999 \times 2^{15} = 65\,504$，相差很多数量级。

将整数转换为 IEEE 半精度浮点数会导致溢出。（5 位指数 11111_2 保留，用于半精度的无穷和 NaN，就像单精度中保留指数 11111111_2 一样。）

Brain 的计算。对于每种格式，最小的非零正数是：

IEEE fp32 1.0×2^{-126}

IEEE fp16 1.0×2^{-14}

Brain float 16 1.0×2^{-126}

由于 IEEE fp32 和 Brian float 16 具有相同大小的指数，因此它们可以表示相同的最小非零正数。它们可以表示的最小数字比 IEEE fp16 小 2^{112} 倍，即大约 5×10^{33}。

Brain 的面积和能耗。该乘法器不涉及指数和符号部分，因此答案应是有效数的位宽的函数。由于这些格式中都是隐含的 1 后跟小数部分，因此正确答案是第 4 项：24^2、11^2 和 8^2。这使得 IEEE fp16 大约是 Brain float 16 的大小或能量的 2 倍（121/64），而 IEEE fp32 是其大约 9 倍（576/64）。

Brain 的编程。由于指数长度相同，这意味着对于下溢、上溢、非数（NaN）、无穷大等将具有相同的软件行为。这也意味着，和 IEEE fp16 相比，在某些计算中使用 Brain float 16 替换 IEEE fp32 可能存在的兼容性问题更少。

Brain 的选择。答案是 4：以上都是。值得注意的是，针对机器学习应用程序，Brain float 16 对硬件设计师和软件程序员来说更容易。毫不奇怪，Brain float 16 在机器学习中非常流行，Google 的 TPUv2 和 TPUv3 是首次实现它的处理器（详见 6.12 节）。

3.13 练习

3.1 ［5］<3.2> 5ED4-07A4 用无符号 16 位十六进制数表示是什么？结果用十六进制表示。

3.2 ［5］<3.2> 5ED4-07A4 用带符号 16 位十六进制数且以符号－数值形式存储时如何表示？结果用十六进制表示。

3.3 ［10］<3.2> 将 5ED4 转换为二进制数。是什么让十六进制表示计算机中的数值充满魅力？

3.4 ［5］<3.2> 4365-3412 用无符号 12 位八进制数表示是什么？结果用八进制表示。

3.5 ［5］<3.2> 4365-3412 用带符号 12 位八进制数且以符号－数值形式存储时如何表示？结果用八进制表示。

3.6 ［5］<3.2> 假设 185 和 122 是无符号的 8 位十进制整数。计算 185-122。是否上溢或下溢，或都没有？

3.7 ［5］<3.2> 假设带符号的 8 位十进制整数 185 和 122 以符号－数值形式存储。计算 185＋122。是否上溢或下溢，或都没有？

3.8 ［5］<3.2> 假定带符号的 8 位十进制整数 185 和 122 以符号－数值形式存储。计算 185-122。是否上溢或下溢，或都没有？

3.9 ［10］<3.2> 假设带符号的 8 位十进制整数 151 和 214 以二进制补码形式存储。使用饱和算法计算 151＋214。结果用十进制表示。

3.10 ［10］<3.2> 假设带符号的 8 位十进制整数 151 和 214 以二进制补码形式存储。使用饱和算法

从不屈服，决不屈服，从不、决不、绝不屈服于任何事情，无论伟大或渺小，庞大或细微——决不屈服。

1941 年 Winston Churchill 在 Harrow School 的演讲

计算 151–214。结果用十进制表示。

3.11 ［10］< 3.2 > 假设 151 和 214 是无符号 8 位整数。使用饱和算法计算 151+ 214。结果用十进制表示。

3.12 ［20］< 3.3 > 使用类似于图 3-6 所示的表格，使用图 3-3 中的硬件描述计算八进制无符号 6 位整数 62 和 12 的乘积。在每步中写出各个寄存器的内容。

3.13 ［20］< 3.3 > 使用类似于图 3-6 所示的表格，使用图 3-5 中的硬件描述计算十六进制无符号 8 位整数 62 和 12 的乘积。在每步中写出各个寄存器的内容。

3.14 ［10］< 3.3 > 如果一个整数是 8 位宽且每步操作需要 4 个时间单位，使用图 3-3 和图 3-4 中给出的方法计算执行一次乘法所需的时间。假设在步骤 1a 中总是执行加法，无论是加上被乘数还是零。另外假设寄存器已经被初始化（你只需要计算执行乘法循环本身需要多长时间）。如果是在硬件中执行，则可以同时完成被乘数和乘数的移位。如果这是在软件中执行，则必须依次完成。给出每种情况的解答。

3.15 ［10］< 3.3 > 如果一个整数是 8 位宽且一次加法需要 4 个时间单位，计算使用文中描述的方法（31 个垂直加法堆栈）执行乘法所需的时间。

3.16 ［20］< 3.3 > 如果一个整数是 8 位宽且一次加法需要 4 个时间单位，计算使用图 3-7 给出的方法执行乘法所需的时间。

3.17 ［20］< 3.3 > 正如文中讨论的，增强性能的一种可能是做移位和加法来替代实际的乘法。因为例如 9×6 可以写成 $(2 \times 2 \times 2 + 1) \times 6$，所以可以通过将 6 向左移动 3 次再加上 6 来计算 9×6。给出使用移位和加 / 减法计算 $0 \times 33 \times 0 \times 55$ 的最佳方法。假设两个输入都是 8 位无符号整数。

3.18 ［20］< 3.4 > 使用类似于图 3-10 所示的表格，使用图 3-8 中的硬件描述计算 74 除以 21。须在每步中给出各个寄存器的内容。假设两个输入都是无符号的 6 位整数。

3.19 ［30］< 3.4 > 使用类似于图 3-10 所示的表格，使用图 3-11 中的硬件描述计算 74 除以 21。须在每步中给出各个寄存器的内容。假设 A 和 B 是无符号的 6 位整数。此算法使用的方法与图 3-9 中所示的稍有不同。你需要认真思考这个问题，做一个或两个实验，或者去网上寻找方法以使其正确工作。（提示：一种可能的解决方案涉及图 3-11 暗示的余数寄存器可以向任一方向移位的事实。）

3.20 ［5］< 3.5 > 如果是整数的二进制补码，位模式 0x0C000000 表示的十进制数是什么？如果是无符号整数呢？

3.21 ［10］< 3.5 > 如果位模式 0x0000006F 被放入指令寄存器，将执行什么 RISC-V 指令？

3.22 ［10］< 3.5 > 如果是浮点数，位模式 0x0C000000 表示的十进制数是什么？使用 IEEE 754 标准。

3.23 ［10］< 3.5 > 假定采用 IEEE 754 单精度格式，写出十进制数 63.25 的二进制表示。

3.24 ［10］< 3.5 > 假定采用 IEEE 754 双精度格式，写出十进制数 63.25 的二进制表示。

3.25 ［10］< 3.5 > 假定使用单精度 IBM 格式（基数为 16，而不是 2，指数为 7 位）存储，写出十进制数 63.25 的二进制表示形式。

3.26 ［20］< 3.5 > 假定采用一种类似 DEC PDP-8 的格式（最左边 12 位是指数，以二进制补码形式存储，最右边 24 位是小数，同样以二进制补码形式存储），写出 -1.5625×10^{-1} 的二进制位模式。没有隐含 1。与 IEEE 754 标准的单精度和双精度进行比较，评估这个 36 位模式的范围和精确度。

3.27 ［20］< 3.5 >IEEE 754—2008 包含一种只有 16 位宽的"半精度"格式。最左边仍是符号位，指数 5 位宽，偏移量是 15，尾数是 10 位宽。假设隐含 1。写出该格式表示 -1.5625×10^{-1} 的位模式。与 IEEE 754 标准的单精度进行比较，评估该 16 位浮点格式的范围和精确度。

3.28 ［20］< 3.5 >Hewlett-Packard 2114、2115 和 2116 使用的格式为：最左边的 16 位是以二进制补码形式存储的小数，接在其后的是另一个 16 位字段，其最左边的 8 位作为小数扩展（让小数长为 24 位）且最右边的 8 位表示指数。然而，作为一个有趣的交叉，指数以符号 – 数值形式存储且符号位在最右边！写出该格式下 -1.5625×10^{-1} 的位模式。没有隐含 1。与 IEEE 754 标准的单精度进行比较，评估这个 32 位模式的范围和精确度。

3.29 ［20］< 3.5 > 手动计算 2.6125×10^1 与 $4.150\,390\,625 \times 10^{-1}$ 的和，假设 A 和 B 以练习 3.27 所述的 16 位半精度格式存储。假设有 1 个保护位、1 个舍入位和 1 个粘滞位，并舍入到最近的偶数。给出所有步骤。

3.30 ［30］< 3.5 > 手动计算 $-8.054\,687\,5 \times 10^0$ 与 $-1.799\,316\,406\,25 \times 10^{-1}$ 的乘积，假设 A 和 B 以练习 3.27 所述的 16 位半精度格式存储。假设有 1 个保护位、1 个舍入位和 1 个粘滞位，并舍入到最近的偶数。给出所有步骤。然而，正如文中示例所示，你可以使用人为可读的格式执行乘法，而不是使用练习 3.12 ～练习 3.14 中描述的技术。指出是否上溢或下溢。分别使用练习 3.27 中描述的 16 位浮点格式和十进制数来作答。你的结果精确度如何？如果在计算器上进行乘法运算，它与你得到的数字相比如何？

3.31 ［30］< 3.5 > 手动计算 8.625×10^1 除以 -4.875×10^0。给出得到答案所需的所有必要步骤。假设有 1 个保护位、1 个舍入位和 1 个粘滞位，并在必要时使用它们。用练习 3.27 中描述的 16 位浮点格式和十进制数字写出最终答案，并将十进制结果与计算器算得结果进行比较。

3.32 ［20］< 3.9 > 手动计算 $(3.984\,375 \times 10^{-1} + 3.4375 \times 10^{-1}) + 1.771 \times 10^3$，假设每个值都以练习 3.27 中描述的 16 位半精度格式存储（在文中也有描述）。假设有 1 个保护位、1 个舍入位和 1 个粘滞位，并舍入到最近的偶数。给出所有步骤，并用 16 位浮点格式和十进制写出答案。

3.33 ［20］< 3.9 > 手动计算 $3.984\,375 \times 10^{-1} + (3.4375 \times 10^{-1} + 1.771 \times 10^3)$，假设每个值都以练习 3.27 中描述的 16 位半精度格式存储（在文中也有描述）。假设有 1 个保护位、1 个舍入位和 1 个粘滞位，并舍入到最近的偶数。给出所有步骤，并用 16 位浮点格式和十进制写出答案。

3.34 ［10］< 3.9 > 根据练习 3.32 和练习 3.33 的答案，$(3.984\,375 \times 10^{-1} + 3.4375 \times 10^{-1}) + 1.771 \times 10^3 = 3.984\,375 \times 10^{-1} + (3.4375 \times 10^{-1} + 1.771 \times 10^3)$ 是否成立？

3.35 ［10］< 3.9 > 手动计算 $(3.417\,968\,75 \times 10^{-3} \times 6.347\,656\,25 \times 10^{-3}) \times 1.056\,25 \times 10^2$，假设每个值都以练习 3.27 中描述的 16 位半精度格式存储（在文中也有描述）。假设有 1 个保护位、1 个舍入位和 1 个粘滞位，并舍入到最近的偶数。给出所有步骤，并用 16 位浮点格式和十进制写出答案。

3.36 ［30］< 3.9 > 手动计算 $3.417\,968\,75 \times 10^{-3} \times (6.347\,656\,25 \times 10^{-3} \times 1.056\,25 \times 10^2)$，假设每个值都以练习 3.27 中描述的 16 位半精度格式存储（在文中也有描述）。假设有 1 个保护位、1 个舍入位和 1 个粘滞位，并舍入到最近的偶数。给出所有步骤，并用 16 位浮点格式和十进制写出答案。

3.37 ［30］< 3.9 > 根据练习 3.35 和练习 3.36 的答案，$(3.417\,968\,75 \times 10^{-3} \times 6.347\,656\,25 \times 10^{-3}) \times 1.056\,25 \times 10^2 = 3.417\,968\,75 \times 10^{-3} \times (6.347\,656\,25 \times 10^{-3} \times 1.056\,25 \times 10^2)$ 是否成立？

3.38 ［30］< 3.9 > 手动计算 $1.666\,015\,625 \times 10^0 \times (1.9760 \times 10^4 + (-1.9744) \times 10^4)$，假设每个值都以练习 3.27 中描述的 16 位半精度格式存储（在文中也有描述）。假设有 1 个保护位、1 个舍入位和 1 个粘滞位，并舍入到最近的偶数。给出所有步骤，并用 16 位浮点格式和十进制写出答案。

3.39 ［30］< 3.9 > 手动计算 $(1.666\,015\,625 \times 10^0 \times 1.9760 \times 10^4) + (1.666\,015\,625 \times 10^0 \times (-1.9744) \times$

10^4），假设每个值都以练习 3.27 中描述的 16 位半精度格式存储（在文中也有描述）。假设有 1 个保护位、1 个舍入位和 1 个粘滞位，并舍入到最近的偶数。给出所有步骤，并用 16 位浮点格式和十进制写出答案。

3.40 ［10］<3.9> 根据练习 3.38 和练习 3.39 的答案，（$1.666\,015\,625 \times 10^0 \times 1.9760 \times 10^4$）+（$1.666\,015\,625 \times 10^0 \times (-1.9744) \times 10^4$）= $1.666\,015\,625 \times 10^0 \times (1.9760 \times 10^4 + (-1.9744) \times 10^4)$ 是否成立？

3.41 ［10］<3.5> 使用 IEEE 754 浮点格式，写出表示 −1/4 的位模式。你能准确表示 −1/4 吗？

3.42 ［10］<3.5> 如果将 −1/4 自加四次会得到什么？ −1/4×4 呢？它们一样吗？它们应该是多少？

3.43 ［10］<3.5> 假设分数使用二进制数浮点格式，写出值 1/3 的分数位模式。假设有 24 位，且不需要规格化。这种表示准确吗？

3.44 ［10］<3.5> 假设分数使用二进制编码的十进制（底数为 10）数字而非底数为 2 的浮点格式，写出值 1/3 的分数位模式。假设有 24 位，且不需要规格化。这种表示准确吗？

3.45 ［10］<3.5> 假设在值 1/3 的分数中使用底数为 15 的数字而非底数为 2，写出其位模式。（底数为 16 的数字使用符号 0 ～ 9 和 A ～ F。底数为 15 的数字将使用 0 ～ 9 和 A ～ E。）假设有 24 位，且不需要规格化。这种表示准确吗？

3.46 ［20］<3.5> 假设在值 1/3 的分数中使用底数为 30 的数字而非底数为 2，写出其位模式。（底数为 16 的数字使用符号 0 ～ 9 和 A ～ F。底数为 30 的数字将使用 0 ～ 9 和 A ～ T。）假设有 20 位，且不需要规格化。这种表示准确吗？

3.47 ［45］<3.6, 3.7> 以下 C 代码在输入数组 sig_in 上实现了一个四阶 FIR 滤波器。假设所有数组都是 16 位定点值。

```
for (i = 3;i< 128;i+ +)
sig_out[i] = sig_in[i − 3] * f[0] + sig_in[i − 2] * f[1]
  + sig_in[i − 1] * f[2] + sig_in[i] * f[3];
```

假设你要在具有 SIMD 指令和 128 位寄存器的处理器上，用汇编语言编写此代码的优化实现。在不了解指令系统细节的情况下，简要描述你将如何实现此代码，最大限度地利用子字操作并最大限度地减少寄存器和内存之间的数据传输量。指明你对所使用指令的所有假设。

自我检测答案
3.2 节　2。
3.5 节　3。

处 理 器

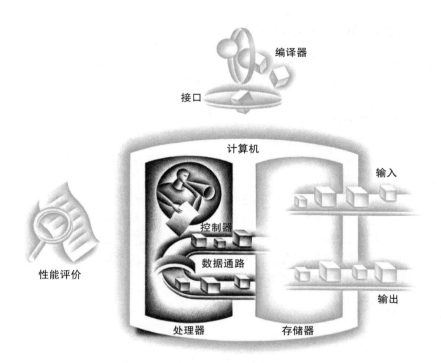

计算机的五个经典部件

4.1 引言

第 1 章阐述了计算机的性能取决于三个因素：指令数、时钟周期长度和每条指令的时钟周期数（CPI）。第 2 章说明了给定程序需要的指令数由编译器和指令系统体系结构共同决定。而处理器的实现方式则决定了时钟周期长度和 CPI。在本章中，我们为 RISC-V 指令系统的两种不同实现方式分别设计数据通路并加入控制单元。

在关键问题上，没有什么细节是小事。

法国谚语

本节将概括地介绍实现处理器所要用到的原理和技术。首先从一个高度抽象和简化的概述开始，之后以此为基础为 RISC-V 指令系统构建数据通路，并设计一种简单的、能够实现指令系统的处理器。然而，更接近实际情况的是流水线 RISC-V，所以本章的大部分篇幅将介绍这种实现方式。最后一节将介绍实现更复杂的指令系统（如 x86 指令集）时所需要了解的概念。

本节和 4.6 节介绍流水线的基本概念，如果想要理解指令的高层解释及其对程序性能的影响，可以仔细阅读这些部分。4.11 节介绍目前处理器实现的发展趋势，4.12 节讲述了最新处理器 Intel Core i7 和 ARM Cortex-A53 的架构。4.13 节介绍如何通过指令级并行来提高矩阵乘法的性能（见 3.8 节）。这几节为在高层次理解流水线概念提供了必要的背景知识。

如果读者想要更深入地理解处理器结构及其对性能的影响，那么 4.3、4.4、4.7 节的内容将有助于你的学习。如果想要学习如何实现处理器，那么你应该阅读 4.2、4.8 ～ 4.10 节。如果读者有兴趣学习硬件设计，4.14 节介绍了实现硬件时使用的硬件设计语言与 CAD 工具，以及如何使用硬件设计语言来描述一个流水化的实现。4.14 节对于理解流水化硬件执行的细节也有很大帮助。

4.1.1　一种基本的 RISC-V 实现

我们将实现 RISC-V 的一个核心子集：

- 存储器访问指令 load word（lw）和 store word（sw）。
- 算术逻辑指令 add、sub、and 和 or。
- 条件分支指令 branch if equal（beq）。

这个子集没有包含所有的定点指令（例如 shift、multiply 和 divide 指令均不在集合中），也没有包含任何浮点指令。但是，这个子集说明了建立数据通路和设计控制的关键原理。其余指令的实现与这个子集类似。

在完成指令系统实现的过程中，我们将认识到指令系统体系结构如何从多方面影响指令系统的实现，以及各种实现策略的选择会怎样影响计算机的时钟频率和 CPI。此外，实现过程也证明了许多第 2 章介绍的关键设计原则，例如简单源于规整。而且，本章在实现 RISC-V 子集时所涉及的大多数概念，与实现各种计算机所涉及的基本概念是相同的，如高性能服务器、通用微处理器、嵌入式处理器等各种计算机。

4.1.2　实现概述

在第 2 章，我们着眼于 RISC-V 核心指令，包括定点算术逻辑指令、存储器访问指令和分支指令。执行这些指令所要做的大部分工作是相同的，与确切的指令类别无关。具体地，实现每条指令的前两个步骤是相同的：

1. 程序计数器（PC）发送到指令所在的存储单元，并从中取出指令。

2. 根据指令的某些字段选择要读取的一个或两个寄存器。对于 lw 指令，只需要读取一个寄存器，但大多数其他指令需要读取两个寄存器。

在这两个步骤后，完成指令所需的剩余操作则取决于指令类别。幸运的是，对于三类指令（存储器访问指令、算术逻辑指令和分支指令）中的每一种，剩余操作基本上是相同的，与具体的指令无关。RISC-V 指令系统的简单性和规整性使不同类的指令具有类似的执行过程，从而简化了实现。

例如，所有类型的指令在读取寄存器后都使用算术逻辑单元（ALU）。存储器访问指令用 ALU 进行地址计算，算术逻辑指令用 ALU 来执行运算，而条件分支指令用 ALU 进行比较。但是经过 ALU 后，完成各类指令所需的操作就不同了。存储器访问指令需要访问存储器以读取数据或存储数据。算术逻辑指令或载入指令需要将来自 ALU 或存储器的数据写回寄存器。而条件分支指令需要根据比较结果更改下一条指令的地址；否则，下一条指令的地址会通过 PC 加 4 来获得。

图 4-1 是 RISC-V 实现的抽象图，图中主要描述了各功能单元及它们之间的互连。尽管该图展示了经过处理器的大部分数据流动，但忽略了指令执行的两个重要方面。

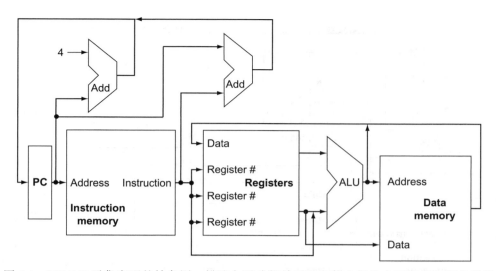

图 4-1　RISC-V 子集实现的抽象图，描述主要功能单元及它们之间的主要连接。所有的指令都始于用程序计数器获得指令在指令存储器中的地址。取到指令后，指令的对应字段指定要使用的寄存器操作数。寄存器操作数一被取出，即可用于计算存储器地址（load 指令或 store 指令）、计算算术运算结果（算术逻辑指令）或进行相等检查（分支指令）。如果是算术逻辑指令，ALU 的结果必须写回寄存器。如果是存取操作，ALU 的结果将作为存储器地址以存储来自寄存器的值，或将存储器数据加载到寄存器中。ALU 结果或访问存储器的结果将写回到寄存器堆。分支指令需要根据 ALU 输出来确定下一条指令的地址，这个地址可能来自计算 PC 和分支偏移量相加的加法器，也可能来自计算当前 PC 加 4 的加法器。图中连接功能单元的粗线表示总线，它由多个信号组成。箭头表示信息如何流动。由于信号线可能会交叉，所以在交叉信号线确实相连时用一个黑点来表示

　　首先，图 4-1 中有许多这样的位置：两个来自不同源的数据流向同一个单元。例如，写入 PC 的值可能来自两个加法器中的一个，写入寄存器堆的数据可能来自 ALU 或数据存储器，而 ALU 的第二个输入可能来自寄存器或指令的立即数字段。实际上，这些数据线不能简单地连接在一起。我们必须添加一种逻辑单元以从多个数据源中选择一个送给目标单元。这种选择通常由称为多选器（multiplexor）的设备来完成，虽然它可能更合适被称为数据选择器。附录 A 详细描述了多选器如何根据控制信号从多个输入中进行选择。控制信号通常由当前执行指令中包含的信息决定。

　　图 4-1 忽略的第二个内容是，一些功能单元的控制依赖于当前执行的指令类型。例如，数据存储器必须在指令是 load 时被读，在指令是 store 时被写。寄存器堆只能在指令是 load 或算术逻辑指令时被写。但是，ALU 的控制不依赖指令类型，它一定会做某种运算。（附录 A 介绍了 ALU 的详细设计。）与多选器类似，ALU 的控制线也根据指令的某些字段来设置，进而控制 ALU 做哪种运算。

　　图 4-2 在图 4-1 的基础上添加了三个必要的多选器，以及主要功能单元的控制线。图中还增加了一个控制单元，它以指令作为输入，为功能单元及两个多选器设置控制信号。图中最上面的多选器确定写入 PC 的是 PC + 4 还是分支目标地址，在执行 beq 指令时，该多选器的控制信号由 ALU 进行比较时设置的 Zero 输出来设置。RISC-V 指令系统的规整性和简单性使得只需简单的译码过程即可确定如何设置控制线。

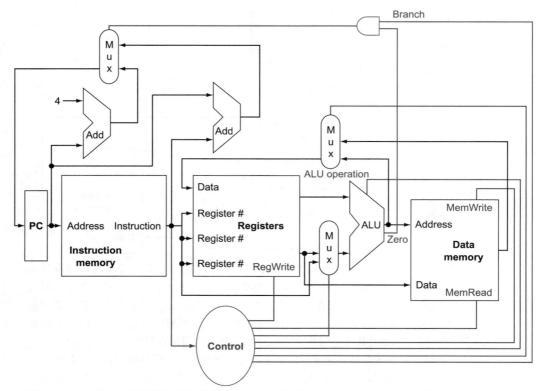

图 4-2 包含必要多选器和控制线的 RISC-V 子集的基本实现。最上面的多选器（"Mux"）
控制写入 PC 的值（PC + 4 或分支目标地址）；该多选器由逻辑门控制，该控制将
ALU 的零输出和表示指令为分支指令的控制信号进行"与"。中间的输出到寄存器
堆的多选器用于确定将 ALU 的输出（算术逻辑指令）或数据存储器的输出（load 指
令）写入寄存器堆。最后，最下面的多选器用于确定 ALU 的第二个输入是来自寄存
器（算术逻辑指令或分支指令）还是指令的偏移量字段（load 指令或 store 指令）。图
中新增的控制线确定 ALU 做哪种运算、数据存储器的读写以及寄存器堆的写入等。
控制线在图中用灰色标识

在本章剩余部分中，我们将逐步改进图 4-2 并补充细节，添加更多的功能单元以及单元
之间的连接，并且改进控制单元以控制不同类指令完成执行。4.3 节和 4.4 节描述了每条指令
使用一个时钟周期的简单实现方式，它遵循图 4-1 和图 4-2 的一般形式。在这种设计中，每
条指令从一个时钟边沿开始执行，并在下一个时钟边沿完成执行。

这种方式虽然很容易理解，但并不实用，因为时钟周期必须设置为足够容纳执行时间最
长的指令。在实现了这种简单计算机的控制逻辑之后，我们将介绍更高效、更复杂的实现，
包括例外。

自我检测 图 4-1 和图 4-2 包含了计算机的五个主要组成部分（见本章开始处的图片）中的哪几
个部分？

4.2 逻辑设计的一般方法

在考虑计算机的设计时，需要确定实现计算机的硬件逻辑以及这些逻辑如何定时。本节

将回顾一些在本章中会广泛用到的数字逻辑的关键概念。如果你的数字逻辑知识很少，那么在阅读本节之前先阅读附录 A 将有所帮助。

RISC-V 实现中的数据通路包含两种不同类型的逻辑单元：处理数据值的单元和存储状态的单元。处理数据值的单元是**组合逻辑**，它们的输出仅依赖于当前输入。给定相同的输入，组合逻辑单元总是产生相同的输出。例如，图 4-1 和附录 A 中讨论的 ALU 就是一个组合逻辑单元。由于组合逻辑单元没有内部存储功能，当给定一组输入时，它总是产生相同的输出。

组合逻辑单元：一个操作单元，如 AND 门或 ALU。

设计中的其他单元不是组合逻辑，而是包含状态的。如果一个单元有内部存储功能，它就包含状态，称其为**状态单元**。这是因为关机后重启计算机，通过恢复状态单元的原值，计算机可继续运行，就像没有发生过断电一样。进一步地，这些状态单元可以完整地表征计算机。例如，图 4-1 中的指令存储器、数据存储器以及寄存器都是状态单元。

状态单元：一个存储单元，如寄存器或存储器。

一个状态单元至少有两个输入和一个输出。必需的输入是要写入状态单元的数据值和决定何时写入数据值的时钟信号。状态单元的输出提供了在前一个时钟周期写入单元的数据值。例如，逻辑上最简单的一种状态单元是 D 触发器（见附录 A），它有两个输入（一个数据值和一个时钟）和一个输出。除了触发器，RISC-V 的实现中还用到了另外两种状态单元：存储器和寄存器。这两种状态单元均在图 4-1 中出现过。状态单元何时被写入由时钟确定，但是它随时可以被读。

包含状态的逻辑部件也被称为时序的，因为其输出取决于输入和内部状态。例如，表示寄存器的功能单元的输出取决于所提供的寄存器号和之前写入寄存器的内容。附录 A 更详细地讨论了组合逻辑单元和时序逻辑单元的相关操作及其结构。

时钟同步方法

时钟同步方法（clocking methodology）规定了信号可以读出和写入的时间。规定信号的读写时间非常重要，因为如果在读信号的同时写信号，那么读到的值可能是该信号的旧值，也可能是新写入的值，甚至可能是二者的混合。计算机设计无法容忍这种不可预测性。时钟同步方法就是为避免这种情况而提出的。

为简单起见，假定我们采用**边沿触发的时钟**（edge-triggered clocking），即存储在时序逻辑单元中的所有值仅在时钟边沿更新，这是从低电平快速跳变到高电平（反之亦然）的过程（见图 4-3）。因为只有状态单元能存储数据值，所有组合逻辑单元都必须从状态单元集合接收输入，并将输出写入状态单元集合。其输入是之前某时钟周期写入的值，输出的值可以在后续时钟周期使用。

时钟同步方法：用来确定数据相对于时钟何时稳定和有效的方法。

图 4-3 描述了一个组合逻辑单元及与其相连的两个状态单元。组合逻辑单元的操作在一个时钟周期内完成：所有信号在一个时钟周期内从状态单元 1 经组合逻辑单元到达状态单元 2。信号到达状态单元 2 所需的时间决定了时钟周期的长度。

边沿触发的时钟：所有状态的改变发生于时钟边沿的机制。

为简单起见，如果状态单元在每个有效时钟边沿都进行写入，则可忽略写**控制信号**（control signal）。相反，如果状态单元不是在每个时钟边沿都更新，那么它需要一个写控制信号。时钟信号和写

控制信号：用来决定多选器选择或指示功能单元操作的信号；它与数据信号相对应，数据信号包含功能单元所操作的信息。

控制信号都是输入。仅当时钟边沿到来并且写控制信号有效时，状态单元才改变状态。

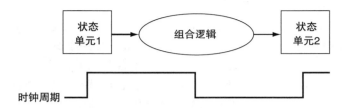

图 4-3　组合逻辑、状态单元和时钟周期的关系。在同步数字系统中，时钟信号决定了数据值
　　　　何时写入状态单元。在有效的时钟边沿导致状态变化之前，状态单元的所有输入必须
　　　　达到稳定（也就是说，状态单元会保持这个值不变，直到时钟边沿到来）。本章所有
　　　　状态单元（包括存储器）都假定为上升沿触发，即这些信号在时钟的上升沿发生变化

我们将用术语**有效**（asserted）表示信号为逻辑高，用使有效表示信号应为逻辑高，用**无效**或使无效表示信号为逻辑低。我们使用术语有效和无效，是因为在进行硬件实现时，数字 1 有时表示逻辑高，有时表示逻辑低。

有效: 信号为逻辑高或真。

无效: 信号为逻辑低或假。

在边沿触发的时钟同步方法中，需在一个时钟周期内读出寄存器的值，并使之经过组合逻辑单元，将新值写入该寄存器。图 4-4 给出了一个通用的例子。选择在时钟的上升沿（从低到高）还是下降沿（从高到低）进行写操作无关紧要，因为组合逻辑的输入只有在所规定的时钟边沿才可能发生变化。在本书中，我们选择在时钟上升沿写入。边沿触发的时钟同步在单个时钟周期内不会出现反馈，图 4-4 中的逻辑可以正确工作。在附录 A 中，我们简要讨论了其他的时序约束（例如建立和保持时间）和时钟同步方法。

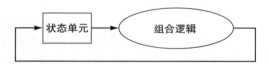

图 4-4　边沿触发的时钟同步方法，支持状态单元在同一个时钟周期内读和写，这样不会因
　　　　为竞争而出现中间数据。当然，时钟周期必须足够长，以便在有效时钟边沿到来时
　　　　输入值已经稳定。由于状态单元在时钟边沿更新，所以在一个时钟周期内不可能出
　　　　现反馈。如果有反馈，这种设计就不能正常工作。我们在本章和下一章的设计都采
　　　　用边沿触发的时钟同步方法以及如图所示的结构

对于 32 位 RISC-V 指令系统体系结构，几乎所有的状态单元和逻辑单元的输入和输出都是 32 位，因为处理器处理的大部分数据的宽度是 32 位。如果某个单元的输入或输出不是 32 位宽，我们会特别指出。图中用粗线表示总线，即宽度为 1 位以上的信号。有时要把几根总线合起来构成一根更宽的总线，例如，将两根 16 位总线合成一根 32 位总线。在这种情况下，总线标注将做出相应说明。箭头用以指明单元间数据流动的方向。最后，灰色线表示的控制信号将其与数据信号区分开来，两者的差别将随本章的进展越来越明显。

自我检测　判断题：由于寄存器堆在同一个时钟周期内既要写入又要读出，所以任何边沿触发式写入的 RISC-V 数据通路中都必须包含多个寄存器堆的备份。

詳细阐述 还有一种 64 位版本的 RISC-V 指令系统，其实现中的大多数通路都是 64 位宽。

4.3　建立数据通路

设计数据通路的合理方法是，先分析每类 RISC-V 指令需要哪些主要执行单元。本节首先讨论每条指令需要哪些**数据通路单元**（datapath element），然后逐渐降低抽象的层次。在设计数据通路单元的同时，也会设计它们的控制信号。我们将自底向上地使用 抽象 的思想对此进行说明。

图 4-5a 所示为需要的第一个单元——存储单元，用于存储程序的指令，并根据给定地址提供指令。图 4-5b 所示为**程序计数器**（PC），正如第 2 章所述，它用于保存当前指令的地址。最后还需要一个加法器来增加 PC 的值以获得下一条指令的地址。这个加法器是一个组合逻辑电路，可由附录 A 中描述的 ALU 实现，只需将其中的控制信号设为总是进行加法运算即可。如图 4-5c 所示，给这样的 ALU 加上"Add"标记，以表明它是加法器并且不能执行其他 ALU 操作。

> **数据通路单元：** 一个用来操作或保存处理器中数据的单元。在 RISC-V 实现中，数据通路单元包括指令存储器、数据存储器、寄存器堆、ALU 和加法器。

> **程序计数器：** 包含当前程序正在执行的指令地址的寄存器。

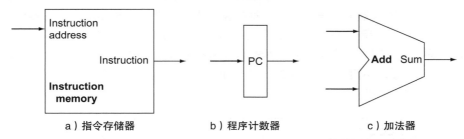

|　a）指令存储器　|　b）程序计数器　|　c）加法器　|

图 4-5　存取指令需要的两个状态单元，以及计算下一条指令的地址所需的加法器。两个状态单元分别是指令存储器和程序计数器。因为数据通路不会写入指令，所以指令存储器只提供读访问，因此将其视为组合逻辑：任何时刻的输出都反映了输入地址内容的变化，而不需要读控制信号。（在加载程序时需要写入指令存储器；这并不难实现，所以为简单起见我们将这个步骤忽略。）程序计数器是一个 32 位寄存器，它在每个时钟周期结束时会被写入，所以不需要写控制信号。加法器是一个 ALU，它计算两个 32 位输入的加法，并输出结果

要执行任意一条指令，首先要从存储器中取出指令。为准备执行下一条指令，必须增加程序计数器的值，使其指向下一条指令，即向后移动 4 个字节。图 4-6 所示为数据通路，它将图 4-5 中的三个单元组合起来，可以取出指令并增加 PC 以获得下一条指令的地址。

现在考虑 R 型指令（见图 2-19）。这类指令读两个寄存器，对它们的内容执行 ALU 操作，再将结果写回寄存器。这些指令被称为 R 型指令或算术逻辑指令（因为它们执行算术或逻辑运算）。这类指令包括第 2 章介绍的 add、sub、and 和 or 指令。回想一下，此类指令的典型实例是 add x1, x2, x3，它读取寄存器 x2 和 x3 并将总和写入 x1 寄存器。

处理器的 32 个通用寄存器位于被称为**寄存器堆**的结构中。寄存器堆是寄存器的集合，其中的寄存器可以通过指定相应的寄存器号来进行读写。寄存器堆包含了计算机的寄存器状态。另外，还需要一个 ALU 对从寄存器读出的值进行运算。

> **寄存器堆：** 包含一系列寄存器的状态单元，可通过所提供的寄存器号进行读写。

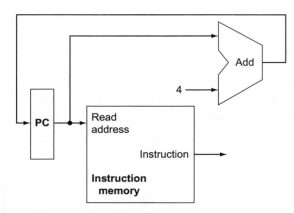

图 4-6 用于取出指令并增加程序计数器的部分数据通路。取出的指令供数据通路的其他部分使用

由于 R 型指令有三个寄存器操作数，每条指令需要从寄存器堆中读出两个数据字，再写入一个数据字。为读出一个数据字，需要一个输入指定要读的寄存器号，以及一个从寄存器堆读出的输出。为写入一个数据字，寄存器堆需要两个输入：一个输入指定要写的寄存器号，另一个提供要写入寄存器的数据。寄存器堆根据输入的寄存器号输出相应寄存器的内容。而写操作由写控制信号控制，在写操作发生的时钟边沿，写控制信号必须是有效的。如图 4-7 所示，我们总共需要四个输入（三个寄存器编号和一个数据）和两个输出（两个数据）。输入的寄存器号为 5 位宽，用于指定 32（$32 = 2^5$）个寄存器中的一个，而数据输入总线和两个数据输出总线均为 32 位宽。

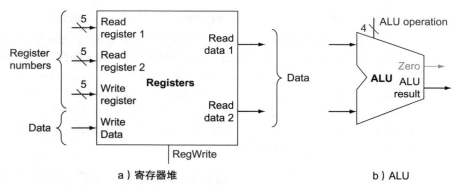

a）寄存器堆　　　　　　　　　　　　　b）ALU

图 4-7 实现 R 型指令的 ALU 操作需要的两个单元是寄存器堆和 ALU。寄存器堆包括了所有的寄存器，有两个读端口和一个写端口。附录 A 的 A.8 节讨论了多端口寄存器堆的设计。寄存器堆的读输出总是对应于要读的寄存器号，不需要其他的控制信号。但是写寄存器必须明确地使写控制信号有效。请注意写操作是边沿触发的，因此所有的写输入（即要写入的值、寄存器编号和写控制信号）必须在时钟边沿有效。由于写寄存器堆是边沿触发的，因此可以在一个时钟周期内读写同一个寄存器：读操作将读出以前所写入的内容，而写的内容在下一时钟周期才可读。输入的寄存器编号为 5 位宽，数据线为 32 位宽。ALU 采用附录 A 中的设计，ALU 操作由 4 位宽的 ALU 操作信号控制。使用 ALU 的零检测输出信号来实现条件分支指令

图 4-7b 所示为 ALU，它读取两个 32 位输入并产生一个 32 位输出，还有一个 1 位输

出指示其结果是否为 0。附录 A 中详细描述了 ALU 的 4 位控制信号；在需要了解如何设置 ALU 控制信号时，将进行简要的回顾。

下面考虑 RISC-V 的存取指令，其一般形式为 lw x1, offset(x2) 或 sw x1, offset(x2)。这类指令通过将基址寄存器 x2 与指令中包含的 12 位有符号偏移量相加，得到存储器地址。对于存储指令，从寄存器 x1 中读出要存储的数据。如果是载入指令，那么从存储器中读出的数据要写入指定的寄存器 x1 中。因此，图 4-7 中的寄存器堆和 ALU 都会被用到。

此外，还需要一个单元将指令中的 12 位偏移量**符号扩展**（sign-extend）为 32 位有符号数，以及一个执行读写操作的数据存储单元。数据存储单元在存储指令时被写入，所以它有读写控制信号、地址输入和写入存储器的数据输入。图 4-8 给出了这两个单元。

> **符号扩展**：为增加数据的长度，将原数据的最高位复制到新数据多出来的高位。

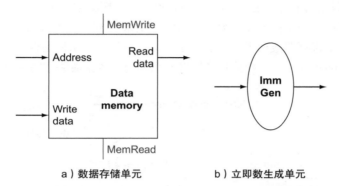

a）数据存储单元　　**b）立即数生成单元**

图 4-8　除图 4-7 的寄存器堆和 ALU 外，实现存储指令和载入指令还需要两个单元：数据存储单元和立即数生成单元。数据存储单元是一个状态单元，它有地址输入和写数据输入，以及读取结果的单个输出。读、写控制信号相互独立，但仅有一个可以在任意给定的时钟上有效。数据存储单元需要一个读信号，因为它与寄存器堆不同，读取无效地址处的值可能会导致问题，第 5 章中将看到这种情况。立即数生成单元（ImmGen）有一个 32 位指令的输入，如果是载入、存储和分支条件成立时的分支指令，它将指令中的一个 12 位字段符号扩展为 32 位结果输出（见第 2 章）。假定数据存储单元的写是边沿触发的。标准的存储芯片实际上有一个用于写操作的写使能信号。尽管标准存储器芯片的写使能信号不是边沿触发的，但我们的边沿触发设计很容易适用于真正的存储器芯片。关于实际存储器芯片工作细节的更多讨论见附录 A 的 A.8 节

beq 指令有三个操作数，其中两个寄存器用于比较是否相等，另一个是 12 位偏移量，用于计算相对于分支指令所在地址的**分支目标地址**（branch target address）。它的指令格式是 beq x1, x2, offset。为实现 beq 指令，需将 PC 值与符号扩展后的指令偏移量相加以得到分支目标地址。分支指令的定义（见第 2 章）中有两个必须注意的细节：

> **分支目标地址**：分支指令中指定的地址，如果分支发生，该地址成为新的程序计数器的值。在 RISC-V 体系结构中，分支目标地址为该指令的偏移量字段与分支指令所在地址的和。

- 指令系统体系结构规定了计算分支目标地址的基址是分支指令所在地址。
- 指令系统体系结构还说明了计算分支目标地址时，将偏移量左移 1 位以表示半字为单位的偏移量，这样偏移量的有效范围就扩大到 2 倍。

为了处理这种复杂情况，需要将偏移量左移 1 位。

在计算分支目标地址的同时，必须确定是顺序执行下一条指令，还是执行分支目标地址处的指令。当分支条件为真（例如，两个操作数相等）时，分支目标地址成为新的 PC，我们就说**分支发生**。如果条件不成立，自增后的 PC 成为新的 PC（就像其他普通指令一样）；这时就说**分支未发生**。

因此，分支指令的数据通路需要执行两个操作：计算分支目标地址和检测分支条件。（很快将讲到，分支指令也会影响数据通路的取指部分。）图 4-9 为分支指令的数据通路。为计算分支目标地址，分支指令数据通路包含一个图 4-8 所示的立即数生成单元和一个加法器。为执行比较，需要图 4-7a 所示的寄存器堆提供两个寄存器操作数（不需要写入寄存器堆）。此外，使用附录 A 中的 ALU 完成相等性比较。由于该 ALU 提供一个表示结果是否为 0 的输出信号，故可将两个寄存器操作数发给 ALU，并将控制设置为减法。如果 ALU 输出的零信号有效，可知两个寄存器值相等。尽管零输出信号总是指示结果是否为 0，但我们仅用它来实现条件分支指令的相等测试。稍后将详细地介绍如何为数据通路中的 ALU 连接控制信号。

> **分支发生**：一种分支指令，其分支条件满足，程序计数器变为分支目标地址。所有无条件分支指令都是发生的分支。

> **分支未发生**：一种分支指令，其分支条件不成立，程序计数器变为分支指令的下一条指令的地址。

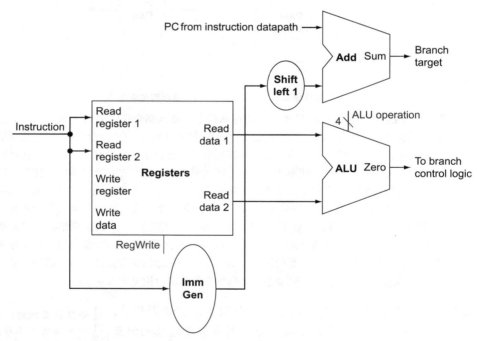

图 4-9　分支指令的数据通路部分使用 ALU 来判断分支条件是否成立，并使用单独的加法器计算分支目标地址（即 PC 和立即数（相对偏移）的和）。控制逻辑根据 ALU 的执行结果决定使用增量 PC 还是分支目标地址作为新的 PC

分支指令将指令中的 12 位偏移量左移一位与 PC 相加。如第 2 章所述，移位通过简单地给偏移量后面加上一个 0 实现。

建立一个简单的数据通路

我们已经分别讨论了几类指令需要的数据通路单元，现在可将它们组合成一个完整的数据通路并添加控制信号以完成实现。这个最简单的数据通路在每个时钟周期执行一条指令。这意味着每条指令在执行过程中的任何数据通路单元都只能使用一次，如果需要多次使用某数据通路单元，则要将其复制多份。因此，需要一个指令存储器和一个与之分开的数据存储器。尽管还有一些功能单元需要多份，但很多功能单元可以在不同的指令流动中被共享。

为在两个不同类指令之间共享数据通路单元，需要允许一个单元有多个输入，我们用多路选择器和控制信号在多个输入中进行选择。

| 例题 | 建立数据通路

算术逻辑（或 R 型）指令和存储类指令的数据通路非常相似。它们的主要区别如下：
- 算术逻辑指令使用 ALU 时，输入 ALU 的数据来自两个寄存器。存储类指令也使用 ALU 进行地址计算，但是第二个输入是对指令中 12 位偏移量进行符号扩展后的值。
- 存入目标寄存器的值来自 ALU（R 型指令）或存储器（载入指令）。

为存储类指令和算术逻辑指令的操作部分建立数据通路，只能使用一个寄存器堆和一个 ALU，并添加必要的多路选择器。

| 答案 | 为建立只有一个寄存器堆和一个 ALU 的数据通路，需支持 ALU 的第二个输入和要存入寄存器堆的数据都有两个不同的来源。因此，在 ALU 的输入端和寄存器堆的数据输入端分别添加一个多路选择器。图 4-10 给出了组合后的数据通路。

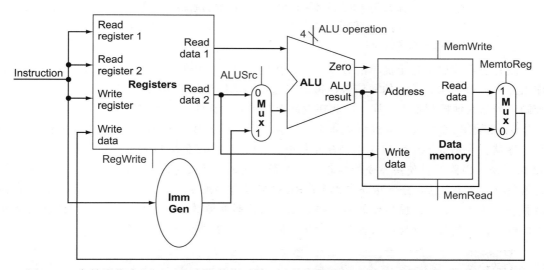

图 4-10　存储类指令和 R 型指令的数据通路。这个例子展示了如何通过添加多路选择器把图 4-7 和图 4-8 中的部分组合为一个数据通路。如上所述，增加了两个多路选择器

现在，把取指令数据通路（图 4-6）、R 型指令和存储类指令数据通路（图 4-10）、分支指令数据通路（图 4-9）合并，得到 RISC-V 指令系统核心集的一个简单数据通路，如图 4-11 所示。由于分支指令使用主 ALU 来比较两个寄存器操作数是否相等，所以要保留图 4-9 中的计算分支目标地址的加法器。增加一个多路选择器，用于选择是将顺序的指令地址（PC+4）还是分支目标地址写入 PC。

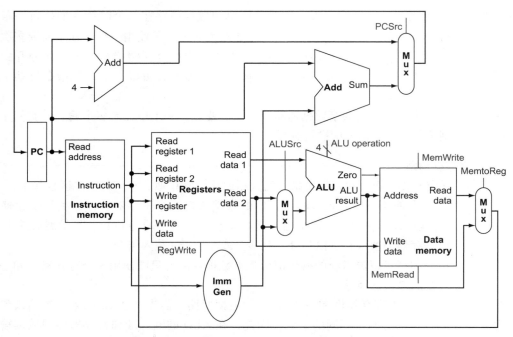

图 4-11   组合不同类指令所需的功能单元形成的 RISC-V 指令系统核心集的简单数据通路。
图中的单元来自图 4-6、图 4-9 和图 4-10。该数据通路可以在一个时钟周期内执行
基本指令（载入 – 存储寄存器、ALU 操作和分支）。为支持分支指令还增加了一个
额外的多路选择器

现在已经完成了这个简单的数据通路，我们可以添加控制单元。控制单元必须能够接受输入并生成每个状态单元的写信号、每个多选器的选择信号和 ALU 的控制信号。由于 ALU 控制信号与其他控制很不一样，因此在设计控制单元的其他部分之前先设计 ALU 控制信号。

详细阐述   立即数生成逻辑选择指令中要进行符号扩展的 12 位字段：载入指令的 31:20位、存储指令的 31:25 和 11:7 位、分支指令的 31、7、30:25 和 11:8 位。由于输入是完整的32 位指令，因此可以使用指令的操作码位选择合适的字段。RISC-V 操作码的第 6 位在数据传输指令中为 0，且在分支指令中为 1；RISC-V 操作码的第 5 位在载入指令中为 0，且在存储指令中为 1。这样，操作码的第 5 和 6 位可以控制立即数生成逻辑内的一个 3:1 多路选择器的输出，为载入、存储和条件分支指令选择合适的 12 位字段。

自我检测

Ⅰ.对载入指令来说，以下哪项是正确的？参考图 4-10。

a. MemtoReg 信号线应该被设置为将存储器中的数据发送至寄存器堆。

b. MemtoReg 信号线应该被设置为将正确的目标寄存器的数据发送至寄存器堆。

c. 对载入指令而言，MemtoReg 信号线的设置无关紧要。

Ⅱ.本节描述的单周期数据通路必须有独立的指令存储器和数据存储器，因为：

a. RISC-V 中指令与数据的格式是不同的，所以需要不同的存储器。

b. 使用独立的存储器会比较便宜。

c. 处理器在一个周期内只能操作每个部件一次，而在一个周期内不可能对一个（单端口）存储器进行两次存取。

4.4　一个简单的实现方案

在本节中，我们学习 RISC-V 子集的一种简单实现。这个简单实现使用上一节中的数据通路并增加一个简单的控制单元来完成。它实现了指令 lw、sw、beq 以及算术逻辑指令 add、sub、and 和 or。

4.4.1　ALU 控制

附录 A 中的 RISC-V ALU 定义了四根输入控制线的以下四种组合：

ALU控制线	功能
0000	AND
0001	OR
0010	add
0110	subtract

根据不同的指令类型，ALU 需执行以上四种功能中的一种。对于 load 和 store 指令，ALU 做加法计算存储器地址。对于 R 型指令，根据指令的 7 位 funct7 字段（位 31:25）和 3 位 funct3 字段（位 14:12）（参见第 2 章），ALU 需执行四种操作（与、或、加、减）中的一种。对于条件分支指令，ALU 将两个操作数做减法并检测结果是否为 0。

4 位 ALU 的输入控制信号可由一个小型控制单元产生，其输入是指令的 funct7 和 funct3 字段以及 2 位的 ALUOp 字段。ALUOp 指明要执行的操作是 load 和 store 指令要做的加法（00_2），还是 beq 指令要做的减法并检测是否为 0（01_2），或是由 funct7 和 funct3 字段决定（10_2）。该控制单元输出一个 4 位信号，即前面介绍的 4 位组合之一来直接控制 ALU。

图 4-12 说明如何根据指令中的 2 位 ALUOp 控制字段、funct7 和 funct3 字段设置 ALU 的输入控制信号。在本章的后面将看到主控制单元如何生成 ALUOp。

指令操作码	ALUOp	操作	funct7 字段	funct3 字段	ALU期望行为	ALU控制输入
lw	00	load word	XXXXXXX	XXX	add	0010
sw	00	store word	XXXXXXX	XXX	add	0010
beq	01	branch if equal	XXXXXXX	XXX	subtract	0110
R-type	10	add	0000000	000	add	0010
R-type	10	sub	0100000	000	subtract	0110
R-type	10	and	0000000	111	AND	0000
R-type	10	or	0000000	110	OR	0001

图 4-12　根据 ALUOp 控制位和 R 型指令的操作码设置 ALU 的控制信号。第一列是指令，它决定了 ALUOp 位。所有的编码都以二进制给出。注意，当 ALUOp 为 00_2 或 01_2 时，ALU 操作不依赖于 funct7 或 funct3 字段；在这种情况下，"不关心"操作码的值，所以将其记为一串 X。当 ALUOp 为 10_2 时，根据 funct7 和 funct3 字段来设置 ALU 的输入控制信号。见附录 A

这种多级译码的方式——主控制单元生成 ALUOp 位用作 ALU 的输入控制信号，再生成实际信号来控制 ALU——是一种常见的实现方式。多级控制可以减小主控制单元的规模。多个小的控制单元可能潜在地减小控制单元的延迟。这样的优化很重要，因为控制单元的延迟是决定时钟周期的关键因素。

有几种不同的方法把 2 位 ALUOp 字段和 funct 字段映射到四位 ALU 输入控制信号。由于只有少数 funct 字段有意义，并且仅在 ALUOp 位等于 10_2 时才使用 funct 字段，因此可以使用一个小逻辑单元来识别可能的取值并生成恰当的 ALU 控制信号。

为设计这个逻辑单元，有必要为 funct 字段和 ALUOp 信号的有意义组合生成一张**真值表**（truth table），如图 4-13 所示，该表给出了如何根据这些输入字段设置 4 位 ALU 输入控制信号。由于完整真值表非常大，我们并不关心所有的输入组合，所以只列出了使 ALU 控制信号有值的部分表项。在本章中，我们将一直采用这种方式列出真值表。（这样做的缺点在附录 C 的 C.2 节讨论。）

真值表：逻辑操作的一种表示方法，即列出输入的所有情况和每种情况下的输出。

ALUOp		funct7字段							funct3字段			操作
ALUOp1	ALUOp0	I[31]	I[30]	I[29]	I[28]	I[27]	I[26]	I[25]	I[14]	I[13]	I[12]	
0	0	X	X	X	X	X	X	X	X	X	X	0010
X	1	X	X	X	X	X	X	X	X	X	X	0110
1	X	0	0	0	0	0	0	0	0	0	0	0010
1	X	0	1	0	0	0	0	0	0	0	0	0110
1	X	0	0	0	0	0	0	0	1	1	1	0000
1	X	0	0	0	0	0	0	0	1	1	0	0001

图 4-13　4 位 ALU 控制信号（称为操作）的真值表。输入是 ALUOp 和 funct 字段。仅示出使得 ALU 控制信号有效的条目，也包括一些无关项。例如，ALUOp 不使用 11_2 编码，因此真值表包含条目 $1X_2$ 和 $X1_2$ 项，而不是 10_2 和 01_2 项。尽管 funct 字段的 10 位全部示出，但注意，对于四类 R 型指令而言，取值不同的只有 30、14、13 和 12 位。因此，只需要将这四位作为 ALU 控制的输入，而不是 funct 字段的全部 10 位

因为在很多情况下不关心某些输入的取值，为了简化真值表，我们也列出**无关项**。真值表中的无关项（在输入列中用 X 表示）表明输出不依赖于与该列对应的输入。例如，当 ALUOp 位为 00_2 时（如图 4-13 的第一行），ALU 控制信号总被设置为 0010_2，而与 funct 字段无关。在这种情况下，真值表中此行的 funct 即为无关项。稍后将看到另一个无关项的例子。如果不熟悉无关项的概念，参见附录 A 以了解更多信息。

无关项：逻辑函数的一个元素，输出与所有输入的取值无关。无关项可以用不同的方式指定。

真值表构建好后，可对其进行优化并转化为门电路。这个过程是完全机械的。所以，将在附录 C 的 C.2 节中描述此过程和结果。

4.4.2　设计主控制单元

我们已经描述了如何使用操作码和 2 位信号作为输入进行 ALU 控制单元的设计，现在考虑控制的其他部分。在开始之前，首先看一条指令的各个字段和图 4-11 的数据通路所需的控制信号。为了理解如何将指令的各个字段与数据通路相连，需回顾四类指令的格式：算术、载入、存储和条件分支指令。见图 4-14。

RISC-V 的指令格式遵循以下规则：

- 正如第 2 章所述，**操作码**字段总是 0 ～ 6 位（opcode[6:0]）。根据操作码，funct3 字段（opcode[14:12]）和 funct7 字段（opcode [31:25]）作为扩展的操作码字段。

操作码：表示指令操作和格式的字段。

- 对于 R 型指令和分支指令，第一个寄存器操作数始终在 15 ～ 19 位（opcode [19:15] rs1）。该字段也可用来定义载入和存储指令的基址寄存器。
- 对于 R 型指令和分支指令，第二个寄存器操作数始终在 20 ～ 24 位（opcode [24:20] rs2）。该字段也可用来定义存储指令中的寄存器，该寄存器保存了写入存储器的操作数。

- 对于分支指令、载入指令和存储指令，另一个操作数可以是 12 位立即数。
- 对于 R 型指令和载入指令，目标寄存器始终在 7 ～ 11 位（opcode [11:7] rd）。

名称 （位的位置）	字段					
	31:25	24:20	19:15	14:12	11:7	6:0
(a) R型	funct7	rs2	rs1	funct3	rd	opcode
(b) I型	immediate[11:0]		rs1	funct3	rd	opcode
(c) S型	immed[11:5]	rs2	rs1	funct3	immed[4:0]	opcode
(d) SB型	immed[12,10:5]	rs2	rs1	funct3	immed[4:1,11]	opcode

图 4-14　四类指令（算术、载入、存储和条件分支）使用的四类不同的指令格式。（a）R 型算术指令（操作码 = 51_{10}）。寄存器操作数有三个：rs1、rs2 和 rd。字段 rs1 和 rs2 是源寄存器，rd 是目标寄存器。funct3 和 funct7 字段指示 ALU 功能，并由之前设计的 ALU 控制单元进行译码。我们需要实现的 R 型指令有 add、sub、and 和 or。（b）I 型载入指令（操作码 = 3_{10}）。寄存器 rs1 是基址寄存器，它与 12 位立即数字段相加得到存储器地址。字段 rd 是目标寄存器，它存放从存储器中读出的值。（c）S 型存储指令（操作码 = 35_{10}）。寄存器 rs1 是基址寄存器，与 12 位立即数字段相加得到存储器地址（立即数字段在指令编码中被分成 7 位和 5 位两部分）。字段 rs2 是源寄存器，它的值应存入存储器中。（d）SB 型条件分支指令（操作码 = 99_{10}）。寄存器 rs1 和 rs2 进行比较。将 12 位立即数地址字段进行符号扩展，再左移 1 位，与 PC 相加得到分支目标地址。图 4-17 和图 4-18 给出了 SB 类型指令中立即数字段编码的基本原理

第 2 章的第一个设计原则——简单源于规整——在这里就得到了印证：简化了对数据通路的控制。

硬件 / 软件接口　与 MIPS 相比，RISC-V 的指令格式虽然看起来更复杂，但实际上简化了硬件。这甚至可以改善某些 RISC-V 实现的时钟周期，尤其是我们在 4.6 节中看到的流水线版本。既然编译器、汇编器和调试器对程序员隐藏了指令格式的细节，为什么不选择对硬件有帮助的格式呢？

第一个例子是存储指令格式。图 4-15 显示了 MIPS 的数据传输和算术指令的格式及其对数据通路的影响。MIPS 需要一个 2 选 1 的多路复用器来指定哪个字段提供目的寄存器的编号，这在图 4-15 中是不需要的。该多路复用器可能位于会延长时钟周期的关键路径上。为使目的寄存器始终位于所有指令的第 11 至 7 位，RISC-V S 型指令必须将立即数字段拆分成两部分：第 31 至 25 位为立即数 [11:5]，第 11 至 7 位为立即数 [4:0]。与立即数字段保持连续的 MIPS 相比，它看起来有些奇怪，但 RISC-V 汇编器隐藏了这种复杂性，并让硬件实现受益。

op	rs	rt	rd	shamt	funct	R型指令：算术指令
6位	5位	5位	5位	5位	6位	

op	rs	rt	常量或地址	I型指令：数据传输，立即数
6位	5位	5位	16位	

　　第二个例子看起来更奇怪。图 4-16 显示 RISC-V 有两种格式的所有字段大小都相同，并且与其他两种格式（SB 与 S、UJ 与 U）一样都是立即数，但数的位置是旋转的。

　　SB 和 UJ 格式通过将更多的工作交给汇编器来再次简化硬件。图 4-15 显示了 RISC-V 的立即数生成器所执行的操作。如果假设条件分支指令是 S 型而不是 SB 型，无条件分支指令是 U 型而不是 UJ 型，图 4-17 显示了指令的哪些位对应立即数字段。最后一行显示了每个输出位的输入组合数量，它决定了立即数生成器中多路复用器的端口数量。

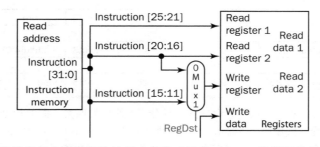

图 4-15　MIPS 的算术指令和数据传输指令的格式及其对 MIPS 数据通路的影响。对于使用 R 型的 MIPS 算术指令，rd 是目标寄存器，rs 是第一个寄存器操作数，rt 是第二个寄存器操作数。对于 MIPS 加载指令（立即数），rs 仍然是第一个寄存器操作数，但 rt 现在是目标寄存器。因此需要二选一多路复用器在 rd 和 rt 字段之间进行选择来写入正确的寄存器

类型 （字段大小）	字段						备注
	7位	5位	5位	3位	5位	7位	
R 型	funct7	rs2	rs1	funct3	rd	opcode	算术指令格式
I 型	immediate[11:0]		rs1	funct3	rd	opcode	加载和运算（立即数）指令
S 型	immed[11:5]	rs2	rs1	funct3	immed[4:0]	opcode	存储指令
SB 型	immed[12,10:5]	rs2	rs1	funct3	immed[4:1,11]	opcode	条件分支指令格式
UJ 型	immediate[20,10:1,11,19:12]				rd	opcode	无条件跳转指令格式
U 型	immediate[31:12]				rd	opcode	高位立即数指令格式

图 4-16　真实的 RISC-V 指令格式

		立即数输出（按位）																															
		31	30	29	28	27	26	25	24	23	22	21	20	19	18	17	16	15	14	13	12	11	10	9	8	7	6	5	4	3	2	1	0
指令	格式	立即数输入（按位）																															
加载和算术（立即数）指令	I	i31	i31	i31	i31	i31	i31	i31	i31	i31	i31	i31	i31	i31	i31	i31	i31	i31	i31	i31	i31	i30	i29	i28	i27	i26	i25	i24	i23	i22	i21	i20
存储指令	S	"	"	"	"	"	"	"	"	"	"	"	"	"	"	"	"	"	"	"	"	i11	i10	i9	i8	i7
条件分支指令	S	"	"	"	"	"	"	"	"	"	"	"	"	"	"	"	"	"	i30	i29	i28	i27	i26	i25	i24	"	"	"	"	0
无条件跳转指令	U	"	"	"	"	"	"	"	"	"	"	"	i30	i29	i28	i27	i26	i25	i24	i23	i22	i21	i20	i19	i18	i17	i16	i15	i14	i13	i12
高位加载立即数指令	U	"	i30	i29	i28	i27	i26	i25	i24	i23	i22	i21	i20	i19	i18	i17	i16	i15	i14	i13	i12	0	0	0	0	0	0	0	0	0	0	0	0
输入的组合情况		1	2	2	2	2	2	2	2	2	2	2	3	3	3	3	3	3	3	3	4	4	4	4	4	4	4	4	4	4	4	4	3

图 4-17　如果条件分支指令采用 S 型、跳转指令采用 U 型编码，立即数字段的输入组合情况

　　相比之下，图 4-18 显示了分支和跳转指令的实际格式，以及减少的输入选择数量。SB 和 UJ 格式将立即数 19 到 12 位的多路复用器从 3 选 1 减少到 2 选 1，将立即数 10 到 1 位的多路复用器从 4 选 1 减少到 2 选 1。RISC-V 架构师再一次设计了外观奇特但高效的编码格式，简化了 18 个 1 位多路复用器。对于高端处理器而言，节省的成本微不足道，但对非常低端的处理器很有帮助。唯一的成本由汇编程序承担。

		立即数输出（按位）																															
		31	30	29	28	27	26	25	24	23	22	21	20	19	18	17	16	15	14	13	12	11	10	9	8	7	6	5	4	3	2	1	0
指令	格式	立即数输入（按位）																															
加载和算术（立即数）指令	I	i31	i31	i31	i31	i31	i31	i31	i31	i31	i31	i31	i31	i31	i31	i31	i31	i31	i31	i31	i31	i31	i30	i29	i28	i27	i26	i25	i24	i23	i22	i21	i20
存储指令	S	“	“	“	“	“	“	“	“	“	“	“	“	“	“	“	“	“	“	“	“	“	“	“	“	“	“	“	i11	i10	i9	i8	i7
条件分支指令	SB	“	“	“	“	“	“	“	“	“	“	“	“	“	“	“	“	“	“	“	“	i7	“	“	“	“	“	“	“	“	“	“	0
无条件跳转指令	UJ	“	“	“	“	“	“	“	“	“	“	“	“	i19	i18	i17	i16	i15	i14	i13	i12	i20	“	“	“	“	“	“	“	“	“	“	“
高位加载立即数指令	U	“	i30	i29	i28	i27	i26	i25	i24	i23	i22	i21	i20	“	“	“	“	“	“	“	“	0	0	0	0	0	0	0	0	0	0	0	“
输入的组合情况		1	2	2	2	2	2	2	2	2	2	2	2	2	2	2	2	2	2	2	2	4	2	2	2	2	2	2	3	3	3	3	3

图 4-18　如果条件分支指令采用 SB 型、跳转指令采用 UJ 型编码（RISC-V 采用的是这样的编码方案），立即数字段的输入组合情况

根据这些信息，可为简单的数据通路添加指令标记，图 4-19 给出了这些增加的单元和 ALU 控制模块、状态单元的写信号、数据存储器的读信号以及多路选择器的控制信号。由于所有多路选择器都有两个输入，每个多路选择器都需要一条单独的控制线。

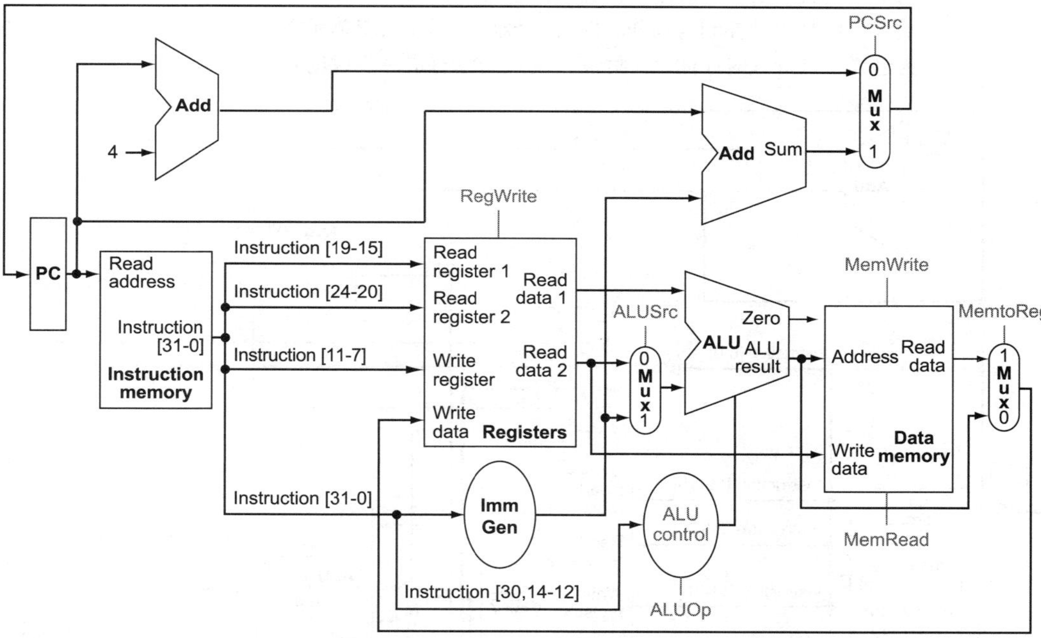

图 4-19　为图 4-11 数据通路图添加了所有必要的多路选择器，并标识了所有控制线。控制线以灰色示出。也添加了 ALU 控制块，它取决于 funct3 字段和部分 funct7 字段。PC 不需要写控制信号，因为它在每个时钟周期结束时被写入一次；分支控制逻辑确定 PC 是自增的 PC 还是分支目标地址

图 4-19 给出了 6 根 1 位控制线和 2 位 ALUOp 控制信号。我们已经定义了 ALUOp 控制信号如何工作，在确定指令执行过程中如何设置这些控制信号之前，应先非正式地定义其他六个控制信号如何工作。图 4-20 描述了这 6 根控制线的功能。

我们已经了解各个控制信号的功能，再来看看它们如何设置。除 PCSrc 控制信号外，所有的控制信号可由控制单元仅根据指令的操作码和 funct 字段设置。PCSrc 控制线是例外。若指令是 branch if equal（由控制单元确定）并且做相等检测的 ALU 的零输出有效，那么

PCSrc 控制信号有效。为生成 PCSrc 信号，需要将来自控制单元（称为"Branch"）的信号与来自 ALU 的零输出信号相"与"。

这 8 个控制信号（图 4-20 中的 6 个和 ALUOp 中的 2 个）可根据控制单元的输入信号（即操作码的 6：0 位）进行设置。图 4-21 给出了包含控制单元和控制信号的数据通路。

信号名	无效时的效果（置0）	有效时的效果（置1）
RegWrite	无	被写的寄存器号来自Write register信号的输入，数据来自Write data信号的输入
ALUSrc	第二个ALU操作数来自第二个寄存器堆的输出（即Read data 2 信号的输出）	第二个ALU操作数是指令的低12位符号扩展
PCSrc	PC值被adder的输出所替换，即PC+4的值	PC值被adder的输出所替换，即分支目标
MemRead	无	读地址由Address信号的输入指定，输出到Read data信号的输出中
MemWrite	无	写地址由Address信号的输入指定，写入内容是Write data信号的输入中的值
MemtoReg	寄存器写数据的输入值来自ALU	寄存器写数据的输入值来自数据存储器

图 4-20   6 个控制信号的功能。当两路多选器的 1 位控制信号有效时，多选器选择对应于 1 的输入。否则选择对应于 0 的输入。请记住，所有状态单元都将时钟信号作为隐式输入，而且时钟控制写操作。时钟信号从来不在状态单元之外通过任何门电路，因为这样可能导致时序问题（附录 A 对此问题有进一步讨论）

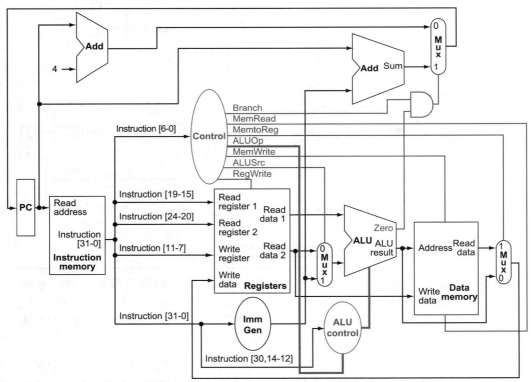

图 4-21   带有控制单元的简单数据通路。控制单元的输入是指令的 7 位操作码字段，输出包含两个控制多路选择器的 1 位信号（ALUSrc 和 MemtoReg）、三个控制寄存器堆和数据存储器读写的信号（RegWrite、MemRead 和 MemWrite）、一个确定是否分支的 1 位信号（Branch）和一个 ALU 的 2 位控制信号（ALUOp）。分支控制信号与 ALU 的零输出信号一起送入一个与门，其输出控制下一个 PC 的选择。注意 PCSrc 是衍生信号，不是直接来自控制单元。因此在图中我们没有标出这个信号名称

在设计控制单元的计算公式或真值表之前，应非正式地定义控制功能。由于控制信号的设置仅取决于操作码，我们需要定义每个控制信号在每个操作码的取值下是 0、1 或无关（X）。根据图 4-12、图 4-20 和图 4-21，图 4-22 定义了对应于每种操作码的控制信号。

指令	ALUSrc	MemtoReg	RegWrite	MemRead	MemWrite	Branch	ALUOp1	ALUOp0
R型	0	0	1	0	0	0	1	0
lw	1	1	1	1	0	0	0	0
sw	1	X	0	0	1	0	0	0
beq	0	X	0	0	0	1	0	1

图 4-22　控制线的设置完全取决于指令的操作码字段。表格中第一行对应 R 型指令（add、sub、and 和 or 指令）。源寄存器字段为 rs1 和 rs2，目标寄存器字段为 rd；这决定了信号 ALUSrc 如何设置。此外，R 型指令写入寄存器（RegWrite = 1），但不读写数据存储器。当 Branch 控制信号为 0 时，PC 无条件地由 PC + 4 取代；否则，如果 ALU 的零输出也为高，则 PC 由分支目标地址取代。R 型指令的 ALUOp 字段为 10，表示 ALU 控制信号应由 funct 字段生成。该表的第二行和第三行给出了 lw 和 sw 的控制信号。ALUSrc 和 ALUOp 字段被设置为执行地址计算。MemRead 和 MemWrite 被设置为执行存储器访问。最后，为 load 指令设置 RegWrite，将结果存入 rd 寄存器中。分支指令的 ALUOp 字段设置为减法（ALU 控制信号 = 01），用于测试相等性。请注意，当 RegWrite 信号为 0 时，MemtoReg 字段无关紧要：因为寄存器没有被写入，寄存器写端口的数据值不被使用，所以最后两行中的 MemtoReg 值由于不被关心而被 X 取代。这种无关项设计必须由设计者加入，因为其依赖于对数据通路工作原理的了解

4.4.3　数据通路操作

根据图 4-20 和图 4-22 包含的信息，可以设计控制单元的逻辑，但在这之前先了解每条指令是如何使用数据通路的。接下来的几张图说明了三类不同指令在数据通路中的流动。有效的控制信号和数据通路单元已标出。请注意，多选器在控制信号为 0 时也有相应的动作，即使其控制信号没有着重标出。对于多位信号，只要其中任何信号有效，就着重标出。

图 4-23 所示为 R 型指令的数据通路操作，例如 add x1,x2,x3。虽然所有操作都发生在一个时钟周期内，但我们认为执行该指令共分为四个步骤，这些步骤按照信息的流动排序：

1. 取出指令，PC 自增。
2. 从寄存器堆读出两个寄存器 x2 和 x3，同时主控制单元在此步骤计算控制信号。
3. 根据部分操作码确定 ALU 的功能，对从寄存器堆读出的数据进行操作。
4. 将 ALU 的结果写入寄存器堆中的目标寄存器（x1）。

用类似图 4-23 的方式，可以说明 load 指令的执行，例如 lw x1,offset(x2)。图 4-24 所示为在 load 指令执行过程中有效的功能单元和控制线。可将 load 指令的执行分为五个步骤（与 R 型指令分四步执行类似）：

1. 从指令存储器中取出指令，PC 自增。
2. 从寄存器堆读出寄存器（x2）的值。
3. ALU 将从寄存器堆中读出的值和符号扩展后的指令中的 12 位（偏移量）相加。
4. 将 ALU 的结果用作数据存储器的地址。
5. 将从存储器读出的数据写入寄存器堆（x1）。

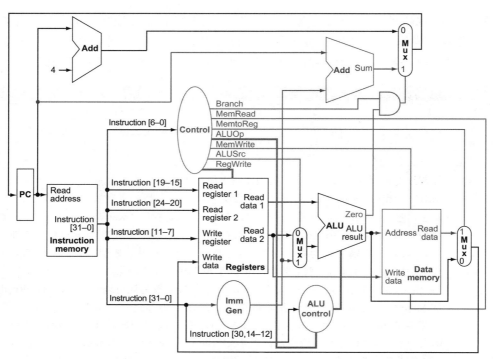

图 4-23   执行 R 型指令时数据通路的操作，例如 add x1, x2, x3。用到的控制线、数据通路单元和连接以灰色示出

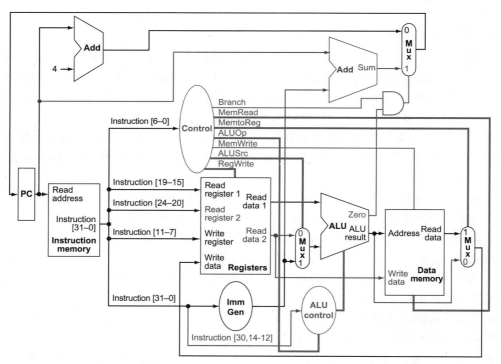

图 4-24   执行 load 指令时数据通路的操作。用到的控制线、数据通路单元和连接着重标记。store 指令的操作与之相似。主要区别在于存储器控制将指明操作是写而不是读，读出的第二个寄存器的值将作为要存储的数据，并且不存在将数据存储器的内容写入寄存器堆的操作

最后，用相同的方式说明 branch-if-equal 指令的操作，例如 beq x1,x2,offset。它的操作与 R 型指令非常相似，但 ALU 的输出被用来确定 PC 由 PC+4 还是分支目标地址写入。图 4-25 所示为执行的四个步骤：

1. 从指令存储器中取出指令，PC 自增。
2. 从寄存器堆中读出两个寄存器 x1 和 x2。
3. ALU 将从寄存器堆读出的两数相减。PC 与左移一位、符号扩展的指令中的 12 位（偏移）相加，结果是分支目标地址。
4. ALU 的零输出决定将哪个加法器的结果写入 PC。

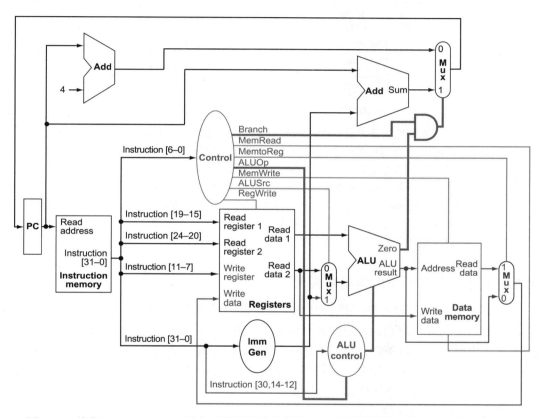

图 4-25 执行 branch-if-equal 指令时数据通路的操作。用到的控制线、数据通路单元和连接着重标出。在寄存器堆和 ALU 执行比较操作之后，零输出从两个可能的 PC 之间选择下一个 PC

4.4.4 控制的结束

我们已经了解了指令如何按步骤操作，现在继续讨论控制单元的实现。控制单元的功能可根据图 4-22 的内容进行精确定义，其输出是控制线，输入是几位操作码。因此，可以根据操作码的二进制编码为每个输出建立一个真值表。

图 4-26 将控制单元的逻辑定义为一个大的真值表，它将所有输出与输入组合在一起，输入为操作码，并且完整地描述了控制单元的功能，可以自动地转换为门电路实现，附录 C 中的 C.2 节描述了这个步骤。

输入或输出	信号名	R型	lw	sw	beq
输入	I[6]	0	0	0	1
	I[5]	1	0	1	1
	I[4]	1	0	0	0
	I[3]	0	0	0	0
	I[2]	0	0	0	0
	I[1]	1	1	1	1
	I[0]	1	1	1	1
输出	ALUSrc	0	1	1	0
	MemtoReg	0	1	X	X
	RegWrite	1	1	0	0
	MemRead	0	1	0	0
	MemWrite	0	0	1	0
	Branch	0	0	0	1
	ALUOp1	1	0	0	0
	ALUOp0	0	0	0	1

图 4-26   真值表完整地描述了简单的单周期实现的控制功能。上半部分给出了与四类指令（每列一类）相对应的输入信号的组合，决定了输出如何设置。下半部分给出了对应四种操作码的输出。例如，在两种不同的输入情况下，输出信号 RegWrite 有效。如果只考虑表中的四种操作码，那么可以使用输入部分的无关项来简化真值表。例如，可以用表达式 Op4 · Op5 检测 R 型指令，因为这足以将 lw、sw 和 beq 指令与 R 型指令区分开。由于在 RISC-V 的完整实现中会用到操作码的其余部分，所以我们没有使用这种简化

4.4.5   为什么现在不使用单周期实现

尽管单周期设计可以正确工作，但是在现代设计中不采取这种方式，因为它的效率太低。究其原因，是在单周期设计中时钟周期对于每条指令必须等长。这样，处理器中的最长路径决定了时钟周期。这条路径很可能是一条 load 指令，它连续地使用 5 个功能单元：指令存储器、寄存器堆、ALU、数据存储器和寄存器堆。虽然 CPI 为 1（见第 1 章），但由于时钟周期太长，单周期实现的整体性能可能很差。

使用单周期设计的代价是显著的，但对于这个小指令集而言，或许是可以接受的。历史上，早期具有简单指令集的计算机确实采用这种实现方式。但是，如果要实现浮点单元或更复杂的指令集，单周期设计根本无法正常工作。

由于时钟周期必须满足所有指令中最坏的情况，所以不能使用那些缩短常用指令执行时间而不改变最坏情况的实现技术。因此，单周期实现违反了第 1 章中加速经常性事件这一设计原则。

在 4.6 节，我们将看到一种称为流水线的实现技术，它使用与单周期相似的数据通路，但吞吐量更高，效率更高。流水线技术通过同时执行多条指令来提高效率。

自我检测　回顾图 4-26 中的控制信号。你能将它们结合在一起吗？图中的控制信号可以被其他控制信号取反来代替吗？（提示：考虑无关项。）如果有，不加反相器是否可以直接用一个控制信号替代另一个呢？

4.5　多周期实现

在上一节中，我们将每条指令分解为与所需功能单元操作相对应的一系列步骤。我们可以使用这些步骤来创建**多周期实现**。在多周期实现中，执行中的每一步都需要 1 个时钟周期。多周期实现允许每个指令多次使用同一个功能单元，只要它在不同的时钟周期内使用。这种共享有助于减少所需的硬件数量。允许指令采用不同数量的时钟周期，以及在单条指令的执行中共享功能单元是多周期设计的主要优势。本在线部分描述了 MIPS 的多周期实现。

虽然多周期实现可以降低硬件成本，但今天几乎所有的芯片都使用流水线来提高性能，所以一些读者可能想跳过多周期直接进入流水线。但是，一些讲授者却认可在流水线之前阐释多周期实现的教学优势，因此我们将这部分内容作为可选的在线部分。

4.6　流水线概述

流水线是一种能使多条指令重叠执行的实现技术。目前，流水线技术广泛应用。

> 决不浪费时间。
> *美国谚语*
>
> **流水线**：一种实现多条指令重叠执行的技术，与生产流水线类似。

本节用一个比喻概述流水线的概念及相关问题。如果只想了解流水线的主要内容，应详细阅读本节后跳到 4.11 节和 4.12 节学习最新处理器（如 Intel Core i7 和 ARM Cortex-A53）中使用的高级流水线技术。如果想深入了解流水线计算机，4.7～4.10 节做了详细介绍。

任何做洗衣工作的人都不自觉地使用流水线技术。非流水线的洗衣过程包含如下步骤：

1. 将一批脏衣服放入洗衣机。
2. 洗衣机洗完后，将湿衣服取出并放入烘干机。
3. 烘干机完成后，将干衣服取出，放在桌上并叠起来。
4. 叠好后，请你的室友帮忙把衣服收好。

当这一批衣服收好后，再开始洗下一批脏衣服。

流水线方法花费的时间少得多，如图 4-27 所示。当第一批衣服从洗衣机中取出并放入烘干机后，就可以把第二批脏衣服放入洗衣机。当第一批衣服烘干完成后，就可以把它们放在桌上叠起来，同时把洗衣机中洗好的衣服放入烘干机，再将下一批脏衣服放入洗衣机。接着让你的室友把第一批衣服从桌上收好，你开始叠第二批衣服，烘干机开始烘干第三批衣服，同时可以把第四批衣服放入洗衣机。此时，所有的洗衣步骤（称为流水线阶段）在同时工作。只要每个阶段使用不同的资源，我们就可以用流水线的方法完成任务。

流水线的矛盾在于，对于一双脏袜子，从把它放入洗衣机到被烘干、叠好和收起的时间在流水线中并没有缩短；然而对于许多负载来说，流水线更快的原因是所有工作都在并行地执行。所以单位时间能够完成更多工作，流水线提高了洗衣系统的吞吐率（throughput）。因此，流水线不会缩短洗一次衣服的时间，但是当有很多衣物需要洗时，吞吐率的提高减少了完成整个任务的时间。

如果每个步骤需要的时间相同，并且要完成的工作足够多，那么由流水线产生的加速比等于流水线中步骤的数目，在这个例子中是 4 倍：洗涤、烘干、折叠和收起。因此，流水线方式洗衣是非流水线方式洗衣速度的 4 倍：流水线中 20 次洗衣需要的时间是一次洗衣的 5 倍，而 20 次非流水线洗衣的时间是一次洗衣的 20 倍。图 4-27 中流水线方式的速度仅为非流水线方式的 2.3 倍，因为图中只包括 4 次洗衣过程。注意到图 4-27 流水线中的工作负载在开始和结束时，流水线并未完全充满；当任务数量与流水线的步骤数量相比不是很大时，流水线的启动和结束会影响它的性能。在本例中，如果负载的数量远远大于 4，那么流水线步骤在大部分时间是充满的，吞吐率的增加接近 4 倍。

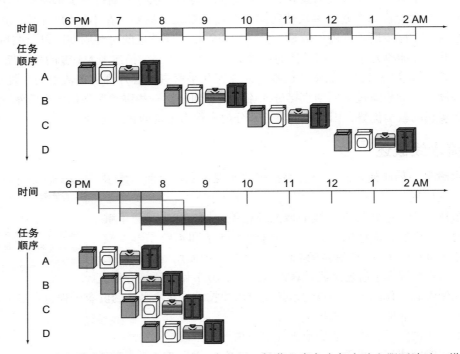

图 4-27　以洗衣服为例类比流水线。安、布莱恩、凯茜和唐各自都有脏衣服要清洗、烘干、折叠和收起。洗衣机、烘干机、"折叠机"和"收衣机"每台机器需要 30 分钟完成各自任务，顺序的洗衣方法需要 8 小时洗完 4 批衣服，而流水线洗衣方法只需 3.5 小时。图中在二维时间轴中通过资源的 4 次复制表明不同工作负载的流水线阶段，但实际上每种资源只有一份

同样的原则也可用于处理器，即采用流水线方式执行指令。RISC-V 指令执行通常包含五个步骤：

1. 从存储器中取出指令。
2. 读寄存器并译码指令。
3. 执行操作或计算地址。
4. 访问数据存储器中的操作数（如有必要）。
5. 将结果写入寄存器（如有必要）。

因此，本章探讨的 RISC-V 流水线有五个阶段。正如流水线加速洗衣过程一样，下面的例子将说明流水线如何加速指令执行。

例题 │ 单周期实现与流水线性能

为了使讨论具体化，我们先建立一个流水线。在本例和本章的其余部分，我们只考虑这七条指令：字载入（lw）、字存储（sw）、加（add）、减（sub）、与（and）、或（or）和相等就跳转（beq）指令。

本例将单周期指令执行（每条指令执行需要一个时钟周期）与流水线指令执行的平均执行时间进行对比。假设在本例中主要功能单元的操作时间为：指令或数据存储器访问为200ps，ALU操作为200ps，寄存器堆的读或写为100ps。在单周期模型中，每条指令的执行需要一个时钟周期，所以时钟周期必须满足最慢的指令。

答案 图4-28所示为七条指令中每条指令所需的执行时间。单周期设计必须满足最慢的指令——图4-28中是 lw 指令，所以每条指令所需的执行时间是800ps。类似图4-27，图4-29比较了三条载入寄存器指令的非流水线方式和流水线方式的执行过程。因此，在非流水线设计中，第一条和第四条指令之间的时间为 3×800ps=2400ps。

指令类型	取指令	读寄存器	ALU操作	数据存取	写寄存器	总时间
Load word (lw)	200 ps	100 ps	200 ps	200 ps	100 ps	800 ps
Store word (sw)	200 ps	100 ps	200 ps	200 ps		700 ps
R-format (add, sub, and, or)	200 ps	100 ps	200 ps		100 ps	600 ps
Branch (beq)	200 ps	100 ps	200 ps			500 ps

图 4-28　根据各功能单元所需时间计算出的每条指令执行总时间。假定多路选择器、控制单元、PC访问和符号扩展单元没有延迟

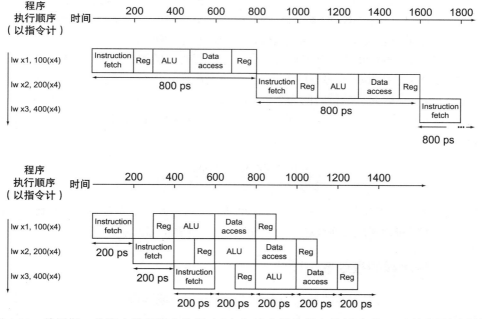

图 4-29　单周期、非流水线的指令执行（上）与流水线的指令执行（下）。两者采用相同的功能单元，各功能单元执行时间如图4-28所示。在这种情况下，我们看到指令的平均执行时间从800ps降低到200ps，速度提高了4倍。比较此图与图4-27。对于洗衣的例子，假设所有阶段所需时间相等。如果烘干是最慢的阶段，那么烘干阶段所需时间定为每个阶段的时间。计算机流水线阶段时间也受限于最慢的阶段，要么是ALU操作，要么是存储器访问。同时我们假设写寄存器堆操作发生在时钟周期的前半段，读寄存器堆操作发生在时钟周期的后半段。本章后面将一直遵循这个假设

所有的流水线阶段都需要一个时钟周期，所以流水线的时钟周期必须足够长以满足最慢的操作。就像单周期设计中，即使某些指令的执行可能只需要 500ps，但时钟周期要满足最坏情况 800ps。流水线的时钟周期也必须满足最坏情况 200ps，尽管有些阶段只需要 100ps。流水线仍然提供了 4 倍的性能改进：第一条和第四条指令之间的时间是 $3 \times 200\mathrm{ps}=$ 600ps。

我们可以将上面讨论的流水线带来的性能加速比归纳为一个公式。如果流水线各阶段操作平衡，那么流水线处理器上的指令执行时间（假设理想条件下）等于

$$指令执行时间_{流水线} = \frac{指令执行时间_{非流水线}}{流水线级数}$$

在理想的条件下和有大量指令的情况下，流水线带来的加速比约等于流水线级数；五级流水线带来的加速比接近 5。

该公式表明，一个五级流水线在 800ps 非流水线执行时间的情况下，能带来接近 5 倍的性能提高，即相当于时钟周期为 160ps。然而，在前面的例子中，各阶段不完全平衡。此外，流水线引入了一些开销，开销的来源稍后会更加清晰。因此，流水线处理器中每条指令的执行时间将超过最小值，所以加速比将小于流水线的级数。

此外，尽管在前面的分析中断言将有 4 倍的性能提升，但在本例的三条指令的总执行时间中却并未反映出来：实际加速比是 2400ps/1400ps。当然，这是因为指令的数量不够多。如果增加指令的数量会发生什么？我们将前面图中的指令数增加到 1 000 003 条，也就是说在流水线中增加 1 000 000 条指令，每条指令使总执行时间增加 200ps。这样，总执行时间为 1 000 000 × 200ps + 1400ps=200 001 400ps。在非流水线方式中，增加 1 000 000 条指令，每条指令需要 800ps，因此总执行时间为 1 000 000 × 800ps + 2400ps=800 002 400ps。在这些条件下，在非流水线处理器与流水线处理器上，真实程序执行时间的比值接近于指令执行时间的比值：

$$\frac{800\ 002\ 400\mathrm{ps}}{200\ 001\ 400\mathrm{ps}} \simeq \frac{800\mathrm{ps}}{200\mathrm{ps}} \simeq 4.00$$

流水线技术通过提高指令吞吐率来提高性能，而不是减少单个指令的执行时间。由于真实程序会执行数十亿条指令，所以指令吞吐率是一个重要指标。

4.6.1　面向流水线的指令系统设计

尽管上面的例子只是对流水线的简单介绍，但我们也能够通过它了解面向流水线设计的 RISC-V 指令系统。

第一，所有 RISC-V 指令长度相同。这个限制简化了流水线第一阶段取指令和第二阶段指令译码。在像 x86 这样的指令系统中，指令长度从 1 字节到 15 字节不等，流水线设计更具挑战性。现代 x86 架构在实现时，将 x86 指令转换为类似 RISC-V 指令的简单操作，然后流水化这些简单操作，而不是流水化原始的 x86 指令（见 4.11 节）。

第二，RISC-V 只有几种指令格式，源寄存器和目标寄存器字段的位置相同。

第三，存储器操作数只出现在 RISC-V 的 load 或 store 指令中。这个限制意味着可以利用执行阶段来计算存储器地址，然后在下一阶段访问存储器。如果可以操作内存中的操作

数，就像在 x86 中一样，那么第三阶段和第四阶段将扩展为地址计算阶段、存储器访问阶段和执行阶段。很快就会看到较长流水线的缺点。

4.6.2　流水线冒险

流水线中有一种情况，在下一个时钟周期中下一条指令无法执行。这种情况被称为冒险（hazard），我们将介绍三种冒险。

结构冒险

第一种冒险叫作**结构冒险**（structural hazard）。即硬件不支持多条指令在同一时钟周期执行。在洗衣例子中，如果用洗衣烘干一体机而不是分开的洗衣机和烘干机，或者如果你的室友正在做其他事情而不能收好衣服，都会发生结构冒险。这时，我们精心设计的流水线就会受到破坏。

> **结构冒险**：因缺乏硬件支持而导致指令不能在预定的时钟周期内执行的情况。

如上所述，RISC-V 指令系统是面向流水线设计的，这使得设计人员在设计流水线时很容易避免结构冒险。然而，假设图 4-29 的流水线结构只有一个而不是两个存储器，那么如果有第四条指令，则会发生第一条指令从存储器取数据的同时第四条指令从同一存储器取指令，流水线会发生结构冒险。

数据冒险

由于一个步骤必须等待另一个步骤完成而导致的流水线停顿叫作**数据冒险**（data hazard）。假设你在叠衣服时发现一只袜子找不到与之匹配的另一只。一种可能的策略是跑到房间，在衣橱中找，看是否能找到另一只。显然，当你在找袜子时，完成烘干准备被折叠的衣服和那些已经洗完准备去烘干的衣服，不得不停顿等待。

> **数据冒险**：也称为流水线数据冒险，因无法提供指令执行所需数据而导致指令不能在预期的时钟周期内执行。

在计算机流水线中，数据冒险源于一条指令依赖于前面一条尚在流水线中的指令（这种关系在洗衣例子中并不存在）。例如，假设有一条加法指令，它后面紧跟着一条使用加法的和的减法指令（x19）：

```
add  x19, x0, x1
sub  x2, x19, x3
```

在不做任何干预的情况下，这一数据冒险会严重地阻碍流水线。add 指令直到第五个阶段才写结果，这将浪费三个时钟周期。

尽管可以尝试通过编译器来消除这些冒险，但结果并不令人满意。这些依赖经常发生，并且导致的延迟太长，所以不可能指望编译器将我们从这个困境中解救出来。

一种基本的解决方案是基于以下发现：不需要等待指令完成就可以尝试解决数据冒险。对于上面的代码序列，一旦 ALU 计算出加法的和，就可将其作为减法的输入。向内部资源添加额外的硬件以尽快找到缺少的运算项的方法，称为**前递**（forwarding）或**旁路**（bypassing）。

> **前递或旁路**：一种解决数据冒险的方法，提前从内部缓冲中取到数据，而不是等到数据到达程序员可见的寄存器或存储器。

| 例题 | 两条指令的前递 ──────────────────────────────■

对于上面的两条指令，说明前递将连接哪些流水级。图 4-30 表示流水线五个阶段的数据通路。与图 4-27 中的洗衣例子的流水线类似，每条指令的数据通路排成一行。

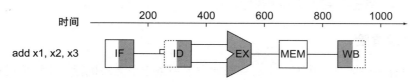

图 4-30 指令流水线的图形表示，本质上与图 4-27 的洗衣流水线类似。本图及本章使用图
　　　　形符号和流水线阶段的缩写来表示物理资源。五个阶段的图形符号分别为：IF 表
　　　　示取指令阶段，方框表示指令存储器；ID 表示指令译码 / 读存储器阶段，虚线框
　　　　表示正在被读的寄存器堆；EX 表示执行阶段，图中图形表示 ALU；MEM 表示存
　　　　储器访问阶段，方框表示数据存储器；WB 表示写回阶段，虚线表示被写入的寄存
　　　　器堆。阴影表示该单元被指令使用。因为 add 指令不访问数据存储器，所以 MEM
　　　　没有阴影。寄存器堆或存储器右半部分为阴影表示该阶段它们被读，而左半部分为
　　　　阴影表示该阶段它们被写。因此，ID 的右半部分在第二阶段为阴影，因为寄存器
　　　　堆被读，而 WB 的左半部分在第五阶段为阴影，因为寄存器堆被写

答案｜图 4-31 所示为将 add 指令的执行阶段后的 x1 中的值，前递给 sub 指令作为执行阶
　　　段的输入。

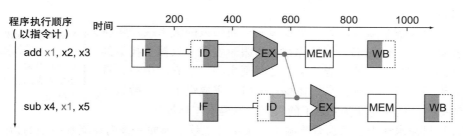

图 4-31 前递的图形表示。灰色线表示前递的路径，将 add 指令 EX 阶段的输出前递到
　　　　sub 指令 EX 阶段的输入，替换 sub 指令在第二阶段读出的寄存器 x1 的值

在图 4-31 中，仅当目标阶段在时间上晚于源阶段时，前递路径才有效。例如，从第一
条指令存储器访问阶段的输出到下一条指令执行阶段的输入不可能存在有效前递路径，否则
意味着时间倒流。

前递的效果很好（详见 4.8 节），但不能避免所有的流水线停顿。
例如，假设第一条指令是 load x1 而不是加法指令，正如图 4-31
所述，在第一个指令的第四个阶段之后，sub 指令所需的数据才可
用，这对于 sub 指令第三个阶段的输入来说太迟了。因此，即使使
用前递，流水线也不得不停顿一个阶段来处理**载入 - 使用型数据冒
险**（load-use data hazard），如图 4-32 所示。该图包含流水线的一个
重要概念，正式叫法是**流水线停顿**（pipeline stall），但通常俗称为**气
泡**（bubble）。我们经常看到流水线中发生停顿。4.8 节介绍如何处理
这种类似本例的复杂情况，即使用硬件检测和停顿，或由软件对代
码进行重新排序以尽量避免载入 - 使用型流水线停顿。

载入 - 使用型数据冒险：
一种特定形式的数据冒
险，指当载入指令要取的
数据还没取回时，其他指
令就需要该数据的情况。

流水线停顿： 也称为气泡，
为了解决冒险而实施的一
种阻塞。

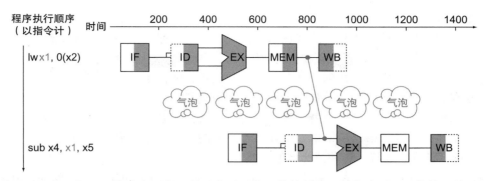

图 4-32   当一条 load 指令之后紧跟着一条需要使用其结果的 R 型指令时，即使使用前递也
需要停顿。如果不停顿，从存储器访问阶段的输出到执行阶段的输入这条路径意味
着时间倒流，这是不可能的。该图实际是一个示意图，因为直到 sub 指令被取出
并译码后才知道是否需要停顿。4.8 节介绍了发生冒险时的细节

┃例题┃重排代码以避免流水线停顿

考虑以下 C 语言代码段：

```
a = b + e;
c = b + f;
```

下面是这个代码段生成的 RISC-V 代码，假设所有变量都在存储器中，并且以 x31 作为基
址，加偏移后即可访问这些变量：

```
lw    x1, 0(x31)    // Load b
lw    x2, 8(x31)    // Load e
add   x3, x1, x2    // b + e
sw    x3, 24(x31)   // Store a
lw    x4, 16(x31)   // Load f
add   x5, x1, x4    // b + f
sw    x5, 32(x31)   // Store c
```

试找出上述代码段中的冒险并重新排列指令以避免流水线停顿。

┃答案┃ 两条 add 指令都有冒险，因为它们分别依赖于上一条 lw 指令。请注意，前递消除
了其他几种潜在冒险，包括第一条 add 指令对第一条 lw 指令的依赖，以及 sw 指令带来的
冒险。把第三条 lw 指令提前为第三条指令可以消除这两个冒险：

```
lw    x1, 0(x31)
lw    x2, 8(x31)
lw    x4, 16(x31)
add   x3, x1, x2
sw    x3, 24(x31)
add   x5, x1, x4
sw    x5, 32(x31)
```

在具有前递的流水线处理器上，执行重新排序的指令序列将比原始版本快两个时钟周期。━▶

除 4.6.1 节提到的 RISCV 的三个特点之外，前递引出了 RISC-V 体系结构的另一个特点。
即每条 RISC-V 指令最多写一个结果，并在流水线的最后一个阶段执行写操作。如果每条指
令有多个结果要前递，或者需要在指令执行的更早阶段写入结果，前递设计会复杂得多。

┃详细阐述┃ "前递"这个名称来源于将结果从前面一条指令直接传递给后面一条指令的
思想。"旁路"这个名称来源于将结果绕过寄存器堆，直接传递给需要它的单元的思想。

控制冒险

第三种冒险称为**控制冒险**，出现在以下情况：需要根据一条指令的结果做出决定，而其他指令正在执行。

> **控制冒险**：也称为分支冒险，由于取到的指令并不是所需要的，或者指令地址的流向不是流水线所预期的，导致正确的指令无法在正确的时钟周期内执行。

假设洗衣店的工作人员接到一个令人高兴的任务：清洁足球队队服。根据衣服的污浊程度，需要确定清洗剂的用量和水温设置是否合适，以致能洗净衣物又不会由于清洗剂过量而磨损衣物。在洗衣流水线中，必须等到第二步结束，检查已经烘干的衣服，才知道是否需要改变洗衣机设置。这种情况该怎么办？

有两种办法可以解决洗衣问题中的控制冒险，也适用于计算机中的相同问题，以下是第一种办法。

停顿：第一批衣物被烘干之前，按顺序操作，并且重复这一过程直到找到正确的洗衣设置为止。

这种保守的方法当然有效，但速度很慢。

计算机中相同的问题是条件分支指令。请注意，在取出分支指令后，紧跟着在下一个时钟周期就会取下一条指令。但是流水线并不知道下一条指令应该是什么，因为它刚刚从存储器中取出分支指令！就像洗衣问题一样，一种可能的解决方案是在取出分支指令后立即停顿，一直等到流水线确定分支指令的结果并知道要从哪个地址取下一条指令为止。

假设加入足够多的额外硬件，使得在流水线第二个阶段能够完成测试寄存器、计算分支目标地址和更新 PC（详见 4.9 节）。通过这些硬件资源，包含条件分支指令的流水线如图 4-33 所示。如果分支指令的条件不成立，要执行的指令在开始执行之前需额外停顿一个时钟周期（200ps）。

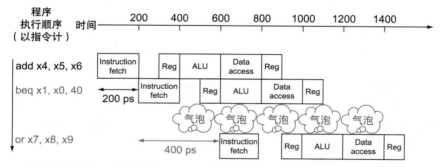

图 4-33　每遇到条件分支指令就停顿以避免控制冒险的流水线。本例假定条件分支指令发生跳转，并且分支目标地址处的指令是 or 指令。分支指令后会插入一个周期的停顿或气泡。我们将在 4.9 节中看到，实际中产生一次停顿的过程要更复杂。这种方法对性能的影响与插入一个气泡是一样的

| 例题 | 分支指令停顿的性能

估计对分支指令带来的停顿对指令时钟周期数（CPI）的影响。假设其他指令的 CPI 均为 1。

| 答案 | 图 3-22 表明在 SPEC int2006 中，条件分支指令占执行指令的 10%。由于其他指令的 CPI 为 1，而条件分支指令由于停顿多一个时钟周期，所以平均 CPI 为 1.10，与理想情况相比，速度下降了 1.10 倍。

对较长的流水线而言，通常无法在第二阶段解决分支指令的问题，那么如果每个条件分

支指令都停顿，将导致更严重的速度下降。对大多数计算机来说，这种方法的代价太大，根据第1章中的伟大思想，由此产生了解决控制冒险的第二个方法：

预测：如果你确定清洗队服的设置是正确的，就预测它可以工作，那么在等待第一批衣服被烘干的同时清洗第二批衣服。

如果预测正确，这个方法不会减慢流水线。但是如果预测错误，就需要重新清洗做预测时所清洗的那些衣服。

计算机确实采用预测来处理条件分支。一种简单的方法是总是预测条件分支指令不发生跳转。如果预测正确，流水线将全速前进。只有条件分支指令发生跳转时，流水线才会停顿。图4-34给出了这样一个例子。

更成熟的**分支预测**是预测一些条件分支指令发生跳转，而另一些不发生跳转。在洗衣的类比中，夜晚和主场比赛的队服采用一种洗衣设置，而白天和客场比赛的队服则采用另一种设置。在计算机程序中，循环底部是条件分支指令，并会跳转回到循环的顶部。由于它们很可能发生分支并且向回跳转，所以可以预测发生分支并跳到靠前的地址处。

分支预测：一种解决分支冒险的方法。它预测分支的结果并沿预测方向执行，而不是等分支结果确定后才开始执行。

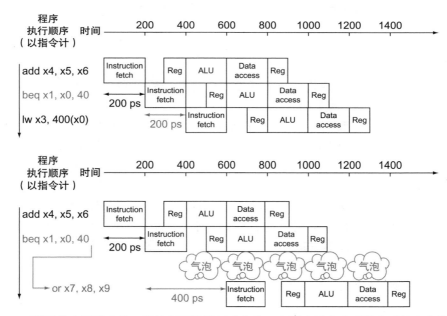

图4-34 预测分支不发生是一种控制冒险的解决方案。上图表示分支不发生时的流水线，下图表示分支发生时的流水线。正如图4-33说明的那样，这种插入气泡的方式实际是一种简化的方法，至少对紧跟分支指令的下一个时钟周期而言是这样。4.9节将介绍其中细节

这种分支预测方法依赖于始终不变的行为，没有考虑到特定分支指令的特点。与之形成鲜明对比的是，动态硬件预测器根据每个条件分支指令的行为进行预测，并在程序生命周期内可能改变条件分支的预测结果。对于洗衣例子，使用动态预测方法，一名店员查看队服的污浊程度并预测洗衣设置，同时根据最近的成功预测调整下一次的预测。

动态预测的一种常用实现方法是保存每个条件分支是否发生分支的历史记录，然后根据

最近的过去行为来预测未来。正如我们将看到的，历史记录的数量和类型足够多时，动态分支预测器的正确率超过 90%（见 4.9 节）。当预测错误时，流水线控制必须确保预测错误的条件分支指令之后的指令执行不会生效，并且必须从正确的分支地址处重新启动流水线。在洗衣例子中，必须停止接受新的任务，以便可以重新启动预测错误的任务。

如同其他解决冒险的方案一样，较长的流水线会恶化预测的性能，并增加预测错误的代价。4.9 节更详细地介绍了控制冒险的解决方案。

详细阐述 控制冒险的第三种解决方法称为延迟决定（delayed decision）。在洗衣例子中，每当需要做出有关洗衣的决定时，只需在等待足球队服被烘干的同时，向洗衣机中放入一批非足球队服的衣服。只要有足够多不受决定影响的脏衣服，这个方案就可以正常工作。

在计算机中这种方法被称为延迟转移，也就是 MIPS 架构实际使用的解决方案。延迟转移顺序执行下一条指令，并在该指令后执行分支。由于汇编器可以自动排序指令，使得分支指令的行为达到程序员的期望，所以这个过程对 MIPS 汇编语言程序员来说不可见。MIPS 软件会在延迟转移指令的后面放一条不受该分支影响的指令，并且发生转移的分支指令会改变这条安全指令后的指令地址。在图 4-33 中，分支指令前的 add 指令不影响转移，所以可以把它移动到分支指令之后以完全隐藏分支延迟。因为只有当分支延迟较短时延迟分支才有效，所以很少有处理器使用超过一个时钟周期的延迟转移。对于较长的分支延迟，通常使用基于硬件的分支预测。

4.6.3 总结

流水线技术是一种在顺序指令流中开发指令间 并行性 的技术。与多处理器编程相比，其优点在于它对程序员是不可见的。

在接下来的几节中，我们将通过 4.4 节 RISC-V 指令子集的单周期实现及其简化的流水线实现，来介绍流水线的相关概念。接着着眼于 流水线 所带来的问题以及流水线在典型情况下可获得的性能提升。

如果想了解更多软件和流水线对性能的影响，你现在有足够的背景可以跳到 4.11 节。4.11 节介绍高级流水线的概念，如超标量和动态调度。4.12 节介绍最新微处理器的流水线。

或者，如果想深入了解如何实现流水线和如何处理冒险，可以继续阅读后面几节。4.7 节介绍流水线数据通路和基本控制的设计。在此基础上，你可以在 4.8 节中学习前递和停顿的实现。紧接着 4.9 节介绍控制冒险的解决方案，4.10 节中介绍如何处理例外。

理解程序性能 除存储系统以外，流水线的有效操作是决定处理器 CPI 及其性能的最重要因素。正如我们将在 4.11 节看到的那样，现代多发射流水线处理器的性能是复杂的，因为它不仅仅存在简单流水线处理器中出现的问题。不管怎样，结构冒险、数据冒险和控制冒险在简单的流水线和更复杂的流水线处理器中都很重要。

对于现代流水线而言，结构冒险通常出现在浮点单元周围，而浮点单元可能不是完全流水线化的。而控制冒险通常出现在定点程序中，因为其中条件分支指令出现的频率更高，也更难预测。数据冒险在定点和浮点程序中都可能成为性能瓶颈。浮点程序中的数据冒险通常更容易处理，因为其中条件分支指令的频率更低并且存储访问更规则，这使编译器能够调度指令以避免冒险。而由于定点程序的存储器访问更不规则且包含大量指针，实现这样的优化更困难。正如我们将在 4.11 节中看到的那样，有很多编译器和基于硬件的技术通过调度减少数据间的依赖。

重点 流水线增加了可同时执行的指令数目以及指令开始和结束的速率。流水线并不能减少执行单条指令所需时间，即延迟（latency）。例如，一个五级流水线仍然需要五个时钟周期才能完成一条指令。用第 1 章中使用的术语来描述就是流水线提高了指令吞吐率，而不是减少了单条指令的执行时间或延迟。

延迟（流水线）：流水线的阶段数，或执行过程中两条指令间的阶段数。

对于流水线设计者来说，指令系统既可能将事物简单化，也可能将事物复杂化。流水线设计者必须解决结构冒险、控制冒险和数据冒险。分支 预测 和前递能够在保证得到正确结果的前提下提高计算机性能。

自我检测 对于下面的每个代码序列，说明它是否必须停顿，或者只使用前递就可以避免停顿，或者既不需要停顿也不需要前递就可以执行。

序列 1	序列2	序列3
lw x10, 0(x10)	add x11, x10, x10	addi x11, x10, 1
add x11, x10, x10	addi x12, x10, 5	addi x12, x10, 2
	addi x14, x11, 5	addi x13, x10, 3
		addi x14, x10, 4
		addi x15, x10, 5

4.7 流水线数据通路和控制

图 4-35 显示了 4.4 节中提到的单周期数据通路，并且标识了流水线阶段。将指令划分成五个阶段意味着五级流水线，还意味着在任意单时钟周期里最多执行五条指令。相应的，我们必须将数据通路划分成五个部分，将每个部分用对应的指令执行阶段来命名：

眼中所看到的东西比实际上要复杂。
Tallulah Bankhead, remark to
Alexander Woollcott, 1922

1. IF：取指令
2. ID：指令译码和读寄存器堆
3. EX：执行或计算地址
4. MEM：存储器访问
5. WB：写回

在图 4-35 中，这五个部分与图中数据通路的绘制方式是对应的，指令和数据通常随着执行过程从左到右依次通过这五个阶段。再回到我们的洗衣类比，在通过工作线路时衣服依次被清洁、烘干和整理，同时永远不会逆向移动。

然而，在从左到右的指令流动过程中存在两个特殊情况：

- 在写回阶段，它将结果写回位于数据通路中段的寄存器堆中。
- 在选择下一 PC 值时，在自增 PC 值与 MEM 阶段的分支地址之间进行选择。

从右到左的数据流向不会对当前的指令造成影响，这种反向的数据流动只会影响流水线中的后续指令。需要注意的是，第一种特殊情况会导致数据冒险，第二种会导致控制冒险。

一种表示流水线数据通路如何执行的方法是假定每一条指令都有独立的数据通路，然后将这些数据通路放在同一时间轴上来表示它们之间的关系。图 4-36 通过在公共时间轴上显示私有数据通路来表示图 4-29 中的指令的执行。我们使用图 4-35 中的数据通路的格式来表示图 4-36 中的关系。

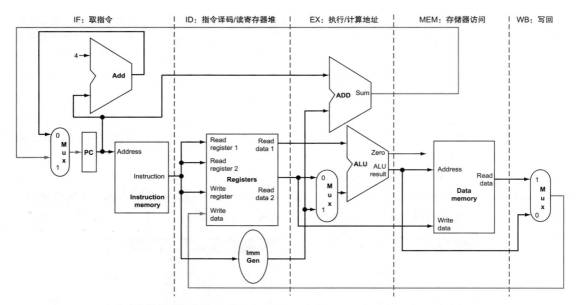

图 4-35　4.4 节中的单周期数据通路（与图 4-21 类似）。指令执行的每一步都从左至右地映
　　　　　射到数据通路中。唯一的例外是 PC 更新与写回的步骤（在图中用灰色表示），以上
　　　　　步骤发送 ALU 运算结果或存储中的数据到左侧，写入寄存器堆中（通常我们使用
　　　　　灰线表示控制，但在这里表示数据通路）

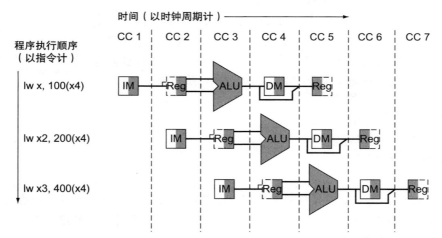

图 4-36　使用图 4-35 中的单周期数据通路执行的指令，假设指令以流水线方式执行。类似
　　　　　于图 4-30 ～图 4-32，该图假设每条指令都有自己独立的数据通路，并且根据使用
　　　　　情况将相应的部分涂上阴影。与那些图不同的是，每个阶段都被该阶段使用的物理
　　　　　资源标记，分别对应于图 4-38 中数据通路相应的部分。IM 表示指令寄存器和取值
　　　　　阶段的 PC，Reg 表示指令译码 / 寄存器读取阶段（ID）的寄存器堆和符号扩展单元，
　　　　　等等。为了保持正确的时序，这种形式化的数据通路将寄存器堆划分成两个逻辑部
　　　　　分：寄存器读取阶段（ID）的寄存器读和写回（WB）阶段的寄存器写。这种复用被
　　　　　表示为：在 ID 阶段，当寄存器堆没有被写入时，使用虚线绘制未被着色的寄存器
　　　　　堆的左半部分；在 WB 阶段，当寄存器堆没有被读取时，使用虚线绘制未被着色
　　　　　的寄存器堆的右半部分。与前文一致，我们假设寄存器堆是在时钟周期的前半部分
　　　　　写入的，在时钟周期的后半部分被读取

图 4-36 似乎表明三条指令需要三条数据通路，但事实上，我们可以通过引入寄存器保存数据的方式，使得部分数据通路可以在指令执行的过程中被共享。

举例来说，如图 4-36 所示，指令存储器只在指令的五个阶段中的一个阶段被使用，而在其他四个阶段中允许被其他指令共享。为了保留在其他四个阶段中的指令的值，必须把从指令存储器中读取的数据保存在寄存器中。类似的理由适用于每个流水线阶段，所以我们必须将寄存器放置在图 4-35 中每个阶段之间的分隔线上。再回到洗衣例子中，我们会在每两个步骤之间放置一个篮子，用于存放为下一步所准备的衣服。

图 4-37 显示了流水线数据通路，其中的流水线寄存器被高亮表示。所有指令都会在每一个时钟周期里从一个流水线寄存器前进到下一个寄存器中。寄存器的名称由两个被该寄存器分开的阶段的名称来命名。例如，IF 和 ID 阶段之间的流水线寄存器被命名为 IF/ID。

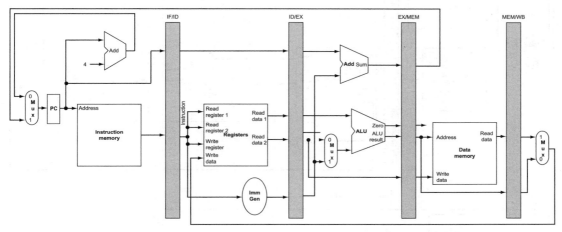

图 4-37　图 4-35 数据通路的流水线版本。在图中用灰色表示的流水线寄存器将流水线的各阶段分开。它们被标记为被它们所分开的阶段，例如，第一个流水线寄存器被标记为 IF/ID，因为它将取值和指令译码阶段分开。寄存器的位宽必须足够大以存储通过它们的所有数据。例如，IF/ID 寄存器的位宽必须为 96 位，因为它需要同时存储从存储器中提取出的 32 位指令以及自增的 64 位 PC 地址。我们将在本章中逐渐增加这些寄存器的位宽，不过目前，其他三个流水线寄存器的位宽分别为 256 位、193 位和 128 位

需要注意的是，在写回阶段的最后没有流水线寄存器。所有的指令都必须更新处理器中的某些状态，如寄存器堆、存储器或 PC 等，因此，单独的流水线寄存器对于已经被更新的状态来说是多余的。例如，加载指令将它的结果放入 32 个寄存器中的一个，此后任何需要该数据的指令只需要简单地读取相应的寄存器即可。

当然，每条指令都会更新 PC，无论是通过自增还是通过将其设置为分支目标地址。PC可以被看作一个流水线寄存器：它给流水线的 IF 阶段提供数据。不同于图 4-37 中被标记阴影的流水线寄存器，PC 是可见体系结构状态的一部分，在发生例外时，PC 中的内容必须被保存，而流水线寄存器中的内容则可以被丢弃。在洗衣的例子中，你可以将 PC 看作在清洗步骤之前盛放脏衣服的篮子。

为了说明流水线的工作原理，在本章中，我们使用一系列图片来演示这一系列操作。这些额外的内容看似使你要花费更多时间去理解，但是不要害怕，这些图片比它们看上去容易

理解，因为你可以通过对比来观察每个时钟周期中发生的变化。4.8 节描述了当指令流水线中存在数据冒险时的情况，现在请先忽略它们。

图 4-38 ～图 4-41 是我们的第一个序列，显示了加载指令在通过流水线的五个阶段时数据通路高亮的活动部分。我们首先展示加载指令是因为它在五个阶段中都是活跃的。如图 4-30 ～图 4-32 所示，当寄存器或存储器被读取时，我们高亮显示它们的右半部分；当它们被写入时，我们高亮显示它们的左半部分。

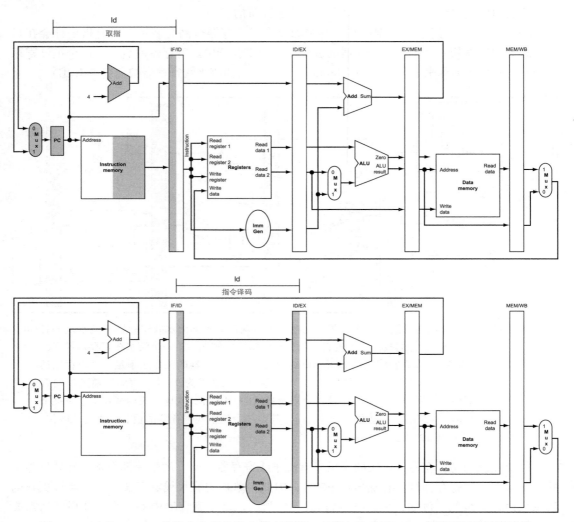

图 4-38　IF 和 ID：一条指令在指令流水线中的第一和第二步，图 4-37 中数据通路的活跃部分用灰色表示。这种高亮的表示方法与图 4-30 中的表示相同。如 4.2 节所述，读写寄存器时不会发生混乱，这是因为寄存器中的内容仅在时钟边沿上发生变化。尽管在阶段二中加载指令只需要寄存器 1 中的值，但是处理器此时并不知道当前是哪一条指令正在被译码，因此处理器将符号扩展后的 16 位常量以及两个寄存器中的值都存入 ID/EX 流水线寄存器中。我们并不一定需要全部这三个操作数，但是保留全部三个操作数可以简化控制

我们在图中标识出指令 lw 在每一副图中的活跃流水阶段。这五个阶段如下：

1. 取指：图 4-38 的顶端描绘了使用 PC 中的地址从存储器中读取指令，然后将指令放入 IF/ID 流水线寄存器中。PC 中的地址自增 4，然后写回 PC，以为下一时钟周期做准备。这个 PC 值也保存在 IF/ID 流水线寄存器中，以备后续的指令使用（例如 beq）。计算机并不知道当前正在提取的是哪一种指令，因此它必须为任何一种指令做好准备，并且将所有可能有用的信息沿流水线传递出去。

2. 指令译码和读寄存器堆：图 4-38 的底部显示了 IF/ID 流水线寄存器的指令部分，该指令提供一个 64 位符号扩展的立即数字段，以及两个将要读取的寄存器编号。所有这三个值都与 PC 地址一起存储在 ID/EX 流水线寄存器中。在这里我们再次向右传递在之后的时钟周期里指令可能用到的所有信息。

3. 执行或计算地址：图 4-39 显示了加载指令从 ID/EX 流水线寄存器中读取一个寄存器的值和一个符号扩展的立即数，并且使用 ALU 部件将它们相加，它们的和被存储在 EX/MEM 流水线寄存器中。

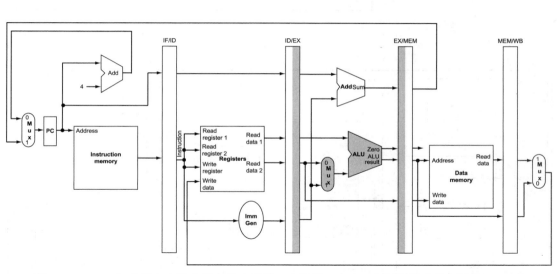

图 4-39　EX：加载指令在指令流水线中的第三个阶段，高亮显示该阶段中使用的图 4-37 中的数据通路部分。将寄存器中的值与符号扩展后的立即数相加，并将和放入 EX/MEM 流水线寄存器中

4. 存储器访问：图 4-40 的顶部显示了加载指令使用来自 EX/MEM 流水线寄存器中的地址读取数据存储器，并将数据存入 MEM/WB 流水线寄存器中。

5. 写回：图 4-40 的底部显示了最后一步：从 MEM/WB 流水线寄存器中读取数据，并将它写入图中间的寄存器堆中。

对加载指令的演示表明，在后续流水线阶段所需的任何信息，都需要通过流水线寄存器传递。存储指令的执行过程也与此过程类似，需要将信息传递给后续阶段。下面是存储指令的五个执行步骤：

1. 取指：使用 PC 中的地址从存储器中读取指令，然后将其放入 IF/ID 流水线寄存器中。该阶段发生在指令被识别之前，因此图 4-38 的顶端同时适用于加载和存储指令。

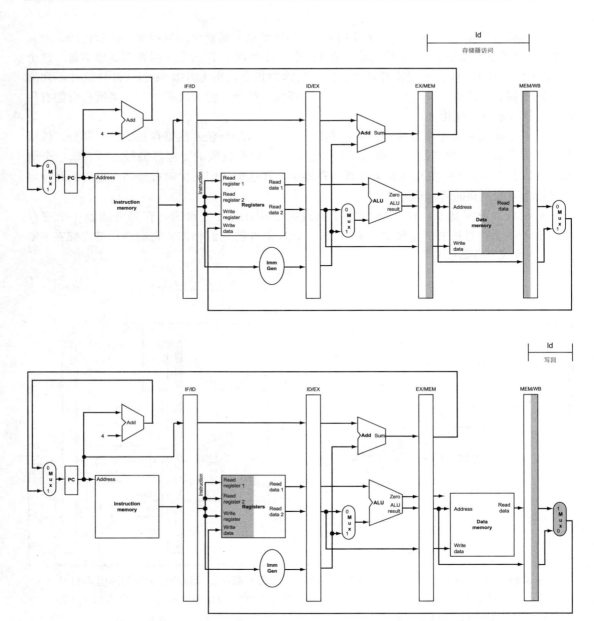

图 4-40   MEM 和 WB：加载指令在指令流水线中的第四、第五阶段，高亮显示该阶段中使
用的图 4-37 中的数据通路部分。利用 EX/MEM 流水线寄存器中的地址读取数据
存储器，之后将该数据存储到 MEM/WB 流水线寄存器中。接下来，数据从 MEM/
WB 流水线寄存器中被读取，然后写入数据通路中间的寄存器堆中。注意：这个设
计中存在一个错误，将在图 4-43 中修复

2. 指令译码和读寄存器堆：IF/ID 流水线寄存器中的指令提供了用于读取寄存器的两个
寄存器编号以及一个符号扩展的立即数。这三个 64 位的值都存储在 ID/EX 流水线寄存器中。
图 4-38 的底端既可以表示加载指令，也可以表示存储指令的第二个流水阶段。因为此时还
不知道指令的类型，所以所有的指令都会执行这两个阶段。（虽然存储指令使用 rs2 字段读取
本流水线阶段中的第二个寄存器，但是该流水线图中并未显示这个细节，因此我们可以使用

相同的图表。)

3. 执行或计算地址：图 4-41 显示了指令流水线中的第三步，有效地址被存放在 EX/MEM 流水线寄存器中。

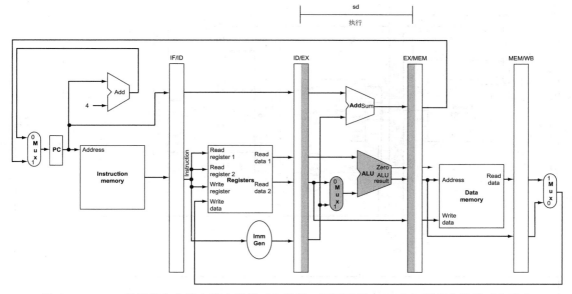

图 4-41　EX：存储指令在流水线中的第三个阶段。不同于图 4-39 中加载指令的第三个流水
　　　　阶段，第二个寄存器中的值被加载到 EX/MEM 流水线寄存器中以用于下一个阶段。
　　　　尽管总是将第二个寄存器中的值写入 EX/MEM 流水线寄存器中不会造成任何影响，
　　　　但为了使流水线更容易被理解，我们仅在存储指令中写第二个寄存器中的值

4. 存储器访问：图 4-42 的顶端显示了正在被写入存储器的数据。需要注意，包含要被存储的数据的寄存器在较早的流水线阶段就已经被读取并存储在 ID/EX 流水线寄存器中。在 MEM 阶段获得这个数据的唯一方法就是在 EX 阶段中将该数据放入 EX/MEM 流水线寄存器中，就像我们将有效地址存储在 EX/MEM 中那样。

5. 写回。图 4-42 的底端显示了存储指令的最后一步。对存储指令来说，在写回阶段不会发生任何事情。由于存储指令之后的每一条指令都已经进入流水线中，所以我们无法加速这些指令。因此，任何指令都要经过流水线中的每一个阶段，即使它在这个阶段没有任何事情要做，因为后续指令已经按照最大速率在流水线中进行处理了。

存储指令再次说明了如果要将相关信息从之前的流水线阶段传递到后续的流水线阶段，就必须将它们放置在流水线寄存器中。否则，当下一条指令进入流水线时，该信息就会丢失。对于存储指令来说，我们需要将在 ID 阶段读取的寄存器信息传递到 MEM 阶段，然后写入存储器中。这些数据最初放置在 ID/EX 流水线寄存器中，之后被传送到 EX/MEM 流水线寄存器中。

其次，加载和存储指令还说明了第二个关键点：在流水线数据通路设计中的每一个逻辑部件（例如指令存储器、寄存器读端口、ALU、数据存储器、寄存器写端口等）只能在单个流水线阶段中被使用，否则就会发生结构冒险（参见 4.5.2 节）。因此，这些部件以及对它们的控制只能与一个流水线阶段相关联。

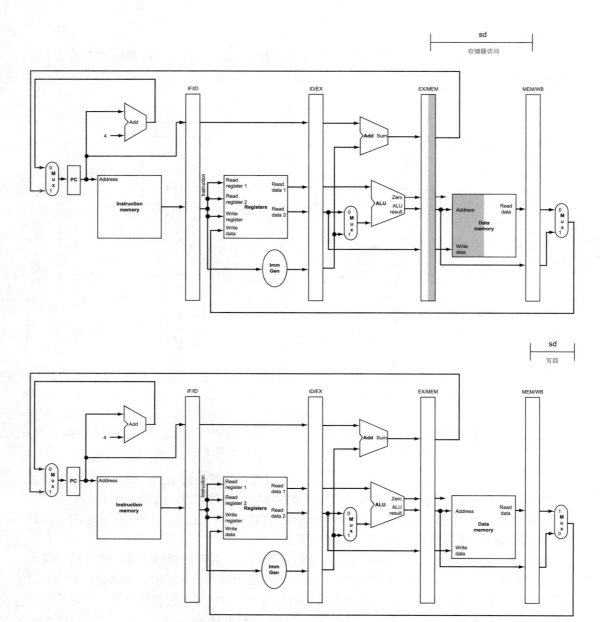

图 4-42　MEM 和 WB：存储指令在流水线中的第四和第五阶段。在第四阶段，利用 EX/
　　　　MEM 流水线寄存器中的地址读取数据寄存器，并将读取的数据写入到 MEM/WB
　　　　流水线寄存器中。一旦数据被写入存储器，存储指令就没有任何事情可做，所以在
　　　　第五阶段中没有任何事情发生

　　现在我们就可以发现加载指令设计中的一个错误。你发现了吗？在加载指令流水的 WB
阶段改写了哪个寄存器？更具体地说，此时的寄存器号是哪条指令提供的？ IF/ID 流水线寄
存器中的指令提供了写入寄存器编号。但是，这条指令是加载指令之后的指令了（这就是错
误所在）。

　　因此，我们需要在加载指令的流水线寄存器中保留目标寄存器编号。就像存储指令为了
MEM 阶段的使用而将寄存器值从 ID/EX 中传递到 EX/MEM 流水线寄存器中那样，加载指

令需要为了 WB 阶段的使用而将寄存器编号从 ID/EX 通过 EX/MEM 传递到 MEM/WB 流水线寄存器。换一个角度来看，为了共享流水线数据通路，我们需要在 IF 阶段保存读取的指令，因此每个流水线寄存器都要保存当前阶段和后续阶段所需的部分指令信息。

图 4-43 展示了修正后的数据通路的正确版本。将写入寄存器编号先传递到 ID/EX 寄存器中，然后传送到 EX/MEM 寄存器，最后传送到 MEM/WB 寄存器。寄存器编号在 WB 阶段被使用，指定了要写入的寄存器。图 4-44 是修正后数据通路图，它高亮显示了在图 4-38 ～图 4-40 中的加载指令在所有五个流水线阶段中用到的硬件。4.9 节解释了如何使分支指令按照预期的方式工作。

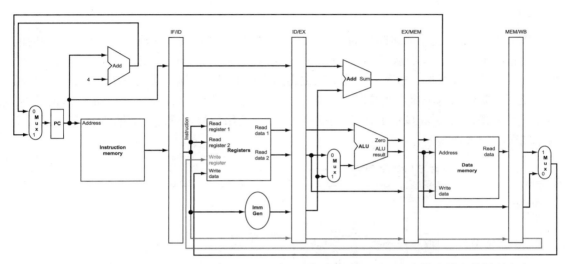

图 4-43 修正后的流水线数据通路，可以正确处理加载指令。写入寄存器编号和数据现在来自 MEM/WB 流水线寄存器。通过在最后三个流水线寄存器中额外添加 5 位，使得这个寄存器编号可以从 ID 流水线阶段开始传递，一直到达 MEM/WB 流水线寄存器。这条新的路径在图中用灰色表示

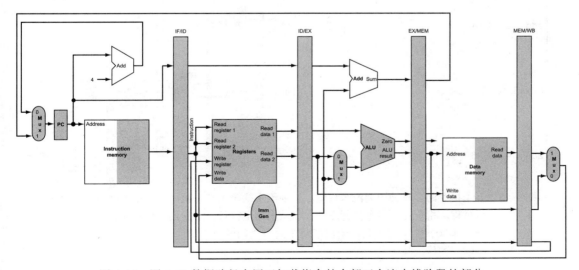

图 4-44 图 4-43 数据路径中用于加载指令的全部五个流水线阶段的部分

4.7.1 流水线的图形化表示

掌握流水线技术可能会很困难，因为在每个时钟周期内同时有多条指令在一个单数据通路中执行。为了帮助理解，这里提供了两种基本的流水线图，分别是多时钟周期流水线图（如图 4-36）和单时钟周期流水线图（如图 4-38 ～图 4-42）。多时钟周期流水线图相对来说更简单，但并不包含所有细节。例如，考虑如下的 5 条指令所组成的序列：

```
lw    x10, 40(x1)
sub   x11, x2, x3
add   x12, x3, x4
lw    x13, 48(x1)
add   x14, x5, x6
```

图 4-45 是这组指令的多时钟周期流水线图。与图 4-27 中的洗衣流水线类似，图中时间从左边前进到右边，指令从顶端执行到底端。沿着指令轴分布的是流水线的各个阶段，它们占据相应的时钟周期。这种形式化的数据通路表示了图形化流水线的五个阶段，不过也可以用矩形块来命名每个流水线阶段。图 4-46 是多时钟周期流水线图的一种更加传统的版本。需要注意的是，图 4-45 显示了在每个流水线阶段中使用的物理资源，而图 4-46 显示了每个流水线阶段的名称。

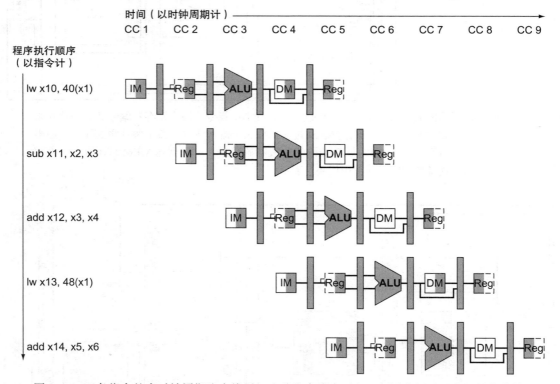

图 4-45 五条指令的多时钟周期流水线图。这种流水线表示在一幅图内展示了完整的指令执行过程。指令在"指令执行序列"中从上到下执行，时钟周期从左向右移动。不同于图 4-30，在本图中我们给出了每个阶段之间的流水线寄存器。图 4-59 给出了本图的一种传统画法

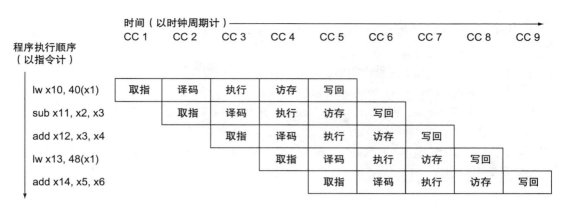

时间（以时钟周期计）

	CC 1	CC 2	CC 3	CC 4	CC 5	CC 6	CC 7	CC 8	CC 9

程序执行顺序
（以指令计）

lw x10, 40(x1)	取指	译码	执行	访存	写回				
sub x11, x2, x3		取指	译码	执行	访存	写回			
add x12, x3, x4			取指	译码	执行	访存	写回		
lw x13, 48(x1)				取指	译码	执行	访存	写回	
add x14, x5, x6					取指	译码	执行	访存	写回

图 4-46　图 4-45 中五条指令的多时钟周期流水线图的传统画法

单时钟周期流水线图显示了在一个单时钟周期内整个数据通路的状态，通常所有五条指令都在流水线中，被各自流水线阶段的标签所标识。我们使用这种类型的图来表示每个时钟周期内流水线中所发生的事情的细节。通常，这种图以组的形式出现，以显示一系列时钟周期内的流水线操作。我们使用多时钟周期图来概括描述流水线情况（如果你想要了解图 4-45 的更多细节，4.14 节中给出了更多关于单时钟图的说明）。单时钟周期图代表在一组多时钟周期图中一个时钟周期的垂直切片，展示了流水线在指定时钟周期上每条指令对数据通路的使用情况。例如，图 4-47 是对应于图 4-45 和图 4-46 中第五个时钟周期的单时钟周期图。显然，这张单时钟周期图包含更多细节，并且在显示相同数量的时钟周期时需要占用更多空间。在练习题中你需要为其他的代码序列创建这类流水线图。

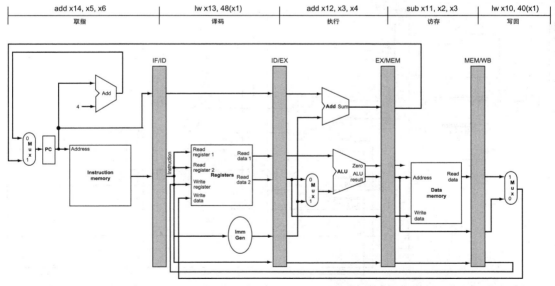

图 4-47　图 4-45 和图 4-46 中第五个时钟周期的单时钟周期图。从图中可以看出，单时钟周期图就是多时钟周期图中的一个垂直切片

自我检测　一群学生正在争论五阶段流水线的效率，其中一位学生指出并不是所有指令在每个阶段中都是活跃的。在决定忽略冒险的影响后，他们做出了以下四条陈述，请指出哪些是正确的。

1. 允许分支和 ALU 指令使用比加载指令所需的五级更少的流水线级数，这样做可以在所有情况下提升流水线性能。
2. 允许一些指令使用更少的时钟周期并不能提高性能，因为吞吐是由时钟周期决定的，每个指令所使用的流水线级数只影响延迟，并不影响吞吐。
3. 因为需要写回结果，因此 ALU 指令不能使用更少的时钟周期。但是分支指令则不需要写回，可以使用更少的时钟周期。因此提升性能的机会还是存在的。
4. 我们应该致力于使得流水线更长，而不是使指令使用更少的时钟周期。虽然这样做使得指令需要更多的时钟周期，但是每个周期变得更短了，这样就可以提升性能。

4.7.2　流水线控制

正如我们在 4.4 节中将控制添加到单周期数据通路中那样，现在我们要将控制添加到流水线数据通路中。我们从一个简单的设计开始，从乐观的角度来看待这个问题。

第一步是在现有的数据通路上标记控制线。在图 4-48 中可以看到这些线。我们尽可能地借鉴图 4-21 中简单数据通路的控制逻辑，特别地，我们使用相同的 ALU 控制逻辑、分支逻辑和控制线，这些功能部件在图 4-12、图 4-20 和图 4-22 中定义。我们将图 4-49 ～ 图 4-51 放在一起并重现其中的关键信息，以便接下来讨论的内容更容易被理解。

或许 CDC6600 计算机中的控制系统不同于之前所有的计算机。

James Tornton，Design of a Computer: The Control Data 6600, 1970

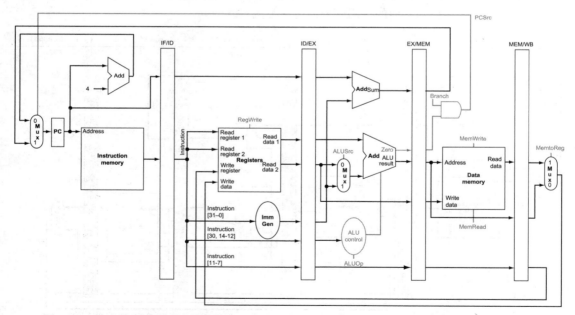

图 4-48　带有控制信号标记的图 4-43 中的流水线数据通路。这个数据通路借用了 4.4 节中的 PC 来源的控制逻辑、目标寄存器编号和 ALU 控制。请注意，我们现在需要 EX 阶段中指令的功能字段作为 ALU 控制的输入，因此这些位也必须包含在 ID/EX 流水线寄存器中

指令	ALUOp	操作	funct7字段	funct3字段	ALU期望行为	ALU控制输入
lw	00	load word	XXXXXXX	XXX	add	0010
sw	00	store word	XXXXXXX	XXX	add	0010
beq	01	branch if equal	XXXXXXX	XXX	subtract	0110
R-type	10	add	0000000	000	add	0010
R-type	10	sub	0100000	000	subtract	0110
R-type	10	and	0000000	111	AND	0000
R-type	10	or	0000000	110	OR	0001

图 4-49　图 4-12 的副本。本图展示了如何根据 ALUOp 控制位和不同的 R 型指令操作码来设置 ALU 控制位

信号名	无效时的效果（置0）	有效时的效果（置1）
RegWrite	无	被写的寄存器号来自Write register信号的输入，数据来自Write data信号的输入
ALUSrc	第二个ALU操作数来自第二个寄存器堆的输出（即Read data 2信号的输出）	第二个ALU操作数是指令的低12位符号扩展
PCSrc	PC值被adder的输出所替换，即PC+4的值	PC值被adder的输出所替换，即分支目标
MemRead	无	读地址由Address信号的输入指定，输出到Read data信号的输出中
MemWrite	无	写地址由Address信号的输入指定，写入内容是Write data信号的输入中的值
MemtoReg	寄存器写数据的输入值来自ALU	寄存器写数据的输入值来自数据存储器

图 4-50　图 4-20 的副本。定义了六个控制信号的功能。ALU 控制线（ALUOp）定义在图 4-49 的第二列中。当一个二路选择器的控制位有效时，多选器选择与 1 相对应的输入；否则，如果控制位无效，多选器选择与 0 相对应的输入。需要注意的是，PCSrc 是由图 4-48 中的与门控制的，如果分支信号和 ALU 零信号都有效，则 PCSrc 为 1，否则为 0。控制仅在 beq 单元中才设置分支信号有效，其他时候 PCSrc 都为 0

指令	执行/地址计算阶段控制线		存储器访问阶段控制线			写回阶段控制线	
	ALUOp	ALUSrc	Branch	Mem-Read	Mem-Write	Reg-Write	Memto-Reg
R 型	10	0	0	0	0	1	0
lw	00	1	0	1	0	1	1
sw	00	1	0	0	1	0	X
beq	01	0	1	0	0	0	X

图 4-51　根据流水线的最后三个阶段划分成三组的控制线，其值与图 4-22 中相同

与单周期实现的情况一样，我们假定 PC 在每个时钟周期被写入，因此 PC 没有单独的写入信号。同理，流水线寄存器（IF / ID、ID / EX、EX / MEM 和 MEM / WB）也没有单独的写入信号，因为流水线寄存器也在每个时钟周期内都被写入。

为了详细说明流水线的控制，我们需要在每个流水线阶段上设置控制值。由于每条控制线都只与一个流水线阶段中的功能部件相关，因此我们可以根据流水线阶段将控制线也划分

成五组。

1. 取指：读指令存储器和写 PC 的控制信号总是有效的，因此在这个阶段没有什么需要特别控制的内容。

2. 指令译码和读寄存器堆：在 RISC-V 指令格式中两个源寄存器总是位于相同的位置，因此在这个阶段也没有什么需要特别控制的内容。

3. 执行或计算地址：要设置的信号是 ALUOp 和 ALUSrc（见图 4-49 和图 4-50），这个信号选择 ALU 操作，并将读数据 2 或者符号扩展的立即数作为 ALU 的输入。

4. 存储器访问：本阶段要设置的控制线是 Branch、MemRead 和 MemWrite。这些信号分别由相等则分支、加载和存储指令设置。除非控制电路标示这是一条分支指令并且 ALU 的输出为 0，否则将选择线性地址的下一条指令作为 PCSrc 信号。

5. 写回：两条控制线是 MemtoReg 和 RegWrite，MemtoReg 决定是将 ALU 结果还是将存储器值发送到寄存器堆中，RegWrite 写入所选值。

由于流水线数据通路并没有改变控制线的意义，因此可以使用与单数据通路相同的控制值。图 4-51 中是和 4.4 节中相同的值，不过现在这七条控制线按照流水线阶段进行了分组。

实现控制意味着在每条指令的每个阶段中将这七条控制线设置为这些值。

由于控制线从 EX 阶段开始，我们可以在指令译码阶段为之后的阶段创建控制信号。传递这些控制信号最简单的方式就是扩展流水线寄存器以包含这些控制信息。图 4-52 显示，随着指令沿着流水线向下流动，这些控制信号被用于适当的流水线阶段，就像图 4-43 中目标寄存器编号随着加载指令在流水线中流动那样。图 4-53 显示了具有扩展流水线寄存器并且将控制线连接到相应流水线阶段的完整数据通路。（如果你想要了解更多细节，4.14 节以单时钟图表的形式给出了更多关于 RISC-V 代码在流水线硬件上的执行示例。）

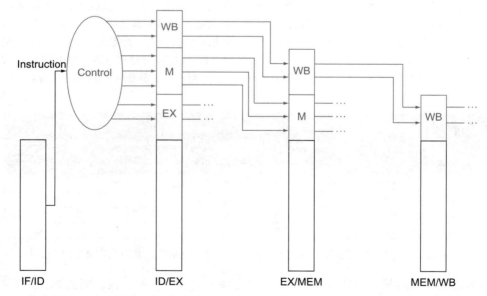

图 4-52　最后三个阶段的七条控制线。需要注意的是，在 EX 阶段使用了七条控制线中的两条，剩下的五条被传递到扩展的 EX/MEM 流水线寄存器中以保持控制线；在 MEM 阶段中使用了三条控制线，最后两条传递到 MEM/WB 寄存器用于 WB 阶段

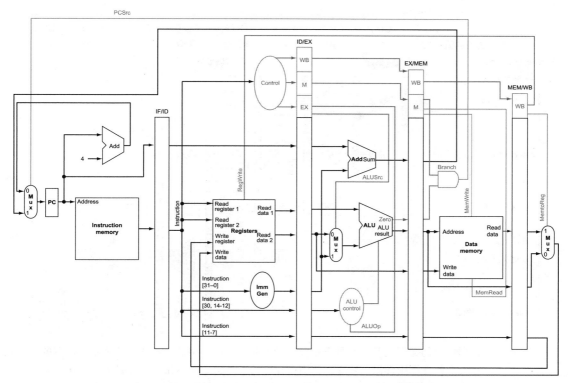

图 4-53　图 4-48 中的流水线数据通路,将控制信号连接到流水线寄存器中的控制部分。在
指令译码阶段创建之后三个阶段的控制值,然后将其置于 ID/EX 流水线寄存器中。
流水线每个阶段使用相应的控制线,其余的控制线被传递到下一个流水线阶段中

4.8　数据冒险:前递与停顿

　　上一节的示例中展示了流水线的强大功能以及硬件如何通过流
水线的方式执行任务。现在从一个更实际的例子出发,看看在程序
真正执行的时候会发生什么。图 4-45 ~图 4-47 中的 RISC-V 指令是
相互独立的,没有用到其他任何指令计算的结果。然而,在 4.6 节
中,我们已经看到数据冒险是流水线执行的阻碍。

> *你是什么意思,你问我为*
> *什么要建立旁路?因为这*
> *是旁路。你必须建立旁路。*
> *Douglas Adams, The*
> *Hitchhiker's Guide to the*
> *Galaxy, 1979*

　　现在来看一个存在更多相关的指令序列,相关关系以灰色显示:

```
sub   x2, x1, x3    // Register z2 written by sub
and   x12, x2, x5   // 1st operand(x2) depends on sub
or    x13, x6, x2   // 2nd operand(x2) depends on sub
add   x14, x2, x2   // 1st(x2) & 2nd(x2) depend on sub
sd    x15, 100(x2)  // Base (x2) depends on sub
```

　　后四条指令(and、or、add、sd)都相关于第一条指令(sub)中得到的存放在寄存
器 x2 中的结果。假设寄存器 x2 在 sub 指令执行之前的值为 10,在执行之后值为 −20,那
么程序员希望在后续指令中引用寄存器 x2 时得到的值为 −20。

　　这个指令序列在流水线中是如何执行的?图 4-54 使用了多时钟周期流水线表示来说明
这些指令的执行。为了在我们当前的流水线中演示这组指令序列的执行,图 4-54 顶部显示
了寄存器 x2 的值,这个值在第五个时钟周期被改变,此时 sub 指令写回指令的执行结果。

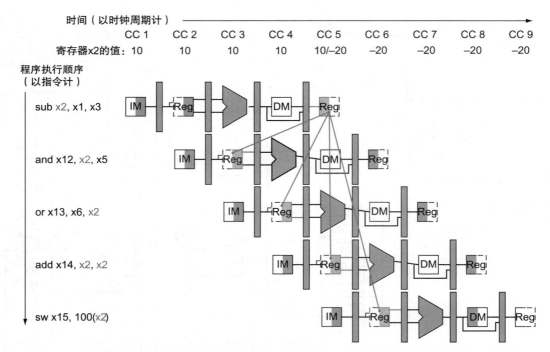

图 4-54　使用简化的数据通路表示具有相关性的五条指令序列中的流水线相关关系。所有的
　　　　 相关操作在图中都以灰线显示，图中顶部的 "CC1" 表示第一个时钟周期。第一条
　　　　 指令向 x2 中写入数据，后续的指令都是从 x2 中读取数据。x2 寄存器在第五个时
　　　　 钟周期时被写入，因此在第五个时钟周期前正确的寄存器值是不可用的。（当这样
　　　　 的写操作发生时，本时钟周期内读寄存器的值返回本周期内前半个周期末被写入的
　　　　 值。）从数据通路顶部到底部的灰色线表示相关关系。那些导致时间后退的相关就
　　　　 是流水线数据冒险

　　　最后一个潜在的冒险可以通过寄存器堆的硬件设计来解决：当一个寄存器在同一个时钟
周期内既被读取又被写入时会发生什么？我们假定写操作发生在一个时钟周期的前半部分，
而读操作发生在后半部分。所以读操作会得到本周期内被写入的值。这种假定与很多寄存器
堆的实现是一致的。在这种情况下不会发生数据冒险。

　　　如图 4-54 所示，在第五个时钟周期之前，对寄存器 x2 的读操作并不能返回 sub 指令
的结果。因此，图中的 add 和 sw 指令可以得到正确结果 −20，但是 and 和 or 指令却会得
到错误的结果 10。在这种类型的图中，每当相关线在时间线上表示为后退时（箭头指向左上
方），这个问题就会变得很明显。

　　　正如 4.6 节中提到的那样，在第三个时钟周期也就是 sub 指令的 EX 指令阶段结束时就
可以得到想要的结果。那么在 and 和 or 指令中是什么时候才真正需要这个数据呢？答案是
在 and 和 or 指令的 EX 阶段开始的时候，分别对应第四和第五个时钟周期。因此，只要可
以一得到相应的数据就将其前递给等待该数据的单元，而不是等待其可以从寄存器堆中读取
出来，就可以不需要停顿地执行这段指令了。

　　　前递是怎样工作的？在本节的余下部分，为了简化内容，我们只考虑如何解决将 EX 阶
段产生的操作数前递出去的问题，该数据可能是 ALU 或是有效地址的计算结果。这意味着
当一个指令试图在 EX 阶段使用的寄存器是一个较早的指令在 WB 阶段要写入的寄存器时，

我们需要将该数据作为 ALU 的输入。

命名流水线寄存器字段是一种更精确的表示相关关系的方法。例如，ID/EX. RegisterRs1 表示一个寄存器的编号，它的值在流水线寄存器 ID.EX 中，也就是这个寄存器堆中第一个读端口的值。该名称的第一部分，也就是点号的左边，是流水线寄存器的名称；第二部分是寄存器中字段的名称。使用这种表示方法，可以得到两对冒险的条件：

1a. EX/MEM.RegisterRd = ID/EX.RegisterRs1

1b. EX/MEM.RegisterRd = ID/EX.RegisterRs2

2a. MEM/WB.RegisterRd = ID/EX.RegisterRs1

2b. MEM/WB.RegisterRd = ID/EX. RegisterRs2

在本节开头的代码中，指令序列中的第一个冒险发生在寄存器 x2 上，位于 sub 指令 sub x2, x1, x3 的结果和 and 指令 and x12, x2, x5 的第一个读操作数之间。这个冒险可以在 and 指令位于 EX 阶段、sub 指令位于 MEM 阶段时被检测到，因此这种冒险属于 1a 类型：

EX/MEM.RegisterRd = ID/EX.RegisterRs1 = x2

| 例题 | 相关性检测 ──

将本节开头的指令序列的相关性进行分类：

```
sub  x2,  x1,  x3      // Register x2 set by sub
and  x12,  x2,  x5     // 1st operand(z2) set by sub
or   x13,  x6,  x2     // 2nd operand(x2) set by sub
add  x14,  x2,  x2     // 1st(x2) & 2nd(x2) set by sub
sw   x15,  100(x2)     // Index(x2) set by sub
```

| 答案 | 正如上文中所提到的，在 sub 指令和 and 指令之间存在类型为 1a 的冒险。其余的冒险类型分别是：

- sub 指令和 or 指令之间存在类型为 2b 的冒险：

  MEM/WB.RegisterRd = ID/EX.RegisterRs2 = x2

- 在 sub 指令和 add 指令之间的两个相关性都不是冒险，因为在 add 指令的 ID 阶段寄存器堆已经可以提供 x2 的正确值了。

- 在 sub 指令和 sw 指令之间不存在数据冒险，因为 sw 指令在 sub 指令将结果写回至 x2 之后才读取 x2 的值。 ──

因为并不是所有的指令都会写回寄存器，所以这个策略是不正确的，它有时会在不应该前递的时候也将数据前递出去。一种简单的解决方案是检查 RegWrite 信号是否是有效的：检查流水线寄存器在 EX 和 MEM 阶段的 WB 控制字段以确定 RegWrite 信号是否有效。回忆一下，RISC-V 要求每次使用 x0 寄存器作为操作数时必须认为该操作值为 0。如果流水线中的指令以 x0 作为目标寄存器（例如 addi x0, x1, 2 这条指令），我们希望避免前递非零的结果值。不前递以 x0 为目标寄存器的结果可以使得汇编程序员和编译器不需要考虑将 x0 作为目标寄存器的情况。只要我们将 EX/MEM.RegisterRd ≠ 0 添加到第一类冒险条件，并将 MEM/WB.RegisterRd ≠ 0 添加到第二类冒险条件中，就可以使得上述条件正常工作。

现在我们可以检测冒险了。一半的问题已经解决了，剩下一半的问题是前递正确的数据。

图 4-55 的代码序列与图 4-54 中的相同，显示了流水线寄存器和 ALU 输入之间的相关性。不同的是，图 4-55 中的相关性开始于流水线寄存器，而不是等待 WB 阶段写入寄存器堆。因此，只要流水线寄存器保存了将要被前递的数据，后续的指令就可以得到所需的数据。

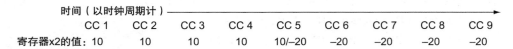

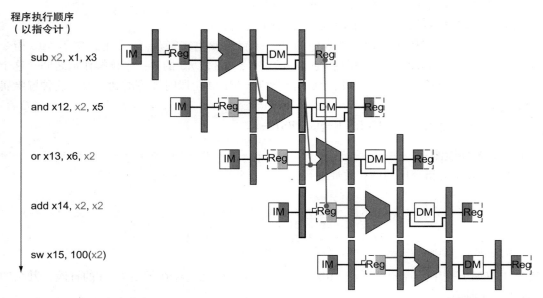

图 4-55   各流水线寄存器之间的相关关系会随着时间向前移动，因此可以通过前递在流水线寄存器中找到的结果，以提供 and 指令或 or 指令所需的 ALU 的输入。流水线寄存器中的值表示所需的值在被写入寄存器堆之前就是可用的。我们假设寄存器堆可以前递在同一时钟周期内要被读写的数据，这样 add 指令就不需要停顿了，不过这些值来自寄存器堆而不是流水线寄存器。寄存器堆前递，即读操作获得的值是本时钟周期内写操作的结果，这就是为什么第五个时钟周期中显示寄存器 x2 在前半个周期内的值为 10 而在周期结束时的值为 −20

如果我们可以从任何流水线寄存器而不仅仅是 ID/EX 中得到 ALU 的输入，那就可以前递正确的数据。通过在 ALU 的输入上添加多选器再辅以适当的控制，就可以在存在数据冒险的情况下全速运行流水线。

现在，假设需要前递的指令只有这四种形式：add、sub、and 和 or 指令。图 4-56 是 ALU 和流水线寄存器在添加前递之前和之后的"特写"。图 4-57 是 ALU 多选器的控制线的值，它选择寄存器堆的值或是被前递的值中的一个。

这个前递控制将发生在 EX 阶段，因为 ALU 前递多选器在 EX 阶段。因此，我们必须在 ID 阶段通过 ID/EX 流水线寄存器将操作数寄存器编号传递出去，以决定是否需要前递值。在加入前递机制之前，ID/EX 流水线寄存器无须保存 rs1 字段和 rs2 字段，但是因为前递机制的需要，现在要将保存 rs1 和 rs2 所需的空间添加到 ID/EX 流水线寄存器中。

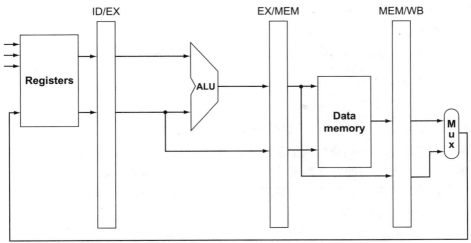

a）添加前递前

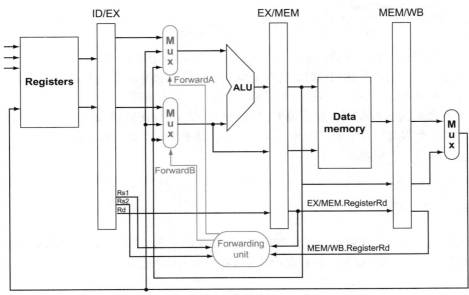

b）添加前递后

图 4-56   添加前递前后的 ALU 和流水线寄存器。上图未添加前递，下图将多选器扩展为前递路径，并在图中显示前递单元。新的硬件在图中以灰色显示。本图只是一张示意图，没有标注诸如符号扩展硬件这样的完整数据通路中的细节

多选器控制	源	解释
ForwardA = 00	ID/EX	ALU的第一个操作数来自寄存器堆
ForwardA = 10	EX/MEM	ALU的第一个操作数来自上一个ALU计算结果的前递
ForwardA = 01	MEM/WB	ALU的第一个操作数来自数据存储器或者更早的ALU计算结果的前递
ForwardB = 00	ID/EX	ALU的第二个操作数来自寄存器堆
ForwardB = 10	EX/MEM	ALU的第二个操作数来自上一个ALU计算结果的前递
ForwardB = 01	MEM/WB	ALU的第二个操作数来自数据存储器或者更早的ALU计算结果的前递

图 4-57   图 4-56 中多选器的控制值。ALU 的另一个输入符号扩展的立即数会在本节最后的拓展阅读中说明

现在给出检测冒险的条件以及解决相应冒险的控制信号：

1. EX 冒险

```
if  (EX/MEM.RegWrite
and (EX/MEM.RegisterRd ≠ 0)
and (EX/MEM.RegisterRd = ID/EX.RegisterRs1)) ForwardA = 10

if  (EX/MEM.RegWrite
and (EX/MEM.RegisterRd ≠ 0)
and (EX/MEM.RegisterRd = ID/EX.RegisterRs2)) ForwardB = 10
```

这种情况是将前一条指令的结果前递到任何一个 ALU 的输入中。如果前一条指令想要写寄存器堆，并且将要写的寄存器编号与 ALU 输入口 A 或 B 要读取的寄存器编号一致（前提是该寄存器编号不为 0），那么就控制多选器直接从 EX/MEM 流水线寄存器中取值。

2. MEM 冒险

```
if  (MEM/WB.RegWrite
and (MEM/WB.RegisterRd ≠ 0)
and (MEM/WB.RegisterRd = ID/EX.RegisterRs1)) ForwardA = 01
if  (MEM/WB.RegWrite
and (MEM/WB.RegisterRd ≠ 0)
and (MEM/WB.RegisterRd = ID/EX.RegisterRs2)) ForwardB = 01
```

正如上文所述，在 WB 阶段不存在冒险，因为我们假定在 ID 阶段的指令读取的寄存器与 WB 阶段要写入的寄存器相同时，寄存器堆能够提供正确的结果。也就是说，寄存器堆提供了另外一种形式的前递，只不过这种前递发生在寄存器堆内部。

一种复杂的潜在数据冒险是在 WB 阶段指令的结果、MEM 阶段指令的结果和 ALU 阶段指令的源操作数之间发生的。例如，在一个寄存器中对一组数据做求和操作时，一系列的指令将会读和写一个相同的寄存器：

```
add x1, x1, x2
add x1, x1, x3
add x1, x1, x4
. . .
```

在这种情况下，结果应该是来自 MEM 阶段前递的数据，因为 MEM 阶段中的结果就是最近的结果。因此，MEM 冒险的控制应该是（在下文中以灰色标注）：

```
if  (MEM/WB.RegWrite
and (MEM/WB.RegisterRd ≠ 0)
and not(EX/MEM.RegWrite and (EX/MEM.RegisterRd ≠ 0)
        and (EX/MEM.RegisterRd = ID/EX.RegisterRs1))
and (MEM/WB.RegisterRd = ID/EX.RegisterRs1)) ForwardA = 01

if  (MEM/WB.RegWrite
and (MEM/WB.RegisterRd ≠ 0)
and not(EX/MEM.RegWrite and (EX/MEM.RegisterRd ≠ 0)
        and (EX/MEM.RegisterRd = ID/EX.RegisterRs2))
and (MEM/WB.RegisterRd = ID/EX.RegisterRs2)) ForwardB = 01
```

图 4-58 显示了为了支持前递 EX 阶段的结果，这个操作所需要添加的硬件。注意 EX/MEM.RegisterRd 字段是 ALU 指令或者加载指令的目标寄存器。

如果你想查看更多使用单时钟周期流水线绘制方式的示例说明，4.14 节中给出了两份存在需要前递的冒险的 RISC-V 代码。

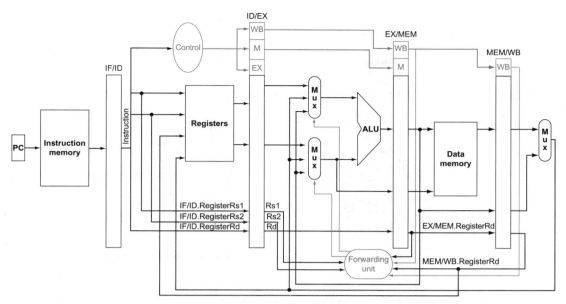

图 4-58　通过前递解决冒险的数据通路。与图 4-53 中的数据通路相比，图 4-58 在 ALU 的
　　　　输入上添加了多选器。本图只是一张示意图，没有标注诸如分支硬件和符号扩展硬
　　　　件这样的完整数据通路中的细节

详细阐述　前递还有助于解决当存储指令与其他指令相关时造成的冒险。因为 sd 指令
在 MEM 阶段只使用一个数据值，因此设置前递是很简单的。然而，需要考虑加载指令紧跟
在存储指令之后的情况，这在 RISC-V 架构中执行内存之间的拷贝操作时非常有用。因为复
制是频繁的，所以我们需要添加更多的前递硬件使其运行得更快。如果重绘图 4-55，将 sub
指令和 and 指令替换为 lw 和 sw 指令，我们会发现避免一次停顿是可能的，因为 sd 指令
在 MEM 阶段所使用的数据会及时保存在 lw 指令的 MEM/WB 寄存器中。为了实现这个操
作，需要在存储器访问阶段加入前递。我们将这个修改作为练习留给读者。

　　此外，lw 和 sw 指令所需的一种作为 ALU 输入的符号扩展立即数，在图 4-58 中的数据
通路里没有画出。因为寄存器和立即数之间的判定是由中央控制判断的，而前递单元选择流
水线寄存器中的一个作为 ALU 的一个寄存器输入，最简单的解决方案就是加入一个二选一
的多选器，在 ForwardB 多选器输出和符号扩展立即数之间做选择。图 4-59 中展示了这个添
加的部件。

数据冒险与停顿

　　正如 4.6 节中提到的那样，当一条指令试图在加载指令写入一个
寄存器之后读取这个寄存器时，前递不能解决此处的冒险。图 4-60
说明了这个问题。在第 4 个时钟周期时，数据还正在存储器中被读
取，但此时 ALU 已经在为下一条指令执行操作了。当加载指令后跟

*如果你在开始的时候没有
成功，那你可以重新定义
成功的意义。*
佚名

着一条需要读取加载指令结果的指令时，流水线必须被阻塞以消除这种指令组合带来的冒险。

　　因此，除了一个前递单元外，还需要一个冒险检测单元。该单元在 ID 流水线阶段操作，
从而可以在加载指令和相关加载指令结果的指令之间加入一个流水线阻塞。这个单元检测加
载指令，冒险控制单元的控制逻辑满足如下条件：

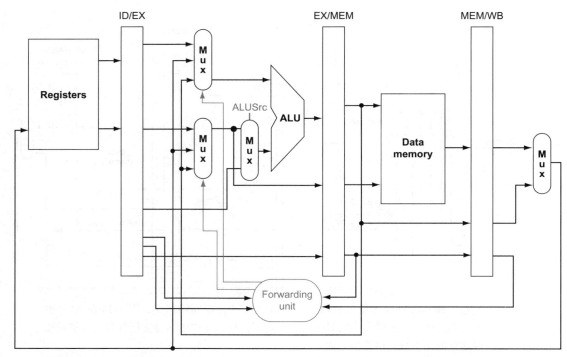

图 4-59   图 4-56 中数据通路的"特写",展示了一个二选一多选器,它被加入图中以选择符
号扩展立即数作为 ALU 的输入

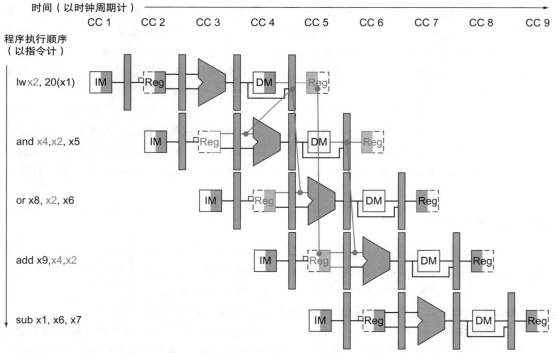

图 4-60   一个流水化的指令序列。因为 ld 指令和 and 指令之间的相关性在时间上是逆向
的,所以这种冒险不能使用前递来解决。因此,这种指令组合会导致冒险检测单元
产生一个停顿

```
if (ID/EX.MemRead and
    ((ID/EX.RegisterRd = IF/ID.RegisterRs1) or
     (ID/EX.RegisterRd = IF/ID.RegisterRs2)))
        stall the pipeline
```

　　回想一下，我们在加载指令和 R 型指令中使用 RegisterRd 也就是指令的 7 至 11 位（11:7）表示指定的寄存器。第一行测试是为了查看指令是否是加载指令：只有加载指令需要读取数据存储器。接下来的两行检测在 EX 阶段的加载指令的目标寄存器是否与 ID 阶段的指令中的某一个源寄存器相匹配。如果条件成立，指令会停顿一个时钟周期。在一个时钟周期后，前递逻辑就可以处理这个相关并继续执行程序了。（如果没有前递，那么图 4-60 中的指令还需要再停顿一个时钟周期。）

　　如果处于 ID 阶段的指令被停顿了，那么在 IF 阶段中的指令也一定要被停顿，否则已经取到的指令就会丢失。只需要简单地禁止 PC 寄存器和 IF/ID 流水线寄存器的改变就可以阻止这两条指令的执行。如果这些寄存器被保护，在 IF 阶段的指令就会继续使用相同的 PC 值取指令，同时在 ID 阶段的寄存器就会继续使用 IF/ID 流水线寄存器中相同的字段读寄存器。再回到我们的洗衣例子中，这就像是你重新开启洗衣机洗相同的衣服并且让烘干机继续空转一样。当然，就像烘干机那样，EX 阶段开始的流水线后半部分必须执行没有任何效果的指令，也就是**空指令**。

空指令：一种不执行任何操作、不改变任何状态的指令。

　　如何在流水线中插入空指令（就像气泡那样）呢？从图 4-51 中可知，解除 EX、MEM 和 WB 阶段的七个控制信号（将它们设置为 0）就可以产生一个"没有任何操作"的指令，也就是空指令。通过识别 ID 阶段的冒险，我们可以通过将 ID/EX 流水线寄存器中 EX、MEM 和 WB 的控制字段设置为 0 来向流水线中插入一个气泡。这些不会产生负面作用的控制值在每个时钟周期向前传递并产生适当的效果：在控制值均为 0 的情况下，不会有寄存器或者存储器被写入数据。

　　图 4-61 显示了硬件中的具体实现细节：and 指令所在的流水线执行槽变成了 nop 指令，并且所有在 and 指令之后的指令都被延后了一个时钟周期。就像水管中出现了一个气泡那样，这个停顿气泡延后了它之后的所有指令的执行，并且随着每个时钟周期沿着流水线继续前进，直到其退出流水线。在本例中，这个冒险使得 and 指令和 or 指令在第 4 个时钟周期内重复了它们在第 3 个时钟周期内做过的事情：and 指令读寄存器和解码，or 指令从指令存储器中重新取了一遍指令。这种重复看起来就像是停顿一样，它的影响是拉伸了 and 指令和 or 指令，并且延后了取第 2 个 and 指令的时间。

　　图 4-62 中高亮显示了流水线中冒险检测单元和前递单元之间的连接。和原来一样，前递单元控制 ALU 多选器，用相应的流水线寄存器中的值替换通用寄存器中的值。冒险检测单元控制 PC 和 IF/ID 流水线寄存器的写入，以及在实际控制值和全 0 之间选择的多选器。如果加载 – 使用冒险被检测为真，则冒险检测单元会停顿并清除所有控制字段。如果想要了解更多细节，4.14 节中给出了一个 RISC-V 代码示例，用于说明在单时钟周期流水线图中造成停顿的冒险。

　　重点　尽管编译器通常依赖于硬件来解决冒险并保证指令正确执行，但编译器仍然需要理解流水线以获得最优性能。否则，未预料到的停顿就会降低编译后代码的性能。

　　详细阐述　上文中提到将控制线置为 0 以避免写入寄存器或存储器：事实上，只要将 RegWrite 和 MemWrite 信号设置为 0 即可，不需要考虑其他的控制信号的值。

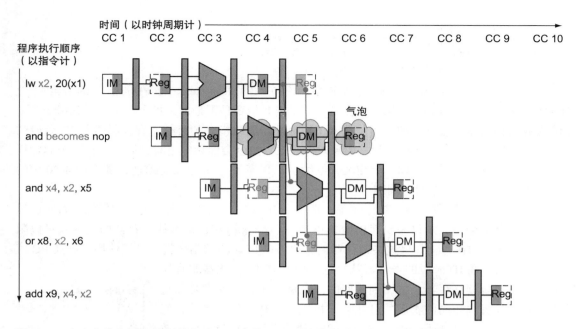

图 4-61 在流水线中插入停顿的方法。通过将 and 指令替换成 nop, 在第 4 个时钟周期中插入了一个停顿。需要注意的是 and 指令在第 2 和第 3 个时钟周期内被取指和译码, 但它的 EX 阶段被延后到第 5 个时钟周期中 (如果没有停顿, EX 阶段应该发生在第 4 个时钟周期中)。相应的, or 指令在第 3 个时钟周期被译码, 但它的 ID 阶段被延后到第 5 个时钟周期中 (如果没有停顿, ID 阶段应该发生在第 4 个时钟周期中)。在插入气泡后, 所有的相关性沿着时间轴继续向前, 但是不会再发生冒险了

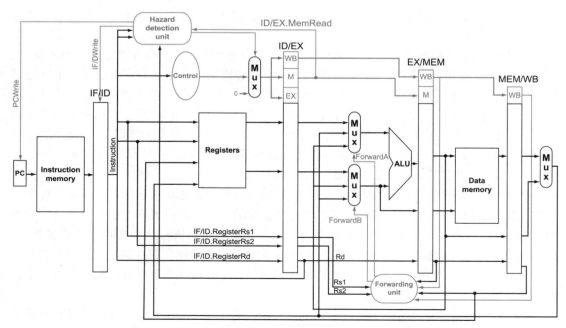

图 4-62 流水线控制图概览, 图中包括两个前递多选器、一个冒险检测单元和一个前递单元。尽管简化了 ID 和 EX 阶段 (图中省略了符号扩展立即数和分支逻辑), 但是本图还是说明了前递所需的最基本的硬件

4.9   控制冒险

　　迄今为止，我们只将对冒险的关注局限在算术操作和数据传输中。然而，正如 4.6 节所示，流水线冒险也包括条件分支。图 4-63 中画出了一个指令序列，并标明在这个流水线中分支是何时发生的。每个时钟周期都必须进行取值操作以维持流水线，不过在我们的设计中，要等到 MEM 流水线阶段才可以决定分支是否发生。正如 4.6 节中所述，这种为了决定正确执行指令所产生的延迟被称为控制冒险或分支冒险，这与我们之前讨论的数据冒险相对应。

也许一千个人对罪恶进行了不痛不痒的批判，才会出现一个人真正地动摇罪恶的根基。

Henry David Thoreau,
Walden, 1854

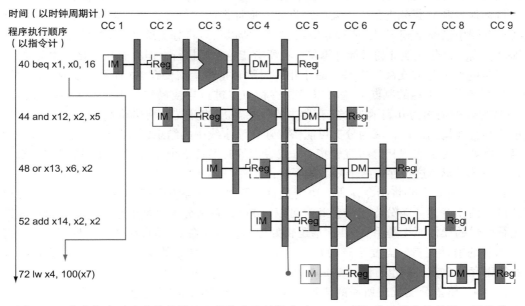

图 4-63　分支指令对流水线的影响。指令左边的数字（40、44 等）代表指令的地址。因为分支指令在 MEM 阶段决定是否跳转（也就是图中 beq 指令在第 4 个时钟周期内的操作），分支指令后续的三条指令都将被取值并且开始执行。如果不进行干预，这三条后续指令会在 beq 指令跳转到地址 72 上的 lw 指令之前就开始执行（图 4-33 使用了额外的硬件以减小控制冒险至一个时钟周期，而本图使用的是没有优化的数据通路）

　　本节关于控制冒险的篇幅会短于之前叙述数据冒险的小节。这是因为控制冒险相对更好理解，发生的频率也比数据冒险更低，而且相对于数据冒险，现在还没有解决控制冒险的有效手段。因此，我们采用了更简单的描述方案。本节介绍了两种解决控制冒险的方案以及一种提升解决方案性能的优化方法。

4.9.1　假设分支不发生

　　正如 4.5 节中所述，阻塞流水线直到分支完成的策略非常耗时。一种提升分支阻塞效率的方法是预测条件分支不发生并持续执行顺序指令流。一旦条件分支发生，已经被读取和译码的指令就将被丢弃，流水线继续从分支目标处开始执行。如果条件分支不发生的概率是 50%，同时丢弃指令的代价又很小，那么这种优化方式可以减少一半由控制冒险带来的代价。

　　想要丢弃指令，只需要将初始控制值变为 0 即可，这与指令停顿以解决加载 – 使用的数据冒险类似。不同的是，丢弃指令的同时也需要改变当分支指令到达 MEM 阶段时 IF、ID 和

EX 阶段的三条指令；而在加载 – 使用的数据停顿中，只需要将 ID 阶段的控制信号变为 0 并且将该阶段的指令从流水线中过滤出去即可。丢弃指令，意味着我们必须能够将流水线中 IF、ID 和 EX 阶段中的指令都清除。

> **清除**：丢弃流水线中的指令，通常是因为发生了一个未预料到的事件。

4.9.2 缩短分支延迟

一种提升条件分支性能的方式是减少发生分支时所需的代价。到目前为止，我们假定分支所需的下一 PC 值在 MEM 阶段才能被获取，但如果我们将流水线中的条件分支指令提早移动执行，就可以刷新更少的指令。要将分支决定向前移动，需要两个操作提早发生：计算分支目标地址和判断分支条件。其中，将分支地址提前进行计算是相对简单的。在 IF/ID 流水线寄存器中已经得到了 PC 值和立即数字段，所以只需将分支地址从 EX 阶段移动到 ID 阶段即可。当然，分支地址的目标计算将会在所有指令中都执行，但只有在需要时才会被使用。

困难的部分是分支决定本身。对于相等时跳转指令，需要在 ID 阶段比较两个寄存器中的值是否相等。相等的判断方法可以是先将相应位进行异或操作，再对结果按位进行或操作。（或操作的输出为 0 表示两个寄存器中的值相等。）将分支检测移动到 ID 阶段还需要额外的前递和冒险检测硬件，因为分支可能依赖还在流水线中的结果，在优化后依然要保证运行正确。例如，为了实现相等时跳转指令（或者不等时跳转指令），需要在 ID 阶段将结果前递给相等测试逻辑。这里存在两个复杂的因素：

1. 在 ID 阶段需要将指令译码，决定是否需要将指令旁路至相等检测单元，并且完成相等测试以防指令是一条分支指令，此时可以将 PC 设置为分支目标地址。对分支指令的操作数进行前递的操作原先是由 ALU 前递逻辑处理的，但是在 ID 阶段引入相等检测单元后就需要添加新的前递逻辑。需要注意的是，旁路获得的分支指令的源操作数既可以从 EX/MEM 流水线寄存器中获得，也可以从 MEM/WB 流水线寄存器中获得。

2. 在 ID 阶段分支比较所需的值可能在之后才会产生，因此可能会产生数据冒险，所以指令停顿也是必需的。例如，如果一条 ALU 指令恰好在分支指令之前，并且这条 ALU 指令产生条件分支检测时所需的操作数，那么一次指令停顿就是必需的，因为 ALU 指令的 EX 阶段将发生在分支指令的 ID 阶段之后。又例如，如果一条加载指令恰好在条件分支指令之后，并且条件分支指令依赖加载指令的结果，那么两个时钟周期的停顿就是必需的，因为加载指令的结果要在 MEM 阶段的最后才能产生，但是在分支指令的 ID 阶段的开始就需要了。

尽管这很困难，但是将条件分支指令的执行移动到 ID 阶段的确是一个有效的优化，因为这将分支发生时的代价减轻至只有一条指令，也就是分支发生时正在取的那条指令，下面的例题展示了实现前递路径和检测冒险的更多实现细节。

为了清除 IF 阶段的指令，我们添加了一条称为 IF.Flush 的控制线，它将 IF/IF 流水线寄存器中的指令字段设置为 0。将寄存器清空的结果是将已经取到的指令转换成一条 nop 指令，该指令不进行任何操作，也不改变任何状态。

| 例题 | 流水线分支 ━━━━━━━━━━━━━━━━━━━━━━━━━━━━━━━━━━▶

请描述当这个指令序列中发生分支跳转时会发生什么，这里假定流水线对分支不发生进行了优化，并且将分支执行移动到了 ID 阶段：

```
36  sub  x10, x4, x8
40  beq  x1,  x3, 16  // PC-relative branch to 40+16*2=72
```

```
44  and  x12, x2, x5
48  or   x13, x2, x6
52  add  x14, x4, x2
56  sub  x15, x6, x7
...
72  lw   x4, 50(x7)
```

答案 图 4-64 展示了条件分支发生时的情况，不同于图 4-63，这里在分支发生时只有一个流水线气泡。

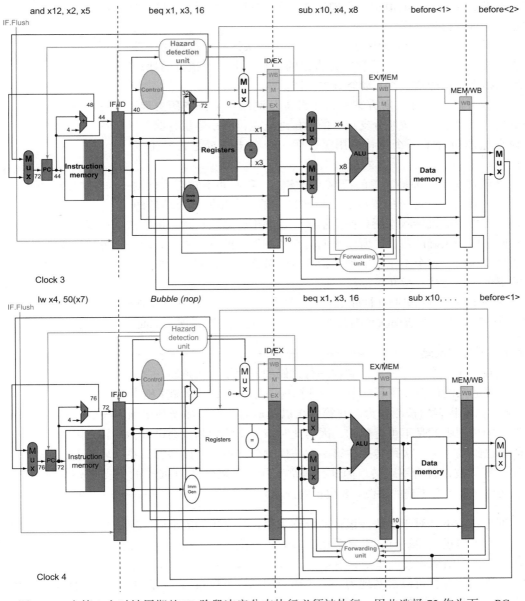

图 4-64　在第 3 个时钟周期的 ID 阶段决定分支执行必须被执行，因此选择 72 作为下一 PC 跳转地址，并且将下个时钟周期获取到的指令置 0。第 4 个时钟周期显示了地址 72 中的指令被获取，并且因为分支发生而在流水线中产生了一个气泡或者 nop 指令

4.9.3 动态分支预测

假定条件分支不发生是一种简单的分支预测形式。在这种形式下，我们预测分支不发生，并在预测错误时清空流水线。对于简单的五级流水线来说，这种方法再结合基于编译的预测，就基本足够了。而对于更深的流水线，从时钟周期的角度来说，分支预测错误的代价会增大。与之相似，对于多发射的情况（详见 4.11 节），从指令丢失的角度来说，分支预测错误的代价也会增大。两者组合起来意味着在一个激进的流水线中，简单的静态预测机制会在性能上造成非常多的浪费。正如在 4.6 节中所述，使用更多的硬件可能可以在程序执行的过程中尝试进行分支预测。

一种方法是检查指令中的地址，查看上一次该指令执行时条件分支是否发生了跳转，如果答案是肯定的，则从上一次执行的地址中取出指令。这种技术称为**动态分支预测**。

> **动态分支预测**：在程序运行时使用运行信息进行分支预测。

这种方法的一种实现方案是采用**分支预测缓存**或**分支历史表**。分支预测缓存是一块按照分支指令的低位地址定位的小容量存储器。这块存储器包含了一个比特，用于表明一个分支最近是否发生了跳转。

> **分支预测缓存**：也称分支历史表，一块按照分支指令的低位地址定位的小容量存储器，包含一个或多个比特以表明一个分支最近是否发生了跳转。

该预测使用一种最简单的缓存，事实上，我们并不知道该预测是否是正确的——这个位置可能已经被另一条拥有相同低位地址的条件分支指令的跳转状态所替换。不过，这并不会影响这种预测方法的准确性。预测只是一种我们希望是正确的假设，所以我们会在预测发生的方向上进行取舍。如果这个假设最终被证明是错误的，这个不正确的预测指令就会被删除，它的预测位也会被置为相反值，之后正确的指令序列会被取指并执行。

这种 1 位的预测机制在性能上有一个缺点：即使一个条件分支总是发生跳转，但一旦其不发生跳转时，就会造成两次预测错误，而不是只造成一次错误。下面这个示例说明了这件事。

| **例题** | **循环与预测** ─────────────────────────────────────■

现在考虑一个循环分支，它在一行代码中发生了 9 次跳转，之后产生 1 次未跳转。假定这个分支的预测位在预测缓存中，请计算这条分支指令的预测正确率。

| **答案** | 稳定状态的预测行为会在第一次以及最后一次预测循环中预测失效。其中，最后一次迭代的预测失效是不可避免的，因为此时该分支的预测位会设置为跳转，因为分支在这行代码上已经发生了 9 次跳转。在第一次迭代时分支预测错误是因为在循环的上一次迭代执行中该预测位被设置为不跳转。因此，这个实际发生跳转率为 90% 的分支的分支预测正确率只有 80%（2 次不正确的预测，8 次正确预测）。───────────────────────────■

理想状态下，对于规律性很强的分支来说，分支预测的准确率应该与分支发生的频率相匹配。为了纠正上述缺点，常常采用更多的预测位机制。在 2 位预测机制中，只有在发生两次错误时预测结果才会被改变。图 4-61 是这个 2 位预测机制的有限状态自动机。

分支预测缓存可以被实现为一个小而专用的、可以被 IF 阶段的指令地址所访问的缓存。如果指令被预测为跳转，一旦新的 PC 已知就开始从目标地址取指，正如之前所述，这个操作可以被前移至 ID 阶段。否则，就会顺序取值并继续执行。如果分支预测错误，预测位就会如图 4-65 中所示的那样改变。

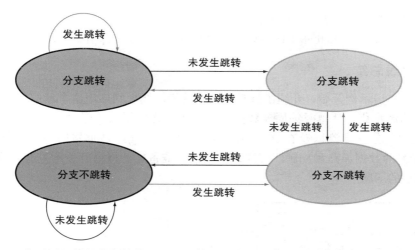

图 4-65　2 位预测机制的状态转换图。通过使用 2 位而不是 1 位的预测位，在一个分支经常发生跳转或经常不跳转的情况下（大多数分支都是这样的）只会发生一次预测失效。2 位预测位在系统中可以被编码为四个状态。2 位预测机制是基于计数器的预测器的一个实例，该预测器在分支跳转时加 1，在分支不跳转时减 1，并且使用表示范围中的中位数作为预测分支跳转与不跳转之间的分界点

|详细阐述|　分支预测器可以告知我们条件分支是否会发生跳转，但依然需要对分支目标地址进行计算。在五级流水线中，这种计算需要一个时钟周期，这意味着发生跳转时需要一个时钟周期的代价来计算分支目标地址。一种解决方案是使用一个缓存来保存目标地址或目标指令以作为分支目标缓存。

2 位动态预测机制仅仅使用特定分支的信息。研究表明，对于相同的预测位来说，同时使用局部分支和最近执行分支的全局行为的信息能够获得更好的预测准确率。这种预测器被称为**相关预测器**。一个典型的相关预测器对于每个分支都提供两个 2 位预测器，预测器之间的选择基于分支的上一次执行时跳转还是不跳转。因此，全局分支行为可以被看作在预测查找表中添加了一个额外的索引位。

另一种分支预测方法是使用锦标赛预测器。**锦标赛分支预测器**对于每个分支使用多种预测器，并最终给出一个最佳的预测结果。典型的锦标赛预测器对每个分支地址使用两个预测：一个基于局部信息，而另一个基于全局分支行为。一个选择器用于选择采取哪一个预测器的信息进行预测。这个选择器的操作与 1 位或 2 位预测器类似，选择两个预测器中更准确的那个。一些最新的微处理器使用了这种预测器。

分支目标缓存：一个缓存分支目标 PC 值或目标指令的结构。通常被组织为一个带有标记的缓存，相比简单的预测缓存需要更多的硬件消耗。

相关预测器：一种组合了特殊分支指令的局部行为和最近执行的一些分支指令的全局行为信息的分支预测器。

锦标赛分支预测器：一个对于每个分支具有多种预测的分支预测器，其具有一种选择机制，该机制选择对于给定分支选择哪个预测器作为预测结果。

|详细阐述|　一种减少条件分支数量的方法是添加条件移动指令。与条件分支指令改变 PC 值不同，条件移动指令根据条件改变移动的目标寄存器。例如，ARMv8 指令系统中有一个条件选择指令称为 CSEL。它特别定义了一个目标寄存器、两个源寄存器和一个条件。如果条件为真，则目标寄存器获得第一个操作数的值，否则获得第二个操作数的值。对于指令 CSEL X8, X11, X4, NE 而言，如果条件代码得出操作结果不等于零，则将寄存器 11 中的

值拷贝至寄存器 8，如果结果等于零，则将寄存器 4 中的值拷贝至寄存器 8 中。因此，使用 ARMv8 指令架构的程序相比用 RISC-V 写出的程序拥有更少的条件分支指令。

4.9.4 流水线总结

我们从洗衣房示例开始，介绍了日常生活中的流水线规则。用这个示例类比，我们逐步解释了指令的流水化，从单时钟周期数据通路开始，之后加入了流水线寄存器、前递路径、数据冒险检测、分支预测以及在分支预测错误或加载 – 使用数据冒险时清除指令的机制。图 4-66 是最终的数据通路和控制。现在，我们已经准备好处理另外一种控制冒险——例外，这是一个棘手的问题。

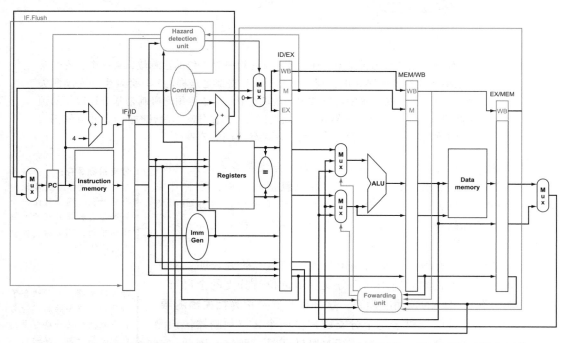

图 4-66 本章最终的数据通路和控制图。需要注意的是，本图只是一张示意图，没有标注诸如图 4-59 中的 ALUSrc Mux 和图 4-53 中的多选控制器这样的完整数据通路中的细节

自我检测 考虑三个分支预测机制：预测分支不发生、预测分支发生以及动态预测。假定它们在预测正确时代价为零，在预测错误时代价为两个时钟周期。假定动态预测的平均预测准确率为 90%。对于下面这些分支来说，哪一种预测机制是最佳选择？

1. 分支发生概率为 5% 的条件分支
2. 分支发生概率为 95% 的条件分支
3. 分支发生概率为 70% 的条件分支

4.10 例外

控制逻辑是处理器设计中最有挑战的部分：验证正确性最为困难，同时也最难进行时序优化。**例外**（exception）和**中断**（interrupt）是控制逻辑需要实现的任务之一。除分支指令外，它是另一种改变指令执行控制流的方式。最初，人们使用它们是为了处理 CPU 内部的意外事件，例如未定义指令。后续经扩展也可处理与 CPU 进行通信的 I/O 设备，这部分将在第 5 章进行讨论。

许多体系结构设计者和相关书籍作者并不区分中断和例外，经常使用其中一种同时指代两者。比如，Intel x86 中就是使用中断。在本书中，我们使用例外来指代意外的控制流变化，而这些变化无须区分产生原因是来自于处理器内部还是外部；使用中断仅仅指代由处理器外部事件引发的控制流变化。下表是一些示例，包括例外的类型、引发例外的事件来源以及在 RISC-V 体系结构中的表示。

> 为处理器设计自动中断处理并不是一件简单的事情，因为中断信号产生时处于处理器各个阶段的指令数目将会非常多。
> *Fred Brooks, Jr., Planning a Computer System: Project Stretch, 1962*

> **例外**：也称中断，指那些打断程序正常执行的意外事件，比如未定义指令。

事件类型	例外来源	RISC-V中的表示
系统重启	外部	例外
I/O设备请求	外部	中断
用户程序进行操作系统调用	内部	例外
未定义指令	内部	例外
硬件故障	皆可	皆可

例外处理的许多功能需求来自于引发例外的特定场合。因此，第 5 章时我们将重新讨论这些内容，届时将对满足这些功能需求的动机有更深刻的理解。在本章节中，我们只涉及检测例外类型的控制逻辑实现，这些例外和我们之前讨论过的指令系统及微结构实现是相关的。

> **中断**：来自于处理器外部的例外，一些体系结构也会使用中断表示所有的例外。

通常，检测和处理例外的控制逻辑会处于处理器的时序关键路径上，这对处理器时钟频率和性能都会产生重要影响。如果对控制逻辑中的例外处理不给予充分重视，一旦尝试在复杂设计中添加例外处理，将会明显降低处理器的性能。这和处理器验证一样复杂。

4.10.1 RISC-V 体系结构中如何处理例外

在目前所讲过的实现中，只存在两种例外类型：未定义指令和硬件故障。例如，假设在指令 add x1, x2, x1 执行时出现硬件故障。当例外发生时，处理器必须执行的基本动作是：在系统例外程序计数器（Supervisor Exception Program Counter，SEPC）中保存发生例外的指令地址，同时将控制权转交给操作系统。

之后，操作系统将做出相应动作，包括为用户程序提供系统服务，硬件故障时执行预先定义好的操作，或者停止当前程序的执行并报告错误。完成例外处理的所有操作后，操作系统使用 SEPC 寄存器中的内容重启程序的正常执行。可能是继续执行原程序，也可能是终止程序。对于重启程序执行，在第 5 章将进行更为深入的讨论。

操作系统进行例外处理，除了引发例外的指令外，还必须获得例外发生的原因。目前使用两种方法来通知操作系统。RISC-V 中使用的方法是设置系统例外原因寄存器（Supervisor Exception Cause Register，SCAUSE），该寄存器中记录了例外原因。

另一种方法是使用**向量式中断**（vectored interrupt）。该方法用基址寄存器加上例外原因（作为偏移）作为目标地址来完成控制流转

> **向量式中断**：一种中断处理机制，根据例外原因来决定后续控制流的起始地址。

换。基址寄存器中保存了向量式中断内存区域的起始地址。比如，我们可以根据例外类型定义下述两类例外的例外向量起始地址。

例外类型	例外向量地址，即偏移，与中断向量表基地址相加
未定义指令	0001000000_2
系统错误（硬件故障）	$01\ 1000\ 0000_2$

操作系统可根据例外向量起始地址来确定例外原因。如果不使用此种方法，如 RISC-V，就需要为所有例外提供统一的入口地址，由操作系统解析状态寄存器来确定例外原因。对于使用向量式例外的设计者，每个例外入口需要提供比如 32 字节或 8 条指令大小的区域，供操作系统记录例外原因并进行简单处理。

通过添加一些额外寄存器和控制信号，并稍微扩展控制逻辑，就可以完成对各种例外的处理。假设，我们使用统一入口地址的方式实现例外处理，设置该地址为 $0000\ 0000\ 1C09\ 0000_{16}$。（实现向量式例外与此难度相当。）我们需要在当前 RISC-V 的实现中添加两个额外的寄存器。

- SEPC：64 位寄存器，用来保存引起例外的指令的地址。（该寄存器在向量式例外中也需要使用。）
- SCAUSE：用来记录例外原因的寄存器。在 RISC-V 体系结构中，该寄存器为 64 位，大多数位未被使用。假设对上述提及的两种例外类型进行编码并记录，其中未定义指令的编码为 2，硬件故障的编码为 12。

4.10.2　流水线实现中的例外

流水线实现中，将例外处理看成另一种控制冒险。例如，假设 add 指令执行时产生硬件故障。正如之前章节中处理发生跳转的分支一样，我们需要在流水线上清除掉 add 之后的指令，并从新地址开始取指。和处理分支指令不同的是，例外会引起系统状态的变化。

处理分支预测错误时，我们将取指阶段的指令变为空操作（nop），以此来消除影响。对于进入译码阶段的指令，增加新逻辑控制译码阶段的多选器使输出为 0，流水线停顿。添加一个新的控制信号 ID.Flush，它与来自于冒险检测单元的 stall 信号进行或（OR）操作。使用该信号对进入译码阶段的指令进行清除。对于进入执行阶段的指令，我们使用一个新的控制信号 EX.Flush，使得多选器输出为 0。RISC-V 体系结构中使用 $0000\ 0000\ 1C09\ 0000_{16}$ 作为例外入口地址。为保证从正确地址开始取指，我们为 PC 多选器新增一个输入，保证能将上述例外入口地址送给 PC 寄存器。具体见图 4-67。

上述例子指出了例外处理需要注意的一个问题：如果我们在 add 指令执行完毕后检测例外，程序员将无法获得 x1 寄存器中的原值，因为它已更新为 add 指令的执行结果。如果我们在 add 指令的 EX 阶段检测例外，可以使用 EX.Flush 信号去避免该指令在 WB 阶段更新寄存器。有一些例外类型，需要最终完成引发例外的指令的执行。最简单的方法就是清除掉该指令，并在例外处理结束后从该指令重新开始执行。

最后一步是，在 SEPC 寄存器中保存引发例外的指令的地址。图 4-67 中显示了详细的数据通路，包括处理分支的硬件逻辑和处理例外新增修改。

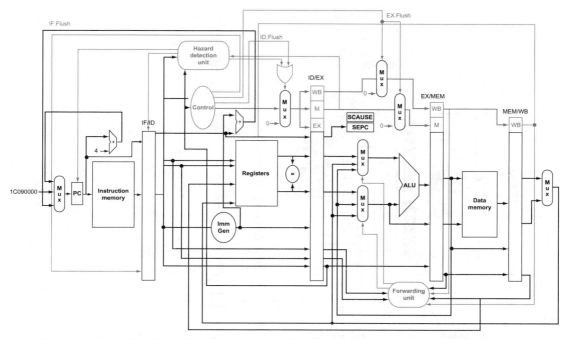

图 4-67　例外处理的数据通路和控制信号。新增的关键逻辑包括：PC 选择器新增输入 0000
0000 1C09 0000$_{16}$；新增 SCAUSE 寄存器来记录例外原因；新增 SEPC 寄存器保存
引起例外的指令的地址。0000 0000 1C09 0000$_{16}$ 是例外处理程序的统一入口地址

| 例题 |　流水线处理器中的例外

给定下面的指令序列：

```
40hex    sub    x11, x2, x4
44hex    and    x12, x2, x5
48hex    or     x13, x2, x6
4Chex    add    x1,  x2, x1
50hex    sub    x15, x6, x7
54hex    lw     x16, 100(x7)
. . .
```

假设例外处理程序入口的指令序列如下：

```
1C090000hex    sw    x26, 1000(x10)
1C090004hex    sw    x27, 1008(x10)
. . .
```

如果 add 指令发生硬件故障例外，流水线会如何变化？

| 答案 |　图 4-68 中从 add 指令进入 EX 阶段开始，假设该阶段检测出硬件故障，0000 0000
1C09 0000$_{16}$ 被送给 PC 寄存器。Clock 7 时，add 及其后续指令都被清除掉，从例外处理程
序的第一条指令开始取值。注意，add 指令的地址 4C$_{16}$ 被保存。

前面提到了一些关于例外的例子，将来在第 5 章时还会讨论。对于流水线处理器，每
个周期同时有 5 条指令在流水线中执行，例外处理的挑战在于如何将各种例外与指令进行对
应。而且，同一个周期内可以同时发生多个例外。解决方案是，对例外进行优先级排列，便
于判断服务顺序。在 RISC-V 实现中，硬件实现例外的优先级排序。

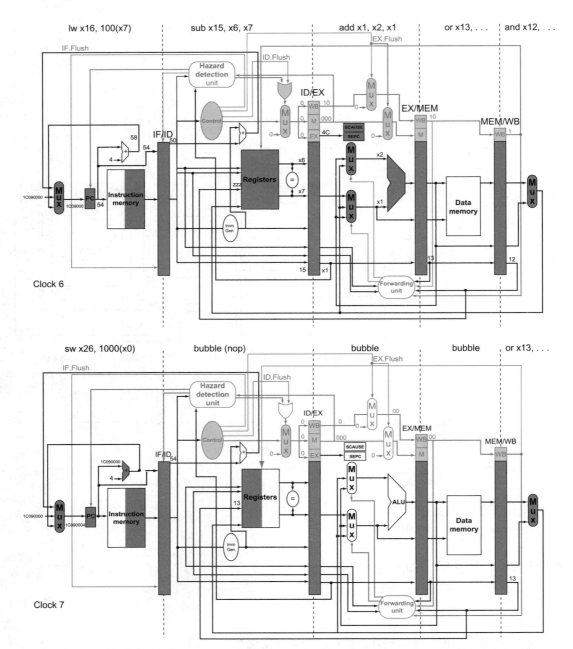

图 4-68　add 指令发生硬件故障的例外处理结果。第 6 个周期，处于 EX 阶段的 add 指令
检测到例外，在 SEPC 寄存器中保存 add 指令的地址（$4C_{16}$），所有 Flush 信号进
行重置，add 指令的所有控制信号置为无效（数值设为 0）。第 7 个周期，在流水
线中插入气泡，从例外处理例程入口地址 0000 0000 1C09 0000_{16} 开始取第一条指
令 sw x26, 1000(x0)。注意：and 和 or 指令在 add 指令之前进入流水线，因
此这两条指令需要完成

I/O 设备请求和硬件故障与指令无关，因此例外响应和处理有较大的灵活性。因而，复
用其他例外的处理机制也能正常工作。

SEPC 寄存器保存引发例外的指令的地址。如果有多个例外同时发生，SCAUSE 寄存器中记录当前最高优先级的例外信息。

硬件 / 软件接口　硬件和操作系统必须协同工作，例外行为才会如设计者所愿。按照约定，硬件暂停引发例外的指令的执行，完成流水线中所有之前指令的操作，清除掉之后的指令，设置寄存器记录例外原因，保存引发例外的指令的地址，并转向例外处理程序入口执行。操作系统查询例外原因寄存器并做出相应动作。对于未定义指令或者硬件故障，一般操作系统会停止程序的执行并返回例外类型。对于 I/O 设备请求或系统调用，操作系统保存程序状态，完成预定任务，并在不久之后恢复状态重新开始执行程序。特别是 I/O 设备请求，操作系统会调度其他程序执行，直到该 I/O 请求完成再继续执行发生例外的程序。若想加快例外处理的速度，保存和恢复程序状态是非常关键的。一种常见的重要例外是处理器的缺页异常（page fault）。第 5 章我们将更详细的介绍它们。

详细阐述　在流水线处理器中，将例外和指令正确关联起来存在一定难度，一些处理器设计者在非关键情况下考虑放松对此的要求。这样的处理机制被称为非精确中断（imprecise interrupts）或者非精确例外（imprecise exception）。在上文的例子中，当流水线检测到例外时程序计数器 PC 已经变为 58_{16}，而发生例外的是地址为 $4C_{16}$ 的 add 指令。具有非精确例外的处理器将在 SEPC 寄存器中保存 58_{16}，让操作系统去判断到底是哪条指令引发了例外。与大多数处理器相同，RISC-V 支持精确中断或精确例外。一个原因是，当流水线不断加深时，非精确例外会增加操作系统处理的难度和复杂度。为

> **非精确中断**：也称为非精确例外。流水线中的例外或中断并未和引发该例外或中断的指令精确对应。

> **精确中断**：也称为精确例外。流水线中的例外或中断和引发该例外或中断的指令精确对应。

避免该问题，深度流水线应该和五级流水线一样，记录引发例外的指令的地址，这会简化软硬件的设计。另一个原因是考虑到支持虚拟内存，此点我们在第 5 章再进行讨论。

详细阐述　RISC-V 指令系统中使用 0000 0000 1C09 0000$_{16}$ 作为例外入口地址，这个选择稍显随意。一些 RISC-V 处理器在实现时将例外入口地址保存在特殊的寄存器（Supervisor Trap Vector，STVEC）中，操作系统可以通过它来配置例外入口地址。

自我检测　在下述指令序列中，那种例外将先被检测出来？

```
1. xxx x11, x12, x11    // undefined instruction
2. sub x11, x12, x11    // hardware error
```

4.11　指令间的并行性

说明：本节是对一些高级复杂专题的概述。如果你想了解更多内容，可参考我们的另一本书：《计算机体系结构：量化研究方法》（第 6 版）。本节这几页内容将扩展为 200 页，包括附录。

流水线技术挖掘了指令间潜在的**并行性**，这种并行性被称为**指令级并行**（ILP）。提高指令级并行度主要有两种方法。第一种是增加流水线的级数，让更多的指令重叠执行。仍然使用上文提到的洗衣店进行类比。假设洗衣阶段所需时间比其他阶段都长，我们可以将洗衣阶段再细分为洗涤、漂洗和甩干三个阶段。这样就将一个四级流水线变为六级流水线。不论是处理器还是洗

> **指令级并行**：指令间的并行性。

衣店，如需获得最高加速比，还要重新调整其他阶段的时长至相等来平衡流水线。加深流水线后，由于有更多的操作可以重叠执行，指令间的并行度更高。同时，时钟周期变短，主频变高，处理器性能也就更高。

另一种提高指令并行度的方法是，增加流水线内部的功能部件数量，这样可以每周期发出多条指令。这种技术被称为**多发射**（multiple issue）。一个拥有三个洗衣机和三个烘干机的多发射洗衣店代替了之前的家庭式洗衣机和烘干机。也许你还需要招聘一些助手来折叠和收纳，这样就能在相同时间内完成之前的三倍工作量。唯一的缺点在于，需要在相邻流水阶段之间传递负载，并保证所有机器都满负荷工作，这增加了额外的工作量。

> **多发射**：一个时钟周期内可以发射多条指令的策略。

每周期发射多条指令，使得指令执行频率可以超过时钟频率。换句话来说，就是 CPI 可以小于 1。在第 1 章中我们提过，有时候衡量指标的倒数也是有用的，例如 IPC，即每个周期的执行指令数。举例，一个主频为 3GHz、发射宽度为 4 的多发射处理器，峰值速度为每秒执行 120 亿条指令，理论上 CPI 为 0.25，或 IPC 为 4。如果这是一个五级流水的处理器，那么同一时间内流水线中最多会有 20 条指令在执行。目前高端处理器的发射宽度为每周期 3 ~ 6 条指令，普通处理器的发射宽度一般为 2。不过，多发射技术会有一些限制，例如哪些指令可以同时执行、如果发生冒险如何处理等。

实现多发射处理器主要有两种方法，区别在于编译器和硬件的不同分工。如果指令发射与否的判断是在编译时完成的，称为**静态多发射**（static multiple issue）。如果指令发射与否的判断是在动态执行过程中由硬件完成的，称为**动态多发射**（dynamic multiple issue）。这两个方法可能还有其他一些名称，但都不够准确或限制过严。

> **静态多发射**：多发射的一种实现方法，由编译器完成发射相关判断。

> **动态多发射**：多发射的一种实现方法，在动态执行过程中由硬件完成发射相关判断。

在多发射流水线中，需要处理如下两个主要任务：

1. 将指令打包并放入**发射槽**。处理器如何判断本周期发射多少条指令？发射哪些指令？在大多数静态发射处理器中，编译器会完成这部分工作。而在动态发射处理器中，这部分工作通常会在运行时由硬件自动完成，编译器可以通过指令调度来提高发射效率。

> **发射槽**：指令发射时所处位置，可类比为起跑位置。

2. 处理数据和控制冒险。在静态发射处理器中，编译器静态处理了部分或所有指令序列中存在的数据和控制冒险。相应的，大多数动态发射处理器是在执行过程中使用硬件技术来解决部分或所有类型的冒险。

对于静态发射和动态发射，虽然我们把它们描述成两种截然不同的方法，但在实际中，不同的方法间经常互相借鉴，没有哪一种方法能说自己很纯粹。

4.11.1 推测的概念

推测是另一种非常重要的深度挖掘指令级并行的方法。以 预测 思想为基础，**推测**方法允许编译器或处理器来"猜测"指令的行为，并允许其他与被推测指令相关的指令提前开始执行。例如，我们可以对分支指令结果进行推测，这样分支指令之后的指令可以提早执行。再例如，对于先 store 再 load 的指令序列，可以推测两条指令的访存地址不同，这样允许 load 先于 store 执行。推测的难点在于预测结果可能出现错误。因此，所有推测机制都必须包括预测结果正确性的检查机制，以及预测出错后的恢复机制，以消除推测式执行带来的

> **推测**：编译器或者处理器"猜测"指令的行为，以尽早消除掉该指令与其他指令之间的依赖关系。

影响。这种恢复机制的实现增加了结构设计的复杂度。

可以在编译时完成推测，也可以在执行时由硬件完成推测。例如，编译器可以根据推测结果进行指令顺序重排，将分支后指令移动到分支指令前，或者将 load 指令移动到 store 指令前。处理器硬件也可以在动态执行时完成相同的操作，所使用的技术将在本节稍后讨论。

实现推测错误时的恢复机制非常困难。在软件实现的推测中，编译器经常需要插入额外的指令来检查推测的正确性，并在检测到推测错误时提供例程进行恢复。在硬件推测式执行中，处理器通常会保存推测的结果直到推测被确定是正确的。如果推测是正确的，将使用保存的推测结果更新寄存器或存储器，完成推测路径上的指令。如果推测是错误的，硬件清除推测结果，并从正确的指令处重新开始执行。推测错误需要对流水线进行恢复或者停顿，这显然会极大地降低性能。

推测式执行还会引入另一个问题：对某条指令进行推测还可能引入不必要的例外。例如，假设某条 load 指令处于推测式执行，同时该 load 指令的访存地址发生了越界，则会引发例外。如果推测是错误的，这就意味着发生了本不该发生的例外。这个问题非常复杂，因为如果这条 load 指令不是推测执行，那么例外是一定会发生的。对于编译支持的推测式执行，可以通过添加特定支持来避免这样的问题，对此类例外一直延迟响应直到确认推测正确。对于硬件推测式执行，例外将被记录直到确认推测正确，这时被推测的指令将被提交，检测到例外，转入正常的例外处理程序进行处理。

如果推测正确，处理器的性能将被改善；一旦推测错误，处理器的性能会受到较大影响。人们投入大量的精力去研究何时进行推测。在本节后面的内容中，我们将详细介绍静态和动态的推测技术。

4.11.2　静态多发射

静态多发射处理器是由编译器来支持指令打包和处理指令间的冒险。对于静态多发射处理器，可以将同一周期发射出去的指令集合（一般被称为**发射指令包**）看成一条需要进行多种操作的"大指令"。这样说并不仅仅是为了类比。因为静态多发射处理器通常会对同一周期发射的指令类型进行限制，将发射指令包看成一条预先定义好、需要进行多种操作的指令，这正符合**超长指令字**（Very Long Instruction Word，VLIW）的设计思路。

发射指令包：同一周期发射的指令组合。可能是由编译器静态打包，也可能是由处理器在动态执行过程中进行调度。

超长指令字：一种类型的指令系统体系结构，支持在单条指令中使用不同的编码位来定义多个可同时被发射的独立操作。

同时，大多数静态发射处理器也依赖编译器来处理数据和控制冒险。编译器的任务包括静态分支预测和代码调度，以减少或消除所有的冒险。在描述更先进处理器中所采用的技术之前，先来看一个简单的静态多发射 RISC-V 处理器的例子。

举例：静态多发射 RISC-V 处理器

为了解静态多发射技术，我们考察一个简单的双发射 RISC-V 处理器。其中，指令序列中的一条指令是定点 ALU 指令或者分支指令，另一条指令是 load 或者 store 指令。通常，一些嵌入式处理器正是如此来使用。单个周期内发射两条指令需要同时取指和译码 64 位指令。在许多静态单发射处理器，特别是超长指令字处理器中，为简化指令的译码和发射，对可同时发射的指令组合做出了限制。例如，需要指令成对，指令地址需要 64 位边界对齐，ALU

指令和分支指令放在前面。而且，如果指令对中的一条指令无法发射，需要将其替换成 nop 指令。这样一来，就保证了指令总是成对发射，当然其中一条可能是 nop。图 4-69 给出了指令成对进入流水线的过程。

指令类型	流水线阶段							
ALU或分支指令	IF	ID	EX	MEM	WB			
load或store指令	IF	ID	EX	MEM	WB			
ALU或分支指令		IF	ID	EX	MEM	WB		
load或store指令		IF	ID	EX	MEM	WB		
ALU或分支指令			IF	ID	EX	MEM	WB	
load或store指令			IF	ID	EX	MEM	WB	
ALU或分支指令				IF	ID	EX	MEM	WB
load或store指令				IF	ID	EX	MEM	WB

图 4-69　静态双发射流水线操作。ALU 和数据传输类指令同时被发射。假设使用和单发射流水线相同的五级流水结构。虽然这样的流水级划分并不是严格必需的，但确实能带来一些好处。尤其是，所有指令统一在最后一个流水级进行寄存器更新，这样有助于实现精确例外模型，简化例外处理的实现。如上所述，例外处理在多发射处理器实现中是一个难点

　　静态多发射处理器对于潜在的数据和控制冒险有不同的解决方案。在一些设计实现中，由编译器来实现所有冒险的解决、代码的调度以及插入相应的 nop。因此在代码动态执行过程中，硬件可以完全不去关心冒险检测或者流水线停顿的产生。而在另一些设计实现中，使用硬件来检测两个指令包之间的数据冒险，并产生相应的流水线停顿。编译器只负责在单个指令包中检测所有类型的相关。即便如此，单个冒险也通常会导致整个指令包的发射停顿。不论是采用软件来解决所有的冒险，还是仅在两个指令包间降低冒险发生的比例，如果使用上文中提到的"单条大指令"的思想来进行分析，将更有助于加深理解。在下文的例子中，我们假设使用的是第二种方法，即用硬件来检测两个指令包之间的数据冒险，编译器只负责在单个指令包中检测所有类型的相关。

　　如果想同时发射 ALU 和数据传输类指令，除了上文所说的冒险检测和流水线停顿逻辑，首先需要添加的硬件资源是寄存器堆的读写口（具体见图 4-70）。在同一个时钟周期内，ALU 指令需要读取两个源寄存器，store 指令可能需要读取两个以上的源寄存器；ALU 指令需要更新一个目标寄存器，load 指令也需要更新一个目标寄存器。由于 ALU 部件只负责 ALU 指令的执行，因此还需要额外增加一个加法器来进行访存地址的计算。如果不增加这些额外的硬件资源，我们的双发射流水线将产生大量的结构冒险。

　　很明显，这种双发射处理器最多能提高两倍的性能，但这也需要程序中存在两倍的、可重叠执行的指令数目。而这种重叠执行又会因增加数据和控制冒险而导致性能损失。例如，在我们的简单五级流水线结构中，load 指令有一个周期的**使用延迟**（use latency）。如果下一条指令需要使用 load 指令的结果，那么它必须停顿一周期。同样，在双发射五级流水线结构中，load 指令也存在一个周期的使用延迟，而这时需要停顿后续两条指令（ALU 和 load/store 指令）的执行。而且，在单发射五级流水线中，ALU 指令本来是没有使用延迟的。但

使用延迟：为保证能够正确使用 load 指令的执行结果，在 load 指令和后续相关指令间插入的时钟周期数。

在双发射流水线中，需要同时发射 ALU 指令和 load 或 store 指令。如果这两条指令存在数据冒险，则 load 或 store 指令不能被发射，相当于 ALU 指令增加了一个周期的使用延迟。为有效挖掘多发射处理器中可用的并行性，需要使用更高级的编译器或硬件动态调度技术，静态多发射处理器对编译器提出了更高的要求。

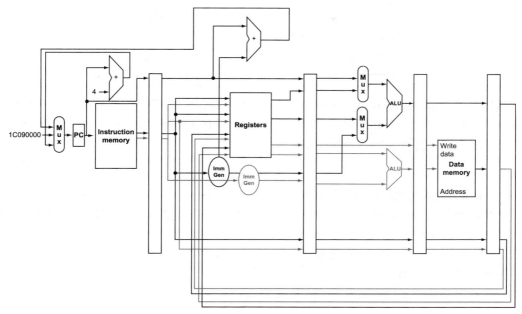

图 4-70   静态双发射数据通路。灰色部分是为静态双发射增加的数据通路，包括另一条从指令存储中取出来的 32 位指令，以及新添的寄存器堆的两个读端口和一个写端口，以及新增的一个 ALU。新增的 ALU 用来进行访存地址计算，另一个 ALU 用来处理其他指令

│例题│ 简单的多发射代码调度 ─────────────────────────

如果是 RISC-V 的静态双发射流水线实现，下面的这个循环体应该如何调度？

```
Loop: lw   x31, 0(x20)    // x31=array element
      add  x31, x31, x21  // add scalar in x21
      sw   x31, 0(x20)    // store result
      addi x20, x20, -4   // decrement  pointer
      blt  x22, x20, Loop // compare to loop limit,
                          // branch if x20 > x22
```

重新排列上述指令，尽可能避免流水线。假设分支是可以被预测的，也就是控制冒险由硬件解决。

│答案│ 前三条指令具有数据相关，因此重点调度后两条。图 4-71 中给出了该指令序列的最佳调度方案。注意，只有一对指令占用了两个发射槽。每次循环需要花费 4 个时钟周期，也就是 4 个时钟周期完成 5 条指令的执行，CPI 为 0.8 或者 IPC 为 1.25。理论上，使用双发射技术，CPI 可以达到 0.5 或者 IPC 为 2。注意，在计算 CPI 或者 IPC 时，我们并不考虑 nop 的影响。这样做只是为了 CPI 的计算，对性能没有任何帮助。

	ALU或branch指令	数据传输指令	时钟周期
Loop:		lw x31, 0(x20)	1
	addi x20, x20, -4		2
	add x31, x31, x21		3
	blt x22, x20, Loop	sw x31, 4(x20)	4

图 4-71 针对 RISC-V 双发射流水线进行调度后的代码。空发射槽中是 nop 指令。需要注意的是，我们将 addi 指令调度在 sw 指令之前执行，因此需要将 sw 指令的访存地址重新加上 4

循环展开（loop unrolling）是一种专门针对循环体提高程序性能的重要编译技术。它将循环体展开多遍，从不同循环中寻找可以重叠执行的指令来挖掘更多的指令级并行性。

> **循环展开**：一种针对数组访问循环体的提高程序性能的技术。它将循环体展开多遍，对不同循环内的指令进行统一调度。

| 例题 | **面向多发射流水线进行循环展开** ──────────

上文所示的例子中，循环展开和指令调度互相配合，可提升处理器性能。为简化起见，假设循环间隔为 4 的倍数。

| 答案 | 为显著减少循环操作的延迟，我们需要将循环体展开 4 遍。展开后还需要消除不必要的循环开销，循环体内将包含 lw、add 和 sw 的 4 次拷贝，再加上一条 addi 和一条 blt。图 4-72 中给出了循环展开并调度后的代码。

	ALU或分支指令	数据传输指令	时钟周期
Loop:	addi x20, x20, -16	lw x28, 0(x20)	1
		lw x29, 12(x20)	2
	add x28, x28, x21	lw x30, 8(x20)	3
	add x29, x29, x21	lw x31, 4(x20)	4
	add x30, x30, x21	sw x28, 16(x20)	5
	add x31, x31, x21	sw x29, 12(x20)	6
		sw x30, 8(x20)	7
	blt x22, x20, Loop	sw x31, 4(x20)	8

图 4-72 针对 RISC-V 静态双发射流水线进行循环展开和调度后的代码（图 4-71）。空指令槽中的是 nop 指令。因为循环体的第一条指令是 x20 减去 16，load 指令的访存地址先使用 x20 的原值，然后是地址减 4、减 8 和减 12

在循环展开的过程中，编译器使用了额外的寄存器（x28、x29 和 x30），这样的过程称为**寄存器重命名**（register renaming）。寄存器重命名的目标是，除了真数据相关，消除指令间存在的其他数据相关。这些数据相关将会导致潜在的冒险，或者妨碍编译器进行灵活的代码调度。如果只使用 x31，考虑展开后的代码将会如何：lw x31, 0(x20), add x31, x31, x21，之后跟着 sw x31, 8(x20)，这样的指令序列不断重复，除了都使用 x31，这些指令实际上是相互独立的。也就是说，不同循环的指令之间是没有数据依赖的。这种情况称为**反相关**（antidependence）或**名字相关**（name

> **寄存器重命名**：编译器或硬件对寄存器进行重命名，消除指令序列中的反相关。

> **反相关**：也称为名字相关，由于名字复用（典型的就是寄存器）被迫导致的顺序排列。这并不是一种指令间真实的数据相关。

dependence），是一种由于名称复用而被迫导致的顺序排列，并不是真正的数据相关（即真相关）。

在循环展开时对寄存器进行重命名，可以允许编译器移动不同循环中的指令，以更好地调度代码。重命名的过程可以消除名字相关，但不能消除真相关。

注意，此时循环体中的 14 条指令中 12 条指令是可以成对执行的，4 遍循环花费了 8 个时钟周期，因此 IPC 为 14/8=1.75。对于 4 遍循环，之前需要 20 个时钟周期，现在只需要 8 个时钟周期。循环展开和指令调度配合，流水线性能提高 2 倍以上。这些性能提升一部分来自于循环控制语句的减少，一部分来自于双发射执行。代价是使用了 4 个而非 1 个临时寄存器，同时单个循环中的代码长度也增长了一倍以上。

4.11.3　动态多发射处理器

动态多发射处理器也称为**超标量**处理器或朴素的超标量处理器。在最简单的超标量处理器中，指令按序发射，由硬件来判断当前周期可以发射的指令数：一条还是更多，或者停顿发射。显然，如果想让这样的处理器获得更好的性能，仍然需要编译器进行指令调度，消除掉指令间的相关，提高指令的发射率。不过，即使编译器配合进行了指令调度，在这个简单的超标量处理器和超长指令字处理器之间仍然存在一个重要的差别，即不论软件调度与否，硬件必须保证代码运行的正确性。此外，编译生成代码的运行正确性应该与发射率或处理器的流水线结构无关。但是，在一些超长指令字处理器中，情况却不一样。代码需要重新编译才能正确运行在不同处理器实现上。还有一些静态多发射处理器，虽然代码在不同的处理器实现上应该能运行正确，但实际情况经常会比较糟糕，仍然可能需要编译器的支持。

> **超标量**：一种高级流水线技术，指处理器能够在动态执行时选择指令，并在一个周期内执行一条以上的指令。

许多超标量处理器扩展了动态发射逻辑的基础框架，形成了**动态流水线调度**技术。动态流水线调度技术由硬件逻辑选择当前周期内执行的指令，并尽量避免流水线的冒险和停顿。我们使用一个简单的例子来说明它是如何避免数据冒险的。请考虑下面的代码序列：

> **动态流水线调度**：指一种为避免停顿流水线，对指令执行顺序进行重排的硬件技术。

```
lw    x31, 0(x21)
add   x1,  x31, x2
sub   x23, x23, x3
andi  x5,  x23, 20
```

即使 sub 指令已经可以执行，它也必须等待 lw 和 add 指令先完成。其中 lw 指令需要访存，可能会花费大量的时间（第 5 章中会解释缓存失效，这是存储访问有时候会变慢的重要原因）。采用动态流水线调度技术可以部分或者完全避免这样的数据冒险。

动态调度流水线

动态调度流水线由硬件选择后续执行的指令，并对指令进行重排来避免流水线的停顿。在这样的处理器中，流水线被分成三个主要部分：取指和发射单元、多功能部件（在 2020 年的高端处理器设计中，功能部件的数量达到十几个甚至更多）以及**提交单元**。图 4-73 中给出了流水线模型。取指和发射单元负责取指令、译码、将各指令发送到相应的功能单元上执行。每一个功能单元前都有若

> **提交单元**：动态调度或乱序执行的流水线中判定指令何时提交的功能单元。指令一旦被提交，将会更新程序员可见的寄存器和存储器。

干缓冲区，称为**保留站**。保留站中存放指令的操作和所需的操作数。（在下一节中，我们将讨论保留站的另一种替代选择，这种方式被许多当今主流处理器使用。）只要缓冲区中指令所需操作数准备好，并且功能单元就绪，就可以执行指令。一旦指令执行结束，结果将被传送给保留站中正在等待使用该结果的指令，同时也传送到提交单元中进行保存。提交单元中保存了已完成指令的执行结果，并在指令真正提交时才使用它们更新寄存器或者写入内存。这些位于提交单元的缓冲区，通常被称为**重排序缓冲**。和静态调度流水线中的前递逻辑一样，重排序缓冲也可以用来为其他指令提供操作数。一旦指令提交，寄存器得到更新，就和正常流水线一样直接从寄存器获取最新的数据。

> **保留站**：功能部件前的缓冲区，用来存放指令的操作和所需操作数。
>
> **重排序缓冲**：动态调度处理器中用来保存指令执行结果的缓冲区。一旦指令确认将被提交，将会把缓冲区中的结果写入内存或者寄存器中。

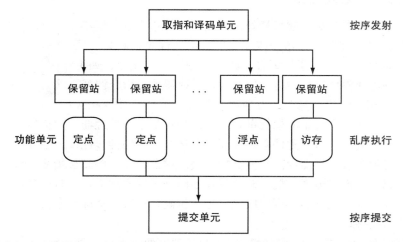

图 4-73　动态调度流水线的三个主要部分。最后一步更新处理器状态的阶段也被称为提交或者完成

在保留站中保存操作数，以及在重排序缓冲中保存运算结果，两者共同提供了一种寄存器重命名方式，有点类似之前的循环展开例子中编译器使用的技术。要了解这个概念是如何工作的，考虑以下步骤：

1. 发射指令时，指令会被拷贝到相应功能单元的保留站中。同时，如果指令所需的操作数已准备好，也会从寄存器堆或者重排序缓冲中拷贝到保留站中。指令会一直保存在保留站中，直到所需的操作数全部准备好，并且相应功能部件可用。对于处在发射阶段的指令，由于可用操作数已被拷贝至保留站中，它们在寄存器堆中的副本就无须保存了，如果出现相应寄存器的写操作，那么该寄存器中的数值将被更新。

2. 如果操作数不在寄存器堆或者重排序缓冲中，那它一定在等待某个功能单元的计算结果。该功能单元的名字将被记录。当最终结果计算完毕，将会直接从功能单元拷贝到等待该结果的保留站中，旁路了寄存器堆。

这些步骤充分利用了重排序缓冲和保留站来实现寄存器重命名。

从概念上讲，可以把动态调度流水线看作程序的数据流结构分析。处理器在不违背程序原有的数据流顺序的前提下以某种顺序执行指令，被称为**乱序执行**。这是因为这样执行的指令顺序和取指的顺序是不同的。

> **乱序执行**：流水线处理器执行过程中的一种情况，即如果当前执行的指令停顿，并不会引起后续无关指令的等待。

为使得程序行为与简单的按序单发射流水线一致，乱序执行流水线的取指和译码都需要按序进行，以便正确处理指令间的相关。同样，提交阶段也需要按照取指的顺序依次将指令执行的结果写入寄存器和存储中。这种保守的处理方法称为**按序提交**。如果发生例外，处理器很容易就能找到例外前的最后一条指令，也会保证只更新在此之前的指令需要改

按序提交：流水线处理器的一种提交方式。指的是按照取指的顺序更新程序员可见的处理器状态。

写的寄存器。虽然流水线的前端（取指和译码阶段）和后端（提交阶段）都是按序执行，但是功能部件是允许乱序执行的。任何时候只要所需数据准备好，指令就可以被发射到功能部件上开始执行。目前，所有动态调度的流水线都是按序提交的。

更为高级的动态调度技术还包括基于硬件的推测式执行，特别是基于分支预测。通过预测分支指令的转移方向，动态调度处理器能够沿着预测路径不间断地取指和执行指令。由于指令是按序提交的，在预测路径上的指令提交之前就已经知道分支指令是否预测成功。支持推测执行的动态调度流水线还可以支持 load 指令访存地址的推测。这将允许乱序执行 load-store 指令，并使用提交单元来避免不正确的推测。在下一节中，我们将介绍在 Intel Core i7 设计中的动态调度和推测式执行技术。

硬件 / 软件接口　乱序执行会产生新的流水线冒险，这是我们在简单按序流水线设计中没有看到的。当两条指令使用相同的目标寄存器或存储地址时会发生名字相关（name dependence），但是这两条指令之间却不存在数据流。在程序顺序（program order）中，指令 i 位于指令 j 之前，二者之间可能存在两种类型的名字相关：

1. 反相关（anti-dependence）：当指令 j 写入指令 i 读取的寄存器或内存位置时，指令 i 和 j 之间存在反相关。必须保留原始的读写顺序以确保指令 i 读到正确的值。

2. 输出相关（output-dependence）：当指令 i 和 j 写入相同的寄存器或内存位置时发生输出相关。必须保留指令之间的写顺序，以确保最终指令 j 写入正确的值。

简单按序流水线中的冒险是真正的数据相关造成的，称为真数据相关（true data dependence）。

例如，在下面的代码中，寄存器 x1 上的 swc1 和 addiu 之间存在反相关，而寄存器 f0 上的 lwc1 和 add.s 之间存在真数据相关。虽然单次循环中的指令之间没有输出相关，但循环的不同迭代之间存在输出相关，例如，在第一次和第二次迭代的 addiu 指令之间。

```
Loop: lwc1 $f0,0(x1)    //f0=array element
      add.s $f4,$f0,$f2  //add scalar in f2
      swc1 $f4,0(x1)     //store result
      addiu x1,x1,4      //decrement pointer 8 bytes
      bne x1,x2,Loop     //branch if x1 != x2
```

每当指令之间存在名字或数据相关，并且它们足够接近以至于重叠执行会改变相关操作数的访问顺序时，就会存在流水线冒险。这些流水线冒险有更为直观的名称：

1. 反相关导致先读后写（Write-After-Read，WAR）冒险

2. 输出相关导致写后写（Write-After-Write，WAW）冒险

3. 真数据相关可能引起先写后读（Read-After-Write，RAW）冒险

简单的按序流水线中没有 WAR 或 WAW 冒险，因为所有指令都是按顺序执行的，并且写入寄存器操作通常发生在指令的最后一个流水级，同时加载（load）和存储（store）指令的数据访问也发生在同一流水级。

理解程序性能　既然编译器也能进行指令调度来解决数据相关，读者可能会问为什么超

标量处理器还需要使用动态调度技术。这主要有三个原因。首先，不是所有的流水线停顿都是可预测的。特别是，存储层次中的缓存失效就能引起流水线中不可预测的停顿（具体见第5章）。动态调度允许处理器通过执行其他指令来隐藏这些停顿。

其次，如果处理器中使用动态分支预测技术来推测分支指令的执行结果，我们在编译程序时是无法知道指令的真实执行顺序的，这依赖于分支指令的预测结果和执行结果。仅仅使用推测式执行技术去挖掘程序的指令级并行性，而不与动态调度相结合，这显然会影响推测式执行的效果。

最后，不同的流水线实现具有不同的延迟和发射宽度，这会改变编译代码的最佳配置。例如，对具有相关的指令序列如何进行调度受到流水线的发射宽度和延迟的双重影响。流水线结构也会影响为了避免停顿而展开的循环体遍数，也就影响了基于编译器的寄存器重命名过程。而动态调度技术可以隐藏以上大多数硬件细节。因此，用户和软件发行商无须担心为相同指令系统的不同实现维护多个程序版本。类似的，之前的旧代码也可以不用重新编译就运行在新的硬件实现上，从中获得更多的好处。

重点　流水线和多发射技术尝试挖掘程序的指令级并行性，提高了指令执行的峰值吞吐率。但是，由于处理器总是需要等待冒险的解决，因此程序中的数据和控制相关限制了性能的可达上限。以软件为中心的指令级并行开发技术依靠编译器来寻找这些依赖关系，并减少它们带来的不良影响。而以硬件为中心的指令级并行开发技术依赖于流水线结构和指令发射机制的扩展。不管是基于编译器还是硬件，推测式执行都能通过预测提高指令级并行度。不过，由于推测错误很可能会降低性能，使用时需要小心。

硬件/软件接口　现代高性能处理器能够单周期发射多条指令，但是一直保持高发射率是困难的。例如，尽管存在四发射或者六发射的处理器，但很少有应用可以一直保持两条以上的发射率。这主要是由以下两个原因造成的。

首先，在流水线内部，主要的性能瓶颈在于指令之间的依赖关系。这种依赖关系无法消除，降低了指令间的并行性，也降低了流水线的发射率。对于真正的数据相关，我们确实无能为力。但是，有时候却是由于编译器或者硬件的能力有限，并不能准确知道这种数据相关是否存在，因此不得不先保守地假设指令序列中存在真数据相关。例如，程序的代码中常使用指针，这种数据结构特别容易产生存储器别名，这会导致潜在的数据相关。相反，对于数组访问，由于有更强的规律性，编译器可以直接判断出指令之间不存在依赖关系。同样，对于分支指令来说，那些无法在运行或者编译时准确预测出跳转方向的分支指令，将会对深入挖掘流水线中的指令级并行能力产生不良影响。通常，指令级并行是有提升空间的，但由于那些影响性能的因素分布非常广泛（有时是在成千上万条指令的执行中），编译器和硬件就显得能力不足了。

其次，存储层次（详见第5章）中的各级失效会使得流水线不能满负荷运转。虽然通过流水线的指令调度可以隐藏某些存储系统的延迟，但是，程序中有限的指令级并行会限制可被调度的指令数量，从而使得隐藏延迟的能力受限。

4.11.4　能效和高级流水线

通过动态多发射和推测式执行深度挖掘指令级并行能力也会带来负面影响，其中最重要的就是降低了处理器的能效。每一个技术上的创新都可能会产生新的结构，使用更多的晶体管来获取更高的性能。但是这种做法可能很低效。目前，我们已经撞上了功耗墙，因此转向设计单芯片多处理器架构，这样就无须像之前那样设计更深的流水线或者采用更激进的推测机制。

我们都相信，虽然简单处理器运行速度不如复杂处理器，但是相同的性能下它们的能耗更低。因此，当结构设计受限于能量而非晶体管数量时，简单处理器能够在单芯片上获得更高的性能。

图 4-74 中给出了 Intel 系列处理器的参数比较，包括流水线级数、发射宽度、推测策略、时钟频率、单芯片上的核心数目以及功耗等。特别需要注意的是，从单核设计转向多核设计后，流水线级数和功耗都有明显的下降。

微处理器	年份	时钟频率	流水线级数	发射宽度	乱序/推测	单芯片核数	功耗
Intel 486	1989	25 MHz	5	1	否	1	5W
Intel Pentium	1993	66 MHz	5	2	否	1	10W
Intel Pentium Pro	1997	200 MHz	10	3	是	1	29W
Intel Pentium 4 Willamette	2001	2000 MHz	22	3	是	1	75W
Intel Pentium 4 Prescott	2004	3600 MHz	31	3	是	1	103W
Intel Core	2006	3000 MHz	14	4	是	2	75W
Intel Core i7 Nehalem	2008	3600 MHz	14	4	是	2~4	87W
Intel Core Westmere	2010	3730 MHz	14	4	是	6	130W
Intel Core i7 Ivy Bridge	2012	3400 MHz	14	4	是	6	130W
Intel Core Broadwell	2014	3700 MHz	14	4	是	10	140W
Intel Core i9 Skylake	2016	3100 MHz	14	4	是	14	165W
Intel Ice Lake	2018	4200 MHz	14	4	是	16	185W

图 4-74　Intel 系列处理器参数比较，包括流水线复杂度、核数和功耗。其中，奔腾 4 的流水线级数不包括提交阶段。如果把它考虑进来，奔腾 4 的流水线级数将会更深

详细阐述　提交单元控制了寄存器堆和存储器的更新。一类动态调度处理器在执行期间就更新寄存器堆，使用额外的寄存器实现重命名功能，并保存寄存器旧值直到指令提交。其他处理器则将执行结果保存在上文提到的重排序缓冲中，并在提交阶段才真正更新寄存器堆。对于存储器的写操作，必须保存在重排序缓冲中，或者写入缓冲区（store buffer）中（详见第 5 章）。当缓冲区中的地址和数据都准备好，并且 store 指令不在任何推测路径上时，提交单元允许 store 指令向存储器发出写操作。

详细阐述　存储器访问还可以采用非阻塞高速缓存（nonblocking cache）。该结构支持在缓存失效时继续提供缓存访问服务（详见第 5 章）。乱序执行处理器需要在发生缓存失效时继续执行指令。

自我检测　说明下列挖掘指令级并行的技术或模块主要是基于硬件还是基于软件的。对某些项来说两者都有可能。

1. 分支预测　　4. 超标量　　7. 推测
2. 多发射　　　5. 动态调度　8. 重排序缓冲
3. 超长指令字　6. 乱序执行　9. 寄存器重命名

4.12　实例：ARM Cortex-A53 和 Intel Core i7 6700

在本节中，我们将探讨两款多发射处理器的设计：ARM Cortex-A53，一款用于多种平板电脑和手机的处理器；以及 Intel Core i7 6700，一款用于台式机和服务器的高端处理器，

支持动态调度和推测式执行。我们从较简单的处理器开始。本节内容基于《计算机体系结构：量化研究方法》(第 6 版) 的 3.12 节。

4.12.1 ARM Cortex-A53

A53 是一款支持动态发射检测的双发射静态调度超标量处理器，允许处理器每个时钟周期发射两条指令。图 4-75 显示了 A53 流水线的基本结构。对于非分支整数指令，有 8 个流水级——F1、F2、D1、D2、D3/ISS、EX1、EX2 和 WB——如图题中所述。流水线是按序的，仅当其操作数准备好且后续指令已进入流水线时，该条指令可以开始执行。因此，如果后续两条指令存在相关，那么它们都可以进入对应的执行阶段，但是当它们到达执行阶段的开始时，这些指令将被序列化。当流水线发出信号指示第一条指令的结果可用时（即执行完成），可以发射第二条指令。

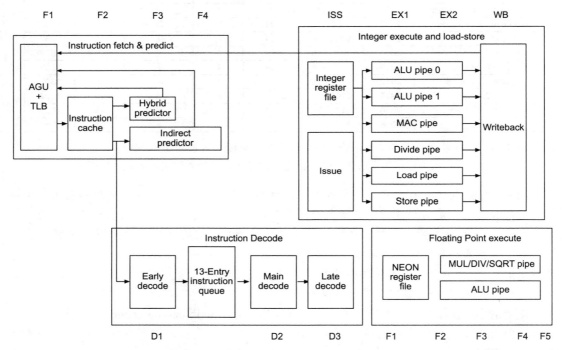

图 4-75 A53 整数流水线的基本结构有 8 个流水级：F1 和 F2 取指令，D1 和 D2 做基本解码，D3 解码更复杂的指令，与执行流水线（ISS）的第一级重叠。在 ISS 之后，EX1、EX2 和 WB 阶段组成整数流水线。根据分支类型使用了 4 种不同的预测器。除了取指和译码所需的 5 个周期外，浮点流水线还有 5 个执行周期，总共有 10 个流水级。AGU 表示地址生成单元，TLB 表示转换旁视缓冲区（详见第 5 章）。NEON 单元执行 ARM 的 SIMD 指令（Hennessy JL, Patterson DA: Computer architecture: A quantitative approach, 6e, Cambridge MA, 2018, Morgan Kaufmann）

取指的 4 个周期包括一个地址生成单元（Address Generation Unit，AGU），该部件通过从 PC 递增或从 4 个预测器结果中选择一个来生成新 PC。这四个预测器包括：

1. 单表项的分支目标缓存（Branch Target Cache，BTC），能够保存两次指令缓存的访问结果（假设预测正确，即分支指令的后两条指令）。F1 时检查该目标缓存是否命中，并由该目标缓存提供接下来的两条指令。如果 BTC 命中并且预测正确，分支执行将没有任何性能损失。

2. 3072 个表项的混合预测器，用于所有分支目标缓存未命中的指令，并在 F3 运行。此预测器处理的分支可能会导致 2 个周期的延迟。

3. 256 个表项的间接分支预测器，在 F4 运行。当预测正确时，此预测器会产生 3 个周期的延迟。

4. 8 表项深度的返回栈，在 F4 运行，导致 3 个周期的延迟。

分支判断在 ALU 流水线（pipe 0）中进行，分支预测的错误惩罚为 8 个周期。图 4-76 显示了运行 SPECint2006 的分支预测错误率。分支带来的性能损失取决于分支预测错误率和分支预测错误期间发射的指令数目。如图 4-77 所示，处理器的性能损失与预测错误率密切相关，影响可观。

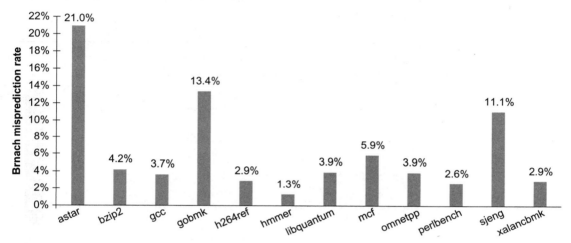

图 4-76　运行 SPECint2006 的 A53 分支预测错误率（Hennessy JL, Patterson DA: Computer architecture: A quantitative approach, 6e, Cambridge MA, 2018, Morgan Kaufmann）

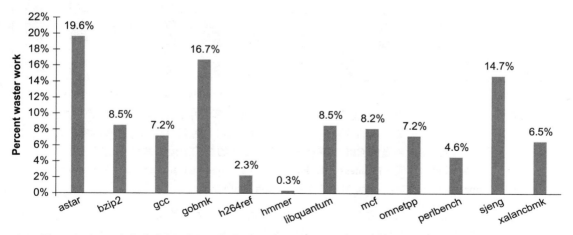

图 4-77　A53 中的分支预测错误带来的性能损失。由于 A53 是按序处理器，性能损失取决于多种因素，包括数据冒险和缓存失效，这两者都会导致流水线停顿（Hennessy JL, Patterson DA: Computer architecture: A quantitative approach, 6e, Cambridge MA, 2018, Morgan Kaufmann）

4.12.2   A53 流水线的性能

由于 A53 的双发射结构，其理想 CPI 为 0.5。流水线停顿可能来自三个方面：

1. 结构冒险。这是因为选择发射的两条相邻指令同时使用相同的功能流水线。由于 A53 是静态调度的，编译器应尽量避免此类冲突。当这些指令顺序出现时，它们将在开始执行之前被序列化，此时只有第一条指令可以执行。

2. 数据冒险。在流水线的早期可被检测到，可能会导致两条指令的停顿（如果第一条不能发射，第二条总是停止）或停止发射指令对中的第二条。同样，编译器应尽可能避免此类停顿。

3. 控制冒险。由于分支预测错误而引起的流水线停顿。

TLB（见第 5 章）和缓存失效也会导致流水线停顿。图 4-78 显示了处理器的 CPI 以及各种流水线停顿对 CPI 的影响。

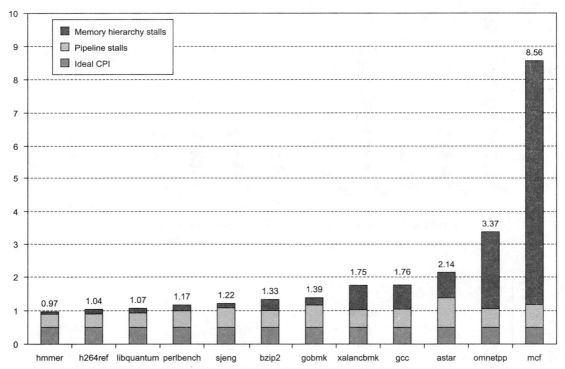

图 4-78　ARM A53 的 CPI 组成表明，在性能表现最差的程序中，虽然流水线停顿很严重，但却被缓存失效带来的性能损失所抵消（第 5 章）。为获得流水线停顿的数据，我们从模拟器上测量的 CPI 中减去其他原因带来的影响。流水线停顿包括上述三种冒险引起的停顿（Hennessy JL, Patterson DA: Computer architecture: A quantitative approach, 6e, Cambridge MA, 2018, Morgan Kaufmann）

A53 使用较少的流水级数和较为激进的分支预测器，这虽然会带来一些流水线性能损失，但允许处理器实现较高的时钟速率，同时功耗并不高。与 i7 相比，A53 的功耗约为四核处理器的 1/200！

详细阐述 Cortex-A53 是一款支持 ARMv8 指令系统体系结构的可配置处理器核，它以 IP（Intellectual Property，知识产权）核方式交付使用。IP 核是一种用于交付的主要模式，被广泛运用在嵌入式、个人移动设备以及其他相关方向的市场上。数以十亿计的 ARM 和 MIPS 处理器就是从这些 IP 核中衍生出来的。

注意，上述处理器 IP 核与 Intel Core i7 多核计算机上的处理器核不尽相同。处理器 IP 核（本身可能就是个多核）需要与其他逻辑协同设计（因为它是整个芯片的核心），并共同生产出一款针对特定应用进行优化的微处理器芯片。这里的其他逻辑包括特定应用处理器（比如视频编码器或者解码器）、I/O 接口和存储控制器。虽然处理器核几乎是确定的，但是最终的芯片实现却千差万别。例如，对于 L2 Cache 的容量可以有 16 倍的差别。

4.12.3　Intel Core i7 6700

x86 微处理器采用了大量复杂的流水线技术，在这 14 级流水线中采用的技术包括动态多发射、动态流水线调度、乱序执行以及流水线的推测式执行。但是，这些处理器仍然需要面对挑战，实现复杂的 x86 指令系统（如第 2 章中所述）。Intel 处理器按照 x86 指令格式进行取指，并将它们转换成内部的类似 MIPS 风格的指令，Intel 称之为微操作（micro-operation）。之后，指令以微操作的形式在上述复杂流水线中执行、动态调度并推测，保持着每周期 6 条微操作以上的执行效率。本节我们将重点考虑微操作流水线。

当我们考虑设计这样复杂的动态调度处理器时，功能单元的设计、高速缓存和寄存器堆的设计、指令发射以及整个流水线控制的设计，各种因素混合在一起，这使得数据通路很难从流水线中分离出来。因此，很多工程师和研究者采用了**微结构**（microarchitecture）这一术语来指代处理器内部详细的体系结构。

> **微结构**：处理器的组织结构，包括主要功能部件、它们之间的互连结构以及控制逻辑。

Intel Core i7 使用重排序缓冲结合寄存器重命名机制来解决指令中存在的反相关和推测错误。寄存器重命名技术显式地将处理器中的**体系结构寄存器**（x86 的 64 位指令系统中，体系结构寄存器数目是 16）通过换名技术映射到一个更大的物理寄存器集合上。Intel Core i7 处理器使用重命名技术来解决数据间的反相关。寄存器重命名技术需要处理器来维护体系结构寄存器与物理寄存器之间的映射关系，这种映射关系保存了每个体系结构寄存器最新映射到的物理寄存器编号。通过跟踪已经发生的重命名，寄存器重命名技术提供了另一种推测错误时的流水线恢复方法：从错误的推测路径上的第一条指令开始，撤销后续所有的寄存器映射操作。这个撤销操作将会使处理器状态恢复到指令正确执行时的最终状态，并保持体系结构寄存器和物理寄存器之间的正确映射关系。

> **体系结构寄存器**：处理器指令系统中的可见寄存器。例如，在 RISC-V 中有 32 个定点寄存器和 32 个浮点寄存器。

图 4-79 给出了 Intel Core i7 流水线的整体结构。我们将按照图中标记的 8 个流水阶段，从取指到指令提交对其进行学习。

1. 取指——处理器使用复杂的多级分支预测来实现处理速度和预测精度之间的平衡，使用返回地址栈加速函数返回的处理速度。预测错误会导致大约 17 个周期的性能惩罚。使用预测地址时，取指单元从指令缓存中单次可提取 16 字节。

2. 将取来的 16 字节指令放置在预解码指令缓冲区中——预解码阶段将该 16 字节解析为单独的 x86 指令。预解码非常重要，因为 x86 指令的长度可以是 1 到 17 字节，并且预解码器必须查看多个字节才能知道指令长度。之后，将解析出来的 x86 指令放入指令队列。

3. 微操作译码——其中 3 个译码器处理简单的 x86 指令，这些指令直接转换为单条微操作。对于语义更为复杂的 x86 指令，使用微码引擎产生微操作序列，每周期最多可以产生 4

个微操作，并一直持续到产生所必需的完整微操作序列。按照 x86 指令的顺序将微操作序列放置在 64 表项的微操作缓冲区中。

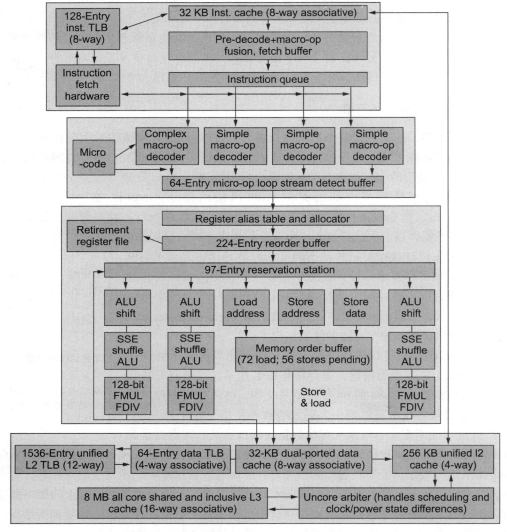

图 4-79 Intel Core i7 的流水线结构与存储系统。总流水线深度为 14 级，分支预测错误惩罚通常需要 17 个周期，额外的几个周期是重置分支预测器的时间。该设计可以保存 72 个加载指令和 56 个存储指令。6 个独立的功能部件可以在同一周期内各自开始执行单个就绪的微操作。寄存器重命名表最多可以处理 4 个微操作。第一款 i7 处理器于 2008 年推出，6700 是第 6 代。i7 系列处理器的基本结构相似，但后几代改变了缓存策略（第 5 章），增加了内存带宽，增多了动态执行指令数量，加强了分支预测，改进了图形支持，以此来增强性能（Hennessy JL, Patterson DA: Computer architecture: A quantitative approach, 6e, Cambridge MA, 2018, Morgan Kaufmann）

4. 在微操作缓冲区中执行循环流检测——如果一个循环中包含的指令较少（少于 64 条指令），循环流检测器会发现该循环并直接从缓冲区发射微操作，无须继续取指和译码。

5. 发射基本指令——在寄存器表中查找寄存器分配，重命名寄存器，为重排序缓冲分配新的表项，在微操作发送到保留站之前从寄存器堆或重排序缓冲中获取操作数。每个时钟周期内最多可处理 4 个微操作，它们在重排序缓冲中依次被分配新的表项。

6. i7 处理器采用集中式保留站，由 6 个功能单元共享。每个时钟周期最多可以向功能单元分配 6 个微操作。

7. 各个功能单元执行微操作，然后将结果发送回保留站和寄存器退出单元。一旦知道指令不再处于推测状态，将由该寄存器退出单元更新各寄存器状态，并将重排序缓冲中的对应表项标记为完成。

8. 当处于重排序缓冲顶部的一条或多条指令被标记为完成时，执行对应的寄存器写入操作，并将这些指令从重排序缓冲中删除。

详细阐述　上述第 2 阶段和第 4 阶段的硬件能够组合或者合并操作，以此来减少执行的操作数量。第 2 阶段中的宏操作（macro-ops）合并是对 x86 指令进行组合。例如，比较指令的后面跟着分支指令，可以将其变为一个操作。第 4 阶段的微操作合并（microfusion）是对 load+ALU 和 ALU+store 这样的"微操作对"进行组合，并发射到一个保留站中（在这里它们可以被独立发射），以提高微操作缓冲的使用率。在对 Intel Core 架构中的微操作合并和宏操作合并的研究中，Bird 等人 [2007] 发现微操作合并对性能几乎没有影响，宏操作合并对定点测试程序的性能有一定提升，但对浮点测试程序的性能几乎没有影响。

4.12.4　Intel Core i7 处理器的性能

由于采用了较为激进的推测技术，因此很难准确分析出造成理想性能与实际性能之间差距的原因。由于保留站、重命名寄存器和重排序缓冲的容量都不算多，6700 处理器的大量队列和缓冲区显著减少了流水线的停顿。

因此大多数性能损失来自分支预测错误或缓存失效。分支预测错误的代价是 17 个周期，而 L1 失效代价大约是 10 个周期（详见第 5 章）。L2 失效代价是 L1 失效代价的 3 倍多一点，L3 失效代价约为 L1 失效代价的 13 倍（130 ～ 135 个周期）。尽管处理器会尝试在 L2 和 L3 失效期间寻找其他指令来并行执行，但某些缓冲区很可能在失效处理完成之前被填满，从而导致处理器停止发出指令。

图 4-80 显示了 12 个 SPECCPUint2006 基准测试程序的 CPI。Intel Core i7 6700 处理器的平均 CPI 为 0.71。图 4-81 显示了 Intel Core i7 6700 处理器分支预测器的预测错误率。预测错误率大约是图 4-76 中 ARM A53 处理器的一半，对 SPEC2006 来说，两款处理器的中值分别是 2.3% 和 3.9%。如采用更激进的架构，i7 6700 的 CPI 不足 ARM A53 的一半：中值分别是 0.64 和 1.36。i7 6700 的时钟频率为 3.4 GHz，而 A53 的时钟频率为 1.3 GHz，因此二者的指令平均执行时间分别为 $0.64 \times 1/3.4\text{GHz} = 0.18\text{ns}$ 与 $1.36 \times 1/1.3\text{Ghz} = 1.05\text{ns}$，i7 6700 比 A53 快 5 倍多。但另一方面，i7 6700 处理器的功耗是 A53 的 200 倍！

理解程序性能　Intel Core i7 将 14 级流水线与激进的多发射技术相结合以获取更高的性能。通过保持背靠背（back-to-back）操作的低延迟，数据相关的影响将被减小。对于运行在该款处理器上的程序来说，哪些才是潜在的影响性能的瓶颈呢？下述列表包括了一些可能的性能问题，最后三个问题会在任何高性能流水线处理器中以某种形式出现。

- 采用 x86 指令，并且不映射到简单的微操作上。
- 很难预测的分支，会引起预测错误时的流水线停顿，以及推测失败后的流水线重启。
- 长相关——典型的长延迟指令或者存储层次引起的流水线停顿。

● 存储访问延迟增大（具体见第 5 章）引起的处理器停顿。

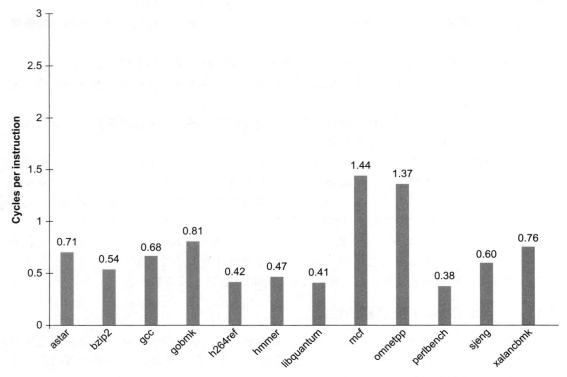

图 4-80　使用 SPECCPUint2006 标准测试程序统计 i7 6700 的 CPI。本数据由路易斯安那州立大学的 Lu Peng 教授和博士生 Qun Liu 收集（Hennessy JL, Patterson DA: Computer architecture: A quantitative approach, 6e, Cambridge MA, 2018, Morgan Kaufmann）

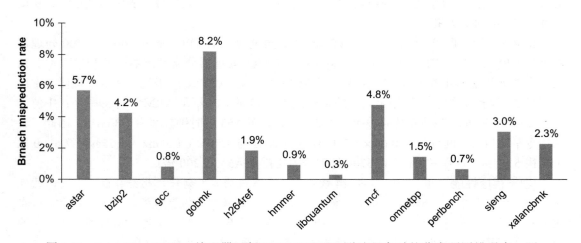

图 4-81　Intel Core i7 6700 处理器运行 SPECCPU2006 测试程序时的分支预测错误率。预测错误率为发生预测错误的分支指令数与所有分支指令数的比率（Hennessy JL, Patterson DA: Computer architecture: A quantitative approach, 6e, Cambridge MA, 2018, Morgan Kaufmann）

4.13　性能提升：指令级并行和矩阵乘法

以第 3 章中提到的 DGEMM 为例，多发射和乱序执行处理器通过循环展开可以获得更多可供调度的指令，这体现出指令级并行技术的影响。图 4-82 给出了图 3-20 中的 C 程序进行循环展开后的版本。该版本利用 C 程序的内在特征来生成对应的 AVX 指令。

和图 4-72 中的循环展开示例一样，对以上程序循环展开 4 次。与之前不同，图 3-20 的示例中手动将循环体中的每条语句复制 4 次，本次使用 gcc 编译器中的 -O3 编译优化选项完成循环展开。（在 C 代码中使用常数 UNROLL 来控制循环展开的次数，以便于进行不同数值的尝试。）使用一个简单的 4 次迭代循环体（具体见第 9、15 和 19 行），并使用一个包含 4 个元素的数组 c[ ] 来代替原来的标量 C0（具体见第 8、10、16 和 20 行）。

```
1.   #include <x86intrin.h>
2.   #define UNROLL (4)
3.
4.   void dgemm (int n, double* A, double* B, double* C)
5.   {
6.     for (int i = 0; i < n; i+=UNROLL*8)
7.       for (int j = 0; j < n; ++j){
8.         __m512d c[UNROLL];
9.         for (int r=0;r<UNROLL;r++)
10.          c[r] = _mm512_load_pd(C+i+r*8+j*n); //[ UNROLL];
11.
12.        for( int k = 0; k < n; k++ )
13.        {
14.          __m512d bb = _mm512_broadcastsd_pd(_mm_load_sd(B+j*n+k));
15.          for (int r=0;r<UNROLL;r++)
16.            c[r] = _mm512_fmadd_pd(_mm512_load_pd(A+n*k+r*8+i), bb, c[r]);
17.        }
18.
19.        for (int r=0;r<UNROLL;r++)
20.          _mm512_store_pd(C+i+r*8+j*n, c[r]);
21.      }
22.   }
```

图 4-82　DGEMM（图 3-20）优化后的 C 程序版本。使用 C 程序的内在特征产生 x86 指令系统中的 AVX 扩展指令（子字并行），通过循环展开产生更多的指令级并行机会。图 4-83 是针对图 4-82 中的内部循环使用编译器生成对应的汇编程序，对其中的 3 个循环体进行了展开，来展示更多的指令级并行

图 4-83 中是循环展开后的汇编代码。正如所料，图 3-20 中的每条 AVX 指令都有对应的 4 个版本。只有一个例外，我们只需要一条 vbroadcastsd 指令，因为可以在整个循环体内部重复使用 B 元素在寄存器 %ymm0 中的 4 个拷贝。因此，图 3-20 中的 5 条 AVX 指令在图 4-83 中变成了 13 条 AVX 指令和 7 条定点指令。注意，程序中的常数和地址计算要根据循环展开情况进行相应变化。尽管循环展开了 4 次，循环体中的指令数量也仅增加了 1 倍：从 11 条变为 20 条。

与图 3-19 中未优化的 DGEMM 相比，采用子字并行和指令级并行的优化导致整体速度提高为原来的 8.59 倍。与第 1 章中的 Python 版本相比，速度提高为原来的 4600 倍。

详细阐述　在图 4-83 中，第 9 行到第 12 行之间反复使用了寄存器 %zmm0，但这并不会导致流水线停顿。这是因为 Intel Core i7 流水线会对这些寄存器进行重命名。

自我检测　以下这些描述哪些正确？哪些错误？

1. Intel Core i7 处理器使用了多发射流水线，可以直接执行 x86 指令。

2. Cortex-A53 和 Core i7 都使用了动态多发射。

3. 相比 x86 架构所需，Core i7 微结构中实现了更多的寄存器。

4. 相比早期的 Intel Pentium 4 Prescott 微结构，Intel Core i7 使用了不到一半的流水线级数（见图 4-74）。

```
1  .    vmovapd      (%r11),%zmm4           # Load 8 elements of C into %zmm4
2  .    mov          %rbx,%rcx              # register %rcx = %rbx
3  .    xor          %eax,%eax              # register %eax = 0
4  .    vmovapd      0x20(%r11),%zmm3       # Load 8 elements of C into %zmm3
5  .    vmovapd      0x40(%r11),%zmm2       # Load 8 elements of C into %zmm2
6  .    vmovapd      0x60(%r11),%zmm1       # Load 8 elements of C into %zmm1
7  .    vbroadcastsd (%rax,%r8,8),%zmm0     # Make 8 copies of B element in %zmm0

                                            # register %rax = %rax + 8
8  .    add          $0x8,%rax
9  .    vfmadd231pd  (%rcx),%zmm0,%zmm4     # Parallel mul & add %zmm0, %zmm4
10 .    vfmadd231pd  0x20(%rcx),%zmm0,%zmm3 # Parallel mul & add %zmm0, %zmm3
11 .    vfmadd231pd  0x40(%rcx),%zmm0,%zmm2 # Parallel mul & add %zmm0, %zmm2
12 .    vfmadd231pd  0x60(%rcx),%zmm0,%zmm1 # Parallel mul & add %zmm0, %zmm1
13 .    add          %r9,%rcx               # register %rcx = %rcx
14 .    cmp          %r10,%rax              # compare %r10 to %rax
15 .    jne          50 <dgemm+0x50>        # jump if not %r10 != %rax
16 .    add          $0x1, %esi             # register % esi = % esi + 1
17 .    vmovapd      %zmm4, (%r11)          # Store %zmm4 into 8 C elements
18 .    vmovapd      %zmm3, 0x20(%r11)      # Store %zmm3 into 8 C elements
19 .    vmovapd      %zmm2, 0x40(%r11)      # Store %zmm2 into 8 C elements
20 .    vmovapd      %zmm1, 0x60(%r11)      # Store %zmm1 into 8 C elements
```

图 4-83   编译产生的嵌套循环体的 x86 汇编语言，C 程序见图 4-82

🌐 4.14   高级专题：数字设计概述——使用硬件设计语言进行流水线建模以及更多流水线示例

借助于硬件描述语言和现代计算机辅助综合工具，现代数字电路可以使用逻辑综合和标准库单元根据具体描述实现详细的硬件设计。关于这类语言和它们在数字设计中的使用，已有很多书籍说明。本节（作为网络在线内容）仅给出概述，并以 Verilog（一种硬件设计语言）为例说明如何从行为和硬件可综合两个角度来描述处理器控制逻辑。之后给出五级流水线处理器的一系列 Verilog 行为级模型。最初的模型不考虑冒险，不考虑各种前递逻辑、数据冒险和控制冒险带来的变化（在模型中高亮表示）。

之后对流水线每周期的状态变化给出一系列图示，让读者可以更详细地了解 RISC-V 指令序列在流水线上的工作细节。

4.15   谬误与陷阱

谬误：流水线是简单的。

本书验证了正确设计流水线需要非常细致。本书的第 1 版中存在一个流水线的设计错误。虽然本书已经被 100 多位专业人士审查过，也被 18 所大学选为教材，但直到有人按照它去真正实现一个计算机时，这个错误才被发现。而在现实中，像 Intel Core i7 那样的流水线结构仅 Verilog 代码就有成千上万行，复杂性可见一斑。务必当心！

谬误：对于流水线等结构设计，可以与工艺无关。

当片上晶体管的数量和速度决定了五级流水线结构是最佳解决方案时，延迟转移（具体见 4.5.2 节的详细阐述）就是一种解决控制冒险的简单方法。随着流水线级数的加深、超标量执行以及动态分支预测技术的发展，延迟转移技术就变得有些多余了。在 20 世纪 90 年代早期，动态流水线调度占用越来越多的资源，却并没有获得相应的性能提升。但由于摩尔定律的影响，晶体管数量成倍增长，处理速度远超存储，多个功能部件和动态流水线技术也就越来越关键。目前，对功耗的密切关注将使得结构设计不会过于激进，更注重能效性。

陷阱：缺乏对指令系统设计的考虑反过来会影响流水线的实现。

许多流水线设计的困难是由指令系统的复杂性引起的。以下举例说明：

- 可变的指令长度和不确定的执行时间会造成流水线各级不均衡，从而使得设计中的冒险检测逻辑变得特别复杂。最初在 20 世纪 80 年代的 DEC VAX 8500 机器中使用微操作和微流水线技术解决了上述问题。今天该技术也被运用到 Intel Core i7 中。当然，在微操作和真正的指令之间还需要进行转换并维护对应关系，这必然会引入一定的开销。

- 复杂的寻址模式会引起不同类型的问题。更新寄存器的寻址模式会让冒险检测更加复杂。还有一些寻址模式需要进行多次内存访问，这会让流水线控制更加复杂，并使流水线难以保持不间断的流动。

- 也许最佳例子就是 DEC Alpha 和 DEC NVAX。如果使用相似的工艺节点，Alpha 的最新指令系统体系结构可以实现性能超过 NVAX 的两倍。另一个例子是，Bhandarkar 和 Clark[1991] 对 MIPS M/2000 和 DEC VAX 8700 进行了比较。他们针对运行 SPEC 基准程序的时钟周期数进行统计，结论是，虽然 MIPS M/2000 执行了更多的指令，但在 VAX 上运行的时钟周期数却是 MIPS 的 2.7 倍，当然 MIPS 更快。

4.16 本章小结

正如我们在本章所见，处理器的数据通路和控制逻辑设计都是从分析指令系统和了解工艺技术的基本特性开始的。在 4.3 节中，我们学习了如何针对设计目标（实现一个单周期处理器）基于指令系统构建 RISC-V 处理器的数据通路。当然，底层的工艺技术也会影响设计决策，例如数据通路中使用何种功能部件、单周期实现是否有意义等。

> 明智的百分之九十，在于明智得及时。
> *美国谚语*

> **指令延迟**：指令固有的执行时间。

流水线技术改善的是吞吐率，而不是指令固有的执行时间，也称为**指令延迟**。对于一些指令，其延迟数与单周期设计类似。多发射机制添加额外的数据通路硬件，每周期发射出多条指令，但这会增加有效延迟。流水线技术的提出可以提高单周期数据通路的时钟频率，相应的，多发射技术则聚焦于降低 CPI（每条指令执行周期数）。

流水线技术和多发射机制都在尝试挖掘指令间的并行程度。程序中的数据和控制相关之后会变成各种冒险，它们的存在是开发更高指令级并行的主要限制因素。借助于硬件和软件，通过预测来调度和推测执行指令，是降低冒险造成的性能影响的主要技术。

在本章中，对 DGEMM 进行循环展开四遍来挖掘更多的指令，利用 Core i7 处理器的乱序执行机制可以提升一倍以上的性能。

20 世纪 90 年代中期，更长的流水线、多发射和动态调度技术有助于维持从 80 年代早期开始的每年 60% 的处理器性能提升。正如在第 1 章中提到的，这些微处理器一直保持着串行编程模型，但是最终它们撞上了"功耗墙"。因此，工业界被迫转向多处理器，以开发更粗粒度的指令级并行（具体见第 6 章）。这个趋势也引发设计者对 90 年代中期以来的一些发明中的能量 – 性能的含义进行重新评估。这导致最近一些处理器在微体系结构上对流水线进行了简化。

为了保持通过并行处理器带来的性能提升，Amdahl 定律表明系统的另一部分将会成为瓶颈。这将是下一章的主要内容：层次化存储。

🌐 4.17　历史视角和拓展阅读

本节为在线部分，阐述第一个流水线处理器、最早超标量处理器的历史，讨论乱序执行和推测技术的发展以及同时期编译技术的重要进展。

4.18　自学

虽然高性能处理器的流水线比传统的 5 级流水长得多，但一些低成本或低能耗处理器的流水线会更短。假设数据通路组件的时序与图 4-43 和图 4-44 中的相同。

三级流水。如果流水线设计只有三级而不是五级，将如何拆分数据通路呢？

时钟比率。如果忽略流水线寄存器或转发逻辑对时钟周期的影响，五级流水线与三级流水线的时钟比率是多少？假设数据通路组件的时序与图 4-43 和图 4-44 中的相同。

寄存器读写数据冒险。三级流水是否存在这种冒险？如果存在，前递技术可以解决吗？

加载 – 使用数据冒险。三级流水是否存在这种冒险？是否需要停顿流水线，或者通过前递解决它？

控制冒险。三级流水是否存在这种冒险？如果存在，如何减少性能损失？

CPI。相比五级流水，三级流水的 CPI 是更高还是更低？

自学答案

三级流水。虽然有多种可能的流水线划分方案，但下面所述算是一个比较明智的方案：

1. 取指并读取寄存器（300ps）
2. ALU（200ps）
3. 访问数据和写寄存器（300ps）

	300		600		900		1200		1500
取指	读寄存器	ALU		访问数据	写入寄存器				
		取指	读寄存器	ALU		访问数据	写入寄存器		
				取指	读寄存器	ALU		访问数据	写入寄存器

时钟比率。图 4-44 显示五级流水线的时钟周期为 200ps，因此时钟频率为 1/（200ps）或 5GHz。三级流水线的最坏情况为 300ps，因此时钟频率为 1/（300ps）或 3.33GHz。

寄存器读写数据冒险。如上图所示，三级流水仍然存在读写冒险。前一条指令还没有将数据写入寄存器，但下一条指令在第二阶段开始时就需要新值。4.8 节中的前递解决方案同样适用于三级流水线，因为前一条指令的 ALU 计算结果在下一条指令第二阶段开始之前可以准备好。

加载 – 使用数据冒险。即使只有三级，我们也必须停顿一个时钟周期，以防止加载 – 使用冒险，如 4.8 节所述。直到加载指令的第三级数据才可用，但后续指令需要在第二级开始时就使用新数据。

控制冒险。这种冒险是三级流水线的亮点。我们可以使用与 4.9 节相同的方案来优化：在 ALU 阶段之前就计算分支地址并比较寄存器是否相等，如图 4-79 所示。上述计算在下一条指令取指之前执行，因此控制冒险得到解决，不会产生性能损失。

CPI。使用三级流水线平均每条指令使用的周期数（CPI）将变少（即更好），原因如下：

- 由于时钟周期较长，访问内存（DRAM）所需的时钟周期数将变少。当出现缓存失效时，时钟周期数增加会导致 CPI 变大（参见第 5 章）。
- 分支指令将始终在一个时钟周期内完成，而任何用于加速五级流水线上分支处理的软硬件方案都可能存在失败，这必将增加 CPI。
- 对于 ALU，现有的时钟周期过长。这允许在五级流水线中进行可能需要多个时钟周期的复杂操作。与五级流水线相比，在三级流水线中实现这些操作（如整数乘法或除法）需要的时钟周期会更少。

4.19 练习

4.1 考虑如下指令：

指令：and rd, rs1, rs2

解释：Reg[rd] = Reg[rs1] AND Reg[rs2]

4.1.1 ［5］< 4.3 > 对于上述指令，图 4-10 中的控制信号各是什么数值？

4.1.2 ［5］< 4.3 > 对于上述指令，将用到哪些功能单元？

4.1.3 ［10］< 4.3 > 对于上述指令，哪些功能单元不产生任何输出？哪些功能单元的输出不会被用到？

4.2 ［10］< 4.4 > 解释图 4-22 中的每一个"无关项"。

4.3 根据下述指令组合回答问题。

R-type	I-type (non-ld)	Load	Store	Branch	Jump
24%	28%	25%	10%	11%	2%

4.3.1 ［5］< 4.4 > 发生数据访存的指令所占比例？

4.3.2 ［5］< 4.4 > 发生指令访存的指令所占比例？

4.3.3 ［5］< 4.4 > 使用符号扩展的指令所占比例？

4.3.4 ［5］< 4.4 > 当不需要符号扩展的结果时，符号扩展单元的行为是什么？

4.4 在制造硅芯片时，材料（例如硅）缺陷和制造错误会导致电路故障。一个非常常见的故障是，信号线发生"断路"，导致总是保持逻辑"0"。这被称为"固定为 0"故障。

4.4.1 ［5］< 4.4 > 如果 MemToReg 信号发生以上故障，哪些指令会执行错误？

4.4.2 ［5］< 4.4 > 如果 ALUSrc 信号发生以上故障，哪些指令会执行错误？

4.5 本题中，我们将仔细讨论单周期数据通路中执行指令的细节。假设本周期处理器取来指令：0x00c6ba32。

4.5.1 ［10］< 4.4 > 此时 ALU 控制单元的输入值是多少？

4.5.2 ［5］< 4.4 > 该指令执行结束后新的 PC 地址是多少？标注出计算该 PC 值的通路。

4.5.3 ［10］＜4.4＞对于每一个多选器，给出执行该指令时的各个输入和输出值，列出寄存器 Reg[xn] 中的数值。

4.5.4 ［10］＜4.4＞此时 ALU 和另两个加法单元的输入数值是多少？

4.5.5 ［10］＜4.4＞寄存器堆的所有的输入数值是多少？

4.6 4.4 节中没有讨论 I 型指令，如 addi 或者 andi。

4.6.1 ［5］＜4.4＞如果要基于图 4-25 添加 I 型指令，需要额外的什么逻辑单元？

4.6.2 ［10］＜4.4＞为 addi 指令列出控制单元产生的信号值，如果有控制信号为无关项，给出理由。

4.7 假设用来实现处理器数据通路的各功能模块延迟如下所示：

I-Mem / D-Mem	Register File	Mux	ALU	Adder	Single gate	Register Read	Register Setup	Sign extend	Control
250 ps	150 ps	25 ps	200 ps	150 ps	5 ps	30 ps	20 ps	50 ps	50 ps

其中，寄存器读延迟指的是，时钟上升沿到寄存器输出端稳定输出新值所需的时间。该延迟仅针对 PC 寄存器。寄存器建立时间指的是，寄存器的输入数据稳定到时钟上升沿所需的时间。该数值针对 PC 寄存器和寄存器堆。

4.7.1 ［5］＜4.4＞R 型指令的延迟是多少？比如，如果想让这类指令工作正确，时钟周期最少为多少？

4.7.2 ［10］＜4.4＞lw 指令的延迟是多少？仔细检查你的答案，许多学生会在关键路径上添加额外的寄存器。

4.7.3 ［10］＜4.4＞sw 指令的延迟是多少？仔细检查你的答案，许多学生会在关键路径上添加额外的寄存器。

4.7.4 ［5］＜4.4＞beq 指令的延迟是多少？

4.7.5 ［5］＜4.4＞算术、逻辑或者移位指令（I 型，非 load 指令）的延迟是多少？

4.7.6 ［5］＜4.4＞该 CPU 的最小时钟周期是多少？

4.8 ［10］＜4.4＞假设你能设计一款处理器并让每条指令执行不同的周期数。给定指令比例如下表所示，相比图 4-25 中的处理器，这款新处理器的加速比是多少？

R-type/I-type (non-ld)	ld	sd	beq
52%	25%	11%	12%

4.9 如果在图 4-25 的 CPU 中添加一个乘法器，这将给 ALU 增添 300ps 的延迟。但是，由于不再需要对乘法指令进行模拟，指令数量将会减少 5%。

4.9.1 ［5］＜4.4＞改动前后，时钟周期分别是多少？

4.9.2 ［10］＜4.4＞通过这个改动，将获得多少加速比？

4.9.3 ［10］＜4.4＞在保证提升性能的条件下，新 ALU 最低频率是多少？

4.10 设计者对处理器数据通路进行改造，通常会根据性价比做出方案折中。在下面三个问题中，若以图 4-25 为数据通路的改造基础，各单元延迟参考练习 4.7，成本如下：

I-Mem	Register File	Mux	ALU	Adder	D-Mem	Single Register	Sign extend	Single gate	Control
1000	200	10	100	30	2000	5	100	1	500

假设将通用寄存器的数量加倍，由 32 个扩展为 64 个，这将使 lw 和 sw 指令的数量减少 12%，但会增加寄存器堆的延迟，由 150ps 增至 160ps，同时还会增加成本，由 200 变为

400。（使用练习 4.8 中的指令组合。）

4.10.1 ［5］< 4.4 > 增加这样的改进后，获得的加速比为多少？

4.10.2 ［10］< 4.4 > 比较性能上的变化和成本上的变化。

4.10.3 ［10］< 4.4 > 根据上述计算出来的性价比，考虑增加寄存器数量的优化方案。试给出两个场景，一个说明该优化的有效性，另一个则相反。

4.11 尝试添加 RISC-V 中的指令：lwi.d rd, rs1, rs2（地址自增的 load 指令）。

指令释义：Reg[rd] = Mem [Reg[rs1] +Reg[rs2]]

4.11.1 ［5］< 4.4 > 对于这条指令，需要添加的新功能部件是什么？

4.11.2 ［5］< 4.4 > 现有的哪些功能部件需要改造？

4.11.3 ［5］< 4.4 > 对于这条指令，需要新添加的数据通路是什么？

4.11.4 ［5］< 4.4 > 为支持这条指令，为控制单元新添加的控制信号有哪些？

4.12 尝试添加 RISC-V 中的指令：swap rs1, rs2。

指令释义：Reg[rs2] = Reg[rs1]; Reg[rs1] = Reg[rs2]

4.12.1 ［5］< 4.4 > 对于这条指令，需要添加的新功能部件是什么？

4.12.2 ［10］< 4.4 > 现有的哪些功能部件需要改造？

4.12.3 ［5］< 4.4 > 对于这条指令，需要新添加的数据通路是什么？

4.12.4 ［5］< 4.4 > 为支持这条指令，为控制单元新添加的控制信号有哪些？

4.12.5 ［5］< 4.4 > 修改图 4-25 并实现该条指令。

4.13 尝试添加 RISC-V 中的指令：ss rs1, rs2, imm（存储两数之和）。

指令释义：Mem[Reg[rs1]] = Reg[rs2] + immediate

4.13.1 ［10］< 4.4 > 对于这条指令，需要添加的新功能部件是什么？

4.13.2 ［10］< 4.4 > 现有的哪些功能部件需要改造？

4.13.3 ［5］< 4.4 > 对于这条指令，需要新添加的数据通路是什么？

4.13.4 ［5］< 4.4 > 为支持这条指令，为控制单元新添加的控制信号有哪些？

4.13.5 ［5］< 4.4 > 修改图 4-25 并实现该条指令。

4.14 ［5］< 4.4 > 对于哪些指令，立即数产生单元（Imm Gen block）处于关键路径上？

4.15 从 4.4 节可知，lw 是 CPU 中延迟最长的一条指令。如果修改 lw 和 sw 的功能，去掉地址偏移，比如 lw 或 sw 指令的访存地址只能使用计算后存放于 rs1 中的数值，那么就不会有指令同时使用 ALU 和数据存储，这将缩短时钟周期。但是这也会增多指令数目，因为很多 lw 和 sw 指令将会被 lw/add 或者 sw/add 组合取代。

4.15.1 ［5］< 4.4 > 修改后的时钟周期是多少？

4.15.2 ［10］< 4.4 > 在这款新 CPU 上运行如练习 4.7 中的指令组合，将会变快还是变慢？大概变化多少？为简化起见，假设每条 lw 和 sw 指令将会被两条指令的组合取代。

4.15.3 ［5］< 4.4 > 在新款 CPU 上使程序运行速度变快或者变慢的主要因素是什么？

4.15.4 ［5］< 4.4 > 参考图 4-25，你认为原先的 CPU 是一款更好的设计，还是新款 CPU 是一款更好的设计？为什么？

4.16 在本题中将讨论流水线如何影响处理器的时钟周期。假设数据通路的各个流水级的延迟如下：

IF	ID	EX	MEM	WB
250 ps	350 ps	150 ps	300 ps	200 ps

同时，假设处理器执行的指令分布如下：

ALU/Logic	Jump/Branch	Load	Store
45%	20%	20%	15%

4.16.1 ［5］< 4.6 > 在流水化和非流水的处理器中，时钟周期分别是多少？

4.16.2 ［10］< 4.6 > 在流水化和非流水的处理器中，对于 lw 指令的延迟分别是多少？

4.16.3 ［10］< 4.6 > 如果我们将数据通路中的一个流水级拆成两个新流水级，每一个新流水级的延迟是原来的一半，那么我们将拆分哪一级？新处理器的时钟周期是多少？

4.16.4 ［10］< 4.6 > 假设没有停顿或冒险，数据存储的利用率如何？

4.16.5 ［10］< 4.6 > 假设没有停顿或冒险，寄存器堆的写口利用率如何？

4.17 ［10］< 4.6 > 在一个 k 级流水的 CPU 上执行 n 条指令，最少需要多少周期？证明你的公式。

4.18 ［5］< 4.6 > 假设初始化寄存器 x11 为 11，x12 为 22，如果在 4.6 节中的流水线结构上执行下述代码，寄存器 x13 和 x14 中最终为何值？注：硬件不处理数据冒险，编程者需要在必要处插入 NOP 指令来解决数据冒险。

```
addi    x11, x12, 5
add     x13, x11, x12
addi    x14, x11, 15
```

4.19 ［10］< 4.6 > 假设 x11 初始化为 11，x12 初始化为 22，如果在 4.6 节中的流水线结构上执行下述代码，寄存器 x15 中最终为何值？注：硬件不处理数据冒险，编程者需要在必要处插入 NOP 指令来解决数据冒险。假设寄存器堆先写后读，因此 ID 阶段的指令可以在同一周期内得到 WB 阶段的数据，具体见 4.8 节和图 4-55。

```
addi    x11, x12, 5
add     x13, x11, x12
addi    x14, x11, 15
add     x15, x11, x11
```

4.20 ［5］< 4.6 > 在下述代码中添加 NOP 指令，让它无须处理数据冒险也能正确运行在流水线处理器上。

```
addi    x11, x12, 5
add     x13, x11, x12
addi    x14, x11, 15
add     x15, x13, x12
```

4.21 考虑如 4.6 节中的流水线结构，硬件不处理数据冒险（比如，由编程人员负责发现数据冒险并在必要处插入 NOP 指令）。假设优化后，n 条指令的典型程序需要额外添加 $4n$ 条 NOP 指令才能正确处理数据冒险。

4.21.1 ［5］< 4.6 > 假设这条没有前递通路的流水线结构的时钟周期为 250ps，假设添加前递硬件将 NOP 指令的数量从 $4n$ 减少到 $0.05n$，但是时钟周期要增加到 300ps。相比之下，这条新流水线的加速比是多少？

4.21.2 ［10］< 4.6 > 不同的程序所需的 NOP 数量是不同的。在不影响程序性能的条件下，在带有前递硬件的流水线结构中执行程序，程序中的 NOP 指令比例为多少？

4.21.3 ［10］< 4.6 > 重复上题。使用 x 表示相对于指令总数 n 来说 NOP 指令的数量。比如，在练习 4.21.1 中，x 为 4。答案使用 x 来表示。

4.21.4 ［10］< 4.6 > 在具有前递硬件的流水线结构中，仅有 $0.075n$ 条 NOP 指令的程序会运行更快吗？

4.21.5 ［10］< 4.6 > 如果想要在具有前递硬件的流水线结构上更快地运行，最少需要插入多少 NOP 指令（占代码数量的比例）？

4.22 ［5］＜4.6＞对于如下的 RISC-V 的汇编片段：

```
sw    x29, 12(x16)
lw    x29, 8(x16)
sub   x17, x15, x14
beqz  x17, label
add   x15, x11, x14
sub   x15, x30, x14
```

假设我们修改了流水线，使它只有一个存储器（同时处理指令和数据）。在这种情况下，每当
程序需要在另一条指令访问数据的同一周期内获取一条指令时，就会存在结构冒险。

4.22.1 ［5］＜4.6＞请画出流水线图，说明以上代码会在何处停顿。

4.22.2 ［5］＜4.6＞是否可通过重排代码来减少因结构冒险而导致停顿的次数？

4.22.3 ［5］＜4.6＞该结构冒险必须用硬件来解决吗？我们可以通过在代码中插入 NOP 指令来消除数据
冒险，对于结构冒险是否可以相同处理？如果可以，请解释原因。否则，也请解释原因。

4.22.4 ［5］＜4.6＞在典型程序中，大约需要为该结构冒险产生多少个周期的停顿？（使用练习 4.8 中的
指令分布）。

4.23 如果我们改变 load/store 指令格式，使用寄存器（不需要立即数偏移）作为访存地址，这些指令
就不再需要使用 ALU（具体见练习 4.15）。这样的话，MEM 阶段和 EX 阶段就可以重叠，流
水线级数变为四级。

4.23.1 ［10］＜4.6＞流水线级数的减少会影响时钟周期吗？

4.23.2 ［10］＜4.6＞这样的变化会提高流水线的性能吗？

4.23.3 ［10］＜4.6＞这样的变化会降低流水线的性能吗？

4.24 ［10］＜4.8＞下面两个流水线图中，哪一个更好地描述了流水线冒险检测单元的操作？为什么？

选择 1：

```
lw x11, 0(x12):    IF ID EX ME WB
add x13, x11, x14:    IF ID EX..ME WB
or x15, x16, x17:      IF ID..EX ME WB
```

选择 2：

```
lw x11, 0(x12):    IF ID EX ME WB
add x13, x11, x14:  IF ID..EX ME WB
or x15, x16, x17:    IF..ID EX ME WB
```

4.25 考虑如下循环：

```
LOOP: lw    x10, 0(x13)
      lw    x11, 8(x13)
      add   x12, x10, x11
      subi  x13, x13, 16
      bnez  x12, LOOP
```

如果使用完美的分支预测（即没有控制冒险带来的流水线停顿），流水线中没有使用延迟槽，
采用硬件前递解决数据冒险，分支指令在 EX 阶段判断是否跳转。

4.25.1 ［10］＜4.8＞给出该循环中前两次循环的流水线执行图。

4.25.2 ［10］＜4.8＞标注出没有进行有用操作的流水级。当流水线全负荷工作时，所有五个流水级都在
进行有用操作的情况多久会出现一次？（从 addi 指令进入 IF 阶段开始计算，到 bnez 指令进
入 IF 阶段结束。）

4.26 本题尝试帮助大家了解，对于带前递的流水线处理器，如何在成本 / 复杂度 / 性能间进行折中。关

于本题可参考图 4-57 中的流水线数据通路。假设在该处理器上执行的指令片段存在一种 RAW 数据相关。这种 RAW 数据相关存在于产生结果的流水级（例如 EX 或 MEM）和使用该结果的后续指令之间（例如第一条指令紧跟产生结果的指令，第二条也是如此，或者跟前两条都相关）。假设在时钟的前半周期完成寄存器的写操作，在后半周期完成寄存器的读操作。因此"EX 阶段到第三条指令"以及"MEM 阶段到第三条指令"之间的数据相关都不会引起数据冒险。假设分支指令是在 EX 阶段判断是否发生跳转。如果流水线不存在数据冒险，则 CPI 为 1。

EX to 1st Only	MEM to 1st Only	EX to 2nd Only	MEM to 2nd Only	EX to 1st and EX to 2nd
5%	20%	5%	10%	10%

假设单个流水级的延迟如下。对于 EX 阶段，分为没有前递支持和带有各种类型的前递支持。

IF	ID	EX (no FW)	EX (full FW)	EX (FW from EX/MEM only)	EX (FW from MEM/WB only)	MEM	WB
120 ps	100 ps	110 ps	130 ps	120 ps	120 ps	120 ps	100 ps

4.26.1 ［5］＜4.8＞对于以上的每种 RAW 相关，写出一段包含至少三条汇编指令的代码。

4.26.2 ［5］＜4.8＞对于上述每种 RAW 相关，给出的代码中需要插入多少条 NOP 指令，才能保证在没有前递支持或冒险检测的流水线数据通路上执行正确？说明 NOP 指令插入的位置。

4.26.3 ［10］＜4.8＞独立分析单条指令可能会让插入的 NOP 指令数过量。写一段只有三条汇编指令的程序，满足：独立分析单条指令时得到的流水线停顿次数大于流水线为避免数据冒险而真实停顿的次数。

4.26.4 ［5］＜4.8＞假设没有其他冒险，上表中描述的程序运行在没有前递支持的流水线中，CPI 是多少？停顿周期占比是多少？（为了简化起见，假设所有必须考虑的情况都被列在上表中。）

4.26.5 ［5］＜4.8＞如果使用支持完全前递的流水线（前递所有需要前递的结果），CPI 是多少？停顿周期占比是多少？

4.26.6 ［10］＜4.8＞假设无法提供三输入的多选器来实现完全前递，因此需要判断是否只前递 EX/MEM 寄存器（一周期前递）或只前递 MEM/WB 寄存器（两周期前递）。对每种方案计算 CPI。

4.26.7 ［5］＜4.8＞给定冒险出现的概率以及流水线的各级延迟，相比没有前递支持的流水线，添加了每种前递类型（EX/MEM，MEM/WB，完全前递）的流水线获得的加速比是多少？

4.26.8 ［5］＜4.8＞如果我们能够添加"时空穿越"前递逻辑消除所有的数据冒险，相比练习 4.26.7 中的最快的处理器，提高的加速比是多少？假设相对于完全前递的 EX 阶段，这种还未被发明的"时空穿越"前递电路需要增加 100 ps 的延迟。

4.26.9 ［5］＜4.8＞在冒险类型表中，将"EX 到第一条指令"和"EX 到第一条指令以及 EX 到第二条指令"分成两类，为何表中没有"MEM 到第一条指令和 MEM 到第二条指令"这个类型呢？

4.27 讨论下述指令序列，假设在一个五级流水线的数据通路中执行：

```
add   x15, x12, x11
lw    x13, 8(x15)
lw    x12, 0(x2)
or    x13, x15, x13
sw    x13, 0(x15)
```

4.27.1 ［5］＜4.8＞如果没有前递逻辑或者冒险检测支持，请插入 NOP 指令保证程序正确执行。

4.27.2 ［10］＜4.8＞对代码进行重排，插入最少的 NOP 指令。假设寄存器 x17 可用来做临时寄存器。

4.27.3 ［10］< 4.8 > 如果处理器中支持前递，但未实现冒险检测单元，上述代码段的执行将会发生什么？

4.27.4 ［20］< 4.8 > 以图 4-63 中的冒险检测和前递单元为例，如果执行上述代码，在前 7 个时钟周期中，每周期哪些信号会被它们置为有效？

4.27.5 ［10］< 4.8 > 如果没有前递单元，以图 4-63 中的冒险检测逻辑为例，需要为其增加哪些输入和输出信号？

4.27.6 ［20］< 4.8 > 如果使用练习 4.27.5 中的冒险检测单元，执行上述代码，在前 5 个时钟周期中，每个周期哪些输出信号会有效？

4.28 分支预测器的重要性与条件分支指令执行频率有关，它与分支预测正确率共同决定了分支预测错误时带来的性能损失。本题中，假设在动态执行指令中，各类型指令比例如下表：

R-type	beqz/bnez	jal	ld	sd
40%	25%	5%	25%	5%

同时，假设各种分支预测器的正确率如下：

Always-Taken	Always-Not-Taken	2-Bit
45%	55%	85%

4.28.1 ［10］< 4.9 > 分支预测错误带来的流水线停顿将会增大 CPI。如果使用静态预测且总是预测跳转，请计算由于分支预测错误带来的额外 CPI 增加。假设：是否跳转在 ID 阶段进行判断，但在 EX 阶段被使用，因此不会产生数据冒险，同时不使用延迟槽。

4.28.2 ［10］< 4.9 > 如果使用静态预测且总是预测不跳转，上题如何？

4.28.3 ［10］< 4.9 > 如果使用 2 位预测器，上题如何？

4.28.4 ［10］< 4.9 > 假设使用 2 位预测器，如果将一半的分支指令转换为 ALU 指令，将会得到多少性能提升？假设无论是否预测正确，所有的分支指令替换成 ALU 指令的机会均等。

4.28.5 ［10］< 4.9 > 假设使用 2 位预测器，如果将一半的分支指令进行替换，每条分支指令替换为两条 ALU 指令，将会得到多少性能提升？假设无论是否预测正确，所有的分支指令替换成 ALU 指令的机会均等。

4.28.6 ［10］< 4.9 > 相比之下，某些分支指令具备更高的可预测性。如果我们知道 80% 的分支指令是用于向后跳转的循环，且总能被正确预测。对于另外 20% 的分支指令，使用 2 位预测器的预测正确率为多少？

4.29 本题中将讨论不同的分支预测器的正确率，重复执行的分支模式（例如循环）为：T，NT，T，T，NT。

4.29.1 ［5］< 4.9 > 如果采用静态预测，对于总是预测跳转或总是预测不跳转，分支预测正确率分别为多少？

4.29.2 ［5］< 4.9 > 对于前 4 条分支指令采用 2 位预测器，分支预测正确率为多少？假设预测器的初始状态为图 4-65 中的左下状态（预测不跳转）。

4.29.3 ［10］< 4.9 > 如果给定模式无限循环下去，2 位预测器的正确率是多少？

4.29.4 ［30］< 4.9 > 如果给定模式无限循环下去，请设计一个完美的预测器。该预测器应有带一位输出的时序电路以提供预测结果（1 为跳转，0 为不跳转），输入信号只有时钟和一个指示是否分支指令的控制信号。

4.29.5 ［10］< 4.9 > 如果分支执行结果正好与给定例子相反，使用练习 4.29.4 中的预测器，分支预测正确率为多少？

4.29.6　[20] < 4.9 > 重复练习 4.29.4，对于以上两种分支执行结果，新设计的预测器从完美预测开始（即允许先进行一段时间的暖身，允许做出错误预测）。预测器应具有一个输入，用来提供真实的分支执行结果。提示：这个输入用来让预测器判断当前的分支模式是上述两种中的哪一种。

4.30　本题讨论例外处理程序对流水线设计的影响。本题中的前三个问题与下面两条指令有关：

指令 1	指令 2
beqz x11, LABEL	lw x11, 0(x12)

4.30.1　[5] < 4.10 > 这些指令可能会触发哪些例外？对每一种例外，说明分别在哪个流水级被检测到。

4.30.2　[10] < 4.10 > 如果对于每种例外都有单独的地址存放对应的处理程序，解释如何改造流水线结构使其能够处理这些例外。假设这些例外处理程序对应的地址都是已知的。

4.30.3　[10] < 4.10 > 如果第二条指令紧接在第一条指令之后取指，按照练习 4.30.1 中所列出的例外类型，假设第一条指令引发了第一种例外，流水线中会如何处理？给出流水线执行图，从第一条指令取指开始，到第一条指令引发的例外处理程序结束为止。

4.30.4　[20] < 4.10 > 假设对例外处理程序地址进行向量化，将其以表的形式存放在固定地址开始的数据存储中。为实现例外处理机制应如何改造流水线？重复练习 4.30.3，结果如何？

4.30.5　[15] < 4.10 > 如果在一台只有一个固定例外处理程序入口的机器上模拟向量化例外处理（如练习 4.30.4 所示），写出位于固定入口处的代码段。提示：该代码段需要完成例外类型的判断，从例外向量表中获得处理程序的正确入口地址，并转向执行例外处理程序。

4.31　本题中对单发射和双发射处理器进行性能比较，并考虑针对双发射执行如何优化程序。代码如下所示（使用 C 语言）：

```
for(i=0;i!=j;i+=2)
    b[i]=a[i]-a[i+1];
```

不做任何优化的编译器产生下述 RISC-V 的汇编代码：

```
        addi  x12, x0,0
        jal   ENT
TOP: slli  x5, x12, 3
        add   x6, x10, x5
        lw    x7, 0(x6)
        lw    x29, 8(x6)
        sub   x30, x7, x29
        add   x31, x11, x5
        sw    x30, 0(x31)
        addi  x12, x12, 2
ENT: bne   x12, x13, TOP
```

上述代码中使用了以下寄存器：

i	j	a	b	临时值
x12	x13	x10	x11	x5～x7, x29～x31

假设本题中的双发射、静态调度处理器具有以下特性：

1. 同时发射的指令中必须一条是访存指令，另一条是算术 / 逻辑指令或者分支指令。

2. 处理器各级之间支持所有的前递（包括处理分支指令的 ID 阶段的前递）。

3. 处理器有完美的分支预测。

4. 如果两条指令有依赖关系，它们不能同时被发射（具体见 4.10.2 节）。

5. 如果必须停顿流水线，则同一个发射包中的两条指令需要同时停顿（具体见 4.10.2 节）。

完成以下这些练习，并且所写代码能够获得接近最优的加速比，并统计所花时间。

4.31.1 ［30］＜4.11＞画出上述 RISC-V 代码运行在双发射处理器上的流水线图。假设该循环执行两遍后退出。

4.31.2 ［10］＜4.11＞相比单发射处理器，双发射处理器的加速比是多少？假设该循环执行多遍。

4.31.3 ［10］＜4.11＞重写上述 RISC-V 代码以在单发射处理器上获得性能提升。提示：使用指令"beqz x13，DONE"，在 j = 0 时可以避免进入循环。

4.31.4 ［20］＜4.11＞重写上述 RISC-V 代码以在双发射处理器上获得性能提升。但是，请不要将循环展开。

4.31.5 ［30］＜4.11＞使用练习 4.31.4 中的优化代码重复练习 4.31.1。

4.31.6 ［10］＜4.11＞运行练习 4.31.3 和练习 4.31.4 中优化后的代码，从单发射到双发射处理器，获得的加速比是多少？

4.31.7 ［10］＜4.11＞将练习 4.31.3 中的 RISC-V 代码进行循环展开，展开后的一次循环处理原始循环中的两遍。面向单发射处理器重写这段代码，以得到更高的性能。假设变量 j 是 4 的倍数。

4.31.8 ［20］＜4.11＞将练习 4.31.4 中的 RISC-V 代码循环展开，展开后的一次循环处理原始循环中的两遍。面向双发射处理器重写这段代码，以得到更高的性能。假设变量 j 是 4 的倍数。提示：对循环体进行重组，让某些计算在循环外或者在循环结束时执行。假设临时寄存器中的数值只在循环体内有效。

4.31.9 ［10］＜4.11＞运行练习 4.31.7 和练习 4.31.8 中循环展开后、优化后的代码，从单发射到双发射处理器，获得的加速比是多少？

4.31.10 ［30］＜4.11＞假设双发射处理器上只能同时运行两条算术／逻辑指令，重复练习 4.31.8 和练习 4.31.9。换句话说，指令包中的第一条指令可以是任意类型的指令，但是第二条指令必须是算术或者逻辑指令。两条访存指令是不能同时被调度执行的。

4.32 本题中讨论能耗有效性与性能之间的关系。假设指令存储、寄存器和数据存储的动态能耗如下表所示。假设数据通路其他部件消耗的能量可以忽略不计。其中，"寄存器读"和"寄存器写"仅针对寄存器堆而言。

I-Mem	1 Register Read	Register Write	D-Mem Read	D-Mem Write
140 pJ	70 pJ	60 pJ	140 pJ	120 pJ

假设数据通路部件的延迟如下表所示，并假设数据通路的其他部件的延迟可以忽略不计。

I-Mem	Control	Register Read or Write	ALU	D-Mem Read or Write
200 ps	150 ps	90 ps	90 ps	250 ps

4.32.1 ［5］＜4.3，4.7，4.15＞在单周期和五级流水线的处理器上执行一条 add 指令花费的能量分别是多少？

4.32.2 ［10］＜4.7，4.15＞哪类 RISC-V 指令消耗能量最多？消耗的能量是多少？

4.32.3 ［10］＜4.7，4.15＞以减少能量消耗为重要目标，如何更改流水线设计？更改后，在流水线上运行 lw 指令，能耗下降的比例是多少？

4.32.4 ［10］＜4.7，4.15＞对于上题的流水线更改，如果运行其他指令，能耗下降的比例是多少？

4.32.5 ［10］＜4.7，4.15＞练习 4.32.3 中的修改对流水线 CPU 的性能有什么影响？

4.32.6 ［10］< 4.7, 4.15 > 如果去掉 MemRead 控制信号，每个周期都可以读数据存储，即 MemRead 恒为 1。解释如此修改后为何处理器功能仍然正确。如果 25% 的指令类型是 load 指令，这个修改在时钟频率和能耗方面会产生什么影响？

4.33 在制造硅芯片时，材料（例如硅）的缺陷和制造错误会导致电路失效。一个非常普遍的问题是一根线上的信号会对相邻线上的信号产生影响，这被称为串扰。有一类串扰问题是这样的，某些线上的信号为常值（如电源线），该线附近的线也被固定为 0（stuck-at-0）或 1（stuck-at-1）。下面练习中的缺陷发生在图 4-25 中寄存器堆的输入端"寄存器写"的第 0 位。

4.33.1 ［10］< 4.3, 4.4 > 假设测试处理器缺陷的方式如下：先给 PC、寄存器堆、数据和指令存储器中预设数值（可以自己选择）；任意执行一条指令，然后读出 PC、寄存器堆和存储器中的值；最后检查这些值以判断处理器中是否存在缺陷。能否设计一个方案，用来检查该信号上是否有"固定为 0"缺陷？

4.33.2 ［10］< 4.3, 4.4 > 重复练习 4.33.1，本次检查"固定为 1"缺陷。能否设计一个测试方案，同时检查这两个缺陷？如果可以，请解释如何实现；如果不能，请说明理由。

4.33.3 ［10］< 4.3, 4.4 > 如果我们知道处理器的某个信号具有"固定为 1"缺陷，该处理器还能用吗？如果可用，需要将在正常 RISC-V 处理器上运行的程序转换成在本处理器上可以运行的程序。假设有足够的空闲存储，可以存放更长的程序和额外的数据。

4.33.4 ［10］< 4.3, 4.4 > 重做练习 4.33.1，本次检测控制信号 MemRead 是否存在如下缺陷：如果 branch 为 0，MemRead 信号为 0，则有缺陷，否则无缺陷。

4.33.5 ［10］< 4.3, 4.4 > 重做练习 4.33.1，本次检测控制信号 MemRead 是否存在如下缺陷：如果 RegRd 为 1，MemRead 信号为 1，则有缺陷，否则无缺陷。提示：本问题需要操作系统知识，需考虑是否会引发段错误（segmentation fault）。

自我检测答案

4.1 节 控制，数据通路，存储；缺少输入和输出。

4.2 节 错。边沿触发的寄存器让同时读和写变为可能和清晰的。

4.3 节 Ⅰ a；Ⅱ c。

4.4 节 是的，信号 Branch 和 ALUOp0 是相同的。除此之外，可以通过对无关位赋值来灵活地组合其他信号。例如，将 MemtoReg 信号的两个无关位置为 1 和 0，信号 MemtoReg 和 ALUSrc 的赋值是相同的。将 MemtoReg 的无关位置为 1，则信号 ALUOp1 和 MemtoReg 的赋值正好相反。这样，就可以不需要额外的反相器，只需要简单地使用一个其他信号，并翻转一下 MemtoReg 多选器的输入顺序即可。

4.6 节 1. 由于 lw 指令存在 load-use 数据冒险，因此停顿流水线。2. 由于 x11 寄存器存在 RAW 相关造成的数据冒险，可前递 add 指令的结果，以避免在第三条指令发生停顿。3. 不需要停顿，即使没有前递支持。

4.7 节 第 2 句和第 4 句是正确的，剩下的是不正确的。

4.9 节 1. 预测不发生；2. 预测发生；3. 动态预测。

4.10 节 第一条语句，因为逻辑上它会在其他指令之前执行。

4.11 节 1. 都有，2. 都有，3. 软件，4. 硬件，5. 硬件，6. 硬件，7. 都有，8. 硬件，9. 都有。

4.13 节 前两个是错的，后两个是对的。

大而快：层次化存储

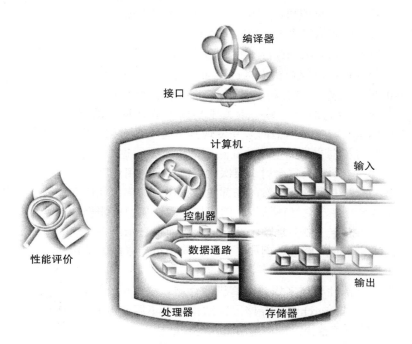

计算机的五个经典部件

5.1 引言

从最早的计算开始，编程者就希望能有无限大的高速存储。本章主要探讨如何帮助程序员构造一个容量无限大的存储器。开始之前，让我们做一个简单的类比，来说明使用的基本概念和关键技术。

假设你是一个学生，正在写关于计算机硬件重要发展历史的毕业论文。你坐在图书馆的书桌前，桌上堆满了从书架上抽出来的各种书籍。你发现许多你要写到的重要计算机都能从书中找到，但是唯独没有 EDSAC。因此，你回到书架前开始寻找。你找到了一本记录英国早期计算机的书籍，里面涉及 EDSAC。如果之前摆在你书桌上的那堆书是经过精心挑选的，那么很多你所需要的资料都能从中找到，这样你会把大量的时间花费在阅读上，而不是返回到书架前寻找。相比于书桌上只放一本书然后频繁地在书架和书桌之间往返，在书桌上放置更多的书籍显然会节省时间。

按照这样的原理，我们也可以建立一个大容量的存储，并且其访问速度和小容量存储一样快。就像你不需要同时等概率地阅读图书馆中的每一本书一样，程序也不会同时等概率地访问每一段代码或数据。否则，就不可能建立一个容量又大、访问速度又快的存储，就像不

理想中，我们都希望有无限大的存储容量，任何特别的数据都能够立即获得……我们不得不认识到构建层次化存储的可能性。在这样的结构中，相比于上一级存储，（每级存储）具有更大的容量，但访问速度却会更慢。

A. W. Burks、H. H. Goldstine 和 J. von Neumann，浅谈电子计算仪器的逻辑设计，1946

可能把图书馆中的所有书搬到你的书桌上还想快速检索到任何你想要的资料一样。

不管是在图书馆中工作，还是执行计算机程序，都存在局部性原理（principle of locality）。局部性原理表明，在任意一段时间内程序都只会访问地址空间中相对较小的一部分内容，就如你只会查阅图书馆的一部分藏书一样。局部性有两种：

- **时间局部性**（temporal locality）：如果某个数据项被访问，那么在不久的将来它可能再次被访问。就如你最近刚借阅了某本书，那么很可能你很快需要再次借阅它。
- **空间局部性**（spatial locality）：如果某个数据项被访问，与它地址相邻的数据项可能很快也将被访问。例如，当你借阅了关于英国早期计算机的书籍来学习 EDSAC，你可能还会注意到书架上挨着它的还有另一本关于早期工业计算机的书籍，因此你也会将这本书借回来并发现其中有不少有用的资料。图书馆将相同主题的书籍放在相同的书架上，这增加了空间局部性。本章稍后将会讨论层次化存储如何利用程序的空间局部性。

> **时间局部性**：该原理表明如果某个数据项被访问，那么在不久的将来它可能再次被访问。
>
> **空间局部性**：该原理表明如果某个数据项被访问，与它地址相邻的数据项可能很快也将被访问。

正如查阅书桌上的书籍具有天然的局部性，程序的局部性就体现在简单、自然的程序结构中。例如，大多数程序都有循环结构，因而指令和数据很可能会被重复访问，这显示出很明显的时间局部性。指令一般都是顺序访问的，因而也显示出很明显的空间局部性。数据访问本质上具有很强的空间局部性。例如，顺序访问数组元素或者结构体，这本身就具有很明显的空间局部性。

我们可以利用局部性原理来构建计算机的存储系统，也称为**存储层次结构**（memory hierarchy）。存储层次结构包括不同速度和容量的多级存储。存储速度越快，价格越昂贵，但容量越小。

> **存储层次结构**：一种使用多级存储器的结构。随着与处理器距离的增加，存储器的容量和访问时间都会增加，而每比特成本降低。

图 5-1 中，速度越快的存储越靠近处理器；越慢的存储成本越低，离处理器越远。这样做的目的是以最低的价格为用户提供最大容量的存储，同时访问速度与最快的存储相当。

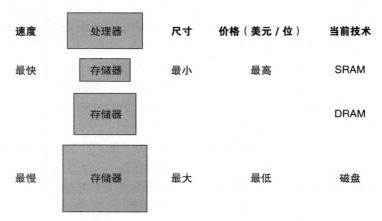

图 5-1　层次化存储的基本结构。通过实现存储系统的层次化，用户对其有了如下认识：它的容量和最下层存储一样大，访问速度和最快的那层存储相当。在许多个人移动设备中闪存（flash memory）替代了磁盘，同时可以作为台式计算机和服务器的一个新的存储层次。具体见 5.2 节

　　同样，数据也有相似的层次性：靠近处理器那一层中的数据是那些较远层次中数据的子集，所有的数据都被存在最远的那一层。依然使用图书馆的例子进行类比，书桌上的书籍是图书馆藏书的一个子集，也是学校所有图书馆藏书的一个子集。而且，离处理器越远的存储层次访问时间也越长，就像我们在学校图书馆系统中可能遇到的情况一样。

　　层次化存储可以由不同的层次组成，但是数据只能在两个相邻层次之间进行复制。因此，我们重点关注这两个层次。上一层（靠近处理器的层次）比下一层容量要小，速度要快，因为上一层存储使用了成本更高的工艺。如图 5-2 所示，在相邻两层之间进行信息交换的最小单元称为**块**或**行**（block 或 line）。在上述图书馆的类比中，最小的信息块就是一本书。

块或行：在缓存中存储信息的最小单位。

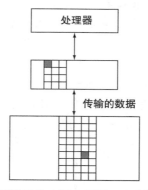

图 5-2　层次化存储中每对层次可被看作上层和下层。在每层中，信息存储的最小单位称为块或行（block 或 line）。通常，当我们在相邻层次之间进行拷贝时，都是传输一个完整的块

　　如果处理器所需的数据在本层的存储中找到，称为命中（hit），类比于你在桌上的某本书中找到了所需信息。如果没在本层存储中找到所需数据，称为失效（miss），将访问下一级存储。可类比于你从书桌来到书架前，寻找想要的书籍。**命中率**（hit rate 或 hit ratio）指的是在访问本层存储时命中的次数占总次数的比例，通常作为存储层次结构的性能衡量指标之一。**失效率**（miss rate，即 1－命中率）指的是在访问本层存储时失效的次数占总次数的比例。

命中率：在访问某个存储层次时命中的次数占总访问次数的比例。

失效率：在访问某个存储层次时失效的次数占总访问次数的比例。

　　由于性能是引入层次化存储的主要原因，数据命中和失效的处理时间是非常重要的。**命中时间**（hit time）是访问本层存储的时间，包括判断访问命中或失效的时间（即查阅桌上所有书籍的时间）。**失效损失**（miss penalty）指的是将相应的块从下层存储替换到上层存储中的时间，加上将该数据块返回给处理器的时间（即从书架上获得另一本书并将它放在书桌上的时间）。由于上层存储容量更小，并由速度更快的存储组成，命中时间也比下层存储的访问时间短，而访问下层存储的时间是失效损失的重要组成部分（即查阅书桌上的书的时间比走到书架前获得一本有用新书的时间要少得多）。

命中时间：访问某个存储层次所需的时间，包括判断命中或失效的时间。

失效损失：将数据块从下层存储复制至某层所需的时间，包括数据块的访问时间、传输时间、写入目标层的时间和将数据块返回给请求者的时间。

　　正如我们将在本章中所学，用来建立存储系统的很多概念对计算机的其他方面也产生了影响，包括操作系统如何管理存储和输入

输出，编译器如何产生代码，甚至应用程序如何使用计算机等。当然，由于所有的程序都会在访存上花费大量时间，存储系统成为性能的主要决定因素。利用存储系统获得性能上的提升，这意味着在过去程序员可以把存储器看成一个线性的随机访问存储设备，而现在必须充分理解存储器的层次结构才能获得良好的性能。例如在图 5-21 以及 5.15 节中，给出了如何使矩阵乘法的性能加倍。

由于存储系统对于性能非常关键，计算机设计者为此投入了大量的精力，开发了很多复杂的技术来改善存储系统的性能。本章中，我们将讨论主要的概念性观点。为了保证内容的长度和复杂度可控，对其进行了简化和抽象。

重点 程序中同时存在时间局部性和空间局部性。前者指复用最近刚访问过的数据的趋势，后者指访问与最近被访问过的数据项地址空间相近的数据项的趋势。层次化存储将最近刚访问过的数据留在离处理器更近的存储层次中，以此来充分利用程序的时间局部性；将包含了多个连续字的数据块移动至更上层存储，以此来充分利用程序的空间局部性。

图 5-3 说明，层次化存储结构在靠近处理器的位置采用更小更快的存储技术。因此，如果命中最上层存储，访问速度会很快。如果失效，将会访问下一级存储。虽然容量变大，但访问速度变慢。如果命中率足够高，该层次化存储有效的访问时间将非常接近最上层存储（也是速度最快的存储），容量将相当于最下层存储（也是容量最大的存储）。

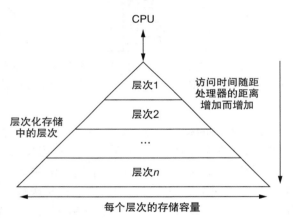

图 5-3 本图显示了层次化存储的结构：与处理器的距离增加，存储容量也随之增加。配以合适的操作机制，该结构可以使得处理器拥有层次 1 的访问速度，同时还拥有层次 n 的存储容量。本章的主题就是如何管理这样的结构。尽管本地磁盘通常位于层次结构的底端，但仍有一些系统使用磁带或者局域网内的文件服务器作为再下一层的存储

在大多数系统中，层次化存储是真实存在的。这意味着数据只有先在第 $i+1$ 层出现，才能在第 i 层出现。

自我检测 下面哪些表述通常是正确的？

1. 存储层次结构利用了时间局部性。

2. 在一次读操作中，返回的数值取决于哪些块在缓存（cache）中。

3. 存储层次结构的大部分开销都在最上层。

4. 存储层次结构的大部分容量都在最下层。

5.2 存储技术

在当今的层次化存储中有四种主要技术。主存采用动态随机访问存储（Dynamic Random Access Memory，DRAM）器件实现，靠近处理器的存储层次使用静态随机访问存储（Static Random Access Memory，SRAM）器件实现。DRAM 的访问速度慢于 SRAM，但它的每比特成本（cost per bit）也要低很多。两者的价格差主要源于 DRAM 的每比特占用面积远远小于 SRAM，因而 DRAM 能在等量的硅上实现更大的存储容量。两者的速度差源于许多因素，主要在附录 A 的 A.9 节进行介绍。第三种技术称为闪存（flash memory）。这种非易失性存储一般作为个人移动设备的二级存储。第四种技术是磁盘（magnetic disk），用来实现服务器上最大也是最慢的存储层次。在这些技术中，每比特的价格和访问时间差别很大，如下表所示，表中使用的是 2020 年的典型数据。下面我们一一介绍这些存储技术。

存储技术	典型访问时间（ns）	单位成本（美元/GB）
SRAM半导体存储	0.5~2.5	500~1000
DRAM半导体存储	50~70	3~6
闪存半导体存储	5 000~50 000	0.06~0.12
磁盘	5 000 000~20 000 000	0.01~0.02

5.2.1 SRAM 存储技术

SRAM 存储是一种存储阵列结构的简单集成电路，通常有一个读写端口。虽然读写操作的访问时间不同，但对于任意位置的数据，SRAM 的访问时间是固定的。

SRAM 不需要刷新电路，所以访问时间可以和两次存储访问间隔的周期时间接近。为防止读操作时信息丢失，典型的 SRAM 每比特采用 6 个或 8 个晶体管来实现。在待机模式下，SRAM 只需要最小的功率来保持电荷。

过去，大多数个人电脑和服务器使用独立的 SRAM 芯片作为一级、二级甚至三级高速缓存（cache）。如今，感谢摩尔定律，所有的高速缓存都被集成到了处理器芯片上，因此独立 SRAM 芯片的市场已经消失。

5.2.2 DRAM 存储技术

在 SRAM 中，只要提供电源，数值会被一直保存。而在 DRAM 中，使用电容保存电荷的方式来存储数据。采用单个晶体管来访问存储的电荷，或者读取它，或者改写它。DRAM 的每个比特仅使用单个晶体管来存储数据，它比 SRAM 的密度更高，每比特价格更低廉。由于 DRAM 在单个晶体管上存储电荷，因此不能长久保持数据，必须进行周期性的刷新。与 SRAM 相比，不可持续性也是该结构被称为动态的原因。

为了刷新数据单元，我们只需要读取其中的内容并再次写回，DRAM 中的电荷可以保持几微秒。如果每一比特数据都从 DRAM 中读出再被一一写回，就必须不停进行刷新操作，那么就会没有时间进行正常的数据访问。幸运的是，DRAM 使用两级译码电路，这使我们可以使用一个读周期紧跟一个写周期的方式一次性完成整行刷新（同一行上的数据共享一条字线）。

图 5-4 中给出 DRAM 的内部结构，图 5-5 给出 DRAM 的密度、成本和访问时间的变化趋势。

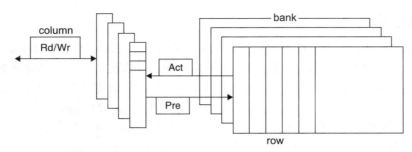

图 5-4   DRAM 的内部结构。现代 DRAM 以 bank 的方式来组织结构。典型地，DDR4 被划
分为四个 bank。每个 bank 包括一系列行（row）。发送预充电（Pre, pre-charge）命
令可以打开或关闭某个 bank。激活（Act, activate）命令发送行地址，并将对应某行
的数据传输到缓冲区中。当某行写入缓冲后，无论 DRAM 的宽度是多少（DDR4 中
典型的数据传输宽度为 4、8、16 位），可以通过发送后续列地址进行数据传输，或
者通过指定起始地址进行块传输。与块传输一样，每个命令都与时钟同步

生产年份	芯片容量	成本 （美元/GB）	新行/列的 访问时间（ns）	缓冲行的平均列 访问时间（ns）
1980	64 Kib	6 480 000	250	150
1983	256 Kib	1 980 000	185	100
1985	1 Mib	720 000	135	40
1989	4 Mib	128 000	110	40
1992	16 Mib	30 000	90	30
1996	64 Mib	9 000	60	12
1998	128 Mib	900	60	10
2000	256 Mib	840	55	7
2004	512Mib	150	50	5
2007	1 Gib	40	45	1.25
2010	2 Gib	13	40	1
2012	4 Gib	5	35	0.8
2015	8 Gib	7	30	0.6
2018	16 Gib	6	25	0.4

图 5-5   1996 年后，DRAM 容量以大约每三年四倍的速度增长，之后趋势放缓。访问时间的
改善已经放缓，但仍在持续。虽然存储芯片的成本受到其他因素如可用性和需求的
影响，但大体上仍保持随密度的增加而降低。每 GB 的成本不随通货膨胀进行调整。
价格数据来源：https://jcmit.net/memoryprice.htm

行（row）结构有助于 DRAM 的刷新，也有助于改善性能。为提高性能，DRAM 中缓存
了行数据以便重复访问。该缓冲区有点类似 SRAM：通过改变地址，可以访问缓冲区中任意
位置的数据，直到换行。这个功能显著改善了访问时间，因为确定行数据的访问时间被大幅
度降低。让芯片变得更宽也能改善存储带宽。当某行已在缓冲区中，无论 DRAM 的数据宽
度是多少（典型的为 4、8、16 位），可以通过发送后续列地址进行数据传输，或者通过指定
缓冲区中的起始地址进行块传输。

为更好地优化与处理器的接口，DRAM 添加了时钟，因此被称为同步 DRAM（Synchronous
DRAM，SDRAM）。SDRAM 的好处在于，使用时钟消除了内存和处理器之间的同步问题。
同步 DRAM 的速度优势来自于，进行突发传输（burst transfer）时无须指定额外地址位，而
是通过时钟来突发传输后续数据。速度最快的结构称为双倍数据传输率（Double Data Rate，
DDR）SDRAM，这名字意味着在时钟的上升沿和下降沿都可以进行数据传输。因此，如果

根据时钟频率和数据位宽测算，使用该结构可以获得预想中双倍的数据带宽。该技术的最新架构称为 DDR4，DDR4-3200 DRAM 能够在 1.6GHz 工作频率下，每秒进行 32 亿次的数据传输。

要维持这样的高带宽，需要对 DRAM 的内部结构进行精心组织。DRAM 可以在内部组织对多个 bank 进行读或写，每个 bank 对应各自的行缓冲，而不仅仅是添加一个快速行缓冲。对多个 bank 发送一个地址允许同时对这些 bank 进行读或写。例如，对于 4 个 bank 的结构，只需要一次访问时间，之后以轮转的方式对这 4 个 bank 进行访问，这样就获得了 4 倍的带宽。这种轮转的访问方式称为交叉地址访问（address interleaving）。

虽然如 iPad 这样的个人移动设备（详见第 1 章）都会使用单独的 DRAM，但是服务器的存储通常都是集成在小电路板上售卖，这种结构被称为双列直插式内存模块（Dual Inline Memory Modules，DIMM）。典型的 DIMM 包括 4 ~ 16 个 DRAM 颗粒，在服务器系统中每个 DRAM 颗粒通常被组织成 8 字节宽度。一个使用了 DDR4-3200 SDRAM 的 DIMM 每秒能够传输 8 × 3200MB= 25 600MB 的数据，这样的 DIMM 结构使用它的带宽来命名：PC25600。一个 DIMM 可以有许多 DRAM 芯片，但是在特定的传输中只有其中的一部分芯片会被使用。因此需要一个术语来表示 DIMM 中共享地址总线的芯片集合。为避免与 DRAM 内部的行和 bank 混淆，使用 rank 来表示这一芯片子集。

详细阐述 衡量高速缓存之外的存储系统性能的方法之一，就是使用流式基准测试程序（Stream benchmark）[McCalpin, 1995]。该程序主要测量长向量操作的性能，这些操作没有时间局部性，访问的数组大小比待测机器中的 cache 容量要大。

5.2.3　闪存

闪存是一种电可擦除的可编程只读存储器（Electrically Erasable Programmable Read-Only Memory，EEPROM）。

与磁盘和 DRAM 不同，但与其他 EEPROM 技术相似，闪存的写操作会对器件本身产生磨损。为应对这种限制，大多数闪存产品都包括一个控制器，用来将发生多次写的块重新映射到较少被写的块，从而使得写操作尽量分散。该技术被称为耗损均衡（wear leveling）。通过该技术，个人移动设备不太可能超过闪存的写次数限制。这样的技术虽然降低了闪存的潜在性能，但却是非常必要的，除非使用更高层次的软件来监控损耗情况。具有损耗均衡的闪存控制器也能够通过重新映射，将生产制造中出现故障的存储单元屏蔽掉，从而改善产品的良率（yield）。

5.2.4　磁盘

如图 5-6 所示，磁性硬盘由一堆盘片组成，这些盘片绕着轴心每分钟转动 5400 ~ 15000 周。这些金属盘片的每一面都被磁性记忆材料所覆盖，与磁带上的磁性材料相似。为从硬盘上读写信息，一个可移动的转臂正

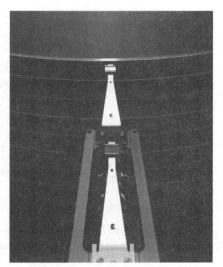

图 5-6　具有 10 个盘片和读写头的磁盘。现代磁盘的直径为 2.5 ~ 3.5 in，每个驱动器通常控制 1 ~ 2 个盘片

位于这些盘面的上方，其中包括一个称为读写头的小型电磁线圈。整个驱动器严格密封，以控制驱动器内部的环境，从而使磁头更接近驱动器表面。

每个磁盘表面被分为若干的同心圆，称为**磁道**（track）。每个盘面上通常有几万条磁道。每条磁道按序划分为上千个保存信息的**扇区**（sector）。扇区的容量一般为 512 ～ 4096 字节。记录在磁介质上的内容依次为：扇区号，间隙，该扇区的信息（包括纠错码，详见 5.5 节），间隙，下一个扇区的扇区号，等等。

> **磁道**：磁盘表面上千同心圆中的一个。

每个盘面都配有一个磁头，这些磁头互相连接并一起移动。每个磁头都可以读写每个盘面的每一条磁道。术语柱面（cylinder）用来表示某磁头在给定点能够访问到的所有磁道集合。

> **扇区**：磁盘磁道上的一段，扇区是读写磁盘信息的最小单位。

操作系统通过三步完成对磁盘的数据访问。第一步，将磁头定位在正确的磁道上方。这个操作称为**寻道**（seek），将磁头移动到所需磁道上方的时间称为寻道时间（seek time）。

> **寻道**：将读写头定位到磁盘上正确的磁道上方的过程。

磁盘制造商在他们的手册中提供最小寻道时间、最大寻道时间和平均寻道时间。前两者很容易测量，但是平均寻道时间却因为与寻道距离有关而难以解释。工业界计算平均寻道时间的方法通常是：对所有可能的寻道时间求和并计算平均值，（这样计算出来的）平均寻道时间通常为 3 ～ 13ms。但是，由于应用及磁盘请求调度策略的不同，同时磁盘访问存在局部性，事实上平均寻道时间可能仅有上述数值的 25% ～ 33%。如果考虑到对同一个文件做连续访问，且操作系统也会尽量对这样的访问进行集中调度，那么局部性还会增加。

一旦磁头到达正确的磁道，我们需要等待所需扇区旋转到读写磁头下，这段时间被称为**旋转延时**（rotational latency 或 rotational delay）。获得所需信息的平均延时为磁盘旋转半周的时间。磁盘以5400 转 / 分钟～ 15000 转 / 分钟的速度旋转，当转速为 5400 转 / 分钟时，平均旋转延时为：

> **旋转延时**：也称为旋转延迟，即磁盘上所需扇区旋转到读写磁头下的时间。通常假设为旋转半周的时间。

$$平均旋转延时 = \frac{0.5\ 转}{5400\ (转\ /\ 分钟)}$$

$$= \frac{0.5\ 转}{5400\ (转\ /\ 分钟)\ /\ 60\ (秒\ /\ 分钟)}$$

$$= 0.0056\ 秒$$

$$= 5.6\ 毫秒$$

磁盘访问的最后一部分是传输时间（transfer time），即传输数据块（block）的时间。传输时间是扇区大小、旋转速度和磁道记录密度的函数。2020 年，磁盘的传输速率大多为150 ～ 250MB/s。

复杂的是，大多数磁盘控制器内置一个缓存，用来保存刚刚读取过的扇区的数据。从该缓存中读取数据的传输速率会高得多，2020 年达到了 1500MB/s（即 12Gbit/s）。

现在，块号的位置不能再凭直觉了。上述的扇区 – 磁道 – 磁柱模型有如下假设：相邻的数据块在同一磁道上；由于不需要寻道时间，在同一磁柱上的数据块的访问开销更少；不同的磁道与磁头的距离也不同。如此变化的原因在于磁盘接口的层次在提升。为加速磁盘的串行传输速度，这些高层次接口将磁盘组织得更像磁带，而不是随机访问设备。逻辑块（沿圆周）以弯曲的方式排列在盘片表面，尽可能使每个扇区的记录密度相同，以获得最佳性能。

因而，顺序地址的数据块可能会在不同的磁道上。

综上所述，磁盘与半导体存储器件的两个主要区别是：由于存在机械装置，磁盘的访问速度更慢。例如，闪存的速度是磁盘的 1000 倍，DRAM 是磁盘的 100 000 倍。但是，由于可以最低的成本获得非常高的存储容量，磁盘的单位成本更低，一般差 10 到 100 倍。与闪存相同，磁盘也是非易失性存储。但是与闪存不同的是，磁盘没有写损耗问题。不过闪存更坚固，因此更适合个人移动设备。

5.3 cache 基础

在上文的图书馆例子中，书桌扮演了 cache（高速缓存）的角色：一个存储考试所需信息（书籍）的安全场所。在第一台商用计算机中，cache 就被用来表示位于处理器和主存之间的特殊存储层次。第 4 章数据通路中的存储都可以简单地替换成 cache。如今，虽然这些仍是 cache 这个词的主要使用场合，但它也被用来表示利用访问局部性进行管理的其他存储。早在 20 世纪 60 年代早期，cache 就第一次出现在计算机研究中，随后又出现在计算机产品中。如今，从服务器到低功耗嵌入式处理器，每一台通用计算机都包含 cache。

> 缓存：一个隐藏或者存储信息的安全场所。
> *Webster's New World Dictionary of the American Language, Third College Edition, 1988*

在这一节中，我们从一个简单的 cache 开始，处理器每次请求为一个字，且每个数据块由单个字组成（已经非常熟悉 cache 基础理论的读者可以直接转到 5.4 节）。图 5-7 中给出了这样的简单 cache 在响应数据访问请求前后的情况，且被访问的数据初始时并不在 cache 中。在响应请求前，该 cache 中包含了最近访问的数据集合 X_1, X_2, …, X_{n-1}，处理器请求的字 X_n 并不在 cache 中。这个请求会产生一次失效，字 X_n 从内存取到 cache 中。

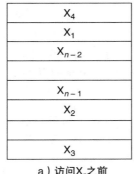
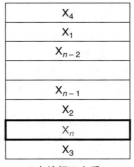

a）访问 X_n 之前   b）访问 X_n 之后

图 5-7　访问字 X_n 前后的 cache，且初始时 X_n 不在 cache 中。本次访问引起了 cache 失效，并强制将 X_n 从内存中取出并插入 cache 中

在对图 5-7 所述场景进行分析时，有两个问题需要回答：如何知道数据项是否存在于 cache 中？进一步来说，如果知道数据项存在于 cache 中，又该如何找到这个数据项呢？这两个答案是有关联的。如果每个字能够位于 cache 中的确定位置，只要它在 cache 中，那么找到它则是很简单的。在 cache 中为每个存储中的数据字进行位置分配的最简单方式，就是基于它在存储中的地址来分配 cache 中的位置。这种 cache 结构被称为**直接映射**（direct mapped），这是因为每个存储地址都被直接映射到 cache 中的确定位置。直接映射 cache 中，存储地址和 cache 位置之间的典型映射关系通常都非常简单。例如，几乎所有的直接映射

> 直接映射 cache：一种 cache 结构，其中每个存储地址都映射到 cache 中的确定位置。

cache 使用下述映射方法来找到对应的数据块：

（块地址）mod（cache 中的数据块数量）

如果 cache 的块数是 2 的幂，则取模运算很简单，只需要取地址的低 N 位即可。其中 $N = \log_2$（cache 的块数）。因此，一个 8 个数据块的 cache 使用地址的最低 3 位来查找（$8=2^3$）。例如，图 5-8 中给出 1_{10}（00001_2）至 29_{10}（11101_2）之间的地址如何映射到容量为 8 个字的直接映射 cache 中的位置 1_{10}（001_2）和位置 5_{10}（101_2）。

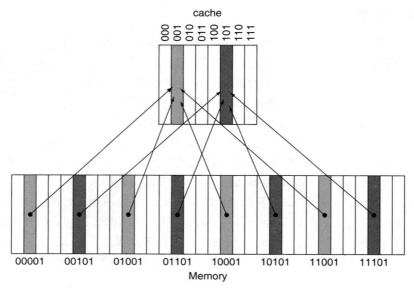

图 5-8   一个 8 个数据块的直接映射 cache，0 到 31 之间的存储字地址映射到相同的 cache
位置上。由于该 cache 中有 8 个字，地址 X 对应该直接映射 cache 的位置为 X mod
8。也就是说，低 3（$\log_2 8$）位被用来作为 cache 的索引（index）。因此，地址
00001_2、01001_2、10001_2 和 11001_2 都映射到 cache 的第 001_2 块，同时，地址
00101_2、01101_2、10101_2 和 11101_2 都映射到 cache 的第 101_2 块

由于每个 cache 块中能够保存不同存储地址的内容，如何知道对应请求的数据字是否在 cache 中呢？回答这个问题前，需要在 cache 中添加一组**标签**（tag）。这些标签保存了所需的地址信息，这些信息用来确定请求字是否在 cache 中。标签中只需要保存地址的高位部分，这部分地址不会用来作为 cache 的索引。例如，图 5-8

标签：存储层次中的表项位，用来记录对应请求字的地址信息，这些信息用来确定所需数据块是否在该存储层次中。

中，只需要使用 5 位地址中的高 2 位作为标签，低 3 位作为地址的索引字段用来选择数据块。按照定义，对于任何可以放入相同 cache 块中的数据字，其地址的索引域必定是对应的 cache 块号，因此标签中无须记录这些冗余的索引。

同时，还需要一种方法能够判断 cache 中的数据块中是否保存有效信息。例如，当处理器启动时，cache 中没有有效数据，标签位就是无意义的。即使在执行了许多指令后，cache 中的一些表项内容仍可能为空，如图 5-7 所示。因此，对于这些表项的标签可以不考

有效位：存储层次中的表项位，用来表示该层次的对应数据块中是否保存了有效数据。

虑。最常用的方法就是添加**有效位**（valid bit），用来表示该表项中是否保存有效的数据。如果该位未被置位，则对应的数据块不能使用。

本节的后续部分将会重点阐述 cache 如何处理读操作。通常，由于读操作无须改变 cache 内容，因此处理读操作比处理写操作要简单些。在对读操作和 cache 失效处理的基本原理进行分析后，我们将会详细讲解 cache 的写操作和真实计算机中的 cache 设计。

重点 缓存可能是预测技术中最重要的例子。该技术依赖于局部性原理，尝试在更高的存储层次中找到所需的数据，并提供了一套机制，保证当预测错误时能够从下一级存储中找到并使用正确的数据。现代计算机的 cache 预测命中率通常在 95% 以上（详见图 5-46）。

5.3.1 cache 访问

下面是对一个大小为 8 个数据块的空 cache 进行 9 次存储访问的操作序列，包括每次存储访问的具体操作。图 5-9 中给出每次失效后 cache 中的内容变化。由于该 cache 中有 8 个数据块，地址的低 3 位用来表示数据块号。

访存地址 （十进制表示）	访存地址 （二进制表示）	cache命中 或失效	分配的cache数据块 （存放数据的位置）
22	10110_2	失效（图5-9b）	$(10110_2 \bmod 8) = 110_2$
26	11010_2	失效（图5-9c）	$(11010_2 \bmod 8) = 010_2$
22	10110_2	命中	$(10110_2 \bmod 8) = 110_2$
26	11010_2	命中	$(11010_2 \bmod 8) = 010_2$
16	10000_2	失效（图5-9d）	$(10000_2 \bmod 8) = 000_2$
3	00011_2	失效（图5-9e）	$(00011_2 \bmod 8) = 011_2$
16	10000_2	命中	$(10000_2 \bmod 8) = 000_2$
18	10010_2	失效（图5-9f）	$(10010_2 \bmod 8) = 010_2$
16	10000_2	命中	$(10000_2 \bmod 8) = 000_2$

Index	V	Tag	Data
000	N		
001	N		
010	N		
011	N		
100	N		
101	N		
110	N		
111	N		

Index	V	Tag	Data
000	N		
001	N		
010	N		
011	N		
100	N		
101	N		
110	Y	10_2	Memory (10110_2)
111	N		

a）上电后的cache初始状态　　　　　b）地址（10110_2）访问失效处理后

图 5-9　每次访问请求失效后 cache 中的内容，其中索引和标签使用二进制表示。cache 初始化为空，所有有效位（V）为无效（N）。处理器按照下列地址发出请求：10110_2（失效），11010_2（失效），10110_2（命中），11010_2（命中），10000_2（失效），00011_2（失效），10000_2（命中），10010_2（失效），10000_2（命中）。图中给出了该访存序列每次失效处理后 cache 的情况。当地址 10010_2（18）访问结束后，地址 11010_2（26）对应的数据项被替换，后续对地址 11010_2 的访问将引发失效。数据块的标签位仅记录地址的高位部分。存储地址中包含有 cache 数据块号 i、标签位 j，则对于该 cache 存储地址为 $j \times 8 + i$，或者等同于标签位 j 与索引位 i 的拼接。例如，图 f 中，索引 010_2 拼接上标签 10_2，对应地址为 10010_2

Index	V	Tag	Data
000	N		
001	N		
010	Y	11_2	Memory (11010_2)
011	N		
100	N		
101	N		
110	Y	10_2	Memory (10110_2)
111	N		

c）地址（11010_2）访问失效处理后

Index	V	Tag	Data
000	Y	10_2	Memory (10000_2)
001	N		
010	Y	11_2	Memory (11010_2)
011	N		
100	N		
101	N		
110	Y	10_2	Memory (10110_2)
111	N		

d）地址（10000_2）访问失效处理后

Index	V	Tag	Data
000	Y	10_2	Memory (10000_2)
001	N		
010	Y	11_2	Memory (11010_2)
011	Y	00_2	Memory (00011_2)
100	N		
101	N		
110	Y	10_2	Memory (10110_2)
111	N		

e）地址（00011_2）访问失效处理后

Index	V	Tag	Data
000	Y	10_2	Memory (10000_2)
001	N		
010	Y	10_2	Memory (10010_2)
011	Y	00_2	Memory (00011_2)
100	N		
101	N		
110	Y	10_2	Memory (10110_2)
111	N		

f）地址（10010_2）访问失效处理后

图 5-9 每次访问请求失效后 cache 中的内容，其中索引和标签使用二进制表示。cache 初始化为空，所有有效位（V）为无效（N）。处理器按照下列地址发出请求：10110_2（失效），11010_2（失效），10110_2（命中），11010_2（命中），10000_2（失效），00011_2（失效），10000_2（命中），10010_2（失效），10000_2（命中）。图中给出了该访存序列每次失效处理后 cache 的情况。当地址 10010_2（18）访问结束后，地址 11010_2（26）对应的数据项被替换，后续对地址 11010_2 的访问将引发失效。数据块的标签位仅记录地址的高位部分。存储地址中包含有 cache 数据块号 i、标签位 j，则对于该 cache 存储地址为 $j \times 8 + i$，或者等同于标签位 j 与索引位 i 的拼接。例如，图 f 中，索引 010_2 拼接上标签 10_2，对应地址为 10010_2（续）

由于 cache 初始为空，许多地址的首次访问都为失效。图 5-9 中描述了每一次访存后的具体操作。在第 8 次访存后产生了数据块的地址冲突。地址 18（10010_2）的数据字应放入 cache 的数据块 2（010_2）中。因此，它需要将已经在数据块 2 中的数据，也就是地址 26（11010_2）的数据替换掉。这个策略使得 cache 可以有效利用时间局部性：使用最近访问的数据替换最近不常访问的数据。

这种情况类似于，从书架上取下一本所需书籍，但你的书桌上没有多余的地方可放，必须将一些已经在书桌上的书重新放回书架。在直接映射 cache 中，只有一个位置来存放最新访问的数据项，因此替换项也只有一个选择。

对于每一个可能的地址，都需要在 cache 中进行如下查找：使用地址低位找到对应的唯一 cache 数据块。图 5-10 显示了访存地址被划分为：

- 标签字段：用来和 cache 中存放数据的标签位进行比较。
- 索引字段：用来选择数据块。

cache 数据块的索引和标签唯一确定了应放于该块的数据字的存储地址。由于索引字段被用来作为访问 cache 的地址，而一个 n 位的二进制数有 2^n 个数值，因此直接映射 cache 的数据块总数应为 2 的幂。数据字的地址是 4 字节对齐的，每个地址的最低两位用来表示对应的字节地址。因此，如果存储都是字对齐的，那么在访问数据字时地址的最低两位可以忽略不计。本节中，假设存储中的数据都是对齐存放，在"详细阐述"中会讨论如何处理 cache 的非对齐访问。

访问 cache 所需的所有数据，是 cache 容量和存储地址大小的函数。这是因为 cache 中既保存了数据，也保存了标签。其中，单个数据块的大小是 4 字节（单字），但是通常都会比它大。对于如下情况：

- 32 位地址。
- 直接映射 cache。
- cache 大小为 2^n 数据块，因此索引字段为 n 位。
- 数据块大小为 2^m 个单字（2^{m+2} 字节），因此在单个数据块中使用 m 位来索引单字，使用地址的最低 2 位来索引字节。

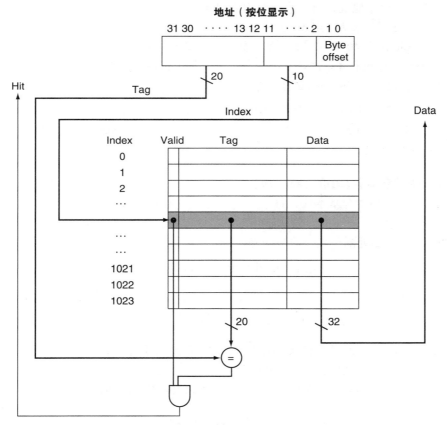

图 5-10 对于上述 cache，地址低位用来选择 cache 的数据块，该数据块包括数据和标签。上述 cache 容量为 1024 个单字（4KiB）。在本章中，我们假设使用 32 位地址。cache 中的标签需要与地址的高位进行比较，以判断请求所需的数据是否在 cache 中。由于 cache 容量为 2^{10}（或 1024）单字，而每个数据块大小为单字，因此使用 10 位地址来索引 cache，剩余的 32−10−2 = 20 位与标签进行比较。如果某数据块的标签与地址的高 20 位相等，同时对应的有效位有效，则该访存请求在 cache 中命中，处理器所需数据将被读出。否则，出现 cache 失效

标签字段的大小为：

$$32-(n+m+2)$$

该直接映射 cache 的总容量为：

$$2^n \times (单个数据块容量 + 标签字段大小 + 有效位大小)$$

由于数据块的大小为 2^n 单字（2^{m+5} 位），使用 1 位来表示有效位，因此以上 cache 的容量大小为：

$$2^n \times (2^m \times 32 + (32-n-m-2) + 1) = 2^n \times (2^m \times 32 + 31 - n - m)$$

虽然这是 cache 的真实容量，但 cache 命名规范中一般只考虑数据的大小，并不考虑标签和有效位的大小。因此，图 5-10 中的 cache 被称为 4KiB cache，实际上它包含 1.375KiB 的标签和有效位以及 4KiB 的数据。

| 例题 | cache 的容量 ────────────────────────

假设 64 位的存储地址，对于直接映射 cache，如果数据大小为 16KiB，每个数据块为 4 字大小。该 cache 容量多大（用 bit 表示）？

| 答案 | 已知 16KiB 为 4096（2^{12}）个字。如果单个数据块的大小为 4 字，则共有 1024（2^{10}）个数据块。每个数据块有 4×32 或 128 位数据，并加上标签和有效位，其中标签大小为（64–10–2–2）位。因此，完整的 cache 容量为：

$$2^{10} \times (4 \times 32 + (64 - 10 - 2 - 2) + 1) = 2^{10} \times 179 = 179 \text{ Kib}$$

或数据大小为 16KiB 的 cache（实际总容量为 22.4KiB）。对于 cache 来说，总容量是用于数据存储的容量的 1.4 倍。────

| 例题 | 地址映射至多字大小的 cache 块 ────────────────

假设该 cache 有 64 个基本块，每个基本块的大小为 16 字节。对于字节地址 1200，会映射到哪个基本块呢？

| 答案 | 据 5.3 节开始处的公式，块号的确定是：

$$(块地址) \bmod (cache 中的数据块数量)$$

其中，

$$块地址 A = \frac{字节地址}{每块字节数}$$

注意，这个块地址中包含了所有从（[A]× 每块字节数）到（[A]× 每块字节数 +（每块字节数 −1））的地址。（注：[A] 表示对 A 进行取整。）

因此，如果每块中的字节数为 16，则字节地址 1200 对应的块地址为

$$\frac{1200}{16} = 75$$

该块地址映射到的 cache 块号为（75 mod 64）= 11。事实上，从 1200 到 1215 的字节地址都映射到这个块号。──────────────

容量更大的块可以通过挖掘空间局部性来降低失效率。图 5-11 中，随着块大小的增长，失效率通常都在下降。如果单个块大小占 cache 容量的比例增加到一定程度，失效率最终会随之上升。这是因为 cache 中可存放的块数变少了。最终，某个数据块会在它的大量数据被

访问之前就被挤出 cache。另一方面，对于一个较大的数据块，块中各字之间的空间局部性也会随之降低，失效率降低带来的好处也就随之减少。

增大块容量时，另一个更严重的问题是失效损失。失效损失是从下一级存储获得数据块并加载到 cache 的时间。该时间分为两部分：访问命中的时间和数据的传输时间。很明显，除非我们改变存储系统，否则传输时间（也可以说是失效损失）将随着数据块容量的增大而增大。而且，随着数据块容量的增大，失效率改善带来的收益开始降低。最终的结果是，失效损失增大引起的性能下降超过了失效率降低带来的收益，cache 性能当然随之下降。当然，如果能设计出高效的传输大数据块的存储，就可以增大数据块的容量，并得到更大的性能改善。我们将在下一节讨论这个问题。

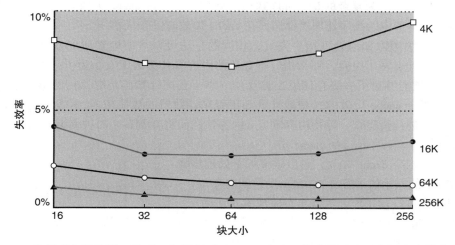

图 5-11　失效率与块容量。注意，如果相对于 cache 大小，块容量过大，实际上失效率会逐渐上升。图中的每条折线表示不同容量的 cache（本图与相联度无关，该内容之后讨论）

详细阐述　虽然对于大数据块很难解决失效损失中的长延迟问题，但可以隐藏部分传输时间来有效地减少失效损失。最早采用该思想的技术称为"提早重启"（early restart），即只要数据块中的所需数据返回来，就继续执行，无须等到该数据块中所有数据都完成传输。许多处理器将该技术用于指令访问，效果显著。取指一般都是顺序的，因此，如果存储系统能够每周期传输一个字，且能及时传输新指令字，那么当所需数据返回时处理器就能重启操作。对于数据 cache，该技术通常效果不好。这是因为所需数据的访问顺序很难预测，在数据传输完成之前，下一个所需数据来自另一个数据块的概率比较大。如果由于当前数据传输未完成导致处理器不能继续访问数据 cache，那么流水线就必须停顿。

另一种更为复杂的方案是，重新组织存储，让所需的数据首先从存储传输到 cache 中，再继续传输数据块中的剩余部分。从所需数据之后的地址开始，直到该数据块的开头。该技术被称为请求字先行（requested word first）或关键字先行（critical word first），比"提早重启"技术性能稍好。但与"提早重启"技术相同，会因为同样的问题而受到限制。

5.3.2　处理 cache 失效

在考虑真实系统中的 cache 之前，讨论一下控制单元如何处理 cache 失效（5.9 节将详细描述 cache 控制器)。控制单元必须能够检测到失效，然后通过从内存（或者，按照我们的理解，从下一级 cache）中取得所需的数据来处理失效。如果 cache 命中，计算机将继续使用数据，就像什么都没有发生过一样。

> **cache 失效**：由于所需数据不在 cache 中，对 cache 发出的数据请求不能被响应。

当 cache 命中时，对处理器的控制逻辑进行修改并没有那么重要。不过，cache 失效时，则需要一些额外的工作。cache 的失效处理与两部分协同工作：一部分是处理器的控制单元；另一部分是单独的控制器，用来初始化内存访问和重填 cache。cache 的失效处理会引发流水线的停顿（具体见第 4 章），这与例外或者中断处理不同，后者需要保存所有寄存器的状态。cache 失效将会停顿整个处理器来等待内存（返回数据），特别是冻结临时寄存器和程序员可见寄存器的内容。更为复杂的是，乱序执行的处理器在等待 cache 失效处理时允许继续执行指令。不过，本节中的按序处理器都假设在 cache 失效时停顿流水线。

进一步仔细考虑如何处理指令失效，相同的方法可以方便地扩展到处理数据失效。如果一条指令访问引发了失效，那么指令寄存器的内容将被置为无效。为了将正确的指令写入 cache 中，必须能够对下一级存储发出读操作。由于程序计数器是在执行的第一个时钟周期递增，引发指令 cache 失效的指令地址就等于程序计数器的数值减 4。一旦确定了地址，就需要指导主存进行读操作。等待内存响应（因为该访问将耗费多个时钟周期），然后将含有所需指令的（指令）字写入指令 cache 中。

一旦发生指令 cache 失效，可以定义如下处理步骤：

1. 将 PC 的原始值（当前 PC−4）发送到内存。
2. 对主存进行读操作，等待主存完成本次访问。
3. 写 cache 表项，将从内存获得的数据写入到该表项的数据部分，将地址的高位（来自于 ALU）写入标签字段，并将有效位置为有效。
4. 重启指令执行。这将会重新取指，本次取指将在指令 cache 中命中。

与上述相比，数据访问的 cache 控制本质上是相同的。一旦失效，简单地暂停处理器，直到内存返回数据。

5.3.3 处理写操作

写操作有一些不同。例如，对于存储指令，只把数据写入数据 cache（不需要改变主存）。完成写入 cache 的操作后，主存中的数据将和 cache 中的数据不同。在这种情况下，cache 和主存称为不一致（inconsistent）。保持 cache 和主存一致的最简单方法是，总是将数据写回内存和 cache。这样的写策略称为**写穿透**或者**写直达**（write-through）。

> **写穿透或写直达**：一种写策略。写操作总是同时更新 cache 和下一级存储，保证两者之间的数据一致。

写操作的另一个关键点是写失效的处理。先从主存中取来对应数据块中的数据，之后将其写入 cache 中，覆盖引发失效的数据块中的数据。同时，也会使用完整地址将数据写回主存。

虽然上述设计方案能够简单地处理写操作，但是它的性能不佳。基于写穿透策略，每次的写操作都会引起写主存的操作。这些写操作延时很长，至少 100 个处理器时钟周期，这会大大降低处理器的性能。例如，假设 10% 的指令是存储指令（store）。如果不发生 cache 失效，处理器的 CPI 为 1。每次写操作需要 100 个处理器时钟周期。这会导致 CPI 变为 $1.0 + 100 \times 10\% = 11$，性能降低为原来的 1/10。

解决这个问题的方法之一是使用**写缓冲**（write buffer）。写缓冲

> **写缓冲**：一个保存等待写入主存的数据的队列。

中保存着等待写回主存的数据。数据写入 cache 的同时也写入写缓冲中，之后处理器继续执行。当写入主存的操作完成后，写缓冲中的表项将被释放。如果写缓冲满了，处理器必须停顿流水线直到写缓冲中出现空闲表项。当然，如果主存写操作的速率小于处理器产生写操作的速率，多大容量的缓冲都无济于事。因为写操作的产生速度远远快于主存系统的处理速度。

即使写操作的产生速度小于主存的处理速度，还是会产生停顿。通常，当写操作成簇（burst）发生时，会发生上述现象。为减少这样的停顿发生，处理器通常会增多写缓冲的表项数。

相对于写穿透或者写直达策略，另一种写策略称为**写返回**（write-back）。基于写返回策略，当发生写操作时，新值只被写入 cache 中，被改写的数据块在替换出 cache 时才被写到下一级存储。写返回策略能够改善性能，尤其是当处理器写操作的产生速度等于或大于主存的处理速度时。不过，写返回策略的实现比写穿透策略要复杂得多。

> **写返回**：一种写策略。处理写操作时，只更新 cache 中对应数据块的数值。当该数据块被替换时，再将更新后的数据块写入下一级存储。

在本章的后续部分中，将会阐述真实处理器中的 cache，详细说明它们是如何处理读操作和写操作的。在 5.8 节中，还会更加详细地描述写操作的处理。

详细阐述 相对于读操作来说，写操作为 cache 引入了更多的复杂性。在此讨论其中的两点：写失效策略和写返回策略 cache 中写操作的高效实现。

考虑写穿透 cache 中的写失效处理。最常见的策略是，在 cache 中为其分配一个数据块，称为写分配（write allocate）。将该数据块从内存取入 cache 中，改写该数据块中相应部分的数据。另一种策略则是，在内存中更新相应部分的数据，并不将其取入 cache。这种策略称为写不分配（no write allocate）。该策略的动机是，有时候程序需要写整个数据块，例如操作系统对某一页内存进行初始操作（全部写 0）。在这样的情况下，初始写失效就将对应数据块取至 cache 里，这样的操作是不必要的。有些处理器允许以页为粒度来修改写分配策略。

事实上，在写返回 cache 中实现高效的写操作比在写穿透 cache 中要复杂得多。写穿透 cache 中，可以在比对标签的同时就将数据写入 cache。如果标签比对不符，发生 cache 失效。由于 cache 是写穿透的，对应数据块的改写不会产生严重后果，因为主存和 cache 中的数据都是正确的。但是，在写返回 cache 中，如果 cache 中的数据已被修改并产生 cache 失效，必须先将对应数据块写回内存。如果在处理存储指令时，在不知道 cache 是否命中之前（就像对待写穿透 cache 那样），只是简单地改写 cache 中对应的数据块，那么可能会破坏数据块中的内容。这些内容还未及时备份到下一级存储中。

在写返回 cache 中，由于不能直接改写数据块，或者使用两个周期去处理存储指令（一个周期用来进行标签比对确认是否命中，之后再用一个周期进行真正的写操作），或者需要一个写缓冲来保存数据——通过流水化操作在一个周期内高效地处理存储指令。当使用存储缓冲器（store buffer）时，在正常的 cache 访问周期里，处理器进行 cache 查找，同时将数据放入 store buffer 中。如果 cache 命中，在下一个无用的 cache 访问周期里把新数据从 store buffer 写入 cache 中。

相比之下，写穿透 cache 中写操作可以在一个周期内完成，读取标签的同时将数据写入对应的数据块中。如果写操作的数据块地址与标签匹配，处理器继续正常执行，因为更新的是正确的数据块。如果标签不匹配，处理器产生写失效，将该地址对应的数据块剩余内容取到 cache 中。

写返回 cache 也有写缓冲。当 cache 发生失效替换修改过的数据块时,写缓冲可以用来减少失效损失。在这种情况下,在从主存读取所需数据块时,(被替换出去的)修改过的数据块被放入 cache 的写返回缓冲(write-back buffer),之后再由写返回缓冲写回到主存中。如果下一个失效不会立即发生,当"脏"数据块被替换时,该技术可使失效损失减少一半。

5.3.4 cache 实例:Intrinsity FastMATH 处理器

Intrinsity 的 FastMATH 处理器是一款采用 MIPS 指令系统体系结构的嵌入式微处理器,内有一个简单的 cache 实现。在本章的结尾,将会介绍 ARM 和 Intel 处理器更为复杂的 cache 设计。根据教学规律,先从简单的、真实的样例入手。图 5-12 显示了 Intrinsity 的 FastMATH 处理器中数据 cache 的组织结构。注意,这款处理器的地址宽度是 32 位的,而非 64 位的。

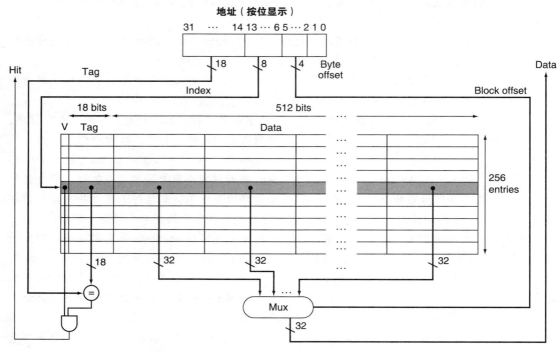

图 5-12 Intrinsity 的 FastMATH 处理器中的 16KiB cache,每个 cache 包含 256 个数据块,每个数据块有 16 个字。注意,地址宽度为 32 位。标签字段为 18 位,索引字段为 8 位,另外 4 位(5 ～ 2 位)用来在数据块中选择所需的字,可以使用 16 选 1 的多选器实现。事实上,为去掉这个多选器,cache 使用了一个独立的大容量 RAM 来存放数据,一个小容量 RAM 来存放标签。大容量的数据 RAM 所需的额外地址由块内偏移提供。这样,大容量 RAM 的字长为 32 位,字数是 cache 块数的 16 倍

该款处理器有 12 级流水线。峰值速度运行时,处理器可以在每个时钟周期同时取来一条指令和一个数据。为满足不停顿流水线的要求,指令 cache 和数据 cache 是分离的。每个 cache 为 16KiB 或 4096 字,数据块大小为 16 字。

cache 的读请求处理很简单。由于有独立的数据和指令 cache,需要为每个 cache 的读写提供单独的控制信号(记住:发生失效后指令 cache 需要更新)。因此,两个 cache 的读请求

处理步骤如下：

1. 将地址发送到对应 cache。地址可能来自于 PC（读指令），也可能来自于 ALU（读数据）。

2. 如果 cache 命中，在数据块中可以找到请求的数据。由于每个数据块的容量为 16 个字，需要进行选择。使用多选器从这 16 个字中选择所需的数据，使用块索引作为多选器的控制信号（具体见图 5-12 下部）。

3. 如果 cache 失效，将该地址发往主存。当主存返回数据时，将其写入 cache，（CPU）读取它并完成请求。

对于写请求，Intrinsity FastMATH 处理器提供了写穿透和写返回两种策略，由操作系统来决定为应用程序配置哪种策略，并含有 1 个表项的写缓冲。

使用像 Intrinsity FastMATH 中的 cache 结构，cache 的失效率会如何呢？图 5-13 给出了指令 cache 和数据 cache 的失效率。综合失效率（combined miss rate）指的是，考虑了指令访问和数据访问的不同频度后，每个程序的 cache 访问的失效率。

指令失效率	数据失效率	综合失效率
0.4%	11.4%	3.2%

图 5-13　使用 SPEC CPU2000 评测程序，Intrinsity FastMATH 处理器指令和数据 cache 的近似失效率。综合失效率指的是使用 16KiB 指令 cache 和 16KiB 数据 cache 时的实际失效率，通过将指令和数据失效率分别乘以指令和数据访存的频度获得

虽然失效率是 cache 设计的重要指标之一，但最重要的衡量指标仍然是存储系统对程序执行时间的影响。下面简要介绍一下失效率与执行时间之间的关系。

详细阐述　与两个分离的 cache 相比，同等容量的混合 cache 通常会有更高的命中率。原因在于，这种混合的 cache 不会严格把用于存放指令的表项数和用于存放数据的表项数区分开来。尽管如此，目前几乎所有的处理器都使用分离的指令 cache 和数据 cache，提高 cache 的带宽以满足现代流水线的需要。（这样冲突失效也会更少，具体见 5.8 节。）

分离的 cache：某一级存储由两个独立的 cache 组成，一个处理指令访存，一个处理数据访存，两者可以同时被访问。

下面是 Intrinsity FastMATH 处理器的 cache 配置，与一个同等容量的混合 cache 的失效率比较。

- 所有 cache 容量：32KiB
- 分离的 cache 的失效率：3.24%
- 混合 cache 的失效率：3.18%

分离 cache 的失效率比混合 cache 的失效率略差。

通过同时支持指令和数据访问，cache 带宽加倍，但这一好处很容易被增高的失效率抵消。这提醒我们不能使用失效率作为衡量 cache 性能的唯一指标，具体见 5.4 节。

5.3.5　总结

本章从分析一个最简单的 cache 开始：直接映射，数据块容量为一个字。在这样的 cache 中，命中和失效都很简单，因为一个字正好一个数据块，每个字都有独立的标签。为保持 cache 和主存数据的一致性，可以使用写穿透的策略，这样每次对 cache 的写操作都会

引发对主存的更新。相对写穿透，另一种策略是写返回，当数据块被替换时，才将其写入到主存中。这些将会在后续的章节中进行讨论。

为利用空间局部性，cache 的数据块容量应大于一个字。使用更大容量的数据块将会降低失效率，减少 cache 中与数据存储相关的标签存储，从而提高 cache 的效率。虽然更大的数据块容量可以降低失效率，但也会增加失效损失。如果失效损失随着数据块容量呈线性增长，那么更大的数据块容量很容易导致更低的性能。

为避免性能损失，加大主存带宽来更高效地传输 cache 数据块。通常加大 DRAM 带宽的方法是加宽主存和交叉访问。DRAM 设计者不断改善处理器和主存之间的接口，加大簇发传输模式下两者之间的带宽，减少大容量 cache 数据块的开销。

自我检测　存储系统的速度影响了设计者对于 cache 数据块容量的判断。针对 cache 设计者，下面哪一条准则通常是有效的？
1. 存储延迟越短，cache 的数据块容量越小。
2. 存储延迟越短，cache 的数据块容量越大。
3. 存储带宽越高，cache 的数据块容量越小。
4. 存储带宽越高，cache 的数据块容量越大。

5.4 cache 的性能评估和改进

在本节中，先从评估和分析 cache 性能的方法开始，之后介绍两种不同的改善 cache 性能的技术。第一项技术主要关注通过减少两个不同的内存块争夺同一缓存位置的发生概率来降低失效率。第二项技术是通过添加额外的一个存储层次来减少失效代价。这项技术被称为多级缓存（multilevel caching），出现在 1990 年售价高达 10 万美元的高端计算机中。此后，该技术被运用到售价仅需几百美元的个人移动设备中。

CPU 时间可被分成 CPU 用于执行程序的时间和 CPU 用来等待访存的时间。通常，假设 cache 命中的访问时间只是正常 CPU 执行时间的一部分。因此，

CPU 时间 =（CPU 执行的时钟周期数 + 等待存储访问的时钟周期数）× 时钟周期

假设等待存储访问的时钟周期数主要来自于 cache 失效，同时，限制后续的讨论只针对简单的存储系统模型。在真实的处理器中，读写操作产生的停顿十分复杂，准确的性能预测通常需要对处理器和存储系统进行非常详细的模拟。

等待存储访问的时钟周期数可以被定义为，读操作带来的停顿周期数加上写操作带来的停顿周期数：

等待存储访问的时钟周期数 = 读操作带来的停顿周期数 + 写操作带来的停顿周期数

读操作带来的停顿周期数可以由每个程序的读操作数目、读操作失效率和读操作的失效代价来定义。

$$读操作带来的停顿周期数 = \frac{读操作数目}{程序} \times 读失效率 \times 读失效代价$$

写操作要更复杂些。对于写穿透策略，有两个停顿的来源：一个是写失效，通常在连续写之前需要将数据块取回（具体见 5.3.3 节的详细阐述部分）；另一个是写缓冲停顿，通常在写缓冲满时进行写操作会引发该停顿。因此，写操作带来的停顿周期数等于下面两部分的总和：

$$写操作带来的停顿周期数 = \frac{写操作数目}{程序} \times 写失效率 \times 写失效代价 + 写缓冲满时的停顿周期$$

由于写缓冲停顿主要依赖于写操作的密集度，而不只是它的频度，不可能给出一个简单的计算此类停顿的等式。幸运的是，如果系统中有一个容量合理的写缓冲（例如，四个或者更多字），同时主存接收写请求的速度能够大于程序的平均写速度，写缓冲引起的停顿将会很少，几乎能够忽略。如果系统不能满足这些要求，那么这个设计可能不合理。设计者要么使用更深的写缓冲，要么使用写返回策略。

写返回策略也会额外增加停顿，主要来源于当数据块被替换并需要将其写回到主存时。这部分将在 5.8 节讨论。

在大多数写穿透 cache 的结构中，读和写的失效代价是相同的（都是将数据块从内存取至 cache 所花的时间）。假设写缓冲停顿是可以忽略不计的，就可以使用失效率和失效代价来同时刻画读操作和写操作：

$$等待存储访问的时钟周期数 = \frac{访存操作数目}{程序} \times 写失效率 \times 写失效代价$$

该公式也可以记作

$$等待存储访问的时钟周期数 = \frac{指令数目}{程序} \times \frac{失效次数}{指令数目} \times 写失效代价$$

下面使用一个简单的例子来帮助大家理解 cache 性能对处理器性能的影响。

┃ 例题 ┃ 计算 cache 的性能 ─────────────────────────────

假设指令 cache 的失效率为 2%，数据 cache 的失效率为 4%。如果处理器的 CPI 为 2，没有任何的访存停顿；对于所有的失效，失效代价都为 100 个时钟周期。如果配置了一个从不失效的完美 cache，那么处理器的性能会提高多少？假设 load 和 store 指令占所有指令的 36%。

┃ 答案 ┃ 假设指令数目为 I，则指令访存失效的周期数为

$$指令访存失效周期数 = I \times 2\% \times 100 = 2.00 \times I$$

由于 load 和 store 指令占总指令数的 36%，则数据访存失效的周期数为

$$数据访存失效周期数 = I \times 36\% \times 4\% \times 100 = 1.44 \times I$$

存储访问失效的周期数为 $2.00 I + 1.44 I = 3.44 I$。这意味着平均每条指令等待存储访问的周期数大于 3。相应的，考虑了存储访问停顿的 CPI 为 $2 + 3.44 = 5.44$。由于指令数目或者时钟频率都不变，则 CPU 执行时间的比率为

$$\frac{带有存储访问停顿的 CPU 执行时间}{具有完美 cache 的 CPU 执行时间} = \frac{I \times CPI_{stall} \times 时钟周期}{I \times CPI_{perfect} \times 时钟周期} = \frac{CPI_{stall}}{CPI_{perfect}} = \frac{5.44}{2}$$

具有完美 cache 的 CPU 性能是原来的 5.44/2= 2.72 倍。 ───────────────────────

如果处理器运行得更快，但是主存系统却并不是这样，会发生什么呢？用于存储访问停顿的时间占整个执行时间的比例在不断增大。在第 1 章中讲过的 Amdahl 定律提醒我们这个事实。一些简单的例子说明这个问题的严重性。假设在前面的例子中，使用一个改进的流水线，将 CPI 从 2 变为 1，时钟频率不变，则处理器的性能在提升。那么考虑了 cache 失效的

系统将会让 CPI 变为 1 + 3.44 = 4.44。与配置完美 cache 的系统相比，两者的比率为

$$\frac{4.44}{1} = 4.44$$

那么用于存储访问的停顿周期占总周期数的比例将会从

$$\frac{3.44}{5.44} = 63\% \quad 变为 \quad \frac{3.44}{4.44} = 77\%$$

同理，如果不改变存储体系结构，仅提高时钟频率，由于 cache 失效带来的系统性能损失所占比例也会增大。

之前的例子和等式都假设命中时间不是影响 cache 性能的重要因素。很清楚，如果命中时间增加，在存储系统中访问一个字所花的时间也在增加。这可能引起处理器时钟周期的增大。本书提供一些其他实例以了解导致命中时间略微增加的原因，其中的一个例子就是增大 cache 的容量。更大的 cache 自然会有更长的访问时间，这就好像如果你在图书馆的桌子足够大（例如 3 平方米），那么在桌上找到一本所需的书会耗费更长的时间。命中时间的增加可能会为流水线增加一个流水级，这样即使 cache 命中也会花费多个时钟周期。计算加深流水线对性能的影响则更为复杂。在某些情况下，对于大容量 cache 来说，相比命中率的提升，命中时间的增加反而会更占优势，这将会导致处理器性能的下降。

为了说明不论命中还是失效访问数据存储的时间都会影响性能，设计者采用平均存储访问时间（Average Memory Access Time，AMAT）作为指标来衡量不同的 cache 设计。平均存储访问时间是考虑了命中、失效以及不同访问频度的影响后的平均访存时间，定义如下：

$$AMAT = 命中时间 + 失效率 \times 失效代价$$

| 例题 | 计算存储的平均访存时间 ──────────────────────────────────────

时钟周期为 1ns 的处理器，失效代价为 20 个时钟周期，失效率为 5%，cache 访问时间（包括命中判断）为 1 个时钟周期，计算该处理器的平均访存时间 AMAT。假设读写的失效代价相同，并忽略写操作引起的其他停顿。

| 答案 | 每条指令的平均访存时间为

$$
\begin{aligned}
AMAT &= 命中时间 + 失效率 \times 失效代价 \\
&= 1 + 0.05 \times 20 \\
&= 2 \text{ 时钟周期（或 2ns）}
\end{aligned}
$$

之后的章节将会讨论另一种降低失效率的 cache 组织结构，但该结构有时可能会增加命中时间，具体示例见 5.16 节。 ────────────────────────────────────■

5.4.1　使用更为灵活的替换策略降低 cache 失效率

迄今为止，当将数据块写入 cache 时，采用的是一种最简单的定位策略：一个数据块在 cache 中只有一个对应位置。正如之前提到的，这种策略称为直接映射，因为它将主存中的任意数据块地址直接映射到上层存储的一个准确位置。但是，事实上还有很多存放数据块的策略。直接映射（数据块只能放在唯一的位置）只是其中的一个特例。

另一个特例是，数据块可以存放在 cache 的任意位置，这种策略称为**全相联**，即主存中的某个数据块和 cache 中的任意表项都可能有关联。在全相联 cache 中查找给定的数据块，所有的表项都必

全相联 cache：cache 的一种组织结构，数据块可以存放在 cache 的任意位置。

须进行比对，因为数据块可以存放在任意位置。为让比对过程更实际，每个 cache 表项都有一个比较器可以并行地进行比较。这些比较器显然增加了硬件开销，这使得全相连策略只能用于那些小容量的 cache。

　　介于直接映射和全相联之间的组织结构称为**组相联**。在一个组相联 cache 中，每一个数据块可以存放的位置数量是固定的。每个数据块有 n 个位置可放的组相联 cache 称为 n 路组相联 cache。在一个 n 路组相联 cache 中，包含有若干组（set），每一组包含有 n 个数据块。主存中的每个数据块通过索引位映射到 cache 中对应的

> **组相联 cache**：cache 的一种组织结构，每个数据块在 cache 中存放的位置数量具有固定值（至少为 2）。

组，数据块可以存放在该组中的任意位置。因此，组相联 cache 将直接映射和全相联结合起来：某个数据块直接映射到某一组，之后组中的所有数据块都需要与之进行命中比对。例如，图 5-14 中假设 cache 中共有 8 个数据块，根据以上三种组织结构，给出数据块 12 在 cache 中的位置。

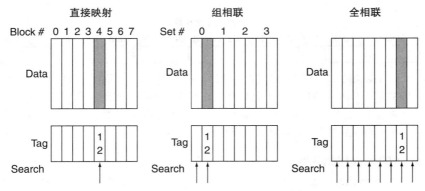

图 5-14　地址为 12 的主存数据块在 cache 中的位置，该 cache 具有 8 个数据块，分别采用直接映射、组相联和全相联策略。在直接映射 cache 中，主存块 12 只对应一个数据块位置，数据块号为（12 mod 8）= 4。在两路组相联 cache 中，共有 4 组，主存块 12 对应的组为（12 mod 4）= 0；主存块可以在这个组中的任意位置。在全相联 cache 中，主存块 12 可以放置在任意块中

　　注意，在直接映射 cache 中，主存数据块的位置为

$$（数据块号）\bmod（cache 中的数据块数量）$$

在组相联 cache 中，包含主存块的组号为

$$（数据块号）\bmod（cache 中的组数）$$

　　由于数据块可以放置在该组内的任意位置，组内所有元素的所有标签都必须被检查。在全相联 cache 中，数据块可以放置在任意位置，cache 中所有数据块的所有标签都要被检查。

　　可以将所有的 cache 组织结构看作组相联结构的特例。图 5-15 给出 8 个数据块 cache 可能的相联结构。直接映射 cache 就是一路组相联 cache：每个表项放置一个数据块，每一组只有一个元素。而 m 个表项的全相联 cache 则是一个 m 路组相联 cache，只有一个组，组内有 m 个数据块，每个数据块可以驻留在这一组内的任意块内。

　　提高相联度的好处是通常可以降低失效率，正如下面的例子所示。主要的问题在于可能会增加命中时间，之后将进行详细讨论。

一路组相联（直接映射）

Block Tag Data
0
1
2
3
4
5
6
7

两路组相联

Set Tag Data Tag Data
0
1
2
3

四路组相联

Set Tag Data Tag Data Tag Data Tag Data
0
1

八路组相联（全相联）

Tag Data Tag Data Tag Data Tag Data Tag Data Tag Data Tag Data Tag Data

图 5-15 8 个数据块的 cache 被配置成直接映射、两路组相联、四路组相联和全相联。cache 的容量（以块为单位）等于组数乘以相联度。因此，对于固定大小的 cache 来说，提高相联度相当于降低组数，即增加每一组中的数据块数。对于 8 个数据块来说，一个八路组相联的 cache 就相当于全相联 cache

| 例题 | cache 中的失效和相联度 ——————————————————————————

假设有三个小 cache，每一个 cache 包含 4 个数据块，数据块大小为 1 个字。第一个 cache 是全相联，第二个 cache 是两路组相联，第三个 cache 是直接映射。给定如下数据块地址序列，对于每一种 cache 组织结构，计算失效次数。序列为：0，8，0，6，8。

| 答案 | 直接映射最简单。首先，检查一下每个数据块地址会被映射到哪个 cache 块上：

数据块地址	cache数据块
0	(0 modulo 4) = 0
6	(6 modulo 4) = 2
8	(8 modulo 4) = 0

每一次访问后填写 cache 内容，如果表项为空，表示该数据块为无效（invalid），带颜色标注的是在最近访问过程中新分配的 cache 表项，未带颜色标注的是 cache 中的旧表项。

访问的主存 数据块地址	命中或 失效	访问后cache数据块的内容			
		0	1	2	3
0	失效	Memory[0]			
8	失效	Memory[8]			
0	失效	Memory[0]			
6	失效	Memory[0]		Memory[6]	
8	失效	Memory[8]		Memory[6]	

在这 5 次访问中，直接映射 cache 产生了 5 次失效。

组相联 cache 中有两个组（标号 0 和 1），每组有两个数据块。首先判断每个数据块地址对应哪一组。

数据块地址	cache组号
0	(0 modulo 2) = 0
6	(6 modulo 2) = 0
8	(8 modulo 2) = 0

由于在发生失效时需要在每一组中选择替换的表项，因此需要一种替换规则。组相联 cache 通常替换组内最近最少使用的数据块，也就是说，替换掉在过去最长时间未被使用的数据块（后续将详细讨论其他替换规则）。使用这样的替换规则，在上述访存序列完成后，组相联 cache 的内容如下所示：

访问的主存数据块地址	命中或失效	访问后cache数据块的内容			
		组0	组0	组1	组1
0	失效	Memory[0]			
8	失效	Memory[0]	Memory[8]		
0	命中	Memory[0]	Memory[8]		
6	失效	Memory[0]	Memory[6]		
8	失效	Memory[8]	Memory[6]		

注意，当访问数据块 6 时，它替换了数据块 8 的内容。这是因为，相比于数据块 0，数据块 8 最近最少被访问。使用两路组相连 cache，共产生 4 次失效。相比直接映射 cache，减少了一次失效。

全相联 cache 仅有一个组，组内有 4 个数据块，任意一个内存数据块都可以放置在 cache 的任意位置。全相联 cache 的性能最优，只有三次失效：

访问的主存数据块地址	命中或失效	访问后cache数据块的内容			
		数据块0	数据块1	数据块2	数据块3
0	失效	Memory[0]			
8	失效	Memory[0]	Memory[8]		
0	命中	Memory[0]	Memory[8]		
6	失效	Memory[0]	Memory[8]	Memory[6]	
8	命中	Memory[0]	Memory[8]	Memory[6]	

针对这个访问序列，三次失效是最优的，这是因为有三个不同的数据块地址需要被访问。注意，如果 cache 中有 8 个数据块，对于两路组相联 cache 来说不会发生替换（请自行检查）。和使用全相联 cache 相比，发生失效的次数是相同的。类似地，如果 cache 中有 16 个数据块，所有三个类型的 cache 的失效次数是相同的。上述例子说明，在考虑 cache 性能时，容量和相联度并不是相互独立的。

失效率的降低和相联度是什么关系？对于一个 64KiB 的数据 cache，每个数据块大小为 16 个字，图 5-16 中给出了随着相联度增加性能的变化情况（从直接映射到八路组相联）。从直接映射到两路组相联，失效率有所减少，但是，随着相联度的增加，失效率几乎没有变化。

相联度	数据失效率
1	10.3%
2	8.6%
4	8.3%
8	8.1%

图 5-16　针对结构类似 Intrinsity FastMATH 处理器中的数据 cache，使用 SPEC CPU2000 标准测试程序，测试获得的数据 cache 失效率。其中，相联度从直接映射变化到八路组相联。这些结果是 2003 年 Hennessy 和 Patterson 使用 SPEC CPU2000 中的 10 个测试程序获得的测试结果

5.4.2　在 cache 中查找数据块

来考虑一下如何在组相联 cache 中找到所需的数据块。正如在直接映射 cache 中，组相联 cache 中的每一个数据块都包括一个确定其地址的标签。在同一组内的每个 cache 块的标签都需要比较，判断是否与处理器访问的数据块地址匹配。图 5-17 中给出了地址的组成。索引位用来选择访问数据所在的组，该组内所有数据块的标签都需要比较。考虑到数据访问的速度，被选中组内的所有数据块的标签是并行比较的。串行比较策略将大大增加组相联 cache 的命中时间，这在全相联 cache 中也是一样的。

Tag	Index	Block offset

图 5-17　组相联或直接映射 cache 中地址的三个组成部分。索引位用来选择组，标签位用来在所在组内比较并选出数据块，Block offset 用来在数据块内找到所需的数据

如果 cache 容量保持相同，增加相联度可以增加每组内数据块的数量，这也增加了需要并行比较的数据块数量：相联度以 2 的幂递增，每组内的数据块数量将会翻倍，组数将会减半。相应的，相联度以 2 的幂递增，索引的位长将减少 1，标签的位长将增加 1。在全相联 cache 中仅包含一个组，所有的数据块都必须并行比较。因此，其地址中没有索引，除块内偏移（block offset）以外，整个地址都需要进行比较。换句话说，需要与整个 cache 进行比较，无须先进行任何索引。

在直接映射 cache 中，只需要一个比较器，因为每组内只有一个数据块，可以通过简单的索引访问 cache。图 5-18 中给出，在四路组相联 cache 中，需要四个比较器，还需要一个 4 选 1 的选择器，用来在该组内四个数据块中进行选择。cache 访问过程包括了相应组的索引和组内的标签比较。组相联 cache 的开销在于需要更多的比较器，以及由于比较和选择带来的延迟。

任何一个存储层次，在直接映射、组相联或全相联映射结构之间进行选择，都需要在失效代价与相联度实现两方面进行权衡，既需要考虑时间，也需要考虑额外的硬件成本。

详细阐述　按内容寻址存储器（Content Addressable Memory，CAM）是一种将比较和存储集成在单一设备上的电路结构。与 RAM 提供地址读取数据的工作方式不同，CAM 用户传送数据至设备，CAM 查找是否存在该内容副本，并返回对应存储行的索引。相比于使用 SRAM 和比较器等硬件，使用 CAM 意味着 cache 设计者可以实现更高的相联度。2013 年，CAM 更大的容量和功耗使得两路和四路组相联结构一般采用标准 SRAM 和比较器实现，而八路或更多路组相联的结构则由 CAM 实现。

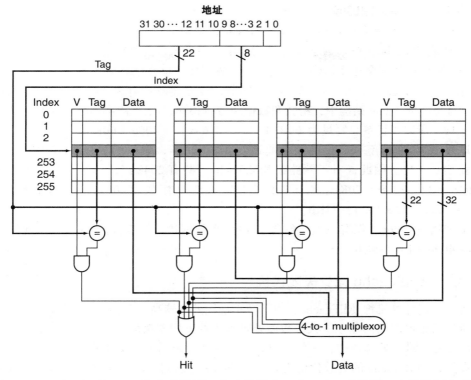

图 5-18　四路组相联 cache 的实现需要四个比较器和一个 4 选 1 选择器。比较器用来判断
相应组内（如果有）的哪个数据块与标签匹配。比较器的输出作为多选器的选择
信号，用来在相应组内的四个 cache 块中选择数据。在一些实现中，cache 的数
据 RAM 部分的输出使能信号可以用来作为组内数据块选择信号。这些输出使能
信号来自于比较器，可以用来驱动匹配的数据输出。这种结构中不需要使用多
选器

5.4.3　选择替换的数据块

　　当直接映射 cache 中出现失效，所需的数据块将直接调入对应的唯一位置，之前在该位
置的数据块将被替换。在组相联 cache 中出现失效，需要选择所需数据块的存放位置以及被
替换的数据块。在全相联 cache 中出现失效，所有数据块都可以被替换。在组相联 cache 中，
需要在对应组内选择数据块。

　　最常用的策略是**最近最少使用**（Least Recently Used，LRU），
之前的例子中已经提到。在该策略中，被替换的数据块应该是最长
时间未被使用的。5.4.1 节的组相联示例中使用的就是 LRU，因此数
据块 Memory（0）被替换为 Memory（6）。

> **最近最少使用**：一种替换
> 策略。该策略中，最长时
> 间未被使用的数据块将被
> 替换。

　　LRU 替换策略可以通过跟踪某个数据块相对于同组内其他数据块的使用时间来实现。
对于两路组相联 cache 来说，对两个数据块的使用情况进行跟踪，可以在每组内为其单独保
留 1 位，该位表示哪一项被访问过。当相联度变大时，LRU 的实现将变得困难。在 5.8 节中
将讨论另一种替换策略。

| 例题 | **标签的大小和组相联度** ————————————————————————

提高相联度需要更多的比较器，每一个 cache 块对应的标签位也越多。假设一个包含 4096 个数据块的 cache，单个数据块容量为 4 字，地址长度为 32 位。按照直接映射、两路组相联、四路组相联和全相联结构，分别计算组数和标签总容量。

| 答案 | 由于每个数据块的大小为 16 （=2^4） 字节，32 位地址中有 32-4 = 28 位用来表示索引和标签。直接映射 cache 结构中，组数和数据块数目相同，因此索引长度为 12 位，因为 log₂ （4096）= 12。所以，标签总容量为（28-12）× 4096 = 16 × 4096 = 66Kb。

相联度每增加 1 倍，cache 的组数将减少 1/2。同样，索引的长度每减少 1 位，标签的长度就增加 1 位。因此，对于两路组相联 cache，共有 2048 组，标签总容量为（28-11）× 2 × 2048 = 34 × 2048 = 70Kb。对于四路组相联 cache，组数为 1024，标签总容量为（28-10）× 4 × 1024 = 72 × 1024 = 74Kb。

对于全相联 cache，仅有一组，包含了 4096 个数据块，标签就是 28 位，因此标签总容量为 28 × 4096 × 1 = 115Kb。 ————————————————————————

5.4.4　使用多级 cache 减少失效代价

所有的现代计算机都使用 cache。为了减小现代处理器高速时钟频率与访问 DRAM 所需的不断增长的延迟之间的差距，大多数微处理器支持不同层级的缓存。二级 cache 一般与一级 cache 封装在同一颗芯片中，一级 cache 失效后就会访问下一级缓存。如果二级 cache 中有所需数据，一级 cache 的失效代价就是二级 cache 的访问时间，这和主存的访问时间相比要少得多。如果一级或二级 cache 中都没有包含所需数据，就需要访问主存，那么失效代价则会增大。

使用二级 cache 对处理器性能提升有多大的影响？下面的例子给出说明。

| 例题 | **多级 cache 的性能** ————————————————————————

假设如果所有的存储访问在一级 cache 命中，则基准处理器的 CPI 为 1.0，时钟频率为 4GHz。假设主存的访问时间为 100ns，包括所有的失效处理过程。一级 cache 中每条指令的平均失效率为 2%。

如果增加一个二级 cache，不论失效或命中其访问时间都为 5ns，其容量足够大，可以将失效率降低到 0.5%。问（增加了二级 cache 的）处理器增速多少？

| 答案 | 主存的失效代价为

$$\frac{100\text{ns}}{0.25\dfrac{\text{ns}}{\text{时钟周期}}} = 400 \text{ 时钟周期}$$

带有一级 cache 的处理器 CPI 公式如下：

　　　　实际 CPI = 基准 CPI + 平均每条指令产生的存储访问周期数

对于上述带有一级 cache 的处理器来说：

　　　　实际 CPI = 1.0 + 平均每条指令产生的存储访问周期数 = 1.0 + 2% × 400 = 9

对于带有二级 cache 的处理器，一级 cache 的失效可以通过访问二级 cache 或主存来处理。二级 cache 的失效代价为：

$$\frac{5\text{ns}}{0.25\dfrac{\text{ns}}{\text{时钟周期}}} = 20 \text{ 时钟周期}$$

如果在二级 cache 中命中，那么这就是全部的失效代价。如果在二级 cache 中失效，那就需要访问主存，则完整的失效代价为二级 cache 的访问时间与主存访问时间之和。

因此，对于带有二级 cache 的处理器来说，实际 CPI 等于基准 CPI 与各级 cache 的访问时间之和。

实际 CPI = 1 + 平均每条指令的一级 cache 访问周期数 + 平均每条指令的二级 cache 访问周期数 = 1 + 2% × 20 + 0.5% × 400 = 1 + 0.4 + 2.0 = 3.4

因此，增加了二级 cache 的处理器增速为

$$\frac{9.0}{3.4} = 2.6$$

或者换一种思路，还可以计算访问新增加的存储系统花费的时钟周期数。先计算二级 cache 命中的平均访问周期数（（2%−0.5%）× 20 = 0.3）。然后计算主存访问请求的平均周期数，既需要包括访问二级 cache 的开销，也要包括访问主存的开销，即 0.5% × （20+400） = 2.1。三者相加，1.0 + 0.3 + 2.1 = 3.4，与上文相同。

对于一级和二级 cache，设计考虑是明显不同的。这是因为相比于单独一个 cache 来说，其他 cache 层次的存在会改变其最佳策略的选择。特别地，两级 cache 结构允许其一级 cache 关注命中时间最小化以提高工作频率或关注流水级数的减少，同时其二级 cache 关注失效率来降低长访存延迟带来的失效代价。

两级 cache 结构的这些影响可以通过与单个 cache 的最优设计进行比较来获得。与单个 cache 相比，**多级 cache**（multilevel cache）中的一级 cache 通常都较小。而且，一级 cache 会使用较小的数据块容量，以配合较小的 cache 容量，降低失效代价。相对的，二级 cache 会比单个 cache 容量大很多，因为二级 cache 的访问时间没有

多级 cache：一种有多级 cache 的存储结构，区别于只有一个 cache 和主存的结构。

那么关键。随着容量的增大，相比于单个 cache，二级 cache 会使用更大的数据块。由于更关注降低失效率，二级 cache 也会使用比一级 cache 更高的相联度。

理解程序性能 我们用尽一切办法去分析排序算法，如冒泡排序、快速排序、基数排序等，希望找到更好的算法。图 5-19a 给出使用基数排序与快速排序进行搜索时平均每项的执行指令数目。正如预想，对于大型数组来说，在操作数量上基数排序比快速排序有算法上的优势。图 5-19b 给出不同排序项数下平均每项的所用时间（时钟周期数），而不是执行指令数。可以看到，图中各曲线的轨迹与图 5-19a 相似。但是对于基数排序来说，随着待排序的数据增多，轨迹发生了变化。这里面发生了什么？图 5-19c 中查看了不同排序项数下平均每项的 cache 失效情况：对于每一个待排序的数据项，快速排序一直保持较少的失效次数。

遗憾的是，标准的算法分析通常都会忽略存储层次的影响。由于时钟频率提高和摩尔定律的发展，体系结构设计者不断从指令流中挖掘潜在的性能，充分利用存储层次对于高性能处理器显得尤为关键。正如在概述里提到的，理解层次化存储的行为对于理解当今处理器的程序性能至关重要。

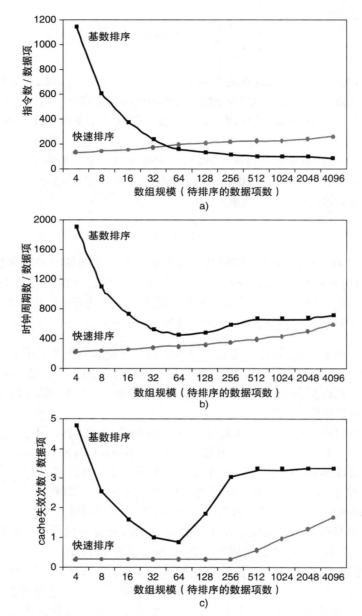

图 5-19   快速排序和基数排序的比较。图 a 关注平均每个待排序数据项的执行指令数,图 b
关注平均每个待排序数据项的执行时间,图 c 关注平均每个待排序数据项的 cache
失效次数。这些数据来自于 LaMarca 和 Ladner 1996 年的论文。由于以上结果,新
的基数排序算法将存储层次考虑进去,重新获得了算法上的优势(具体见 5.15 节)。
cache 优化的基础在于,当数据未被替换出 cache 之前,程序不断重复利用数据块
中的所有数据(即程序的局部性)

5.4.5   通过分块进行软件优化

由于存储层次对程序性能具有非常重要的影响,许多软件优化技术通过重用 cache 中的
数据来大幅度提高处理器性能,通过改善程序的时间局部性来降低失效率。

处理数组时，如果能将数组元素按照访问顺序存放在存储器中，则能够获得性能上的好处。但是，假设同时处理多个数组，一些数组按行访问，一些数组按列访问。按行存储（称为行优先）或者按列存储（称为列优先）数组都不能解决问题，这是因为在程序的每个循环体中行访问和列访问同时会被使用到。

因而，分块算法针对子矩阵（submatrice）或者数据块来进行操作，并不针对数组中完整的一行或一列进行操作。它的目标是，在替换之前对已在 cache 中的数据进行尽可能多的访问，这就是说，提高程序的时间局部性以减少 cache 失效。

例如，在 DGEMM（图 3-22 中第 4 ～ 9 行）中的内层循环中，

```
for (int j = 0; j < n; ++j)
    {
     double cij = C[i+j*n]; /* cij = C[i][j] */
     for( int k = 0; k < n; k++ )
      cij += A[i+k*n] * B[k+j*n]; /* cij += A[i][k]*B[k][j] */
     C[i+j*n] = cij; /* C[i][j] = cij */
     }
 }
```

首先读入数组 B 的所有 N×N 个元素，重复地读入数组 A 中某一行中的 N 个元素，最后将结果写入 C 数组某一行中对应的 N 个元素（注释中的内容让矩阵的行和列更易于识别）。图 5-20 给出了对这三个数组的访问快照。深色阴影部分表示最近被访问过，浅色阴影部分表示较早被访问过，白色表示还未被访问。

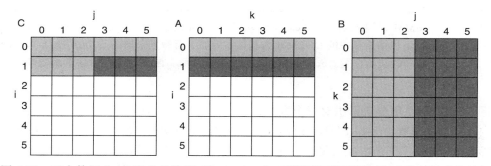

图 5-20　三个数组 C、A 和 B 的快照（N=6，i=1）。采用不同的阴影对各个数组元素的访问
　　　　时机进行表示：白色表示尚未被访问过，浅色阴影表示较早被访问过，深色阴影表
　　　　示最近被访问过。与图 5-22 相比，数组 A 和 B 的元素被重复读入以计算数组 C 的
　　　　新元素。变量 i、j 和 k 用来进行数组访问，对应行或者列的变化

容量失效的次数明显与 N 和 cache 的容量有关。如果 cache 中可以存入三个 N×N 的矩阵，假设没有其他冲突，那么一切完美。我们特意为第 3 章和第 4 章中的 DGEMM 选择了矩阵大小，使得情况正好如此。

如果 cache 能够存入一个 N×N 的矩阵和一行 N 个元素，至少数组 A 中的第 i 行数据和数组 B 可以一直保留在 cache 中。如果容量更小，则数组 B 和数组 C 都可能发生失效。最坏情况下，N^3 个操作需要访问 $2N^3 + N^2$ 个存储数据字。

为保证需要访问的数组元素都尽可能在 cache 中，原始代码需要改写为基于子矩阵的计算方式。这样，我们需要调用图 4-82 中的 DGEMM 版本，该版本就是在大小为BLOCKSIZE×BLOCKSIZE 的矩阵上重复计算。BLOCKSIZE 也被称为块参数。

图 5-21 中给出 DGEMM 的分块版本。函数 do_block 改写自图 3-20 中的 DGEMM，增加了 3 个新参数 si、sj 和 sk 用来描述数组 A、B 和 C 的子矩阵的起始点。函数 do_block 的两个内部循环以 BLOCKSIZE 为步长进行计算，并不是按照数组 B 和 C 的全长进行计算。gcc 编译器通过函数内联（function inlining）消除了函数调用的所有开销。也就是说，在程序中直接插入函数代码，以避免通常的参数传递和现场保存操作。

```
1   #define BLOCKSIZE 32
2   void do_block (int n, int si, int sj, int sk, double *A, double
3   *B, double *C)
4   {
5     for (int i = si; i < si+BLOCKSIZE; ++i)
6       for (int j = sj; j < sj+BLOCKSIZE; ++j)
7         {
8            double cij = C[i+j*n];/* cij = C[i][j] */
9            for( int k = sk; k < sk+BLOCKSIZE; k++ )
10             cij += A[i+k*n] * B[k+j*n];/* cij+=A[i][k]*B[k][j] */
11           C[i+j*n] = cij;/* C[i][j] = cij */
12         }
13  }
14  void dgemm (int n, double* A, double* B, double* C)
15  {
16    for ( int sj = 0; sj < n; sj += BLOCKSIZE )
17      for ( int si = 0; si < n; si += BLOCKSIZE )
18        for ( int sk = 0; sk < n; sk += BLOCKSIZE )
19          do_block(n, si, sj, sk, A, B, C);
20  }
```

图 5-21   DGEMM（见图 3-20）的 cache 分块版本。假设数组 C 初始化为 0。函数 do_block 以第 3 章中的 DGEMM 为基础，增加了新参数来描述 BLOCKSIZE 大小的子矩阵的起始位置。gcc 优化通过内联 do_block 函数的方式消除了函数调用的开销

图 5-22 给出使用分块思想对三个数组进行访问的示例。仅对于容量失效来说，需要访问的内存数据字总数为 $2N^3/\mathrm{BLOCKSIZE} + N^2$。（相比未分块前）这个数据得到了改善，原因在于参数 BLOCKSIZE。由此可见，分块思想挖掘出程序的时间局部性和空间局部性，比如数组 A 的访问得益于空间局部性，而数组 B 的访问得益于时间局部性。

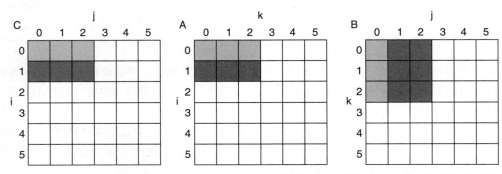

图 5-22   数组 C、A 和 B 的访问（BLOCKSIZE =3）。注意，与图 5-20 相比，访问的元素数量变少

虽然目标是减少 cache 失效次数，不过分块思想也可以用来协助寄存器分配。通过采用

规模较小的数据块，可以把数据块保存在寄存器中，这样可以降低程序访问存储的次数，提高程序的性能。

详细阐述　多级 cache 使得很多问题变得复杂。首先，产生了很多不同类型的失效和对应的失效率。在 5.4.4 节的例子中，介绍了一级 cache 失效率和全局失效率（global miss rate），即在所有 cache 层次中都失效的存储访问所占的比例。还有二级 cache 失效率，即所有在二级 cache 上失效的访问数除以二级 cache 的所有访问数。这种失效率称为二级 cache 的局部失效率（local miss rate）。由于一级 cache 对存储访问进行了过滤，特别是那些时间和空间局部性较好的访问，因此二级 cache 的局部失效率比全局失效率要高。考虑 5.4.4 节的例子，二级 cache 的局部失效率为 0.5% / 2% = 25%。幸运的是，全局失效率表示的是必须访问主存的频度。

> **全局失效率**：对于多级 cache，在所有 cache 层次上都失效的访问数目所占比例。
>
> **局部失效率**：对于多级 cache，在某一 cache 层次上失效的访问数目所占比例。

详细阐述　对于乱序处理器（具体见第 4 章），性能更为复杂，因为处理器会在 cache 失效时继续执行指令。因此，采用平均每条指令失效次数来刻画 cache 性能，而非指令失效率和数据失效率。公式如下：

$$\frac{存储停顿周期数}{指令} = \frac{失效次数}{指令} \times (所有失效代价 - 重叠的失效代价)$$

由于并没有通用的公式来计算重叠的失效代价，所以乱序处理器存储层次的性能评测不可避免地需要对处理器和存储层次进行模拟。只有通过观察每次失效后处理器的执行过程，才能确定等待数据时处理器是暂停还是另找事情来做。基本原则是：对于一级 cache 失效但二级 cache 命中的访问，处理器通常会隐藏失效代价，但是不会为二级 cache 隐藏失效代价。

详细阐述　算法的性能挑战在于，对于相同架构的不同实现，层次化存储在 cache 容量、相联度、基本块大小和 cache 数量等方面都存在变化。为适应这样的变化，最近一些算法库可对算法进行参数化处理，在程序运行时搜索参数空间，针对特定处理器找到最佳的参数组合。这种方法称为自动调优（autotuning）。

自我检测　关于多级 cache 的设计，下面哪句话通常是正确的？
1. 一级 cache 更关心命中时间，二级 cache 更关心失效率。
2. 一级 cache 更关心失效率，二级 cache 更关心命中时间。

5.4.6　总结

本节集中讨论了四个主题：cache 性能，使用组相联结构来降低失效率，使用多级 cache 结构降低失效代价，软件优化以改善 cache 有效性。

存储系统对于程序执行时间有显著影响。处理器由于访存导致的暂停时间受到失效率和失效代价的影响。后续在 5.8 节中将会提到，cache 的设计挑战在于如何减少这些影响，同时还不会显著影响存储层次的其他关键因素。

为降低失效率，采用了相联存储结构。这样的方案通过在 cache 内部更为灵活地放置数据块来降低 cache 的失效率。全相联结构允许任意放置数据块，但若需要查找数据则需要对

cache 中的每一个数据块进行搜索。这样高的硬件成本使得大容量的全相联 cache 不符合实际。组相联 cache 是一个比较实际的可选方案，因为只需要对索引选中的那一组中的数据块进行比对即可。（相比全相联 cache）组相联 cache 虽然有更高的失效率，但访问速度更快。如何确定相联度以产生最佳性能，这和制造工艺以及实现细节都有密切联系。

可以将多级 cache 看作一种降低失效代价的技术，因为它允许一级 cache 的失效访问去访问容量更大的二级 cache。设计者发现，受限的芯片面积和更高的时钟频率设计目标阻碍了一级 cache 的容量扩大，他们只能在二级 cache 上做文章了。通常，二级 cache 的容量会是一级 cache 的 10 倍或更大，可以处理很多一级 cache 中失效的访问。这时，失效代价就变为二级 cache 的访问时间（通常小于 10 个处理器时钟周期）与主存的访问时间（通常大于 100 个处理器时钟周期）的折中。关于相联度，设计者可以在二级 cache 的容量和访问时间之间做权衡，这和许多方面的具体实现密切相关。

最后，如果层次化存储对性能有重要影响，则需要考虑如何改变算法来改善 cache 的行为。当处理大型数组时，可以考虑分块这个重要的技术。

5.5　可靠的存储器层次

本章前面几节隐含了一个前提，即存储层次不会失效。如果这个前提不成立，只追求速度而没有可靠性是毫无吸引力的。正如第 1 章所述，增加 可靠性 的最好方法是冗余。本节将首先回顾与可靠性有关的术语并定义其他术语和度量，然后展开讲述如何采用冗余技术构造可靠的存储器。

5.5.1　失效的定义

假设有某种服务的需求，用户可以看到一个系统在两种分别有需求的服务的状态之间交替：

1. 服务完成：交付的服务与需求相符。
2. 服务中断：交付的服务与需求不同。

失效导致状态 1 到状态 2 的转换，而从状态 2 到状态 1 的转换过程被称为恢复。失效可能是永久性的或间歇性的，间歇性失效更为复杂。因为当系统在两种状态之间摇摆时，诊断更加困难。而永久性失效更容易诊断。

这里引出两个相关术语：可靠性和可用性。

可靠性是一个系统能够持续提供用户需求的服务的度量，即从参考时刻到失效的时间间隔。因此，平均无故障时间（MTTF）是可靠性的度量方法。与之相关的一个术语是年度失效率（AFR），它是指给定 MTTF 一年内预期的器件失效百分比。当 MTTF 变大时，可能会产生误导性的结果，而 AFR 会带来更直观的结果。

| 例题 | 磁盘的 MTTF 和 ARF ————————————————————————————————■

当今一些磁盘声称其 MTTF 为 1 000 000 小时，约等于 1 000 000 /（365 × 24）= 114 年，这意味着这些磁盘几乎从不失效。运行 Internet 服务（如搜索）的仓储级计算机（详见 6.7 节）可能有 50 000 台服务器。假定每台服务器有两块磁盘。使用 AFR 来计算每年有多少块磁盘失效。

| 答案 | 一年有 365 × 24 = 8760 小时。1 000 000 小时的 MTTF 意味着 AFR 为 8760 / 1 000 000 = 0.876%。磁盘总数为 100 000，因此每年将有 876 块磁盘失效，即平均每天有超过两块的磁盘失效！ ————————■

服务中断使用平均修复时间（MTTR）来衡量。平均失效间隔时间（MTBF）=MTTF + MTTR。尽管 MTBF 被广泛使用，MTTF 却更加合适。然后，可用性是指系统正常工作时间在连续两次服务中断间隔时间中所占的比例：

$$可用性 = \frac{MTTF}{MTTF + MTTR}$$

请注意，可靠性和可用性是可量化的，它们不仅仅是可信性的同义词。降低 MTTR 可以提高 MTTF 进而提高可用性。例如，用于故障检测、诊断和修复的工具可减少修复失效的时间，从而提高可用性。

我们希望系统有很高的可用性。一种简写是"每年可用性中 9 的数量"。例如，一个很好的网络服务可提供 4 或 5 个 9 的可用性。一年有 $365 \times 24 \times 60 = 526\ 000$ 分钟，简化表示如下：

$$
\begin{aligned}
&1 个 9：90\% &\Rightarrow\quad& 36.5 \text{ 天的维修时间 / 年}\\
&2 个 9：99\% &\Rightarrow\quad& 3.65 \text{ 天的维修时间 / 年}\\
&3 个 9：99.9\% &\Rightarrow\quad& 526 \text{ 分钟的维修时间 / 年}\\
&4 个 9：99.99\% &\Rightarrow\quad& 52.6 \text{ 分钟的维修时间 / 年}\\
&5 个 9：99.999\% &\Rightarrow\quad& 5.26 \text{ 分钟的维修时间 / 年}
\end{aligned}
$$

依此类推。（5 个 9 意味着平均每年 5 分钟的修复时间，这种写法是为了辅助记忆。）

为了提高 MTTF，可以提高器件的质量，也可以设计能够在器件出现故障的情况下继续运行的系统。因此，由于器件的失效可能不会导致系统的失效，需要根据上下文对失效进行定义。为了明确二者的区别，用术语故障来表示器件的失效。以下是提高 MTTF 的三种方法：

1. 故障避免技术：通过合理构建系统来避免故障的出现。
2. 故障容忍技术：使用冗余技术，即使出现故障，仍然可以按照需求服务。
3. 故障预测技术：预测 故障的出现和构建，从而允许在器件故障前进行替换。

5.5.2　纠正 1 位错、检测 2 位错的汉明编码

理查德·汉明（Richard Hamming）发明了一种广泛应用于存储器的冗余技术，并因此获得 1968 年的图灵奖。二进制数间的距离对于理解冗余码很有帮助。汉明距离是两个等长二进制数对应位置不同的位的数量。例如，011011 和 001111 的距离为 2。如果在一种编码中，码字之间的最小距离为 2，且其中有 1 位错误，将会发生什么？这会将一个有效的码字转化为无效码字。因此，如果能够检测一个码字是否有效，就可以检测出 1 位的错误，称为 1 位**错误检测编码**。

> **错误检测编码**：这种编码方式能够检测出数据中有 1 位错误，但是不能对错误位置进行精确定位，因此不能纠正错误。

汉明使用奇偶校验码进行错误检测。在奇偶校验码中，要计数一个字中 1 的个数是奇数还是偶数。当一个字被写入存储器时，奇偶校验位也被写入（1 表示奇数，0 表示偶数）。也就是说，$N + 1$ 位字中 1 的个数永远是偶数。当读出该字时，奇偶校验位也一并读出并检查。如果计算出的校验码与存储的不匹配，则发生错误。

| 例题 | ——

计算值为 31_{10}、宽度为一字节的二进制数的奇偶性，并写出保存到存储器中的内容。假定奇偶校验位在最右侧，并且最高有效位在存储器中发生了翻转。然后将其读出。能否检测

出错误？如果最高两位都发生翻转呢？

答案｜31_{10} 是 00011111_2，它有 5 个 1。为使其校验为偶数个 1，需要在奇偶校验位写入 1，即 000111111_2。如果最高有效位发生翻转，将读出 $\underline{1}00111111_2$，其中有 7 个 1，因为预期有偶数个 1，而计算出有奇数个 1，则报告发生了错误。如果最高两位发生翻转，将读出 $\underline{11}0111111_2$，其中有 8 个 1，因此无法检测出错误。━━━━━━━━━━━━━━━━■

如果有 2 位同时出错，则 1 位奇偶校验位技术无法检测到错误，因为码字奇偶性不变。（实际上，1 位奇偶校验可以检测任意奇数个错误，但是实际情况中，发生 3 位错误的概率远低于 2 位错误的概率，所以实际中 1 位奇偶校验码仅用于检测 1 位错误。）

当然，奇偶校验码不能纠正错误，汉明想要做到检错的同时又能纠错。如果码组中最小距离为 3，那么任意发生 1 位错误的码字与其对应的正确码字的距离，要小于它与其他有效码字的距离。他想出了一个容易理解的将数据映射到距离 3 的码字，为纪念汉明，我们将这种方法称为汉明纠错码（ECC）。我们使用额外的奇偶校验位确定单个错误的位置。以下是计算汉明纠错码的步骤：

1. 从左到右由 1 开始依次编号，这与传统的从最右侧由 0 开始编号相反。
2. 将编号为 2 的整数幂的位标记为奇偶校验位（1，2，4，8，16，…）。
3. 剩余其他位用于数据位（3，5，6，7，9，10，11，12，13，14，15，…）。
4. 奇偶校验位的位置决定了其对应的数据位（图 5-23 以图形方式进行了说明），如下所示：
- 校验位 1（0001_2）检查 1，3，5，7，9，11，…位，这些位的编号最右一位为 1（0001_2、0011_2，0101_2，0111_2，1001_2，1011_2，…）。
- 校验位 2（0010_2）检查 2，3，6，7，10，11，14，15，…位，这些位的编号最右第二位为 1。
- 校验位 4（0100_2）检查 4～7，12～15，20～23，…位，这些位的编号最右第三位为 1。
- 校验位 8（1000_2）检查 8～15，24～31，40～47，…位，这些位的编号最右第四位为 1。

请注意，每个数据位都被至少两个奇偶校验位覆盖。

5. 设置奇偶校验位，为各组进行偶校验。

位编号		1	2	3	4	5	6	7	8	9	10	11	12
编码后的数据位		p_1	p_2	d_1	p_4	d_2	d_3	d_4	p_8	d_5	d_6	d_7	d_8
校验位覆盖范围	p_1	X		X		X		X		X		X	
	p_2		X	X			X	X			X	X	
	p_4				X	X	X	X					X
	p_8								X	X	X	X	X

图 5-23　8 位数据的汉明纠错码，包括奇偶校验位、数据位及其覆盖范围

如同变魔术一样，你可以通过查看奇偶校验位来确定数据位是否出错。在图 5-23 中的 12 位编码中，如果四个奇偶校验位（p_8，p_4，p_2，p_1）的值为 0000_2，则说明没有错误。但是，如果四个校验位值为 1010_2，即 10_{10}，那么汉明纠错码告诉我们第 10 位（d_6）是错误的。由于数字是二进制的，可以通过翻转第 10 位的值来纠错。

例题├───────────────────────────────

假设一个 8 位数据的值是 10011010_2。首先写出对应的汉明纠错码，然后将第 10 位取

反，说明汉明纠错码如何发现并纠正该错误。

为奇偶校验位留出空位，12 位码字为 __1_001_1010。

答案　位置 1 检查 1、3、5、7、9 和 11 位，即 __ 1_ 0 0 1_ 1 0 1 0。为使该组的校验性为偶，将第 1 位设置为 0。

位置 2 检查 2、3、6、7、10、11 位，即 0_ 1_ 0 0 1_ 1 0 1 0。为使该组的校验性为奇，将第 2 位设置为 1。

位置 4 检查 4、5、6、7、12 位，即 0 1 1_ 0 0 1_ 1 0 1 0，将第 4 位设置为 1。

位置 8 检查 8、9、10、11、12 位，即 0 1 1 1 0 0 1_ 1 0 1 0，将第 8 位设置为 0。

最终的码字是 011100101010。将数据位第 10 位取反后为 011100101110。

奇偶校验位 1 是 0（**0**1**1**1**0**0**1**0**1**1**1**0 有 4 个 1，为偶性；故该组无错误）。

奇偶校验位 2 是 1（0**11**1**00**1**0**1**110** 有 5 个 1，为奇性；故该组某个位置上有错误）。

奇偶校验位 4 是 1（011**1001**01110 有 2 个 1，为偶性；故该组无错误）。

奇偶校验位 8 是 1（0111001**01110** 有 3 个 1，为奇性；故该组某个位置上有错误）。

奇偶校验位 2 和 8 正确。因为 2 + 8 = 10，第 10 位肯定是错误的。因此，我们将其反转为 011100101**0**10，即完成了纠错。

汉明并没有止步于 1 位纠错码。通过再增加 1 位的方式，可以使码组中的最小汉明距离变为 4。这意味着我们可以纠正 1 位错并检测 2 位错。该方法添加了 1 位奇偶校验位，对整个字进行计算校验。例如，对于一个 4 位的字，需要 7 位完成 1 位错误检测。计算汉明奇偶校验位 H（p_1 p_2 p_3）（依然采用偶校验）最后计算整个字的偶校验位 p_4：

```
1  2  3  4  5  6  7  8
p₁ p₂ d₁ p₃ d₂ d₃ d₄ p₄
```

上述纠正 1 位错并检测 2 位错的算法就是像以前一样先计算 ECC 组的奇偶校验位（H），再计算全组的奇偶校验位（p_4）即可。以下是可能出现的 4 种情况：

1. H 为偶并且 p_4 为偶，表示没有错。
2. H 为奇并且 p_4 为奇，表示发生了 1 位可纠正错误。（如果仅 1 位出错，p_4 应当为奇。）
3. H 为偶并且 p_4 为奇，表示仅 p_4 位出错，而不是该字的其余部分，因此取反 p_4 位即可。
4. H 为奇并且 p_4 为偶，表示发生了 2 位错。（当出现 2 位错时，p_4 为偶。）

纠 1 位错、检 2 位错（SEC / DED）技术在当今服务器的内存中被广泛应用。方便的是，8 字节的数据块做 SEC/DED 刚好需要一个字节的额外开销，这就是为什么许多 DIMM 是 72 位宽。

详细阐述　为了计算 SEC 需要多少位，设 p 表示校验位的位数，d 表示数据位的位数，那么整个字为 $p + d$ 位。如果采用 p 位纠错位指示错误（字长为 $p + d$ 位），再加上没有错误的情况，那么需要：

$$2^p \geq p+d+1 \text{ 位，因此 } p \geq \log(p+d+1)$$

例如，对于 8 位的数据意味着 $d = 8$ 并且 $2^p \geq p+8+1$，所以 $p = 4$。类似地，16 位数据的 $p = 5$，32 位时 $p=6$，64 位时 $p=7$，依此类推。

详细阐述　在大型系统中，出现多位错的概率和整个内存芯片出错的概率变得显著。IBM 引入叫作 chipkill 的技术来解决这个问题，许多大型系统也使用这种技术。（Intel 称他们所用的为 SDDC。）与用于磁盘的 RAID 方法类似（见 5.11 节），chipkill 将数据和校验码分散开，因此当某一内存芯片全部出错时，可以通过其他内存芯片对丢失的内容进行重建。假设有 10 000 个处理器组成的集群，其中每个处理器有 4GiB 内存，IBM 计算了在 3 年运行中以下不可恢复的内存错误出现的比率：

- 仅采用奇偶校验：约有 90 000 次不可恢复（或不可检测）的错误，即每 17 分钟出现一次。
- 仅采用 SEC / DED：约有 3500 次不可恢复（或不可检测）的错误，即每 7.5 小时出现一次。
- 采用 chipkill：有 6 次不可恢复（或不可检测）的错误，即每两个月出现一次。

因此，chipkill 是仓储级计算机需要采用的技术（详见 6.7 节）。

详细阐述　虽然存储器系统出现 1 位错或 2 位错的情况比较典型，但网络系统中可能会出现突发性错误。一种解决方案称为循环冗余校验。对于一个 k 位的数据块，发送端产生一个 $n-k$ 位的帧校验序列。这样最终发送出 n 位序列，并且该序列构成的数字可以被某个数整除。接收端那个数去除接收到的帧，如果余数为 0，则认为没有错误；如果余数不为 0，则接收端拒绝该消息，并要求发射端再次发送。从第 3 章不难猜测到，使用移位寄存器可以很容易地计算某些二进制数的除法，这使得即使在硬件资源很珍贵的时代，CRC 码也被广泛使用。更进一步，里德－所罗门（Reed-Solomon）码使用伽罗瓦（Galois）域来纠正多位传输错误，数据被看作多项式的系数，校验码看作多项式的值。里德－所罗门的计算复杂度远高于二进制除法的复杂度！

5.6　虚拟机

虚拟机（virtual machine）最早出现于 20 世纪 60 年代中期，多年来一直是大型机的重要组成部分。尽管在 20 世纪 80 和 90 年代，虚拟机大多被单用户个人计算机所忽视。但由于以下几个因素，最近虚拟机又重新受到关注：

- 在现代计算机系统中，隔离和安全的重要性日益增加。
- 标准操作系统在安全性和可靠性方面存在缺陷。
- 许多不相关用户共享一台计算机，特别是云计算。
- 几十年来，处理器速度大幅增加，这使得虚拟机的开销变得可以接受。

最广泛的虚拟机的定义包括所有基本的仿真方法，这些方法提供标准软件接口，例如 Java VM。本节介绍虚拟机如何在二进制指令系统体系结构（ISA）的层次上，提供一个完整的系统级环境。虽然有些虚拟机在本地硬件上运行不同的 ISA，但我们假设它们都能与硬件匹配。这些虚拟机被称为（操作）系统虚拟机。例如 IBM VM / 370、VirtualBox、VMware ESX Server 和 Xen。

系统虚拟机让用户觉得自己拥有包括操作系统副本在内的整台计算机。一台运行多个虚拟机的计算机可以支持多个不同的操作系统。在传统平台上，单个操作系统拥有所有硬件资源，但对于虚拟机，多个操作系统共享硬件资源。

支持虚拟机的软件被称为虚拟机监视器（VMM）或管理程序，VMM 是虚拟机技术的核心。底层硬件平台被称为主机（host），它的资源被客户端（guest）虚拟机共享。VMM 决定如何将虚拟资源映射到物理资源：物理资源可能是分时共享、划分甚至是软件模拟的。VMM 比传统操作系统小得多，一个 VMM 的隔离区可能只有 10 000 行代码。

尽管我们所感兴趣的在于虚拟机能够提供保护功能，但虚拟机还有两个具有商业价值的优点：

1. 管理软件。虚拟机提供一个可以运行整个软件堆的抽象，甚至包括像 DOS 这样的旧操作系统。虚拟机的典型部署可能是：一些虚拟机运行旧的操作系统，多数虚拟机运行当前稳定的操作系统版本，少数虚拟机测试下一个操作系统版本。

2. 管理硬件。使用多台服务器的一个目的是使每个应用程序运行在一台独立的、有着与之兼容的操作系统的计算机上，因为这种分离可以提高可靠性。虚拟机使这些分离的软件堆独立运行，但共享硬件，从而合并了服务器的数量。另一个例子是，一些 VMM 支持将正在运行的 VM 移植到另一台计算机上，以平衡负载或在硬件发生故障时实施迁移。

硬件/软件接口 亚马逊网络服务（AWS）在其云计算平台中使用虚拟机提供 EC2，有以下五个原因：

1. 多个用户共享相同的服务器时，AWS 可保护用户免受彼此的影响。

2. 它简化了仓储级计算机上的软件分布。用户安装一个虚拟机镜像，并配置合适的软件，AWS 为用户分配所需的虚拟机镜像。

3. 在用户完成工作时，用户（和 AWS）可以可靠地"杀死"虚拟机以控制资源的使用。

4. 虚拟机隐藏了运行用户软件的硬件的特性，这意味着 AWS 可以继续使用旧服务器同时引入新的更高效的服务器。用户希望获得的性能与" EC2 计算单元"匹配，AWS 将其定义为"与 1.0-1.2 GHz 2007 AMD Opteron 或 2007 Intel Xeon 处理器相等的 CPU 能力"。新的服务器通常能比旧的服务器提供更多的 EC2 计算单元，但只要经济实惠，AWS 就可以继续出租旧服务器。

5. VMM 可以控制虚拟机使用处理器、网络和磁盘的比例，这使 AWS 可以在相同底层服务器上提供不同类型的服务，这些服务对应不同的价格。例如在 2020 年，AWS 提供了 200 多种机器实例类型，从每小时不到半美分（0.0047 美元的 t3a nano）到超过 25 美元（26.99 美元的 x1e 32xlarge，经过内存优化），价格范围超过 5000:1。

一般来说，处理器虚拟化的开销取决于工作负载。用户级处理器绑定的程序没有虚拟化开销，因为操作系统很少被调用，所以一切都以本地速度运行。I/O 密集型工作负载通常也是操作系统密集型的，因为要执行很多系统调用和特权指令，从而导致很高的虚拟化开销。另一方面，如果 I/O 密集型工作负载也是受限于 I/O 的，那么处理器虚拟化的开销可以被完全隐藏，因为处理器通常处于空闲状态中等待 I/O。

开销取决于 VMM 要模拟的指令数量以及模拟每条指令需要多少时间。因此，当客户端虚拟机与主机运行相同的 ISA 时，正如我们假设的那样，体系结构和 VMM 的目标是尽可能直接在本地硬件上运行所有的指令。

5.6.1　虚拟机监视器的必备条件

虚拟机监视器需要做什么？它为客户端软件提供软件接口，隔离每个客户端的状态，并且必须保护自己免受客户端软件（包括客户端操作系统）的侵害。定性的需求是：

- 除了与性能相关的行为或由于多个 VM 共享所导致的固定资源的限制外，客户端软件应该像在本地硬件上一样在虚拟机上运行。
- 客户端软件不能直接改变实际系统资源的分配。

为了"虚拟化"处理器，VMM 必须控制几乎所有事情：特权态的访问、I/O、例外和中断——即使客户端虚拟机和当前运行的操作系统只是临时使用它们。

例如，在发生定时器中断时，VMM 将挂起当前正在运行的客户端虚拟机、保存状态、处理中断，确定下一个要运行的客户端虚拟机，并读取其状态。通过 VMM 为依赖于定时器中断的客户端虚拟机提供虚拟定时器并模拟定时器中断。

为方便管理，VMM 必须拥有比客户虚拟机更高的权限，其中用户虚拟机通常在用户模式运行，这也确保了任何特权指令的执行都将由 VMM 处理。支持 VMM 的基本系统要求是：

- 至少有两种处理器模式：系统模式和用户模式。
- 特权指令集合只能在系统模式下使用，如果在用户模式下执行将会导致内陷；所有系统资源只能通过这些指令控制。

5.6.2　指令系统体系结构（缺乏）对虚拟机的支持

如果在设计 ISA 时考虑到虚拟机，减少必须由 VMM 执行的指令数量并提高其仿真速度就相对容易。允许虚拟机直接在硬件上执行的体系结构被冠以可虚拟化的名称，IBM 370 和 RISC-V 体系结构就是如此。

由于虚拟机仅在最近才被考虑应用于 PC 和服务器应用程序，因此大多数指令系统在创建时没有考虑虚拟化。这些指令系统包括 x86 和大多数 RISC 架构（包括 ARMv7 和 MIPS）。

VMM 必须确保客户系统仅与虚拟资源交互，因此传统的客户操作系统在 VMM 顶层运行用户模式程序。如果客户操作系统试图通过特权指令访问或修改与硬件资源相关的信息（例如，读或写允许中断的状态位），那么它会陷入 VMM。然后，VMM 可以对相应实际资源进行适当的更改。

因此，如果任何指令试图在用户模式下执行读或写这种敏感信息而产生自陷，VMM 会拦截它并像客户操作系统所期望的那样，提供敏感信息的虚拟版本。

如果不提供上述支持，必须采取其他措施。VMM 要采取特殊的预防措施来定位所有有问题的指令，并确保它们能被客户操作系统正确执行，这在增加 VMM 的复杂性同时也降低了 VM 的运行性能。

5.6.3　保护和指令系统体系结构

保护需要依靠体系结构和操作系统的共同努力，但是随着虚拟存储的广泛使用，体系结构设计者不得不修改现有指令系统体系结构中一些不方便的细节。

例如，x86 指令 POPF 执行从存储器中的堆栈顶部加载数据至标志寄存器。其中一个标志是中断使能（IE）标志。如果在用户模式下执行 POPF 指令，不会发生内陷，而是会改变除 IE 以外的所有标志位。如果在系统模式下，这条指令确实会改变 IE 位。但是有一个问题，运行在虚拟机用户模式下的客户操作系统希望看到 IE 位的改变。

历史上，IBM 大型机硬件和 VMM 采取以下三个步骤来提高虚拟机性能：

1. 降低处理器虚拟化的开销。
2. 降低由虚拟化引起的中断开销。
3. 将中断交给相应的 VM 而不调用 VMM，从而降低中断开销。

在 2006 年，AMD 和 Intel 提出新的计划尽力满足第一点，即降低处理器虚拟化的开销。体系结构和 VMM 需要经过多少代的改进才能完全满足上面三点？21 世纪的虚拟机需要经过多长时间才能像 20 世纪 70 年代的 IBM 大型机 VMM 一样有效？这些都是令人感兴趣的研究。

详细阐述　在用户模式下运行时，RISC-V 可以使所有特权指令内陷，因此它支持传统虚拟化，其中客户操作系统以用户模式运行，VMM 以管理模式运行。

详细阐述 需要进行虚拟化的最后一部分结构是输入/输出（I/O）设备。这是迄今为止系统虚拟化中最困难的部分，因为连接到计算机的 I/O 设备的数量和类型与日俱增。另一个困难在于多个虚拟机之间共享真实的物理设备，特别是当同一虚拟机可以支持不同的客户操作系统时，这时需要支持的设备驱动程序数量众多。对于同一类型的 I/O 设备驱动程序，可以为虚拟机提供一个通用版本，然后将其他工作留给虚拟机监视器（VMM）来处理。

5.7 虚拟存储

在前面的章节中，我们知道了 cache 如何对程序中最近访问的代码和数据提供快速访问。同样，主存可以为通常由磁盘实现的辅助存储充当"cache"。这种技术被称为**虚拟存储**。从历史上看，提出虚拟存储的主要动机有两个：允许在多个程序之间高效安全地共享内存，例如云计算的多个虚拟机所需的内存，以及消除小而受限的主存容量对程序设计造成的影响。50 年后，第一条变成主要设计动机。

当然，为了允许多个虚拟机共享内存，必须保护虚拟机免受其他虚拟机影响，确保程序只读写分配给它的那部分主存。主存只需存储众多虚拟机中活跃的部分，就像 cache 只存放一个程序的活跃部分一样。因此，局部性原理支持虚拟存储和 cache，虚拟存储允许我们高效地共享处理器以及主存。

在编译虚拟机时，无法知道哪些虚拟机将与其他虚拟机共享存储。事实上，共享存储的虚拟机在运行时会动态变化。由于这种动态的交互作用，我们希望将每个程序都编译到它自己的地址空间中——只有这个程序能访问的一系列存储位置。虚拟存储实现了将程序地址空间转换为**物理地址**。这种地址转换处理加强了各个程序地址空间之间的**保护**。

虚拟内存的第二个动机是允许单用户程序使用超出内存容量的内存。以前，如果一个程序对于存储器来说太大，程序员应该调整它。程序员将程序划分成很多段，并将这些段标记为互斥的。这些程序段在执行时由用户程序控制载入或换出，程序员确保程序在任何时候都不会访问未载入的程序段，并且载入的程序段不会超过内存的总容量。传统的程序段被组织为模块，每个模块都包含代码和数据。不同模块之间的过程调用将导致一个模块覆盖掉另一个模块。

可以想象，这种责任对程序员来说是很大的负担。虚拟存储的发明就是为了将程序员从这些困境中解脱出来，它自动管理由主存（有时称为**物理内存**，以区分虚拟存储）和辅助存储所代表的两级存储层次结构。

虽然虚拟存储和 cache 的工作原理相同，但不同的历史根源导致它们使用的术语不同。虚拟存储块被称为页，虚拟存储失效被称为**缺页失效**。在虚拟存储中，处理器产生一个**虚拟地址**，该地址通过软硬件转换为一个物理地址，物理地址可访问主存。图 5-24 显示了分页的虚拟存储被映射到主存中。这个过程被称为地址映射或**地址转换**。如今，由虚拟存储控制的两级存储层次结构通常是个人移动设备中的 DRAM 和闪存，在服务器中是 DRAM 和磁盘（见 5.2

现在的系统是这样的：对程序员来说，组合的存储结构看起来像单层的存储，其中必要的转换是自动发生的。
Kilburn 等，One-Level Storage System, 1962

虚拟存储：一种将主存看作辅助存储的 cache 技术。

物理地址：主存的地址。

保护：一组保护机制，确保共享处理器、内存、I/O 设备的多个进程之间没有故意地、无意地读写其他进程，这些保护机制可以将操作系统和用户的进程隔离开来。

缺页失效：被访问的页不在主存中的事件。

虚拟地址：虚拟空间的地址，当访问内存时需要通过地址映射转换为物理地址。

地址转换：也称为地址映射。访问内存时将虚拟地址映射为物理地址的过程。

节）。如果回到我们的图书馆类比，可以将虚拟地址视为书名，将物理地址视为图书馆中该书的位置，它可能是图书馆的索书号。

虚拟内存还通过重定位简化了执行时程序的载入。在用地址访问存储之前，重定位将程序使用的虚拟地址映射到不同的物理地址。重定位允许将程序载入主存中的任何位置。此外，现今所有的虚拟存储系统都将程序重定位成一组固定大小的块（页），从而不需要寻找连续内存块来放置程序；相反，操作系统只需要在主存中找到足够数量的页。

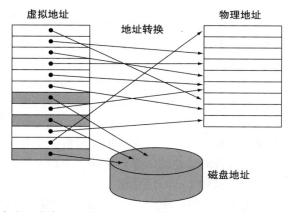

图 5-24   在虚拟内存中，内存块（称为页）从一组地址（称为虚拟地址）映射到另一组（称为物理地址）。处理器产生虚拟地址，而使用物理地址访问内存。虚拟存储和物理存储都被划分为页，因此一个虚拟页被映射到一个物理页。当然，虚拟页也可能不在主存中，因此不能映射到物理地址；在这种情况下，页被存在磁盘上。物理页也可以被两个指向相同物理地址的虚拟地址共享，用于使两个不同的程序共享数据或代码

在虚拟存储中，地址被划分为虚拟页号和页内偏移。图 5-25 显示了虚拟页号到物理页号的转换。本书中的 RISC-V 版本使用 32 位地址。图 5-25 假设物理内存为 1GiB，需要 30 位地址。（另一个 RISC-V 版本是 64 位地址，可提供更大的虚拟和物理内存。）物理页号构成物理地址的高位部分。页内偏移不变，它构成物理地址的低位部分。页内偏移的位数决定页的大小。虚拟地址可寻址的页数与物理地址可寻址的页数可以不同。拥有比物理页更多数量的虚拟页是一个没有容量限制的虚拟存储的基础。

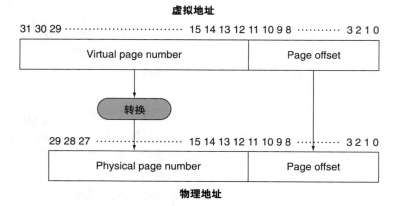

图 5-25   虚拟地址到物理地址的映射。页大小为 2^{12}=4KiB。由于物理页号有 18 位，内存中物理页数为 2^{18}。因此，主存最大容量为 1GiB，而虚拟地址空间为 4GiB

缺页失效的高成本是许多设计选择虚拟存储系统的原因。磁盘的缺页失效处理需要数百万个时钟周期。（图 5-5 显示主存延迟比磁盘快大约 10 万倍。）这种巨大的失效代价（主要由获得标准页大小的第一个字所花费的时间来确定）导致了设计虚拟存储系统时的几个关键决策：

- 页应该足够大以分摊长访问时间。目前典型的页大小从 4KiB 到 64KiB 不等。支持 32KiB 和 64KiB 页的新型桌面和服务器正在研发，但是新的嵌入式系统正朝另一个方向发展，页大小为 1KiB。
- 能降低缺页失效率的组织结构很有吸引力。这里使用的主要技术是允许存储中的页以全相联方式放置。
- 缺页失效可以由软件处理，因为与磁盘访问时间相比，这样的开销将很小。此外，软件可以用巧妙的算法来选择如何放置页面，只要失效率减少很小一部分就足以弥补算法的开销。
- 写穿透策略对于虚拟存储不合适，因为写入时间过长。相反，虚拟存储系统采用写回策略。

下面几节将把这些因素融入虚拟存储的设计中去。

详细阐述　我们说明了虚拟存储的动机：为了允许许多虚拟机共享相同的存储。但设计虚拟存储最初的原因是为了在分时系统中，让许多程序可以共享一台计算机。由于当今很多读者没有使用分时系统的经验，本节使用虚拟机作为引入虚拟存储的动机。

详细阐述　对于服务器甚至个人电脑，32 位地址的处理器已经很有问题了。通常我们认为虚拟地址比物理地址大得多，但当处理器地址宽度相对于存储器技术而言较小时，可能会出现相反的情况。单个程序或虚拟机不会受益，但同时运行的一组程序或虚拟机可能由于无须从主存中换出，或可以在并行处理器上运行而受益。

详细阐述　本书中有关虚拟存储的讨论集中于页式存储，即使用固定大小的块。还有一种可变长度块的机制称为段式存储。在段式存储中，地址由两部分组成：段号和段内偏移。段号被映射到物理地址，与段内偏移相加得到实际的物理地址。由于段的大小可变，因此还需要进行边界检查以确定偏移量是否在段内。分段的主要应用是支持更强大的保护和地址空间的共享。大多数操作系统教科书更多地讨论分段，以及如何利用分段来从逻辑上共享地址空间。分段的主要缺点是将地址空间分割成逻辑上独立的部分，因此这些块就由两部分地址控制——段号和段内偏移。相比而言，分页使得页号和页内偏移的界限对于程序员和编译器都不可见。

> **段式存储**：一种可变长度的地址映射策略，其中每个地址由两部分组成：映射到物理地址的段号和段内偏移。

分段也曾被用作不改变计算机字长而扩展地址空间的方法。然而这些尝试并未成功，这是由于程序员和编译器必须意识到使用两部分地址所带来的不便和性能损失。

许多体系结构将地址空间划分为固定大小的大块以简化操作系统和用户程序之间的保护，并提高分页实现的效率。虽然这些划分通常被称为"段"，但这种机制比可变大小的分段简单得多，并且对用户程序不可见。稍后将详细讨论。

5.7.1　页的存放和查找

由于缺页失效的代价非常高，设计人员通过优化页的放置来降低缺页失效频率。如果允许一个虚拟页映射到任何一个物理页，那么在发生缺页失效时，操作系统可以选择任意一个页进行替换。例如，操作系统可以使用复杂的算法和复杂的数据结构来跟踪页面使用情况，来选择在较长一段时间内不会被用到的页。使用先进而灵活的替换策略降低了缺页失效率，并简化了全相联方式下页的放置。

正如 5.4 节所述，全相联映射的困难在于项的定位，因为它可以在较高存储层次结构中的任何位置。全部进行检索是不切实际的。在虚拟存储系统中，我们使用一个索引主存的表来定位页；这个结构称为**页表**，它被存在主存中。页表使用虚拟地址中的页号作为索引，找到相应的物理页号。每个程序都有自己的页表，它将程序的虚拟地址空间映射到主存。在图书馆类比中，页表对应于书名和图书馆位置之间的映射。就像卡片目录可能包含学校中另一个图书馆中书的表项，而不仅仅是本地的分馆，我们将看到该页表也可能包含不在内存中的页的表项。为了表明页表在内存中的位置，硬件包含一个指向页表首地址的寄存器，我们称之为页表寄存器。现在假定页表存在存储器中一个固定的连续区域中。

> **页表**：在虚拟存储系统中，保存着虚拟地址和物理地址之间转换关系的表。页表保存在内存中，通常使用虚拟页号来索引，如果这个页在内存中，页表中的对应项包含该页对应的物理页号。

硬件 / 软件接口　页表与程序计数器和寄存器一起确定了一个虚拟机的状态。如果我们想让另一个虚拟机使用处理器，必须保存这个状态。在恢复此状态后，虚拟机可以继续执行。我们通常称这个状态为一个进程。如果一个进程占用了处理器，那么这个进程是活跃的；否则是非活跃的。操作系统可以通过载入进程的状态来激活进程，包括程序计数器，进程将从程序计数器中保存的值处开始执行。

进程的地址空间，以及它在内存中可以访问的所有数据，都由其存储在内存中的页表定义。操作系统并不保存整个页表，而是简单地载入页表寄存器来指向它想要激活的进程的页表。由于不同的进程使用相同的虚拟地址，因此每个进程都有各自的页表。操作系统负责分配物理内存并更新页表，这样不同进程的虚拟地址空间不会发生冲突。我们很快会看到，使用分离的页表也可以分别保护进程。

图 5-26 使用页表寄存器、虚拟地址和被指向的页表来说明硬件如何形成物理地址。正如在 cache 中所做的那样，每个页表项中使用 1 位有效位。如果该位为无效，则该页就不在主存中，发生一次缺页失效。如果该位为有效，则该页在内存中，并且该项包含物理页号。

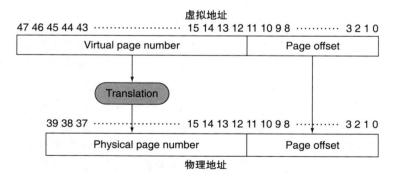

图 5-26　使用虚拟页号索引页表以获得对应的物理地址部分。假设地址为 32 位。页表指针给出了页表的起始地址。在该图中，页大小为 2^{12} 个字节，即 4KiB。虚拟地址空间为 2^{32} 字节或 4GiB，物理地址空间为 2^{30} 字节，主存最大容量为 1GiB。页表中的表项数将为 2^{20}，即大约 1 000 000 个表项。（我们将看到 RISC-V 会尽快减少表项数。）每个表项的有效位指示映射是否合法。如果它为 0，则该页不在内存中。虽然图中显示的页表表项只需 19 位宽，但为了便于索引，通常会使用 32 位。其他位将用于存储为每页添加的附加信息，例如保护信息

由于页表包含了每个可能的虚拟页的映射，因此不需要标签。在 cache 术语中，索引是用来访问页表的，这里由整个块地址即虚拟页号组成。

5.7.2　缺页失效

如果虚拟页的有效位为无效，则会发生缺页失效。操作系统获得控制。这种控制的转移通过例外机制完成，在第 4 章中我们已经了解了例外机制，本节稍后将再次讨论。一旦操作系统得到控制，它必须在存储层次结构的下一级（通常是闪存或磁盘）中找到该页，并确定将请求的页放在主存中的什么位置。

虚拟地址本身并不会立即告诉我们该页在辅助存储中的位置。回到图书馆的类比，我们无法仅依靠书名就找到图书的具体位置。而是按目录查找，获得书在书架上的位置信息，比如说图书馆的索引书号。同样，在虚拟存储系统中，我们必须跟踪记录虚拟地址空间的每一页在辅助存储中的位置。

由于我们无法提前获知存储器中的某一页什么时候将被替换出去，因此操作系统通常会在创建进程时为所有页面在闪存或磁盘上创建空间。这个空间被称为**交换区**。那时，它也会创建一个数据结构来记录每个虚拟页在磁盘上的存储位置。该数据结构可以是页表的一部分，或者可以是具有与页表相同索引方式的辅助数据结构。图 5-27 显示了一个保存物理页号或辅助存储器地址的单个表的结构。

> **交换区**：为进程的全部虚拟地址空间所预留的磁盘空间。

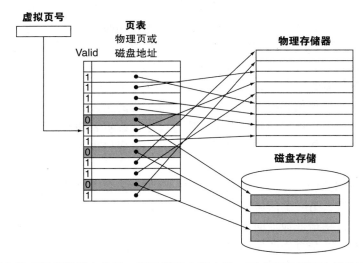

图 5-27　页表将虚拟存储器中的每一页映射到内存中的一页或者存储层次结构下一层的一页（磁盘上的一页）。虚拟页号用来检索页表。如果有效位为有效，页表提供虚拟页对应的物理页号（如内存中该页的首地址）。如果有效位为无效，那么该页就只存在磁盘上的某个指定的磁盘地址。在许多系统中，物理页地址和磁盘页地址的表在逻辑上是一个表，但是保存在两个独立的数据结构中。因为即使有些页当前不在内存中，也必须保存所有页的磁盘地址，所以使用双表在某种程度上是合理的。请记住内存中的页和磁盘上的页大小相等

操作系统还会创建一个数据结构用于跟踪记录使用每个物理地址的是哪些进程和哪些虚拟地址。发生缺页失效时，如果内存中的所有页都正在使用，则操作系统必须选择一页进行

替换。因为我们希望尽量减少缺页失效次数，所以大多数操作系统选择它们认为近期内不会使用的页进行替换。使用过去的信息预测未来，操作系统遵循在 5.4 节中提到的最近最少使用（LRU）替换策略。操作系统查找最近最少使用的页，假定某一页在很长一段时间都没有被访问，那么该页再被访问的可能性比最近经常访问的页的可能性要小。被替换的页被写到辅助存储器中的交换区。如果还不是很明白，可以把操作系统看成另一个进程，而那些控制内存的表也在内存中；这看起来似乎有些矛盾，稍后将具体解释。

硬件 / 软件接口 要完全准确地执行 LRU 算法的代价太高了，因为每次存储器访问时都需要更新数据结构。作为替代，大多数操作系统通过跟踪哪些页最近被使用，哪些页最近没有用到来近似地实现 LRU 算法。为了帮助操作系统估算最近最少使用的页，

> 引用位：也称为使用位。每当访问一个页面时该位被置位，通常用来实现 LRU 或其他替换策略。

RISC-V 计算机提供了一个引用位（reference bit）或者称为使用位（use bit），当一页被访问时该位被置位。操作系统定期将引用位清零，然后再重新记录，这样就可以判定在这段特定时间内哪些页被访问过。有了这些使用信息，操作系统就可以从那些最近最少访问的页中选择一页（通过检查其引用位是否关闭）。如果硬件没有提供这一位，操作系统就要通过其他的方法来估计哪些页被访问过。

5.7.3 支持大虚拟地址空间的虚拟存储

对于 32 位虚拟地址来说，若页容量为 4KiB、每个页表项占 4 字节，则页表大小将为 4MiB。也就是说，任何时候我们都需要为每个正在执行的程序使用 4MiB 内存。这个数量对于单个进程来说并不是那么糟糕。如果有数百个进程在同时运行，每个进程都有自己的页表怎么办？如果是 64 位地址，每个程序需要 TB 级别的页表，我们又该如何处理呢？

一系列技术已经被用于减少页表所需的存储空间。以下五种技术从两个角度解决问题，一是减少存放页表所需的最大存储空间，二是减少用于存放页表的存储空间。

1. 最简单的技术是保留界限寄存器，限制给定进程的页表大小。如果虚拟页号大于界限寄存器的值，那么表项将被添加到页表中。这种技术允许页表随着进程消耗空间的增多而增长。因此，只有当进程使用了许多虚拟页时，页表才会变得很大。这种技术要求地址空间只向一个方向扩展。

2. 允许地址空间只朝一个方向增长并不够，因为大多数语言都需要两个大小可扩展的区域：一个区域容纳栈，另一个区域容纳堆。由于这种二元性，划分页表并使其可以从最高地址向下增长，也可以从最低地址向上增长就方便多了。这意味着将有两个单独的页表和两个单独的界限寄存器。两个页表的使用将地址空间分成两段。地址的高位决定为该地址使用哪个段以及哪个页表。由于高位地址位指定段，因此每个段的容量可以等于一半的地址空间。每个段的界限寄存器指定当前段的大小，并以页为单位增长。与 5.7 节第二个"详细阐述"中讨论的分段不同，这种形式的段对应用程序是不可见的，但是对操作系统可见。这种方案的主要缺点是：当地址空间以稀疏方式而不是连续方式被访问时，它不能很好地工作。

3. 另外一种减小页表容量的方法是对虚拟地址应用哈希函数，以使页表容量等于主存中物理页的数量。这种结构称为反向页表。当然，使用反向页表的查找过程稍微复杂一些，因为我们不能只通过索引来访问页表。

4. 为减少页表占用的实际主存，大多数现代系统还允许将页表再分页。虽然这听起来很复杂，但是它的工作原理与虚拟存储相同，即允许将页表保存在虚拟地址空间中。另外，还

必须避免一些小但很关键的问题，比如无止境的缺页失效。如何克服这些问题需要描述得很详细，并且这些问题一般对机器的依赖性很高。简而言之，为了解决这些问题，可以将所有页表放置在操作系统的地址空间中，并至少将操作系统的一些页表放置在物理地址空间中且总是存在于主存而不出现在二级存储中。

5. 多级页表也可以用来减少页表存储的总量，这是 RISC-V 为减少地址转换占用的内存所采用的解决方案。图 5-28 显示了从 32 位虚拟地址到 4KiB 页的 32 位物理地址的两级地址转换。首先使用地址的最高几位查看 0 级页表中的地址，进行地址转换。如果页表中对应的表项有效，则使用下一组高位地址来索引第 0 级页表表项指示的页表，依此类推。因此，第 0 级页表将虚拟地址映射到 4MiB（2^{22} 字节）区域。第 1 级页表又将虚拟地址映射到 4KiB（2^{12}）区域。这种方案对于非常大的地址空间（比如 RISC-V 的 64 位版本）和需要非连续地址分配的软件系统特别有用。多级页表的主要缺点是地址转换过程复杂。

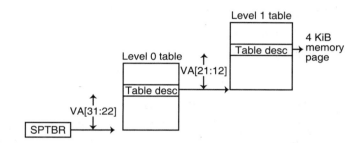

图 5-28　RISC-V 使用两级表将 32 位虚拟地址转换为 32 位物理地址。这种层次化方法中的页表很小，不像图 5-27 中的单个页表就需要 100 万个页表项。地址转换的每一步都使用 10 位虚拟地址来查找下一级表，直到虚拟地址的高位映射到对应 4KiB 页的物理地址。每个 RISC-V 页表项是 4 字节，因此 1024 个表项可以填充单个 4KiB 页。系统态页表基址寄存器（SPTBR）给出第一个页表的起始地址。64 位 RISC-V 也支持 4KiB 页，若给定 39 或 48 位虚拟地址，则使用表项数为 512 的 3 或 4 级页表（因为较长的 64 位虚拟地址的页表项大小是 8 字节）。使用 1TB（2^{40}）物理地址空间支持的 48 位虚拟地址足以满足 2020 年的应用需求（忽略 64 位虚拟地址的高 16 位）

5.7.4　关于写

访问 cache 和主存的时间相差几十到几百个时钟周期，如果采用写穿透策略，则需要一个写缓冲区向处理器隐藏写操作的延迟。在虚拟存储系统中，写入存储层次结构的下一级（磁盘）可能需要数百万个处理器时钟周期；因此，如果创建一个写缓冲区，允许系统采用写穿透的方式以对磁盘进行写的方法是完全不可行的。相反，虚拟存储系统必须使用写回策略，对内存中的页进行单独的写操作，并当页被从主存中替换出时，将其复制到辅助存储。

硬件/软件接口　写回策略在虚拟存储系统中还有一个重要优点。由于磁盘传输时间小于其访问时间，因此，将整个页复制回磁盘的效率高于将单个字写回。虽然写回操作比传输单独的字更快，但开销却很大。因此，在选择替换页时，我们希望知道是否需要将该页复制回磁盘。为了追踪页面从被读入内存以后是否被写过，向页表中添加一个脏位。当一页中任何字被写入时，脏位被置位。如果操作系统选择要替换某一页，脏位指示在该页所占内存让给另一页之前，是否需要将该页写回磁盘。因此，修改后的页也通常称为脏页。

5.7.5　加快地址转换：TLB

由于页表存储在主存中，因此程序每个访存请求至少需要两次访存：第一次访存获得物理地址，第二次访存获得数据。提高访问性能的关键在于页表的访问局部性。当使用虚拟页号进行地址转换时，它可能很快再次被用到，因为对该页中字的引用同时具有时间局部性和空间局部性。

因此，现代处理器包含一个特殊的 cache 以追踪记录最近使用过的地址转换。这个特殊的地址转换 cache 通常被称为**快表**（TLB）（将其称为地址转换 cache 会更加准确）。TLB 就相当于记录目录中的一些书的位置的小纸片：我们在纸片上记录一些书的位置，并且将小纸片当成图书馆索书号的 cache，这样就不用一直在整个目录中搜索了。

> **快表**：用于记录最近使用地址的映射信息的 cache，从而可以避免每次都要访问页表。

图 5-29 显示 TLB 中的每个标签项保存虚拟页号的一部分，每个数据项保存一个物理页号。因为每次引用都访问 TLB 而不是页表，所以 TLB 需要包括其他状态位，例如脏位和引用位。虽然图 5-29 只显示了一张页表，但 TLB 也适用于多级页表。TLB 从最后一级页表中载入物理地址和保护标签即可。

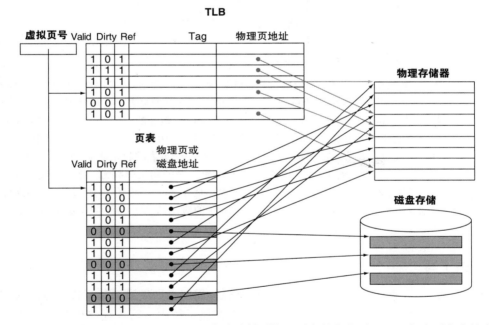

图 5-29　TLB 作为页表的 cache，用于存放映射到物理页中的那些项。TLB 包含页表中的虚拟页到物理页映射的一个子集。TLB 映射以灰色显示。因为 TLB 是 cache，它必须包含标签字段。如果一个页在 TLB 中没有匹配的项，则必须检查页表。页表提供页的物理页号（可用于创建 TLB 表项）或指示该页在磁盘上，这时就发生缺页失效。由于页表包含每个虚拟页的表项，因此不需要标签字段；换句话说，与 TLB 不同，页表不是 cache

每次引用时，在 TLB 中查找虚拟页号。如果命中，则使用物理页号来形成地址，相应的引用位被置位。如果处理器要执行写操作，那么脏位也会被置位。如果 TLB 发生失效，我们必须确定是缺页失效或只是 TLB 失效。如果该页在内存中，TLB 失效表明缺少该地址转换。在这种情况下，处理器可以将（最后一级）页表中的地址转换加载到 TLB 中，并重新访问来处理失效。如果该页不在内存中，那么 TLB 失效意味着真正的缺页失效。在这种情况下，处理器调用操作系统的例外处理。由于 TLB 的项数比主存中的页数少得多，TLB 失效比缺页失效更频繁。

TLB 失效可以通过硬件或软件处理。实际上，两种方法之间几乎没有性能差异，因为它们的基本操作相同。

发生 TLB 失效并从页表中检索到失效的地址转换后，需要选择要替换的 TLB 表项。由于 TLB 表项包含引用位和脏位，所以当替换某一 TLB 表项时，需要将这些位复制回对应的页表项。这些位是 TLB 表项中唯一可修改的部分。使用写回策略——在失效时将这些表项写回而不是任何写操作都写回——是非常有效的，因为我们期望 TLB 失效率很低。一些系统使用其他技术来粗略估计引用位和脏位，这样在失效时无须写入 TLB，只需载入新的表项。

TLB 的一些典型值可能是：

- TLB 大小：16 ~ 512 个表项
- 块大小：1 ~ 2 个页表项（通常每个为 4 ~ 8 字节）
- 命中时间：0.5 ~ 1 个时钟周期
- 失效代价：10 ~ 100 个时钟周期
- 失效率：0.01% ~ 1%

TLB 中相联度的设置非常多样。一些系统使用小的全相联 TLB，因为全相联映射的失效率较低；同时由于 TLB 很小，全相联映射的成本也不是太高。其他一些系统使用容量大的 TLB，通常其相联度较小。在全相联映射的方式下，由于硬件实现 LRU 方案成本太高，替换表项的选择就很复杂。此外，由于 TLB 失效比缺页失效更频繁，因此需要用较低的代价来处理，而不能像缺页失效那样选择一个开销大的软件算法。所以很多系统都支持随机选择替换表项。在 5.8 节将详细地介绍替换策略。

5.7.6 Intrinsity FastMATH TLB

为了在真实处理器中弄清楚这些想法，我们来仔细研究 Intrinsity FastMATH TLB。存储系统采用 4KiB 页面和 32 位地址空间，因此，虚拟页号长度为 20 位。物理地址与虚拟地址的宽度相同。TLB 包含 16 个表项，它是全相联的并且由指令和数据共享。每个表项为 64 位宽，包含一个 20 位的标签（该 TLB 表项的虚拟页号）、对应的物理页号（也是 20 位）、一个有效位、一个脏位以及一些其他管理操作位。像大多数 MIPS 系统一样，它用软件来处理 TLB 失效。

图 5-30 显示了 TLB 和一个 cache，图 5-31 显示了处理一次读或写请求的步骤。当发生 TLB 失效时，硬件将引用的页号保存在特殊寄存器中并产生例外。该例外调用操作系统，由软件处理失效。为了找到失效页的物理地址，TLB 失效程序将使用虚拟页号和页表寄存器来索引页表（页表寄存器指示活跃进程页表的起始地址）。通过执行更新 TLB 的一组特殊系统指令，操作系统将页表中的物理地址放入 TLB。假设代码和页表项分别位于指令 cache 和数据 cache 中，处理一次 TLB 失效大约需要 13 个时钟周期。如果页表项中的物理地址无效，则会发生真正的缺页失效。硬件保存着被建议替换项的索引，而这一项是随机选取的。

写请求存在额外的复杂情况：必须检查 TLB 中的写访问位。该位防止程序向只具有读权限的页执行写操作。如果程序试图写入，并且写访问位是关闭的，则会产生例外。写访问位是保护机制的一部分，我们将在稍后讨论。

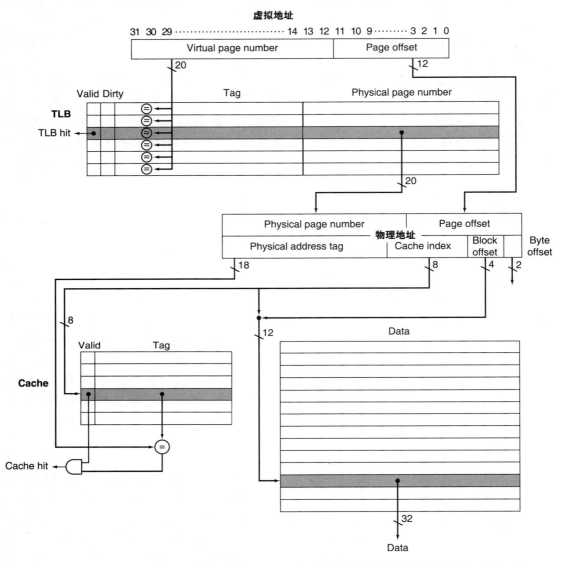

图 5-30 Intrinsity FastMATH 中的 TLB 和 cache 实现从虚拟地址到数据项的转换过程。该图显示了 TLB 和数据 cache 的结构，假设页大小为 4KiB。请注意，此计算机的地址仅为 32 位。本图主要介绍读操作，图 5-31 描述了如何处理写操作。请注意，与图 5-12 不同，标签和数据 RAM 是分开的。用 cache 索引和块偏移来寻址长而窄的数据 RAM，无须使用 16:1 的多路选择器也能选出块中所需的字。当 cache 采用直接映射的方式时，TLB 是全相联的。实现全相联的 TLB 要求将虚拟页号与每个 TLB 标签进行比较，因为需要的项可能在 TLB 中的任何位置。（见 5.4.2 节 "详细阐述" 中的内容可寻址存储器。）如果匹配表项的有效位有效，那么 TLB 命中，物理页号与页偏移中的位共同形成访问 cache 的索引

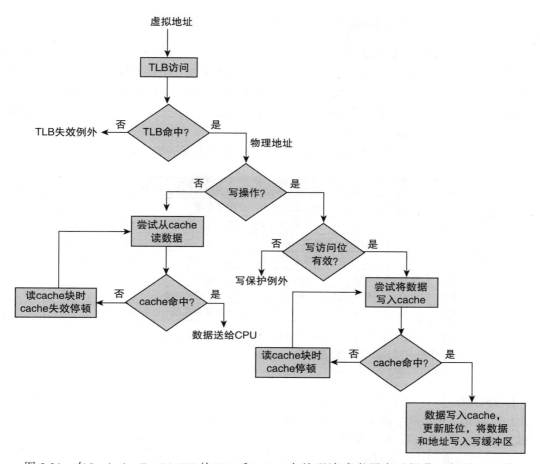

图 5-31　在 Intrinsity FastMATH 的 TLB 和 cache 中处理读或者写穿透操作。如果 TLB 命中，可以用最终的物理地址来访问 cache。对于读操作，cache 发生命中则提供数据，若发生失效，则在从内存中取数据时引起停顿。对于写操作，若命中，cache 中某数据项的一部分内容将被重写，如果采用写穿透策略，还要将数据送到写缓冲区。写失效和读失效类似，只是数据块从内存中读出后会被修改。写回策略需要将 cache 的脏位置位，并且只有当读或写失效时，如果被替换的块是脏块，才将整块写入写缓冲。注意，TLB 命中和 cache 命中是相互独立的事件，但是 cache 命中只能发生在 TLB 命中之后，这就意味着数据必须在内存中。TLB 失效和 cache 失效之间的联系将在接下来的例子和本章最后的习题中进一步研究。请注意，此计算机的地址宽度仅为 32 位

5.7.7　集成虚拟存储、TLB 和 cache

虚拟存储和 cache 系统就像一个层次结构一样共同工作，除非数据在主存中，否则它不可能在 cache 中出现。操作系统帮助管理该层次结构，当它决定将某一页移到磁盘上去时，就在 cache 中将该页的内容刷新。同时，操作系统修改页表和 TLB，而后尝试访问该页上的数据都将发生缺页。

在最好的情况下，虚拟地址由 TLB 进行转换，然后被送到 cache，找到相应的数据，取回并发给处理器。在最坏的情况下，访问在存储层次结构的三个部件中都发生失效：TLB、

页表和 cache。下面的例子将详细介绍这些交互作用。

例题｜存储层次结构的全部操作 ━━━━━━━━━━━━━━━━━━━━━━━━

在像图 5-30 那样的存储层次结构中，包含一个 TLB 和一个按照图示组织的 cache。一个访存请求可能会遇到三种不同类型的失效：TLB 失效、缺页失效和 cache 失效。考虑这三种失效的所有组合：一个或多个事件发生（七种可能性）。对于每种可能性，说明此事件是否会真的发生以及在何种情况下发生。

答案｜ 图 5-32 显示了所有可能发生的组合以及事实上它们是否真的可能发生。

TLB	页表	cache	可能发现吗？如果可能，在什么情况下发生？
命中	命中	失效	可能，但是如果 TLB 命中则不会检查页表
失效	命中	命中	TLB 失效，但是在页表中找到了这一项，重试后在 cache 中找到了数据
失效	命中	失效	TLB 失效，但是在页表中找到了这一项，重试后在 cache 中没有找到数据
失效	失效	失效	TLB 失效，接着发生缺页失效，重试后，在 cache 中没有找到数据
命中	失效	失效	不可能，如果页不在内存中，TLB 中没有此转换
命中	失效	命中	不可能，如果页不在内存中，TLB 中没有此转换
失效	失效	命中	不可能，如果页不在主存中，数据不允许在 cache 中存在

图 5-32　TLB、虚拟存储系统和 cache 中事件的可能组合。其中三种组合是不可能的，一种是可能的（TLB 命中，页表命中，cache 失效）但不可能被检测到

━━

详细阐述　图 5-32 假设在访问 cache 之前，所有内存地址都转换为物理地址。在这种组织中，cache 是按物理地址索引的并且是按物理地址标记的（cache 索引和标签都是物理地址，而不是虚拟地址）。在这样的系统中，假设 cache 命中，访问内存的时间必须同时包括 TLB 访问时间和 cache 访问时间；当然，这些访问可以流水化。

或者，处理器可以使用完全或部分虚拟的地址来索引 cache。这被称为虚拟寻址 cache，它使用虚拟地址的标签；因此，这种 cache 是按虚拟地址索引并且是按虚拟地址标记的。在这样的 cache 中，地址转换硬件（TLB）在正常 cache 访问期间未被使用，因为使用尚未转换为物理地址的虚拟地址来访问 cache。这将 TLB 从关键路径上移开，减少了 cache 的延迟。然而，当发生 cache 失效时，处理器需要将地址转换为物理地址，来从主存获取 cache 块。

当使用虚拟地址访问 cache 并且在进程之间共享页（可能使用不同的虚拟地址访问页）时，可能发生别名。当一个对象具有两个名称时就会发生别名——在这种情况下，同一页有两个虚拟地址。这种多义性产生一个问题，由于这种页上的一个字可能在 cache 中的两个位置上，每个位置对应于不同的虚拟地址。这将导致一个程序写入数据，而其他程序没有意识到数据已经改变。完全虚拟寻址的 cache 会导致 cache 和 TLB 的设计受限于减少别名，或导致需要操作系统（可能是用户）采取措施来确保不发生别名。

这两种设计观点常用的折中方法是采用虚拟索引的 cache——有时仅使用地址的页内偏移部分，这实际上是一个物理地址，因为它没有被转换——但使用物理标签。这些设计是按虚拟地址索引但按物理地址标记的，它试图利用虚拟寻址 cache 的性能优势，以及物理寻址

虚拟寻址 cache： 一种使用虚拟地址而不是物理地址访问的 cache。

别名： 两个地址访问同一个目标的情况，一般发生在虚拟存储中两个虚拟地址对应同一个物理页时。

物理寻址 cache： 使用物理地址寻址的 cache。

cache 的简单结构。例如，在这种情况下没有别名问题。图 5-30 假设页大小为 4KiB，但实际上是 16KiB，因此 Intrinsity FastMATH 就使用了这种方法。要实现这种方法，必须在最小页大小、cache 大小和相联度之间进行谨慎权衡。RISC-V 要求 cache 的行为就像物理标签和物理索引的一样，但它并不强制要求这样实现。例如，虚拟索引的、物理标签的数据 cache 可以使用额外的逻辑来确保软件无法区分差异。

5.7.8　虚拟存储中的保护

　　虚拟存储最重要的功能就是允许多个进程共享一个主存，同时为这些进程和操作系统提供内存保护。保护机制必须确保：尽管多个进程共享相同的主存，但无论有意或无意，一个恶意进程不能写另一个用户进程或操作系统的地址空间。TLB 中的写访问位可以防止一个页被写入。如果没有这一级保护，计算机病毒将更加泛滥。

　　硬件/软件接口　为了使操作系统能够在虚拟存储系统中实现保护，硬件至少要提供以下三个基本能力。请注意，由于前两者都需要虚拟机，因此其需求相同（5.6 节）。

> **管理模式**：也称为内核模式，是一种运行操作系统进程的模式。

　　1. 支持至少两种模式，指示正在运行的进程是用户进程还是操作系统进程，操作系统进程也可称为管理态进程、内核进程或主管进程。

　　2. 提供用户进程可读但不能写的一部分处理器状态。这包括用户/管理程序模式位，用来指示处理器处于用户态还是管理态、页表指针和 TLB。为了写这些结构，操作系统使用仅在管理态下可用的特殊指令进行写操作。

> **系统调用**：将控制权从用户模式转换到管理模式的特殊指令，触发进程中的一个例外机制。

　　3. 提供能让处理器在用户态和管理态之间相互转换的机制。从用户态到管理态的转换通常由系统调用的例外处理完成，它由特殊指令（RISC-V 指令集中的 ecall）将控制转移到管理态的代码空间的指定位置。与其他例外处理一样，系统调用处的程序计数器中的值被保存在管理态例外程序计数器（SEPC）中，并且处理器被置于管理态。从例外返回用户模式，使用管理态例外返回 sret（supervisor exception return）指令，将重置为用户模式，并跳转到 SEPC 中的地址。

　　通过使用这些机制并将页表存储在操作系统的地址空间中，操作系统可以更改页表、防止用户进程改写页表、确保用户进程只能访问操作系统提供给它的存储空间。

　　我们同样要防止一个进程读另一个进程的数据。例如，若教师将考卷存在处理器主存中，我们不希望学生程序读到它们。一旦开始共享主存，就必须赋予进程保护数据的能力，防止被另一个进程读写；否则，共享主存将是喜忧参半！

　　请记住，每个进程都有自己的虚拟地址空间。因此，如果操作系统将页表组织好，使得独立的虚拟页映射到不相交的物理页，那么一个进程将无法访问另一个进程的数据。当然，这也要求用户进程不能更改页表映射。如果操作系统能阻止用户进程修改自己的页表，那么安全性就有了保证。但是，这样一来，操作系统必须能够修改页表。将页表放在操作系统的保护地址空间就能满足所有要求。

　　当进程想要以受限的方式共享信息时，操作系统必须协助它们。这是因为访问另一个进程的信息需要更改访问进程的页表。写访问位可用来将共享限制为只读，并且与页表的其余部分一样，该位只能由操作系统更改。为了允许另一个进程（例如 P1）读进程 P2 的一页，P2 就要请求操作系统在 P1 的地址空间中为一个虚拟页创建页表表项，指向 P2 想要共享的物理页。如果 P2 要求，操作系统可以使用写保护位来防止 P1 对数据进行改写。确定页访问权限的任何位都必须包含在页表和 TLB 中，因为只有在 TLB 失效时才访问页表。

详细阐述 当操作系统决定从运行进程 P1 切换为运行进程 P2（称为上下文切换或进程切换）时，它必须确保 P2 不能访问 P1 的页表，否则不利于数据保护。如果没有 TLB，只需将页表寄存器改为指向 P2 的页表（而不是 P1）即可；如果有 TLB，必须清除属于 P1 的 TLB 表项，目的是保护 P1 的数据，并迫使 TLB 载入 P2 的表项。

> **上下文切换**：为允许另一个不同的进程使用处理器，改变处理器内部的状态，并保存当前进程返回时需要的状态。

如果进程切换的频率很高，这一举措的效率就很低。例如，在操作系统切换回 P1 之前，P2 可能只装入了少量的 TLB 表项。不幸的是，P1 随后发现它的所有 TLB 表项都不见了，因此不得不通过 TLB 失效来重新加载它们。出现这个问题是因为 P1 和 P2 使用相同的虚拟地址时，我们必须清除 TLB 以防止地址混淆。

另一种常用的方法是通过添加进程标识符或任务标识符来扩展虚拟地址空间。为此，Intrinsity FastMATH 有 8 位地址空间 ID（ASID）字段。这个字段标识当前正在运行的进程；在切换进程时，它保存在由操作系统载入的寄存器中。RISC-V 也提供 ASID 以减少上下文切换时的 TLB 刷新。进程标识符与 TLB 的标签部分相连接，因此当页号和进程标识符同时匹配时，TLB 才发生命中。除极少数情况（如回收 ASID）外，这种组合消除了清除 TLB 的需要。

同样的问题可能在 cache 中发生，因为在进程切换时，cache 包含正在运行的进程的数据。对于物理寻址和虚拟寻址的 cache，这些问题以不同方式出现，并且通过不同的解决方案（如进程标识符）来确保进程获取自己的数据。

5.7.9 处理 TLB 失效和缺页失效

当发生 TLB 命中时，使用 TLB 将虚拟地址转换为物理地址很简单，但正如我们之前所见，处理 TLB 失效和缺页失效却很复杂。当 TLB 中没有表项能与虚拟地址匹配时，将发生 TLB 失效。回想一下，TLB 失效表明两种可能之一：

1. 页在内存中，只需创建缺少的 TLB 表项。
2. 页不在内存中，需要将控制转移给操作系统来处理缺页失效。

处理 TLB 失效或缺页失效需要使用例外机制来中断活跃进程，将控制转移到操作系统，然后再恢复执行被中断的进程。缺页将在主存访问时钟周期的某一时刻被发现。为了在缺页失效处理结束后重启指令，必须保存导致缺页失效的指令的程序计数器。管理态例外程序计数器（SEPC）用于保存该值。

此外，TLB 失效或缺页失效例外必须在访存发生的同一个时钟周期的末尾被判定，这样下一个时钟周期将开始进行例外处理而不是继续正常的指令执行。如果在此时钟周期内未识别出缺页失效，一条 load 指令可能会改写寄存器，而当我们尝试重新启动指令时，这可能是灾难性的错误。例如，考虑指令 lb x10,0（x10）：计算机必须防止写流水线阶段的发生；否则，就无法正确重启指令，因为 x10 的内容会被破坏。store 指令也有类似的复杂情况。当发生缺页失效时，我们必须阻止写内存的操作的完成，这通常是通过令到内存的写控制线为无效来完成的。

硬件 / 软件接口 从操作系统开始执行例外处理程序，到操作系统保存了进程的所有状态这段时间内，操作系统特别脆弱。例如，如果在操作系统处理第一个例外时发生了另一个例外，控制单元将改写例外链接寄存器，从而无法返回到导致缺页失效的指令！我们可以通过提供禁止例外和使能例外来避免这种错误的发生。首次发生例外时，处理器会设置一个例外禁止位来禁止其他例外发生，这可以与设置管理态模式位同时进行。随后操作系统将保存足够多的状态，即记录例外原因的SEPC和管理态例外原因（SCAUSE）寄存器，以便在发生另一个例外时允许恢复，这正如我们在第4章中看到的那样。RISC-V中的SEPC和SCAUSE是两个特殊的控制寄存器，可以帮助处理例外、TLB失效和缺页失效。然后，操作系统可以重新允许例外发生。这些步骤确保例外不会导致处理器丢失任何状态，因此也不会导致无法重启被中断指令的执行。

使能例外：也称为中断使能，用于控制处理器是否响应例外的信号或动作；在处理器安全地保存重启所需信息之前，必须阻止例外的发生。

一旦操作系统知道引起缺页失效的虚拟地址，它必须完成以下三个步骤：

1. 使用虚拟地址找到对应的页表表项，并在辅助存储中找到引用页的位置。

2. 选择要替换的物理页；如果所选页是脏的，则必须先将其写入辅助内存，然后才能将新的虚拟页写到此物理页中。

3. 启动读操作，将被访问的页从磁盘上取回到所选择的物理页的位置上。

当然，最后一步将花费数百万个处理器时钟周期（如果被替换的页是脏的，那么第二步也是如此）；因此，操作系统通常会选择另一个进程在处理器中执行直到磁盘访问结束。由于操作系统已经保存了当前进程的状态，所以它可以方便地将处理器的控制权交给另一个进程。

当从辅助存储器读页完成后，操作系统可以恢复最初导致缺页失效的进程的状态并执行从例外返回的指令。该指令将处理器从内核态重置为用户态，同时也恢复程序计数器的值。然后，用户进程重新执行引发缺页失效的指令，成功访问所请求的页面，并继续执行。

数据访问引起的缺页失效例外很难处理，是由于以下三个特征：

1. 它们发生在指令的中间，与指令缺页失效不同。

2. 在例外处理结束之前无法完成指令。

3. 例外处理结束后，指令必须重新启动，就像什么都没发生过一样。

使指令**可重新启动**，这样例外被处理之后，指令也能继续执行，这在类似RISC-V的体系结构中相对容易实现。因为每条指令只写一个数据项，并且这个写操作发生在指令周期的末尾，所以我们可以简单地阻止指令完成（不执行写操作）并在开始处重新启动指令。

可重启指令：一种在例外被处理之后能从例外中恢复而不会影响指令的执行结果的指令。

详细阐述 对于有着更复杂指令的处理器，其指令可能访问许多存储位置并写许多数据项，这使指令可重启要困难得多。处理一条指令可能在指令中间产生多次缺页失效。例如，x86处理器有访问数千个数据字的块移动指令。在这样的处理器中，指令通常不能从开始处重新启动，像RISC-V那样。相反，指令必须被中断，然后从执行中断处继续执行。在执行的中间恢复指令通常需要保存一些特殊状态、处理例外，然后恢复那些特殊状态。要使处理器正常地执行这项工作，需要在操作系统的例外处理代码与硬件之间进行仔细的协调。

详细阐述 与每次访存都需要一次间接寻址不同，虚拟机监视器（5.6节）支持影子页表，用于进行用户虚拟地址到物理地址的硬件转换。通过检测对用户页表的所有修改，虚拟机可以确保硬件正在用于转换的影子页表表项与用户操作系统中的页表表项一致，不同的是在用户页表中使用正确的物理地址替代了实地址。因此，虚拟机必须在用户操作系统试图更改页表或访问页表指针时产生自陷。这通常由用户操作系统通过对用户页表进行写保护，以及对页表指针的任何访问产生自陷来实现。如上所述，如果是特权操作访问页表指针后，会发生后面一种情况。

详细阐述 体系结构中需要虚拟化的最后一部分是 I/O。由于计算机中 I/O 设备数量和类型不断增加，I/O 虚拟化是迄今为止系统虚拟化中最困难的部分。另一个困难是在多个虚拟机之间共享真实设备，还有一个困难是要支持大量的设备驱动程序，特别是在一个支持不同用户操作系统的虚拟机上就更加困难。它为每种虚拟机中各种类型的 I/O 设备提供一个通用的驱动，并且将其留给 VMM 以管理实际的 I/O。

详细阐述 除了虚拟化指令集之外，另一个挑战是虚拟存储的虚拟化，这是因为虚拟机上的每个用户操作系统都管理自己的一组页表。为了实现这一目标，VMM 将真实内存和物理内存的概念（通常被同义地处理）分开，并使真实内存成为虚拟内存和物理内存之间的一个独立层次。（有些使用术语虚拟内存、物理内存和机器内存来命名相同的三个层次。）用户操作系统通过其页表将虚拟内存映射到真实内存，VMM 页表将用户的真实内存映射到物理内存。虚拟存储体系结构通常由页表实现，如 IBM VM / 370、x86 和 RISC-V。

5.7.10 总结

虚拟存储是在主存和辅助存储之间进行数据缓存管理的一级存储层次。虚拟存储允许单个程序将其地址空间扩展到超出主存的限制。更重要的是，虚拟存储支持以受保护的方式在多个同时活跃的进程之间共享主存。

由于缺页失效的成本很高，管理主存和磁盘之间的存储层次结构很具有挑战性。通常采用下面一些技术来降低缺页失效率：

- 增大页的容量以利用空间局部性，并减少失效率。
- 使用页表实现的虚拟地址和物理地址之间的映射是全相联的，这样虚拟页可以放置在主存中的任何位置。
- 操作系统使用如 LRU 和引用位等技术来选择要替换的页。

写入辅助存储的成本很高，因此虚拟存储使用写回方案，并且跟踪记录页是否被改过（使用脏位）以避免向磁盘写入干净的页。

虚拟存储机制提供了从程序使用的虚拟地址到用于访存的物理地址之间的转换。该地址转换机制允许对主存进行受保护的共享，并提供了一些额外的好处，例如简化了内存分配。为了保证进程间受到保护，要求只有操作系统才能改变地址转换，这是通过阻止用户程序更改页表来实现的。可以在操作系统的帮助下实现进程之间受控地共享页，并且页表中的访问位指示用户程序是否具有对页的读或写访问权。

如果对于每一次访问，处理器都要访问内存中的页表来进行转换，这样的虚拟存储开销将很大，cache 也将失去意义！相反，对于页表，TLB 扮演了地址转换 cache 的角色，利用 TLB 中的转换将虚拟地址转换为物理地址。

cache、虚拟存储和 TLB 都建立在一组共同的原理和策略基础上。下一节将讨论这个通用框架。

理解程序性能 尽管虚拟存储是为了使小容量的存储看起来像大容量的存储，但是辅助存储和主存之间的性能差异意味着，如果程序经常访问比它拥有的物理存储更多的虚拟存储，程序运行速度会非常慢。这样的程序将不断地在主存和辅助存储之间交换页面，称为"颠簸"。如果发生颠簸将是一场灾难，但这种情况很少发生。如果你的程序发生颠簸，最简单的解决方案是在内存更大的计算机上运行它，或为计算机增加内存。更复杂的选择是重新检查算法和数据结构，以查看是否可以更改局部性，从而减少程序同时使用的页数。这一组页被非正式地称为工作集。

一个更常见的性能问题是 TLB 失效。由于 TLB 同时只能处理 32 ～ 64 个页表表项，程序很容易有较高的 TLB 失效率，因为处理器可以直接访问不到 $64 \times 4\text{KiB} = 0.25\text{MiB}$ 的空间。例如，对于基数排序，TLB 失效通常是一个挑战。为了缓解这个问题，现在大多数计算机体系结构都支持更大的页。例如，除了最小 4KiB 页外，RISC-V 硬件还支持 2MiB 和 1GiB 大小的页。因此，如果程序使用大页，就可以直接访问更多内存而不会发生 TLB 失效。

让操作系统允许程序选择这些更大的页也是一个实际的难题。当服务器上运行数百个进程时，操作系统设计人员担心使用大页面会带来主存中碎片过多的结果。同样，减少 TLB 失效的更复杂的解决方案是重新检查算法和数据结构，以减少工作集中的页；另外，考虑内存访问对性能和 TLB 失效率的重要影响，一些工作集较大的程序已经针对该目标进行了重新设计。

详细阐述 RISC-V 通过图 5-28 的多级页表支持更大的页。除了指向第 1 级和第 2 级中的下一级页表之外，它还支持超页转换，即将虚拟地址映射到 1GiB 物理地址（如果块转换在第 1 级）或 2MiB 物理地址（如果块转换在第 2 级）。Linus Torvolds 给出了 4KiB 页面的优点，参见 https://yarchive.net/comp/linux/page_sizes.html。

5.8　存储层次结构的一般框架

到目前为止，我们已经看到不同类型的存储层次结构有很多共同点。虽然存储层次结构的很多方面都有量的区别，但是很多决定层次结构功能的策略和特征在本质上是相似的。图 5-33 显示了存储层次结构的某些定量特征的区别。在本节的剩余部分，我们将讨论关于存储层次结构如何工作的一些选项，以及它们如何决定其行为。我们通过适用于存储层次结构两层之间的四个问题来研究这些策略，为了简单起见，我们将主要使用 cache 中的术语。

特征	一级cache的典型值	二级cache的典型值	页式存储的典型值	TLB的典型值
块的总大小	250～2000	2500～25 000	16 000～250 000	40～1024
以KiB计量的总容量	16～64	125～2000	1 000 000～1 000 000 000	0.25～16
块的字节数	16～64	64～128	4000～64 000	4～32
失效代价的周期数	10～25	100～1000	10 000 000～100 000 000	10～1000
失效率（二级cache失效被认为是全局失效）	2%～5%	0.1%～2%	0.000 01%～0.0001%	0.01%～2%

图 5-33　表征计算机存储层次结构主要组成部分的关键定量设计参数。本图是这些层次截至 2020 年的典型值。值的范围很宽，一部分原因是很多随时间变化的值是互相关联的；例如，随着 cache 容量变大以克服更大的失效代价，块大小也随之增长。图中没有显示的是，服务器的微处理器现在还有三级 cache，其容量可以是 4 ～ 50MiB，并且包含比二级 cache 更多的块。三级 cache 将二级 cache 的失效代价降低到 30 ～ 40 个时钟周期

5.8.1　问题一：块放在何处

我们已经看到，在较高存储层次结构中，块的放置可以使用一系列方案，从直接映射到

组相联，再到全相联。如上所述，整个方案范围可以被认为是组相联方案的变体，其中组的数量和每组中块的数量不相同：

机制	组的数量	每组中块的数量
直接映射	cache中的块数	1
组相联	$\dfrac{\text{cache中的块数}}{\text{相联度}}$	相联度（一般为2~16）
全相联	1	cache中的块数

增加相联度的好处是通常会降低失效率。失效率的改进来自于减少竞争同一位置而产生的失效。我们稍后将详细讨论。首先，来看能获得多少性能改进。图 5-34 显示了不同 cache 容量时，相联度从直接映射到八路组相联变化时的失效率。最大的改进出现在直接映射变化到两路组相联时。随着 cache 容量的增加，相联度的提高对性能改进作用很小；这是因为大容量 cache 的总失效率较低，因此改善失效率的机会减少，并且由相联度引起的失效率的绝对改进明显减少。如前所述，相联度增加的潜在缺点是增加了代价和访问时间。

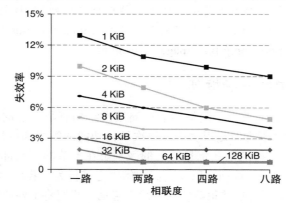

图 5-34 随着相联度的增加，8 种容量的数据 cache 的失效率都会改进。从一路（直接映射）到两路组相联变化时获益明显，进一步增加相联度所获得的好处就小一些了（例如，从两路到四路提高了 1% ～ 10%，而从一路到两路提高了 20% ～ 30%）。从四路到八路组相联的改进甚至更少，它们反而接近全相联 cache 的失效率。小容量的cache 由于其本身失效率较高，因此从相联度所获得的益处就很明显。图 5-16 解释了这些数据是如何收集的

5.8.2 问题二：如何找到块

我们如何找到某个块取决于块的放置方案，因为这决定了可能存放位置的数量。我们可以把这些方案总结如下：

相联度	定位方法	需要比较的次数
直接映射	索引	1
组相联	索引组，查找组中元素	相联度
全相联	查找所有cache表项	cache容量
	独立的查找表	0

在存储层次结构中，直接映射、组相联或全相联映射的选择取决于失效代价与相联度实现代价之间的权衡，包括时间和额外硬件开销。在片上包含二级 cache 允许实现更高的相联

度，这是因为命中时间不再关键，设计者也不必依靠标准 SRAM 芯片来构建模块。除非容量很小，否则 cache 不使用全相联映射方式，其中比较器的成本并不是压倒性的，而绝对失效率的改进才是最明显的。

在虚拟存储系统中，页表是一张独立的映射表，它用来索引内存。除了表本身需要的存储空间外，使用索引表还会引起额外的存储访问。使用全相联映射和额外的页表有以下几个原因：

- 全相联有其优越性，因为失效代价非常高。
- 全相联允许软件使用复杂的替换策略以降低失效率。
- 全相联很容易索引，不需要额外的硬件，也不需要进行查找。

因此，虚拟存储系统通常使用全相联。

组相联映射通常用于 cache 和 TLB，访问时包括索引和组内查找。一些系统使用直接映射 cache，这是因为访问时间短并且实现简单。访问时间短是因为查找时不需要进行比较。这样的设计选择取决于很多实现细节，例如，cache 是否集成在片上、实现 cache 的技术以及 cache 的访问时间对处理器周期时间的重要性。

5.8.3 问题三：当 cache 发生失效时替换哪一块

当相联的 cache 发生失效时，我们必须决定要替换哪个块。在全相联的 cache 中，所有的块都是替换的候选者。如果 cache 是组相联的，则必须在一组的块中进行选择。当然，直接映射 cache 中的替换很容易，因为只有一个候选者。

在组相联或全相联的 cache 中有两种主要的替换策略：

- 随机：随机选择候选块，可能使用一些硬件辅助实现。
- 最近最少使用（LRU）：被替换的块是最久没有被使用过的块。

实际上，在相联度不低（典型的是两路到四路）的层次结构中实现 LRU 的代价太高，这是因为追踪记录使用信息的代价很高。即使对于四路组相联，LRU 通常也是近似实现的，例如，追踪记录哪一对块是最近最少使用的（需要使用 1 位），然后追踪记录每对块中哪一块是最近最少使用的（每对需要使用 1 位）。

对于较大的相联度，LRU 是近似的或使用随机替换策略。在 cache 中，替换算法由硬件实现，这意味着方案应该易于实现。随机替换算法用硬件很容易实现，对于两路组相联 cache，随机替换的失效率比 LRU 替换策略的失效率高约 1.1 倍。随着 cache 容量变大，两种替换策略的失效率下降，并且绝对差异也变小。实际上，随机替换算法的性能有时可能比用硬件简单实现的近似 LRU 更好。

在虚拟存储中，LRU 的一些形式都是近似的，因为当失效代价很大时，失效率的微小降低都很重要。通常提供参考位或其他等价的功能使操作系统更容易追踪记录一组最近使用较少的页。由于失效代价很高且相对不频繁发生，主要由软件来近似这项信息的做法是可行的。

5.8.4 问题四：写操作如何处理

任何存储层次结构的一个关键特性是如何处理写操作。我们已经看到两个基本选项：

- 写穿透：信息将写入 cache 中的块和存储层次结构中较低层的块（对 cache 而言是主存）。5.3 节中的 cache 使用这种方案。
- 写返回：信息仅写入 cache 中的块。修改后的块只有在它被替换时才会写入层次结构中的较低层。由于 5.7 节中讨论的原因，虚拟存储系统总是采用写返回策略。

写返回和写穿透都有其各自的优点。写返回的主要优点如下：

- 处理器可以按 cache 而不是内存能接收的速率写单个的字。
- 块内的多次写操作只需对存储层次结构中的较低层进行一次写操作。
- 当写回块时，由于写一整个块，系统可以有效地利用高带宽传输。

写穿透具有以下优点：

- 失效比较简单，代价也比较小，这是因为不需要将块写回到存储层次结构中的较低层。
- 写穿透比写返回更容易实现，尽管实际上写穿透 cache 仍然需要写缓冲区。

在虚拟存储系统中，只有写返回策略才是实用的，这是因为写到存储层次结构较低层的延迟很大。尽管允许存储器的物理和逻辑宽度更宽，并对 DRAM 采用突发模式，处理器产生写操作的速率通常还是超过存储系统可以处理它们的速率。因此，现在最低一级的 cache 通常采用写回策略。

重点 cache、TLB 和虚拟存储最初可能看起来非常不同，但它们都基于相同的两个局部性原理，并且可以通过它们对四个问题的各自回答来理解：

问题 1：块可以被放在哪里？

答案：一个位置（直接映射）、一些位置（组相联）或任何位置（全相联）。

问题 2：如何找到块？

答案：有四种方法：索引（在直接映射的 cache 中），有限的检索（在组相联 cache 中），全部检索（在全相联的 cache 中），单独的查找表（在页表中）。

问题 3：失效时替换哪一块？

答案：通常是最近最少使用的块，或随机选取的一块。

问题 4：如何处理写操作？

答案：层次结构中的每一层都可以使用写穿透策略或写返回策略。

5.8.5　3C：一种理解存储层次结构的直观模型

在本节中，我们将介绍一种模型，该模型可以很好地洞察存储层次结构中引起失效的原因，以及存储层次结构中的变化对失效的影响。我们将用 cache 来解释这些想法，尽管这些想法对其他层次也都直接适用。在此模型中，所有失效都被分为以下三类（**3C 模型**）：

- **强制失效**：对没有在 cache 中出现过的块进行第一次访问时产生的失效，也称为冷启动失效。
- **容量失效**：cache 无法包含程序执行期间所需的所有块而引起的失效。当某些块被替换出去，随后再被调入时，将发生容量失效。
- **冲突失效**：在组相联或者直接映射 cache 中，很多块为了竞争同一个组导致的失效。冲突失效是直接映射或组相联 cache 中的失效，而在相同大小的全相联 cache 中不存在。这种 cache 失效也称为**碰撞失效**（collision miss）。

图 5-35 显示了失效率如何按照引起的原因被分为三种。改变

3C 模型：将所有的 cache 失效都归为三种类型的 cache 模型，三类分别为强制失效、容量失效和冲突失效。因其三类名称的英文单词首字母均为 C 而得名。

强制失效：也称为冷启动失效。对没有在 cache 中出现过的块进行第一次访问时产生的失效。

容量失效：由于 cache 在全相联时都不可能容纳所有请求的块而导致的失效。

cache 设计中的某一方面可以直接影响这些失效的原因。由于冲突失效来自对同一 cache 块的争用，因此提高相联度可减少冲突失效。但是，提高相联度可能会延长访问时间，从而降低整体性能。

冲突失效：也称为碰撞失效。在组相联或者直接映射 cache 中，很多块为了竞争同一个组导致的失效。这种失效在使用相同大小的全相联 cache 中是不存在的。

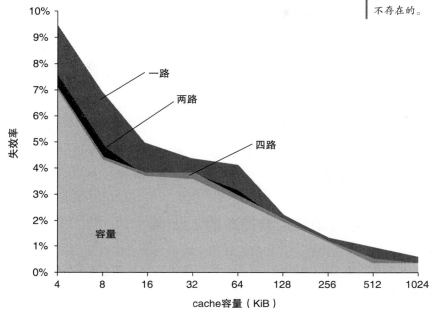

图 5-35 根据失效原因，失效率可被分为三种。此图显示不同容量 cache 的总失效率及其组成部分。数据由 SPEC CPU2000 整数和浮点基准测试得到，与图 5-34 中的数据源相同。强制失效部分只占 0.006%，在图中看不出来。下一部分是容量失效，它取决于 cache 容量。冲突部分取决于相联度和 cache 容量，图中显示了相联度从一路到八路的冲突失效率。在每种情况下，当相联度从下一个较高度变为标记的相联度时，标记部分对应于失效率的增加。例如，标记为两路的部分表示当 cache 从四路变为两路时失效的增加。因此，相同大小的直接映射 cache 与全相联 cache 所引起的失效率的差异由标记为四路、两路和一路的部分的总和给出。八路和四路之间的差异很小，很难在图上看到

简单地增大 cache 容量可以减少容量失效，实际上，多年来二级 cache 容量一直在稳步增长。当然，在增大 cache 的同时，我们也必须注意访问时间的增长，这可能导致整体性能降低。因此，尽管一级 cache 也在增大，但是非常缓慢。

由于强制失效是对块的第一次访问时产生的，因此，对 cache 系统来说，减少强制失效次数的主要方法是增加块大小。由于程序将由较少的 cache 块组成，因此这将减少对程序每一块都要访问一次时的总访问次数。如上所述，块容量增加太多可能对性能产生负面影响，因为失效代价会增加。

重点 设计存储层次结构的挑战在于，任何一个改进失效率的设计可能同时对整体性能产生负面影响，如图 5-36 所示。这种正面和负面效果的结合使得存储层次结构的设计变得有趣。

设计变化	对失效率的影响	可能对性能产生的负面影响
增加cache容量	降低失效率	可能延长访问时间
增加相联度	由于减少了冲突失效，降低了失效率	可能延长访问时间
增加块容量	由于空间局部性，对很宽范围内变化的块大小，降低了失效率	增加失效损失，块太大还会增大失效率

图 5-36　存储层次结构设计的挑战

将失效分为 3C 是个有用的定性模型。在实际 cache 设计中，很多设计选择相互影响，改变一个 cache 特性通常会影响另一些失效率的组成部分。尽管存在这些缺点，但该模型仍是深入了解 cache 设计性能的有效方法。

自我检测　以下哪项表述（如果有的话）是正确的？

1. 没有办法减少强制失效。

2. 全相联 cache 没有冲突失效。

3. 在减少失效方面，相联度比容量更重要。

5.9　使用有限状态自动机控制简单的 cache

现在可以为 cache 建立控制，正如我们在第 4 章中为单时钟周期和流水线的数据通路添加控制那样。本节先对简单 cache 进行定义，之后描述有限状态自动机，并以使用有限状态自动机控制这个简单 cache 作为结束。5.12 节是对本节的深度扩展，使用一种新的硬件描述语言展示 cache 和控制器。

5.9.1　一个简单的 cache

现在我们将要为一个简单的 cache 设计控制器。下面是这个 cache 的主要特征：

- 直接映射 cache
- 使用写分配写回
- 块大小为四字（16 字节或 128 位）
- cache 大小为 16KiB，因此该缓存内包含 1024 个块
- 32 位地址
- 该 cache 的每个块内都包含有效位和脏位

根据 5.3 节中的内容，我们现在可以计算该 cache 地址的字段：

- cache 块索引为 10 位
- 块内偏移为 4 位
- 标签大小为 32−（10 + 4），也就是 18 位

处理器与 cache 之间的控制信号为：

- 1 位读或写信号
- 1 位有效信号，表示该操作是否为 cache 操作
- 32 位地址
- 32 位数据，从处理器传输至 cache
- 32 位数据，从 cache 传输至处理器

- 1 位就绪信号，表示 cache 操作已经完成

存储器与 cache 之间的接口与处理器和 cache 之间的字段基本一致，只不过数据位现在换成了 128 位宽。额外的存储器宽度在当今的微处理器中很常见，它处理 32 位或 64 位字的处理器，而 DRAM 控制器通常为 128 位。将 cache 块与 DRAM 的宽度相匹配可以简化设计。因此将信号设计如下：

- 1 位读或写信号
- 1 位有效信号，表示该操作是否为存储器操作
- 32 位地址
- 128 位数据，从 cache 传输至存储器
- 128 位数据，从存储器传输至 cache
- 1 位就绪信号，表示存储器操作已经完成

需要注意的是，存储器接口所需的时钟周期数不是固定的。我们假设当存储器读写操作完成时，存储器控制器可以通过就绪信号将该事件通知给 cache。

在描述 cache 控制器之前，我们需要回顾一下有限状态自动机的相关知识，有限状态自动机可以使得控制一个需要多时钟周期的操作成为可能。

5.9.2　有限状态自动机

为了设计单时钟周期数据通路的控制单元，我们使用真值表来根据指令类别设置控制信号。cache 的控制将会更为复杂，因为对 cache 的操作可能包含了一系列步骤。cache 控制必须指定每个步骤中需要设置的信号以及下一个将要执行的步骤。

最常见的多步骤控制技术基于**有限状态自动机**，它通常以图的形式表示。有限状态自动机由一系列状态和状态之间改变的方向组成。该方向由**下一状态函数**定义，它是当前状态和指向新状态的输入之间的映射。当使用有限状态自动机进行控制时，该自动机的状态也指定了一系列输出，该输出是当机器处于该状态下的断言。有限状态自动机实现时通常假定所有未明确断言过的输出都是无效的。类似地，数据通路的正确操作也取决于这样一个事实：没有明确断言过的信号都是无效的，而不是针对该信号做无意义的操作。

> **有限状态自动机**：一个包含了一组输入/输出、状态转换函数（将当前状态和输入映射为新状态）和一个输出函数（将当前状态和输入映射为断言输出）的顺序逻辑函数。

多选器的控制与上述行为略有不同，因为它只选择众多输入中的一个，而不考虑该输入是 0 还是 1。因此，在有限状态自动机中，我们总是指定所有需要关注的多选器控制的设置。当使用逻辑器件

> **下一状态函数**：一个组合函数，给定一个输入和当前状态，可以得出有限状态自动机的下一状态。

实现有限状态自动机时，可以默认将控制设置为 0，也因此不需要任何逻辑门。在附录 A 中提供了一个简单的有限状态自动机示例，如果你不熟悉有限状态自动机的概念，那么在继续后面的学习之前，建议你先查看附录 A。

有限状态自动机可以用保存当前状态的临时寄存器和一组组合逻辑实现，该组组合逻辑决定被断言的数据通路信号以及下一状态。图 5-37 是该实现的图示。附录 C 详细描述了有限状态自动机是如何使用该结构实现的。在附录 A 的 A.3 节中，有限状态自动机的组合控制逻辑既可以用只读存储器（ROM）也可以用可编程逻辑阵列（PLA）来实现（在附录 A 中同样有关于这些逻辑元件的介绍）。

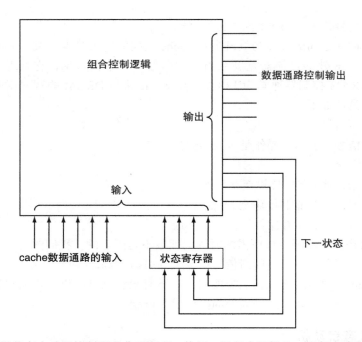

图 5-37 有限状态自动机控制器的典型实现，使用一组组合逻辑和一个保存当前状态的寄存器实现。组合逻辑的输出是当前状态的下一状态编号和被断言的控制信号。组合逻辑的输入是当前状态和任一可以决定下一状态的输入。需要注意的是，在本章的有限状态自动机中，输出只取决于当前状态，而与输入无关。我们用灰色线来表示这些控制线和逻辑以及数据线和逻辑。随后的详细阐述对此有更详细的解释

详细阐述 请注意，这个简单的设计被称为阻塞 cache，在该设计中处理器必须一直等待直到 cache 完成请求。5.12 节描述了一种被称为非阻塞 cache 的替代方案。

详细阐述 本书中描述的这种有限状态自动机被称为 Moore 自动机，以 Edward Moore 的名字命名。这种自动机的标识特征是它的输出只取决于当前状态。对 Moore 自动机而言，被标记为组合控制逻辑的盒子可以被分为两个部分，其中一部分包含控制输出并且仅有状态作为输入，另一部分只包含下一状态输出。

另一种自动机是 Mealy 自动机，以 George Mealy 的名字命名。Mealy 自动机同时使用输入和当前状态来决定输出。Moore 自动机在速度和控制单元规模上具有潜在实现优势：Moore 自动机的速度优势在于控制输出部分，该部分在时钟周期开始时就需要用到，而该部分只取决于当前状态而与输入无关，因此具有速度优势。在附录 A 中，使用逻辑门就可以实现这种有限状态自动机，因此可以很明显地看出它的规模优势。Moore 自动机的潜在劣势是需要额外的状态。例如，在两个状态序列中仅有一个状态不同的情况下，Mealy 自动机会使用输出依赖输入的方式将状态统一。

5.9.3 使用有限状态自动机作为简单的 cache 控制器

图 5-38 描述了简单 cache 控制器的四个状态。

- 空闲：该状态等待处理器发出的有效读或写信号，之后有限状态自动机跳转到标签比较状态。

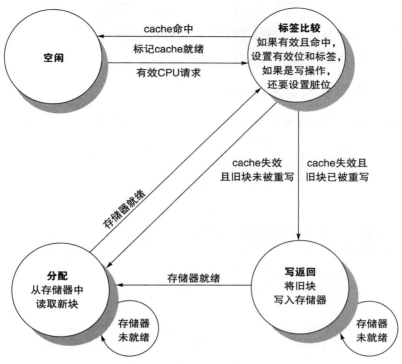

图 5-38   简单控制器的四个状态

- 标签比较：正如名称所示，该状态检测读或写请求是命中还是失效。地址的索引部分选择用于比较的标签。如果地址中的索引部分引用的 cache 块中的数据是有效的，并且地址中的标签部分与标签相匹配，则命中。如果是加载指令就从选择的字中读取数据，如果是存储指令就将数据写入选择的字中。之后设置 cache 就绪信号。如果这是一个写操作，脏位还要设置为 1。需要注意的是，写命中也需要设置有效位和标签字段，即使这看上去并不需要。这是因为标签使用单独的存储器，因此在改变脏位时也需要同时改变有效位和标签字段。如果发生命中并且当前块是有效的，有限状态自动机会返回空闲状态。失效时先更新 cache 标签，之后如果当前块的脏位为 1，则跳转到写回状态，如果该位为 0，则跳转到分配状态。
- 写返回：该状态使用由标签和 cache 索引组成的地址将 128 位的块写回存储器。之后继续停留在该状态等待存储器发出就绪信号。等待存储器写操作完成后，有限状态自动机跳转到分配状态。
- 分配：从存储器中取出一个新块。之后继续停留在该状态等待存储器发出就绪信号。等待存储器读操作完成后，有限状态自动机跳转到标签比较状态。尽管我们可以不重新使用标签比较状态而跳转到一个新的状态完成操作，但是分配状态之后的操作与标签比较状态的操作有大量的重叠，包括当访问为写操作时更新块中相应的字。

这个简单模型很容易扩展至更多的状态以提升性能。例如，标签比较状态在一个时钟周期内同时做了比较操作和 cache 数据的读和写操作。通常会将比较操作和 cache 访问操作分成两个状态以改进每个时钟周期所需的时间。另一个优化是添加一个写缓存，这样可以保存脏块，之后就可以提前读取新的块，使得处理器在脏块失效时无须等待两次存储器访问。之后 cache 会从写缓存中将脏块写回，同时处理器处理被请求的数据。

5.12 节中对有限状态自动机进行了更详细的描述，用硬件描述语言描述了整个控制器，并展示了这个简单 cache 的框图。

5.10 并行和存储层次结构：cache 一致性

假定一个多核多处理器意味着在一个单芯片上有多个处理器，这些处理器很可能共享一个共同的物理地址空间。cache 共享数据引入了一个新的问题，由于两个不同的处理器保存的存储器视图是通过它们各自的 cache 得到的，如果没有任何额外的保护措施，那么处理器可能看到两个不同的值。图 5-39 说明了这个问题，并且展示了对于同一个地址两个不同的处理器是如何有两个不同的值的。这个难点通常被称为 cache 一致性问题。

时间	事件	CPU A cache内容	CPU B cache内容	内存位置X的内容
0				0
1	CPU A读X	0		0
2	CPU B读X	0	0	0
3	CPU A向X写入1	1	0	1

图 5-39　两个处理器 A 和 B 对同一个内存位置 X 的读写造成的 cache 一致性问题。我们假设最初两个处理器的 cache 中都不包含该变量，且 X 的值为 0。我们还假设这里的 cache 是写直达 cache，如果是写返回 cache 则会增加一些额外但是相似的复杂情况。在 X 的值被 A 写入后，A 的 cache 和内存中均保存新值，但是 B 的 cache 中的值没有改变，如果此时 B 读取 X 的值，会得到原值 0 而不是新值 1

简单来说，如果对任何一个数据项的读取都能返回该数据项最近被写入的值，则称这样的存储系统是一致的。虽然在直观上这个含糊而简单的定义很易懂，但实际的情况会比这个定义更加复杂。这个简单的定义涵盖了存储器系统行为的两个不同方面，这两个方面对于编写正确的共享存储程序都非常重要。第一个方面称为一致性（cache coherence），定义了读取操作会返回什么值。第二个方面称为连续性（memory consistency），定义了写入的值什么时候会被读取操作返回。

首先看一致性。如果满足以下属性，则称一个存储系统是一致的：

1. 在处理器 P 对位置 X 的值写入后，P 读 X 的值，如果在 P 对 X 的写和读操作之间没有其他处理器对 X 的写操作，那么本次读一定可以返回 P 写入的值。因此，在图 5-39 中，如果 CPU A 在第 3 步后读 X 的值，返回值应为 1。

2. 如果一个处理器对位置 X 的读操作是跟随在另一个处理器写入 X 值之后，并且读操作和写操作之间有足够的时间间隔、在两次对 X 的访问之间没有其他写入 X 的操作，那么本次读操作应该返回上次写入的值。因此，在图 5-39 中，需要一个机制使得在第 3 步 CPU A 将值 1 写入存储器位置 X 后，将 CPU B cache 中的值 0 替换为 1。

3. 对同一位置的写入操作是串行的。也就是说，两个处理器对同一位置的两次写入操作在其他处理器看来都具有相同的顺序。例如，如果 CPU B 在第 3 步后在存储器位置 X 上存入值 2，那么处理器永远不可能在读 X 值得到 2 之后再次读 X 值得到 1。

第一个属性仅仅保留了程序的顺序——我们当然希望这个属性在单处理机中是正确的。第二个属性定义拥有存储器的一致性意味着什么的概念：如果一个处理器总是读取到旧的数据值，我们就可以很清楚地说这个存储器是不一致的。

对写操作串行化的需求更加精细，但是也同样重要。假设没有将写操作串行化，并且处理器 P1 写入位置 X，之后 P2 也写入位置 X。串行化写操作确保每个处理器都可以在某个时刻看到 P2 写入的结果。如果没有串行化写操作，就可能有一些处理器先看到 P2 写入的结果，随后又看到 P1 写入的结果，最终可能保留 P1 写入的值。避免这种情况的最简单的方法就是确保对同一位置的所有写操作都以相同的顺序被观察到，这就是我们说的写操作串行化。

5.10.1　实现一致性的基本方案

在一个支持 cache 一致性的多处理器中，cache 为每个共享数据项提供迁移和复制：
- 迁移：数据项可以移动到本地 cache 并以透明的方式被使用。迁移减少了访问远程分配的共享数据项的延迟，也减少了共享存储器的带宽需求。
- 复制：当同时读取共享数据时，cache 会在本地 cache 中创建数据项的副本。复制减少了读取共享数据项的访问延迟和争用。

支持迁移和复制对于访问共享数据的性能至关重要，因此许多处理器都采用硬件协议来维护 cache 的一致性。维护多个处理器之间的一致性的协议被称为 cache 一致性协议。实现 cache 一致性协议的关键是追踪每一个共享数据块的状态。

最常用的 cache 一致性协议是监听。cache 中既包含物理存储器数据块副本，也含有该数据块的共享状态，但并不集中保留状态。这些 cache 都可以通过一些广播媒介（总线或网络）访问，而且所有的 cache 控制器都可以监视或监听媒介，以确定它们是否有总线或交换机的访问所需的数据块的副本。

在下面的章节中，我们将介绍通过共享总线来实现的基于监听的 cache 一致性，任何可以向所有处理器广播 cache 失效的通信介质都可以用于实现基于监听的一致性策略。这种向所有 cache 广播的方法使得监听协议易于实现，但同时限制了它的可扩展性。

5.10.2　监听协议

一种实现一致性的方法是确保处理器在写入一个数据项前可以独占访问该项。这种协议被称为写无效协议，因为它在写入时使得其他 cache 中的副本无效。独占访问可确保在写入时没有该项的其他可读写副本存在：所有该项的其他 cache 中的副本都将失效。

图 5-40 是一个使用写回 cache 的监听总线失效协议的示例。为说明这个协议如何确保一致性，考虑一个写操作后跟随着另一个处理器的读操作的情景：因为这个写操作需要独占性访问，所以发出读操作的处理器 cache 中保存的任意副本均会失效。因此，当发出读操作时，会造成一次 cache 失效，cache 被迫去获取该数据的最新副本。对写操作而言，我们要求写入处理器有独占访问权限，以防止任何其他处理器能够同时写入。如果两个处理器确实同时试图写入相同的数据，那么只有其中一个处理器能够赢得写权限，同时也会导致其他处理器的副本失效。其他处理器想要完成写入必须获得该数据的最新副本，这个最新副本必须包含已经被更新的值。因此，该协议还强制实现了写操作串行化。

处理器行为	总线行为	CPU A cache 内容	CPU B cache 内容	存储器位置 X的内容
				0
CPU A读X	X在cache中失效	0		0
CPU B读X	X在cache中失效	0	0	0
CPU A向X写入1	令X无效	1		0
CPU B读X	X在cache中失效	1	1	1

图 5-40   一个使用写回 cache 的在单个 cache 块 X 上工作的监听总线的失效协议示例。我们假设最初两个处理器的 cache 中都不包含该变量，且 X 的值为 0。CPU 和存储器中的内容显示在处理器和总线活动都完成之后的值。空白表示没有活动或者没有 cache 副本。当 CPU B 发生第二次缓存失效时，CPU A 回应，同时取消来自存储器的响应。随后，B 中 cache 的内容和存储器中 X 中的内容同时被更新。这种当块共享时更新存储器的设定简化了协议，但只有在块被替换时才可以追踪所有权并强制写回。这需要引入一个被称为"所有者"的附加状态，该状态表示块可以被共享，但是所有者处理器负责在更改块或替换块时更新其他处理器和存储器

硬件/软件接口   一种观点认为块大小在 cache 一致性中起重要作用。以在一个块大小为 8 字的 cache 上监听为例，两个处理器可以对一个字交替进行读写。大多数协议在处理器之间交换完整块，从而增加实现一致性的带宽需求。

> **假共享**：当两个不相关的共享变量位于同一个缓存块中时，即使处理器正在访问不同的变量，也会在处理器之间交换完整的块。

大基本块还会导致所谓的假共享（false sharing）：当两个不相关的共享变量位于同一个 cache 块中时，即使处理器正在访问的是不同的变量，处理器之间交换的也会是一整个块。程序员和编译器应该仔细放置数据以避免错误共享。

详细阐述   尽管 5.10 节开始处讲的三个属性已经足以确保一致性，但是被写入的值何时可以被看到，这个问题同样很重要。来看看这是为什么。注意在图 5-39 中我们不能要求对 X 的读取能够立刻看到其他处理器写入 X 的值。例如，如果一个处理器对 X 的写入仅仅比另一个处理器对 X 的读取早了很短的时间，那很可能无法确保读取操作可以返回这次写入的值，因为写入数据在被读取的那一刻甚至可能还没有离开处理器。这个写入值何时可以被其他读取操作看到的问题由存储器一致性模型详细定义。

我们做出以下两个假设。第一，直到所有处理器都可以看到写入的结果时写操作才算完成。（在没有完成时不允许下一次写操作发生。）第二，相对于其他存储器访问操作处理器不会改变任何写操作的顺序。这两个条件意味着如果处理器在写入位置 X 后又写入了位置 Y，则任何看到 Y 的新值的处理器都必须能看到 X 的新值。这些假设允许处理器对读操作进行重排序，但是强制处理器按照程序顺序完成写入。

详细阐述   因为输入都是先改变 cache 后才更新存储器，并且在写回 cache 中更新操作需要最新的值。所以犹如多处理器之间的 cache 一样，单处理器的 cache 与 I/O 之间也存在一致性问题。多处理器和 I/O 的 cache 一致性问题（见第 6 章）虽然起源相似，但它们具有不同的特性，也影响了相应的解决方案。与很少拥有多个数据副本的 I/O 不同——应该尽可能地避免这种情况发生——在多个处理器上运行的程序通常会在多个 cache 中拥有相同数据的副本。

详细阐述 除了共享块状态呈分布式的缓存一致性监听协议之外，基于目录的 cache 一致性协议还将物理存储块的共享状态保存在一个称为目录的位置。基于目录的一致性协议实现开销比监听略高，但它可以减少 cache 之间的交互，并因此可以扩展到更多的处理器数量。

5.11 并行与存储层次结构：廉价磁盘冗余阵列

本章节为网络章节，描述了如何使用多个磁盘来提供更高的吞吐量，这是廉价磁盘冗余阵列（RAID）的最初灵感。然而，RAID 真正普及的原因是采用适当数量的冗余磁盘所带来的更大可靠性。本节介绍不同 RAID 级别之间的性能、成本和可靠性等方面的差异。

5.12 高级专题：实现 cache 控制器

本章节为网络章节，展示了如何实现对缓存的控制，就像在第 4 章中实现对单周期、流水线数据通路的控制一样。本节首先介绍了有限状态自动机以及在简单数据缓存中实现缓存控制器，包括用硬件描述语言中描述 cache 控制器。之后详细介绍了一个缓存一致性协议的示例以及实现此类协议的难点。

5.13 实例：ARM Cortex-A53 和 Intel Core i7 的存储层次结构

本节介绍第 4 章中描述的两种微处理器 ARM Cortex-A53 和 Intel Core i7 的存储器层次结构。本节内容基于《计算机体系结构：量化研究方法》（第 6 版）中的 2.6 节。

Cortex-A53 是一个可配置内核，支持 ARMv8A 指令系统体系结构，包括 32 位和 64 位模式。Cortex-A53 是一款 IP（知识产权）内核。Cortex-A53 IP 核用于各种平板电脑和智能手机，旨在实现高能效的设计目标，这是基于电池的个人移动设备（PMD）的关键标准。A53 可为每颗芯片配置多个核心，可用于高端个人移动设备。本节的讨论主要集中在单个核心上。Cortex-A53 的主频高达 1.3GHz，每个时钟周期可发射两条指令。

i7 支持 x86-64 指令系统体系结构，这是 x86 体系结构的 64 位扩展。i7 是一个乱序执行处理器，支持四个核心，本节从单核的角度关注内存系统设计和性能。i7 中的每个核心每周期最多可执行 4 条 x86 指令，16 级流水线支持多发射和动态调度，这些在第 4 章已进行详细介绍。i7 最多可支持三个内存通道，每个通道包括一组单独的 DIMM，每个通道都可以并行传输。使用 DDR3-1066 内存条，i7 的峰值内存带宽已超过 25GB/s。

图 5-41 总结了两款处理器的地址空间和 TLB。A53 具有 3 个 TLB，可完成 32 位虚拟地址空间到 32 位物理地址空间的转换。Core i7 也具有 3 个 TLB，支持 48 位虚拟地址到 36 位物理地址的转换。虽然 Core i7 支持 64 位寄存器，可以支持更大的虚拟地址空间，但目前没有哪个软件需要这么大的地址空间，48 位虚拟地址可以缩小页表占用的内存空间，还可以简化 TLB 硬件。

图 5-42 展示了它们的缓存。两款处理器的每个核心都有一级指令缓存和一级数据缓存，基本块大小都为 64 字节，A53 中是两路组相联，而 i7 是八路组相联。i7 的一级数据缓存大小为 32KiB，而 A53 中可配置为 8KiB ~ 64KiB。两款处理器都支持大小为 32KiB、四路组相联的一级指令缓存。两者都支持基本块为 64 字节、统一的二级缓存，A53 中的二级缓存大小可配置为 128KiB ~ 1MiB，Core i7 中的二级缓存固定为 256KiB。由于将会应用于服务器，i7 还有一个十六路组相联、统一的三级缓存，容量为每个核心 2MiB，并由芯片上的所有核心共享。

特性	ARM Cortex-A53	Intel Core i7 920
虚拟地址	48 位	48 位
物理地址	40 位	36 位
页大小	可用页面：4KiB，16KiB，64KiB，1MiB，2MiB，1GiB	可用页面：4KiB，2/4MiB
TLB组织结构	单核支持1个指令TLB和数据TLB 两个L1 TLB都为全相联结构，共10个表项，轮转替换算法 统一的L2 TLB，512个表项，四路组向量 硬件处理TLB失效	单核支持1个指令TLB和数据TLB 两个L1 TLB都为四路组相联结构，LRU替换算法 对于小页，L1 I-TLB支持128个表项；对于大页，支持每个线程7个表项 对于小页，L1 D-TLB支持64个表项；对于大页，支持32个表项 L2 TLB为四路组相联，LRU替换算法，512个表项 硬件处理TLB失效

图 5-41　ARM Cortex-A53 和 Intel Core i7 920 的地址转换和 TLB 硬件。两个处理器均支持大页，这些大页用于操作系统或映射帧缓冲区等内容。大页方案避免使用大量表项来映射始终存在的单个对象

特性	ARM Cortex-A53	Intel Core i7 6700
L1 cache组织结构	分离的指令和数据cache	分离的指令和数据cache
L1 cache容量	指令或数据cache容量：8KiB～64KiB可配置	单核指令或数据cache容量：32KiB
L1 cache相联度	指令cache：两路组相联 数据cache：两路组相联	指令cache：八路组相联 数据cache：八路组相联
L1 cache的替换算法	随机	近似LRU
L1 cache基本块大小	64字节	64字节
L1 cache写策略	写返回，可变的分配策略（默认为写分配）	写返回，写不分配
L1 cache命中时间（load-use）	2 时钟周期	4时钟周期，流水化
L2 cache组织结构	统一的指令和数据cache	统一的指令和数据cache
L2 cache容量	128KiB～2MiB	256KiB（0.25MiB）
L2 cache相联度	八路组相联	四路组相联
L2 cache的替换算法	近似LRU	近似LRU
L2 cache基本块大小	64字节	64字节
L2 cache写策略	写返回，写分配	写返回，写分配
L2 cache命中时间	12时钟周期	12时钟周期
L3 cache 组织结构	—	统一的指令和数据cache
L3 cache容量	—	单核2MiB，共享cache
L3 cache相联度	—	十六路组向量
L3 cache的替换算法	—	近似LRU
L3 cache基本块大小	—	64字节
L3 cache写策略	—	写返回，写分配
L3 cache命中时间	—	44时钟周期

图 5-42　ARM Cortex-A53 和 Intel Core i7 6700 的 cache

　　Core i7 采用了额外的优化技术，从而可以减少失效代价。其中第一种是在失效时先返回关键字。处理器还会在缓存失效期间继续执行访问数据缓存的指令。在设计乱序流水线

时，设计人员通常使用一种被称为**非阻塞缓存**（nonblocking cache）的技术来试图隐藏缓存失效延迟。该技术有两种实现方式。失效时命中（hit under miss）允许在失效期间有其他的缓存命中，失效时失效（miss under miss）允许发生多个未完成的缓存失效。第一种技术

> **非阻塞缓存**：允许处理器在处理前面的缓存缺失时仍可以访问缓存。

的目的是通过其他工作来隐藏失效延迟，第二种技术的目的是重叠两个不同失效的延迟。

　　将多个未完成的缓存失效的大部分延迟进行重叠，需要一个能并行处理多个失效的高带宽存储系统。个人移动设备的存储系统通常可以流水化、合并、重排或优先化请求。大型服务器和多处理器通常具有能够并行处理多个未完成失效的存储器系统。

　　Core i7 对于数据访问采用了预取机制。它们会查看数据失效的模式，使用这些信息来尝试预测下一个数据访问的地址，在失效发生之前就从预测的地址开始获取数据。这种技术在循环访问数组时通常具有很好的效果。

　　这些芯片的存储系统如此复杂，设计和实现了大量专用于缓存和 TLB 的模块，这些都体现出为缩小处理器时钟周期和存储器延迟之间的差距所花费的大量努力。

Cortex-A53 和 Core i7 存储器层次结构的性能

　　测试 Cortex-A53 的存储器层次时，使用 32KiB L1 高速缓存和 1MiB L2 高速缓存，并运行 SPECInt2006 基准测试程序。即使对于 L1 高速缓存，运行 SPECInt2006 产生的指令缓存失效率也非常低：大多数接近零，所有指令失效率都低于 1%。这种低失效率可能是由于 SPECCPU 基准测试程序属于计算密集型，并且指令缓存采取两路组相联的结构，这消除了大多数冲突失效。

　　图 5-43 显示了数据缓存评测结果，其中 L1 和 L2 cache 的失效率变化都比较显著。L1 cache 的失效率在 0.5% 到 37.2% 之间，变化了 75 倍，中位数为 2.4%。L2 cache 的全局失效率在 0.05% 至 9.0% 之间，变化了 180 倍，中位数为 0.3%。测试程序 MCF 又被称为缓存破坏者，该程序的失效率达到上限并显著影响平均值。请记住，L2 cache 的全局失效率明显低于 L2 cache 的局部失效率。例如，单个 L2 cache 失效率的中位数为 15.1%，而全局失效率仅为 0.3%。

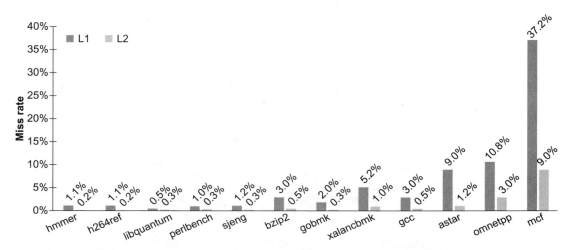

图 5-43　使用 SPECInt2006 基准测试，ARM 处理器中 32KiB L1 cache 的失效率和 1MiB L2 cache 的全局失效率。测试的应用程序对最终结果产生显著影响。占用内存较大的应用程序在 L1 和 L2 cache 中往往都具有较高的失效率。请注意，L2 cache 失效率是指计算了所有访存请求的全局失效率，也包括那些在 L1 cache 命中的请求

图 5-44 显示了每次数据访问的平均损失。尽管 L1 cache 失效率大约是 L2 cache 失效率的 7 倍，但 L2 cache 失效损失是 L1 cache 失效损失的 9.5 倍，这使得 L2 cache 失效在针对内存系统进行压力测试的基准程序中占主导地位。

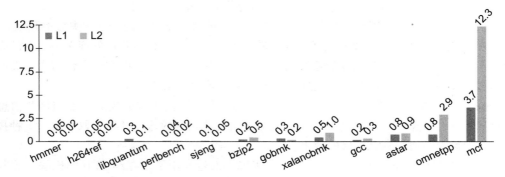

图 5-44 运行 SPECInt2006 时 A53 处理器的 L1 和 L2 cache 单次内存访问的平均损失。尽管 L1 cache 的失效率明显更高，但 L2 cache 的失效损失（比 L1 cache 高出五倍以上）意味着 L2 cache 失效对性能的影响更显著

i7 的取指单元每个周期最多可取出 16 字节的指令，每个周期可取出多条指令（平均为 4.5 条）使得指令缓存失效率的对比变得复杂。八路组相联的 32KiB 指令缓存使得 SPECint2006 程序的指令失效率非常低，一般低于 1%。暂停取指单元等待指令缓存失效处理的概率同样很小。

图 5-45 和图 5-46 显示了 L1 cache 和 L2 cache 的失效率，都是采用 L1 cache 接收到的访问次数（读和写请求）的比值进行统计。由于失效后访问内存的代价超过 100 个时钟周期，所以 L3 cache 变得很关键。L3 cache 失效率平均为 0.5%，不到 L2 cache 失效率的三分之一，不到 L1 cache 失效率的十分之一，但它仍然很重要。

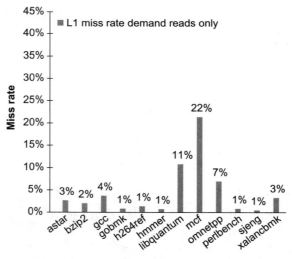

图 5-45 相比于 L1 cache 接收到的读请求（不包括预取），采用 SPECint2006 基准测试时 L1 cache 的缓存失效率。这些数据与本节的其他数据一样，由路易斯安那州立大学的 Lu Peng 教授和博士生 Qun Liu 收集（参见 Peng et al.，2008）（引自 Hennessy JL, Patterson DA. Computer architecture: A quantitative approach, 6th edition. Cambridge, MA: Elsevier Inc., 2019）

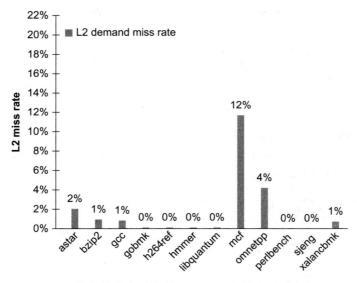

图 5-46　相比于 L1 cache 接收的访存请求的 L2 cache 失效率（引自 Hennessy JL, Patterson DA. Computer architecture: A quantitative approach, 6th edition. Cambridge, MA: Elsevier Inc., 2019）

5.14　实例：RISC-V 系统的其他部分和特殊指令

图 5-47 列出了剩余的 13 条 RISC-V 指令，它们用于特殊用途和系统类。

栅栏指令为指令（fence.i）、数据（fence）和地址转换（sfence.vma）提供同步栅栏。第一条指令 fence.i 用来通知处理器软件已修改指令存储器，以保证获取指令时可以得到更新后的指令。第二条指令 fence 影响多处理器和 I/O 的数据存储器访问顺序。第三条指令 sfence.vma 通知处理器软件已修改页表，以保证地址转换时可以得到更新后的数据。

六个控制和状态寄存器（CSR）访问指令在通用寄存器和 CSR 之间移动数据。csrrwi（CSR 读 / 写立即数）指令将 CSR 复制到整数寄存器，然后用立即数覆盖 CSR。csrrsi（CSR 读 / 设置立即数）指令将 CSR 复制到整数寄存器，然

类型	助记符	名称
存储器顺序	fence.i	指令栅栏
	fence	栅栏
	sfence.vma	地址转换栅栏
CSR访问	csrrwi	CSR读/写立即数
	csrrsi	CSR读/设置立即数
	csrrci	CSR读/清除立即数
	csrrw	CSR读/写
	csrrs	CSR读/设置
	csrrc	CSR读/清除
系统	ecall	环境调用例外
	ebreak	环境断点例外
	sret	管理态例外返回
	wfi	等待中断

图 5-47　完整 RISC-V 指令集中系统和特殊操作的汇编语言指令列表

后用 CSR 的按位 OR 和立即数覆盖 CSR。csrrci（CSR 读 / 清除）指令与 csrrsi 指令类似，但是清除位而不是设置它们。csrrw、csrrs 和 csrrc 指令与上述三条指令的功能类似，区别是使用寄存器操作数而非立即数。

有两个指令的唯一目的是生成例外：ecall 生成环境调用例外以调用操作系统，ebreak 生成断点例外以调用调试器。管理态例外返回指令（sret）允许程序从例外处理程序返回。

最后，等待中断指令（wfi）通知处理器它将进入空闲状态，一直持续到中断发生。

5.15   性能提升：cache 分块和矩阵乘法

除了第 3 章和第 4 章中的子字并行和指令级并行技术外，通过定制底层硬件来提高 DGEMM 性能的一系列操作的下一步是为优化添加 cache 分块技术。图 5-48 显示了图 4-78 中 DGEMM 的添加 cache 分块后的版本。这些变化与之前从图 3-22 中未经优化的 DGEMM 到图 5-21 中分块 DGEMM 的变化相同。这次我们从第 4 章中取出 DGEMM 的展开版本，并在 A、B 和 C 的子矩阵上多次调用它。实际上，除了第 7 行中的循环增量增大了之外，图 5-48 中的第 28 ~ 31 行和第 7 ~ 8 行与图 5-21 中的第 14 ~ 20 行和第 5 ~ 6 行一一对应。

```
1   #include <x86intrin.h>
2   #define UNROLL (4)
3   #define BLOCKSIZE 32
4   void do_block(int n, int si, int sj, int sk,
5                 double *A, double *B, double *C)
6   {
7     for ( int i =si; i < si+BLOCKSIZE; i+=UNROLL*8 )
8       for ( int j =sj; j < sj+BLOCKSIZE; j++ ) {
9         __m512d c[UNROLL];
10        for (int r=0;r<UNROLL;r++)
11          c[r] =  _mm512_load_pd(C+i+r*8+j*n); //[ UNROLL];
12
13        for( int k =sk; k < sk+BLOCKSIZE; k++ )
14        {
15          __m512d bb = _mm512_broadcastsd_pd(_mm_load_sd(B+j*n+k));
16          for (int r=0;r<UNROLL;r++)
17            c[r] = _mm512_fmadd_pd(_mm512_load_pd(A+n*k+r*8+i), bb, c[r]);
18        }
19
20        for (int r=0;r<UNROLL;r++)
21          _mm512_store_pd(C+i+r*8+j*n, c[r]);
22      }
23  }
24
25  void dgemm (int n, double* A, double* B, double* C)
26  {
27    for ( int sj = 0; sj < n; sj += BLOCKSIZE )
28      for ( int si = 0; si < n; si += BLOCKSIZE )
29        for ( int sk = 0; sk < n; sk += BLOCKSIZE )
30          do_block(n, si, sj, sk, A, B, C);
31  }
```

图 5-48   图 4-78 中的 DGEMM 使用 cache 分块技术优化后的 C 语言版本。这些变化与图 5-21 中的变化相同。编译器为 do_block 函数生成的汇编代码与图 4-79 中的几乎完全相同。再次强调，调用 do_block 函数没有任何开销，因为编译器会采用内联函数调用

分块的好处随着矩阵容量的增大而增加。由于每个矩阵元素的浮点运算次数与矩阵的大小无关，因此我们可以通过每秒完成的浮点运算次数来公平地衡量性能。图 5-49 比较了原始 C 版本与采用子字并行、指令级并行和高速缓存技术后的优化版本的差异，使用 GFLOPS/s 作为性能单位。相比于循环展开后的 AVX 代码，对于中等大小的矩阵，采用分块技术后，性能提高为原来的 1.5 到 1.7 倍；对于大型矩阵，性能可以提高为原来的 10 倍。最小的矩阵可直接放入 L1 cache，因此是否分块在性能上几乎没有区别。当我们将未优化的 C 代码与采用上述三种优化技术后的代码进行比较时，性能改善为原来的 14 ~ 41 倍，矩阵容量越大，性能改进越大。

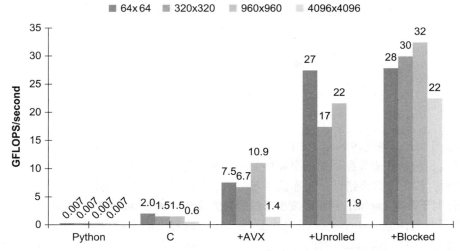

图 5-49 多个版本的 DGEMM 性能随矩阵容量的变化，以每秒十亿次浮点运算（GFLOPS/s）
为单位。优化后的代码比第 2 章中的 C 版本性能提升 14 ~ 32 倍。不论矩阵容量如
何变化，Python 版本代码的计算性能为 0.007GFLOPS/s。Intel i7 通过层次化缓存
的预取技术进行推测式执行来提高性能，这就是采用分块技术后性能提升反而不如
某些微处理器高的原因

5.16　谬误与陷阱

作为计算机体系结构中的定量原则，存储器层次结构似乎不容易受到谬误和陷阱的影响。但实际上却大相径庭，很多人不仅已经有了很多的谬误，还遭遇了陷阱，而且其中的一些还导致了很多负面的结果。下面从学生在练习和考试中经常遇到的陷阱开始讲解。

陷阱：在写程序或编译器生成代码时忽略存储系统的行为。

这可以很容易地写成一个谬误："在写代码时，程序员可以忽略存储器层次。"图 5-19 中的排序和 5.14 节的 cache 分块技术证明了如果程序员在设计算法时考虑存储系统的行为，则很容易将性能翻倍。

陷阱：在模拟 cache 的时候，忘记说明字节编址或者 cache 块大小。

（手动或者通过计算机）模拟 cache 的时候，我们必须保证，在确定一个给定的地址被映射到哪个 cache 块中时，一定要说明字节编址和多字块的影响。例如，如果我们有一个容量为 32 字节的直接映射 cache，块大小为 4 字节，则字节地址 36 映射到 cache 的块 1，因为字节地址 36 是块地址 9，而 9 mod 8 = 1。另一方面，如果地址 36 是字地址，那么它就会映射到块 36 mod 8 = 4。因此要保证清楚地说明基准地址。

同样，我们必须说明块的大小。假设我们有一个 256 字节大小的 cache，块大小为 32 字节，那么字节地址 300 将落入哪个块中？如果我们将地址 300 划分成字段，就可以看到答案：

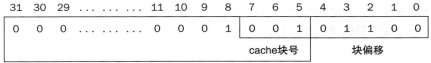

字节地址 300 是块地址

$$\left[\frac{300}{32}\right] = 9$$

cache 中的块数是

$$\left[\frac{256}{32}\right] = 8$$

块号 9 对应于 cache 块号 9 mod 8 = 1。

　　许多人，包括作者（在早期的书稿中）和那些忘记自己预期的地址是双字、字、字节或块号的教师，都犯过这个错误。当你做练习时一定要注意这个易犯的错误。

　　陷阱：对于共享 cache，组相联度少于核的数量或者共享该 cache 的线程数（详见第 6 章）。

　　如果不特别注意，一个运行在 2^n 个处理器或者线程上的并行程序为数据结构分配的地址可能映射到共享二级 cache 的同一个组中。如果 cache 至少是 2^n 路组相联，那么通过硬件可以隐藏这些程序偶尔发生的冲突。如果不是，程序员可能要面对明显不可思议的性能缺陷——事实上是由于二级 cache 冲突失效引起的——多在程序迁移时发生，假定从一个 16 核的机器迁移到一个 32 核的机器上，并且如果它们都使用十六路组相联的二级 cache。

　　陷阱：用平均访存时间来评估乱序处理器的存储器层次结构。

　　如果处理器在 cache 失效时阻塞，那么你可以分别计算存储器阻塞时间和处理器执行时间，因此可以使用存储器平均访问时间来独立地评估存储器层次结构（见 5.4 节）。

　　如果处理器在 cache 失效时继续执行指令，而且甚至可能维持更多的 cache 失效，那么唯一可以用来准确评估存储器层次结构的办法是模拟乱序处理器和存储器结构。

　　陷阱：通过在未分段地址空间的顶部增加段来扩展地址空间。

　　从 20 世纪 70 年代开始，许多程序都变得很大，以至于不是所有的代码和数据都能仅用 16 位地址寻址。于是，计算机修改为 32 位地址，一种方法是直接使用未分段的 32 位地址空间（也称为平面地址空间），另一种方法是给已经存在的 16 位地址再增加 16 位长度的段。从市场观点来看，增加程序员可见的段，并且迫使程序员和编译器将程序划分成段，这样可以解决寻址问题。但遗憾的是，任何时候，一种程序设计语言要求的地址大于一个段的范围就会有麻烦，比如说大数组的索引、无限制的指针或者是引用参数。此外，增加段可以将每个地址变成两个字——一个是段号，另一个是段内偏移——这些在使用寄存器中的地址时就会出现问题。

　　谬误：实际的磁盘故障率和规格书中声明的一致。

　　最近的两项研究评估了大量磁盘，目的是检查实际结果和规格之间的关系。其中一项研究了将近 100 000 个磁盘，它们标称其 MTTF 为 1 000 000 ～ 1 500 000 小时或者说具有 0.6%~0.8% 的 AFR。他们发现 2%~4% 的 AFR 是常见的，通常比设定的故障率高 3~5 倍 [Schroeder and Gibson, 2007]。另一项研究了 100 000 个磁盘，这些磁盘标称具有 1.5% 的 AFR，但是在第一年中，磁盘故障率为 1.7%，到第三年，磁盘的故障率上升到 8.6%，也就是说，大约是规格书中指定的故障率的 6 倍之多 [Pinheiro, Weber, and Barroso, 2007]。

　　谬误：操作系统是调度磁盘访问的最好地方。

　　正如 5.2 节中提到的那样，高层磁盘接口为宿主操作系统提供逻辑块地址。假设在这样的高层抽象中操作系统可以通过将逻辑块的地址按照递增的顺序排序以获得最好的性能。然而，由于磁盘知道逻辑地址被映射到扇区、磁道上以及磁面上的实际物理地址，这样通过调度就可以减少旋转以及寻道的时间。

例如，假设以下工作负载是 4 个读操作 [Anderson, 2003]：

操作	LBA起始地址	长度
读	724	8
读	100	16
读	9987	1
读	26	128

宿主操作系统可能对 4 个读操作重新进行调度，编排成逻辑块的读操作的顺序：

操作	LBA起始地址	长度
读	26	128
读	100	16
读	724	8
读	9987	1

依赖于数据在磁盘中的相对位置，如图 5-50 所示，重新编排 I/O 顺序可能会使情况变得更糟。磁盘调度的读操作在磁盘的 3/4 旋转周期就全部完成，而操作系统调度的读操作花费了 3 个旋转周期。

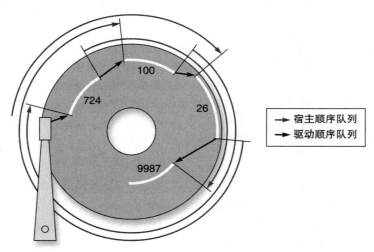

图 5-50　操作系统调度与磁盘调度访问的例子，标记为宿主顺序和驱动顺序。前者完成 4 个读操作需要 3 个旋转周期，而后者完成 4 个读操作仅仅在 3/4 旋转周期即可完成（资料来源：Anderson [2003]）

陷阱：在不为虚拟化设计的指令系统体系结构上实现虚拟机监视器。

在 20 世纪 70 年代和 80 年代，很多计算机体系结构设计者并没有刻意保证所有读写相关的硬件资源指令都是特权指令。这种放任的态度导致了 VMM 在这些体系结构上存在问题，包括 x86，这里我们就以它为例。

图 5-51 指出了虚拟化产生问题的 18 条指令 [Robin and Irvine, 2000]。其中两大类指令是：

- 在用户模式下读控制寄存器，暴露了在虚拟机上运行的客户操作系统（如前面提到的 POPF）。
- 检查分段的体系结构所需的保护，但却假设操作系统在最高的特权级运行。

为了简化在 x86 上实现 VMM，AMD 和 Intel 都提出通过新的模式扩展体系结构。Intel 的 VT-x 为虚拟机运行提供了一个新的执行模式，一个面向虚拟机状态的体系结构定义，快读虚拟机切换指令，以及一大组用来选择调入 VMM 环境的参数。总之，VT-x 在 x86 中加了 11 条新指令。AMD 的 Pacifica 做了相似的改进。

问题种类	x86的问题指令
当运行在用户模式时，访问敏感寄存器无内陷中断	存储全局描述符表寄存器（SGDT） 存储局部描述符表寄存器（SLDT） 存储中断描述符表寄存器（SIDT） 存储机器状态字（SMSW） 标志入栈（PUSHF, PUSHFD） 标志出栈（POPF, POPFD）
在用户模式下访问虚拟存储机制时，x86保护检查指令失效	从段描述符读取访问权限（LAR） 从段描述符读取段的边界（LSL） 如果段描述符可读，进行读校验（VERR） 如果段描述符可写，进行写校验（VERW） 段寄存器出栈（POP CS, POP SS, …） 段寄存器入栈（PUSH CS, PUSH SS, …） 远调用不同的特权级（CALL） 远返回至不同的特权级（RET） 远跳转至不同的特权级（JMP） 软中断（INT） 存储段选择寄存器（STR） 移入/移出段寄存器（MOVE）

图 5-51　虚拟化产生问题的 18 条 x86 指令的概述 [Robin and Irvine, 2000]。上面一组的前 5 条指令允许程序在用户模式下读控制寄存器，而无须内陷中断，例如描述符表寄存器。标志出栈指令会修改包含敏感信息的控制寄存器，但在用户模式下将失效而无任何提示。x86 体系结构中段的保护检查在下面的一组指令中，当读取控制寄存器时，作为指令执行的一部分，都会隐式地检查特权级。进行检查时操作系统必须运行在最高特权级，但是对客户虚拟机并没有这样的要求。只有在移入段寄存器操作时会试图修改控制状态，但是，保护检查同样会阻止它这么做

另一种方法通过修改硬件来对操作系统做细微的修改以简化虚拟化。这种技术称为泛虚拟化（paravirtualization），例如开源的虚拟机监视器 Xen 就是一个很好的例子。Xen 虚拟机监视器提供给客户操作系统一个抽象虚拟机，它仅仅使用了供虚拟机监视器运行的 x86 物理硬件中易于虚拟化的一部分。

陷阱：硬件攻击可能危及系统安全。

虽然操作系统中的众多软件漏洞是计算机系统攻击者的主要载体，但谷歌在 2015 年公布了用户程序利用 DDR3 DRAM 芯片的弱点来破坏虚拟内存防护的案例。研究人员观察发现，由于 DRAM 的内部结构具有二维特性，且 DDR3 DRAM 芯片中的存储单元都非常小，如果不断重复"锤击"（hammering）DDR3 DRAM 中的某一行，可能会导致相邻行出现干扰错误，翻转其中的数位。聪明的攻击者可以使用"行锤"（row hammer）技术来更改页表表项中的保护位，从而授予某些程序访问受操作系统保护区域的权限。之后的微处理器和 DRAM 芯片都增加了对行锤攻击的检测机制。

这次攻击震惊了许多安全研究人员，在此之前他们一直认为硬件不会受安全问题的影响。我们将在第 6 章的"谬误与陷阱"一节看到，行锤攻击只不过是这个新攻击方向的开始而已。

5.17 本章小结

无论在最快的计算机还是最慢的计算机中，构成主存的原材料——DRAM 本质是相同的，并且是最便宜的，这使得构建一个和快速处理器保持同步的存储系统变得更加困难。

局部性原理可以用来克服存储器访问的长延迟，这个策略的正确性已经在 存储器层次结构 的各级都得到了证明。尽管层次结构中的各级从量的角度来看非常不同，但是在它们的执行过程中都遵循相似的策略，并且利用相同的局部性原理。

多级 cache 可以更方便地使用更多的优化，这有两个原因。第一，较低级 cache 的设计参数与一级 cache 不同。例如，由于较低级 cache 的容量一般很大，因此可能使用更大容量的块。第二，较低级 cache 并不像一级 cache 那样经常被处理器用到。这让我们考虑当较低级 cache 空闲时让它做一些事情以预防将来的失效。

另一个趋势是寻求软件的帮助。使用大量的程序转换和硬件设备有效地管理存储器层次结构是增强编译器作用的主要焦点。现在有几种不同的方法。一种方法是重新组织程序结构以增强它的空间和时间局部性。这种方法主要针对以大数组为主要数据结构的面向循环的程序，大规模的线性代数问题就是一个典型的例子，例如 DGEMM。通过重新组织访问数组的循环增强了局部性，也因此改进了 cache 性能。

还有一种方法是预取（prefetching）。在预取机制中，一个数据块在真正被访问之前就被预取入 cache 中了。许多微处理器使用硬件预取尝试 预测 访问，这对软件可能比较困难。

> **预取**：使用特殊指令将未来可能用到的指定地址的 cache 块提前搬到 cache 中的一种技术。

第三种方法是使用优化存储器传输的特殊 cache 感知（cache-aware）指令。例如，在 6.10 节中，微处理器使用了一种优化设计：当发生写失效时，由于程序要写成整个块，因而并不从主存中取回一个块。对于一个内核来说，这种优化明显减少了存储器的传输。

我们将在第 6 章中看到，对并行处理器来说，存储系统也是一个重要的设计问题。存储器层次结构决定了系统性能的重要性在不断增长，这也意味着在未来的几年内，这一领域对设计者和研究者来说将成为焦点。

5.18 历史视角和拓展阅读

本节为网络章节，描述了存储器技术的概况，从汞延迟线到 DRAM，存储器层次结构的发明，保护机制以及虚拟机，最后以操作系统的简单发展历史作总结，包括 CTSS、MULTICS、UNIX、BSD UNIX、MS-DOS、Windows 和 Linux。

5.19 自学

越多越好？ 图 5-9 显示了一个小的直接映射缓存在访问了 9 个地址之后的状态，最后一次的访存地址为 16。假设接下来的 5 次内存访问来自一个循环，且访问地址等间隔：18、20、22、24 和 26。请问有多少次缓存命中？最终的缓存状态如何？

相联就是好？ 假设该缓存不是直接映射而是两路组相联，这会改变上述内存访问（18、20、22 和 24）的结果吗？原因是什么？使用 3C 模型来解释你的答案。

与冷藏食物的类比。 从图书馆到洗衣房，我们通过类比来解释本书中的计算机概念。这一次，我们将尝试如此解释——存储层次结构就像冷藏食物。下述食物冷藏方法和事件可以类比于存储层次结构的哪些层次和概念呢？

1. 厨房里的冰箱。

2. 集成冰柜（通常将顶部的冰箱和底部的冰柜作为一个整体包装）。

3. 车库或地下室的独立冷柜。

4. 杂货店的冷冻食品柜。

5. 杂货店冷冻食品供应商。

6. 从冰箱中取出食物做饭。

7. 从冰箱中取出食物所需的时间。

8. 将煮熟的食物放入冰箱。

9. 在烹饪前将冷冻食品从集成冰柜移至冰箱解冻。

10. 从集成冰柜解冻食物所需的时间。

11. 将冷冻食品从冰箱移至集成冰柜保存以备后用。

12. 在独立冰柜和集成冰柜之间移动食物。

13. 从杂货店获取新食物放入集成冰柜。

食物冷藏框架。 5.8 节给出了存储层次结构的通用框架，哪些框架思想可以或不可以与食物冷藏机制类比？

食物冷藏中的失效模型。 5.8 节还直观解释了 3C 模型以研究缓存失效，哪些模型适用于食物冷藏？给出每一种模型的有效类比，如果它不合适类比，请解释原因。

食物冷藏中的错误。 请举出至少三个不能类比于计算机存储层次结构的例子。

攻击虚拟机。 为什么硬件漏洞（如 5.18 节中的行锤攻击）会特别令亚马逊等云计算公司担忧？

自学答案

越多越好？ 下表中是五次访存的地址和输出。

访存地址（十进制）	访存地址（二进制）	缓存命中或失效	分配的缓存块（被放置的缓存块）
18	10010	命中	$10010_2 \bmod 8 = 010_2$
20	10100	失效	$10100_2 \bmod 8 = 110_2$
22	10110	命中	$10110_2 \bmod 8 = 110_2$
24	11000	失效	$11000_2 \bmod 8 = 000_2$
26	11010	失效	$11010_2 \bmod 8 = 010_2$

这五次访问，2 次命中 3 次失效。

下表中是访问地址 26 后缓存的状态。

索引	有效位	标签	数据
000	Y	10_2	Memory（11000_2）
001	N		
010	Y	10_2	Memory（11010_2）
011	Y	00_2	Memory（00011_2）
100	Y	10_2	Memory（10100_2）
101	N		
110	Y	10_2	Memory（10110_2）
111	N		

相联就是好？ 第一次访问地址 20 和 24 发生失效，这属于 3C 模型中的强制失效，与相联度无关。

在 5.3 节中，第二个内存访问中第一次访问地址 26，并将数据放置在缓存块 2 中。由于直接映射缓存中的冲突失效，它在第 8 步被地址 18 对应的数据块替换出缓存。两路组相联的缓存可以避免冲突失效，相比直接映射可以多命中一次。

为了真正弄清楚所有的命中和失效的影响，我们用两路组相联缓存重新模拟所有九个原始地址和这五个额外地址，以查看每个地址将分配到哪个位置。因为相联度一旦发生变化，地址映射关系也随之发生改变。我们把这个问题留给读者作为练习，然后简单观察一下如何避免地址 26 的冲突失效。

与冷藏食物的类比。可以认为独立冰柜是三级缓存或者主存储器，根据这两种理解的不同，对存储层次结构有两种合理的解释。下面的答案中我们将采用前者，认为独立冰柜是三级缓存。

1. 一级缓存：厨房里的冰箱。
2. 二级缓存：集成冰柜。
3. 三级缓存：车库或地下室的独立冰柜。
4. 主存：杂货店的冷冻食品柜。
5. 二级存储：杂货店冷冻食品供应商。
6. 一级缓存读操作：从冰箱中取出食物做饭。
7. 一级缓存读命中时间：从冰箱中取出食物所需的时间。
8. 一级缓存写操作：将煮熟的食物放入冰箱。
9. 一级缓存失效，访问二级缓存：在烹饪前将冷冻食品从集成冰柜移至冰箱解冻。
10. 二级缓存读命中时间：从集成冰柜解冻食物所需的时间。
11. 一级缓存和二级缓存之间的流量，例如一级缓存失效或发生写回：将冷冻食品从冰箱移至集成冰柜保存以备后用。
12. 二级缓存和三级缓存之间的流量，例如一级缓存失效或写回：在独立冰柜和集成冰柜之间移动食物。
13. 三级缓存读失效，访问主存：从杂货店获取新食物放入集成冰柜。

食物冷藏框架。数据块放在哪里？在我们的类比中，对食物的位置没有限制，因此最接近的类比应该是各级都使用全相连缓存。唯一的例外是杂货店，它按类型对冷冻食品进行分组，并且商店中有专门的索引，告知冰柜中存放的食品类型。

- 如何查找数据块？假如按照全相联缓存存放数据，我们需要搜索整条冷藏链（杂货店除外）。
- 缓存失效时，哪个数据块应该被替换？我们可能会根据包装上的保质期时间，使用非正式版本的最近最少购买策略。
- 如何处理写操作？虽然存储层次结构通常是复制数据而不是移动数据，但在食物冷藏机制中没有多余的物理对象，所以最接近的选项就是写回（直接放回去）。

食物冷藏中的失效模型。缓存模型中的三种失效是：
1. 强制失效
2. 容量失效
3. 冲突失效

强制失效可以类比成：你想要一份巧克力冰淇淋，但冰箱、集成冰柜或独立冰柜中都没有，因此你必须去杂货店买一些。在杂货店也可能无法买到巧克力冰淇淋——出现食物冷藏对应的缺页错误！也可能杂货店中有一些，可以满足你的愿望，不过比你最初希望的要慢得多。

容量失效也可被类比：因为没有足够的空间，所需食物可能无法放置在所期望的地方，因此需要从下一级再次获取它。

和缓存一样，全相联的冷藏食品存放机制没有冲突失效。

食物冷藏中的错误。以下是无法类比的情况：

1. 固定数据块大小。食物有各种形状和大小，因此数据块没有对应的类比。最接近的类比是军队的即食食品（MRE），幸运的是，这不是大多数人要吃的东西。

2. 空间局部性。由于数据块大小无法类比，因此也很难找出与空间局部性对应的类比。一个特例就是杂货店，许多物品在物理上相邻存放，从而表现出空间局部性。

3. L3 cache 的写回。很难使用杂货店来解释如下现象：现在需要在独立冰柜中存放一些别的东西，所以需要把一些很久没有使用过的东西放回杂货店的冰箱里，如果需要它们再取回来。

4. L1 cache 失效和数据完整性。虽然这个类比在冷冻冰柜之间非常有效，但大多数食物不会反复解冻和重新被冷冻，因此针对一级缓存失效的类比存在问题。与之对应的类比应该是，在一定数量的缓存失效后数据会被破坏。如果这是真的，假设缓存永远不会被使用的话，后果将会是灾难性的。

5. 层次之间的包含。最常见的包含型缓存策略意味着，在某个层次中的缓存数据项也会处于下一个低层次缓存中，这样易于创建数据副本。（数据写回和其他情况可能会导致数据的不一致，但某些版本的数据位于较低层次的缓存中。）我们无法立即为较低层次缓存中的数据创建副本，因此可以遵循一种排他型策略，即数据仅存在某个层次的缓存中。

攻击虚拟机。像亚马逊这样的公司可以让许多虚拟机共享一台物理服务器，以此来降低云服务的价格。争议在于，虚拟内存和虚拟机提供的保护机制是否可以使竞争对手同时在同一硬件上安全运行？是否只要亚马逊公司确保数据中没有安全漏洞，就真的无法访问彼此的敏感数据了？像行锤攻击这样的硬件攻击意味着，即使软件逻辑上是完美的，对手仍然可以接管服务器并从中获得竞争对手的敏感数据。

由于存在以上的潜在漏洞，亚马逊为客户提供了服务选项，这些服务确保只有来自用户组织的任务可以在用户服务器上运行。2020 年，该服务每小时的价格比普通服务高 5%。

5.20　练习

在接下来的习题中，我们假设存储器为字节寻址，字的大小为 64 位，如有变化会特别说明。

5.1 本题研究矩阵计算的内存局部性特性。以下代码使用 C 编写，其中同一行中的元素是连续存储的。假设每个字是 64 位整数。

```
for (I=0; I<8; I++)
  for (J=0; J<8000; J++)
    A[I][J]=B[I][0]+A[J][I];
```

5.1.1 ［5］＜5.1＞在一个 16 字节的 cache 块中可以存放多少个 64 位整数？

5.1.2 ［5］＜5.1＞对哪个变量的访问显示了时间局部性？

5.1.3 ［5］< 5.1 > 对哪个变量的访问显示了空间局部性？

局部性受引用顺序和数据分布的影响。相同的计算也可以使用 Matlab 写出，与 C 的不同是在 Matlab 中相同列中的矩阵元素在存储器中的存储是连续的。

```
for I=1:8
  for J=1:8000
    A(I,J)=B(I,0)+A(J,I);
  end
end
```

5.1.4 ［5］< 5.1 > 对哪个变量的访问显示了时间局部性？

5.1.5 ［5］< 5.1 > 对哪个变量的访问显示了空间局部性？

5.1.6 ［15］< 5.1 > 需要多少个 16 字节 cache 块来存储使用 Matlab 矩阵存储的所有将被访问的 64 位矩阵元素？如果是使用 C 的矩阵存储呢？（假设每行包含多个元素。）

5.2 cache 对于为处理器提供高性能存储器层次结构非常重要。下面是 64 位存储器地址访问顺序列表，以字地址的形式给出。

```
0x03, 0xb4, 0x2b, 0x02, 0xbf, 0x58, 0xbe, 0x0e, 0xb5,
0x2c, 0xba, 0xfd
```

5.2.1 ［10］< 5.3 > 对于一个有 16 个 cache 块、每个块大小为 1 个字的 cache，标识这些引用的二进制字地址、标签和索引。此外，假设 cache 最初为空，列出每个地址的访问命中还是失效。

5.2.2 ［10］< 5.3 > 对于一个有 8 个 cache 块、每个块大小为 2 个字的 cache，标识这些引用的二进制字地址、标签、索引和偏移。此外，假设 cache 最初为空，列出每个地址的访问命中还是失效。

5.2.3 ［20］< 5.3, 5.4 > 请针对给定的访问顺序优化 cache 设计。这里有三种直接映射 cache 的设计方案，每种方案都可以容纳 8 个字的数据：

- C1 的块大小为 1 个字
- C2 的块大小为 2 个字
- C3 的块大小为 4 个字

5.3 按照惯例，cache 以它包含的数据量来进行命名（例如，4KiB cache 可以容纳 4KiB 的数据），但是 cache 还需要 SRAM 来存储元数据，如标签和有效位等。本题研究 cache 的配置如何影响实现它所需的 SRAM 总量以及 cache 的性能。对所有的部分，都假设 cache 是字节可寻址的，并且地址和字都是 64 位的。

5.3.1 ［10］< 5.3 > 计算实现每个块大小为 2 个字的 32KiB cache 所需的总位数。

5.3.2 ［10］< 5.3 > 计算实现每个块大小为 16 个字的 64KiB cache 所需的总位数。这个 cache 比练习 5.3.1 中描述的 32KiB cache 大多少？（请注意，通过更改块大小，我们将数据量增加了一倍，但并不是将 cache 的总大小加倍。）

5.3.3 ［5］< 5.3 > 解释为什么练习 5.3.2 中的 64KiB cache 尽管数据量比较大，但是可能会提供比练习 5.3.1 中的 cache 更慢的性能。

5.3.4 ［10］< 5.3, 5.4 > 生成一系列读请求，这些请求需要在 32KiB 的两路组相联 cache 上的失效率低于在 5.3.1 中描述的 cache 的失效率。

5.4 ［15］< 5.3 > 在 5.3 节中显示了索引直接映射 cache 的典型方法：（块地址）mod（cache 中的块数）。假设 cache 地址为 64 位，有 1024 个块，考虑一个不同的索引函数：（块地址 [63:54] XOR 块地址 [53:44]）。是否可以使用这个索引函数来索引直接映射 cache？如果可以，请解释原因并讨论可能需要对 cache 进行的任何更改。如果不可以，请解释原因。

5.5 对一个 64 位地址的直接映射 cache 的设计，地址的以下位用于访问 cache。

标签	索引	偏移
63～10	9～5	4～0

5.5.1 ［5］< 5.3 >cache 块大小为多少（以字为单位）？

5.5.2 ［5］< 5.3 >cache 块有多少个？

5.5.3 ［5］< 5.3 > 这种 cache 实现所需的总位数与数据存储位之间的比率是多少？

下表记录了从上电开始 cache 访问的字节地址。

	地址											
十六进制	00	04	10	84	E8	A0	400	1E	8C	C1C	B4	884
十进制	0	4	16	132	232	160	1024	30	140	3100	180	2180

5.5.4 ［20］< 5.3 > 对每一次访问，列出它的标签、索引和偏移，指出是命中还是失效，说明替换了哪个字节（如果有的话）。

5.5.5 ［5］< 5.3 > 命中率是多少？

5.5.6 ［5］< 5.3 > 列出 cache 的最终状态，每个有效表项表示为 < 索引，标签，数据 > 的记录。例如：

`<0, 3, Mem[0xC00]-Mem[0xC1F]>`

5.6 回想一下，我们有两种写策略和两种写分配策略，它们的组合可以在 L1 和 L2 cache 中实现。假设 L1 和 L2 cache 有以下选择：

L1	L2
写直达，写不分配	写返回，写分配

5.6.1 ［5］< 5.3, 5.8 > 在不同级别的存储器层次结构之间使用缓冲器以减少访问延迟。对于这个给定的配置，列出 L1 和 L2 cache 之间以及 L2 cache 和内存之间可能需要的缓冲器。

5.6.2 ［20］< 5.3, 5.8 > 描述处理 L1 写入失效的过程，考虑所涉及的组件以及更换脏块的可能性。

5.6.3 ［20］< 5.3, 5.8 > 对于多级独占 cache 配置（一个 cache 块只能驻留在 L1 或 L2 cache 中的一个），描述处理 L1 写入失效和 L1 读取失效的过程，考虑所涉及的组件以及更换脏块的可能性。

5.7 考虑以下的程序和 cache 行为：

每1000条指令的数据读次数	每1000条指令的数据写次数	指令cache失效率	数据cache失效率	块大小（字节）
250	100	0.30%	2%	64

5.7.1 ［10］< 5.3, 5.8 > 假设一个带有写直达、写分配 cache 的 CPU 实现了 2 的 CPI，那么 RAM 和 cache 之间的读写带宽（用每个周期的字节数进行测量）是多少？（假设每个失效都会生成一个块的请求。）

5.7.2 ［10］< 5.3, 5.8 > 对于一个写回、写分配 cache 来说，假设替换出的数据 cache 块中有 30% 是脏块，那么为了实现 CPI 为 2，读写带宽需要达到多少？

5.8 播放音频或视频文件的媒体应用程序是称为"流"工作负载的一类工作负载的一部分（也就是说，它们带来大量数据但是不重用大部分数据）。考虑使用以下字地址流顺序访问 512KiB 工作集的视频流工作负载：

`0, 1, 2, 3, 4, 5, 6, 7, 8, 9 ...`

5.8.1 ［10］< 5.4, 5.8 > 假设有一个块大小为 32 字节的 64KiB 直接映射 cache，那么上述地址流的失效率是多少？ cache 或工作集的大小变化时，cache 失效率如何变化？基于 3C 模型，如何对这个工作负载所经历的这些失效进行分类？

5.8.2 ［5］< 5.1, 5.8 > 当 cache 块大小为 16 字节、64 字节和 128 字节时，重新计算失效率。这个工作负载利用了什么类型的局部性？

5.8.3 ［10］< 5.13 > "预取"是一种利用可预测的地址模式在访问特定 cache 块时推测性地取回额外 cache 块的技术。预取的一个示例是流缓冲区，当取回特定的 cache 块时，它将相邻的 cache 块顺序预取到单独的缓冲区中。如果在预取缓冲区中找到数据，则将其视为命中，移入 cache 中，同时预取下一个 cache 块。假设流缓冲区有 2 个表项，并且假设 cache 延迟满足可以在完成对先前 cache 块的计算之前加载 cache 块，那么上述地址流的失效率是多少？

5.9 cache 块大小（B）可以影响失效率和失效延迟。假设一台机器的基本 CPI 为 1，每条指令的平均访问次数（包括指令和数据）为 1.35，给定以下各种不同 cache 块大小的失效率，找到能够最小化总失效延迟的 cache 块大小。

8: 4%	16: 3%	32: 2%	64: 1.5%	128: 1%

5.9.1 ［10］< 5.3 > 失效延迟为 $20 \times B$ 周期时，最优块大小是多少？

5.9.2 ［10］< 5.3 > 失效延迟为 24+B 周期时，最优块大小是多少？

5.9.3 ［10］< 5.3 > 失效延迟为定值时，最优块大小是多少？

5.10 本题研究不同 cache 容量对整体性能的影响。通常，cache 访问时间与 cache 容量成正比。假设主存访问需要 70ns，并且在所有指令中有 36% 的指令访问数据内存。下表显示了两个处理器 P1 和 P2 中每个处理器各自的 L1 cache 的数据。

	L1大小	L1失效率	L1命中时间
P1	2 KiB	8.0%	0.66ns
P2	4 KiB	6.0%	0.90ns

5.10.1 ［5］< 5.4 > 假设 L1 命中时间决定 P1 和 P2 的时钟周期时间，它们各自的时钟频率是多少？

5.10.2 ［10］< 5.4 > P1 和 P2 各自的 AMAT（平均内存访问时间）是多少（以周期为单位）？

5.10.3 ［5］< 5.4 > 假设基本 CPI 为 1.0 而且没有任何内存停顿，那么 P1 和 P2 的总 CPI 是多少？哪个处理器更快？（当我们说"基本 CPI 为 1.0"时，意思是指令在一个周期内完成，除非指令访问或者数据访问导致 cache 失效。）

对于接下来的三个问题，我们将考虑向 P1 添加 L2 cache（可能弥补其有限的 L1 cache 容量）。解决这些问题时，请使用上一个表中的 L1 cache 容量和命中时间。L2 失效率表示的是其局部失效率。

L2大小	L2失效率	L2命中时间
1 MiB	95%	5.62ns

5.10.4 ［10］< 5.4 > 添加 L2 cache 的 P1 的 AMAT 是多少？在使用 L2 cache 后，AMAT 变得更好还是更差？

5.10.5 ［5］< 5.4 > 假设基本 CPI 为 1.0 而且没有任何内存停顿，那么添加 L2 cache 的 P1 的总 CPI 是多少？

5.10.6 ［10］< 5.4 > 为了使具有 L2 cache 的 P1 比没有 L2 cache 的 P1 更快，需要 L2 的失效率为多少？

5.10.7 ［15］< 5.4 > 为了使具有 L2 cache 的 P1 比没有 L2 cache 的 P2 更快，需要 L2 的失效率为多少？

5.11 本题研究不同 cache 设计的效果，特别是将组相联 cache 与 5.4 节中的直接映射 cache 进行比较。有关这些练习，请参阅下面显示的字地址序列：

```
0x03, 0xb4, 0x2b, 0x02, 0xbe, 0x58, 0xbf, 0x0e, 0x1f,
0xb5, 0xbf, 0xba, 0x2e, 0xce
```

5.11.1 ［10］< 5.4 > 绘制块大小为 2 字、总容量为 48 字的三路组相联 cache 的组织结构图。图中应有类似于图 5-18 的样式，还应该清楚地显示标签和数据字段的宽度。

5.11.2 ［10］< 5.4 > 从练习 5.11.1 中记录 cache 的行为。假设 cache 使用 LRU 替换策略。对于每一次 cache 访问，确定：

- 二进制字地址。
- 标签。
- 索引。
- 偏移。
- 访问会命中还是失效。
- 在处理访问后，cache 每一路中有哪些标签。

5.11.3 ［5］< 5.4 > 绘制块大小为 1 字、总容量为 8 字的全相联 cache 的组织结构图。图中应有类似于图 5-18 的样式，还应该清楚地显示标签和数据字段的宽度。

5.11.4 ［10］< 5.4 > 从练习 5.11.3 中记录 cache 的行为。假设 cache 使用 LRU 替换策略。对于每一次 cache 访问，确定：

- 二进制字地址。
- 标签。
- 索引。
- 偏移。
- 访问会命中还是失效。
- 在处理访问后，cache 中的内容。

5.11.5 ［5］< 5.4 > 绘制块大小为 2 字、总容量为 8 字的全相联 cache 的组织结构图。图中应有类似于图 5-18 的样式，还应该清楚地显示标签和数据字段的宽度。

5.11.6 ［10］< 5.4 > 从练习 5.11.5 中记录 cache 的行为。假设 cache 使用 LRU 替换策略。对于每一次 cache 访问，确定：

- 二进制字地址。
- 标签。
- 索引。
- 偏移。
- 访问会命中还是失效。
- 在处理访问后，cache 中的内容。

5.11.7 ［10］< 5.4 > 将替换策略改为 MRU（最多最常使用）策略，再次完成练习 5.11.6。

5.11.8 ［15］< 5.4 > 将替换策略改为最优替换策略（造成最低失效率的替换策略），再次完成练习 5.11.6。

5.12 多级 cache 是一种重要的技术，可以在克服一级 cache 提供的有限空间的同时仍然保持速度。考虑具有以下参数的处理器：

无内存停顿的基本 CPI	处理器速度	主存访问时间	每条指令的 L1 cache 失效率 *	L2 直接映射 cache 速度	L2 直接映射 cache 全局失效率	L2 八路组相联 cache 速度	L2 八路组相联 cache 全局失效率
1.5	2GHz	100ns	7%	12 cycles	3.5%	28 cycles	1.5%

* L1 cache 失效率是针对每条指令而言的。假设 L1 cache 的总失效数量（包括指令和数据）为总指令数的 7%。

5.12.1 ［10］＜5.4＞使用以下方法计算表中处理器的 CPI：仅有 L1 cache；使用 L2 直接映射 cache；使用 L2 八路组相联 cache。如果主存访问时间加倍，这些数据会如何变化？（将每个更改作为绝对 CPI 和百分比更改。）请注意 L2 cache 可以隐藏慢速内存影响的程度。

5.12.2 ［10］＜5.4＞可能有比两级更多的 cache 层次结构吗？已知上述处理器具有 L2 直接映射 cache，设计人员希望添加一个 L3 cache，访问时间为 50 个时钟周期，并且该 cache 将具有 13% 的失效率。这会提供更好的性能吗？一般来说，添加 L3 cache 有哪些优缺点？

5.12.3 ［20］＜5.4＞在较老的处理器中，例如 Intel Pentium 或 Alpha 21264，L2 cache 在主处理器和 L1 cache 的外部（位于不同芯片上）。虽然这种做法使得大型 L2 cache 成为可能，但是访问 cache 的延迟也变得很高，并且因为 L2 cache 以较低的频率运行，所以带宽通常也很低。假设 512KiB 的片外 L2 cache 的失效率为 4%，如果每增加一个额外的 512KiB cache 能够降低 0.7% 的失效率，并且 cache 的总访问时间为 50 个时钟周期，那么 cache 容量必须多大才能与上面列出的 L2 直接映射 cache 的性能相匹配？

5.13 平均故障间隔时间（MTBF）、平均替换时间（MTTR）和平均故障时间（MTTF）是评估存储资源可靠性和可用性的有用指标。通过回答有关具有以下指标的设备的问题来探索这些概念：

MTTF	MTTR
3年	1天

5.13.1 ［5］＜5.5＞计算这个设备的 MTBF。

5.13.2 ［5］＜5.5＞计算这个设备的可用性。

5.13.3 ［5］＜5.5＞当 MTTR 接近 0 时，设备的可用性会发生什么变化？这是合理的情况吗？

5.13.4 ［5］＜5.5＞当 MTTR 变得非常高（例如设备很难进行维修）时，设备的可用性会发生什么变化？这是否意味着设备的可用性很低呢？

5.14 本题检测纠正 1 位错、检测 2 位错（SED/DED）的汉明码。

5.14.1 ［5］＜5.5＞使用 SEC/DED 编码保护 128 位字所需的最小奇偶校验位数是多少？

5.14.2 ［5］＜5.5＞5.5 节中规定，现代服务器内存模块（DIMM）采用 SEC/DED ECC 来保护每个 64 位，具有 8 个奇偶校验位。计算此编码与练习 5.14.1 中编码的成本 / 性能比。在这里成本是所需的相对奇偶校验位数，而性能是可以纠正的相对错误数。哪种编码更好？

5.14.3 ［5］＜5.5＞考虑使用 4 个奇偶校验位保护 8 位字的 SEC 编码。如果我们读取的值为 0x375，是否有错误？如果有，请更正错误。

5.15 对于高性能系统（例如 B 树索引数据库），页大小主要取决于数据大小和磁盘性能。假设一个具有固定大小的表项的 B 树索引页已使用了 70%。已使用的页是其 B 树深度，用 $\log_2$（表项数）来计算。下表显示对于一个 10 年前的磁盘，有 16 字节表项、10ms 延迟和 10MB/s 传输速率，其最佳页大小为 16K。

页大小（KiB）	页的使用/B树深度 （保存的磁盘访问次数）	索引页访问成本 （ms）	使用/成本
2	6.49或（ $\log_2$（2048/16×0.7））	10.2	0.64
4	7.49	10.4	0.72
8	8.49	10.8	0.79
16	9.49	11.6	0.82
32	10.49	13.2	0.79
64	11.49	16.4	0.70
128	12.49	22.8	0.55
256	13.49	35.6	0.38

5.15.1 ［10］< 5.7 > 如果表项变为 128 字节，那么最佳页大小是多少？

5.15.2 ［10］< 5.7 > 基于练习 5.15.1，如果页使用 50%，最佳页大小是多少？

5.15.3 ［20］< 5.7 > 基于练习 5.15.2，如果使用 3ms 延迟和 100MB/s 传输速率的现代磁盘，最佳页大小是多少？请解释为什么未来的服务器可能拥有更大的页。

在 DRAM 中保留"常用"（或"热"）页可以节省磁盘访问，但是如何确定给定系统中"常用"的确切含义？数据工程师使用 DRAM 和磁盘访问之间的成本比来量化"热"页的重用时间阈值。磁盘访问的成本是 $ disk/accessses_per_sec，而在 DRAM 中保留页的成本是 $ DRAM_MiB/page_size。下面列出了几个时间点的典型 DRAM 和磁盘成本以及典型的数据库页大小：

年份	DRAM成本 （$/MiB）	页大小 （KiB）	磁盘成本 （$/disk）	磁盘访问率 （访问/s）
1987	5000	1	15 000	15
1997	15	8	2000	64
2007	0.05	64	80	83

5.15.4 ［20］< 5.7 > 为保持使用相同的页大小（从而避免软件重写），还可以更改哪些其他因素？根据当前的技术和成本趋势讨论它们的可能性。

5.16 如 5.7 节所述，虚拟内存使用页表来跟踪虚拟地址到物理地址的映射。本题显示了在访问地址时必须如何更新页表。以下数据构成了在系统上看到的虚拟字节地址流。假设有 4KiB 页，一个 4 表项全相联的 TLB，使用严格的 LRU 替换策略。如果必须从磁盘中取回页，请增加下一次能取的最大页码：

十进制	4669	2227	13916	34587	48870	12608	49225
十六进制	0x123d	0x08b3	0x365c	0x871b	0xbee6	0x3140	0xc049

TLB：

有效位	标签	物理页号	上次访问时间间隔
1	0xb	12	4
1	0x7	4	1
1	0x3	6	3
0	0x4	9	7

页表：

索引	有效位	物理页号/在磁盘中
0	1	5
1	0	在磁盘中
2	0	在磁盘中
3	1	6
4	1	9
5	1	11
6	0	在磁盘中
7	1	4
8	0	在磁盘中
9	0	在磁盘中
a	1	3
b	1	12

5.16.1 ［10］< 5.7 > 对于上述每一次访问，列出：

- 本次访问在 TLB 会命中还是失效。

- 本次访问在页表中会命中还是失效。
- 本次访问是否会造成缺页错误。
- TLB 的更新状态。

5.16.2 ［15］<5.7> 重复练习 5.16.1，但这次使用 16KiB 页而不是 4KiB 页。拥有更大页大小的优势是什么？有什么缺点？

5.16.3 ［15］<5.7> 重复练习 5.16.1，但这次使用 4KiB 页和一个两路组相联 TLB。

5.16.4 ［15］<5.7> 重复练习 5.16.1，但这次使用 4KiB 页和一个直接映射 TLB。

5.16.5 ［10］<5.4, 5.7> 讨论为什么 CPU 必须使用 TLB 才能实现高性能。如果没有 TLB，如何处理虚拟内存访问？

5.17 有几个参数会影响页表的整体大小。下面列出的是关键的页表参数：

虚拟地址大小	页大小	页表项大小
32位	8 KiB	4字节

5.17.1 ［5］<5.7> 给定上述参数，计算运行 5 个进程的系统的最大可能页表大小。

5.17.2 ［10］<5.7> 给定上述参数，计算运行 5 个应用程序的系统的页表总大小，每个应用程序使用一半可用虚拟内存，给定一个在第一级最多有 256 个表项的二级页表。假设主页表的每个项是 6 个字节。计算此页表所需的最小和最大内存容量。

5.17.3 ［10］<5.7> cache 设计者希望增加 4KiB 的虚拟索引、物理标签的 cache 容量。给定上述页大小，是否可以制作一个 16KiB 的直接映射 cache，假设每个块大小为 2 个 64 位字？设计者如何增加 cache 的数据大小？

5.18 本题研究页表的空间／时间优化。下表提供虚拟内存系统的参数：

虚拟地址（位）	物理DRAM	页大小	PTE大小（字节）
43	16 GiB	4 KiB	4

5.18.1 ［10］<5.7> 对于单级页表，需要多少页表项（PTE）？存储页表需要多少物理内存？

5.18.2 ［10］<5.7> 使用多级页表可以通过仅将活动 PTE 保留在物理内存中来减少页表的物理内存消耗。如果允许段表（上层页表）具有无限大小，那么将需要多少级的页表？如果 TLB 失效，地址转换需要多少次内存访问？

5.18.3 ［10］<5.7> 如果段被限制为 4KiB 页大小（以便可以对它们进行分页）。4 个字节是否足以容纳所有页表项（包括段表中的那些表项）？

5.18.4 ［10］<5.7> 如果段被限制为 4KiB 页大小，则需要多少级的页表？

5.18.5 ［15］<5.7> 倒置页表可以进一步优化空间和时间。存储页表需要多少个 PTE？假设采用哈希表实现，TLB 失效时，所需的常见情况和最坏情况下的内存访问次数分别是多少？

5.19 下表是 4 表项 TLB 的内容：

表项ID	有效位	虚拟页号	修改位	保护位	物理页号
1	1	140	1	RW	30
2	0	40	0	RX	34
3	1	200	1	RO	32
4	1	280	0	RW	31

5.19.1 ［5］<5.7> 在什么情况下，第 3 项的有效位将被置为 0？

5.19.2 ［5］<5.7> 当指令写入虚拟页号 30 时会发生什么？什么时候软件管理的 TLB 比硬件管理的 TLB 更快？

5.19.3 ［5］< 5.7 > 当指令写入虚拟页号 200 时会发生什么？

5.20 本题研究替换策略如何影响失效率。假设一个具有 4 个块大小为 1 的 cache 块的两路组相联 cache，考虑以下字地址序列：0，1，2，3，4，2，3，4，5，6，7，0，1，2，3，4，5，6，7，0。考虑以下地址序列：0，2，4，8，10，12，14，16，0。

5.20.1 ［5］< 5.4, 5.8 > 假设使用 LRU 替换策略，这些访问中哪些会命中？

5.20.2 ［5］< 5.4, 5.8 > 假设使用 MRU（最近最多使用）替换策略，这些访问中哪些会命中？

5.20.3 ［5］< 5.4, 5.8 > 通过抛硬币来模拟随机替换策略。例如，"正面"表示替换一路中的第 1 个块，"反面"表示替换一路中的第 2 个块。这些访问中哪些会命中？

5.20.4 ［10］< 5.4, 5.8 > 描述这个访问序列的最佳替换策略。在最佳替换策略下哪些访问会命中？

5.20.5 ［10］< 5.4, 5.8 > 描述为什么难以实现对所有地址访问序列都为最佳的替换策略。

5.20.6 ［10］< 5.4, 5.8 > 假设你可以根据每个内存访问来决定是否要使用 cache 缓存所请求的地址，这对失效率会有什么影响？

5.21 广泛使用虚拟机的最大障碍之一是运行虚拟机所带来的性能开销。下表列出了各种性能参数和应用程序行为：

基本CPI	每10000条指令的特权O/S访问次数	捕获用户操作系统的开销	捕获VMM的开销	每10000条指令的I/O访问次数	I/O访问时间（包括捕获用户O/S的时间）
1.5	120	15个时钟周期	175个时钟周期	30	1100个时钟周期

5.21.1 ［10］< 5.6 > 假设没有对 I/O 的访问，计算上述系统的 CPI。如果 VMM 的开销增加一倍，CPI 是多少？如果减少一半呢？如果虚拟机软件公司希望将性能降低限制在 10% 以内，那么捕获 VMM 的最长代价应该是多少？

5.21.2 ［15］< 5.6 > I/O 访问通常会对整体系统性能产生很大的影响。假设一个非虚拟化系统，使用上述性能特征计算机器的 CPI。假设一个虚拟化系统，再次计算 CPI。如果系统有一半的 I/O 访问，这些 CPI 会如何变化？

5.22 ［15］< 5.6, 5.7 > 对比虚拟内存和虚拟机的概念。它们各自的目标是什么？各自的优点和缺点是什么？列出一些需要使用虚拟内存的情况和一些需要使用虚拟机的情况。

5.23 ［10］< 5.6 > 5.6 节中讨论了虚拟化，其中假设虚拟化的系统和底层硬件运行相同的 ISA。但是，虚拟化的一种可能用途是模拟非本机的 ISA。一个例子是 QEMU，它模拟各种 ISA，如 MIPS、SPARC 和 PowerPC。这种虚拟化会遇到哪些困难？模拟系统是否有可能比其在本地 ISA 上运行得更快？

5.24 本题研究具有写缓冲区的处理器的 cache 控制器的控制单元。使用图 5-39 中的有限状态自动机作为设计有限状态自动机的起点。假设 cache 控制器用于 5.9.3 节描述的简单直接映射 cache（图 5-39），但你需要再添加一个容量为 1 个块的写缓冲区。

回忆一下，写缓冲区的目的是作为临时存储器，这样处理器就不必等待脏块失效的两次内存访问。它不是在取新块之前写回脏块，而是缓冲脏块并立即开始读取新块。然后，在处理器工作时再将脏块写入主存。

5.24.1 ［10］< 5.8, 5.9 > 如果处理器在从写缓冲区将块写回主存时发出一个命中 cache 的请求，会发生什么？

5.24.2 ［10］< 5.8, 5.9 > 如果处理器在从写缓冲区将块写回主存时发出一个 cache 失效的请求，会发生什么？

5.24.3 ［10］< 5.8, 5.9 > 设计一个有限状态自动机以启用写缓冲区。

5.25 cache 一致性涉及给定 cache 块上的多个处理器的视图。以下数据显示了两个处理器以及其对 cache 块 X 的两个不同字的读 / 写操作（最初 X[0]=x[1]=0）。

P1	P2
X[0] ++; X[1] = 3;	X[0] = 5; X[1] +=2;

5.25.1 ［15］＜5.10＞当执行一个正确的 cache 一致性协议时，列出给定 cache 块的可能值。如果协议不能确保 cache 一致性，则列出块的至少一个可能值。

5.25.2 ［15］＜5.10＞对于监听协议，在每个处理器 /cache 上列出有效的操作序列以完成上述读 / 写操作。

5.25.3 ［10］＜5.10＞在最好情况和最坏情况下，执行列出的读 / 写指令的 cache 失效次数分别是多少？内存一致性涉及多个数据项的视图。以下数据显示了两个处理器及其在不同 cache 块上的读 / 写操作（A 和 B 最初为 0）。

P1	P2
A = 1; B = 2; A+=2; B++;	C = B; D = A;

5.25.4 ［15］＜5.10＞若使用 5.10 节的一致性协议假设，列出 C 和 D 所有可能的值。

5.25.5 ［15］＜5.10＞如果不使用这个假设，列出 C 和 D 至少一个可能的值。

5.25.6 ［15］＜5.3, 5.10＞对于写策略和写分配策略的各种组合，哪种组合实现一致性协议更简单？

5.26 单芯片多处理器（CMP）在单个芯片上具有多个内核和 cache。CMP 的片上 L2 cache 设计是一种有趣的权衡。下表显示了具有私有和共享 L2 cache 设计的两个基准测试程序的失效率和命中延迟。假设 L1 cache 有 3% 的失效率和 1 个时钟周期的访问时间。

	私有	共享
基准测试A的失效率	10%	4%
基准测试B的失效率	2%	1%

假设命中延迟为下表中的数据：

私有cache	共享cache	内存
5	20	180

5.26.1 ［15］＜5.13＞对于每一种基准测试来说，哪种 cache 设计更好？使用数据来证明你的结论。

5.26.2 ［15］＜5.13＞随着 CMP 核心数的增加，片外带宽成为瓶颈。这个瓶颈如何以不同方式影响私有和共享 cache 系统？如果第一个片外链路的访问延迟加倍，请选择一个最佳设计。

5.26.3 ［10］＜5.13＞讨论单线程、多线程和多程序工作负载的共享和私有 L2 cache 的优缺点，如果有片上 L3 cache，则重新考虑这个问题。

5.26.4 ［10］＜5.13＞非阻塞 L2 cache 是否会在有共享 L2 cache 或私有 L2 cache 的 CMP 上产生更多的改进？为什么？

5.26.5 ［10］＜5.13＞假设新一代处理器每 18 个月将核心数量增加一倍，为了保持相同的每核性能水平，三年内发布的处理器需要多少片外存储器带宽？

5.26.6 ［15］＜5.13＞考虑整个存储器层次结构，什么样的优化可以改善并发失效的数量？

5.27 本题研究 Web 服务器日志的定义并研究代码优化以提高日志处理速度。日志的数据结构定义如下：

```
struct entry {
 int srcIP; // remote IP address
 char URL[128]; // request URL (e.g., "GET index.html")
 long long refTime; // reference time
 int status; // connection status
```

```
 char browser[64]; // client browser name
} log [NUM_ENTRIES];
```

假设日志的处理函数如下：

```
topK_sourceIP (int hour);
```

此函数确定给定小时内最常观察到的源 IP。

5.27.1 ［5］< 5.15 > 对于给定的日志处理函数，将访问日志项中的哪些字段？假设 cache 块大小为 64 字节，没有预取，那么给定函数平均每个项会引发多少次 cache 失效？

5.27.2 ［5］< 5.15 > 如何重新组织数据结构以提高 cache 利用率和访问局部性？

5.27.3 ［10］< 5.15 > 举一个另一种日志处理函数的例子，它对不同的数据结构布局更友好。如果两个函数都很重要，你将如何重写程序以提高整体性能？使用代码段和数据补充讨论。

5.28 下表中显示的基准测试对使用 "SPEC CPU2000 基准测试出的 cache 性能"（http://www.cs.wisc. edu/multifacet/misc/spec2000cachedata/）中的数据：

a.	Mesa/gcc
b.	mcf/swim

5.28.1 ［10］< 5.15 > 对于有不同组相联度的 64KiB 数据 cache，每个基准测试的每种失效类型（强制失效、容量失效和冲突失效）的失效率分别是多少？

5.28.2 ［10］< 5.15 > 为两个基准测试程序共享的 64KiB L1 数据 cache 选择组相联度。如果 L1 cache 必须为直接映射，请选择 1MiB L2 cache 的组相联度。

5.28.3 ［20］< 5.15 > 给出一个失效率表的示例，说明较高的组相联度实际上会增加失效率。构造 cache 配置和访问流进行证明。

5.29 要支持多虚拟机，需要对两级存储器进行虚拟化。每个虚拟机仍然控制虚拟地址（VA）到物理地址（PA）的映射，而管理程序将每个虚拟机的物理地址映射到实际的机器地址（MA）。为了加速这种映射，称为 "影子页面" 的软件方法会复制虚拟机管理程序中每个虚拟机的页表，并侦听 VA 到 PA 的映射变化以保持两个副本的一致性。为了消除影子页表的复杂性，称为嵌套页表（NPT）的硬件方法显式支持两类页表（VA⇒PA 和 PA⇒MA），并且可以完全只在硬件中使用这些表。

考虑以下操作序列：创建进程；TLB 失效；缺页错误；上下文切换。

5.29.1 ［10］< 5.6, 5.7 > 使用影子页表和嵌套页表 NPT 技术时，针对给定操作序列会分别发生什么情况？

5.29.2 ［10］< 5.6, 5.7 > 假设用户页表和嵌套页表中都存放基于 x86 的四级页表，那么在本地页表和嵌套页表 NPT 中产生 TLB 失效时分别需要多少次内存访问？

5.29.3 ［15］< 5.6, 5.7 > 在 TLB 失效率、TLB 失效延迟、缺页错误率和缺页错误处理延迟这些指标中，哪些指标对影子页表更加重要？哪些指标对嵌套页表 NPT 更加重要？

假设影子页面系统有以下参数：

每1000条指令的 TLB失效次数	嵌套页表NPT TLB 失效延迟	每1000条指令的 缺页错误次数	影子页面缺页 错误开销
0.2	200个时钟周期	0.001	30 000个时钟周期

5.29.4 ［10］< 5.6 > 对于一个在本机上执行时 CPI 为 1 的基准测试程序，如果使用影子页表和嵌套页表 NPT 技术（假设只有页表虚拟化开销），CPI 数分别是多少？

5.29.5 ［10］< 5.6 > 可以使用哪些技术来减少使用影子页表技术引入的开销？

5.29.6 ［10］< 5.6 > 可以使用哪些技术来减少使用嵌套页表 NPT 技术引入的开销？

自我检测答案

5.1 节　1 和 4。（3 是错误的，因为存储器层次结构的成本因计算机而异，但在 2016 年最高成本通常是 DRAM。）

5.3 节　1 和 4。更低的失效代价可以允许使用更小的 cache 块，因为没有更多的延迟；而更高的存储带宽通常导致更大的块，因为失效代价只是稍微大了一点。

5.4 节　1。

5.8 节　2。（大容量的块和预取都能降低强制失效，因此 1 是错误的。）

并行处理器：从客户端到云

多处理器 / 集群的组织架构

6.1 引言

长久以来，计算机架构师一直在寻找计算机设计的"黄金之城"（理想国）：只需要简单地连接许多现有的小计算机，就可以制造出一台功能强大的计算机。这个"黄金愿景"就是**多处理器**产生的根源。在理想情况下，客户根据自己的支付能力订购尽可能多的处理器，并希望以此获得相应多的性能。因此，必须将运行在多处理器上的软件设计为可以运行在数量可变的处理器之上。正如我们在第 1 章中所提到的，能耗已经成为微处理器和数据中心要面对的首要问题。如果软件可以有效地使用处理器，那么使用大量小型、高效的处理器替换大型、低效的处理器，每单位焦耳就可以在不同类型的处理器中都提供更好的性能。因此，在多处理器情况下，除了可伸缩的性能外，还需要关注提升能源效率。

由于多处理器软件支持数量可变的处理器系统，所以有一些设计支持在部分硬件损坏的情况下继续进行操作。也就是说，如果在具有 n 个处理器的多处理器中有 1 个处理器出现故障，这些系统将继续使用剩下的 n−1 个处理器提供服务。因此，多处理器也可以提高可用性（见第 5 章）。

对多个相互独立的任务来说，高性能意味着更高的吞吐量，我们称之为**任务级并行**（task-level parallelism）或**进程级并行**（process-level parallelism）。这种多任务、单线程、相互独立的应用程序组织方式在多处理器中非常重要并且普遍使用。与之相对的是在多个处理器上运行单个任务，我们使用术语**并行处理程序**（parallel

> 我大力挥舞球棍，用尽我所有的力量。我可能得到很多东西，也可能失去很多。我想要用力地活着。
> *Babe Ruth，美国棒球运动员*

> 越过月亮上的山脉，沿着阴影中的山谷，前进，勇敢地前进——如果你在寻找理想国！
> *Edgar Allan Poe, El Dorado,stanza 4, 1849*

多处理器：至少具有两个处理器的计算机系统。这种计算机与单处理器计算机形成鲜明对比，单处理器计算机只具有一个处理器，且这种计算机现在越来越少了。

任务级并行或进程级并行：通过同时运行独立的多个程序来使用多处理器。

processing program）来指代同时运行在多个处理器上的单个程序。

在过去的几十年中，存在很多的科学问题需要速度更快的计算机，同时这些问题也被用于评价许多新型并行计算机的性能。通过使用**集群**（cluster）这种由许多位于独立服务器中的微处理器组成的结构（见 6.7 节），这其中的一些问题在今天已经十分容易解决。除此以外，集群还可以为除科学之外的其他同等需求的应用程序提供服务，例如搜索引擎、Web 服务器、电子邮件服务器和数据库等。

如第 1 章所述，由于能耗问题意味着未来处理器性能的提升主要来自于显式的硬件并行，而不是更高的时钟频率或更大的 CPI 提升，因此多处理器已经成为受人瞩目的焦点。也正如我们在第 1 章中所说的，它们将被命名为**多核微处理器**（multicore microprocessor）而不是多处理器微处理器（multiprocessor microprocessor），这可能是为了避免名称上的冗余。因此，处理器在多核芯片中通常被称为核心。核心数量预计按照集成电路工艺发展的速度增长。这些多核基本都是**共享内存处理器**（Shared Memory Processor，SMP），因为它们通常共享同一个物理地址空间。在 6.5 节中，我们将更深入地了解 SMP。

当今的技术状态意味着关心性能的程序员必须成为并行程序的编写者（详见 6.13 节）。

而工业界面临的巨大挑战就是如何构建软硬件系统，使并行处理程序更加易于编写，并且能够有效执行，同时还能够使性能和功耗在每个芯片内核数量改变时相应改善。

微处理器设计方向的这种突然转变使得许多人措手不及，因而在术语及其含义上存在很大的混淆。图 6-1 试图阐明术语串行（serial）、并行（parallel）、顺序（sequential）和并发（concurrent）之间的差异。图中的列代表软件，分为顺序的或并发的。图中的行代表硬件，分为串行的或并行的。例如，编译器程序员将编译器视为顺序程序，其步骤包括分析、代码生成和优化等。相反，操作系统程序员会将操作系统视为并发程序，因为操作系统是一组协作进程，这组进程处理在一台计算机上运行的多个独立任务引发的 I/O 事件。

> **并行处理程序**：同时在多个处理器上运行的单个程序。
>
> **集群**：通过局域网连接的一组计算机，其功能等同于单个大型多处理器。
>
> **多核微处理器**：在单个集成电路中包含多个处理器（核）的微处理器。目前，台式机和服务器中基本所有的微处理器都是多核的。
>
> **共享内存处理器**：具有单个物理地址空间的并行处理器。

硬件		软件	
		顺序	并发
	串行	在 Intel Pentium 4 上运行的使用 MATLAB 编写的矩阵乘法程序	在 Intel Pentium 4 上运行的 Windows Vista 的操作系统程序
	并行	在 Intel Core i7 上运行的使用 MATLAB 编写的矩阵乘法程序	在 Intel Core i7 上运行的 Windows Vista 的操作系统程序

图 6-1　软 / 硬件分类及对比实例

图 6-1 的关键点在于并发软件既可以在串行硬件上执行（例如操作系统程序可以在 Intel Pentium 4 单处理器上运行），也可以在并行硬件上执行（例如在 Intel Core i7 上运行的操作系统程序）。顺序软件也是如此，例如，MATLAB 程序员按顺序编写了一个矩阵乘法程序，但这个程序既可以在 Intel Pentium 4 单处理器上运行，又可以在 Intel Core i7 上并行运行。

你可能会认为编写并行程序的唯一挑战是弄清楚如何使自然逻辑为顺序的软件能够高性能地运行在并行硬件上，但实际上，并发程序在多处理器上如何随着处理器数量的增加而提高性能也是一个难点。为加以区别，在本章的剩余部分里，我们将使用并行处理程序或并行软件来表示在并行硬件上运行的顺序或并发软件。下一节中我们将会解释为什么创建有效的并行处理程序是一件很困难的事情。

在继续了解更深入的并行概念之前，你可以回顾之前章节讲述的以下内容：

- 2.11 节　并行性与指令：同步
- 3.6 节　　并行性与计算机算术：子字并行
- 4.11 节　指令间的并行性
- 5.10 节　并行和存储层次结构：cache 一致性

自我检测　判断题：要从多处理器中获得收益，应用程序必须是并发的。

6.2　创建并行处理程序的难点

并行性的挑战并不在于硬件，而是在于只有很少的重要应用程序在被重写后能够在多处理器上更快地完成任务。事实上，编写软件以利用多处理器使得单个任务的运行更加快速是十分困难的，并且在处理器的数量增加时问题会变得更加严重。

是什么造成了这些问题？为什么开发并行处理程序比开发顺序程序更困难？

第一个原因是：你必须通过在多处理器上运行的并行处理程序获得更好的性能或更高的能效，否则，为什么不在单处理器上运行顺序程序呢？顺序程序的编程更加简单。事实上，单处理器设计技术（如超标量和乱序执行）都充分利用了指令级并行（见第 4 章），而且通常不需要程序员参与。这些创新减少了重写多处理器程序的需求，因为程序员对这种重写无能为力，而且即使什么都不做，顺序程序也能够在新计算机上运行得更快。

为什么编写快速的并行处理程序很困难（特别是希望执行速度随着处理器数量的增加而增加时）？在第 1 章中，我们使用了八个记者试图同时编写一个故事以期能够快八倍地完成这项工作的类比。要想成功地完成工作，任务必须被分成相同大小的八个部分，否则一些记者就会因为等待分配到较大工作量的人员完成任务而产生闲置时间。另一个影响加速的障碍是记者可能会将太多时间花费在沟通上，而不是用于写下自己负责的那部分故事上。无论这个类比还是并行编程本身，都要面临如下挑战：调度、将工作划分为可并行的部分、在工作者之间均衡负载、同步时间以及处理各部分之间通信的开销。而随着在报纸上报道故事的记者数量的增加，以及参与并行编程的处理器数量的增多，这种挑战会变得更加严峻。

在第 1 章中，我们的讨论还揭示了另外一个障碍，它被称为 Amdahl 定律。该定律提醒我们，如果一个程序想要充分地利用许多核心，那么即使是该程序的很小一部分也必须进行优化。

| 例题 | 加速比的挑战

假设你希望在 100 个处理器上实现 90 倍的加速，那么原始计算中的百分之多少可以是顺序执行的？

| 答案 | Amdahl 定律表明（见第 1 章），

$$优化后的执行时间 = \frac{受优化影响的执行时间}{优化量} + 不受优化影响的执行时间$$

我们可以在加速比方向上重新定义 Amdahl 定律：

$$加速比 = \frac{改进前的执行时间}{改进前的执行时间 - 受优化影响的执行时间 + \dfrac{受优化影响的执行时间}{优化量}}$$

假设改进前的执行时间在某个单位时间内为 1，并且受优化影响的执行时间可以被视作与原始执行时间的比值，那么这个公式通常可以重写为：

$$加速比 = \frac{1}{(1 - 受优化影响的执行时间比例) + \dfrac{受优化影响的执行时间比例}{优化量}}$$

现在将 90 替换为公式中的加速比，将 100 替换为公式中的优化量：

$$90 = \frac{1}{(1 - 受优化影响的执行时间比例) + \dfrac{受优化影响的执行时间比例}{100}}$$

然后简化公式，并计算出受优化影响的执行时间比例：

$$90 \times (1 - 0.99 \times 受优化影响的执行时间比例) = 1$$
$$90 - (90 \times 0.99 \times 受优化影响的执行时间比例) = 1$$
$$90 - 1 = 90 \times 0.99 \times 受优化影响的执行时间比例$$
$$受优化影响的执行时间比例 = 89/89.1 = 0.999$$

因此，为了在 100 个处理器上实现 90 倍的加速，顺序执行的程序部分最多占 0.1%。————▪

但是，正如我们接下来将要看到的那样，有大量具有固有并发特征的应用程序。

| 例题 | 加速比的挑战：更大规模的问题————————————————————▪

假设现在你想要计算出两个加法：一个加法是 10 个标量变量的求和，另一个加法是一对 10×10 的二维数组求矩阵和。目前假设只有矩阵求和可以并行化，之后我们将会看到如何对标量求和进行并行化。使用 10 个和 40 个处理器能达到的加速比分别是多少？如果矩阵维数变为 20×20 呢？

| 答案 | 假设性能是加法程序所需时间 t 的函数，并且假设有 10 次加法不能从并行处理器中获得收益，有 100 次加法可以从并行中获得收益。如果该加法程序在单个处理器上的运行时间是 $110t$，那么这个加法程序在 10 个处理器上的执行时间是：

$$优化后的执行时间 = \frac{受优化影响的执行时间}{优化量} + 不受优化影响的执行时间$$

$$优化后的执行时间 = \frac{100t}{10} + 10t = 20t$$

所以这个加法程序在 10 个处理器上的加速比为 $110t/20t=5.5$。这个加法程序在 40 个处理器上的执行时间是：

$$优化后的执行时间 = \frac{100t}{40} + 10t = 12.5t$$

所以这个加法程序在 40 个处理器上的加速比为 $110t/12.5t = 8.8$。因此，在这个问题规模下，我们在 10 个处理器上获得了潜在加速比的大约 55%，但是在 40 个处理器上只获得了潜在加速比的 22%。

现在让我们看看在矩阵规模增加后会发生什么。顺序程序现在需要的执行时间是 $10t + 400t = 410t$。这个加法程序在 10 个处理器上的执行时间是：

$$优化后的执行时间 = \frac{400t}{10} + 10t = 50t$$

所以这个加法程序在 10 个处理器上的加速比为 $410t/50t = 8.2$。这个加法程序在 40 个处理器上的执行时间是：

$$优化后的执行时间 = \frac{400t}{40} + 10t = 20t$$

所以这个加法程序在 40 个处理器上的加速比为 $410t/20t = 20.5$。因此，对于这个规模更大的问题，我们在 10 个处理器上获得了潜在加速比的 82%，在 40 个处理器上获得了潜在加速比的 51%。

上述例子表明，想要在多处理器上获得良好的加速比，保持问题规模不变的情况相比于问题规模增长的情况要更困难。为此我们引入两个术语来描述按比例缩放的方式。

强比例缩放（strong scaling）意味着在保持问题规模不变的同时所测量的加速比。**弱比例缩放**（weak scaling）意味着问题规模与处理器的数量成比例增长时所测量的加速比。我们假设问题规模 M 是主存中的工作集，处理器数量为 P，那么每个处理器所占用的内存对于强比例缩放大约为 M/P，对于弱比例缩放大约为 M。

需要注意的是，存储器层级结构 可能会干扰认为弱比例缩放比强比例缩放更简单的传统观念。举例来说，如果弱比例缩放的数据集不再适用于多核微处理器的最后一级 cache，那么可能会导致系统性能比使用强比例缩放更加糟糕。

强比例缩放：在不增加问题规模的情况下在多处理器上获得的加速比。

弱比例缩放：在问题规模与处理器数量成比例增加的情况下在多处理器上获得的加速比。

根据应用程序的不同，可以选择不同的缩放方式。例如，TPC-C 借贷–重定向数据库基准测试程序需要每分钟按照更高的事务比例来成比例地扩展客户账户的数量。如果只是因为银行获得了更快速的计算机，就要求客户突然开始每天使用 ATM 上百次，这显然是很荒谬的。相反，如果希望证明系统在每分钟内执行事务的数量能够提高 100 倍，那么应该在客户数量提高 100 倍的情况下运行实验。更大规模的问题通常需要更多的数据，这是弱比例缩放的论据。

最后一个示例用于说明均衡负载的重要性。

| 例题 | 加速比的挑战：均衡负载

在上一个例子中，我们在矩阵规模增加后在 40 个处理器上获得了 20.5 的加速比，当时我们假设负载是完全均衡的。也就是说，这 40 个处理器中的任何一个处理器都需要完成 2.5% 的任务。然而，如果其中一个处理器的负载比剩余处理器的负载要高，就会对加速比产生影响。请你计算负载最重的处理器完成两倍负载（5%）和五倍负载（12.5%）时的加速比。此时其他处理器的利用率如何？

| 答案 | 如果一个处理器需要完成 5% 的并行负载，那么它必须执行 5% × 400 也就是 20 次加法，而另外 39 个处理器将平分剩余的 380 次加法。由于这些操作是同时进行的，我们可以

将执行时间计算为两者的最大值：

$$优化后的执行时间 = \max\left(\frac{380t}{39}, \frac{20t}{1}\right) + 10t = 30t$$

加速比从 20.5 下降至 410t/30t=14。其余 39 个处理器的使用时间不到负载最重的处理器的一半：在等待负载最重的处理器完成时常为 20t 的任务时，其余处理器的计算时间仅为 380t/39=9.7t。

如果一个处理器需要完成 12.5% 的负载，那么它必须执行 50 次加法。上述公式变为：

$$优化后的执行时间 = \max\left(\frac{350t}{39}, \frac{50t}{1}\right) + 10t = 60t$$

加速比进一步降低为 410t/60t=7。其余处理器的使用时间不到 20%（9t/50t）。这个示例证明了负载均衡的重要性：只有一个处理器的负载是其他处理器的两倍时，加速比会降低三分之一，而当一个处理器的负载是其他处理器的五倍时，加速比几乎降低为原来的三分之一。—▪

既然我们已经更好地理解了并行处理的目标和挑战，接下来就可以对本章的剩余部分进行概述了。6.3 节中介绍了一个比图 6-1 中更古老的分类方案。此外，该节还给出了两种支持在并行硬件上运行顺序应用程序的指令系统，即 SIMD 和向量（vector）。6.4 节介绍了多线程，这个术语经常与多处理器相混淆，部分原因在于它们都依赖于程序中相似的并发。6.5 节介绍了基本并行硬件的两种类型特征，它们的区别在于系统中所有的处理器是否依赖于单个的物理地址空间。如上文所述，这两种类型的常见形式分别为共享内存多处理器（SMP）和集群（cluster），6.5 节介绍前者。6.6 节描述来自图形硬件领域的相对较新的计算机类型，称为图形处理单元（GPU），GPU 也共享单个物理地址。6.7 节介绍特定领域的专用架构，其中包括定制的处理器设计，因为它只需要在某个领域中运行良好，并不需要运行所有程序。（附录 B 更详细地描述了 GPU。）6.8 节描述了集群，这是具有多个物理地址空间的计算机的一个常见示例。6.9 节展示了用于将多个处理器（可以是集群中的多个服务器节点，也可以是微处理器中的多个核心）连接在一起的典型拓扑结构。6.10 节介绍了通过以太网在集群节点间进行通信的硬件和软件，展示了如何使用用户软件和硬件优化其性能。在 6.11 节中，我们将讨论找到并行基准测试的难度，其中还包括一个简单但很有启发意义的性能模型，该模型有助于设计应用程序和体系结构。我们将在 6.12 节中同时使用该模型和并行基准测试程序来比较特定领域的专用结构与 GPU。6.13 节揭示了加速矩阵乘法的最后也是最大的一个步骤。增大矩阵规模（弱比例缩放），使用 48 个核心并行处理，可将性能提升为原来的 12 至 17 倍。本章最后解析了一些常见的谬误和陷阱，并进行了总结。

在下一节中，我们会介绍一些你可能已经见过的缩略词，它们用于识别不同类型的并行计算机。

自我检测　判断题：强比例缩放不受 Amdahl 定律的约束。

6.3　SISD、MIMD、SIMD、SPMD 和向量机

本节介绍一种于 20 世纪 60 年代提出的并行硬件的分类方法，这种分类方法目前仍在使用。该分类基于指令流数量和数据流数量。

SISD：（单指令流单数据流的）单处理器。

图 6-2 展示了这种分类。传统的单处理器具有单个指令流和单个数据流，传统的多处理器具有多个指令流和多个数据流。这两个类别分别缩写为 SISD（Single Instruction stream，Single Data stream）和 MIMD（Multiple Instruction streams，Multiple Data streams）。

		数据流	
		单数据流	多数据流
指令流	单指令流	SISD：Intel Pentium 4	SIMD：x86的SSE指令
	多指令流	MISD：目前为止还没有实例	MIMD：Intel Core i7

图 6-2　基于指令流数量和数据流数量的硬件分类实例：SISD、SIMD、MISD 和 MIMD

尽管可以在 MIMD 计算机上编写运行在不同处理器上的独立程序，但是，为了实现更宏大、更协调的目标，程序员通常会编写一个运行在 MIMD 计算机中所有处理器上的程序，不同的处理器通过条件语句执行不同的代码段。这种编程风格称为**单程序多数据流**（Single Program Multiple Data，SPMD），它是在 MIMD 计算机上编程的一种常用方法。

MIMD：（多指令流多数据流的）多处理器。

SPMD：单程序多数据流，是一种传统的 MIMD 编程模型，该模型中单个程序运行在所有处理器上。

最接近多指令流单数据流（**MISD**）的处理器应该是“流处理器”了，这种处理器在单数据流上以流水线方式执行一系列计算：解析来自网络的输入，分析数据，解压缩，查找匹配，等等。相比之下，与 MISD 相反的类型——SIMD 更受欢迎一些。**SIMD**（Single Instruction stream，Multiple Data streams）计算机对数据向量进行操作。例如，单个 SIMD 指令将 64 个数据流发送到 64 个 ALU 上，以在单个时钟周期内完成 64 次加法来将 64 个数字相加。我们在 3.6 节和 3.7 节中看到的子字并行指令是 SIMD 的另一个例子，事实上，SSE 这个缩写的中间字母 S 正是代表了 SIMD。

SIMD：单指令流多数据流。就像在向量处理器中那样，相同的指令应用于多个数据流上。

SIMD 的优点是所有的并行执行单元都是同步的，它们都响应自同一程序计数器（PC）中发出的同一指令。从程序员的角度看，这与他们已经很熟悉的 SISD 的概念非常接近。尽管每个单元将执行相同的指令，但是每个执行单元都有自己的地址寄存器，因此每个单元可以有不同的数据地址。根据图 6-1，一个顺序应用程序编译后，既可能在组织为 SISD 的串行硬件上运行，也可能在组织为 SIMD 的并行硬件上运行。

SIMD 的初衷是在数个执行单元上分摊控制单元的成本。因此，SIMD 的另一个优点是减少了指令带宽和空间——SIMD 只需要同时执行代码的一个副本，消息传递的 MIMD 可能需要在每个处理器中都存有一个副本，而共享存储器的 MIMD 可能需要多个指令缓存。

SIMD 在处理 for 循环中的数组时效果最好。因此，为了在 SIMD 上并行运行，程序中必须存在大量相同结构的数据，这称为**数据级并行**（data-level parallelism）。SIMD 在处理 case 和 switch 语句时效果最差，在这些语句中，每个执行单元必须根据单元内存

数据级并行：通过对独立数据执行相同的操作来实现并行性。

放的不同数据对这些数据执行不同的操作。存放有错误数据的执行单元必须被禁止执行，以便存放有正确数据的执行单元可以继续工作。在有 n 个 case 语句的情况下，SIMD 处理器基本上只能以峰值性能的 $1/n$ 工作。

虽然激发 SIMD 技术灵感的阵列处理器已经逐渐淡出历史（见 6.7 节和 6.16 节），但是目前对 SIMD 的两种解释一直很活跃。

6.3.1　x86 中的 SIMD：多媒体扩展

正如第 3 章所述，1996 年 x86 多媒体扩展（MMX）指令的灵感来源是窄整数数据的子字并行。随着摩尔定律的持续，更多的指令被添加进来，首先引入的是流式 SIMD 扩展（SSE）和高级向量扩展（AVX）。AVX 支持同时执行四个 64 位浮点数。操作和寄存器的宽度被编码在这些多媒体指令的操作码中。随着操作和寄存器的数据宽度的增加，多媒体指令的操作码数量也在增加，现在已经有数百条 SSE 和 AVX 指令（见第 3 章）。

6.3.2　向量机

正如我们将要看到的那样，对 SIMD 更加古老、更加优雅的解释被称为向量体系结构，这与 Seymour Cray 在 20 世纪 70 年代开始设计的计算机密切相关。这种体系结构与具有大量数据级并行的问题非常匹配。与早期的阵列处理器一样，64 个 ALU 并不是同时执行 64 次加法，而是采用向量体系结构流水化 ALU，从而以更低的成本获得良好的性能。向量体系结构的基本原理是从内存中收集数据元，将它们按顺序放入一大组寄存器中，使用流水化的执行单元在寄存器中依次对它们进行操作，然后将结果写回内存。向量体系结构的一个关键特性是拥有一组向量寄存器。这样，一个向量体系结构中可能具有 32 个向量寄存器，每个寄存器包含 64 个 64 位宽的数据元。

| 例题 | 将向量与常规代码进行比较 ────────────────────────────────■

RISC-V ISA 提供了带有向量指令和向量寄存器的向量扩展集合 V。向量操作使用与 RISC-V 基本操作相同的名称，但附加了前缀"V"。例如，vfadd.vv 是将两个浮点向量相加。向量元素的操作数长度由单独的指令设置。例如，我们需要先执行指令 vsetvli x0, x0, e64，这条指令将向量的单个元素设置为 64 位，因此 vfadd.vv 就是将两个双精度浮点向量相加。指令后缀决定该指令是向量–向量运算（vv）还是向量–标量运算（vf），所以 vfmul.vf 是向量–标量浮点乘法。名称 vle.v 和 vse.v 表示向量加载和存储指令。如果使用 vsetvli 指令将元素设置为 64 位，上述两条指令将加载或存储双精度的浮点向量数据。其中一个操作数是需要加载或存储的向量寄存器，另一个操作数是 RISC-V 的通用寄存器，用于给出存储器中向量的起始地址。

在简要描述后，答案中给出了下述语句的传统 RISC-V 代码和向量 RISC-V 代码：

$$Y = a \times X + Y$$

其中，X 和 Y 是 64 个双精度浮点数的向量，最初驻留在内存中，a 是一个标量双精度变量。（这个示例就是所谓的 DAXPY 循环，该循环组成 Linpack 基准测试程序的内部循环；DAXPY 正是 double precision $\underline{a}$ × $\underline{X}$ plus $\underline{Y}$ 的缩写。）假设 X 和 Y 的起始地址分别存放在 x19 和 x20 中。

| 答案 | DAXPY 的传统 RISC-V 代码是：

```
        fld     f0, a(x3)       // load scalar a
        addi    x5, x19, 512    // end of array X
loop:   fld     f1, 0(x19)      // load x[i]
        fmul.d  f1, f1, f0      // a * x[i]
        fld     f2, 0(x20)      // load y[i]
        fadd.d  f2, f2, f1      // a * x[i] + y[i]
        fsd     f2, 0(x20)      // store y[i]
        addi    x19, x19, 8     // increment index to x
```

```
addi    x20, x20, 8    // increment index to y
bltu    x19, x5, loop  // repeat if not done
```

假设向量的单个元素长度是 64 位，下面是 DAXPY 的 RISC-V 向量代码：

```
fld       f0, a(x3)        # load scalar a
vsetvli   x0, x0, e64      # 64-bit-wide elements
vle.v     v0, 0(x19)       # load vector x
vfmul.vf  v0, v0, f0       # vector-scalar multiply
vle.v     v1, 0(x20)       # load vector y
vfadd.vv  v1, v1, v0       # vector-vector add
vse.v     v1, 0(x20)       # store vector y
```

在上面的例题中，两个代码段之间存在一些有趣的对比。最引人注目的是，向量处理器大大降低了动态指令带宽。传统的 RISC-V 指令体系结构需要执行 500 条指令，相比之下，向量 RISC-V 只需要执行 6 条指令就完成了工作。这种减少是因为一次向量操作可以处理 64 个数据元，并且在 RISC-V 指令体系结构中近一半的循环开销指令在向量代码中无须存在。如你所料，指令取指和执行次数的减少的确可以节省能耗。

另一个重要的区别是 流水线 冒险（见第 4 章）的频率不同。在传统的 RISC-V 代码中，每个 fadd.d 指令必须等待 fmul.d 指令完成，每个 fsd 指令必须等待 fadd.d 指令完成，而且每个 fadd.d 指令和 fmul.d 指令还必须等待 fld 指令完成。在向量处理器中，每个向量指令只会停顿每个向量中的第一个数据元，然后后续数据元将顺利地沿着流水线流动。因此，每个向量操作仅需要一次流水线停顿，而不是每个数据元都停顿一次。在本例题中，传统 RISC-V 的流水线停顿频率将是向量 RISC-V 版本的约 64 倍。通过循环展开可以消除传统 RISC-V 上的流水线停顿（见第 4 章）。但是，指令带宽的巨大差异依然不能减少。

因为向量中的各数据元是相互独立的，所以它们可以并行操作，这非常类似于 Intel x86 AVX 指令中的子字并行。所有现代向量计算机都具有向量功能单元，该单元具有多个并行流水线（我们称为向量通道，见图 6-2 和图 6-3），每个时钟周期可计算出两个或更多个结果。

详细阐述 在上面的例题中，循环次数与向量的长度恰好相等。当循环次数更小时，向量体系结构可使用寄存器来减少向量操作的长度。当循环次数更大时，我们可以添加循环标记代码来进行全长度的向量循环操作，最后处理剩余部分。后一处理过程称为循环切分（strip mining/loop sectioning）。

6.3.3 向量与标量

与传统指令系统体系结构（在本节中被称为标量体系结构）相比，向量指令具有几个重要的属性：

- 单个向量指令指定了大量工作——相当于执行了完整的循环。正因为这样，指令取指和译码带宽大大减少。
- 通过使用向量指令，编译器或程序员确认了向量中的每个结果都是独立的，因此硬件无须再检查向量指令内的数据冒险。
- 当程序中存在数据级并行时，相比使用 MIMD 多处理器，使用向量体系结构和编译器的组合更容易写出高效的应用程序。
- 硬件只需要在两条向量指令之间检查向量操作数之间的数据冒险，而无须检查向量中的每个数据元。减少检查的次数可以节省能耗和时间。

- 访问存储器的向量指令具有确定的访问模式。如果向量中的数据元位置都是连续的，则可以从一组存储器中交叉访问数据块，从而快速获取向量。因此，对整个向量而言，主存储器的延迟开销看上去只有一次，而不是对向量中的每个字都产生一次。
- 因为整个循环被具有已知行为的向量指令所取代，所以通常由循环引发的控制冒险不再存在。
- 与标量体系结构相比，节省的指令带宽和冒险检查以及对存储器带宽的有效利用，使得向量体系结构在功耗和能耗方面更具有优势。

综上所述，在同等数据量的前提下，向量操作可以比一组标量操作序列更快完成。如果应用程序当中经常使用这些向量操作，设计者将更有动力在设计中加入向量单元。

6.3.4　向量与多媒体扩展

与 x86 AVX 指令中的多媒体扩展类似，向量指令也指定了多种操作。但是多媒体扩展通常只能表示几种操作，而向量指令可以指定几十种操作。与多媒体扩展不同，向量操作中数据元的数量不存放在操作码中，而是存放一个在单独的寄存器中。这种区别意味着仅通过改变该寄存器的内容就可以用不同数量的数据元实现不同版本的向量体系结构，从而保持二进制代码的兼容性。与之相反，在 x86 的 MMX、SSE、SSE2、AVX、AVX2 等多媒体扩展中，每当向量长度变化时，就需要添加一组新的指令操作码。

还有一点，与多媒体扩展不同，向量的数据传输不需要是连续的。向量支持步长访问（strided access）和索引访问（indexed access），前者是在存储器中每隔 n 个数据元加载一次数据，后者是按照数据项的地址将数据加载到向量寄存器中。索引访问也称为聚集 – 分散（gather-scatter），因为索引加载从主存将数据元收集为连续的向量元素，而索引存储将向量元素分散至内存中。

与多媒体扩展类似，向量体系结构可以灵活支持不同的数据宽度，因此可以使向量操作工作在 32 个 64 位数据元、64 个 32 位数据元、128 个 16 位数据元或者 256 个 8 位数据元上。向量指令的并行特性可以使其采用深度流水的功能单元、并行功能单元阵列或者并行功能单元与流水功能单元的组合来执行这些操作。图 6-3 说明了如何通过使用并行流水线执行向量加法指令来提高向量的性能。

向量算术指令通常仅允许一个向量寄存器的元素 N 与其他向量寄存器的元素 N 进行交互。这极大地简化了高度平行的向量单元的构造——可构造为多个平行的**向量通道**（vector lane）。与高速公路一样，我们可以通过添加更多车道来增加向量单元的峰值吞吐量。图 6-4 是一个四通道向量单元的结构图。将一通道增加为四通道可以使每个向量指令的时钟周期数大约减少为原来的 1/4。为了能够利用多通道，应用程序和体系结构都必须支持长向量。否则，指令将很快执行完毕以至于没有足够的新指令可以被执行，第 4 章中的指令级并行技术可以提供足够的向量指令。

向量通道：一个或多个向量功能单元和一部分向量寄存器堆。受高速公路上的多车道提高交通速度的启发，利用多个通道同时执行向量操作。

总的来说，向量体系结构是执行数据并行处理程序的一种非常有效的方法。与多媒体扩展相比，向量体系结构更适合编译器技术，而且随着时间的推移，向量体系结构比 x86 体系结构的多媒体扩展更容易改进。

给出这些经典分类后，接下来我们将了解如何利用指令的并行流来提高单个处理器的性能，我们还会将该方法应用到多处理器中。

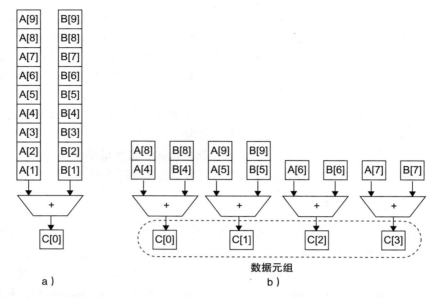

图 6-3   使用多个功能单元来提高单个向量加法指令 C=A+B 的性能。左侧的向量处理器（a）
只有单个加法流水线，每个周期可以完成一次加法。右侧的向量处理器（b）有四个
加法流水线，每个周期可以完成四次加法。单个向量加法指令中的数据元被分散在
四个通道中

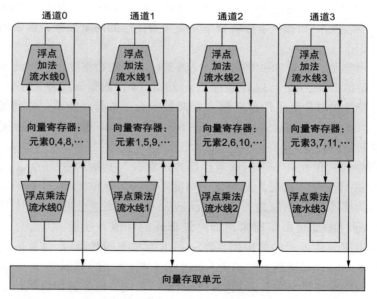

图 6-4   包含四个通道的向量单元的结构图。向量寄存器内存等量地分配给每个通道，每个
向量寄存器中的数据元依次分配给每个通道。图中画出了三个向量功能单元：浮点
加法单元、浮点乘法单元和存取单元。每个向量运算单元包含四个执行流水线，每
个通道一个，它们协同工作以完成单个向量指令。请注意向量寄存器堆的每个部分
是如何只为其对应通道的功能单元提供足够的读写端口的（见第 4 章）

详细阐述   既然向量体系结构有这么多优点，为什么还没有在除高性能计算之外的领域

流行呢？主要原因是担心向量寄存器的巨大状态会增加上下文切换时间，以及加大处理向量加载和存储中的页错误的难度，并且 SIMD 指令已经实现了向量指令的部分优点。此外，只要指令级并行的进步可以提供摩尔定律所需的性能提升，就没有理由去改变体系结构的类型。

详细阐述 向量和多媒体扩展的另一个优点是，向量指令系统体系结构的扩展相对容易，可以提高数据并行操作的性能。

详细阐述 Intel 的 Haswell x86 处理器支持 AVX2 指令系统，该指令系统只有聚集操作而没有分散操作。Skylake 架构和后续处理器支持 AVX512，并增加了分散操作。

自我检测 判断题：以 x86 为例，多媒体扩展可以被认为是一种处理短向量的向量体系结构，这种体系结构仅支持连续的向量数据传输。

6.4　硬件多线程

从程序员的角度来看，**硬件多线程**（hardware multithreading）是与 MIMD 相关的一个概念。MIMD 依赖于多个**进程**（process）或**线程**（thread）使得多个处理器保持忙碌状态，而硬件多线程允许多个线程以重叠的方式共享单个处理器的功能单元，以有效地利用硬件资源。为了支持这种共享，处理器必须复制每个线程的独立状态。例如，每个线程都有一个寄存器堆和程序计数器的独立副本。内存本身可以通过虚拟内存机制实现共享，在多道程序编程中已经支持了这种方法。此外，硬件必须具有在线程之间快速切换的能力。特别是，线程切换应该比进程切换更加有效，线程切换可以是瞬时切换，而进程切换通常需要数百到数千个处理器周期。

硬件多线程主要有两种实现方法。**细粒度多线程**（fine-grained multithreading）在每条指令执行后进行线程切换，导致了多线程的交叉执行。这种交叉执行通常以一种轮转方式完成，并跳过在该时钟周期停顿的任何线程。为了实现细粒度多线程，处理器必须能够在每个时钟周期切换线程。细粒度多线程的一个优点是可以隐藏由短期和长期停顿引起的吞吐量损失，因为当一个线程停顿时可以执行来自其他线程的指令。细粒度多线程的主要缺点是会减慢单个线程的执行速度，因为已经就绪的线程会因为执行其他线程的指令而延迟。

粗粒度多线程（coarse-grained multithreading）是作为细粒度多线程的另一种可选项被发明的。粗粒度多线程仅在高开销的停顿上切换线程，例如末级 cache 失效时。这种改变降低了高速切换线程的要求，并且几乎不会减慢单个线程的执行速度，因为只有在线程遇到高开销的停顿时才会发射来自其他线程的指令。然而，粗粒度多线程有一个严重缺点：降低吞吐量损失的能力有限，尤其是对于短停顿。这种限制源于粗粒度多线程的流水线启动开销。因为粗粒度多线程处理器从单个线程发出指令，所以当发生停顿时，必须清空或冻结流水线。在停顿之后开始执行的新线程必须在导致停顿的指令能够

硬件多线程：通过在一个线程停顿时切换到另一个线程来提高处理器的利用率。

线程：包括程序计数器、寄存器状态和栈。线程是一个轻量级的进程，线程通常共享一个地址空间，而进程则不共享。

进程：包括一个或多个线程、完整的地址空间和操作系统状态。因此，进程的切换通常需要调用操作系统，而线程切换则不用。

细粒度多线程：硬件多线程的一种版本，在每条指令之后切换线程。

粗粒度多线程：硬件多线程的另一种版本，仅在重大事件（例如末级 cache 失效）之后才切换线程。

完成之前填充流水线。由于这种启动开销，粗粒度多线程对于降低高成本停顿的损失更为有用，因为在这种情况下，流水线重新填充的时间与停顿时间相比可以忽略不计。

　　同时多线程（Simultaneous Multithreading，SMT）是硬件多线程的一种变体，它使用多发射、动态调度流水线的处理器资源来挖掘线程级并行和指令级并行（见第 4 章）。提出 SMT 的主要原因是，多发射处理器中通常具有大多数单线程难以充分利用的并行功能单元。此外，通过寄存器重命名和动态调度（见第 4 章），可以发出来自相互独立的多线程的多条指令，而不需要考虑它们之间的依赖关系；可以通过动态调度能力来解决相关性的问题。

> **同时多线程**：多线程的一个版本，通过利用多发射、动态调度的微体系结构的资源来降低多线程的成本。

　　因为 SMT 依赖于现有的动态机制，因此它不会在每个时钟周期切换资源。相反，SMT 始终执行来自多个线程的指令，将资源分配交给硬件完成，这些资源是指令槽和重命名寄存器。

　　图 6-5 概念性地说明了在不同的处理器配置下对超标量资源利用能力的差别。上半部分展示了四个线程如何在不支持多线程的超标量处理器上独立执行。下半部分展示了三个不同的多线程选项下，四个线程如何组合以在单个处理器上更高效地执行。这三个选项是：

- 支持粗粒度多线程的超标量
- 支持细粒度多线程的超标量
- 支持同时多线程的超标量

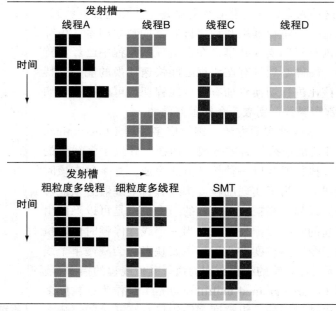

图 6-5　在不同方法中，四个线程如何使用超标量处理器的发射槽。上半部分的四个线程显示了如何在不支持多线程的标准超标量处理器上单独执行每个线程。下半部分的三个示例分别显示了在三个多线程选项中它们是如何一起执行的。水平维度表示每个时钟周期中的指令发射能力。垂直维度表示一系列时钟周期。空白的位置表示在该时钟周期中未使用的相应发射槽。灰色阴影对应于多线程处理器中的四个不同线程。粗粒度多线程的额外流水线启动损失（在图中未画出）将导致粗粒度多线程的吞吐量产生进一步损失

在不支持硬件多线程的超标量处理器中，发射槽的使用受到指令级 并行 的限制。此外，诸如指令 cache 失效之类的绝大多数停顿，都可能使整个处理器处于空闲状态。

在粗粒度多线程超标量处理器中，通过切换到使用该处理器资源的另一个线程，可以部分隐藏长停顿。尽管这样做可以减少完全空闲的时钟周期的数量，但是流水线的启动开销依然会带来空闲的时钟周期，并且 ILP 的限制意味着并非所有的发射槽都能得到充分利用。在细粒度多线程的情况下，线程的交叉执行可以基本消除空闲的时钟周期。但是，由于在给定的时钟周期内只有一个线程发出指令，因此指令级并行的限制仍会导致某些时钟周期内出现空闲的发射槽。

在 SMT 中，线程级并行和指令级并行都得到了充分利用，多个线程在单个时钟周期中使用发射槽。理想情况下，发射槽的使用仅受到多个线程之间资源需求不平衡和资源可用性的限制。实际上，还有其他因素可能会限制使用的发射槽的数量。虽然图 6-5 大大简化了这些处理器的实际操作，但是它确实说明了多线程在一般情况下的潜在性能优势，特别是 SMT。

图 6-6 给出了 Intel Core i7 960 单核上运行多线程的性能和能效优势。该处理器硬件支持双线程，最新的处理器 i7 6700 也是如此。i7 920 和 6700 之间的结构变化相对较小，不会显著改变图中的比较结果。Intel Core i7 960 单核的平均加速比为 1.31，这对于有少量额外资源且可以执行硬件多线程的情况来说不算差。平均能耗提高 1.07，这非常好。总之，在能耗基本不变的前提下获得性能提升是使人感到高兴的。

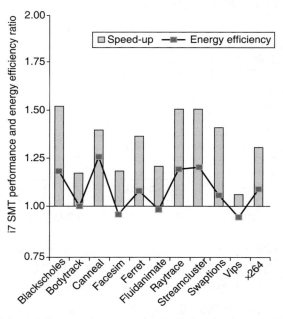

图 6-6　在 i7 处理器的一个核心上对 PARSEC 基准测试程序（见 6.10 节）使用多线程的平均加速比为 1.31，能效改善比例为 1.07。Esmaeilzadeh 等人收集并分析了这些数据 [2011]

现在我们已经看到如何通过多个线程更有效地利用单个处理器的资源，接下来我们将看到如何通过多线程来利用多处理器的资源。

自我检测

1. 判断题：多线程和多核都依赖并行以从芯片中获得更高的效率。

2. 判断题：同时多线程（SMT）使用多个线程来提高动态调度乱序处理器的资源利用率。

6.5   多核及其他共享内存多处理器

尽管硬件多线程已经用很小的代价提升了处理器效率，但是在过去的十几年中，一个巨大的挑战是：如何通过有效地编程来利用单芯片上不断增长的处理器核数量，以发挥出摩尔定律呈现出的性能潜力。

考虑到重写旧程序使其能在并行硬件上良好运行是困难的，一个自然的问题是：计算机设计者该如何简化该任务？一种方法是为所有处理器提供一个共享的统一物理地址空间，使得程序无须考虑数据的存放位置，只需考虑如何并行执行。在这种方法中，程序的所有变量对其他任何处理器都是随时可见的。另一种方法是每个处理器采用独立的地址空间，这就必须进行显式共享，我们将在 6.8 节描述这种情况。当共享物理地址空间时，硬件通常提供 cache 一致性，以保证共享内存的一致性（见 5.8 节）。

如上所述，共享内存多处理器（SMP）为所有处理器提供统一物理地址空间——对多核芯片几乎总是如此——尽管更准确的术语是共享地址多处理器。处理器通过存储器中的共享变量进行通信，所有处理器都能够通过加载和存储指令访问任意存储器位置。图 6-7 是 SMP 的典型结构。请注意，即使这些系统共享物理地址空间，它们仍可在自己的虚拟地址空间中运行独立程序。

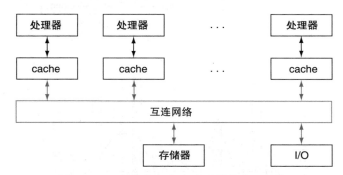

图 6-7   一个共享内存多处理器的典型结构

单地址空间多处理器有两种类型。在第一种类型中，访存延迟不依赖于是哪个处理器提出的请求。这种机器称为**统一内存访问**（UMA）多处理器。在第二种类型中，一些存储器的访问会比其他存储器快很多，这取决于是哪个处理器访问哪个存储。这通常是因为主存储器被划分，并分配给不同的处理器或同一芯片上的不同内存控制器。这种机器称为**非统一内存访问**（NUMA）多处理器。如你所料，NUMA 多处理器的编程难度高于 UMA 多处理器，但 NUMA 机器可以扩展到更大规模，并且 NUMA 在访问附近的内存时具有较低的延迟。

统一内存访问：一种多处理器，无论哪个处理器访问存储器，存储器的访问延迟都大致相同。

非统一内存访问：一种单地址空间多处理器，存储器的访问延迟各不相同，具体取决于哪个处理器访问哪个存储。

处理器并行执行时通常需要共享数据，因此在操作共享数据时需要进行协调；否则，一个处理器可能会在另一个处理器还没有对共享数据完成操作之前就开始处理该数据。这种协调被称为**同步**（synchronization），我们在第 2 章中讨论过。当统一地址空间支持共享时，必须提供一套独立的同步机制。一种方法是为共享变量提供**锁**（lock）。同一时刻只能有一个处理器可以获得锁，其他想要操作共享数据的处理器必须等待，直到该处理器解锁共享变量为止。2.11 节描述了 RISC-V 中关于锁操作的指令。

同步：协调两个或多个进程行为的过程，这些进程可能在不同的处理器上运行。

锁：一种同步机制，同一时刻仅允许一个处理器访问数据。

┃**例题**┃**一个共享地址空间的简单并行处理程序** ━━━━━━━━━━━━━━━━━━━━━━━●

现在假设我们要使用一台具有统一内存访问时间的共享内存多处理器计算机，对 64 000 个数字求和。假设该计算机有 64 个处理器。

┃**答案**┃首先需要确保每个处理器负载均衡，因此我们先将这组数字划分为相同大小的子集。我们不能将这些子集分配至不同的内存空间，因为这台计算机只有一个统一内存空间；我们只为每个处理器提供不同的起始地址。Pn 为处理器的编号，介于 0 至 63 之间。所有处理器通过运行一个循环程序来对其数字子集求和：

```
sum[Pn] = 0;
for (i = 1000*Pn; i < 1000*(Pn+1); i += 1)
  sum[Pn] += A[i]; /*sum the assigned areas*/
```

（注意，在 C 语言中，i+=1 是 i=i+1 的简写形式。）

下一步是将这 64 个子集的和继续求和。这一步称为**归约**（reduction），我们采用分治的方式求和。首先，1/2 的处理器将成对的子集和做求和，之后 1/4 的处理器继续将成对的新子集和做求和，以此类推，直到得到一个最终的总和。图 6-8 说明了本次归约的层次结构。

归约：一种处理数据结构并返回单个值的函数。

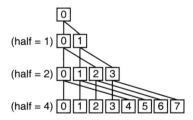

图 6-8 对每个处理器上的数据进行求和的归约过程的最后四级结构，归约过程自下向上进行。对于所有编号 i 小于 half 的处理器，将编号为 (i+half) 的处理器中产生的和加到该处理器上

在本例中，在"消费者"处理器试图从"生产者"处理器上读取结果之前必须进行同步。否则，"消费者"可能会读取到数据的旧值。我们希望每个处理器都拥有自己的循环变量 i，因此需要指出 i 是一个"私有"变量。以下是相应的代码（half 也是私有变量）：

```
half = 64; /*64 processors in multiprocessor*/
do
   synch(); /*wait for partial sum completion*/
   if (half%2 != 0 && Pn == 0)
      sum[0] += sum[half-1];
```

```
        /*Conditional sum needed when half is
        odd; Processor0 gets missing element */
        half = half/2; /*dividing line on who sums */
        if (Pn < half) sum[Pn] += sum[Pn+half];
while (half > 1); /*exit with final sum in Sum[0] */
```

硬件 / 软件接口 由于人们长久以来对并行编程都有着浓厚的兴趣，迄今为止已经出现了数百次构建并行编程系统的尝试。一个有局限但常用的例子是 OpenMP。它只是一个应用程序编程接口（Application Programmer Interface，API），带有一组可以对标准编程语言进行扩展的编译器制导、环境变量和运行时库。它为共享内存多处理器提供了可移植、可扩展且简单的编程模型。它最初的目标是循环并行化并进行归约。

> **OpenMP**：一套支持共享内存多处理的 API，它在 UNIX 和 Microsoft 平台上运行，支持 C/C++/Fortran 语言。它包括编译器制导、库和运行时指导。

大多数的 C 语言编译器已经支持 OpenMP。在 UNIX C 编译器上使用 OpenMP API 的指令是：

```
cc -fopenmp foo.c
```

OpenMP 使用编译制导对 C 语言进行扩展，编译制导就是 C 宏指令，如 #define 和 #include。如上例所示，如果要将处理器数量设置为 64，需要使用如下命令：

```
#define P 64 /* define a constant that we'll use a few times */
#pragma omp parallel num_threads(P)
```

这些指令表明，运行时库应该使用 64 个并行线程。

为了将顺序 for 循环转换为并行 for 循环（通过该循环在所有线程之间平均分配任务），只需将代码写为如下形式（假设 sum 初始化为 0）：

```
#pragma omp parallel for
for (Pn = 0; Pn < P; Pn += 1)
    for (i = 0; 1000*Pn; i < 1000*(Pn+1); i += 1)
      sum[Pn] += A[i]; /*sum the assigned areas*/
```

要进行归约，可以使用另一个命令告诉 OpenMP 归约运算符是什么，以及需要使用哪个变量来放置归约的结果。

```
#pragma omp parallel for reduction(+ : FinalSum)
for (i = 0; i < P; i += 1)
    FinalSum += sum[i]; /* Reduce to a single number */
```

注意，从现在开始需要由 OpenMP 库来查找使用 64 个处理器对 64 个数字进行求和的效率最高的代码。

尽管使用 OpenMP 可以使基本并行代码的编写变得简单，但它并不能对调试起到帮助，因此许多程序员在使用比 OpenMP 更加复杂的并行编程系统，正如今天许多程序员在使用比 C 语言更加高效的编程语言那样。

现在我们已经了解了经典的 MIMD 硬件和软件，接下来我们将探索更新奇的 MIMD 架构，它继承于另一体系结构，也因此在另一个方向上对并行编程提出了挑战。

详细阐述 一些作者将 SMP 作为对称多处理器（symmetric multiprocessor）的缩略词，以说明对所有处理器而言，访问存储器的时延都大致相同。这种转变是为了与大规模 NUMA

多处理器做区分，因为这两者都使用统一地址空间。由于集群比大规模 NUMA 多处理器更为常见，因此在本书中我们将 SMP 恢复为其原始含义（即共享内存多处理器），并将其与使用多个地址空间的集群进行对比。

详细阐述　共享物理地址空间的一种替代方案是：使用独立的物理地址空间，但共享一个公共的虚拟地址空间，由操作系统负责处理通信。这种方法已经被尝试过，但是需要非常大的开销，以至于不能为注重性能的程序员提供一个实际可用的共享内存抽象。

自我检测　判断题：共享内存多处理器无法利用任务级并行。

6.6　GPU 简介

最初将 SIMD 指令添加到现有体系结构中的理由是：许多微处理器被用于 PC 和工作站中的图形显示器上，以至于越来越多的处理时间被用于图形上。随着处理器上的晶体管数量根据摩尔定律持续增长，改进图形处理效率逐渐成为一个值得研究的问题。

改进图形处理的主要驱动力来自计算机游戏行业，包括 PC 和索尼 PlayStation 等专用游戏主机。快速增长的游戏市场鼓励许多公司加大了在开发更快速的图形硬件上的投资，这种正反馈使得图形处理的改进速度比主流微处理器中的通用处理快得多。

由于图形和游戏社区与微处理器开发社区的目标不同，因此它发展出了自己独特的处理风格和术语。随着图形处理单元计算能力的增加，它们被命名为图形处理单元（Graphics Processing Unit）或 GPU，以区别于 CPU。

只需要几百美元，任何人都可以购买到带有数百个并行浮点单元的 GPU，这使得普通人进行高性能计算更容易了。当这种潜力与编程语言相结合时，GPU 变得更易于编程，而大众对 GPU 计算的兴趣也在逐渐增长。因此，今天的许多科学和多媒体应用的程序员开始犹豫究竟是使用 GPU 还是 CPU 编程。

（本节重点介绍如何使用 GPU 进行计算。想要了解 GPU 计算是如何与 GPU 的传统功能——图形加速相结合的，请参阅附录 B。）

下面是一些 GPU 区别于 CPU 的关键特性：

- GPU 是作为 CPU 补充的加速器，因此不需要能够执行 CPU 上的所有任务。这种角色定位同时也允许了 GPU 将所有的资源都用于图形。GPU 在执行一些任务时表现很差甚至完全不能执行，这也是被允许的，因为在一个同时拥有 CPU 和 GPU 的系统中，CPU 可以根据需要执行这些（GPU 不能执行的）任务。
- GPU 的问题规模通常为几百 MB 到 GB，而不是几百 GB 到 TB。

下面是一些导致（GPU 和 CPU）体系结构风格不同的差异：

- 也许最大的区别在于 GPU 不依赖于多级 cache 来消除内存的长延迟，但 CPU 依赖。与此相反，GPU 依靠硬件多线程（见 6.4 节）来隐藏内存延迟。也就是说，在存储器发出请求与数据到达之间的时间里，GPU 执行了数百或数千个独立于该请求的线程。
- 因此，GPU 的存储器面向带宽而不是延迟。甚至还有用于 GPU 的特殊图形 DRAM 芯片，这种芯片比用于 CPU 的 DRAM 芯片宽度更大，并且具有更高的带宽。此外，GPU 存储器通常比传统微处理器的主存更小。在 2020 年，GPU 存储器的大小一般为 4 ～ 16GiB 甚至更低，而 CPU 存储器的大小为 64 ～ 512GiB。最后，请记住，对于通用计算来说，需要将 CPU 内存和 GPU 内存之间传输数据的时间也计算在内，因为毕竟 GPU 是协处理器。

- 考虑到 GPU 需要通过多线程来获取良好的内存带宽，除多线程外，GPU 还可以容纳许多并行处理器（MIMD）。因此，每个 GPU 处理器都比传统 CPU 拥有更多的线程，并且它们拥有更多的处理器。

硬件 / 软件接口 虽然 GPU 是为小众的图形应用程序而设计的，但是一些程序员想要通过某种形式特化他们的应用程序，使其能够挖掘 GPU 潜在的高性能。在厌倦了尝试使用图形 API 和语言后，他们开发了类 C 语言的编程语言，这种语言支持直接为 GPU 编写程序。一个例子是 NVIDIA 的 CUDA（Compute Unified Device Architecture），它使程序员能够编写在 GPU 上运行的 C 程序，尽管会有一些限制。附录 B 中给出了 CUDA 的示例代码。（OpenCL 是由多个公司发起的可移植编程语言，可提供 CUDA 中的许多功能。）

NVIDIA 决定将所有形式的并行都定义为 CUDA 线程。使用这种最底层的并行作为编程原语，编译器和硬件可以将数千个 CUDA 线程组合在一起，以利用 GPU 内的各种形式的并行：多线程、MIMD、SIMD 和指令级并行。以 32 个为一组，这些线程被一起阻塞并一起执行。GPU 内部的多线程处理器执行这些线程块，一个 GPU 由 8 到 32 个这样的多线程处理器组成。

6.6.1　NVIDIA GPU 体系结构简介

我们使用 NVIDIA 系统作为示例，因为它们是 GPU 体系结构的代表。具体来说，我们使用 CUDA 并行编程语言的术语，并以 Fermi 体系结构作为示例。

与向量体系结构一样，GPU 仅适用于数据级并行问题。这两种体系结构都具有聚集 – 分散数据传输，不过 GPU 处理器比向量处理器拥有更多的寄存器。与大多数向量体系结构不同，GPU 还依赖于单个多线程 SIMD 处理器中的硬件多线程来隐藏存储器延迟（见 6.4 节）。

多线程 SIMD 处理器类似于向量处理器，但是前者有许多并行功能单元，而不是像后者一样只有少数深度流水的功能单元。

正如上文所述，GPU 中包含一个多线程 SIMD 处理器的集合；也就是说，GPU 是由多线程 SIMD 处理器组成的 MIMD。例如，NVIDIA 的 Tesla 架构有四种不同价位的具体实现，分别包括 15、24、56 或 80 个多线程 SIMD 处理器。为了在具有不同数量的多线程 SIMD 处理器的 GPU 模型之间提供透明的可扩展性，线程块调度器硬件为多线程 SIMD 处理器分配线程块。图 6-9 是多线程 SIMD 处理器的简化框图。

让我们再向下深入一层细节，硬件创建、管理、调度和执行的机器对象是一个 SIMD 指令的线程，也称为 SIMD 线程。它是一个传统的线程，但只包含 SIMD 指令。这些 SIMD 线程有自己的程序计数器，它们运行在多线程 SIMD 处理器上。SIMD 线程调度器包含一个控制器，该控制器知道 SIMD 指令的哪些线程已准备好运行，然后将它们发送到调度单元，以便在多线程 SIMD 处理器上运行。SIMD 线程调度器与传统多线程处理器中的硬件线程调度器相同（见 6.4 节），区别仅在于它是调度 SIMD 指令的线程。因此，GPU 硬件有两级硬件调度器：

1. 线程块调度器，用于多线程 SIMD 处理器分配线程块。
2. SIMD 线程调度器，位于 SIMD 处理器内部，可在 SIMD 线程运行时进行调度。

这些线程的 SIMD 指令宽度为 32，因此每个 SIMD 指令线程都将计算 32 个计算元素。由于线程由 SIMD 指令组成，因此 SIMD 处理器必须具有并行功能单元才能执行操作。我们称其为 SIMD 通道，这与 6.3 节中的向量通道非常类似。

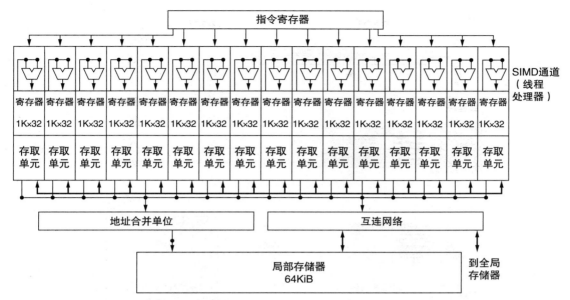

图6-9　一个多线程SIMD处理器数据通路的简化框图。它有16个SIMD通道。SIMD线程调度器中有许多相互独立的SIMD线程，它们可以被选择运行在此处理器上

详细阐述　每个线程的SIMD指令宽度为32，可以映射到16个SIMD通道，因此线程中的每个SIMD指令需要两个时钟周期才能完成。SIMD指令的每个线程都是同步执行的。让我们继续将SIMD处理器与向量处理器做类比，你可以说它有16个通道，并且向量长度为32。这个宽而浅的性质是我们使用术语SIMD处理器而不是向量处理器的原因，因为SIMD处理器这个术语更直观。

因为根据定义，SIMD指令线程是独立的，所以SIMD线程调度器可以选择任何一个准备好的SIMD指令线程，并且不需要在一条指令执行后继续坚持执行该线程内的下一条SIMD指令。因此，如果使用6.4节中的术语来描述，SIMD处理器使用细粒度多线程。

为了保存存储元素，SIMD处理器具有令人印象深刻的32 768个32位寄存器。就像向量处理器一样，这些寄存器在向量通道（这里是SIMD通道）上进行逻辑划分。每个SIMD线程限制为不超过64个寄存器，因此你可以认为SIMD线程至多有64个向量寄存器，每个向量寄存器中具有32个元素，每个元素为32位宽。

由于SIMD处理器有16个SIMD通道，因此每个通道包含2048个寄存器（32 768/16=2048）。每个CUDA线程获得每个向量寄存器的一个元素。注意，CUDA线程只是SIMD指令的线程的垂直切割，一个SIMD线程对应执行一个元素。请注意，CUDA线程与POSIX线程非常不同，你不能任意地在CUDA线程中进行系统调用或同步。

6.6.2　NVIDIA GPU存储结构

图6-10展示了NVIDIA GPU的存储结构。我们称每个多线程SIMD处理器本地的片上存储器为局部存储器（local memory）。它由多线程SIMD处理器中的SIMD通道共享，但多线程SIMD处理器之间不共享此存储器。我们称整个GPU和所有线程块共享的片外DRAM为GPU存储器（GPU memory）。

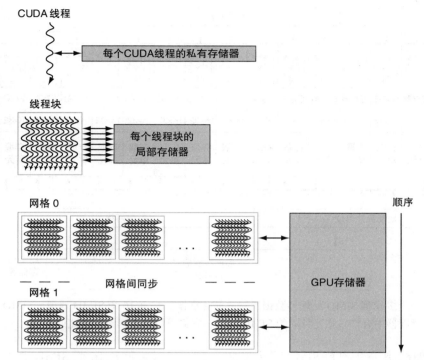

图 6-10　GPU 存储器结构。GPU 存储器被向量化的循环共享。一个线程块中的所有 SIMD 指令线程共享局部存储器

　　GPU 不依赖于大容量的 cache 来保存应用程序的整个工作集，而是传统地使用小容量的流 cache 并依赖于大量的 SIMD 指令多线程来隐藏 DRAM 的长延迟，因为这些工作集的大小通常是数百 MB。因此，数据集无法放在多核微处理器的末级 cache 中。为了使用硬件多线程来隐藏 DRAM 延迟，GPU 将在系统处理器中放置 cache 芯片的区域替换为计算资源和大量的寄存器，用以执行大量的 SIMD 指令多线程。

　　详细阐述　尽管隐藏存储器延迟是 GPU 的潜在设计哲学，但需要注意的是最新的 GPU 和向量处理器中都已经添加了 cache。不过它们或者被认为是带宽过滤器，以减少对 GPU 存储器的访问需求；或者作为加速器，以加速那些延迟不能被多线程隐藏的少数变量。堆栈帧、函数调用和寄存器溢出的局部存储器都很适用于 cache，因为在函数调用时延迟会有影响。cache 还可以节省能耗，因为访问片上 cache 比访问多个外部 DRAM 芯片所需的能效要低得多。

6.6.3　对 GPU 的展望

　　从高层次来看，具有 SIMD 指令扩展的多核计算机确实与 GPU 有相似性。图 6-11 总结了它们的相似之处和不同之处。两者都是 MIMD，并且处理器都使用多个 SIMD 通道，尽管 GPU 具有更多处理器和更多通道。两者都使用硬件多线程来提高处理器利用率，尽管 GPU 支持更多线程的硬件。两者都使用 cache，虽然 GPU 使用小容量的流 cache，而多核计算机使用大容量的多级 cache，试图完整包含整个工作集。GPU 中的物理地址存储器要小得多。虽然 GPU 支持页级别的内存保护，但它们还不支持动态页面调度。

特点	SIMD扩展的多核处理器	GPU
SIMD处理器数量	8~32	15~128
SIMD通道/处理器数量	2~4	8~16
支持SIMD线程的多线程硬件数量	2~4	16~32
最大cache容量	48MiB	6MiB
存储器地址大小	64位	64位
主存容量	64GiB~1024GiB	4GiB~16GiB
页级别的内存保护	是	是
动态页面调度	是	否
cache一致性	是	否

图 6-11 带有多媒体 SIMD 扩展的多核处理器与最近的 GPU 之间的相似点与不同点

SIMD 处理器也与向量处理器很相似。GPU 中的多个 SIMD 处理器充当独立的 MIMD 核心，就像许多向量计算机具有多个向量处理器一样。按照这种观点，可以将 Volta V100 视为具有硬件支持多线程的 80 核计算机，其中每个核心具有 16 个通道。最大的区别是多线程，这是 GPU 的基础，而在大多数向量处理器中不存在。

GPU 和 CPU 体系结构没有共同的"祖先"，并没有过渡环节来解释它们。因为这种不寻常的继承关系，GPU 没有使用计算机体系结构社区中常见的术语，这导致了人们对 GPU 是什么以及 GPU 如何工作的困惑。为了解决这种困惑，图 6-12（从左到右）列出了本节中用到的更具描述性的术语、与主流计算最接近的术语、NVIDIA GPU 官方术语（如果你感兴趣的话），最后是术语的简单描述。这个"GPU 罗塞达石"可能有助于将本节的内容和想法与更传统的 GPU 描述相关联，例如附录 B 中的描述。

虽然 GPU 正在向主流计算发展，但也不能放弃继续发展图形处理的责任。因此，当架构师提出这样的问题时，GPU 的设计可能更有意义：因为投入的硬件可以很好地完成图形处理，我们如何补充它以提高更广泛应用的性能？

GPU 是第一个通过改善在某特定领域（比如计算机图形）的性能来证明其合理性的加速器示例。下一节将给出更多示例，其中机器学习领域最为引人注目。

自我检测 判断题：GPU 依靠图形 DRAM 芯片来减少访存延迟，从而提高图形应用程序的性能。

类型	更具描述性的术语	最接近的传统术语	NVIDIA GPU 官方术语	教科书定义
程序抽象	可向量化循环	可向量化循环	网格	一个可向量化的循环，在 GPU 上执行，由一个或多个可并行执行的线程块（向量化的循环体）组成
	向量化的循环体	向量化的循环（切分）体	线程块	一个在多线程 SIMD 处理器上执行的向量化的循环，由一个或多个 SIMD 指令线程组成。它们之间可以通过局部存储器进行通信

图 6-12 GPU 术语的快速介绍。第一列为硬件术语，这 12 个术语被分成了 4 组，从上到下分别是程序抽象、机器对象、处理硬件和存储器硬件

类型	更具描述性的术语	最接近的传统术语	NVIDIA GPU 官方术语	教科书定义
程序抽象	SIMD 通道操作序列	标量循环的一次迭代	CUDA 线程	SIMD 指令线程的垂直切割，对应于由一个 SIMD 通道执行的一个元素。根据屏蔽寄存器和预测寄存器存储结果
机器对象	一个 SIMD 指令的线程	一个向量指令的线程	Warp	一个传统线程，但是包含执行在多线程 SIMD 处理器上的 SIMD 指令。根据每个元素的屏蔽寄存器存储结果
机器对象	SIMD 指令	向量指令	PTX 指令	一条横跨在多个 SIMD 通道间执行的单个 SIMD 指令
处理硬件	多线程 SIMD 处理器	（多线程的）向量处理器	流多处理器	多线程 SIMD 处理器执行 SIMD 指令线程，与其他 SIMD 处理器相互独立
处理硬件	线程块调度器	标量处理器	千兆线程引擎	将多个线程块（向量化的循环体）分配到多线程 SIMD 处理器上
处理硬件	SIMD 线程调度器	多线程 CPU 中的线程调度器	Warp 调度器	当 SIMD 指令线程准备好执行时调度并发射的硬件单元，包括一个追踪 SIMD 线程执行的记分板
处理硬件	SIMD 通道	向量通道	线程处理器	一个 SIMD 通道，执行单个元素上的 SIMD 指令线程的操作。根据屏蔽寄存器存储结果
存储器硬件	GPU 存储器	主存	全局存储器	可以被一个 GPU 上的所有多线程 SIMD 处理器访问的 DRAM 存储器
存储器硬件	局部存储器	局部存储器	共享存储器	一个多线程 SIMD 处理器上的快速的局部 SRAM，不可被其他 SIMD 处理器访问
存储器硬件	SIMD 通道寄存器	向量通道寄存器	线程处理器寄存器	在整个线程块（向量化的循环体）中分配的一个 SIMD 通道中的寄存器

图 6-12　GPU 术语的快速介绍。第一列为硬件术语，这 12 个术语被分成了 4 组，从上到下分别是程序抽象、机器对象、处理硬件和存储器硬件（续）

6.7　领域定制体系结构

摩尔定律的放缓、登纳德缩放的结束以及 Amdahl 定律对多核性能的实际限制激发了大家的共识，即领域定制体系结构（DSA）是改善性能和能效的唯一途径。与 GPU 一样，DSA 只能完成特定范围内的任务，但它们可以做得非常好。过去十年，出于一些需求，本领域从单处理器转向多处理器，与此相似，迫切的需求正是当前的体系结构设计者致力于发展 DSA 的原因。

那么，新常态将会是：计算机由通用处理器和领域定制处理器共同组成，通用处理器用来运行传统的大型程序（如操作系统等）。我们预计计算机将比过去的同构多核芯片更加异构。本节是本书的新内容，基于《计算机体系结构：量化研究方法》（第 6 版）中的内容编写。如果你有兴趣更深入地研究这个主题，可以参考其中关于 DSA 的新章节。

DSA 设计遵循下述五个基本原则：

1. 使用专用存储器来最小化数据移动的距离。通用微处理器中的多级缓存试图以最佳方式为程序移动数据，但使用了大量的面积和能量。例如，两路组相联缓存使用的能量是等效的软件控制便笺式存储（scratchpad memory）的 2.5 倍。根据定义，DSA 的编译器编写者和程序员熟悉他们的领域，因此硬件无须尝试为他们移动数据。而且，DSA 采用软件控制专用存储器，这些存储器的设计专用于领域内特定功能并为其量身定制，通过这种设计还能减少数据移动。

2. 放弃对微结构的深度优化，节省资源以投入到更多的算术单元或更大的内存上。以往架构师将从摩尔定律中获得的赏金都投入为 CPU 和 GPU 所做的资源密集型优化技术中：乱序执行、推测、多线程、多处理、预取、多级缓存等。鉴于对特定领域程序执行过程的深入理解，未来这些资源最好用于增加更多的处理单元或使用更大容量的片上存储器。

3. 采用满足目标领域要求的最简单的并行方式。DSA 的目标领域基本都具有自身固有的并行性。DSA 的一个关键决策是如何利用这种并行性和如何将其传递给上层软件。决策目标是依据目标领域本身固有的并行粒度进行 DSA 设计，并能够方便地在编程模型中使用。例如，关于数据级并行，如果使用 SIMD 对目标领域有帮助，那么对于程序员和编译器编写者来说肯定比使用 MIMD 更容易。同样，如果使用 VLIW 可以表达目标领域的指令级并行性，那么结构设计可以比乱序执行处理器面积更小、更节能。

4. 减少数据大小和数据类型，满足目标领域所需即可。许多领域中的应用程序都受内存限制，因此可以通过使用更窄的数据类型来提高内存有效带宽和片上内存利用率。在相同的芯片面积或相同的能耗预算下，更窄、更简单的数据还可以实现更多的运算单元。

5. 使用领域定制编程语言来移植代码。领域定制体系结构设计的一个经典挑战是，如何让应用程序在新结构上运行起来。幸运的是，甚至在结构设计者被迫将注意力转向 DSA 之前，领域定制的编程语言就已经流行起来了，例如用于视觉处理的 Halide 和用于机器学习的 TensorFlow。提高编程的抽象级别使得应用程序移植变得更加可行。

除了图形加速领域之外，使用 DSA 的领域还包括生物信息学、图像处理和模拟，不过迄今为止最受欢迎的还是人工智能（AI）。在过去的十年中，人们的焦点不再是为人工智能构建大量逻辑规则，而是从示例数据中进行机器学习，这已经成为通向人工智能的最有希望的技术路径。其中，需要学习的数据和产生的计算量比想象的要庞大得多。21 世纪提出的仓储级计算机（WSC）为此提供了充足的数据，它们可从数十亿用户及其智能手机中收集和存储在互联网上发现的 PB 级信息。同时，我们也低估了从如此海量的数据中学习所需的计算量，但嵌入数千台 WSC 服务器中的 GPU（具有出色的单精度浮点性价比）可以提供足够的计算能力。

其中，机器学习的一个组成部分称为深度神经网络（DNN），2012 年以来它一直都是学术界的明星。几乎每个月都会公布 DNN 技术带来的新突破，例如对象识别、语言翻译，还包括计算机程序第一次在围棋比赛中击败人类冠军。

面向 DNN 的 DSA 中最著名是 Google 的张量处理单元（TPU）TPUv1。早在 2006 年，谷歌工程师就讨论过在他们的数据中心部署 GPU、FPGA 或定制芯片。他们得出的结论是，可以在特定硬件上运行的应用程序，基本都不可能使用大型数据中心的过剩容量免费运行，并且改造它们也是很困难的。2013 年事情发生了改变。人们预估，如果每天使用语音识别 DNN 进行三分钟的语音搜索，则需要将谷歌的数据中心扩容一倍才能满足计算需求，使用传统 CPU 来满足上述需求将是非常昂贵和耗时的。因此，谷歌启动了一个高优先级项目，快速为 DNN 生产定制芯片，目标是相比使用 CPU 或 GPU 将成本－性能比降低为原来的 1/10。鉴于这一任务的紧迫性，TPU 在短短 15 个月内就设计、验证、制造完毕并部署在数据中心。如果你正在使用谷歌的应用程序，那么你肯定一直在使用 TPUv1，因为它们从 2015 年以来一直在工作。

图 6-13 显示了 TPUv1 的结构框图。内部模块之间通常为 256 字节宽的数据通路。位

于右上角的矩阵乘法单元（Matrix Multiply Unit，MXU）是 TPU 的核心。它遵循 DSA 的基本设计原则，精简了 CPU 的功能，并将节省下的资源投入更多的运算单元中。因此它包含一个 256×256 的 ALU 阵列，这是现代服务器 CPU 中 ALU 数量的 250 倍，是现代 GPU 中 ALU 数量的 25 倍。面向 65 536 个 ALU 进行 SIMD 并行遵循的是另一条基本设计原则：采用满足目标领域要求的最简单的并行方式。此外，TPUv1 将数据大小和类型从当代 GPU 中使用的 32 位浮点减少到 8 位和 16 位整数，这对于 DNN 领域来说已经足够了。遵循使用专用存储器的设计原则，矩阵单元运算结果被保存在 4MiB 的累加器中，运算中间结果被保存在 24MiB、统一的缓冲区中，用来作为 MXU 的输入。TPUv1 的片上存储几乎是同等 GPU 的 4 倍。最后，它使用 TensorFlow 进行编程，这简化了移植 DNN 应用程序的过程。

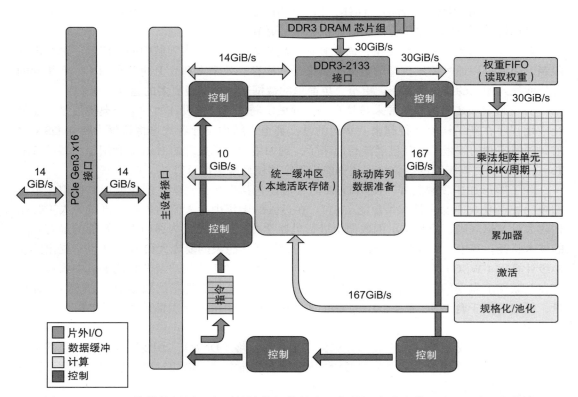

图 6-13　TPUv1 的结构框图。主要的计算部分是右上角的矩阵乘法单元（MXU）。它的输入来自权重 FIFO 和统一缓冲区，输出结果存放到累加器。24MiB 的统一缓冲区几乎占据 TPUv1 芯片三分之一的面积，具有 65 536 个乘 – 累加运算单元的 MXU 占据四分之一的面积，因此整个数据通路几乎占据 TPUv1 芯片面积的三分之二。对于 CPU，多级缓存通常占据芯片面积的三分之二（引自 Hennessy JL, Patterson DA. Computer Architecture: A Quantitative Approach, 6th edition, Cambridge, MA: Elsevier Inc., 2019）

尽管出于保守，TPUv1 的时钟频率只达到 700MHz，但它让 65 536 个 ALU 产生每秒 9×10^{13} 次操作的峰值性能。其芯片面积不到现代 CPU 和 GPU 的一半，75W 的功率还不到 CPU 和 GPU 的一半。

采用 6 个 DNN 应用程序的平均值作为参考，TPUv1 的处理速度是现代 CPU 的 29.2 倍，是现代 GPU 的 15.3 倍。在数据中心，我们对成本 – 性能比和性能同样关心。数据中心成本的最佳衡量标准是总拥有成本（Total Cost of Ownership，TCO）：购买成本加上几年内电力、制冷和空间的运营成本。事实上 TPUv1 的最初目标是，相比于 CPU 或 GPU 使 TCO 的单位成本的性能（性能 / 美元）提高为原来的 10 倍。可惜，TCO 的数字是严格保密的，因此无法进行比较。不过好在 TCO 与功耗相关，这个数据是可以公开获得的。TPUv1 单位功耗的性能（性能 / 功耗）是现代 GPU 的 29 倍，是现代 CPU 的 83 倍，都超过了最初的目标。

我们将在下一节中回到传统体系结构来介绍并行处理器。在并行处理器中，每个处理器都有自己的私有地址空间，这有利于构建更大的计算系统。每天使用的互联网服务大都依赖于这些大型的计算系统，谷歌确实在这些大型系统中都部署了它的 TPUv1。

自我检测 判断题：DSA 比 CPU 或 GPU 都更有效，这主要是因为人们能为使用更大面积的芯片提供理由。

6.8 集群、仓储级计算机和其他消息传递多处理器

共享地址空间的替代方案是为每个处理器都提供私有物理地址空间。图 6-14 是这种具有私有地址空间的多处理器的典型组织结构。采用这种替代方案的多处理器必须通过显式**消息传递**（message passing）进行通信，传统上也把这种类型的计算机称为显式消息传递计算机。只要系统具有**发送消息例程**（send message routine）和**接收消息例程**（receive message routine），就可以通过内置的消息传递进行协调，因为一个处理器知道何时发送消息，并且接收处理器也知道消息何时到达。如果发送方需要确认消息已到达，则接收处理器可以向发送方发回确认消息。

迄今为止，已经有多次基于高性能消息传递网络构建大型计算机的尝试了，而且这些尝试确实提供了比使用局域网构建的集群更好的通信性能。实际上，今天的许多超级计算机都使用了自定义网络。问题在于自定义网络比以太网等局域网要昂贵得多。由于过高的成本，除高性能计算之外，很少有应用程序会对其进行尝试。

消息传递：通过显式发送和接收消息在多个处理器之间进行通信。

发送消息例程：在具有私有存储器的计算机处理器中使用的例程，用于将消息传递给另一个处理器。

接收消息例程：在具有私有存储器的计算机处理器中使用的例程，用于接收来自另一个处理器的消息。

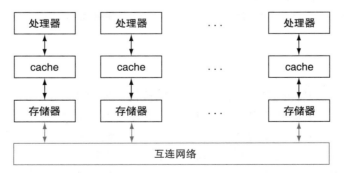

图 6-14　具有私有地址空间的多处理器的典型组织结构，传统上称为消息传递多处理器。需要注意，与图 6-7 中的 SMP 不同，本图的互连网络不在 cache 和存储器之间，而是在不同的处理器 – 存储器节点之间

硬件 / 软件接口 相对于 cache 一致的共享内存计算机，使用消息传递进行通信的计算机对硬件设计者来说更容易构建（见 5.8 节）。这种计算机对程序员来说也有好处，因为通信是显式的，所以相对于 cache 一致的共享内存计算机中的隐式通信，在性能方面会遇到的意外更少。对程序员来说，坏处是将顺序程序移植到消息传递计算机上变得更加困难，因为每次通信都必须提前定义好，否则程序将不能工作。cache 一致的共享内存计算机允许硬件来确定需要传递的数据，这使得移植更加容易。考虑到隐式通信的利与弊，对哪种方式更利于获得高性能依然存在分歧，不过现在市场上却并不存在这种困惑——多核微处理器使用共享物理内存机制进行通信，而集群节点使用消息传递机制相互通信。

一些并发应用程序在并行硬件上运行良好，与硬件是否提供共享地址或消息传递机制无关。特别是，任务级并行性和几乎没有通信的应用程序——例如 Web 搜索、邮件服务器和文件服务器等——不需要共享地址机制也可以运行良好。这导致**集群**（cluster）已成为当今消息传递并行计算机中最普遍的实例。因为有单独的存储器，集群的每个节点都可以运行操作系统的不同副本。相较之下，微处理器内的核心使用芯片内部的高速网络连接，运行单一操作系统，而多芯片共享存储器系统使用存储器互连进行通信。存储器互连具有更高的带宽和更低的延迟，从而为共享内存多处理器提供了更好的通信性能。

> **集群**：通过标准网络交换机上的 I/O 进行连接的计算机集合，以构成消息传递多处理器。

将用户存储器分开存储，这种从并行编程的角度来看的弱点反而变成了系统可靠性的优点（见 5.5 节）。由于集群由通过局域网连接的独立计算机组成，因此在不关闭系统的情况下更换计算机，在集群中很容易做到，但在共享内存多处理器中却不容易。从根本上说，共享地址意味着在没有操作系统做大量工作的情况下，在服务器的物理设计上很难隔离处理器并替换它。当服务器发生故障时，集群也可以轻松地按比例缩小，从而提高 可靠性 。由于集群软件运行在每台计算机的本地操作系统之上，因此断开连接并更换损坏的计算机要容易得多。

考虑到集群是由完整的计算机和独立、可扩展的网络构建的，这种隔离使得在无须卸载在集群之上运行的应用程序的情况下，扩展系统更加容易。

尽管与大规模共享内存多处理器相比，集群的通信性能较差，但集群的低成本、高可用性和快速可扩展使得集群对因特网服务提供商具有吸引力。每天有数亿人使用的搜索引擎就依赖于这项技术。Amazon、Facebook、Google、Microsoft 和其他公司都有多个数据中心，每个数据中心有成千上万台服务器的集群。显然，在互联网服务公司中使用多处理器已经取得了巨大的成功。

仓储级计算机

正如上文所述，因特网服务需要建造新的建筑物，来对 50 000 台服务器进行放置、供能和冷却。虽然它们可以被归类为大型集群，不过它们的架构和操作要更为复杂。这些计算机充当一台巨型计算机，建筑施工、电费、冷却基础设施以及连接并容纳这 50 000 台服务器的网络设备的成本约为 1.5 亿美元。我们将它们认为是一类新的计算机，称为仓储级计算机（Warehouse-Scale Computer, WSC）。

> 任何人都可以构建一个高速 CPU。秘诀就是建立一个高速的系统。
> *Seymour Cray*，超级计算机之父

硬件 / 软件接口 WSC 中最流行的批处理框架是 MapReduce[Dean，2008] 及其类似的开

源版本 Hadoop。受 Lisp 中的同名函数的启发，Map 首先将程序员提供的函数应用于每个逻辑输入记录。Map 在数千台服务器上运行，以产生键值对的中间结果。Reduce 收集这些分布式任务的输出，并使用另一个程序员定义的函数折叠它们。在适当的软件支持下，这两个函数都是高度并行的，易于理解和使用。只需不到 30 分钟，新手程序员就可以在数千台服务器上运行 MapReduce 任务。

例如，一个 MapReduce 程序计算大量文档中每个英语单词的出现次数。下面是该程序的简化版本，它只显示内部循环，并假设在文档中找到的所有英语单词只出现一次：

```
map(String key, String value):
    // key: document name
    // value: document contents
    for each word w in value:
        EmitIntermediate(w, "1"); // Produce list of all words
reduce(String key, Iterator values):
// key: a word
// values: a list of counts
    int result = 0;
    for each v in values:
    result += ParseInt(v); // get integer from key-value pair
    Emit(AsString(result));
```

Map 函数中使用 EmitIntermediate 函数获得文档中的每个单词和值 1。然后，Reduce 函数使用 ParseInt() 对每个文档的每个单词的所有值求和，以获得所有文档中每个单词的出现次数。MapReduce 运行时环境将 Map 任务和 Reduce 任务调度到 WSC 的服务器上。

在这种极端的规模下，需要对配电、冷却、监控和操作方面都进行创新，WSC 是 20 世纪 70 年代超级计算机的现代版本，这使得 Seymour Cray 成为当今 WSC 体系结构的教父。他创造的极致计算机可以完成其他计算机不能完成的计算，但是价格十分昂贵，只有少数公司能负担得起。现在 WSC 的目标是为世界提供信息技术，而不是为科学家和工程师提供高性能计算。因此，今天的 WSC 肯定比过去 Cray 的超级计算机发挥了更重要的社会作用。

尽管在目标上与服务器有一些共同点，但 WSC 还是有以下三个主要区别：

1. 大量、简单的并行性：服务器架构师关注的是目标市场中的应用程序是否具有足够的并行性，以此来判断并行硬件的数量，以及成本是否太高以至于没有足够的通信硬件来利用这种并行性。而 WSC 架构师没有这样的担忧。首先，像 MapReduce 这样的批处理应用程序受益于需要独立处理的大量独立数据集，例如 Web 爬虫得到的数十亿个 Web 页面。其次，交互式互联网服务应用程序，也称为**软件即服务**（Software as a Service，SaaS），可以从其数百万个独立用户中受益。读取和写入很少依赖于 SaaS，因此 SaaS 很少需要同步。例如，搜索使用只读索引，电子邮件通常是读写独立信息。我们称这种类型的简单并行为请求级并行，因为许多独立的工作可以自然地并行进行，几乎不需要通信或同步。

软件即服务：软件不是销售并安装运行在用户计算机上，而是在远程站点运行，并通过 Internet（通常通过 Web 界面）提供给客户。SaaS 客户是根据是否使用而不是是否拥有收费的。

2. 计算运营成本：传统上，服务器架构师在成本预算内设计其系统以实现最佳性能，并且只关心能耗以确保它们不超过其机箱的冷却能力。他们通常会忽略服务器的运营成本，并假设运营成本与购买成本相比显得微不足道。WSC 有更长的使用寿命——建筑、电气和制冷基础设施通常会在 10 年或更长的时间内平摊开销——因此运营成本需要将以下内容加起来：

对于运营超过 10 年的 WSC，能耗、配电和冷却的成本占据总成本的 30% 以上。

　　3. 规模及与规模相关的机会和问题：要构建一个 WSC，你必须购买 50 000 台服务器以及基础架构，而这也意味着批量折扣。因此，WSC 内部结构如此庞大，即便 WSC 的总数很少也可以获得规模经济。这些规模经济导致了云计算，因为 WSC 的服务器单位成本较低，意味着云公司可以用有利可图的价格租用服务器，并且这个价格仍然低于外部人员自己购买的成本。规模经济机会的另一面是需要应对大规模的故障率。即使服务器具有高达 25 年的（200 000 小时）的平均无故障时间，但 WSC 架构师仍需要考虑每天有五台服务器故障的可能。5.15 节提到的年化磁盘故障率（AFR）在谷歌的测量结果为 2% ～ 4%。如果每台服务器有四个磁盘且其年度故障率为 4%，那么 WSC 架构师可以估算出平均每小时可能有一个磁盘发生故障。因此，相比服务器架构师来说，对于 WSC 架构师而言容错性更为重要。

　　由 WSC 带来的规模经济实现了长期以来希望将计算作为一种实用工具的目标。云计算意味着任何有好主意、商业模式和信用卡的人都可以利用数千台服务器在世界各地即时传递他们的愿景。当然，也存在可能会限制云计算增长的重要障碍，例如安全性、隐私、标准和互联网带宽的增长率，但我们预见这些问题可以得到解决，而 WSC 和云计算能够因此蓬勃发展。

　　考虑到云计算的增长速度，2012 年亚马逊网络服务公司宣布，它每天都会增加相当于 2003 年服务器总量的新服务器来支持亚马逊的所有全球基础设施，当时亚马逊是一家拥有 6000 名员工的年收入达 52 亿美元的企业。2020 年，尽管云计算仅占亚马逊收入的 10%，但亚马逊的大部分利润都来自云计算，AWS 正以每年 40% 的速度增长。

　　现在我们已经了解了消息传递多处理器的重要性，特别是对于云计算，接下来要介绍将 WSC 的节点连接在一起的方法。由于摩尔定律和每个芯片的核心数量不断增加，现在芯片内部也需要互连网络，因此这些拓扑结构无论是在小型计算机还是大型计算机中都很重要。

　　详细阐述 MapReduce 框架在 Map 阶段结束时对键值对进行重组和排序，以生成所有共享相同键的组。接下来将这些组传递到 Reduce 阶段。

　　详细阐述 还有一种形式的大规模计算是网格计算，其中计算机分布在一个很大的区域内，运行于其上的程序必须通过长距离网络进行通信。最受欢迎也最独特的网格计算形式由 SETI@home 项目创立。由于在任何时候都存在数以百万计的 PC 闲置无用，如果有人开发出可以在这些计算机上运行的软件然后分发到每台 PC 上独立解决问题，那么问题的结果就可以被获取并充分利用。第一个例子是 1999 年在加州大学伯克利分校推出的搜索超级地球智能（SETI）。超过 200 个国家的 500 多万计算机用户报名参加了 SETI@home，其中超过 50% 的用户在美国境外。2013 年 6 月，SETI@home 家庭网格的平均性能为 668PetaFLOPS，是 2013 年最好的超级计算机的 50 倍。

自我检测

1. 判断题：与 SMP 一样，消息传递计算机依赖锁来进行同步。

2. 判断题：集群具有单独的存储器，因此需要许多操作系统的副本。

6.9　多处理器网络拓扑简介

　　多核芯片需要片上网络将核心连接在一起，而集群需要局域网将服务器连接在一起。本节将对不同互连网络拓扑的优缺点进行回顾。

网络成本包括开关数量、开关连接到网络的链路数量、每个链路的宽度（比特数），以及网络映射到芯片时连接的长度。例如，一些核心或服务器可以是相邻的，而其他核心或服务器则可能位于芯片的另一侧或数据中心的另一侧。网络性能也是多方面的，包括在无负载的网络上发送和接收消息的延迟、在给定时间段内可以传输的最大消息数量的吞吐量、由网络的一部分争用引起的延迟，以及取决于通信模式的可变性能。网络的另一个责任是容错，因为系统可能需要在存在损坏组件的情况下工作。最后，在受能耗限制的系统里，由于不同组织架构导致的系统能耗的不同可能是需要考虑的最重要的问题。

网络通常被绘制为图形，图形的每条边代表通信网络的链路。在本节的图中，处理器 − 内存节点显示为黑色方块，开关显示为灰色圆点。我们假设所有链接都是双向的；也就是说，信息可以向任一方向流动。所有网络都由开关组成，其链路连接到处理器 − 内存节点和其他开关。第一个网络将一系列节点连接在一起：

这种拓扑称为环。由于某些节点没有直接连接，因此某些消息必须沿中间节点跳转，直到到达最终目的地。

与总线（一组允许广播到所有连接设备的公共线路）不同，环能够同时进行多个传输。

由于有多种拓扑可供选择，因此需要使用性能指标来区分这些设计。有两个很受欢迎的指标。第一个是总**网络带宽**，即每个链路的带宽乘以链路数量，代表峰值带宽。对于上述的环拓扑，如果有 P 个处理器，总网络带宽将是一条链路带宽的 P 倍；总线的总网络带宽就是该总线的带宽。

> **网络带宽**：非正式术语，指网络的峰值传输速率；可以指单个链路的速率，或网络中所有链路的集体传输速率。

为了避免只评价最佳带宽的情况，我们提供了另一个更接近最坏情况的指标：**二分带宽**。通过将机器分成两半来计算该度量，然后将跨越假想分界线的链接的带宽相加。环的二分带宽是链路带宽的两倍，是总线链路带宽的一倍。如果单个链路与总线一样快，则在最坏的情况下，环路的速度是总线的两倍，在最好的情况下，它的速度是总线的 P 倍。

> **二分带宽**：多处理器的两个相等部分之间的带宽。此度量适用于多处理器的最坏情况分割。

由于某些网络拓扑不是对称的，因此产生的问题是二分机器时在哪里绘制假想分界线。由于二分带宽是最坏情况的度量，因此答案是选择可以产生最差网络性能的分区。换言之，就是计算所有可能的二分带宽并选择其中最小的一个。我们之所以采取这种悲观的观点，是因为并行程序通常会受到通信链中最薄弱链路的限制。

环的另一个极端是**全连接网络**，其中的每个处理器都具有到其他处理器的双向链路。对于全连接网络，总网络带宽为 $P \times (P-1)/2$，二分带宽为 $(P/2)^2$。

> **全连接网络**：通过在每个节点之间提供专用通信链路来连接处理器 − 内存节点的网络。

全连接网络对性能的巨大提升被成本的急剧增长所抵消。这种结果激励工程师去发明新的拓扑结构，使其既有环的成本又有全连接网络的性能。对结构的评估在很大程度上取决于在计算机上运行的并行程序工作负载的通信特点。

在公开出版物中已经讨论过的不同拓扑结构的数量难以估计，但在商用并行处理器中只使用了少数的拓扑结构。图 6-15 中给出了两种流行的拓扑结构。

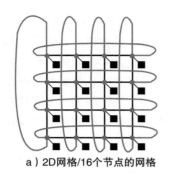

a）2D网格/16个节点的网格　　　　　　b）8个节点的n立方树（8=2³，因此*n*=3）

图 6-15　出现在商用并行处理器中的网络拓扑。灰色圆点表示开关，黑色方块表示处理器 –
　　　　　内存节点。尽管一个开关有很多链接，但通常只有一个链接连接到处理器。布尔 *n*
　　　　　立方体拓扑是具有 2^n 个节点的 *n* 维互连，每个开关需要 *n* 个链路（再加上一条连
　　　　　接处理器的链路），因此存在 *n* 个最近邻节点。这些基本拓扑结构通常会补充额外
　　　　　的链路，以提高性能和可靠性

　　　将处理器放置在网络中的每个节点处的替代方案是：仅在这些节点中的部分节点处留下
小于处理器 – 内存 – 开关节点的开关，这种开关规模更小，因此可以更密集地打包，从而减
小距离并提高性能。这种网络通常被称为**多级网络**（multistage network），以反映消息可能途
经多个步骤后才能传播。多级网络的类型与单级网络一样多，图 6-16 是两个主流的多级网
络组织结构。**全连接**（fully connected）或**交叉开关网络**（crossbar
network）允许任何节点在通过网络时可与任何其他节点通信。
Omega 网络所使用的硬件少于交叉开关网络（前者需要 $2n \log_2 n$ 个
开关，后者需要 n^2 个开关），但消息之间可能会发生争用，具体取
决于通信模式。例如，图 6-15 中的 Omega 网络在从 P_1 发送消息到
P_4 的同时，无法从 P_0 向 P_6 发送消息。

> **多级网络**：在每个节点上
> 提供小型开关的网络。
>
> **交叉开关网络**：允许任何
> 节点在通过网络时与任何
> 其他节点通信的网络。

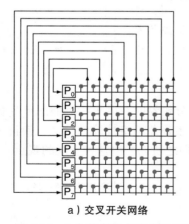

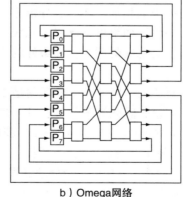

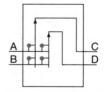

a）交叉开关网络　　　　　　b）Omega网络　　　　c）Omega网络的开关盒

图 6-16　8 个节点的主流多级网络拓扑。这些图中的开关比之前图中的开关更简单，因为链
　　　　　路是单向的；数据从左侧进入并从右侧退出链接。图 c 中的开关盒可以将 A 传送
　　　　　到 C、将 B 传送到 D；或将 B 传送到 C、将 A 传送到 D。交叉开关网络使用 n^2 个
　　　　　开关，其中 *n* 是处理器的数量，而 Omega 网络使用 $2n \log_2 n$ 个大型开关盒，每个
　　　　　开关盒逻辑上由四个较小的开关组成。在这种情况下，交叉开关网络使用 64 个开
　　　　　关，而 Omega 网络使用 48 个开关，或者 12 个开关盒。但是，交叉开关网络可以
　　　　　支持处理器之间的任何消息组合，而 Omega 网络则不能

网络拓扑的实现

对本节中提到的所有网络，我们只做了简单的分析，而忽略了构建网络时需要考虑的重要实际因素。每个链接之间的距离会影响高时钟频率下通信的成本——通常，距离越长，以高时钟频率运行的成本越高。较短的距离也会使得为链接分配更多的电线变得更容易，因为如果电线较短，那么驱动这些电线所需要的功耗就更小，而且较短的电线也比较长的电线更便宜。另一个实际的限制是：必须将三维的图像绘制到本质上其实是二维介质的芯片上。最后要关注的是能耗，例如，由于能耗的限制可能会迫使多核芯片更依赖于简单的网络拓扑。最重要的是，当使用硅片或数据中心进行构造时，在黑板上勾勒出来的看起来优雅的拓扑结构在真正制造时可能是不切实际的。

现在我们已经了解了集群的重要性，并且学习了可以遵循的拓扑结构，接下来将会看到网络与处理器的软硬件接口。

自我检测　判断题：对一个具有 P 个节点的环，总网络带宽与二分带宽的比率为 $P/2$。

6.10　与外界通信：集群网络

本节是网络章节，描述了用于将集群节点连接在一起的网络硬件和软件。示例中使用 PCIe 连接到计算机的万兆以太网上。该示例显示了如何优化软硬件以提高网络性能，包括零拷贝消息传递、用户空间通信、使用轮询而不是 I/O 中断，以及硬件计算校验和。虽然示例是互连网络，但本节中的技术也适用于存储控制器和其他 I/O 设备。

本节从底层详细介绍了网络性能，下一节将从更高的层次介绍如何对多处理器进行基准测试。

6.11　多处理器测试基准和性能模型

在第 1 章中我们看到，基准测试系统一直是一个敏感话题，因为它是判断哪个系统更好的一种很直观的方式。测试结果不仅影响商业系统的销售，还影响系统设计者的声誉。因此，每个参与者都希望自己获胜，但如果其他人获胜，他们也希望获胜者实至名归，因为他们的系统是真的好。这些期望导致测试结果不能只是针对测试基准程序的简单伎俩，而应该是能够真正促进实际应用程序的性能提高。

为了避免可能的作弊行为，一个典型的原则是不能修改基准测试程序。源代码和数据集是固定的，并且只有唯一的正确结果。对这些原则的任何违反都会导致测试结果无效。

许多多处理器基准测试程序都遵循这些规则。一个共同的例外是允许扩大问题规模，这样可以在有不同数量处理器的系统上运行基准测试程序。也就是说，许多基准测试程序允许弱比例缩放而不是强比例缩放。但即便如此，在比较不同问题规模的测试结果时仍要小心。

图 6-17 给出了几个并行基准测试程序的总结，下文将做具体描述。

- Linpack 是一组线性代数例程，这些例程执行高斯消元。3.5.6 节例题中的 DGEMM 例程就是 Linpack 基准测试程序中的一部分源代码，但它占据了该基准测试的大部分执行时间。它允许弱比例缩放，让用户选择任何规模的问题。例如，超级计算机可能会解决维度为每边 1000 万的密集矩阵。而且，只要保证计算结果正确并对相同规模的问题执行相同数量的浮点运算。Linpack 允许用户以几乎任何形式和任何语言重写

Linpack。计算 Linpack 最快的 500 台计算机每年在 www.top500.org 发布两次。排名第一的计算机被新闻界视为世界上最快的计算机。鉴于当今能效的重要性，该组织还发布了 Green500 列表，根据运行 Linpack 的每瓦性能对 Top500 进行排序，公布世界上能效最高的超级计算机。

- SPECrate 是基于 SPEC CPU 基准测试（如 SPEC CPU 2017，见第 1 章）的吞吐量指标。SPECrate 并不报告各个程序的性能，而是同时运行该程序的很多副本。因此，它测量的是任务级并行性，因为这些任务之间没有通信。而且可以根据需要运行任意数量的程序副本，这也是一种弱比例缩放的形式。

基准测试程序	可扩展性	可编程性	描述
Linpack	弱	是	稠密矩阵线性代数 [Dongarra，1979]
SPECrate	弱	否	独立任务并行化 [Henning，2007]
面向共享存储器的斯坦福并行应用SPLASH2 [Woo et al., 1995]	强（虽然提供了两种问题规模）	否	复杂1D FFT 模块化LU分解 模块化稀疏丘拉斯基分解 整数基数排序 巴尔内斯小屋 适应性快速多极算法 海洋仿真 光线跟踪 声音渲染器 空间数据结构的水仿真 非空间数据结构的水仿真
NAS并行基准测试程序 [Bailey et al., 1991]	弱	是（只能是C或Fortran）	EP：令人尴尬的并行内核 MG：简化的多重网格计算 CG：面向共轭梯度方法的非结构化网格 FT：使用FFT的3D偏微积分方程 IS：大型整数排序
PARSEC 基准测试程序集 [Bienia et al., 2008]	弱	否	Blackscholes：使用毕苏期权定价模式的期权定价 Bodytrack：人体跟踪 Canneal：使用cache感知的模拟退火进行布线优化 Dedup：采用数据去重的下一代压缩 Facesim：人脸运动仿真 Ferret：内容相似性搜索服务器 Fluidanimate：SPH方法的流体动力学动画 Freqmine：常见物品集合的数据挖掘 Streamcluster：输入流的在线分类 Swaptions：交换组合的定价 Vips：图像处理 X264：H.264视频编码
伯克利设计数据集 [Asanovic et al., 2006]	强或弱	是	有限状态自动机 组合逻辑 图的遍历 结构化网格 稠密矩阵 稀疏矩阵 波谱法 动态程序设计 N体问题 MapReduce 反向跟踪/分支与边界 图模型推导 非结构化网格

图 6-17　并行基准测试程序的实例

- SPLASH 和 SPLASH 2（Stanford Parallel Applications for Shared Memory）是 20 世纪 90 年代斯坦福大学的研究成果，目的是提供类似于 SPEC CPU 的并行基准测试程序。它由核心程序和应用程序组成，许多来自高性能计算领域。尽管该程序提供了两组数据集，但仍需要强比例缩放。

- NAS（NASA Advanced Supercomputing）并行基准测试是 20 世纪 90 年代对多处理器基准测试程序的另一尝试，由 5 个来源于流体动力学的核心程序构成，允许通过定义几个数据集实现弱比例缩放。像 Linpack 一样，这些基准测试程序可以被重写，但编程语言只能使用 C 或 Fortran。

- PARSEC（Princeton Application Repository for Shared Memory Computer）基准测试程序集由 Pthread（POSIX 线程）和 OpenMP（Open MultiProcessing，见 6.5 节）的多线程程序组成。它们主要专注于新兴的计算领域，由 9 个应用程序和 3 个核心程序构成。其中 8 个依赖于数据并行，3 个依赖于流水线并行，另一个依赖于非结构化并行。

  > **Pthread**：创建和操作线程的一个 UNIX API。它被组织成一个库的形式。

- 加州大学伯克利分校的研究人员提出了一种方法。他们确定了 13 种面向未来应用程序的设计模式。这些设计模式使用框架或核心实现，一些实例包括稀疏矩阵、结构化网格、有限状态自动机、MapReduce 和图遍历等。通过将定义保持在高级别层次，他们希望鼓励在系统的任何层次进行创新。因此，速度最快的稀疏矩阵求解器的系统除了使用新型体系结构和编译器之外，还可以使用任何数据结构、算法和编程语言。

基准测试程序原有约束所造成的负面影响是创新被局限到体系结构和编译器中。更好的数据结构、算法、编程语言等通常不能被使用，因为这些可能产生容易令人误解的结果。这样系统可能因为算法而获胜，而不是因为硬件或编译器。

虽然这些准则在计算基础相对稳定时是可以理解的——因为它们是在 20 世纪 90 年代提出的，而且是在 90 年代的前 5 年——但是，这些准则在编程变革中就不合时宜了。要使变革成功，我们需要鼓励各个层次的创新。

MLPerf 通常运行在并行计算机上，是 ML 的最新基准程序，尽管并不是主要的并行计算基准程序。MLPerf 包括程序、数据集和基本规则。为跟上 ML 的快速发展，新版本的 MLPerf 基准测试每三个月更新一次。MLPerf 也包括测试运行时的功耗，以对不同规格的计算机进行规格化。基准测试程序的一个新特色是同时提供测试程序的开源和闭源版本。闭源版本用来严格控制提交规则，以确保系统之间的公平比对。开源版本鼓励创新，包括更好的数据结构、算法、编程系统等。开源版本提交只需要使用相同的数据集执行相同的任务。我们在下一节中使用 MLPerf 来评估不同的 DSA。

6.11.1 性能模型

与基准测试程序相关的一个话题是性能模型。正如我们在本章中看到越来越多的体系结构多样性——多线程、SIMD、GPU——如果我们有一个简单的模型来分析不同体系结构设计的性能，将是十分有益的。这个模型不一定是完美的，只要有所见地就行。

第 5 章中用于分析 cache 性能的 3C 模型是性能模型的一个例子。它不是一个完美的性能模型，因为它忽略了块大小、块分配策略和块替换策略等潜在的重要因素。而且，它还存在一些含糊其辞的地方。例如，一次失效在一种设计中可以归为容量失效，而在同样容量的另一个 cache 中可以归为冲突失效。然而，3C 模型已经流行了 25 年，因为它提供了对程序行为的深入理解，有助于体系结构设计者和程序员根据对该模型的观察改进他们的创新成果。

为了找到并行计算机的这种模型，让我们从小的核心程序开始，如图 6-16 的 13 个 Berkeley 设计模式。尽管这些核心程序的不同数据类型有许多版本，但浮点在几种实现中很常见。因此，在给定的计算机上峰值浮点性能是这类核心程序的速度瓶颈。对于多核芯片，峰值浮点性能是芯片上所有处理器核峰值性能的总和。如果系统中包含多个处理器，那么应该将每个芯片的峰值性能与芯片总数相乘。

对存储器系统的需求可以用峰值浮点性能除以每访问一字节所包含浮点操作数的平均值来估算：

$$\frac{浮点操作数/秒}{浮点操作数/字节} = 字节/秒$$

存储器每访问一字节所包含的浮点运算比例称为**算术强度**（arithmetic intensity）。它的计算可以用程序中浮点运算的总数除以程序执行期间内存传输数据的总字节数。图 6-18 给出了图 6-17 中几种 Berkeley 设计模式的算术强度。

> **算术强度**：一个程序中浮点操作数量与访问内存字节数量的比值。

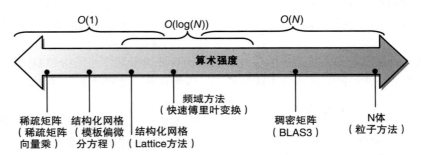

图 6-18　算术强度，计算方式为运行程序中的浮点运算总数除以访问内存的总字节数 [Williams，Waterman，and Patterson，2009]。一些核心程序的算术强度与问题规模成比例扩展，例如密集矩阵，但是也有许多核心程序的算术强度与问题规模无关。对于前者，弱比例缩放可能会导致不同的结果，因为它对存储系统的需求不是很大

6.11.2　Roofline 模型

本节提出的简单模型将浮点性能、算术强度和内存性能结合在一张二维图中 [Williams，Waterman，and Patterson，2009]。峰值浮点性能可以在上面谈到的硬件规格说明书中找到。我们在这里考虑的核心程序的工作集不适合使用片上 cache，因此峰值内存性能可以由 cache 后面的存储系统定义。获取峰值内存性能的一种方法是使用流式基准测试程序（见 5.2.2 节的"详细阐述"）。

图 6-19 给出了针对一台计算机的模型，注意不是针对每个核心程序的模型。Y 轴表示浮点性能，范围是 0.5～64.0GFLOP/s。X 轴表示算术强度，范围是 1/8FLOP/DRAM 字节～16 FLOP/DRAM 字节。注意该图是 log-log 比例。

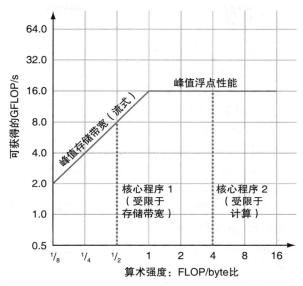

图 6-19　Roofline 模 型 [Williams，Waterman，and Patterson，2009]。本例具有 16GFLOP/s
　　　　的峰值浮点性能和 16GB/s 的峰值内存带宽，该数据来自流式测试程序。（由于实际
　　　　上是四次测量，图中的线是四次的平均值。）左边的虚线表示核心程序 1，其算术强
　　　　度为 0.5FLOP/byte。在 Opteron X2 上，受限于低于 8GFLOP/s 的内存带宽。右边
　　　　的虚垂直线表示核心程序 2，其算术强度为 4FLOP/byte。它只受限于 16GFLOP/s
　　　　的计算（该数据基于 AMD Opteron X2（版本 F），使用双 socket 系统中的 2GHz 的
　　　　双核）

对于给定的核心程序，我们可以根据其算术强度在 X 轴上找到对应点。如果我们在该点
绘制一条垂直线，那么该核心程序在计算机上的性能一定在该垂直线的某个位置上。我们可
以画一条水平线表示该计算机的峰值浮点性能。显然，实际的浮点性能不会超过该水平线，
因为这是一个硬件上限。

我们如何画出峰值内存性能呢（以 byte/s 为单位）？ 由于 X 轴是 FLOP/byte，Y 轴是
FLOP/s，因此 byte/s 只是图中一条 45° 的对角线。因此，我们可以绘制出第三条线来表示对
于给定的算术强度，该计算机存储系统所能支持的最大浮点性能。我们可以用下面的公式表
示该界限，以便在图 6-19 中画出该线：

　　　可达到的 GFLOP/s = min（峰值存储带宽 × 算术强度，峰值浮点性能）

水平线和对角线给出了简单模型的名称并标出了对应值。这个像屋顶一样的轮廓线设定
了一个核心程序在不同算术强度下的性能上界。给定一个计算机的 Roofline 模型，你可以重
复地使用它，因为它不会随核心程序而变化。

如果我们认为算术强度是支撑屋顶的一根杆，那么它要么支撑屋顶的平坦部分，这表示
性能受计算限制；要么支撑屋顶的倾斜部分，这表示性能受存储器带宽限制。在图 6-18 中，
核心程序 1 属于前者，而核心程序 2 属于后者。

需要注意的是"脊点"，它是屋顶平坦部分与倾斜部分的交叉点，这对计算机来说是一
个关键点。如果它过于靠右，那么只有极高算术强度的核心程序才能获得最大性能。如果它
过于靠左，那么几乎所有核心程序都可以达到最大性能。

6.11.3　两代 Opteron 的比较

四核 AMD Opteron X4（Barcelona）是两核 Opteron X2 的后续版本。为了简化主板设计，它们使用了相同的插座。因此，它们具有相同的 DRAM 通道，也就具有相同的峰值存储带宽。除了将核心程序数量加倍之外，Opteron X4 还将每个核的峰值浮点性能提高到原来的两倍：Opteron X4 核可以在每个时钟周期发射两条浮点 SSE2 指令，而 Opteron X2 核最多只能发射一条。由于我们比较的两个系统具有接近的时钟速率——Opteron X2 为 2.2GHz，Opteron X4 为 2.3GHz——所以 Opteron X4 的峰值浮点性能是 Opteron X2 的四倍，而两者的 DRAM 带宽完全相同。Opteron X4 还有一个 2MiB L3 cache，而 Opteron X2 没有。

图 6-20 比较了两个系统的 Roofline 模型。正如我们所期望的那样，脊点向右移动了，从 Opteron X2 中的 1 移动到 Opteron X4 中的 5。因此，为了看到下一代 Opteron 处理器性能的改进，核心程序的算术强度必须大于 1，或者核心程序的工作集必须适合 Opteron X4 的 cache。

Roofline 模型给出了性能的上限。假设你的程序远低于该上限。那么应该进行哪些优化呢？以什么顺序执行这些优化？

为了克服计算瓶颈，以下两种优化可以改进几乎任何核心程序：

1. 浮点运算组合。计算机的峰值浮点性能通常需要几乎同时的等量加法和乘法运算。这种均衡不仅是因为计算机支持融合的乘加指令（见 3.5.7 节的"详细阐述"），也因为浮点单元具有相同数量的浮点加法器和浮点乘法器。最佳性能也需要大部分浮点运算和非整数指令混合。

2. 提高指令级并行性并应用 SIMD。对于现

图 6-20　两代 Opteron 的 Roofline 模型。Opteron X2 的 Roofline 与图 6-19 相同，使用黑色绘制，Opteron X4 使用灰色绘制。Opteron X4 较大的脊点意味着原来在 Opteron X2 中是计算受限的核心程序在 Opteron X4 中可能是存储性能受限

代的体系结构，最高性能在每个时钟周期取指、执行并提交 3 ～ 4 条指令时才能获得（见 4.11 节）。这一步的目标是从编译器角度改进代码以增加 ILP。正如我们在 4.14 节看到的，一种方法是循环展开。对于 x86 体系结构，单个 AVX 指令可以操作 4 个双精度操作数，因此应尽可能使用它们（见 3.7 节和 3.8 节）。

为了克服内存瓶颈，可以采用以下两种优化方法：

1. 软件预取（software prefetching）。通常，最高性能需要保持许多访存操作一直运行，通过执行软件预取指令来预测访存可以更加容易地满足这个需要，而不是等到计算需要该数据时才进行访存。

2. 内存关联（memory affinity）。现在大多数的微处理器都在片内包含了内存控制器，它能提高存储层次的性能。如果系统中含有多个芯片，这就会使一些地址访问本地 DRAM，而其他地址需要通过芯片互连才能访问对于其他芯片是本地的 DRAM。这种分裂会导致我们在 6.5 节介绍的非一致性访存。通过另一个芯片访存会降低性能。第二个优化是尽量将数据和操作该数据的线程分配给相同的存储器 – 处理器对，这样处理器很少需要访问其他芯片上

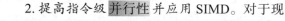

的存储。

  Roofline 模型可以帮助确定选择哪些优化方法，以及以什么顺序执行优化。我们可以认为这些优化的每一个都是适当的 Roofline 下方的"天花板"，也就是说，如果不执行相应的优化，就不能突破天花板。

  计算性能 Roofline 可以在手册中找到，而存储 Roofline 则可以通过运行流式基准测试程序获得。计算性能的上限，例如浮点均衡，也可以来自该计算机的手册。内存性能的天花板，例如内存关联，需要在每台计算机上运行实验以确定它们之间的差距。好消息是，这个过程只需要在每台计算机上进行一次，只要有人完成了对该计算机天花板的评估，任何人都可以使用该结果指导该计算机优化的先后次序。

  图 6-21 为图 6-19 中的 Roofline 模型添加了天花板，其中上图给出了计算天花板，下图给出了存储带宽天花板。尽管较高的天花板没有标记，但是其隐含使用了全部优化手段；为了突破最高的天花板，首先必须突破所有下面的天花板。

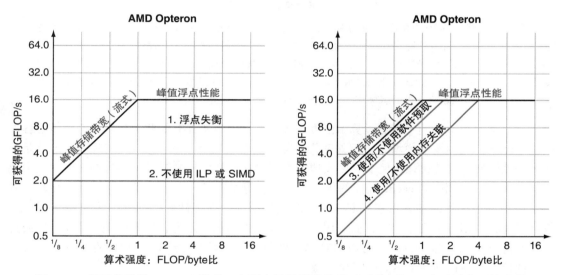

  图 6-21 带天花板的 Roofline 模型。上图表示计算性能的"天花板"，1 表示浮点运算失衡情况下性能为 8GFLOP/s，2 表示同时未使用 ILP 和 SIMD 下的性能为 2GFLOP/s。下图表示没有软件预取的存储带宽上限为 11GB/s，如果同时没有内存关联优化，则为 4.8GB/s

  天花板之间间隙的宽度和下一个更高的限制表示优化之后的收益。因此，图 6-21 建议优化 2 和 4。其中 2 是改善 ILP，对于改善该计算机的计算有很大益处；4 是改善内存关联，对于改善该计算机的存储带宽有很大益处。

  图 6-22 将图 6-21 的天花板整合成一个图。核心程序的算术强度决定了优化区域，优化区域反过来又给出了哪些优化手段可以尝试。需要注意的是，对大多数算术强度，计算优化和存储带宽优化都是重叠的。图 6-22 中有三处不同的阴影标记，表示不同的优化策略。例如，核心程序 2 位于右侧的梯形中，表明只工作在计算优化上。核心程序 1 位于中间的平行四边形中，表示两种优化均可尝试。此外，它建议从优化 2 和 4 开始。注意到核心程序 1 的垂直线低于浮点失衡优化，因此优化 1 是没有必要的。如果核心程序落在左下角的三角形区域，则表示只需进行存储优化即可。

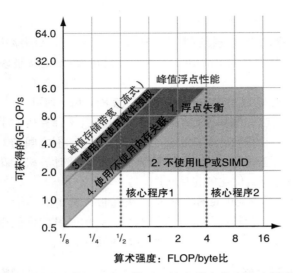

图 6-22   将图 6-19 中两图重叠的 Roofline 模型。算术强度落在右边梯形的核心程序应该着
重于计算优化，而处于三角形区域的核心程序应当着重于存储带宽优化。处于平行
四边形区域的核心程序两种优化都应当考虑。例如核心程序 1 落在中间的平行四边
形中，可尝试优化 ILP 和 SIMD、内存关联、软件预取等。核心程序 2 落在右边的
梯形区域，可尝试优化 ILP 和 SIMD 以及浮点运算均衡

到目前为止，我们一直假设算术强度是固定的，但事实并非如此。首先，有些核心程序
的算术强度会随问题规模增长，例如密集矩阵和 N 体问题（见图 6-18）。实际上，这就是程
序员处理弱比例缩放比强比例缩放更成功的原因之一。其次，存储层次结构的有效性会影响
到访存次数，因此提高 cache 性能的优化也会提高算术强度。一个例子是通过展开循环，并
将使用相近地址的语句分组在一起来改善时间局部性。许多计算机都有特殊的 cache 指令，
故可以先将数据分配到缓存中，而不用先从存储器中填充，因为它可能很快被改写。这两种
优化都降低了访存流量，因此可以将算术强度乘以一个系数（如 1.5）以向右移动，这种右
移会使核心程序移到一个不同的优化区域。

虽然上面的例子展示了如何帮助程序员提高程序的性能，但同时架构师也可以使用该模
型来决定硬件的哪些部分应该优化，以提升他们认为重要的核心程序的性能。

下一节将使用 Roofline 模型来分析多核微处理器和 GPU 的性能差异，并了解这些差异
是否反映了真实程序的性能。

详细阐述   天花板是分层次的，最低的天花板是最容易优化的。显然，程序员可以按任
意顺序优化，但是遵从建议的顺序可以避免将时间浪费在因其他约束而无效的优化上。和
3C 模型类似，只要模型进行了抽象，就会存在一些理想的假设。例如，Roofline 模型是假定
程序在所有处理器间负载均衡的。

详细阐述   一种替换流式基准测试的方案是使用原始 DRAM 带宽作为 Roofline。虽然原
始带宽肯定是一个硬上限，但是存储器的实际性能往往与此相差甚远，因此可用性不高。也
就是说，没有程序可以接近该上限。使用流式基准测试的缺点是非常仔细的编程有可能获得
超过流的结果，因此内存 Roofline 不像计算 Roofline 一样坚实。我们坚持使用流式基准测试
是因为很少有程序员能够做到这一点。

详细阐述   尽管 Roofline 模型适用于多核处理器，但它显然也适用于单处理器。

自我检测　对与错：评测并行计算机的传统方法的主要缺点是确保公平性的同时压制了创新。

6.12　实例：评测 Google TPUv3 超级计算机和 NVIDIA Volta GPU 集群

6.7 节介绍的深度学习神经网络（DNN）有两个阶段：训练阶段，用来构建准确的模型；推理阶段，用来为这些模型服务。训练阶段可能需要几天或几周的时间来完成计算，而推理通常是在几毫秒内运行完毕。TPUv1 是为推理而设计的。本节探讨 Google 如何为更难的训练阶段构建 DSA 产品。本节内容基于 2020 年由 N. P. Jouppi 等人发表在 *Communications of the ACM* 上的论文，具体参见 A Domain-Specific Supercomputer for Training Deep Neural Networks, Communications of the ACM, 2020 by N. P. Jouppi, D. Yoon, G. Kurian, S. Li, N. Patil, J. Laudon, C. Young, and D. A. Patterson。

6.12.1　深度学习神经网络的训练和推理

让我们快速回顾一下 DNN。DNN 的训练阶段从一个庞大的训练数据集开始，该数据集中包括已知正确的数据对（输入，结果）。这些数据对可能是图像及其所描绘的内容。DNN 的训练阶段还需要一个神经网络模型，该模型通过密集的权重计算将输入转化为结果，权重最初是随机的。模型通常被定义为一个分层的图，其中的一层包含一个线性代数部分（通常是矩阵乘法或使用权重的卷积运算），然后是一个非线性激活函数（通常是按元素顺序调用一个标量函数，这样的计算结果称为激活值）。通过训练可以"学习"权重，这会提高输入正确映射到结果的可能性。

我们如何从随机初始权重获得训练后权重？当前的最佳实践使用随机梯度下降（SGD）算法的变体。SGD 算法包含三个步骤的多次迭代：前向传播、反向传播和权重更新。

1. 前向传播采用随机选择的训练示例，将其输入应用于模型，并在不同层间运行计算以产生结果（由于使用随机初始权重，首次计算结果是无用的）。在功能上，前向传播类似于 DNN 推理。如果我们正在构建推理加速器，那可以就此打住。如果是加速训练，这还不到整个工作的三分之一。接下来，SGD 使用损失函数测量模型结果与来自训练集的已知最好结果之间的差异或误差。

2. 反向传播逐层反向运行模型，为每一层的输出生成一组误差 / 损失值，这些损失值用来衡量与所需输出之间的偏差。

3. 最后，权重更新将结合每一层的输入与损失值，计算出一组增量值作为权重的变化。当将其添加到权重时，损失值应几乎为零。权重更新的幅度可能很小。

每个 SGD 步骤都会对权重进行微小调整，从而通过单个数据对改善模型。这样，SGD 逐渐将随机初始权重转变为训练有素的模型，有时能够达到超人的准确性，这在很多新闻中可以见到。

6.12.2　领域定制体系结构的超级计算机网络

DNN 训练的计算量是没有限制的，因此谷歌选择构建 DSA 超级计算机，而不是像 TPUv1 那样用带有 DSA 芯片的 CPU 主机集群。原因之一是训练时间极长。使用一颗 TPUv3 芯片需要好几个月的时间才能训练出一个 Google 应用产品，因此一个典型的应用程序可能需要使用数百颗芯片。其次，DNN 的智慧就在于使用更大的数据集和更大型的机器，以期带来更大的突破。

现代超级计算机的关键结构特征是芯片之间如何通信：链路速度是多少？互连拓扑是什么样的？选择集中式交换机还是分布式交换机？等等。对于 DSA 超级计算机来说，这样的选择可能要容易一些，因为通信模式是有限和已知的。例如训练，大多数流量是由来自所有机器节点权重更新的 all-reduce 产生的。事实证明，all-reduce 可以有效地映射到 2D 网格（又称为 2D 环面）拓扑上（见图 6-15），并由片上交换机来为消息提供路由。为能够使用 2D 网格结构，TPUv3 芯片有四个定制的核间互连（ICI）链路，每条链路在每个方向上的速度为 656Gbit/s。ICI 实现了芯片之间的直接连接，仅占用每个芯片的一小部分面积就能造出一台超级计算机。

TPUv3 超级计算机使用 32×32 网格结构（1024 颗芯片），即 64（32×2）条链路 ×656 Gbit/ 秒 = 42.3Tbit/ 秒的对分带宽。作为比较，一个连接了 64 台主机（每台主机有 16 颗 DSA 芯片）的单独 InfiniBand 交换机（通常用于 CPU 集群）具有 64 个端口，每个端口"仅"能使用 100Gbit/s 的数据链路，则最多可获得 6.4Tbit/s 的对分带宽。TPUv3 超级计算机提供的对分带宽是传统集群交换机的 6.6 倍，同时还减少了 InfiniBand 网卡和交换机的成本以及通过 CPU 主机集群的通信延迟。

6.12.3 领域定制体系结构的超级计算机节点

TPUv3 超级计算机节点遵循 TPUv1 的主要设计思想：大型二维矩阵乘法单元（Matrix Multiply Unit，MXU）加上大型软件控制的片上存储器，而不是缓存。与 TPUv1 不同，每颗 TPUv3 芯片中放置了两个内核。由于芯片上的全局连线不会随着特征尺寸的缩小而等比例缩短，因此它们的相对延迟将会增加。鉴于训练需要使用多个处理器，在单颗芯片上放置两个面积较小的 TensorCore，可以防止产生大型芯片中的过度延迟。谷歌如此选择的原因是，相对于许多"弱小"的内核，为单芯片中两个"强壮"的内核高效编写程序会更容易。

图 6-23 给出了 TensorCore 中的六个主要部件：

1. 核间互连（ICI），上文已经介绍过。

2. 高带宽存储（High-Bandwidth Memroy，HBM）。TPUv1 的大多数应用程序都受内存限制 [Jouppi, 2018]。Google 采用高带宽 DRAM 解决了 TPUv1 的内存瓶颈。它利用芯片的中间层衬底提供的带宽达到原有存储的 25 倍，这些衬底本来用于芯片互连，通过 64 条 64 位总线与 DRAM 芯片上的 4 个短堆栈相连。传统的 CPU 服务器支持更多的 DRAM 芯片，但带宽低得多，最多支持 8 条 64 位总线。

3. 核内顺序单元从软件管理的片上指令存储器（Imem）中取出并执行超长指令字（VLIW）指令，标量计算资源包括 4K 个 32 位标量数据存储器（Smem）和 32 个 32 位标量寄存器（Sregs），还可转发向量指令到向量处理单元（VPU）。VLIW 指令宽度为 322 位，可以同时执行 8 个操作：2 个标量 ALU、2 个向量 ALU、向量加载和存储，以及一对顺序槽——可对矩阵乘法和转置单元的输入 / 输出数据进行排序。

4. VPU 使用 32K 个 128×32 位元素（16MiB）的大型片上向量存储器（Vmem）和 32 个 2D 向量寄存器（Vregs）来执行向量运算，每个寄存器可包含 128 × 8 个 32 位元素（4KiB）。VPU 通过数据级并行（2D 矩阵和向量功能单元）和指令级并行（每条指令同时可执行 8 个操作）来收集和分发数据到向量存储器。

5. MXU 的输入为 16 位浮点数据，通过累加最终获得 32 位浮点结果。除直接进入

MXU 的输入被转换为 16 位浮点数据外，其他所有计算都为 32 位浮点操作。TPUv3 中每个 TensorCore 都有两个 MXU。

6. 转置 – 归约 – 置换单元对 VPU 通道中的数据进行 128 × 128 的矩阵转置、归约和置换。

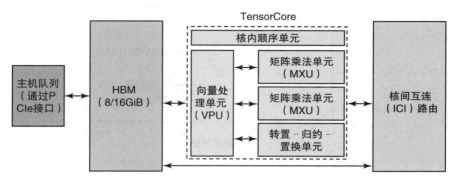

图 6-23   TPUv3 TensorCore 结构示意图

图 6-24 显示了 TPUv3 超级计算机和 TPUv3 的节点主板。为便于比较，图 6-25 列出了 TPUv1、TPUv3 和 NVIDIA Volta GPU 的设计规格。图 6-26 显示了 TPUv3 和 Volta 的 Roofline 模型，它们非常相似。内存带宽相同（900GB/s），TPUv3 和 Volta 的 16 位浮点 Roofline 模型几乎没有区别，32 位浮点 Roofline 模型差异很小（14 TFLOP/s 和 16TFLOP/s）。请注意，两种芯片中 16 位和 32 位浮点运算之间的性能差异却是巨大的。

图 6-24   由多达 1024 颗芯片组成的 TPUv3 超级计算机（左）。它大约 6 英尺高，40 英尺长。
每块 TPUv3 主板（右）上有四颗芯片并使用液体进行冷却

特性	TPUv1	TPUv3	Volta
单芯片峰值性能（TFLOP/s）	92 (8b int)	123 (16b), 14 (32b)	125 (16b), 16 (32b)
单芯片网络链路速度（Gbit/s）	—	4 x 656	6 x 200
单台超算可支持最大芯片数	—	1024	可变
时钟频率（MHz）	700	940	1530
单芯片散热设计功耗（W）	75	450	450
芯片（die）面积（mm²）	<331	<648	815
制造工艺	28 nm	>12 nm	12 nm
存储容量（片上/片外）	28 MiB / 8 GiB	37 MiB /32 GiB	36 MiB / 32 GiB
单芯片存储带宽（GB/s）	34	900	900
单核心MXU数量和规格	1 256 x 256	2 128 x 128	8 4 x 4
单芯片核心数量	1	2	80
单台CPU主机支持的芯片数	4	8	8 或 16

图 6-25   TPUv1、TPUv3 和 NVDIA Volta GPU 的主要特征

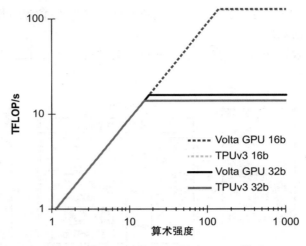

图 6-26　TPUv3 和 Volta 的 Roofline 模型

6.12.4　领域定制体系结构的计算

相比 32 位浮点，使用 16 位浮点进行矩阵乘法时，峰值性能是原来的 8 倍（详见图 6-26），因此至关重要的是使用 16 位以获得最高性能。虽然 Google 可以使用 IEEE 标准的半精度浮点（fp16）和单精度浮点（fp32）格式来构建 MXU，但研发人员通过检查 DNN 的 16 位浮点运算的准确性，有了如下的几点发现：

- 矩阵乘法的输出和中间过程的累加和必须以 fp32 格式保留。
- fp16 格式的矩阵乘法输入采用 5 位指数，由于位数过少，容易产生溢出并导致计算误差，而 fp32 格式使用 8 位指数，可以避免这一点。
- 将矩阵乘法输入的尾数宽度从 fp32 格式的 23 位减少到 7 位并不会影响计算准确性。

最终采用的 Brain 浮点格式（bf16）保持与 fp32 相同的 8 位指数，但将尾数削减为 7 位。在这种配置下，不会因为浮点指数下溢而有丢失精度的危险，本节的所有程序在 TPUv3 上都可以很方便地转换为 bf16 格式。但是，如果使用 fp16 格式，则需要调整训练软件以保证收敛和效率。Micikevicius 等人在 GPU 上使用损失缩放（loss scaling）技术，通过缩放损失以配合 fp16 格式中的小指数，保留小梯度带来的影响 [Micikevicius, 2017; Kalamkar, 2019]。

由于浮点乘法器的面积与尾数宽度的平方成正比，因此 bf16 乘法器的面积和能量是 fp16 乘法器的一半。bf16 格式提供了一个罕见的组合：既减少了硬件开销和能耗，同时通过对不必要的数据进行损失缩放来简化软件。

6.12.5　TPUv3 领域定制体系结构与 Volta GPU 的比较

在比较性能之前，让我们先比较一下 TPUv3 和 Volta GPU 的结构。

TPUv3 采用 ICI 实现多芯片并行，同时实现编译器支持的 all-reduce 操作。而类似大小的多芯片 GPU 系统则采用分层网络的方法，单体机箱内使用 NVIDIA 的 NVLink 接口通信，多个机箱之间使用主机控制的 InfiniBand 网络和交换机进行连接。

TPUv3 提供 16 位 Brain 浮点格式（bf16）和运算部件，它专为 128 × 128 阵列内的 DNN 设计。与 IEEE fp16 乘法器相比，其硬件开销和能耗都减半。Volta GPU 采用更细粒度的阵列——4 × 4 或 16 × 16，具体取决于硬件或软件描述——使用 fp16 浮点格式而不是 bf16，因此可能需要额外的芯片面积和能耗，还需要使用软件来实现损耗缩放。

TPUv3 采用按序双核设计，通过编译器静态调度指令让计算、内存和网络传输重叠执行。Volta GPU 是一款具有延迟容忍能力的 80 核机器，其中每个核都有许多线程，因此寄存器堆非常大（20MiB），通过硬件线程加上 CUDA 编程约定共同支持操作的重叠执行。

TPUv3 通过编译器调度来软件控制 32MiB 的便笺式存储，而 Volta 采用硬件管理 6MiB 高速缓存，软件管理 7.5MiB 便笺式存储。TPUv3 编译器直接产生典型的 DNN 顺序 DRAM 访问，这些存储访问通过位于 TPUv3 上的 DMA（直接内存访问）控制器完成，而 GPU 中则是使用多线程和相关硬件。

除了不同的结构选择以外，TPU 和 GPU 芯片还使用不同的制造工艺，具有不同的芯片面积、时钟频率和功率。图 6-27 给出了系统的三个成本相关指标：根据采用的制造工艺进行调整后的近似芯片面积（die size）、集成 16 颗芯片的系统功耗、单芯片的云计算价格。GPU 调整后的芯片面积几乎是 TPU 的两倍，这表明 GPU 芯片的投资成本是 TPU 的两倍，因为每个晶圆上的 TPU 芯片数量是 GPU 的两倍。相比 TPU，GPU 的功耗是其 1.3 倍，这意味着更高的运营成本，因为 TCO 与功耗相关。最后，谷歌云服务的每小时租金是 GPU 的 1.6 倍。这三个不同的衡量指标一致表明：TPUv3 的价格大约在 Volta GPU 的一半到四分之三之间。

	芯片面积	调整后的芯片面积	散热设计功耗 （KW）	云计算价格 （美元）
Volta	815	815	12.0	3.24
TPUv3	<685	<438	9.3	2.00

图 6-27　GPU 和 TPUv3 的调整对比。芯片（die）面积按生产工艺的平方进行调整，因为 TPU 采用的半导体工艺虽然与 GPU 相似，但年代更老面积更大。根据图 6-25 中的信息 Google 为 TPU 选择了 15nm 工艺，散热设计功耗（TDP）对应的是集成 16 颗芯片的系统

6.12.6　性能

在展示 TPUv3 超级计算机的性能之前，让我们先分析单颗芯片的优点，因为集成 1024 颗极弱的芯片以获得 1024 倍加速是很无趣的。图 6-28 显示了相对于 Volta GPU 芯片，TPUv3 在两组程序中的性能。第一组是谷歌和英伟达提交给 MLPerf 0.6 的五个程序，二者都使用 16 位浮点算法，英伟达采用软件执行损失缩放来保证精度。相对于 Volta 的性能，TPUv3 执行这些程序的几何平均值为 0.95，它们的速度大致相同。Google 还想测量真实产品工作负载的性能，这类似于 6.7 节中对 TPUv1 性能的测量。使用生产应用程序作为测试负载，相对于 Volta，TPUv3 加速比的几何平均值为 4.8。这主要是因为在 GPU 上使用了速度为原来的 1/8 的 fp32 格式，而不是 fp16（图 6-26）。这些测试负载都是不断改进的大型生产应用程序，而不是简单的基准测试，因此要让它们完全运行起来需要做很多工作，如果要运行良好则需要做更多工作。应用程序员都关注 TPUv3，因为日常使用的就是它们，因此几乎没有热情为 GPU 做优化，如 fp16 所需的损失缩放。

只有来自 MLPerf 0.6 的 ResNet50 测试程序可以扩展到超过 1000 个 TPU 和 GPU 上。图 6-29 显示了 MLPerf 0.6 中 ResNet50 的结果。NVIDIA 在具有 96 台 DGX-2H 计算服务器的集群上运行 ResNet50，每台计算服务器内有 16 个 Volta GPU，通过 InfiniBand 交换机相互连接。集群共有 1536 颗芯片，获得 41% 的线性加速。MLPerf 0.6 基准测试比真实生产应

用程序小得多，训练它们的时间比训练生产应用程序要少好几个数量级。因此，谷歌需要包含生产应用，以展示其大量可以扩展到超级计算机规模的程序。运行在集成了 1024 颗芯片的 TPUv3 上，一个生产应用程序获得了 96% 的加速比，另三个生产应用程序获得了 99% 的完美线性加速比！

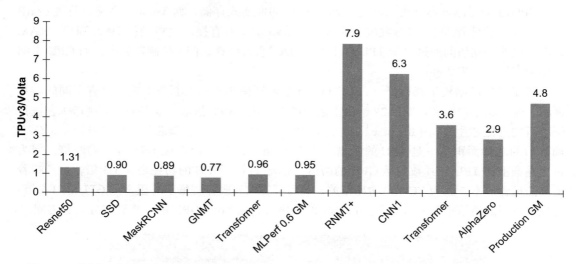

图 6-28　使用五个 MLPerf 0.6 基准测试和四个生产应用程序，相对于 Volta，TPUv3 的单芯片性能

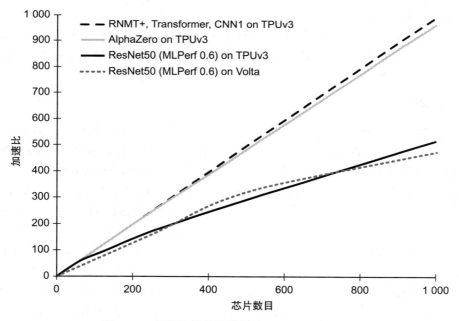

图 6-29　超算性能的可扩展性：TPUv3 和 Volta

图 6-30 显示了在 TPUv3 上运行 AlphaZero 的性能和功耗表现，以及它在 Top500 和 Green500 列表中的排名。这种比较并不完美——传统的超级计算机处理 32 位和 64 位数据，而不是 TPU 的 16 位和 32 位数据。然而，TPU 使用真实数据运行真实应用程序，而不是使用合成数据运行弱缩放的 LINPACK 基准测试。值得注意的是，TPUv3 超级计算机使用真实

数据运行真实生产应用程序，可以达到峰值性能的 70%，高于运行 LINPACK 基准测试的通用超级计算机。此外，与使用 LINPACK 作为基准测试程序的 Green500 榜单上的机器相比，运行生产应用程序的 TPUv3 超级计算机的性能功耗比是排名第一的传统超级计算机的 10倍，是排名第四的超级计算机的 44 倍。

名称	核树	基准测试	性能 （PFLOP/s）	占峰值性能 的百分比	功耗 （MW）	性能功 耗比 （GFLOP/W）	Top500 排名	Green500 排名
天河	4865000	LINPACK	61.4	59%	18.48	3.3	4	57
土星5号	22000	LINPACK	1.1	59%	0.97	15.1	469	1
TPUv3	2000	AlphaZero	86.9	70%	0.59	146.3	4	1

图 6-30 分别使用 LINPACK 和 AlphaZero 作为基准测试，传统超算与 TPUv3 在 Top500 和 Green500 上的排名（2019 年 6 月）

TPUv3 成功的原因包括内置 ICI 网络、大型乘法器阵列和 bf16 运算。即使相比于 CPU 和 GPU，TPUv3 在软硬件系统的许多层次上还不够成熟，但它使用较老的半导体工艺，具有更小的芯片面积和更低的成本。尽管还存在技术缺陷，但这些不错的结果表明 TPU 这种领域定制体系结构具有明显的成本效益，并且可以为未来提供高能效的体系结构。

我们已经看到了对不同架构进行基准测试的大量结果，下面回到 DGEMM 示例，详细了解如何更改 C 代码以利用多个处理器。

详细阐述 最初关于 TPUv3 的论文中还包括另外两个生产应用程序 MLP0 和 MLP1。它们依赖于 embedding[⊖]。DNN 模型一开始就有 embedding，它将稀疏的表示转换为适合线性代数的密集表示。embedding 中可以包含权重，也可以使用向量，其中向量特征值可以由向量之间的距离来表示。embedding 包括查找表、链接遍历和可变长度数据字段，因此它们是不规则的并且会占用大量内存。因为 GPU 尚未开发采用 embedding 的 TensorFlow 内核，所以 Google 暂时没有使用 MLP 作为测试用生产应用程序。在使用 1024 颗芯片的 TPUv3 上，受到 embedding 的限制，这两个程序的加速比分别为 14% 和 40%。

6.13 性能提升：多处理器和矩阵乘法

本节我们将调整 DGEMM 使其适于 Intel Core i7（Skylake）底层硬件，这是性能提升的最后一个步骤，也是优化效果最显著的步骤。每个 Core i7 有 8 个核，我们使用的计算机有 2 个 Core i7。所以我们有 16 个核来运行 DGEMM。

图 6-31 给出了使用这 16 个核的 OpenMP 版本的 DGEMM 程序。注意，第 27 行是相对于图 5-48 增加的唯一一行代码，这行代码使程序可以运行在多处理器上。OpenMP 的 pragma 语句告诉编译器对最外层 for 循环使用多线程技术。这样，计算机会将最外层 for 循环的任务分配给所有线程去执行。

图 6-32 画出了一个经典的多处理器加速比图，它展示了随着处理器的线程数增加，其性能相对于单线程的提升。从图中很容易看出，强比例缩放比弱比例缩放面临更大的挑战。如果所有数据都可以放入一级数据 cache 中，增加线程数实际上会降低性能，例如对于 64×64 矩阵，48 个线程的性能只是单线程的一半。相反，如图 6-32 最上面的两条线所示，最大的两个矩阵在使用 48 个线程时，性能提升为原来的 17 倍。

⊖ embedding 指一种特征分类，以连续值表示。通常，embedding 是将高维向量映射到低维空间。——译者注

```
1    #include <x86intrin.h>
2    #define UNROLL (4)
3    #define BLOCKSIZE 32
4    void do_block (int n, int si, int sj, int sk,
5                   double *A, double *B, double *C)
6    {
7      for ( int i = si; i < si+BLOCKSIZE; i+=UNROLL*8 )
8        for ( int j = sj; j < sj+BLOCKSIZE; j++ ) {
9            __m512d c[UNROLL];
10           for (int r=0;r<UNROLL;r++)
11             c[r] = _mm512_load_pd(C+i+r*8+j*n); //[ UNROLL];
12
13           for( int k = sk; k < sk+BLOCKSIZE; k++ )
14           {
15               __m512d bb = _mm512_broadcastsd_pd(_mm_load_sd(B+j*n+k));
16             for (int r=0;r<UNROLL;r++)
17                 c[r] = _mm512_fmadd_pd(_mm512_load_pd(A+n*k+r*8+i), bb, c[r]);
18           }
19
20         for (int r=0;r<UNROLL;r++)
21           _mm512_store_pd(C+i+r*8+j*n, c[r]);
22       }
23    }
24
25    void dgemm (int n, double* A, double* B, double* C)
26    {
27    #pragma omp parallel for
28      for ( int sj = 0; sj < n; sj += BLOCKSIZE )
29        for ( int si = 0; si < n; si += BLOCKSIZE )
30          for ( int sk = 0; sk < n; sk += BLOCKSIZE )
31            do_block(n, si, sj, sk, A, B, C);
32    }
```

图 6-31   图 5-48 中 DGEMM 的 OpenMP 版本。第 27 行是唯一一条 OpenMP 语句，它使最外层的 for 循环并行执行。这一行代码是图 6-31 与图 5-48 唯一的不同之处

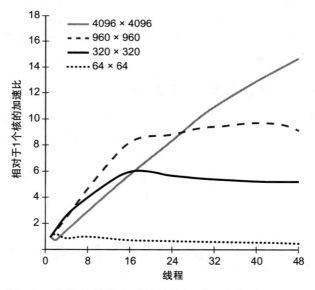

图 6-32   与单线程相比，当线程数增多时的性能提升。我们采用的是最客观的方法：将多线程的性能与最优的单线程性能相比。与本图做对比的是图 5-48 中没有使用 OpenMP 的 pragma 语句的代码

当线程数从 1 个增加到 48 个，图 6-33 给出了绝对性能增长。对于 960×960 的矩阵，

DGEMM 程序的运行速度是 308GFLOPS。而图 3-20 给出的未经任何优化的 C 语言 DGEMM 程序的运行速度是 2GFLOPS，也就是说通过第 3 ～ 6 章中底层硬件对代码进行的优化，性能提升了 150 多倍！相比 Python 版本的 DGEMM，采用数据级并行技术、层次化存储和线程级并行优化技术后的 C 版本加速近 50 000 倍。

接下来我们将给出多进程的谬误和陷阱。正是因为忽略了这些谬误和陷阱，计算机体系结构中的很多并行项目遭受了失败。

详细阐述 尽管 Skylake 每个核心都支持两个硬件线程，但我们使用 96 个线程时仅 4096×4096 的矩阵能够从中获得更高的性能：64 线程时峰值性能为 364GFLOPS，96 线程时下降到 344GFLOPS。原因是在核心内单个 AVX 硬件使用多路复用供两个线程共享，如果没有足够充足的数据来保持所有线程忙碌，则由于存在多路复用开销，为每个核心分配两个线程反而可能会带来性能损失。

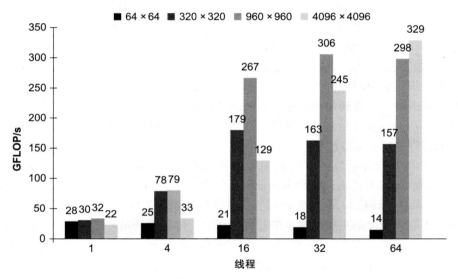

图 6-33　对于 4 个不同大小的矩阵，运行在多线程处理器上的 DGEMM 程序的性能。对于 960×960 矩阵，与图 3-20 中的未经任何优化的代码相比，在使用 32 个线程时，性能提升为原来的 152 倍

6.14　谬误与陷阱

对并行处理的许多争论中揭示了诸多谬误和陷阱。这里列举其中的四个。

谬误：并行计算机不遵循 Amdahl 定律。

1987 年，一个研究组织的负责人声称多处理器不遵循 Amdahl 定律。为了理解这个报道的理论基础，我们看看报道中对 Amdahl 定律的解释 [1967, p. 483]：

此时可以得出一个明显的结论：提高并行处理的速度所付出的代价很可能是种浪费，除非同时将顺序处理的速度提高到相近的数量级。

这种说法的确是真实的，被忽略的那部分程序必然限制性能。

十多年来，一些先知激烈地争论着，认为单处理器的组成方式已经达到了性能极限，只能通过将多台计算机互连以支持协同工作，来获得性能的真正改进……事实证明单处理器提升性能的方法一直在生效……

Gene Amdahl, "Validity of the single processor approach to achieving large scale computing capabilities", Spring Joint Computer Conference, 1967

对 Amdahl 定律的一种解释可得到下面的引理：每个程序都有一部分是顺序的，因此必然有一个经济的处理器数量上限，比如 100。通过给出 1000 个处理器也可以达到线性增长，证明该引理是错误的，因而得出了 Amdahl 定律被打破的结论。

这些研究人员的方法是使用弱比例缩放：不是在相同的数据集上将速度提高 1000 倍，而是在可比较时间内将计算量提高 1000 倍。但是对于他们的算法，程序中顺序执行的比例是常数，与问题的输入规模无关。而其余部分则是完全并行的，因此，使用 1000 个处理器时依然为线性增长。

Amdahl 定律显然适用于并行处理器。这项研究却指出了更快的计算机的主要用途之一是完成更大规模的问题。只要确保用户真的关心这些问题，而不是为了使很多处理器保持运转而购买更贵的计算机。

谬误：峰值性能可代表实际性能。

超级计算机业界在市场中曾经使用该度量方法，并且该谬误在并行机中更加严重。市场营销人员不仅在单处理器节点使用几乎无法达到的峰值性能，而且还将它与处理器总数相乘，假定并行机可以达到完美的加速！可悲的是，我们最近看到神经网络 DSA 的开发人员也提出了一些相同的主张。Amdahl 定律已经指出达到任一个峰值是多么困难，将两者相乘就更是错上加错。Roofline 模型有助于正确看待峰值性能。

陷阱：不开发软件来利用和优化新颖的体系结构。

在很长一段时间里并行软件的发展一直落后于并行硬件，可能是因为软件的问题更加困难。这方面有许多例子可以说明。

把为单处理器设计的软件移植到多处理器环境时，经常会遇到这样一个问题。例如，Silicon Graphics 操作系统最初假定页的分配不频繁，只通过一个锁来保护页表。在单处理器中，这不会引起性能问题。但在多处理器中，这种设计对某些程序会成为主要的性能瓶颈。正如 UNIX 为静态分配的页所做的事情，程序在启动时需要初始化大量的页。假设该程序被并行化了，所以需要为多个进程分配页。由于页的分配需要使用页表，而页表在每次使用时被上锁。如果多个进程试图同时请求分配页，即使操作系统内核支持多线程，这些请求也会被串行执行（这就是我们在初始化时所预期的情况）。

页表请求的串行化处理影响了初始化时的并行性，并对整个并行性能产生很大的影响。这种性能瓶颈也会出现在任务级并行中。例如，假设我们将并行处理程序分为若干个独立的作业，并在每个处理器上运行一个作业，不同作业之间没有任何共享。（这恰好是一个用户的做法，因为他合乎情理地相信性能问题是由于应用程序中无意的共享或冲突所造成的。）不幸的是，锁机制依然将所有工作串行化——即使对于互相独立的工作，性能也会很低。

该陷阱说明软件运行在多处理器上时，这种虽然微小但对性能有极大影响的缺陷会显现出来。像许多其他关键软件一样，多处理器上的操作系统算法和数据结构需要重新考虑。对页表的更小单位加锁可以有效地避免这个问题。

最近的一个示例来自 DNN 的 DSA。2020 年有 100 多家公司正在开发这样的体系结构，MLPerf 基准测试程序决定它们的成功程度。一种常见的失败模式是在没有软件栈支持的情况下开发新颖的硬件，以展示硬件的最佳性能。这已经导致不少初创公司在成立几年后倒闭。

谬误：在不提升内存带宽的前提下可以得到不错的向量计算性能。

从 Roofline 模型中可以看到，内存带宽对所有体系结构都非常重要。DAXPY 的每个浮点运算需要 1.5 次访存，对于很多科学计算，这是一个很标准的比例。即使浮点运算不花费时间，Cray-1 计算机也无法提升 DAXPY 向量计算的性能，因为它受到内存限制。若编译器采用分块技术，使数据可以保存在向量寄存器中，Cray-1 运行 Linpack 的性能有了跳跃式提升。这个方法降低了每个浮点运算的访存次数并使性能提升了将近两倍！这样，对于之前有高带宽需求的循环，Cray-1 的内存带宽就足够了，这正是 Roofline 模型所预言的。

陷阱：假设指令系统体系结构可以完全隐藏所有物理实现属性。

至少从 20 世纪 80 年代起，时间信道（timing channel）就被认为是一个漏洞，但大多数结构设计者错误地认为它们实际上并不重要[⊖]。但是，处理器的物理实现属性（例如时序）是会影响功能的。这个陷阱在 2018 年 Spectre 的曝光中得到了突出体现。Spectre 利用微结构级别的推测式执行将私人信息通过用户级沙箱、内核或管理程序泄露给用户级攻击者。它利用了三类微结构级别的技术：

1. 指令推测。处理器核心通过对分支进行推测来寻找可以同时执行的多条指令。如果推测结果是正确的，则将处理器体系结构状态的改变进行提交。如果推测结果是错误的，则需要回滚处理器状态。相反，Spectre 会推测式地执行那些它知道必将回滚处理器状态变化的指令。其目标非常微妙，就是留下程序员认为隐藏了秘密的微结构"面包屑"。

2. 缓存技术。高速缓存对指令系统是透明的。特别是，根据传统计算机体系结构的知识，哪个块在组相联缓存中最近最少被使用对于程序执行的正确性无关紧要，因此不需要在推测执行错误时恢复其状态。Spectre 利用这个令人惊讶的漏洞放置并随后找到那些带有秘密的"面包屑"。因此，它可以使用缓存内容作为"侧信道"来传输（秘密）数据值。

3. 硬件多线程。如果攻击程序可以在靠近目标程序的地方运行，则更容易注意到这种微妙的时间变化。在硬件多线程技术中，程序指令可以与其他程序的指令混合在一起执行，简化了上述任务。这类硬件攻击确实令人担忧，以至于云服务厂商现在提供了选项，防止与其他客户程序共享服务器。例如 AWS 提供了"专用实例"服务，其成本比传统共享实例高出约 5%。

6.15 本章小结

从计算机发展的早期开始，人们就梦想着通过简单地集成若干处理器来构建计算机。但是构建并充分有效地利用并行处理器的过程是缓慢的。一方面是受软件困难的限制，另一方面是，为了提高可用性和效率，多处理器体系结构在不断改进。本章中我们讨论了很多软件方面的挑战（例如，如何编写根据 Amdahl 定律可获得高加速比的程序）。不同的体系结构之间存在巨大差异，而且过去很多并行体系结构的生命周期非常短暂，所取得的性能提升也非常有限，

> 我们正在将未来产品的开发专注于多核设计。我们相信这对工业界是一个重要转折点……这不是一场竞争，这是计算的翻天覆地的变化……
>
> *Paul Otellini, Intel 总裁,*
> *Intel 开发者论坛, 2004*

这些因素使得软件更加困难。网上的 6.16 节讨论了这些多处理器的历史。要对本章所述的主题有更深入的理解，请参阅《计算机体系结构：量化研究方法》（第 6 版）第 4 章中更多关于 GPU 以及 CPU 和 GPU 之间对比的内容，还有第 6 章关于 WSC 的内容。

正如第 1 章所述，历史漫长而坎坷，但是现在信息技术业的未来与并行计算紧密联系在一起。像过去一样，尽管可能会失败，依然有很多理由让我们对并行充满希望：

- 显然，软件即服务（SaaS）的重要性日益增加，并且集群已被证明能很好地提供这种

⊖ 这个陷阱源自 Mark Hill 在 2020 年 *Communications of the ACM* 中的观点，文章名称是"Why 'Correct' Computers Can Leak Your Information"，本段内容也是在他的帮助下编写的。

服务。通过提供高层次的冗余（包括地理分布的数据中心），此类服务可以为全球的客户提供 $24 \times 7 \times 365$ 的可用性。

- 我们相信仓储级计算机（Warehouse-Scale Computer，WSC）正在改变服务器设计的目标和原则，就像移动客户端的需求正在改变微处理器设计的目标和原则一样。这两者同样也在革新软件行业。每美元的性能和每焦耳的性能驱动着移动客户端硬件和 WSC 硬件的发展，并行是实现这些目标的关键。

- 机器学习的迅速普及正在改变应用程序的性质，驱动机器学习的神经网络模型天生具有并行性。此外，像 PyTorch 和 TensorFlow 这样的领域定制软件平台在阵列机器上运行，相比使用 C++ 语言编写的程序，它们更易于表达和利用数据级并行。

- 在后 PC 时代多媒体应用程序扮演着更重要的角色，而 SIMD 和向量操作更适合多媒体应用程序。与经典的并行 MIMD 编程相比，SIMD 和向量运算对程序员来说更简单，而且能效性也更好。

- 所有桌面和服务器的处理器制造商都在设计和搭建多处理器以实现更高的性能。因此，与过去不同的是，对于串行应用程序来说，想要获得更高性能没有简单的途径。

- 过去，微处理器和多处理器对于成功的定义是不同的。当扩展单处理器性能时，如果单线程性能随芯片面积的平方根增长，微处理器设计者会感到很满意。也就是说，他们满足于性能随资源数量的亚线性增长。多处理器的成功在过去被定义为与处理器数量相关的线性加速比函数，并假定 n 个处理器的购买成本或管理成本是单处理器的 n 倍。既然并行发生在芯片上的多核之间，我们可以使用已经获得成功的传统微处理器标准来获得亚线性的性能提升。

- 与过去不同，开源运动已成为软件行业的一个关键部分。这种运动可以改善工程解决方案，促进开发者之间的知识共享。它也鼓励创新，在改变旧软件时欢迎新的语言和软件产品。这种开放式的文化必将有益于目前日新月异的时期。

为了使读者接受这场革命，我们通过快速浏览第 3 ～ 6 章来展示如何通过 Intel Core i7（Skylake）处理器发掘矩阵乘法的潜在并行：

- 第 3 章的数据级并行通过使用 512 位的 AVX 指令并行执行 8 个 64 位浮点运算，使性能提高为原来的 7.8 倍，证明了 SIMD 的价值。

- 第 4 章通过 4 次展开循环发掘指令级并行，为乱序执行的硬件提供了更多的指令去调度，这又使性能提升为原来的 1.8 倍。

- 第 5 章的 cache 优化使用分块技术来减少 cache 失效，这将不能放进 L1 cache 的矩阵性能提升为原来的 1.5 倍。

- 本章通过使用多核芯片上的所有 48 个核，利用了线程级并行，将无法放入 L1 cache 矩阵的性能提高为原来的 12 ～ 17 倍，证明了 MIMD 的价值。我们是通过添加一行 OpenMP pragma 语句实现的。

使用本书中的方法并根据该计算机对软件进行改造，为 DGEMM 程序添加了 21 行代码。通过这几行代码和本书的方法得到的整体性能加速超过 150 倍！

在一个丹纳德缩放、摩尔定律和阿姆达尔定律都失效的时代，通用处理器的性能每年只会提高几个百分点。本行业从 2005 年左右开始，花了十年时间试图利用并行处理来提升性能。正如这十年一样，我们预计下一个十年的挑战将是开发和设计领域定制体系结构。

这种翻天覆地的变化将为 IT 领域内外提供许多新的研究和商业前景，而主宰 DSA 时代的公司可能与今天的主流公司不同。在通过本书了解了底层硬件趋势并知道如何使软件适应这些趋势之后，也许你将成为抓住未来不确定性中必然出现的机会的创新者之一。我们期待从你的发明中受益！

6.16   历史视角和拓展阅读

本节在网上主要给出了近 50 年来多处理器的发展历史。

参考文献

B. F. Cooper, A. Silberstein, E. Tam, R. Ramakrishnan, R. Sears. Benchmarking cloud serving systems with YCSB, In: Proceedings of the 1st ACM Symposium on Cloud computing, June 10–11, 2010, Indianapolis, Indiana, USA, doi:10.1145/1807128.1807152.

G. Regnier, S. Makineni, R. Illikkal, R. Iyer, D. Minturn, R. Huggahalli, D. Newell, L. Cline, and A. Foong. TCP onloading for data center servers. IEEE Computer, 37(11):48–58, 2004.

6.17   自学

DSA 带来了更多的计算选择，也更需要进行替代方案的成本比较。例如，我们如何在通用 CPU、GPU 或 FPGA 上比较运行成本？传统上成本难以衡量，因为标价可能并不是客户真正需要支付的价格，尤其是在批量购买计算机时。

云服务价格。云服务是一个价格固定且对所有人公开的市场。前往最喜欢的云服务供应商，查找当前租用 CPU、FPGA 和 GPU 的单位时间成本。例如在 2020 年的 AWS 上，实例的示例价格是：

- CPU：r5.2xlarge
- FPGA：f1xlarge
- GPU：p3xlarge

FPGA 和 GPU 相对于 CPU 的租赁价格是多少？

增强型基因组。有人预估，截至 2020 年，已进行基因组测序的总人数约为 100 万。基因组测序的成本下降可能导致对原始测序数据分析的大量需求。Lisa Wu 等人的论文中使用 FPGA 实现 DSA 对基因组分析的关键步骤进行加速，将 CPU 上的 42 小时减少到 FPGA 上的 31 分钟 [Wu19]。虽然 Wu 等人怀疑由于线程之间的负载不平衡，程序可能在 GPU 上运行得更快，但是为了论证，我们先假设 GPU 上的运行速度是 CPU 上的三倍。使用上述你对云服务价格的回答，每个平台上对基因组进行测序的成本是多少？ FPGA 和 GPU 相对于 CPU 的成本是多少？

真实的增强型基因组。粗略的经验法则是，定制芯片的速度至少是 FPGA 等效设计的 10 倍。问题在于定制芯片的开发成本（非经常性成本，NRE）比 FPGA 高得多。Michael Taylor 和他的学生进行了一些新颖的调查来确定这些成本 [Mag16, Kha17]。ASIC NRE 必须包括制作掩膜板的成本，这是总成本的重要组成部分，下表所示是截至 2017 年的一些设计 [Kha17]。作者指出，ASIC 比其他替代品速度快得多，主要问题是如何支付 NRE。

工艺	40nm	28nm	16nm
掩膜成本	1 250 000 美元	2 250 000 美元	5 700 000 美元
占整个 NRE的百分比	38%	52%	66%
整个 NRE	3 259 000 美元	4 301 000 美元	8 616 000 美元

需要对多少基因组进行测序才能收回每个 ASIC 设计的 NRE？2020 年 wet 实验室的成本约为每个基因组 700 美元。你会使用 FPGA 还是定制 ASIC 进行数据处理？

自学答案

2020 年美国东部 AWS 云服务价格

- CPU r5.2xlarge：0.504 美元 / 小时。
- GPU p3.2xlarge：3.06 美元 / 小时，花费是 CPU 的 6.1 倍。
- FPGA f1.2xlarge：1.65 美元 / 小时，花费是 CPU 的 3.3 倍。

增强型基因组

- 42 小时 × 0.504 美元 / 小时 = 在 CPU 上每个基因组测序需要 21.17 美元。
- 31 分钟 /60 分钟 × 1.65 美元 / 小时 = 0.85 美元，FPGA 上的成本是 CPU 的 0.05 倍（1/25）。
- 42/3 小时 × 3.06 美元 / 小时 = 42.84 美元，GPU 上的成本是 CPU 的 2 倍。

真实的增强型基因组

工艺	40nm	28nm	16nm
整个NRE	3 259 000 美元	4 301 000 美元	8 616 000 美元
FPGA上单个基因组的成本	0.85 美元	0.85 美元	0.85 美元
收回NRE的基因组数量	3 834 118	5 060 000	10 136 471

鉴于以上这些假设，与 wet 实验室的成本相比，每个基因组的数据处理成本已经如此低廉，以至于在每个站点每年对基因组测序的需求没达到数千万之前，很难判断 ASIC 是否合理。

6.18 练习

6.1 首先写一个每天你通常需要完成的日常活动的列表。例如，你可能会起床、淋浴、穿衣服、吃早饭、弄干头发、刷牙。确保列表中至少包含 10 项活动。

6.1.1 ［5］< 6.2 > 考虑哪些活动已经利用了某种形式的并行性（例如，是同时刷多颗牙还是一次只刷一颗牙，是一次只带一本书到学校，还是将所有书装到背包里一次"并行"携带）。对每个活动都分析是否已经并行工作，如果没有，分析其原因。

6.1.2 ［5］< 6.2 > 接下来考虑哪些活动可以并发执行（例如，吃早餐和听新闻）。对每个活动都分析哪些活动可以与其配对并发执行。

6.1.3 ［5］< 6.2 > 对于上题，可以通过改变现有系统（例如，淋浴设备、衣服、电视机、汽车等）中的什么让我们并行执行更多的任务？

6.1.4 ［5］< 6.2 > 如果你能尽可能多地并行执行任务，估计完成这些任务可以缩短的时间是多少？

6.2 假设需要你制作 3 块蓝莓蛋糕。蛋糕的配料如下：

- 1 杯黄油，软化后再用
- 1 杯糖
- 4 个大鸡蛋
- 1 茶匙香草精
- 0.5 茶匙盐
- 0.25 茶匙肉豆蔻
- 1.5 杯面粉

- 1 杯蓝莓

蛋糕的制作流程如下：

- 第 1 步：烤箱预热至 160（325）。在烤盘上抹黄油和一层薄薄的面粉。
- 第 2 步：在一只大碗中使用搅拌器以中速将奶油和糖混合在一起，直到变成稀松的糊状。再加鸡蛋、香草精、盐和肉豆蔻，搅拌到完全混合。将搅拌器降到低速，一次加入 0.5 杯面粉，搅拌到完全混合。
- 第 3 步：最后慢慢加入蓝莓，将蛋糕均匀地放在烤盘中，烘烤约 60 分钟。

6.2.1 ［5］<6.2> 你的任务是尽可能高效率地完成 3 块蛋糕。假定只有一个能容纳一块蛋糕的烤箱、一个大碗、一个烤盘、一个搅拌器，请做出合理的调度以尽可能快地完成任务，并分析瓶颈所在。

6.2.2 ［5］<6.2> 假设你现在有 3 个碗、3 个蛋糕盘子和 3 个搅拌器。你拥有这些增加的资源后，现在的工序加快了多少？

6.2.3 ［5］<6.2> 假设现在有两个朋友可帮你烹饪，并且你有一个可容纳 3 个蛋糕的大烤箱。这些将使 6.2.1 中的计划有何改变？

6.2.4 ［5］<6.2> 将制作蛋糕与并行计算机中的循环迭代进行类比。分析制作蛋糕的循环中存在的数据级并行和任务级并行。

6.3 许多计算机应用程序需要在一组数据中进行搜索和对数据进行排序。为了减少这些任务的执行时间，几种高效的搜索和排序算法已被设计出来。在本练习中，我们考虑如何尽可能地将这些任务并行化。

6.3.1 ［10］<6.2> 请看下面的二进制搜索算法（一种经典的分治算法），该算法可以在已经排序的 N 元素数组 A 中搜索值 X，并返回匹配项的索引号：

```
BinarySearch(A[0..N-1], X) {
    low = 0
    high = N -1
    while (low <= high) {
        mid = (low + high) / 2
        if (A[mid] >X)
            high = mid -1
        else if (A[mid] <X)
            low = mid + 1
        else
            return mid // found
    }
    return -1 // not found
}
```

假设 BinarySearch 运行在具有 Y 个核的多核处理器上，且 Y 远远小于 N。请问对于 Y 和 N 的不同取值，预期的加速比是多少？请画图表示。

6.3.2 ［5］<6.2> 接下来，假设 Y 与 N 相等，这会对你前面的结论有何影响？如果要求你获得尽可能高的加速比（例如，强比例缩放），请问该如何修改代码？

6.4 请看下面的 C 代码片段：

```
for (j=2;j<=1000;j++)
    D[j] = D[j-1]+D[j-2];
```

与之对应的 RISC-V 代码如下所示：

```
        addi    x5, x0, 8000
        add     x12, x10, x5
```

```
        addi    x11, x10, 16
LOOP:   fld     f0, -16(x11)
        fld     f1, -8(x11)

        fadd.d  f2, f0, f1
        fsd     f2, 0(x11)
        addi    x11, x11, 8
        ble     x11, x12, LOOP
```

一条指令的延迟是指，在这条指令与使用其结果的指令之间必须存在的周期数。假设浮点指令的延迟如下（周期数）：

fadd.d	fld	fsd
4	6	1

6.4.1 ［10］< 6.2 > 执行这段代码需要多少时钟周期？

6.4.2 ［10］< 6.2 > 重新对这段代码排序以减少停顿（提示：通过改变 fsd 指令的偏移量，可以消除由其带来的停顿）。现在，执行这段代码需要多少时钟周期？

6.4.3 ［10］< 6.2 > 在循环中，如果后一次迭代的指令会依赖于前一次迭代的指令产生的结果，我们说循环迭代之间存在循环进位相关性（loop-carried dependence）。请分析上面代码中的循环进位相关性，识别其中相关的程序变量和汇编级寄存器。可忽略循环变量 j。

6.4.4 ［15］< 6.2 > 重写这段代码，用寄存器来传递迭代之间的数据（而不是从内存中读写该数据）。指出重写后的这段代码哪里会发生停顿，并计算执行这段代码所需的时钟周期数。注意，关于这个问题，你可能需要使用汇编伪指令 fmv.d rd, rs1，该指令将浮点寄存器 rs1 的值写入浮点寄存器 rd。假设 fmv.d 指令在一个周期内完成。

6.4.5 ［10］< 6.2 > 第 4 章描述了循环展开。对上述代码进行循环展开并优化，展开后的每次迭代处理原来循环的三次迭代。指出展开后的代码在哪里停顿，并计算执行这段代码需要多少时钟周期。

6.4.6 ［10］< 6.2 > 由于我们刚好想要多个三次迭代的组合，上一题循环展开后的代码可以工作得很好。但是如果迭代次数在编译时无法得知呢？如何处理这样的循环：原始的迭代次数不是展开后循环的迭代次数的整数倍？

6.4.7 ［15］< 6.2 > 考虑将上述代码运行在一个 2 节点的基于消息传递的分布式存储系统中。假定我们采用 6.7 节描述的消息传递机制，操作 send (x, y) 向节点 x 发送值 y，操作 receive () 等待正在发送的数。再假定 send 操作的发射需要 1 个周期（也就是说，同一节点的后续指令可在下个周期执行），而接收节点需要多个周期接收。接收指令会阻塞接收节点上指令的执行，一直等到接收节点完成消息接收为止。你能用这样一个系统为上述代码加速吗？如果可以，能容忍的最大接收延迟是多少？如果不能，请说明理由。

6.5 考虑下面的归并排序算法（另一种经典的分治算法）。归并排序由 John von Neumann 于 1945 年首先提出。其基本思想是将含有 *m* 个元素的未排序序列 *x* 分为两个子序列，其中每个序列长度都大约是原来的一半。然后对每个子序列重复类似的动作，直到每个子序列的长度均为 1。再从长度为 1 的子序列开始，将两个子序列"归并"为一个排序的序列。

```
Mergesort(m)
    var list left, right, result
    if length(m) ≤ 1
        return m
    else
        var middle = length(m) / 2
        for each x in m up to middle
```

```
            add x to left
        for each x in m after middle
            add x to right
        left = Mergesort(left)
        right = Mergesort(right)
        result = Merge(left, right)
        return result
```

下面的代码实现归并步骤：

```
Merge(left,right)
    var list result
    while length(left) >0 and length(right) > 0
        if first(left) ≤ first(right)
            append first(left) to result
            left = rest(left)
        else
            append first(right) to result
            right = rest(right)
    if length(left) >0
        append rest(left) to result
    if length(right) >0
        append rest(right) to result
    return result
```

6.5.1 ［10］＜6.2＞假设 MergeSort 运行在具有 Y 个核的多核处理器上，且 Y 远远小于 m（长度）。请问对于 Y 和 m 的不同取值，预期的加速比是多少？请画图表示。

6.5.2 ［10］＜6.2＞接下来，假设 Y 与 m 相等，这会对你前面的结论有何影响？如果要求获得尽可能高的加速比（例如，强比例缩放），请问该如何修改代码？

6.6 矩阵乘在大量应用中都扮演着重要角色。两个矩阵可以相乘的条件是第一个矩阵的列数和第二个矩阵的行数相同。

假设我们有一个 $m \times n$ 的矩阵 A，还有一个 $n \times p$ 的矩阵 B 与之相乘。乘法结果为一个 $m \times p$ 的矩阵 AB（或 $A \cdot B$）。如果令 $C=AB$，$C_{i,j}$ 代表在矩阵 (i,j) 位置处的值，则 $1 \leqslant i \leqslant m$ 且 $1 \leqslant j \leqslant p$，$C_{i,j} = \sum_{k=1}^{n} a_{i,k} \times b_{k,j}$。现在我们考虑是否可以将 C 的计算并行化。假设矩阵在存储中的存放顺序为 $a_{1,1}$，$a_{2,1}$，$a_{3,1}$，$a_{4,1}$，…。

6.6.1 ［10］＜6.5＞假设我们分别在单核/四核共享存储的系统计算 C，忽略关于存储的问题，请问四核相对于单核的预期加速比是多少？

6.6.2 ［10］＜6.5＞如果对 C 的多次更新发生在一行中连续的元素时，会引发伪共享带来的 cache 失效，重新计算 6.6.1 中的问题。

6.6.3 ［10］＜6.5＞怎样消除可能出现的伪共享问题？

6.7 下面的代码来自两个不同的程序，它们同时运行在一个包含 4 个处理器的 SMP（对称多核处理器）中。假设在开始运行之前，x 和 y 的初值均为 0。

- 核 1：x=2
- 核 2：y=2
- 核 3：w=x+y+1
- 核 4：z=x+y

6.7.1 ［10］＜6.5＞w、x、y、z 所有可能的结果分别是什么？对每种可能的情况，通过分析指令的交错情况，解释其产生的原因。

6.7.2 ［5］＜6.5＞怎样能让执行变得更有确定性，以便只产生一种结果。

6.8 哲学家就餐问题是一个经典的同步和并发问题。该问题假设就座于一个圆桌周围的哲学家可以做两件事之一：吃饭或思考。吃饭时不能思考，反之亦然。在圆桌中心有一碗通心粉。每两个哲学家之间有一把叉子，这样每个哲学家左边有一把叉子，右边也有一把叉子。按照吃通心粉的方式，哲学家需要两把叉子才能吃到，而且只能使用紧挨着他左右的两把叉子。哲学家不能和其他人说话。

6.8.1 ［10］< 6.8 > 请描述没有任一哲学家能吃到通心粉的情景（例如，饿死）。什么样的事件序列会导致该问题发生？

6.8.2 ［10］< 6.8 > 如何通过引入优先级的概念来解决这一问题？可以平等地对待所有哲学家吗？请解释原因。

现在假定我们增加一个服务员负责为哲学家们分配叉子。只有在服务员允许之下他们才可以拿起叉子。服务员也知道所有叉子的状态。并且我们要求所有哲学家总是先请求拿起左边的叉子，再请求拿起右边的叉子，这样可以避免死锁。

6.8.3 ［10］< 6.8 > 我们可以将哲学家向服务员发出的请求放入一个队列，也可以让请求周期性地重试。如果采用队列的方式，请求可以按照收到的顺序依次处理。存在的问题是即使请求排在队列的最前面，我们也不能保证总是能为其提供服务（因为可能缺乏所需的资源）。描述使用一个队列为 5 个哲学家服务的情景，即使有的哲学家有两把叉子都可用，但仍然不能为其服务（因为他的请求排在队列的后部）。

6.8.4 ［10］< 6.8 > 如果我们让请求周期性地重试直到资源变为可用，这样是否就解决了练习 6.8.3 中的问题？请给出原因。

6.9 考虑下面的 3 种 CPU 结构：

- CPU SS：一个双核超标量微处理器，支持在两个功能单元（FU）上的乱序发射。每个核只能运行单线程。
- CPU MT：一个细粒度的多线程处理器，支持来自两个线程中指令的并发执行（例如，有两个功能单元），但是每个周期只能从一个线程发射一条指令。
- CPU SMT：SMT 处理器支持来自两个线程的指令并发执行（例如，有两个功能单元），并且发射的指令可来自任意一个线程或者两个线程。
- 假定我们在这些 CPU 上运行线程 X 和线程 Y，具体操作如下：

线程 X	线程 Y
A1：需三个周期执行	B1：需两个周期执行
A2：无相关性	B2：与 B1 使用的一个功能单元冲突
A3：与 A1 使用的一个功能单元冲突	B3：需要 B2 的结果
A4：需要 A3 的结果	B4：无相关性，需要两个周期执行

除非特别标记或者遇到冒险，假定所有指令的执行都需要一个周期。

6.9.1 ［10］< 6.4 > 如果使用一个 SS CPU，执行这两个线程需要多少个周期？冒险浪费了多少发射槽？

6.9.2 ［10］< 6.4 > 如果使用两个 SS CPU，执行这两个线程需要多少个周期？冒险浪费了多少发射槽？

6.9.3 ［10］< 6.4 > 如果使用一个 MT CPU，执行这两个线程需要多少个周期？冒险浪费了多少发射槽？

6.9.4 ［10］< 6.4 > 如果使用一个 SMT CPU，执行这两个线程需要多少个周期？冒险浪费了多少发射槽？

6.10 虚拟化软件正在用于降低管理高性能服务器的成本，包括 VMWare、Microsoft 和 IBM 公司在内的很多公司正在开发一系列的虚拟化产品。第 5 章中介绍的管理程序层（hypervisor layer）

位于硬件和操作系统之间，使多个操作系统可以共享同一物理硬件。管理程序层负责分配 CPU 和存储资源，同时处理原本由操作系统完成的服务（如 I/O）。

虚拟化为宿主操作系统和应用软件提供了底层硬件的一个抽象，使得若干操作系统可并行运行在共享的 CPU 和存储上。我们需要重新考虑未来如何设计多核和多处理器系统以对此进行支持。

6.10.1 ［30］< 6.4 > 选择现在市场上的两种管理程序，比较它们虚拟化和管理底层硬件（CPU 和存储）的方式。

6.10.2 ［15］< 6.4 > 为了更好地满足资源需求，未来的多核 CPU 平台需要做出哪些改变？例如，多线程技术是否可以减轻计算资源间的竞争？

6.11 我们将讨论如何高效地执行下面的代码。假设有两个不同的机器，一个是 MIMD，另一个是 SIMD。

```
for (i=0; i<2000; i++)
  for (j=0; j<3000; j++)
      X_array[i][j] = Y_array[j][i] + 200;
```

6.11.1 ［10］< 6.3 > 对于一个包含 4 个 CPU 的 MIMD 机器，请给出每个 CPU 上执行的 RISC-V 指令序列。此 MIMD 机器的加速比是多少？

6.11.2 ［20］< 6.3 > 对一个宽度为 8 的 SIMD 机器（例如，包含 8 个并行的 SIMD 功能单元），使用你自己的对 RISC-V 的 SIMD 扩展，编写一个执行该循环的汇编程序，并比较 SIMD 和 MIMD 机器上执行指令的数量。

6.12 MISD 机器的一个例子是脉动阵列（systolic array）。它是一个由数据处理单元构成的流水线网络或"波阵面"。这些单元都不需要程序计数器，因为执行是由数据的到达触发的。时钟脉动阵列通过与每个处理器相"锁步"的方式进行计算，而这些处理器承担了交替的计算和通信。

6.12.1 ［10］< 6.3 > 分析脉动阵列的各种实现机制（可以在互联网或出版物中查找相关资料），然后使用 MISD 模型对练习 6.11 中的循环进行编程，并对遇到的问题进行讨论。

6.12.2 ［10］< 6.3 > 使用数据级并行的术语，讨论 MISD 和 SIMD 之间的相似点和不同点。

6.13 假定我们要使用 NVIDIA 8800 GTX GPU 上的 RISC-V 向量指令执行 DAXPY 循环（见 6.3.2 节）。在这一问题中，假定所有算术操作是单精度浮点数运算（因此我们将其重新命名为 SAXPY）。假定指令执行的周期数如下所示。

Loads	Stores	Add.S	Mult.S
5	2	3	4

6.13.1 ［20］< 6.7 > 请描述在一个 8 核处理器中如何构建 warp 来完成 SAXPY 循环？

6.14 从 https://developer.nvidia.com/cuda-toolki 下载 CUDA Toolkit 和 SDK。注意使用代码的 "emurelease"（Emulation Mode）版本（此版本可在没有 NVIDIA 硬件的情况下运行）。编译 SDK 中提供的示例程序，并确认它们运行在仿真器上。

6.14.1 ［90］< 6.7 > 以 SDK 的示例程序为起点，编写一个完成如下向量操作的 CUDA 程序：

1. $a-b$（向量减法）

2. $a \cdot b$（向量点积）

向量 $a = [a_1, a_2, \cdots, a_n]$ 和 $b = [b_1, b_2, \cdots, b_n]$ 的点积定义如下：

$$a \cdot b = \sum_{i=1}^{n} a_i b_i = a_1 b_1 + a_2 b_2 + \cdots + a_n b_n$$

运行编写的程序并验证结果是否正确。

6.14.2 ［90］<6.7> 如果你有可用的 GPU 硬件，请完成对程序的性能分析。并且对于不同的向量规模，查看在 GPU 和一个 CPU 版本上的计算时间，并解释其中的原因。

6.15 AMD 最近宣布将把 GPU 与 x86 核集成到一个封装中（尽管两者的时钟不同）。这是一个异构多核的实例。设计的关键之一是如何支持 CPU 和 GPU 之间的高速数据通信。在 AMD 的 Fusion 体系结构之前，分散的 CPU 和 GPU 芯片之间需要通信。目前的计划是采用多个（至少 16 个）PCI express 通道来实现高速通信。

6.15.1 ［25］< 6.7 > 比较这两种互连技术的带宽和延迟。

6.16 参照图 6-15b 中给出的 3 阶 n 维立方体互连拓扑结构，它将 8 个节点进行了互连。n 维立方体互连拓扑的一个优势是在部分互连损坏的情况下依然可以保持连接性。

6.16.1 ［10］< 6.9 > n 维立方体中最多有多少互连损坏时还能保证任何节点依然能够连接？请写出计算公式。

6.16.2 ［10］< 6.9 > 比较 n 维立方体和全互连网络的可靠性。随着损坏的连接增加，画图比较两种拓扑何时会连接失效。

6.17 基准测试程序用于在指定的计算平台上运行有代表性的工作负载，从而比较不同系统之间的性能。在本题中，我们将比较两种基准测试程序：Whetstone CPU 基准测试程序和 PARSEC 基准测试集。从 PARSEC 中选择一个程序。所有程序都可从网上免费下载。考虑将 Whetstone 的多份拷贝或 PARSEC 运行在 6.11 节描述的系统上。

6.17.1 ［60］< 6.11 > 两种工作负载运行在这些多核系统上时，本质区别是什么？

6.17.2 ［60］< 6.11 > 使用 Roofline 模型的相关术语，分析在运行这些基准测试程序时，运行结果与工作负载的共享和同步数量的相关性。

6.18 在计算稀疏矩阵时，存储的延迟至关重要。由于稀疏矩阵缺乏矩阵操作中常见的空间局部性，所以需要研究新的矩阵表示方法。

最早的稀疏矩阵表示方法之一是 Yale 稀疏矩阵格式。它使用 3 个一维数组存储 $m \times n$ 的矩阵 M。令 R 代表 M 中的非零项数目。我们构造一个长度为 R 的数组 A 存储 M 中的所有非零项（按照从左到右、从上到下的顺序）。我们再构造一个长度为 $m+1$ 的数组 IA（每行一项，再加一）。$IA(i)$ 包含第 i 行中第一个非零项在 A 中的索引号。原矩阵中第 i 行的元素可从 $A(IA(i))$ 到 $A(IA(i+1)-1)$ 得到。第三个数组 JA 包含 A 中每个元素的列号，因此它的长度也为 R。

6.18.1 ［15］< 6.11 > 分析下面的稀疏矩阵 X，并编写 C 程序将其存储为 Yale 稀疏矩阵格式。

```
Row 1 [1, 2, 0, 0, 0, 0]
Row 2 [0, 0, 1, 1, 0, 0]
Row 3 [0, 0, 0, 0, 9, 0]
Row 4 [2, 0, 0, 0, 0, 2]
Row 5 [0, 0, 3, 3, 0, 7]
Row 6 [1, 3, 0, 0, 0, 1]
```

6.18.2 ［10］< 6.11 > 在存储空间方面，假定矩阵 X 中的每个元素都是单精度浮点格式，如果用 Yale 稀疏矩阵格式存储上面的矩阵，请计算共需多少存储空间。

6.18.3 ［10］< 6.11 > 执行下面给出的矩阵 X 和矩阵 Y 的矩阵乘。

```
[2, 4, 1, 99, 7, 2]
```

将该计算放入循环中，并对执行过程进行计时。确保增加循环执行的次数，以在时间测量中获得较好的分辨率。比较原始表示方法的矩阵运行时间和使用 Yale 稀疏矩阵格式的运行时间。

6.18.4 ［15］< 6.11 > 你是否能够找到更加有效的稀疏矩阵表示方法（考虑空间和计算开销）？

6.19 在未来的系统中，我们期待能够看到由异构 CPU 构成的异构计算平台。在嵌入式处理相关市场，一些同时包含浮点 DSP 和微控制 CPU 的多芯片模块包的系统已经开始出现。

假定你有三类 CPU：

- CPU A：每周期可执行多条指令的中速多核 CPU（有一个浮点单元）。
- CPU B：每周期可执行单条指令的快速单核定点 CPU（无浮点单元）。
- CPU C：每周期可执行相同指令的多个副本的慢速向量 CPU（具备浮点运算能力）。

假定处理器在下面的频率运行：

CPU A	CPU B	CPU C
1 GHz	3 GHz	250 MHz

在每个时钟周期，CPU A 可以执行 2 条指令，CPU B 可以执行 1 条指令，CPU C 可以执行 8 条指令（来自相同指令）。假定所有的操作在单周期延迟中完成执行，且没有任何冒险。

三个 CPU 均可执行定点算术运算，但是 CPU B 不能执行浮点算术运算。CPU A 和 B 具有与 RISC-V 处理器相似的指令系统。CPU C 仅能执行浮点加减以及存储器存取操作。假定所有 CPU 均可访问共享存储，并且同步的开销为零。

我们的任务是比较两个矩阵 X 和 Y，它们每个都包含 1024×1024 个浮点元素。输出结果应是指示矩阵 X 中某处的值比矩阵 Y 中的值大或相等的个数。

6.19.1 ［10］< 6.12 > 请描述如何划分该问题到 3 个不同的 CPU 上，以获得最佳性能。

6.19.2 ［10］< 6.12 > 为向量 CPU C 中增加哪类指令，以获得更好的性能？

6.20 本题着眼于给定最大事务处理速率的系统中发生的排队量，以及事务观察到的平均延迟。延迟包括服务时间（根据最大速率计算）和排队时间。

假定一个四核计算机系统可以在稳定状态处理最大请求速率的数据库查询，同时假定每个事务平均花费固定的时间来处理。下表给出了几对事务延迟和处理速率。对于表中的每一对数据，回答如下问题：

平均事务延迟	最大事务处理速率
1 ms	5000/sec
2 ms	5000/sec
1 ms	10 000/sec
2 ms	10 000/sec

6.20.1 ［10］< 6.12 > 在任意时刻，平均有多少请求被处理？

6.20.2 ［10］< 6.12 > 如果移到 8 核的系统中，理想情况下，系统的吞吐量将发生什么变化（计算机每秒处理多少请求）？

6.20.3 ［10］< 6.12 > 讨论为什么通过简单地增加核的数量，我们很少获得这种加速。

自我检测答案

6.1 节　错误。任务级并行可以帮助串行应用程序，可以使串行应用在并行硬件上运行，尽管会有很多挑战。

6.2 节　错误。弱比例缩放可以补偿程序的串行部分，强比例缩放的缩放性会被串行部分所限制。

6.3 节　正确。但是它们缺少可以提升向量体系结构性能的特性，如聚集 – 分散和向量长度寄存器。(就像这节的"详细阐述"中提到的，AVX2 SIMD 扩展通过聚集操作提供了变址加载，但不通过分散操作提供变址存储。Haswell x86 微处理器是第一个支持 AVX2 的微处理器。)

6.4 节　1. 正确。2. 正确。

6.5 节　错误。由于共享地址是物理地址，且多任务中的每个任务都在它们自己的虚拟地址空间中，因而可在共享存储的多处理器上良好运行。

6.6 节　错误。图形 DRAM 因其更高的带宽而被赞扬。

6.7 节　错误。GPU 和 CPU 都包含冗余功能以提高芯片良率，与 DSA 不同的是，这些冗余功能与芯片的容量相结合，使得芯片价格合理。DSA 的优势包括忽略相关领域不需要的 CPU 和 GPU 的功能，并将节省下来的资源重用于更多算术单元和大容量内存，两者都是针对特定领域量身定制的。

6.8 节　1. 错误。发送和接收消息是一个隐式的同步，同样也是一种共享数据的方式。2. 正确。

6.9 节　正确。

6.11 节　正确。我们或许需要在硬件的所有层次和软件栈上进行革新，以使并行计算获得成功。

逻辑设计基础

A.1 引言

本附录简要讨论了逻辑设计的基础知识，但无法取代逻辑设计课程，也不能保证让你设计出重要的逻辑系统。不过，如果你很少或根本没有接触过逻辑设计，本附录将为你理解本书中的材料提供足够的背景知识。此外，本附录还能帮助你了解计算机是如何实现的。如果仍想进一步了解有关逻辑设计的知识，可以参阅书末参考文献提供的信息。

> 我一如既往地爱着这个词——布尔。
> *Claude Shannon, IEEE Spectrum, 1992.4*
> *(Shannon 的硕士论文表明，George Boole 在 19 世纪发明的代数可以表示电子开关的运作。)*

A.2 节介绍了逻辑电路的基本组成单元——门。A.3 节使用这些门来构建不包含存储器件的简单组合逻辑系统。如果接触过逻辑或数字系统，会比较熟悉前两部分内容。A.5 节介绍了如何使用 A.2 节和 A.3 节的思想来设计 RISC-V 处理器的 ALU。A.6 节介绍了如何构建快速加法器，如果你对此不感兴趣，可以放心跳过。A.7 节简要介绍了"时钟"，这是讨论存储元件如何工作所必需的。A.8 节介绍存储元件，A.9 节进一步扩展并集中介绍随机访问存储器；这两节描述了存储器件的特点和背景，这些特点对于理解如何使用存储器件来说至关重要（如第 4 章所述），该背景引发了存储器层次结构设计的多个方面（如第 5 章所讨论）。A.10 节描述了有限状态自动机的设计和使用，有限状态自动机又被称为时序逻辑单元。如果打算阅读附录 C，需要完全理解 A.2 ～ A.10 节的内容。如果只阅读第 4 章中控制相关的内容，可以仅浏览附录，但也应该大致熟悉除 A.11 节以外的所有内容。A.11 节面向那些希望更加深入理解时钟同步方法和时序的读者，解释了边沿触发的时钟同步逻辑工作的基本原理，介绍了另一种时钟同步方案，并简要描述了异步输入的同步问题。

本附录中，在适当的地方增加了描述逻辑的 Verilog 代码段（将在 A.4 节中介绍）。完整的 Verilog 教程收录在本书的网站中。

A.2 门、真值表和逻辑方程

现代计算机的内部电子元件是数字电路。数字电子元件仅在两个电压水平下运行：高电压和低电压。所有其他电压值均为瞬时值，且出现在两个电压值转换过程中。（正如本节后面所讨论的，数字电路设计中可能存在的缺陷是：当信号不是明确的高电压或低电压时就对信号进行采样。）数字式的计算机也是其使用二进制数的一个重要原因，因为二进制系统可以匹配电子元件中的底层抽象。在不同的逻辑系列中，两个电压值以及它们之间的关系是不同的。因此，我们不参考电压水平的高低，而是谈论（逻辑上）为真、为 1 或**有效**（asserted）的信号，或者（逻辑上）为假、为 0 或**无效**（deasserted）的信号。称值 0 和 1 彼此互补或反转。

> **有效信号**：（逻辑上）为真或 1 的信号。

根据逻辑块是否包含存储器，将其分为两类。不包含存储器的块称为组合电路，组合电路的输出仅取决于当前输入。在含有存

> **无效信号**：（逻辑上）为假或 0 的信号。

储器的块中，输出可以由输入和存储在存储器中的值（称该值为逻辑块的状态）共同决定。在本节和下一节中，我们仅关注**组合逻辑**（combinational logic）。在 A.8 节介绍完不同的存储元件之后，再描述如何设计包含状态的**时序逻辑**（sequential logic）。

组合逻辑：块中不包含存储器件且因此给定相同输入时计算相同输出的一个逻辑系统。

A.2.1 真值表

由于组合逻辑块不包含存储器，因此通过为每个可能的输入值集合定义对应的输出值就可以完全指定一个组合逻辑电路。这种确定的对应关系通常用真值表给出。对于一个包含 n 个输入的逻辑块，存在许多可能的输入值组合，因此真值表含有 2^n 个表项。每个表项为特定输入组合指定所有的输出值。

时序逻辑：块中包含存储器件且因此输出值同时取决于输入和当前存储器中内容的一组逻辑元件。

例题 | **真值表** ——————————————————————————————

假设一个具有 A、B、C 三个输入和 D、E、F 三个输出的逻辑函数。函数定义如下：如果有一个输入为真，则 D 为真；如果有两个输入为真，则 E 为真；仅当三个输入都为真时，F 才为真。写出该函数的真值表。

答案 | 该真值表应包含 $2^3=8$ 个表项。如下所示：

输入			输出		
A	B	C	D	E	F
0	0	0	0	0	0
0	0	1	1	0	0
0	1	0	1	0	0
0	1	1	1	1	0
1	0	0	1	0	0
1	0	1	1	1	0
1	1	0	1	1	0
1	1	1	1	0	1

真值表可以完整地描述任何组合逻辑函数，但其表项增长很快，且可能不容易理解。有时我们想构造一个对于许多输入组合均为 0 的逻辑函数，此时可以使用仅列举非零输出表项的简化真值表。这种方法在第 4 章和附录 C 中用到。

A.2.2 布尔代数

另一种方法是用逻辑方程表示逻辑函数。这可以通过使用布尔代数（以 19 世纪数学家布尔的名字来命名）来完成。在布尔代数中，所有变量的值非 0 即 1，在典型的表达式中有三个运算符：

- 或操作记作 +，如 $A + B$。如果任一变量为 1，则或操作的结果为 1。因为任一操作数为 1，则结果为 1，所以或操作也称为逻辑和。
- 与操作记作 ·，如 $A \cdot B$。只有当两个输入都为 1 时，与操作的结果才为 1。因为仅当两个操作数均为 1 时，结果才为 1，所以与操作也称为逻辑积。

- 一元非操作写为 $\overline{A}$。仅当输入为 0 时，非操作的结果才为 1。我们将非操作应用于逻辑取反（例如，如果输入为 0 则输出为 1，反之亦然）。

布尔代数中的某些定律有助于操作逻辑方程。

- 恒等定律：$A+0=A$，$A \cdot 1=A$
- 0/1 定律：$A+1=1$，$A \cdot 0=0$
- 互补律：$A+\overline{A}=1$，$A \cdot \overline{A}=0$
- 交换律：$A+B=B+A$，$A \cdot B=B \cdot A$
- 结合律：$A+(B+C)=(A+B)+C$，$A \cdot (B \cdot C)=(A \cdot B) \cdot C$
- 分配律：$A \cdot (B+C)=(A \cdot B)+(A \cdot C)$，$A+(B \cdot C)=(A+B) \cdot (A+C)$

除此之外，还有两个有用的定律，称为德摩根（DeMorgan）定律，在练习中将进行深入讨论。

任何一组逻辑函数都可以写成一系列方程式，每个方程式的左侧为输出，右侧为变量和上述三种操作符组成的式子。

| 例题 | 逻辑方程式——■

写出上一示例中描述的逻辑函数 D、E、F 的逻辑方程式。

| 答案 | D 的方程式为：

$$D = A + B + C$$

F 的方程式同样简单，为：

$$F = A \cdot B \cdot C$$

E 的方程式稍显复杂。可以将其分为两部分：当 E 为真时，哪些输入组合必须为真（三个输入中的两个必须为真），而哪些输入组合不可能为真（所有三个都不为真）。因此 E 可以写成：

$$E = ((A \cdot B) + (A \cdot C) + (B \cdot C)) \cdot (\overline{A \cdot B \cdot C})$$

我们也可以通过另一种方法得到 E 的逻辑方程式：当且仅当两个输入均为真时，E 才为真。因此，可以将 E 写为具有两个输入为真和一个输入为假的输入组合的或操作：

$$E = (A \cdot B \cdot \overline{C}) + (A \cdot C \cdot \overline{B}) + (B \cdot C \cdot \overline{A})$$

章末练习中将验证两个逻辑等式是等价的。——————————————————————————————————■

在 Verilog 中，我们尽可能使用赋值语句来描述组合逻辑，该语句将从 A.4 节开始介绍。我们可以使用 Verilog 的异或操作来定义 E：`assign E =(A&(B^C))|(B&C&~A)`，这是该函数的另一种描述方式。D 和 F 的表示就更简单了（就像对应的 C 代码一样）：`assign D = A|B|C`，`assign F = A&B&C`。

A.2.3　门

逻辑块由实现基本逻辑功能的门（gate）构成。例如，与门实现与操作，或门实现或操作。由于与和或操作都是可交换、可结合的，因此与门和或门可以有多个输入，输出等于所有输入的与操作或者或操作。逻辑非操作通过一个始终具有单个输入的反相器实现。这三种逻辑构建块的标准表示如图 A-2-1 所示。

> 门：实现基本逻辑函数的设备，例如与门、或门。

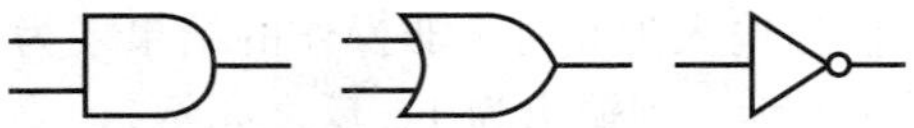

图 A-2-1   与门、或门、非门的标准表示形式。每个门的左侧为输入信号，右侧为输出信
号。与门和或门均为两个输入信号，非门仅有单个输入信号

通常不直接绘制反相器，而是在门的输入 $\overline{A+B}$ 或输出端添加"气泡"，以表示该输入
线或输出线上的逻辑值取反。例如，图 A-2-2 展示了函数的逻辑图，左侧使用显式反相器表
示，右侧使用带"气泡"的输入和输出表示。

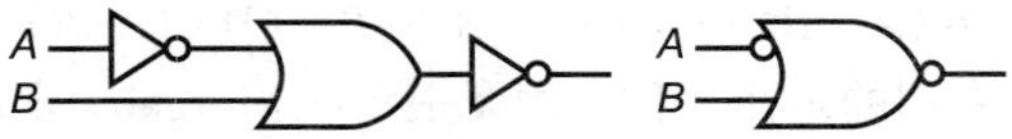

图 A-2-2   用逻辑门实现 $\overline{A+B}$，左侧使用显式反相器，右侧使用带气泡的输入和输出。该
逻辑函数可以被简化为 $A \cdot \overline{B}$ 或用 Verilog 表示为 A&~B

与、或、非门可以构造任意逻辑函数；可以通过章末练习来尝试使用门电路实现一些常
见的逻辑函数。在下一节中，我们将介绍如何使用这些门电路来构建任意逻辑函数。

事实上，所有逻辑函数都能用单一门电路构建，只要该门电路
是反相门电路。两种常见的反相门电路为**或非门**（NOR）和**与非门** | **或非门**：或门取反。
（NAND），分别对应于或（OR）门的反相操作和与（AND）门的反相
操作。或非门和与非门被称为万能门电路，因为任何逻辑函数都可 | **与非门**：与门取反。
以使用这种类型的门电路构建。练习中将进一步探索这一概念。

自我检测   以下两个逻辑表达式是否等价？如果不等价，找出使其不相等的变量值。

- $(A \cdot B \cdot \overline{C}) + (A \cdot C \cdot \overline{B}) + (B \cdot C \cdot \overline{A})$
- $B \cdot (A \cdot \overline{C} + C \cdot \overline{A})$

A.3   组合逻辑电路

在本节中，我们将介绍一些常用的较大的逻辑单元，并讨论结构化逻辑设计，这些结构
化逻辑可以通过一个根据逻辑方程或真值表的转换程序自动实现。最后，我们将讨论逻辑阵
列的概念。

A.3.1   译码器

译码器（decoder）是用于构造更大组件的一种逻辑单元。最常 | **译码器**：具有 n 位输入和
见的译码器有 n 位输入和 2^n 个输出，其中每种输入组合仅对应一个 | 2^n 个输出的逻辑单元，其
输出。该译码器将 n 位输入转化为对应于 n 位二进制值的信号。因 | 中每种输入组合仅对应于
此 n 个输出通常被标作 Out0，Out1，…，Out2^n−1。如果输入的值 | 一个输出。
是 i，那么 Out$i$ 为真，其他所有输出均为假。图 A-3-1 给出了一个 3
位译码器及其对应的真值表。该译码器有 3 位输入和 8（2^3）个输出，因此称为 3-8 译码器。
此外，还有一种称作编码器的逻辑元件，它与译码器的功能正好相反。编码器有 2^n 个输入并
产生 n 位输出。

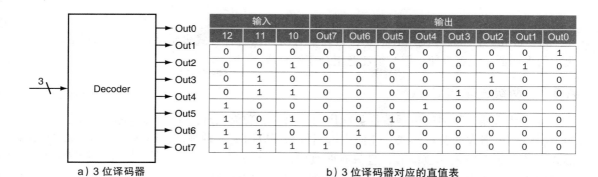

	输入		输出							
12	11	10	Out7	Out6	Out5	Out4	Out3	Out2	Out1	Out0
0	0	0	0	0	0	0	0	0	0	1
0	0	1	0	0	0	0	0	0	1	0
0	1	0	0	0	0	0	0	1	0	0
0	1	1	0	0	0	0	1	0	0	0
1	0	0	0	0	0	1	0	0	0	0
1	0	1	0	0	1	0	0	0	0	0
1	1	0	0	1	0	0	0	0	0	0
1	1	1	1	0	0	0	0	0	0	0

a）3 位译码器　　　　　　　　　b）3 位译码器对应的真值表

图 A-3-1　3 位译码器，包含 3 位输入（12、11、10）和 2^3=8（Out0~Out7）个输出。只有与输入的二进制值相对应的输出为真（如真值表所示）。输入处的标号 3 表示输入信号为 3 位宽

A.3.2　多选器

在第 4 章中经常用到的一个基本逻辑功能单元就是多选器。称其为选择器可能比多选器更为合适，因为它的输出是控制元件从输入中选出的一个。考虑双输入多选器。图 A-3-2 的左侧给出了该多选器的三个输入：两个数据值和一个**选择器（控制）值**（selector（control）value）。选择器值确定哪个输入信号将成为输出信号。图 A-3-2 右侧的门电路表示由双输入多选器计算的逻辑函数：$C=(A \cdot \overline{S})+(B \cdot S)$。

> **选择器值**：也称作控制值。用于从多选器的输入信号中选出一个作为其输出信号的控制信号。

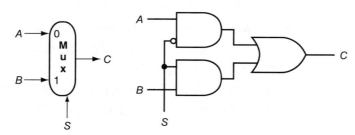

图 A-3-2　左侧为两输入多选器，右侧是其门电路实现。多选器有两个输入端（A 和 B），分别标记为 0 和 1，以及一个选择信号（S）和一个输出端（C）。用 Verilog 实现多选器需要相对较多的工作量，尤其是当输入端大于两位宽时。我们将从 A.4 节开始讲解如何实现

多选器可以有任意数量的输入信号。当只有两个输入时，选择器只需要单个信号，如果选择信号为真（1），则选择其中一个输入作为输出；如果选择信号为假（0），则选择另一个输入作为输出。如果有 n 个数据输入，则需要 $\lceil \log_2 n \rceil$ 个选择信号。此时的多选器包含以下三个部分：

1. 产生 n 个信号的译码器，每个信号指示一个不同的输入信号值。
2. n 个与门组成的阵列，每个与门将一个输入信号和对应于译码器的一个信号相结合。
3. 单个大的或门，用来合并与门的输出。

为了将输入信号与选择器值相关联，我们经常用数字来标记数据输入信号（如 0，1，2，3，…，$n-1$），并将数据选择器输入信号转化为二进制数。有时，也使用具有未解码选择信

号的多选器。

在 Verilog 中，通过使用 if 语句，可以很容易地以组合方式表示多选器。case 语句对于更大的多选器来说更方便，但必须注意组合逻辑合成。

A.3.3 两级逻辑和 PLA

如上节所述，任何逻辑函数都只能用与、或、非功能实现。事实上，存在更强大的实现方式。任何逻辑函数都可以写成一种规范形式，其中每个输入非真即假，且只有两级门电路（与门和或门），最终输出可以取非。这种表示方法称为两级表示，它有两种形式：**析取范式**（sum of products）和合取范式（product of sums）。析取范式表示的是对逻辑积（与操作）结果求逻辑和（或操作），析取范式则恰好相反。在前面的示例中，有两个输出 E 的等式：

> **析取范式**：一种用来对逻辑积（与操作）求逻辑和（或操作）的逻辑表达式。

$$E = ((A \cdot B) + (A \cdot C) + (B \cdot C)) \cdot (\overline{A \cdot B \cdot C})$$

和

$$E = (A \cdot B \cdot \overline{C}) + (A \cdot C \cdot \overline{B}) + (B \cdot C \cdot \overline{A})$$

其中第二个表达式即为析取范式表示形式：具有两级逻辑且只对单个变量取非。第一个表达式包含三级逻辑。

详细阐述 E 也可以写作合取范式表示形式：

$$E = \overline{(\overline{A} + \overline{B} + C) \cdot (\overline{A} + \overline{C} + B) \cdot (\overline{B} + C + A)}$$

为了得到这种表示形式，需要使用德摩根定律，章末练习中将对其进行讨论。

在本章中，我们使用析取范式形式。显而易见，任何逻辑函数都可以通过其真值表来构造出析取范式表示形式。使函数为真的每个真值表项对应于一个乘积项。乘积项由所有输入或输入取反后的逻辑积组成，是否取反取决于真值表中变量对应的表项是 0 还是 1。逻辑函数就是使函数为真的逻辑积的逻辑求和。通过示例可以更容易地理解这一点。

| 例题 | 析取范式

写出以下真值表中 D 的析取范式表达式。

输入			输出
A	*B*	*C*	*D*
0	0	0	0
0	0	1	1
0	1	0	1
0	1	1	0
1	0	0	1
1	0	1	0
1	1	0	0
1	1	1	1

| 答案 | 真值表中，在 4 种不同的输入组合下 D 为真（1），因此有 4 个乘积项。分别如下：

$$\overline{A} \cdot \overline{B} \cdot C$$
$$\overline{A} \cdot B \cdot \overline{C}$$

$$A \cdot \overline{B} \cdot \overline{C}$$
$$A \cdot B \cdot C$$

由此，可以将以上乘积项逻辑相加，得到 D 的函数：

$$D = (\overline{A} \cdot \overline{B} \cdot C) + (\overline{A} \cdot B \cdot \overline{C}) + (A \cdot \overline{B} \cdot \overline{C}) + (A \cdot B \cdot C)$$

注意：只有使函数为真的真值表表项，才能在等式中生成对应的乘积项。————■

可以利用真值表和两级表示之间的关系来生成任何逻辑函数集的门级实现。一组逻辑函数对应于一个含有多个输出列的真值表，正如 A.2.1 节的例题所示。每个输出列表示一个不同的逻辑函数，都可以直接根据真值表构造出来。

析取范式表示对应于一种称作**可编程逻辑阵列**（Programmable Logic Array，PLA）的常用结构化逻辑实现。PLA 具有一组输入及其输入取反（可以通过一组反相器实现）的逻辑单元集和两级逻辑结构。第一级逻辑结构是与门阵列，用以实现**乘积项**（product term）（有时称为**小项**（minterm）），每个乘积项可以由任意输入或输入取反组成。第二级逻辑结构是或门阵列，每个或门产生任意数量的乘积项的逻辑和。图 A-3-3 给出了 PLA 的基本形式。

> **可编程逻辑阵列**：一种结构化逻辑单元，由一组输入和对应的输入取反，以及两级逻辑组成。第一级逻辑用于生成输入和输入取反的乘积项，第二级用于生成乘积项的逻辑和。因此，PLA 将逻辑功能实现为析取范式。

> **小项**：也称作乘积项，通过连接符（与操作）连接的一组逻辑输入。乘积项形成 PLA 的第一级逻辑。

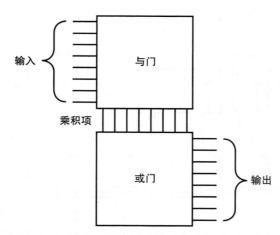

图 A-3-3　PLA 的基本形式：与门阵列以及紧随其后的或门阵列。与门阵列的每一项为若干输入或输入取反组成的乘积项。或门阵列的每一项为若干乘积项的逻辑和

PLA 可以根据真值表直接实现多输入/输出的一组逻辑函数。输出为真的每个表项都对应一个乘积项，因此 PLA 中需要有相应的行。每个输出对应于第二级逻辑结构中或门阵列的行。或门的数量对应于真值表中输出为真的表项数量。如图 A-3-3 所示，PLA 的总大小等于与门阵列（称为与平面）的大小和或门阵列（称为或平面）的大小的总和。观察图 A-3-3 可以看到，与门阵列的大小等于输入变量个数乘以不同乘积项个数，或门阵列的大小为输出变量个数乘以乘积项个数。

PLA 的两个特点决定其能有效地实现一组逻辑函数。首先，真值表表项中，至少一个

输出为真时，才具有对应的逻辑门。其次，每个不同的乘积项只对应于 PLA 中的一个输入，即使该乘积项用于多个输出。下面看一个示例。

例题 | **PLA**

考虑 A.2.1 节例题中定义的逻辑函数集。写出该示例中 D、E、F 的 PLA 实现。

答案 | 这是我们在前面构造的真值表：

输入			输出		
A	B	C	D	E	F
0	0	0	0	0	0
0	0	1	1	0	0
0	1	0	1	0	0
0	1	1	1	1	0
1	0	0	1	0	0
1	0	1	1	1	0
1	1	0	1	1	0
1	1	1	1	0	1

由于输出部分至少有 1 个真值的独立乘积项有 7 个，因此与门阵列将有 7 列。与门阵列中行数为 3（因为有 3 个输入），或门阵列也是 3 行（因为有 3 个输出）。图 A-3-4 给出了最终的 PLA，乘积项从上到下对应真值表表项。

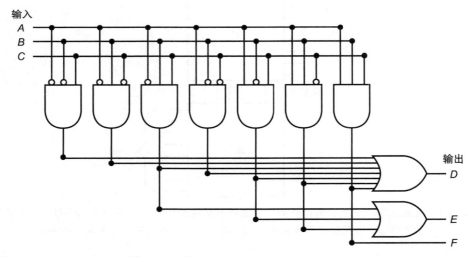

图 A-3-4   例题中描述的逻辑函数的 PLA 实现

与图 A-3-4 所示不同，设计者通常不会绘制所有的门电路，而是指出与门和或门的位置。当需要相应的与门或者或门时，在乘积项信号线和输入 / 输出线的交叉点上用点标示。图 A-3-5 即为图 A-3-4 使用该方法绘制的 PLA 简化图。PLA 的内容在其被创建时就固定了，但也有类似 PLA 的结构，称为 PAL，当设计者准备使用时，可以通过电子方式编程。

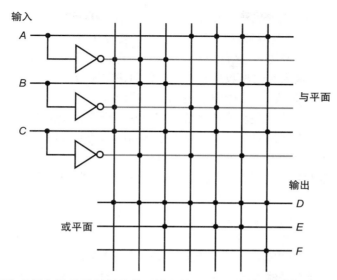

输入

A

B

与平面

C

输出

D

E

或平面

F

图 A-3-5　在矩阵中用点标示乘积项及其逻辑和的 PLA。通常所有输入都以真或补的形式连接到与平面上，而不是对门电路使用反相器。在与平面上的点表示该输入或其相反值在该乘积项中存在。在或平面上的点表示相应的乘积项出现在相应的输出上

A.3.4　ROM

　　另一种可用于实现一组逻辑函数的结构化逻辑形式是**只读存储器**（Read-Only Memory，ROM）。ROM 包含一组可以被读取的位置，因此称为存储器；但是，这些位置的内容在制造 ROM 时就固定了。也有**可编程只读存储器**（Programmable ROM，PROM），设计者可以通过电子编程写入内容。还有可擦除的可编程只读存储器，这类设备需要使用紫外线才能缓慢擦除，因此除了设计和调试过程中用到外，它们也只用作只读存储器。

只读存储器：*存储内容在制造时就固定的存储器，此后内容仅可读。ROM作为结构化逻辑，可以将逻辑函数中的项作为地址输入，而输出存储器中对应位的字，以此实现一组逻辑函数。*

　　ROM 具有一组输入地址线和一组输出。ROM 中可寻址单元的数量决定了地址线的数量：如果 ROM 包含 2^m 个可寻址单元（称为高度），则需要 m 条输入线。每个可寻址单元的位数等于输出位数，有时称为 ROM 的宽度。ROM 的总位数等于高度乘以宽度。通常 ROM 的高度和宽度决定了 ROM 的形状。

可编程只读存储器：*只读存储器的一种，如果知道其内容，就可对其进行编程。*

　　ROM 可以根据真值表对逻辑函数集进行直接编码。例如，如果有 n 个具有 m 个输入的函数，则需要一个具有 m 条地址线（2^m 个单元，每个单元为 n 位宽）的 ROM。真值表输入部分的表项表示 ROM 单元的地址，而输出部分的内容构成 ROM 的内容。如果真值表输入部分的表项序列被组织成二进制数序列（正如到目前为止所示的所有真值表），则输出部分也按顺序给定 ROM 内容。在之前关于 PLA 的例题中，有 3 个输入和 3 个输出。因此 ROM 具有 $2^3 = 8$ 个入口地址，每个 3 位宽。这些入口的内容按地址递增的顺序直接由例题中真值表的输出部分给出。

　　ROM 和 PLA 密不可分。ROM 是完全译码的，包含每个可能的输入组合的完整输出字，而 PLA 仅部分解码，这意味着 ROM 始终包含更多入口。对于上道例题中出现的真值表，

ROM 包含所有 8 个可能的输入，而 PLA 仅包含 7 个有效的乘积项。随着输入数量的增加，ROM 的输入单元数将呈指数增长。相反，对于大多数实际逻辑函数，乘积项的数量增长要慢得多（参见附录 C 中的例题）。这种差异使得 PLA 用于实现组合逻辑函数更加有效。ROM 的优势则在于能够实现输入和输出数量相匹配的任何逻辑函数。这个优势使得当逻辑函数发生变化时，ROM 大小无须改变，只需随之改变内容即可。

除 ROM 和 PLA 外，现代逻辑合成系统还将小块组合逻辑转化为可以自动布局和布线的门电路集合。尽管一些小规模门电路集合通常空间利用率较低，但对于简单逻辑函数，它们比 ROM 和 PLA 的严格结构开销更低，因此更具优势。

对于定制或半定制集成电路逻辑设计，常见的选择是现场可编程设备；我们将在 A.12 节中描述该设备。

A.3.5　无关项

通常在实现某些组合逻辑时，有些情况下我们不关心某些输出的值是什么，其原因要么是另一个输出为真，要么是输入组合的子集决定了输出的值。我们称这种情况为无关项。由于无关项使得逻辑函数的优化实现更加简单，因此至关重要。

无关项有两种类型：输出无关项和输入无关项，两者都能在真值表中体现出来。当不关心某些输入组合的输出值时，就产生了输出无关项。它们在真值表的输出部分表示为 X。当输出对于某些输入组合来说是无关项时，设计者或逻辑优化程序可以自由地对这些输入组合输出真或假。当输出仅依赖于某些输入时，就产生了输入无关项，它们在真值表的输入部分也记为 X。

| 例题 | 无关项 ───────────────────────────────

考虑一个输入为 A、B、C 的逻辑函数，其定义如下：
- 如果 A 或 C 为真，无论 B 为何值，输出 D 恒为真。
- 如果 A 或 B 为真，无论 C 为何值，输出 E 恒为真。
- 如果仅有一个输入为真，输出 F 为真。当 D 和 E 同时为真时，F 为无关项。

写出这个逻辑函数完整的真值表和带有无关项的真值表。对于每个真值表，PLA 各有多少个乘积项呢？

| 答案 | 以下是不考虑无关项的完整的真值表：

输入			输出		
A	B	C	D	E	F
0	0	0	0	0	0
0	0	1	1	0	1
0	1	0	0	1	1
0	1	1	1	1	0
1	0	0	1	1	1
1	0	1	1	1	0
1	1	0	1	1	0
1	1	1	1	1	0

这个真值表需要 7 个未经优化的乘积项。带有输出无关项的真值表如下：

输入			输出		
A	B	C	D	E	F
0	0	0	0	0	0
0	0	1	1	0	1
0	1	0	0	1	1
0	1	1	1	1	X
1	0	0	1	1	X
1	0	1	1	1	X
1	1	0	1	1	X
1	1	1	1	1	X

如果再加入输入无关项，真值表可以被进一步简化为如下形式：

输入			输出		
A	B	C	D	E	F
0	0	0	0	0	0
0	0	1	1	0	1
0	1	0	0	1	1
X	1	1	1	1	X
1	X	X	1	1	X

简化后的真值表对应的 PLA 只需要 4 个小项，或者可以用 1 个双输入与门和 3 个或门（2 个有 3 个输入，1 个有 2 个输入）实现。而原始真值表具有 7 个小项且需要 4 个与门。——■

逻辑最简化对于有效实现逻辑电路至关重要。卡诺图（Karnaugh map）是手工实现任意逻辑最简式的有效工具。卡诺图以图形方式表示真值表，因此很容易看出可以进行组合的乘积项。然而，由于卡诺图的大小及其复杂性，用来手动优化大型逻辑函数是不现实的。幸运的是，逻辑简化过程是高度机械化的，且可以通过设计工具来现实。在最简化过程中，设计工具利用了无关项的特点，因此无关项的识别非常重要。附录末尾的参考文献进一步讨论了逻辑最简化、卡诺图和最简化算法的相关理论。

A.3.6　逻辑单元阵列

由于许多组合操作进行数据处理时不得不对整个数据字（64 位）进行处理。因此，常常构建一个逻辑单元阵列，可以简单地通过给定操作作用于整个输入集合来实现。在机器内部，大多数时候都需要在一对总线之间进行选择。**总线**（bus）是数据线的集合，这些数据线一起被视为单个逻辑信号。（术语总线也用于指示具有多信号源和多设备共享的线路集合。）

总线：在逻辑设计中的一组数据线集合，它在整体上也可被视为单个逻辑信号；此外，有多个来源共享数据线的集合，也可被共享使用。

例如，在 RISC-V 指令系统中，写入寄存器的指令的结果可以来自两个源中的一个。多选器用于选择两条总线（每个 32 位宽）的哪一条将写入结果寄存器。如果是前面提到的 1 位多选器，则需要重复 32 次（才能将结果写入）。

在图中，我们用加粗的线表示信号量是总线而不是单个的 1 位信号线。大多数总线都是 32 位宽，否则宽度会加以明确标示。当我们指出一个逻辑单元的输入和输出是总线时，意味着该逻辑单元必须反复多次以适应输入线的宽度。图 A-3-6 展示了如何绘制一个多选器，如何在一对 32 位总线之间进行选择，以及如何扩展 1 位宽多选器。有时，我们需要构造一个逻辑单元阵列，该阵列中某些单元的输入是前面单元的输出。例如，这就是多位宽 ALU 的构造原理。在这种情况下，必须明确指出如何产生更宽的阵列，因为阵列中的各个单元不再是独立的了，正如 32 位多选器。

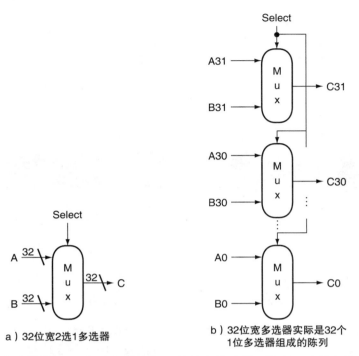

a）32位宽2选1多选器

b）32位宽多选器实际是32个
1位多选器组成的陈列

图 A-3-6　将多选器排列 32 次以实现两个 32 位输入的选择。注意，对所有的 32 个 1 位多选器也只有一位的数据选择信号

自我检测　奇偶校验是一种由输入 1 的个数来决定输出的函数。对于偶校验函数，如果输入偶数个 1，则输出为 1。假设用一个 4 位输入的 ROM 来实现偶校验函数。A、B、C、D 中的哪一个能表示 ROM 的内容？

地址	A	B	C	D
0	0	1	0	1
1	0	1	1	0
2	0	1	0	1
3	0	1	1	0
4	0	1	0	1
5	0	1	1	0
6	0	1	0	1
7	0	1	1	0
8	1	0	0	1
9	1	0	1	0
10	1	0	0	1
11	1	0	1	0
12	1	0	0	1
13	1	0	1	0
14	1	0	0	1
15	1	0	1	0

A.4　使用硬件描述语言

当前，大多数处理器和相关硬件系统的数字设计都是使用**硬件描述语言**（hardware description language）完成的。使用这个语言有两个目的：首先，它提供了硬件的抽象描述，可用来对设计进行模拟和调试；其次，通过使用逻辑合成和硬件编译工具，可以将其编译成硬件实现。

> **硬件描述语言**：一种描述硬件的编程语言。用于模拟硬件设计，以及作为可生成实际硬件的合成工具的输入。

在本节中，我们将介绍硬件描述语言 Verilog，并展示其如何用于组合逻辑设计。在附录剩余部分扩展了 Verilog 的使用，并用于时序逻辑设计。在第 4 章的线上选读部分中，我们使用 Verilog 来描述处理器的实现。在第 5 章的线上选读部分中，使用 System Verilog 来描述 cache 控制器的实现。相对于 Verilog，System Verilog 增加了一些结构和其他有用的特征。

Verilog 是两种主要的硬件描述语言之一，另一个是 VHDL。相比于基于 Ada 语言的 VHDL，基于 C 语言的 Verilog 在工业界使用更广泛。熟悉 C 语言的读者会发现，我们在附录中使用的 Verilog 的基本内容很容易理解。对 C 语言语法有所了解且熟悉 VHDL 的读者，应该也会发现这些概念很简单。

> **Verilog**：最常用的两种硬件描述语言之一。

> **VHDL**：最常用的两种硬件描述语言之一。

Verilog 可以定义数字系统的行为和结构。**行为规范**（behavioral specification）描述了数字系统的功能操作。**结构规范**（structural specification）描述了数字系统的详细组织（通常使用分层描述）。结构规范可以从基本元件（如门和开关）层次描述硬件系统。因此，可以使用 Verilog 描述上一节中真值表和数据通路的具体内容。

> **行为规范**：从功能上描述数字系统的操作。

> **结构规范**：描述数字系统元件的层次化连接的组织。

随着**硬件综合工具**（hardware synthesis tool）的出现，大多数设计者使用 Verilog 或 VHDL 仅对数据通路进行结构化描述，再通过逻辑综合工具从行为描述生成控制信号。此外，大多数 CAD 系统都提供标准化部件扩展库，例如 ALU、多选器、寄存器堆、存储器、可编程逻辑块以及基本门电路。

> **硬件综合工具**：能根据数字系统的行为描述生成门级设计的计算机辅助设计软件。

想要利用库和逻辑综合获得可接受的结果，需要根据最终的综合结果和期望的输出来编写规范。对于简单设计来说，需要明确的是期望用组合逻辑还是时序逻辑来实现。在本节和附录剩余部分的大多数示例中，编写的 Verilog 都考虑了最终的综合结果。

A.4.1　Verilog 中的数据类型和操作

Verilog 有两种基本数据类型：

1. wire 定义一个组合信号。

2. reg（寄存器）存储一个数值，数值可随时间变化。在实现时，reg 不一定和真实的寄存器相对应，但通常是对应的。

> **wire**：在 Verilog 中，定义一个组合信号。

32 位宽的名为 X 的 reg 或 wire 声明为一个数组：reg [31:0] X 或 wire [31:0] X，将索引设置为 0 以指定寄存器的最低有效位。由于经常会访问寄存器或线的子域，可以用符号 [起始位：结束位] 来引用 reg 或 wire 的一段连续位，起始位和结束位都必须是常量值。

> **reg**：在 Verilog 中，表示寄存器。

寄存器数组用于寄存器堆或存储器一类的结构。因此，声明

```
reg [63:0] registerfile[0:31]
```

定义了类似于 RISC-V 寄存器堆一个变量寄存器堆, 其中寄存器 0 是第一个寄存器。和 C 语言一样, 在访问数组时, 使用符号 `registerfile[regnum]` 可以访问单个元素。

Verilog 中 reg 或 wire 的可能取值有:

- 0 或 1, 表示逻辑假或真。
- X, 表示未知, 给定所有寄存器和未连接线的初始值。
- Z, 表示三态门的高阻态, 不在本附录讨论。

常量值可以指定为十进制、二进制、八进制或十六进制数。由于经常需要确切地说明一个常量字段的位数, 可以在数值前加上十进制数来指定其位数。例如:

- `4'b0100` 表示一个值为 4 的 4 位二进制常量, 也可写作 `4'd4`。
- `-8'h4` 表示一个值为 −4 (用补码表示) 的 8 位常量。

将多个值放到 {} 中, 并用逗号分隔, 表示多个值的连接。符号 `{x {bitfield}}` 表示 `bitfield` 重复 x 次后的连接值。例如:

- `{16{2'b01}}` 表示创建一个 32 位值, 模式是 0101…01。
- `{A[31:16],B[15:0]}` 表示创建一个 32 位值, 由 A 的高 16 位和 B 的低 16 位连接而成。

Verilog 提供类似 C 语言的整套一元和二元操作符, 包括: 算术运算符 (+, -, *, /), 逻辑运算符 (&, |, ~), 比较运算符 (= =, ! =, >, <, <=, >=), 移位运算符 (<<, >>) 以及 C 语言的条件运算符 (?, 使用格式为: `condition?expr1:expr2`, 如果条件为真则返回 `expr1`, 否则返回 `expr2`)。Verilog 增加了一组一元逻辑运算符 (&, |, ^), 对操作数的所有位进行相应逻辑运算并产生一位结果。例如, `&A` 返回对 A 的所有位进行与运算得到的一位结果, `^A` 返回对 A 的所有位进行异或得到的一位结果。

自我检测　以下哪些项的值相同?

1. `8'b11110000`

2. `8'hF0`

3. `8'd240`

4. `{{4{1'b1}},{4{1'b0}}}`

5. `{4'b1,4'b0)`

A.4.2　Verilog 程序的结构

Verilog 程序由一组模块构成, 模块可以表示任何内容, 小到逻辑门集合, 大到完整系统。模块类似于 C++ 中的类, 只是没有类那么强大。模块指定其输入 / 输出端口, 描述了模块传入和传出的连接。模块还可以声明一些附加的变量。模块的主体包括:

- `initial` 结构, 初始化 reg 变量。
- 连续赋值, 仅用于定义组合逻辑。
- `always` 结构, 定义时序逻辑或组合逻辑。
- 其他模块实例, 用于定义模块的实现。

A.4.3　Verilog 复杂组合逻辑的表示

关键字 assign 定义的连续赋值类似于组合逻辑函数：输出是连续赋给的值，输入值的变化会立即反映到输出值。wire 只能通过连续赋值进行赋值。使用连续赋值可以定义一个实现半加器的模块，如图 A-4-1 所示。

```
module half_adder (A,B,Sum,Carry);
    input A,B; //two 1-bit inputs
    output Sum, Carry; //two 1-bit outputs
    assign Sum = A ^ B; //sum is A xor B
    assign Carry = A & B; //Carry is A and B
endmodule
```

图 A-4-1　一个 Verilog 块，使用连续赋值定义了一个半加器

编写 Verilog 时，赋值语句的确是生成组合逻辑的一种方法。但是，对于更复杂的结构，使用赋值语句可能很笨拙或冗长。这时可以使用模块的 always 块来描述组合逻辑元件，但在使用时要十分小心。使用 always 块允许包含 Verilog 控制结构，例如 if-then-else、case 语句、for 语句和 repeat 语句。这些语句类似于 C 语句，仅有较小变化。

always 块定义了一个信号可选列表，这些信号对于语句块来说是敏感的（列表从 @ 开始）。如果列表中任何信号值发生改变，always 块都会更新；如果省略列表，则 always 块会不断重新计算。当 always 块定义组合逻辑时，**敏感列表**（sensitively list）应该包括所有输入信号。如果要在 always 块中执行多条 Verilog 语句，要把它们放到关键字 begin 和 end 之间，相当于 C 中的 "{" 和 "}"。因此，always 块应该如下所示：

敏感列表：信号列表，定义 always 块何时应被重新计算。

```
always @(list of signals that cause reevaluation) begin
  Verilog statements including assignments and other
control statements end
```

reg 变量只能在 always 块中用过程赋值语句（区别于前面的连续赋值）进行赋值。但有两种不同类型的过程语句。赋值运算符 = 的执行类似于 C；计算等号右侧，并赋值给左侧。此外，还和 C 语言赋值语句的执行一致：即在下一条语句执行之前完成本条指令的执行。因此，赋值运算符 = 称作**阻塞赋值**（blocking assignment）。这种阻塞对于时序逻辑的生成很有用，稍后再做讲解。另一种赋值形式（**非阻塞**，nonblocking）用 <= 表示。在非阻塞赋值中，always 块所有赋值语句右侧同时进行运算，且赋值也都同时进行。作为使用 always 块实现的第一个组合逻辑示例，图 A-4-2 给出了 4 选 1 多选器的实现，使用了 case 结构使编写更加容易。case 构造类似于 C 语言的 switch 语句。图 A-4-3 给出了 RISC-V ALU 的定义，其中也使用了 case 语句。

阻塞赋值：Verilog 中的赋值语句，在下一条语句执行前完成。

非阻塞赋值：赋值语句，右侧计算持续执行，右侧计算完成后才对左侧赋值。

由于在 always 块中只有 reg 变量可以被赋值，当想用 always 块描述组合逻辑时，必须注意，确保 reg 不会被合成为寄存器。在下面的详细阐述中给出了各种陷阱。

详细阐述　连续赋值语句总能生成组合逻辑，但是其他 Verilog 结构即使在 always 块中，也可能在逻辑合成时产生意想不到的结果。最常见的问题是：使用现成的锁存器或寄存器来建立时序逻辑时，实现会比预期更慢且开销更大。为了确保这种方式能合成需要的组合

逻辑，需要执行以下操作：

1. 将所有组合逻辑置于连续赋值或 always 块中。
2. 确保用作输入的所有信号都出现在 always 块的敏感列表中。
3. 确保通过 always 块的每条通路都赋值给完全相同的位集合。

最后一条是最容易忽视的；仔细阅读图 A-5-15 中的示例，理解为什么要坚持这条准则。

```
module Mult4to1 (In1,In2,In3,In4,Sel,Out);
    input [31:0] In1, In2, In3, In4; //four 32-bit inputs
    input [1:0] Sel; //selector signal
    output reg [31:0] Out; // 32-bit output
    always @(In1, In2, In3, In4, Sel)
    case (Sel) // a 4->1 multiplexor
        0: Out <= In1;
        1: Out <= In2;
        2: Out <= In3;
        default: Out <= In4;
    endcase
endmodule
```

图 A-4-2 Verilog 模块定义，使用 case 语句实现的带有 32 位输入的 4 选 1 多选器。case 语句类似于 C 语言中的 switch 语句，不过只执行 case 选中的 Verilog 代码（好像每个 case 状态后都有 break 一样）且不会执行下一条语句

```
module RISCVALU (ALUctl, A, B, ALUOut, Zero);
    input [3:0] ALUctl;
    input [31:0] A,B;
    output reg [31:0] ALUOut;
    output Zero;
    assign Zero = (ALUOut==0); //Zero is true if ALUOut is 0; goes anywhere
    always @(ALUctl, A, B) //reevaluate if these change
        case (ALUctl)
            0: ALUOut <= A & B;
            1: ALUOut <= A | B;
            2: ALUOut <= A + B;
            6: ALUOut <= A - B;
            7: ALUOut <= A < B ? 1:0;
            12: ALUOut <= ~(A | B); // result is nor
            default: ALUOut <= 0; //default to 0, should not happen;
        endcase
endmodule
```

图 A-4-3 RISC-V ALU 的 Verilog 行为定义。可以使用包含基本算术逻辑运算的模块库进行合成

自我检测 假设所有变量都被初始化为 0，在执行完以下 always 块中的 Verilog 代码后，A 和 B 的值是多少？

```
C = 1;
A <= C;
B = C;
```

A.5　构建基本算术逻辑单元

算术逻辑单元（Arithmetic Logical Unit，ALU）是计算机的主要组成部分，执行加/减等算术运算或者与/或等逻辑运算。本节用四种硬件单元（与门、或门、反相器、多选器）构建 ALU，并说明组合逻辑是如何工作的。下一节将介绍如何通过更好的设计来加速加法器。

由于 RISC-V 寄存器为 32 位宽，因此需要一个 32 位宽的 ALU。假设用 32 个 1 位 ALU 连接构造所需 ALU。因此，首先构建一个 1 位 ALU。

算术逻辑单元（Arthritic Logic Unit 或者 Arithmetic Logic Unit，ALU），一种随机数生成器，所有计算机系统的标准部件。
Stan Kelly-Bootle, The Devil's DP Dictionary, 1981

A.5.1　1 位 ALU

逻辑操作是最简单的，因为它们直接映射到图 A-2-1 中的硬件组件。

图 A-5-1 给出了 1 位与、或逻辑单元。右侧的多选器根据操作取值为 0 或 1，选择 a 与 b 或者 a 或 b。多选器的控制线用灰色表示，以区别于数据线。注意：多选器的控制和输出线进行了重命名，通过名称来反映 ALU 的功能。

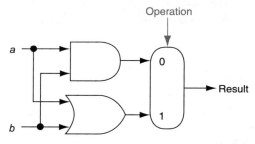

图 A-5-1　与和或的 1 位逻辑单元

需要包含的下一个功能是加法。加法器必须有两个操作数输入以及一位和输出，还必须有第二个输出用来传递进位，称为进位输出（CarryOut）。由于来自相邻加法器的进位输出需要作为输入，因此加法器需要第三个输入，称为进位输入（CarryIn）。图 A-5-2 展示了 1 位加法器的输入和输出。由于已知加法的作用，因此可以根据输入指定这个"黑盒"的输出，如图 A-5-3 所示。

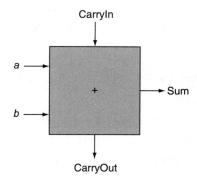

图 A-5-2　1 位加法器。该加法器称为全加器，也称为（3,2）加法器，因为它含有 3 个输入和 2 个输出。只含有 a 和 b 两个输入的加法器称为（2,2）加法器或半加器

输入			输出		注释
a	b	CarryIn	CarryOut	Sum	
0	0	0	0	0	$0 + 0 + 0 = 00_2$
0	0	1	0	1	$0 + 0 + 1 = 01_2$
0	1	0	0	1	$0 + 1 + 0 = 01_2$
0	1	1	1	0	$0 + 1 + 1 = 10_2$
1	0	0	0	1	$1 + 0 + 0 = 01_2$
1	0	1	1	0	$1 + 0 + 1 = 10_2$
1	1	0	1	0	$1 + 1 + 0 = 10_2$
1	1	1	1	1	$1 + 1 + 1 = 11_2$

图 A-5-3　1 位加法器的输入和输出定义

可以用逻辑方程来表示进位输出与和的输出函数，这些方程式又可以用逻辑门实现。以进位输出为例，图 A-5-4 给出了进位输出为 1 时的输入值。

输入		
a	b	CarryIn
0	1	1
1	0	1
1	1	0
1	1	1

图 A-5-4　当进位输出为 1 时输入的值

可以把真值表转化为逻辑方程式：

$$\text{CarrryOut} = (b \cdot \text{CarryIn}) + (a \cdot \text{CarryIn}) + (a \cdot b) + (a \cdot b \cdot \text{CarryIn})$$

如果 $a \cdot b \cdot \text{CarryIn}$ 为真，那么其余三项也必须为真，可以根据真值表第四行将最后一项省略掉。因此，方程式可以简化为：

$$\text{CarrryOut} = (b \cdot \text{CarryIn}) + (a \cdot \text{CarryIn}) + (a \cdot b)$$

图 A-5-5 给出了加法器黑盒内进位输出的硬件，由三个与门和一个或门组成。三个与门完全对应上面进位输出公式的三个带括号的项，或门对这三项求和。

当仅有一个输入为 1 或者三个输入都为 1 时，和位被置位。和由复数布尔方程（$\bar{a}$ 表示非 a）产生：

$$\text{Sum} = (a \cdot \bar{b} \cdot \overline{\text{CarryIn}}) + (\bar{a} \cdot b \cdot \overline{\text{CarryIn}}) + (\bar{a} \cdot \bar{b} \cdot \text{CarryIn}) + (a \cdot b \cdot \text{CarryIn})$$

加法器黑盒中和位的逻辑绘制留作练习。

图 A-5-6 给出了 1 位 ALU，由加法器与先前的组件组合而成。有时设计人员还希望 ALU 执行一些更简单的操作，例如生成 0。增加操作最简单的方法就是扩展由操作线控制的多选器，对于这个例子，将 0 直接连接到扩展后的多选器的新输入端。

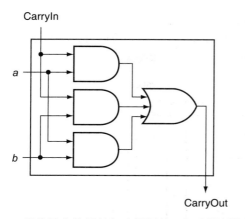

图 A-5-5　进位输出信号的加法器硬件。加法器硬件的
剩余部分是下式中和（Sum）的输出逻辑

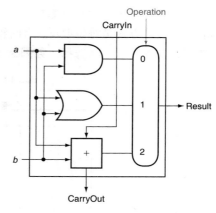

图 A-5-6　实现与、或、加的 1 位 ALU
（见图 A-5-5）

A.5.2　32 位 ALU

现在已经完成了 1 位 ALU，通过连接相邻的"黑盒"来创建完整的 32 位 ALU。使用 xi 表示 x 的第 i 位，图 A-5-7 给出了 32 位 ALU。正如一颗石子就能使平静的湖面激起阵阵涟漪，最低有效位（Result0）的一个进位就能导致进位扩展到加法器，致使最高有效位（Result31）产生进位。因此，直接连接 1 位进位加法器构成的加法器称为行波进位加法器。从 A.6 节开始，我们将看到一种更快连接 1 位加法器的方法。

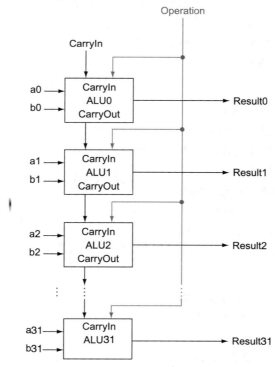

图 A-5-7　32 个 1 位 ALU 构成的 32 位 ALU。最低有效位的进位输出连接到最高有效位的
进位输入。这种组织形式叫作行波进位

减法相当于加一个操作数的负数，这正是加法器执行减法的方式。回想一下，二进制补码取负的快捷方式是每位取反（有时称为补码）再加 1。要对每一位取反，只需添加一个 2：1 多选器，在 b 和 $\overline{b}$ 之间选择，如图 A-5-8 所示。

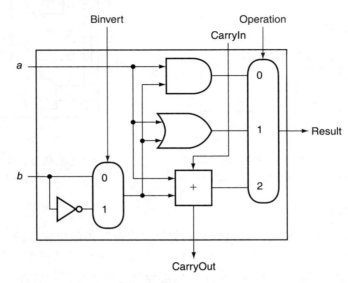

图 A-5-8   一个执行与、或、$a+b$ 或者 $a+\overline{b}$ 加法的 1 位 ALU。通过选择 $\overline{b}$（Binvert=1）以及将最低有效位的进位输入设置为 1，可以得到 $a-b$ 的补码而不是 $a+b$

假设连接 32 个 1 位 ALU，如图 A-5-7 所示。添加的多选器选出 b 或其取反值，具体取决于 Binvert，但这只是求二进制补码的第一步。注意：最低有效位仍然具有进位输入信号，即使对于加法无关紧要。如果将此进位输入信号设置为 1 而不是 0，会发生什么？此时加法器会计算 $a + b + 1$。通过选择 b 的取反，就能得到想要的结果：

$$a+\overline{b}+1=a+(\overline{b}+1)=a+(-b)=a-b$$

二进制补码加法器硬件设计的简单性有助于解释为什么二进制补码表示已成为整数计算机算术的通用标准。

还需要添加或非（NOR）功能。和减法一样，或非也可以通过重用 ALU 中已有的大部分硬件来实现，而不是增加单独的或非门。或非可以转化为：

$$(\overline{a+b})=\overline{a}\cdot\overline{b}$$

也就是说，（a 或 b）的非等价于非 a 与非 b。这也被称为德摩根定律，在练习中对此进行了更深入的探讨。

由于有与和非 b，只需要在 ALU 中增加非 a 即可。图 A-5-9 给出了变化后的结构。

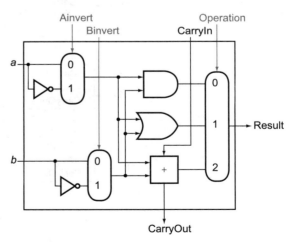

图 A-5-9   一个实现与、或、$a+b$ 或者 $\overline{a}+\overline{b}$ 加法的 1 位 ALU。通过选择 $\overline{a}$（Ainvert=1）和 $\overline{b}$（Binvert=1），可以得到 a 异或 b，而不是 a 与 b

A.5.3　修改 32 位 ALU 以适应 RISC-V

几乎所有计算机的 ALU 都包括加、减、与、或四种操作，且大多数 RISC-V 指令操作都可以用这个 ALU 实现。但是这个 ALU 的设计还不完整。

还需支持的一条指令是小于置位指令（`slt`）。如果 rs1 < rs2，则操作产生 1，否则返回 0。因此，`slt` 会将除最低有效位之外的所有位都置为 0，并根据比较结果设置最低有效位。为了让 ALU 执行 `slt` 指令，首先需要扩展图 A-5-9 中的三输入多选器，为 `slt` 结果添加一个输入，称这个新输入为 Less，仅用于 `slt`。

图 A-5-10 的上图给出了带有扩展多选器的新 1 位 ALU。根据以上的 `slt` 描述，必须将 0 连接到 ALU 高 31 位的 Less 输入，因为这些位总是置 0。还需要考虑的是如何比较和设置 `slt` 指令的最低有效位。

如果 a−b 会发生什么？如果结果为负，那么 $a < b$，因为

$$(a-b)<0 \Rightarrow ((a-b)+b)<(0+b) \Rightarrow a<b$$

如果 $a < b$，小于置位操作的最低有效位置 1；也就是说，如果 $a-b$ 为负，则最低有效位为 1；如果为正，则为 0。需要的结果与符号位值完全对应：1 表示负，0 表示正。根据这个结果，只需将加法器输出的符号位连接到最低有效位就可以实现小于置位比较。（可惜，这个结果只在减法无溢出时有效；在练习中将讨论其完整实现。）

不幸的是，图 A-5-10a 中，`slt` 操作的来自 ALU 最高有效位的输出结果并不是加法器的输出，`slt` 操作的 ALU 输出显然是 Less 的输入值。

因此，对于有额外输出位的最高有效位，需要一个新的 1 位 ALU：加法器的输出。图 A-5-10b 给出了这个设计，新的加法器输出线称为 Set。最高有效位只需要一个特殊的 ALU，仅增加溢出检测逻辑，因为它与该位是关联的。图 A-5-11 给出了 32 位 ALU。

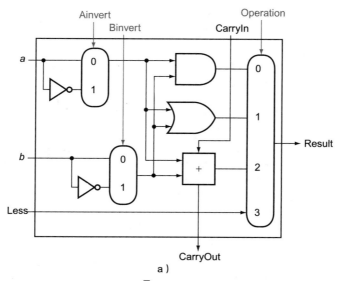

图 A-5-10　a）实现与、或、$a+b$ 或者 $a+\bar{b}$ 加法的 1 位 ALU；b）带有最高有效位的 1 位 ALU。上图包含一个实现小于比较置位操作的直接输入（见图 A-5-11）；下图有一个实现小于比较的来自加法器的直接输出，称为 set（见附录末练习 A.24，了解如何用更少的输入计算溢出）

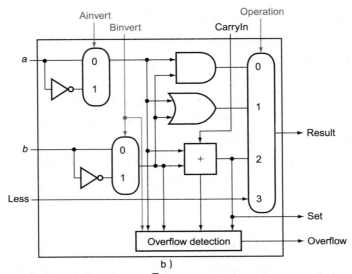

图 A-5-10 a）实现与、或、$a+b$ 或者 $a+\bar{b}$ 加法的 1 位 ALU；b）带有最高有效位的 1 位 ALU。上图包含一个实现小于比较置位操作的直接输入（见图 A-5-11）；下图有一个实现小于比较的来自加法器的直接输出，称为 set（见附录末练习 A.24，了解如何用更少的输入计算溢出）（续）

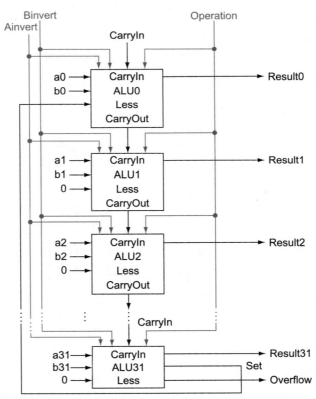

图 A-5-11 31 个图 A-5-10 上部所示的 1 位 ALU 和 1 个下部所示的 1 位 ALU 构成的 32 位 ALU。除最低有效位，Less 输入均连接到 0，最低有效位连接到最高有效位的 Set 输出。如果 ALU 执行 $a-b$ 且图 A-5-10 中的多选器选择输入 3，则如果 $a < b$，Result= 0 ... 001，否则 Result= 0 ... 000

　　注意，每次使用 ALU 做减法时，要将 CarryIn 和 Binvert 都设置为 1。对于加法或逻辑运算，两条控制线都置 0。因此，通过将 CarryIn 和 Binvert 合成一条控制线 Bnegate，可以简化 ALU 的控制。

　　为了进一步定制 ALU 以适应 RISC-V 指令系统，还必须支持条件分支指令，如相等则分支（beq），即如果两个寄存器相等则分支。使用 ALU 进行相等测试的最简单方法是计算 $a-b$，然后查看结果是否为 0，因为

$$(a-b=0)\Rightarrow a=b$$

　　因此，如果添加硬件以测试结果是否为 0，就可以测试是否相等。最简单的方法是将所有输出组合取或，然后通过反相器发送该信号：

$$Zero = \overline{(\,Result63 + Result62 + \cdots + Result2 + Result1 + Result0\,)}$$

　　图 A-5-12 给出了修改后的 32 位 ALU。可以将 1 位 Ainvert 线、1 位 Bnegate 线和 2 位操作线组合为 ALU 的 4 位控制线，控制执行加、减、与、或、异或、小于置位。图 A-5-13 给出了 ALU 控制线和相应的 ALU 操作。

　　最后，既然已经看到了 32 位 ALU 的内部结构，之后将使用通用符号表示完整的 ALU，如图 A-5-14 所示。

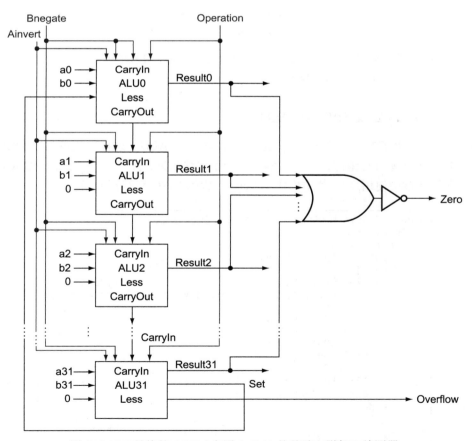

图 A-5-12　最终的 ALU。在图 A-5-11 的基础上增加 0 检测器

ALU 控制线	功能
0000	与
0001	或
0010	加
0110	减

图 A-5-13　三条 ALU 控制线（Ainvert 线、Bnegate 线、Operation 线）的值，以及相应的
　　　　　ALU 操作

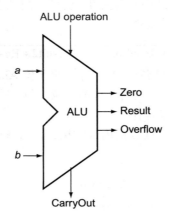

图 A-5-14　通常用来表示图 A-5-12 所示的 ALU 符号。这个符号也用来表示加法器，因此
　　　　　通常使用 ALU 或 Adder 标记

A.5.4　用 Verilog 定义 RISC-V ALU

图 A-5-15 给出了如何使用 Verilog 定义组合 RISC-V ALU。这样的规范可能会使用提供
加法器的标准零件库进行编译，可以实例化。为了完整起见，图 A-5-16 给出了 RISC-V ALU
的控制（在第 4 章中使用过），其中构建了 Verilog 版的 RISC-V 数据通路。

```
module RISCVALU (ALUctl, A, B, ALUOut, Zero);
   input [3:0] ALUctl;
   input [31:0] A,B;
   output reg [31:0] ALUOut;
   output Zero;
   assign Zero = (ALUOut==0); //Zero is true if ALUOut is 0
   always @(ALUctl, A, B) begin //reevaluate if these change
     case (ALUctl)
       0: ALUOut <= A & B;
       1: ALUOut <= A | B;
       2: ALUOut <= A + B;
       6: ALUOut <= A - B;
       7: ALUOut <= A < B ? 1 : 0;
       12: ALUOut <= ~(A | B); // result is nor
       default: ALUOut <= 0;
     endcase
   end
endmodule
```

图 A-5-15　RISC-V ALU 的 Verilog 行为定义

```
module ALUControl (ALUOp, FuncCode, ALUCtl);
    input [1:0] ALUOp;
    input [5:0] FuncCode;
    output [3:0] reg ALUCtl;

    always case (FuncCode)

    32: ALUOp<=2; // add
    34: ALUOp<=6; // subtract
    36: ALUOP<=0; // and
    37: ALUOp<=1; // or
    39: ALUOp<=12; // nor
    42: ALUOp<=7; // slt
    default: ALUOp<=15; // should not happen
    endcase
endmodule
```

图 A-5-16　RISC-V ALU 控制：一个简单的组合控制逻辑

　　下一个问题是，这个 ALU 进行两个 32 位操作数的加法运算能有多快？可以确定 a 和 b 的输入，但 CarryIn 输入取决于相邻 1 位加法器的操作。如果跟踪整个依赖关系链，将最高有效位连接到最低有效位，因此和的最高有效位必须等待 32 个 1 位加法器顺序求值（后才能得到）。这种顺序链式反应太慢，无法用于时序要求严格的硬件。下一节将探讨如何加速加法。这个主题对于理解附录的其余部分不是至关重要的，可以跳过。

　　自我检测　假设想要增加一个 NOT（a AND b）的操作，称为与非（NAND）。如何修改 ALU 以支持该操作？

　　1. 不做修改。可以使用当前 ALU 快速计算 NAND，因为 $\overline{(a \cdot b)} = \bar{a} + \bar{b}$，且已经有 $\bar{a}$、$\bar{b}$ 和 +。

　　2. 扩展多选器以增加一个新的输入，然后增加新的逻辑来计算 NAND。

A.6　快速加法：超前进位

　　加速加法的关键是提高高阶进位的速度。有多种方案可以预测进位，因此最坏的情况是加法器位数的 $\log_2$ 函数。这些预测信号更快，因为它们按顺序通过更少的门，但需要更多的门来预测正确的进位。

　　理解快速进位的关键是要记住：与软件不同，无论输入何时改变，硬件都会并行执行。

A.6.1　使用"无限"硬件的快速进位

　　正如前面提到的，任何等式都可以表示成两级逻辑。由于仅有的外部输入是两个操作数，以及加法器最低有效位的进位输入，理论上可以仅用两级逻辑计算加法器所有剩余位的进位输入值。

　　例如，加法器的第 2 位的进位输入恰好是第 1 位的进位输出，因此公式为

$$\text{CarryIn2} = (\text{b1} \cdot \text{CarryIn1}) + (\text{a1} \cdot \text{CarryIn1}) + (\text{a1} \cdot \text{b1})$$

类似地，CarryIn1 定义为

$$\text{CarryIn1} = (\text{b0} \cdot \text{CarryIn0}) + (\text{a0} \cdot \text{CarryIn0}) + (\text{a0} \cdot \text{b0})$$

用 ci 代替 CarryIni，将以上公式重写为

$$c2 = (\text{b1} \cdot \text{c1}) + (\text{a1} \cdot \text{c1}) + (\text{a1} \cdot \text{b1})$$

$$c1 = (b0 \cdot c0) + (a0 \cdot c0) + (a0 \cdot b0)$$

把 c1 代入 c2，可得

$$c2 = (a1 \cdot a0 \cdot b0) + (a1 \cdot a0 \cdot c0) + (a1 \cdot b0 \cdot c0)$$
$$+ (b1 \cdot a0 \cdot b0) + (b1 \cdot a0 \cdot c0) + (b1 \cdot b0 \cdot c0) + (a1 \cdot b1)$$

可以想象一下，加法器得到更高的位时方程会如何扩大——它会随着位数的增高迅速增长。这种复杂性反映在快速进位的硬件开销上，使得这种简单机制对于扩展宽加法器来说过于昂贵。

A.6.2　使用第一级抽象的快速进位：传播和生成

大多数快速进位机制限制了方程式的复杂性以简化硬件，同时获得比行波进位更大的速度提升。其中一种机制就是超前进位加法器（carry-lookahead adder）。在第 1 章中，介绍了计算机系统通过使用抽象层次来应对复杂性。超前进位加法器依赖于其实现中的抽象层次。

将原方程式作为第一步因子：

$$c_{i+1} = (b_i \cdot c_i) + (a_i \cdot c_i) + (a_i \cdot b_i) = (a_i \cdot b_i) + (a_i + b_i) \cdot c_i$$

如果用这个公示重写 c2 方程式，会看到一些重复的部分：

$$c2 = (a1 \cdot b1) + (a1 \cdot b1) \cdot ((a0 \cdot b0) + (a0 + b0) \cdot c0)$$

注意上式中重复出现了（$a_i \cdot b_i$）和（$a_i + b_i$）。这两个重要的因子通常称为（进位）生成（generate（g_i））和（进位）传播（propagate（p_i））：

$$g_i = a_i \cdot b_i$$
$$p_i = a_i + b_i$$

用它们来定义 c_{i+1}，可以得到：

$$c_{i+1} = g_i + p_i \cdot c_i$$

为了理解信号是从哪里来的，假设 g_i 位 1。则

$$c_{i+1} = g_i + p_i \cdot c_i = 1 + p_i \cdot c_i = 1$$

也就是说，加法器生成一个进位输出（c_{i+1}）独立于进位输入的值（c_i）。现假设 g_i 为 0 且 p_i 为 1。则

$$c_{i+1} = g_i + p_i \cdot c_i = 0 + 1 \cdot c_i = c_i$$

也就是说，加法器把进位输入传播给进位输出。将两者合在一起，如果 g_i 为 1 或者 p_i 和 CarryIn$_i$ 均为 1，则 CarryIn$_{i+1}$ 为 1。

作一个类比，想象一排多米诺骨牌。只要两两之间没有间隙，推倒远处的一块多米诺牌可以让最后一块多米诺牌也倒下。类似地，一个远处的（进位）生成也可以使当前的进位输出为真，只要它们之间的所有（进位）传播都为真。

根据传播和生成的定义，将其作为第一级抽象，可以更简洁地表示进位输入信号。4 位进位如下：

$$c1 = g0 + (p0 \cdot c0)$$
$$c2 = g1 + (p1 \cdot g0) + (p1 \cdot p0 \cdot c0)$$
$$c3 = g2 + (p2 \cdot g1) + (p2 \cdot p1 \cdot g0) + (p2 \cdot p1 \cdot p0 \cdot c0)$$
$$c4 = g3 + (p3 \cdot g2) + (p3 \cdot p2 \cdot g1) + (p3 \cdot p2 \cdot p1 \cdot g0)$$
$$+ (p3 \cdot p2 \cdot p1 \cdot p0 \cdot c0)$$

这些方程仅表示一般形式：如果某个前面的加法器生成进位且所有中间的加法器都传播进位，则 CarryIn*i* 为 1。图 A-6-1 使用管道来解释超前进位。

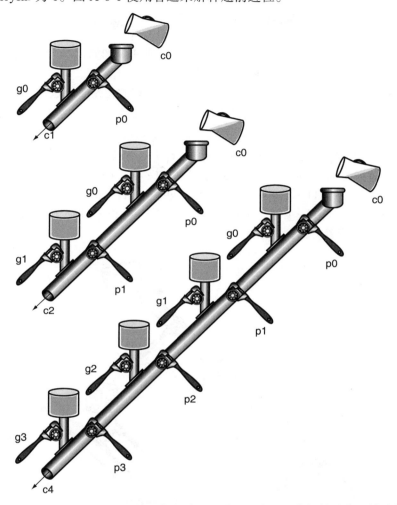

图 A-6-1　管道系统类比，使用水管和阀门类比 1 位、2 位和 4 位超前进位。转动扳手打开和关闭阀门。水用灰色标出。如果最近的（进位）生成值（g*i*）打开，或者第 *i* 个（进位）传播值（p*i*）打开且上游有水，或者有先前的（进位）生成或后面（进位）传播来的水，则管道（c*i*+1）的输出将是满的。进位输入（c0）可以导致进位，即使没有任何（进位）生成的帮助，但是需要所有（进位）传播的帮助

即使是这种简化形式也会产生长长的方程式，因此即使是 16 位加法器也是如此。接下来尝试使用两级抽象。

A.6.3　使用第二级抽象的快速进位

首先，将这个 4 位加法器与其超前进位逻辑视为单个构建块。如果用行波进位机制将其连接得到一个 16 位加法器，只需要增加少量硬件，就可以使加法操作比原来更快。

为了更快，超前进位需要在更高层次上进行。为了实现 4 位加法器的超前进位，传播和生成信号也需要在这个更高层次上进行。以下是四个 4 位加法器块：

$$P0 = p3 \cdot p2 \cdot p1 \cdot p0$$
$$P1 = p7 \cdot p6 \cdot p5 \cdot p4$$
$$P2 = p11 \cdot p10 \cdot p9 \cdot p8$$
$$P3 = p15 \cdot p14 \cdot p13 \cdot p12$$

也就是说，只有当这一组中每一位都传播进位时，用于 4 位抽象（Pi）的"超级"传播信号（Pi）才为真。

对于"超级"生成信号（Gi），只关心 4 位组的最高有效位是否有进位。如果最高有效位的（进位）生成为真，则上述情况显然会发生；如果之前的（进位）生成为真且所有中间传播（包括最高有效位的传播）也都为真，上述情况也会发生：

$$G0 = g3 + (p3 \cdot g2) + (p3 \cdot p2 \cdot g1) + (p3 \cdot p2 \cdot p1 \cdot g0)$$
$$G1 = g7 + (p7 \cdot g6) + (p7 \cdot p6 \cdot g5) + (p7 \cdot p6 \cdot p5 \cdot g4)$$
$$G2 = g11 + (p11 \cdot g10) + (p11 \cdot p10 \cdot g9) + (p11 \cdot p10 \cdot p9 \cdot g8)$$
$$G3 = g15 + (p15 \cdot g14) + (p15 \cdot p14 \cdot g13) + (p15 \cdot p14 \cdot p13 \cdot g12)$$

图 A-6-2 更新了管道类比，以描述 P0 和 G0。

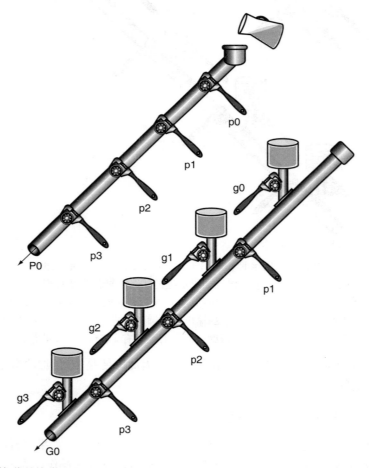

图 A-6-2   管道系统类比下一级超前进位信号 P0 和 G0。如果 4 个（进位）传播（pi）打开，则 P0 打开，仅当至少 1 个（进位）生成（gi）打开且下游所有（进位）传播都打开，G0 才有水流

对于 16 位加法器的每个 4 位组（图 A-6-3 中的 C1、C2、C3、C4）的进位，这个更高抽象层次的方程式类似于上述 4 位加法器每一位（c1、c2、c3、c4）的进位方程式：

$$C1 = G0 + (P0 \cdot c0)$$

$$C2 = G1 + (P1 \cdot G0) + (P1 \cdot P0 \cdot c0)$$

$$C3 = G2 + (P2 \cdot G1) + (P2 \cdot P1 \cdot G0) + (P2 \cdot P1 \cdot P0 \cdot c0)$$

$$C4 = G3 + (P3 \cdot G2) + (P3 \cdot P2 \cdot G1) + (P3 \cdot P2 \cdot P1 \cdot G0)$$
$$+ (P3 \cdot P2 \cdot P1 \cdot P0 \cdot c0)$$

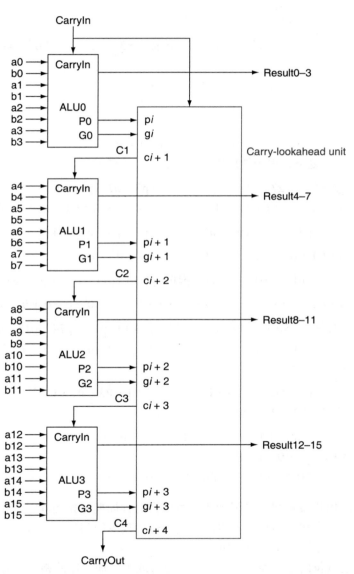

图 A-6-3　4 个 4 位超前进位 ALU 组成的 1 个 16 位加法器。注意进位来源于超前进位单元，而不是 4 位 ALU

| 例题 | 两级传播和生成 ─────────────────────────────────────

确定两个 16 位数的 gi、pi、Pi 和 Gi 值：

```
a:      0001  1010  0011  0011₂
b:      1110  0101  1110  1011₂
```

CarryOut15（C4）的值是什么？

| 答案 | 位对齐以便看出（进位）生成值 gi（$ai \cdot bi$）和（进位）传播值（$ai+bi$）：

```
a:      0001  1010  0011  0011
b:      1110  0101  1110  1011
gi:     0000  0000  0010  0011
pi:     1111  1111  1111  1011
```

从左到右依次标记为 15 ~ 0，"超级"（进位）传播（P3、P2、P1、P0）是低级（进位）传播的简单相与。

$$P3 = 1 \cdot 1 \cdot 1 \cdot 1 = 1$$
$$P2 = 1 \cdot 1 \cdot 1 \cdot 1 = 1$$
$$P1 = 1 \cdot 1 \cdot 1 \cdot 1 = 1$$
$$P0 = 1 \cdot 0 \cdot 1 \cdot 1 = 0$$

"超级"（进位）生成更复杂，因为使用以下等式：

$$G0 = g3 + (p3 \cdot g2) + (p3 \cdot p2 \cdot g1) + (p3 \cdot p2 \cdot p1 \cdot g0)$$
$$= 0 + (1 \cdot 0) + (1 \cdot 0 \cdot 1) + (1 \cdot 0 \cdot 1 \cdot 1) = 0 + 0 + 0 + 0 = 0$$

$$G1 = g7 + (p7 \cdot g6) + (p7 \cdot p6 \cdot g5) + (p7 \cdot p6 \cdot p5 \cdot g4)$$
$$= 0 + (1 \cdot 0) + (1 \cdot 1 \cdot 1) + (1 \cdot 1 \cdot 1 \cdot 0) = 0 + 0 + 1 + 0 = 1$$

$$G2 = g11 + (p11 \cdot g10) + (p11 \cdot p10 \cdot g9) + (p11 \cdot p10 \cdot p9 \cdot g8)$$
$$= 0 + (1 \cdot 0) + (1 \cdot 1 \cdot 0) + (1 \cdot 1 \cdot 1 \cdot 0) = 0 + 0 + 0 + 0 = 0$$

$$G3 = g15 + (p15 \cdot g14) + (p15 \cdot p14 \cdot g13) + (p15 \cdot p14 \cdot p13 \cdot g12)$$
$$= 0 + (1 \cdot 0) + (1 \cdot 1 \cdot 0) + (1 \cdot 1 \cdot 1 \cdot 0) = 0 + 0 + 0 + 0 = 0$$

最后，CarryOut15（C4）为

$$C4 = G3 + (P3 \cdot G2) + (P3 \cdot P2 \cdot G1) + (P3 \cdot P2 \cdot P1 \cdot G0)$$
$$+ (P3 \cdot P2 \cdot P1 \cdot P0 \cdot c0)$$
$$= 0 + (1 \cdot 0) + (1 \cdot 1 \cdot 1) + (1 \cdot 1 \cdot 1 \cdot 0) + (1 \cdot 1 \cdot 1 \cdot 0 \cdot 0)$$
$$= 0 + 0 + 1 + 0 + 0 = 1$$

因此，当这两个 16 位数相加时有一个进位输出。 ─────────────────────────

超前进位之所以进位更快，是因为所有逻辑在时钟周期开始的同时开始进行计算，且一旦每个门的输出停止变化，结果也不再改变。通过用较少的门来发送进位信号，门的输出能更快地停止变化，因此加法器用时更短。

为了理解超前进位的重要性，需要计算它与行波进位加法器的相对性能。

| 例题 | 行波进位和超前进位的速度比较 ─────────────────────────────

为逻辑时间建模的一种简单方法是假设信号通过每个与门、或门时花费的时间相同。通过简单计算通过逻辑通路的门的数量来估计时间。比较两个 16 位加法器通路的门延迟数，一个使用行波进位，另一个使用两级超前进位。

答案　图 A-5-5 展示了每一位进位输出信号需要两个门延迟。最低有效位的进位输入与最高有效位进位输出之间的门延迟数是 $16 \times 2 = 32$。

对于超前进位，最高有效位的进位输出只有例题中定义的 C4。根据 Pi 和 Gi（几个与项的或）需要两级逻辑来定义 C4。用 pi 在一级逻辑（与）中定义 Pi，且用 pi 和 gi 在两个逻辑层中指定 Gi，因此下一级抽象的最坏情况也就两级逻辑。pi 和 gi 都是用 ai 和 bi 定义的一级逻辑。假设这些方程式中每级逻辑都有一个门延迟，则最坏情况下有 $2 + 2 + 1 = 5$ 个门延迟。

因此，对于从进位输入到进位输出的通路，使用这种简单的硬件速度估算（门延迟），16 位加法超前进位的速度要比行波进位快 6 倍。

A.6.4　总结

超前进位提供比行波进位更快的通路，不需要像行波进位那样等待经过 32 个 1 位加法器的进位。这个快速通路的两个主要信号是（进位）生成和（进位）传播。

前者是不考虑进位输入的进位，后者传递进位。超前进位提供了另一个示例，即抽象对于应对计算机设计的复杂性有多重要。

详细阐述　除一个算术和逻辑操作外，现在已经包含了核心 RISC-V 指令系统中的所有指令：图 A-5-14 中的 ALU 忽略了对移位指令的支持。可以加宽 ALU 多选器来支持左移 1 位或右移 1 位。但硬件设计者设计了一种称为桶式移位器（barrel shifter）的电路，它可以从 1 位移到 31 位，且不超过两个 32 位数相加的时间，因此通常在 ALU 外部进行移位。

详细阐述　通过使用比与门、或门更强大的门，可以更简单地表示 A.5.1 节全加器和的输出逻辑方程式。当两个操作数不同时，异或门为真，即，

$$x \neq y \Rightarrow 1 \ \text{且} \ x == y \Rightarrow 0$$

在某些技术中，异或比两级与门、或门更高效。用符号 $\oplus$ 表示异或，新等式为：

$$\text{Sum} = a \oplus b \oplus \text{CarryIn}$$

同时，我们使用门这种传统方式来绘制 ALU。当今的计算机设计使用 CMOS 晶体管作为基本开关电路。CMOS ALU 和桶式移位器利用这些开关的优势，比我们的设计中使用的多选器少得多，但设计原理是类似的。

详细阐述　当使用超过两级的逻辑层次时，使用大小写来区分（进位）生成和（进位）传播信号的层次就不行了。用 g$i...j$ 和 p$i...j$ 表示从第 i 位到第 j 位的生成和传播信号。因此，g1...1 表示位 1 的（进位）生成，g4...1 表示位 4 到位 1 的（进位）生成，g16...1 表示位 16 到位 1 的（进位）生成。

自我检测　使用上述门延迟来简单估算硬件速度，行波进位的 8 位加法相比于超前进位逻辑的 64 位加法的相对性能如何？

1. 64 位超前进位加法器的速度提高了 3 倍：8 位加有 16 个门延迟，64 位加有 7 个门延迟。
2. 速度相当，因为 64 位加法需要 16 位加法器有更多层逻辑。
3. 8 位加也比 64 位更快，即使有超前进位。

A.7 时钟

在讨论存储元件和时序逻辑之前,简要地讨论一下时钟是十分有益的。类似于 4.2 节中的讨论,本节介绍时钟的相关内容。有关时钟和时序的更多细节,请参见 A.11 节。

边沿触发时钟:一种时钟方案,其中所有状态改变都发生在时钟边沿。

时序逻辑中需要时钟来决定何时更新存储元件的状态。时钟只是一个具有固定周期的不停运转的信号,时钟频率是时钟周期的倒数。如图 A-7-1 所示,时钟周期时间或时钟周期分为两部分:高电平和低电平。在本节中仅采用**边沿触发时钟**的同步逻辑。这意味着

时钟同步方法:根据时钟确定数据何时有效和稳定的方法。

所有状态更新都发生在时钟边沿。我们使用边缘触发的方法是因为它更容易理解。但从工艺的角度来讲,很难说它是否就是**时钟同步方法**的最佳选择。

下降沿

时钟周期   上升沿

图 A-7-1   时钟信号在高电平和低电平之间振荡。时钟周期是一个完整周期的时间。在边沿触发设计中,时钟的上升沿或下降沿是有效信号并导致状态发生变化

在边沿触发的方法中,时钟的上升沿或下降沿是有效信号并导致状态发生变化。正如将在下一节中所看到的,边缘触发设计中的**状态单元**的改变仅发生在有效时钟的边沿。至于选择哪个时钟边沿作为有效触发信号是受设计技术影响的,但不影响设计逻辑所涉及的概念。

状态单元:一个存储元件。

同步系统:一种采用时钟的存储系统,只有当时钟指示信号值稳定时才读取数据信号。

时钟边沿用作采样信号,使得输入到状态单元的数据值被采样并存储在状态单元中。使用边沿触发意味着采样过程基本上是瞬时的,消除了采样信号时刻不同可能引发的问题。

时钟系统(也称为**同步系统**)的主要约束是,当有效时钟边沿发生时,写入状态单元的信号必须有效。如果信号稳定(即不改变),则该信号有效,并且在输入改变之前该值不会再次改变。由于组合电路无法实现反馈,只要组合逻辑单元的输入不变,输出最终将变为有效。

图 A-7-2 显示了同步时序逻辑设计中状态单元和组合逻辑结构之间的关系。状态单元的输出仅在时钟边沿时刻改变,该输出为组合逻辑提供有效输入。为确保在有效时钟边沿写入的状态单元的值有效,时钟必须具有足够长的周期,从而让组合逻辑中的所有信号稳定,然后在时钟边沿对这些值进行采样以便存储在状态单元。这个约束为时钟周期设置了一个下限,该下限必须足够长,从而保证所有状态单元的输入有效。

状态单元1 → 组合逻辑 → 状态单元2

时钟周期

图 A-7-2   组合逻辑的输入来自状态单元,其输出也被写到一个状态单元。时钟边沿决定何时更新状态单元的内容

在本附录的其余部分以及第 4 章中，通常省略时钟信号，因为我们假设所有状态单元都在同一时钟边沿上更新。某些状态单元在每个时钟边沿写入，而其他状态单元仅在某些条件下写入（例如更新寄存器）。在这种情况下，我们将为该状态单元提供显式写信号。该写信号必须和时钟同步，确保在写信号有效时，仅在时钟边沿进行更新。我们将在下一节中看到上述设计是如何实现和使用的。

边沿触发方法的另一个优点是可以使用一个状态单元作为同一组合逻辑的输入和输出，如图 A-7-3 所示。在实际设计中，必须注意防止这种情况下的竞争，并确保时钟周期足够长，A.11 节将进一步讨论该主题。

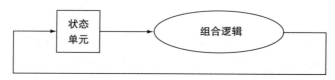

图 A-7-3　边沿触发方法允许在同一时钟周期内读写状态单元，从而不会因产生竞争而导致数据值的不确定。当然，时钟周期必须足够长，以保证在有效时钟边沿到来之前输入值稳定

详细阐述　有时，设计人员发现让一小部分状态单元与大多数状态单元发生改变的时钟边沿相反会很有用。这样做需要非常小心，因为这种方法对状态单元的输入和输出都有影响。那么为什么设计人员会这样做呢？考虑这样一种情况：状态单元之前和之后的组合逻辑的数量足够小，因此每个元件可以在半个时钟周期内执行完，而不是更常见的整个时钟周期。然后，因为输入和输出都将在半个时钟周期之后可用，状态单元可以在对应于半个时钟周期的时钟边沿进行写入。使用这种技术的一个常见实例是寄存器堆，简单地读或写寄存器堆通常可以在正常时钟周期的一半时间内完成。第 4 章利用这种思想来减少流水线开销。

> **寄存器堆**：一个状态单元，由一组寄存器组成，可通过提供要访问的寄存器号来进行读写。

A.8　存储元件：触发器、锁存器和寄存器

在本节和下一节中，我们将讨论存储元件的基本原理。从触发器和锁存器开始，然后是寄存器堆，最后是存储器。所有的存储元件都存储状态：任何存储元件的输出都取决于输入和存储在存储元件内的值。因此，包含存储元件的所有逻辑块都包含状态并且是时序可控的。

最简单的存储元件是无时钟的，也即是说，它们没有任何时钟信号输入。虽然我们在本章中仅使用带时钟的存储元件，但是无时钟的锁存器是最简单的存储元件，所以我们先看看这个电路。图 A-8-1 显示了一个 S-R 锁存器（置位 – 复位锁存器），它由一对 NOR（或非）门（具有反相输出的或门）构成。输出 Q 和 $\overline{Q}$ 表示存储状态及其反相值。当 S 和 R 都没有被设为有效时，交叉耦合的或非门用作反相器并存储 Q 和 $\overline{Q}$ 先前的值。

例如，如果输出 Q 为真，那么下方的反相器生成假输出（即 $\overline{Q}$），它成为上方反相器的输入，生成一个真输出，即 Q，依此类推。如果 S 被置为有效，那么输出 Q 为真并且 $\overline{Q}$ 为假，而如果 R 被置为有效，则输出 $\overline{Q}$ 为真且 Q 为假。当 S 和 R 都被置为无效时，Q 和 $\overline{Q}$ 的最后的值将继续存储在交叉耦合结构中。同时将 S 和 R 置为有效会导致错误操作：这取决于 S 和 R 如何被置为无效，锁存器可能会振荡或变为亚稳态（这部分将在 A.11 节中详细介绍）。

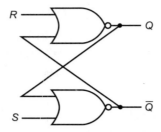

图 A-8-1　一对交叉耦合的 NOR（或非门）可以存储数据。存储在输出上的值 Q 取反得到 $\overline{Q}$，然后 $\overline{Q}$ 取反得到 Q，不断循环。如果 R 或 $\overline{Q}$ 变为有效，则 Q 将被置为无效，反之亦然

　　这种交叉耦合结构是更复杂的存储元件的基础，这些复杂元件可以用于存储数据信号。这些元件还包含额外的门电路，用于存储信号值和仅与时钟配合的状态更新。下一节将介绍如何构建这些存储元件。

A.8.1　触发器和锁存器

　　触发器和**锁存器**是最简单的存储元件。在触发器和锁存器中，输出等于元件内存储状态的值。此外，与上述 S-R 锁存器不同，接下来使用的所有锁存器和触发器都是带时钟的，这意味着它们具有时钟输入，并且状态的改变由该时钟触发。触发器和锁存器之间的区别是触发状态实际改变的时钟位置不同。在带时钟的锁存器中，只要时钟信号有效，若输入改变，状态就会随之改变。而在触发器中，状态仅在时钟边沿上改变。从本节开始，我们使用边沿触发的时序控制方法，其中，状态仅在时钟边沿更新，因此使用触发器。触发器通常由锁存器构建，因此我们首先描述一个简单的带时钟的锁存器的一些操作，然后再讨论由该锁存器构成的触发器。

> **触发器**：一种存储元件，其输出等于元件内存储状态的值，并且内部状态仅在时钟边沿上改变。
>
> **锁存器**：一种存储元件，其输出等于元件内存储状态的值，并且当时钟有效时，只要有适当的输入变化，状态就会改变。
>
> **D 触发器**：具有单个数据输入的触发器，在时钟边沿将输入信号的值存储在内部存储器中。

　　对于计算机应用，触发器和锁存器的功能是存储信号。D 锁存器或 **D 触发器**将其数据输入信号的值存储在内部存储中。虽然还有许多其他类型的锁存器和触发器，但 D 型是我们需要的唯一基本逻辑单元。D 锁存器有两个输入和两个输出。输入是要存储的数据值（D）和时钟信号（C），C 控制锁存器应何时读取 D 输入上的值并存储它。输出就是内部状态（Q）及其反相（$\overline{Q}$）的值。当时钟信号 C 有效时，锁存器处于开状态，输出（Q）的值变为输入 D 的值。当时钟信号 C 无效时，锁存器处于关状态，并且输出（Q）的值是上次锁存器打开时存储的值。

　　图 A-8-2 显示了如何通过为交叉耦合的 NOR（或非）门添加两个额外的门电路来实现 D 锁存器。由于当锁存器打开时，Q 的值随着 D 的变化而变化，所以这种结构有时也被称为透明式锁存器。图 A-8-3 显示了这个 D 锁存器如何工作，假设输出 Q 初始值为假且 D 先改变。

　　如前所述，我们使用触发器而不是锁存器作为基本逻辑单元。触发器是不透明的，它们的输出仅在时钟边沿发生变化。触发器在上升（正）或下降（负）的时钟边沿触发，我们可以选择其中任何一种方式进行设计。图 A-8-4 显示了如何利用一对 D 锁存器构建一个下降沿的 D 触发器。在 D 触发器中，输出在时钟边沿时存储。图 A-8-5 给出了这个触发器的工作原理。

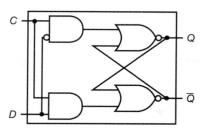

图 A-8-2　利用 NOR（或非）门实现的 D 锁存器。 如果另一个输入为 0，则或非门用作反相器。因此，除非时钟输入 C 有效，否则交叉耦合的或非门用于存储状态值。在这种情况下，输入 D 的值取代了 Q 的值并且被存储。当时钟信号 C 从有效变为无效时，输入 D 的值必须保持稳定

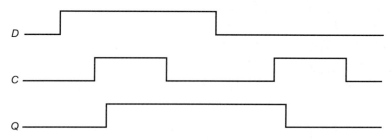

图 A-8-3　D 锁存器的操作，假设输出的初始值无效。当时钟 C 有效时，锁存器打开，Q 输出立即变为 D 输入的值

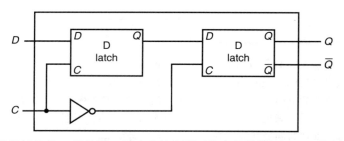

图 A-8-4　下降沿触发的 D 触发器。第一个锁存器（称为主器件）打开，并在时钟输入 C 有效时遵循 D 的输入。当时钟输入 C 下降时，第一个锁存器关闭，但第二个锁存器（称为从器件）打开，并从主锁存器的输出获得其输入

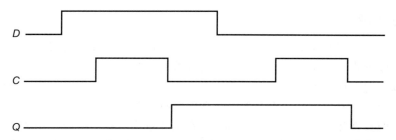

图 A-8-5　下降沿触发的 D 触发器的操作，假设输出的初始值无效。当时钟输入（C）从有效变为无效时，Q 输出存储 D 输入的值。将此行为与图 A-8-3 中所示的时钟 D 锁存器的行为进行比较。在时钟锁存器中，存储值和输出 Q 都在 C 为高电平时改变，而不是仅在 C 转变时

下面是一段用于上升沿 D 触发器的模块的 Verilog 描述，假设 *C* 是时钟输入而 *D* 是数据输入：

```
module DFF(clock,D,Q,Qbar);
    input clock, D;
    output reg Q;
    output Qbar;
    assign Qbar= ~ Q;
    always @(posedge clock)
        Q=D;
endmodule
```

由于 *D* 输入在时钟边沿采样，因此必须在时钟边沿的之前和之后的一段时间内保持有效。在时钟边沿之前，输入必须保持有效的最短时间称为**建立时间**；在时钟边沿之后，必须保持有效的最短时间称为**保持时间**。因此，如图 A-8-6 所示，任何触发器（或使用触发器构建的任何电路）的输入必须在时间窗口期间有效，该窗口从时钟边沿之前的时间 t_{setup} 开始，并且在时间边沿之后的时间 t_{hold} 结束。A.11 节更详细地讨论了时钟和时序约束，包括触发器的传播延迟。

> **建立时间**：在时钟边沿之前，存储单元的输入必须保持有效的最短时间。

> **保持时间**：在时钟边沿之后，存储单元的输入必须保持有效的最短时间。

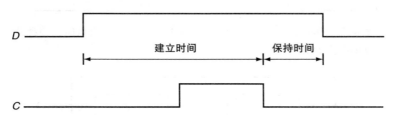

图 A-8-6 下降沿触发的 D 触发器的建立和保持时间要求。输入必须在时钟边沿之前以及时钟边沿之后的一段时间内保持稳定。在时钟边沿之前，信号必须保持稳定的最短时间称为建立时间，而在时钟边沿之后，信号必须保持稳定的最短时间称为保持时间。如果不满足这些最低要求，如 A.11 节所述，可能会导致触发器的输出无法预测。保持时间通常为 0 或非常小，因此无须担心

我们可以使用 D 触发器阵列来构建一个可以保存多位数据（例如字节或字）的寄存器。我们在第 4 章的数据通路中使用了寄存器。

A.8.2 寄存器堆

寄存器堆是一个对数据通路至关重要的结构。它由一组寄存器组成，可通过提供要访问的寄存器号来进行读写。通过对每个读或写端口添加译码器，以及由 D 触发器构建的寄存器阵列，就可以实现寄存器堆。因为读寄存器不会改变任何状态，所以只需要提供一个寄存器号作为输入，唯一的输出就是该寄存器中包含的数据。为了写寄存器，需要三个输入：寄存器号、要写入的数据和控制写寄存器的时钟。在第 4 章中，我们使用了一个寄存器堆，它有两个读端口和一个写端口。该寄存器堆如图 A-8-7 所示。读端口可以用一对多选器实现，每个多选器的宽度与寄存器堆的每个寄存器中的位数一样宽。图 A-8-8 给出了 32 位宽寄存器堆的两个读端口的实现。

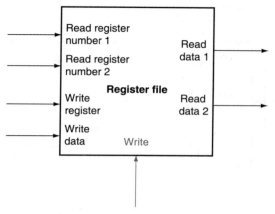

图 A-8-7　具有两个读端口和一个写端口的寄存器堆，有五个输入和两个输出。控制输入 Write 以灰色显示

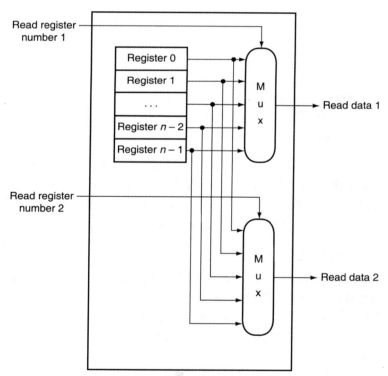

图 A-8-8　具有 n 个寄存器的寄存器堆，两个读端口的实现可以用两个 n 选 1 的多选器完成，每个 32 位宽。寄存器读数字信号用作多选器的选择信号。图 A-8-9 显示了如何实现写端口

　　实现写端口稍微复杂一些，因为我们只能更改指定寄存器的内容。通过使用译码器生成一个信号，用于确定要写入哪个寄存器，便可以完成此操作。图 A-8-9 给出了如何实现寄存器堆的写端口。需要注意的是要记住触发器仅在时钟边沿上改变状态。在第 4 章中，我们显式地连接了寄存器堆的写信号，并假设图 A-8-9 所示的时钟默认加入了。

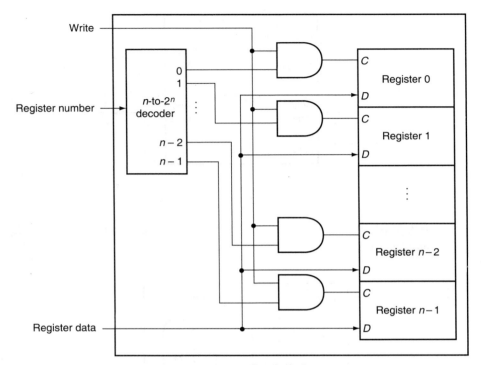

图 A-8-9　寄存器堆的写端口用译码器实现，该译码器与写信号一起使用以产生寄存器的 C 输入。所有的三个输入（寄存器号、数据和写信号）都有建立时间和保持时间约束，以确保将正确的数据写入寄存器堆

如果在一个时钟周期内读写相同的寄存器会发生什么？如前面的图 A-7-2 所示，由于寄存器堆的写发生在时钟边沿，寄存器的值在读取期间保持有效，所以返回的值将是在较早的时钟周期中写入的值。如果我们希望读取返回当前正在写入的值，则需要在寄存器堆中或其外部附加逻辑电路。第 4 章广泛使用了这种逻辑电路。

A.8.3　使用 Verilog 描述时序逻辑

要使用 Verilog 描述时序逻辑，我们必须了解如何生成时钟，如何描述何时将值写入寄存器，以及如何指定时序控制。我们从描述时钟开始。时钟不是 Verilog 中的预定义对象，需要在语句之前使用 Verilog 符号 #n 生成时钟。这会导致在执行语句之前延迟 n 个模拟时钟步。在大多数 Verilog 模拟器中，还可以生成时钟作为外部输入，允许用户在模拟时指定运行模拟所需的时钟周期数。

图 A-8-10 中的代码实现了一个简单时钟，时钟维持高或低电平一个模拟单元，然后切换状态。我们使用延迟功能和阻塞赋值来实现时钟。

```
reg clock;
always #1 clock = ~clock;
```

图 A-8-10　时钟描述

接下来，我们必须能够指定边沿触发寄存器的操作。在 Verilog 中，这是通过使用 always 块上的敏感列表，以及符号 posedge 或 negedge 指定二进制变量的正边沿或负边沿触发来完成的。因此，下面的 Verilog 代码会令寄存器 A 在正边沿时钟写入值 b：

```
reg [31:0] A;
wire [31:0] b;

always @(posedge clock) A <= b;
```

在本章和第 4 章的 Verilog 部分中，我们假设都使用正边沿触发设计。图 A-8-11 给出了 RISC-V 寄存器堆的 Verilog 规范，假设有两次读操作和一次写操作，只有写操作需要时钟。

```
module registerfile (Read1,Read2,WriteReg,WriteData,RegWrite,
Data1,Data2,clock);
   input [5:0] Read1,Read2,WriteReg; // the register numbers
to read or write
   input [31:0] WriteData; // data to write
   input RegWrite, // the write control
     clock; // the clock to trigger write
   output [31:0] Data1, Data2; // the register values read
   reg [31:0] RF [31:0]; // 32 registers each 32 bits long

   assign Data1 = RF[Read1];
   assign Data2 = RF[Read2];

   always begin
      // write the register with new value if Regwrite is
high
      @(posedge clock) if (RegWrite) RF[WriteReg] <=
WriteData;
   end
endmodule
```

图 A-8-11　用行为级 Verilog 描述的 RISC-V 寄存器堆。这个寄存器堆在时钟上升沿写入

自我检测　在图 A-8-11 中寄存器堆的 Verilog 代码中，与正在被读的寄存器对应的输出端口使用的是连续赋值，而正在被写的寄存器在 always 块中赋值。以下哪个原因是正确的？

a. 没什么特别原因，只是为了方便。

b. 因为 Data1 和 Data2 是输出端口，而 WriteData 是输入端口。

c. 因为读操作是组合逻辑事件，而写操作是时序逻辑事件。

A.9　存储元件：SRAM 和 DRAM

寄存器和寄存器堆是小型存储器的基本单元，而要组成大型存储器，则需要用到 SRAM（Static Random Access Memory，静态随机访问存储器）或 DRAM（动态随机访问存储器）。我们先讨论稍微简单点的 SRAM，然后再讨论 DRAM。

> **SRAM**：一种存储器，其数据是静态存储的（如触发器）而不是动态存储的（如 DRAM）。SRAM 比 DRAM 更快，但存储密度更低且每位的价格更高。

A.9.1　SRAM

SRAM 是一个简单的存储阵列集成电路，其通常只有单个可以提供读或写的访问端口。尽管读写的访问特性通常不同，但 SRAM 对任何数据的访问时间都是固定的。SRAM 芯片根据可寻址空间的大小以及每个可寻址单元的位宽有相应的配置。例如，4M×8 的 SRAM 可以提供 4M 个表项，每个表项的存储宽度为 8 位。因此，它有 22 条地址线（因为 4M = 2^{22}）、8 位的数据输出线和 8 位的单个数据输入线。与 ROM 一样，可寻址范围通常称为高度，每个可寻址单元的位数称为宽度。由于各种技术原因，最新和最快的 SRAM 通常采用"窄"配置：×1 和 ×4。图 A-9-1 给出了 32M×8 型 SRAM 的输入和输出信号。

要启动读或写操作，片选（Chip select）信号必须有效。对于读操作，还必须激活输出使能（Output enable）信号，该信号控制由地址选择的数据是否实际在引脚上驱动。输出使能信号允许将多个存储器连接到单输出总线上，并决定由哪个存储器来驱动总线。SRAM 读数据的访问时间通常被定义为从输出使能信号有效和地址线有效，到数据出现在输出总线上的这段时间。2004 年，拥有最快 CMOS 器件的 SRAM 的读取访问时间大约为 $2 \sim 4$ns，这些 SRAM 通常容量较小，数据宽度较窄，更大部件的 SRAM 的读取访问时间通常为 $8 \sim 20$ns。2004 年已经有容量超过 32M 位数据的 SRAM 出现了。在过去 5 年

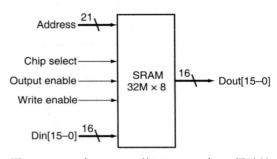

图 A-9-1 一个 $32M \times 8$ 的 SRAM，有 21 根地址线（$32M=2^{15}$）和 16 位数据输入线，3 条控制线以及 16 位数据输出线

中，消费产品和数码设备对于低功耗 SRAM 的需求大大增长，这些 SRAM 具有更低的待机和访问功率，但通常比普通 SRAM 慢 $5 \sim 10$ 倍。最近，类似于同步 DRAM（下一节讨论）的同步 SRAM 也已经开发出来了。

对于写操作，必须要提供要写的数据和目的地址，以及写控制信号。当写使能（Write enable）信号和片选信号为真时，数据输入线上的数据被写入到地址指定的单元中。和 D 触发器和锁存器一样，对于地址和数据线，有建立时间和保持时间的要求。此外，写使能信号不是时钟边沿，而是具有最小宽度约束的脉冲。完成写操作的时间由建立时间、保持时间和写使能脉冲宽度共同确定。

大容量 SRAM 的构建方式与构建寄存器堆的方式不同，因为对于寄存器堆而言，32-1 多选器是实用的，而对于 $64K \times 1$ SRAM 来讲，使用 64K-1 的多选器就显得不切实际。大容量存储器不使用巨型的多选器，而是使用共享的输出线（称为位线）来实现，存储阵列中的多个存储单元都可以将其置为有效。为了满足多个存储单元驱动信号线，要使用三态缓冲器。三态缓冲器具有两个输入——数据信号和输出使能信号；以及一个输出，它有三种状态——有效、无效或高阻态。如果输出使能信号有效，则三态缓冲器的输出等于输入。否则，输出使能信号无效，输出属于高阻态，由另一个输出使能信号有效的三态缓冲器来决定共享输出的值。

图 A-9-2 给出了一组三态缓冲器，用于形成具有译码输入的多选器。重要的是，至多只能有一个三态缓冲器的输出使能信号为有效，否则，三态缓冲器会发生竞争输出线的现象。通过在 SRAM 的各个单元中使用三态缓冲器，

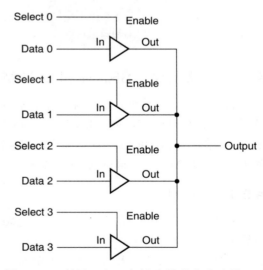

图 A-9-2 利用 4 个三态缓冲器形成多选器。只能识别 4 个可选择输入中的一个。在输出使能无效时，三态缓冲器输出高组态，以允许输出使能有效的其他驱动共享的输出线

对应于特定输出的每个单元可以共享相同的输出线。使用一组分布式三态缓冲器比大型集中式的多选器更为有效。将三态缓冲器嵌入触发器，形成了 SRAM 的基本单元。图 A-9-3 显示了如何构建一个小的 4×2 SRAM，使用了带有使能输入的 D 锁存器来控制三态输出。

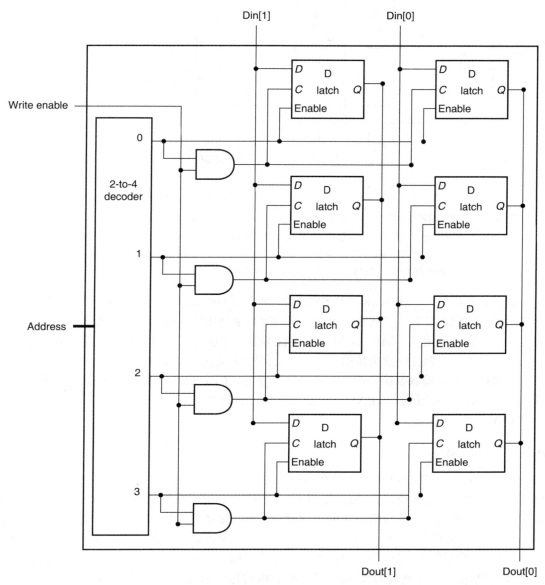

图 A-9-3　4×2 SRAM 的基本结构包括一个译码器，用于选择激活哪一对单元。激活的单元　　使用连接到垂直位线的三态输出，垂直位线提供被请求的数据。选择单元的地址　　在一组水平地址线的某条线上发送，称为字线。为简单起见，省略了输出使能和　　片选信号，但它们可以简单地通过一些与门接入进来

图 A-9-3 中的设计消除了对巨型多选器的需求。但是它仍然需要非常大的译码器和大量的字线。例如，在 4M×8 SRAM 中，需要一个 22-4M 的译码器和 4M 条字线（用于各个触发器的使能）。为了避免这个问题，大型存储器被做成矩形阵列并使用二级译码装置。

图 A-9-4 显示了如何使用二级译码实现 4M×8 SRAM。二级译码对于理解 DRAM 的运行方式非常重要。

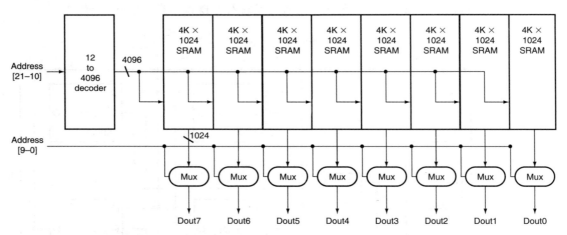

图 A-9-4   利用 4K×1024 阵列组成 4M×8 SRAM。第一个译码器生成 8 个 4K×1024 阵列的地址，然后使用一组多选器从每个 1024 位宽的阵列中选择 1 位。这比需要巨型译码器或巨型多选器的单级译码更容易设计。实际上，现在这种大小的 SRAM 可能会使用更大数量的模块，每个块都更小

最近，我们见证了同步 SRAM（SSRAM）和同步 DRAM（SDRAM）的发展。同步 RAM 提供的关键功能是能够从阵列或行中的一系列有序地址中实现数据的簇发式传输。簇发由起始地址和簇发长度定义。同步 RAM 的速度优势来自于能够在簇发中传输多位数据而无须指定额外的地址位。但在簇发中传输连续位会受到时钟控制。簇发方式中，对于额外地址位的消除显著提高了传输数据块的速率。由于这种能力，同步 SRAM 和 DRAM 正迅速成为在计算机中构建存储系统的首选 RAM。我们在下一节和第 5 章中更详细地讨论了存储系统中同步 DRAM 的使用。

A.9.2   DRAM

在静态 RAM（SRAM）中，存储在单元中的值保存在一对反相门上，并且只要给它供电，该值就可以无限期地保持。在动态 RAM（DRAM）中，保存在单元中的值作为电荷存储在电容器中。然后使用一个晶体管来访问该存储的电荷，以读取该值或覆盖掉存储的电荷。由于 DRAM 存储一位仅使用一个晶体管，因此每位的密度更高，也更便宜。相比之下，SRAM 每位需要四到六个晶体管。因为 DRAM 将电荷存储在电容器上，所以不能无限期地保存，必须要定期刷新。这就是为什么这种存储结构被称为动态，而不是 SRAM 单元中的静态存储。

要刷新存储单元，我们只需读取其内容并将其写回。电荷可以保持几毫秒，这对应于近一百万个时钟周期。如今，单芯片存储控制器通常独立于处理器处理刷新功能。如果必须从 DRAM 中读出每个位然后再单独写回，一旦使用了包含几兆字节的 DRAM，则需要不断刷新 DRAM 而没有时间访问它。好在 DRAM 也使用了二级译码结构，这就可以在读周期后紧跟一个写周期来刷新整个行（共享一个字线）。通常，刷新操作占 DRAM 有效时间的 1%~2%，剩余的 98%～99% 的时间可用于读和写数据。

详细阐述 DRAM 如何读写存储在单元中的信号？单元内的晶体管是一个开关，称为通道晶体管，允许存储在电容上的值被读取或写入。图 A-9-5 显示了单个晶体管单元的外观。传输晶体管的作用类似于开关：当字线上的信号有效时，开关闭合，将电容器连接到位线。如果操作是写操作，则将要写入的值放在位线上。如果该值为 1，则电容器将被充电；如果该值为 0，则电容器将放电。因为 DRAM 必须检测存储在电容器中的非常小的电荷，所以读取稍微复杂一些。在激活用于读取的字线之前，将位线充电到低电压和高电压之间一半的电压。然后，通过激活字线，电容器上的电荷被读出到位线上。这导致位线稍微向高或低电压方向

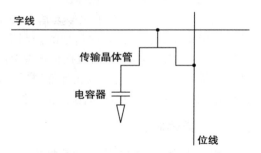

图 A-9-5　单晶体管的 DRAM 单元，包含存储单元内容的电容器和用于访问单元的晶体管

移动，而这种变化可以由能够检测电压微小变化的传感放大器检测到。

　　如图 A-9-6 所示，DRAM 使用二级译码器，分别实现行访问和列访问。行访问选择多行中的一行并激活相应的字线，被激活行中所有列的内容存储在一组锁存器中。然后，列访问从列锁存器中选择数据。为了节省引脚并降低封装成本，行地址和列地址共享地址线。一对称为 RAS（行访问选通）和 CAS（列访问选通）的信号用于表示正在提供行或列地址。刷新是指将列读入到列锁存器后，再将相同的值写回。因此，整个行可在一个周期内完成刷新。和内部电路结合的两级寻址方案，使得 DRAM 的访问时间比 SRAM 访问时间长得多（5 ~ 10 倍）。2004 年，典型的 DRAM 访问时间为 45 ~ 65ns，256Mbit DRAM 已量产，1GB DRAM 的首批客户样片于 2004 年第一季度生产出来。由于每位成本更低，DRAM 成为主存的首选，而更快的访问时间使 SRAM 成为 cache 的首选。

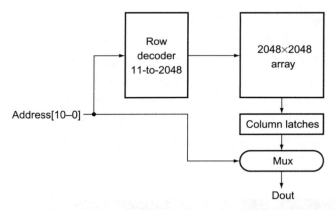

图 A-9-6　利用 2048 × 2048 阵列实现的 4M × 1DRAM。行访问使用 11 位来选择一行，然后将其锁存在 2048 个 1 位锁存器中。多选器选择来自这 2048 个锁存器的输出位。RAS 和 CAS 信号控制地址线是否被发送到行译码器或列多选器

　　读者可能会发现，64M × 4 DRAM 实际上在每行访问时能访问 8K 位，然后在列访问时丢弃得只剩下 4 位。DRAM 设计人员早已使用 DRAM 的内部结构实现了更高的带宽。这是通过允许在不改变行地址的情况下改变列地址来完成的，从而可以访问列锁存器中的其他

位。为了使这个过程更快更精确，地址输入被时钟同步，这产生了当今使用的主流 DRAM 形式：同步 DRAM 或 SDRAM。

自 1999 年以来，对于大多数基于 cache 的主存系统来说，SDRAM 已成为首选的存储器芯片。SDRAM 通过在时钟信号的控制下顺序簇发传输一行中的所有位提供行内快速访问。2004 年，DDR RAM（双倍数据传输率 RAM）是最常用的 SDRAM 类型，之所以被称为双倍数据传输率，是因为它可以在外部提供时钟的上升沿和下降沿都传输数据。正如在第 5 章中所讨论的，这些高速传输可用于增加主存可用的带宽，以满足处理器和 cache 的需求。

A.9.3 错误修正

由于大容量存储器中存在数据损坏的可能性，因此大多数计算机系统使用某种校验码来检测可能存在的数据损坏。一种普遍使用且足够简单的是奇偶校验码。在奇偶校验码中，计算一个字中的 1 的数量；如果 1 的数量是奇数，则该字具有奇校验，否则为偶校验。当一个字写入存储器时，也会写入奇偶校验位（1 表示奇数，0 表示偶数）。然后，当读出该字时，读取并检查奇偶校验位。如果存储器字的奇偶校验和存储的奇偶校验位不匹配，则说明发生错误。

1 位的奇偶校验方案可以检测数据项中最多 1 位的错误；如果存在 2 位错误，则 1 位奇偶校验方案将不会检测到任何错误，因为发生 2 位错误数据的奇偶校验位不发生变化，仍然满足要求。（实际上，1 位奇偶校验方案可以检测到任何奇数个错误；但是，具有 3 个错误的概率远低于具有 2 个错误的概率，因此，实际上，1 位奇偶校验码仅限于检测 1 位错误。）当然，奇偶校验码无法判断数据项中的哪个位出错。

1 位奇偶校验方案是一种**检错码**，还有一种纠错码（ECC），它能够检测并纠正错误。对于大容量主存，许多系统使用的纠错码允许检测最多 2 位的错误并纠正单个错误位。这些校验码使用更多位来编码数据的方式，例如，用于主存的常用校验码每 128 位数据需要 7 或 8 位纠错码。

检错码：一种校验码，可以检测到数据中的错误，但不能检测到精确的位置，从而无法纠正错误。

详细阐述 1 位奇偶校验码是距离为 2 的编码方法，这意味着对于数据位和校验位来说，任何 1 位的变化都可以被检测出来。例如，如果更改数据中的某个位，则检验位将出错，反之亦然。当然，如果改变 2 位（任何 2 个数据位或 1 个数据位和 1 个校验位），奇偶校验位将依然和数据匹配，从而将无法检测到错误。因此，这是一种距离为 2 的校验码。

为了检测多个错误或纠正错误，需要一种距离为 3 的编码，该编码具有这个特性：纠错码和数据的任意组合之间至少有 3 位不同。假设存在这样的编码方法，并且在数据中有一个错误。在这种情况下，我们可以检测出里面有 1 位错误，并对其进行纠正。如果有两个错误，则可以识别出存在错误，但无法纠正错误。我们来看一个例子，以下是 4 位数据项的数据字和距离为 3 的纠错码。

数据字	纠错码	数据字	纠错码
0000	000	1000	111
0001	011	1001	100
0010	101	1010	010
0011	110	1011	001
0100	110	1100	001
0101	101	1101	010
0110	011	1110	100
0111	000	1111	111

　　为了了解其工作原理，让我们选择一个数据字，比如 0110，其纠错码为 011。以下是该数据发生 1 位错误的四种情况：1110，0010，0100，0111。请注意，011 既是 0110 的纠错码，也是 0001 的纠错码。如果纠错译码器接收到具有错误的四个可能数据字之一，则必须在校正到 0110 或 0001 之间进行选择。而这四个字如果相对于 0110 只有 1 位错误，则它们每个都有 2 位与 0001 不同。因此，由于 1 位错误的概率更高，纠错机制可以很容易地选择纠正到 0110。要检测到 2 位错误，只需注意所有 2 位错误的组合具有不同的编码。相同编码的一次重用与 3 位不同，但如果我们纠正 2 位错误，将纠正成错误的值，因为译码器将假定只发生了 1 位错误。如果我们想要对 1 位、2 位错误都有纠错功能，则需要一个距离为 4 的校验码。

　　虽然我们在解释中区分了校验码和数据，但事实上，纠错码将校验码和数据的组合视为更大编码中的单个字（在本例中为 7 位）。因此，它以与数据位中的错误相同的方式处理校验码中的错误。

　　虽然上面的例子对 n 位数据需要 $n-1$ 位校验码，但其实所需的位数增长缓慢。对于距离为 3 的校验码，64 位字需要 7 位，128 位字需要 8 位。这种校验码后来被称为汉明码，因为 R. Hamming 描述了创建这种校验码的方法。

A.10　有限状态自动机

　　如前所述，数字逻辑电路可以分为组合电路和时序电路。时序电路的状态存储在系统内部的存储元件中，它们的行为取决于所提供的一系列输入以及内部存储的数据或系统状态。因此，时序电路不能用真值表来描述。相反，它被描述为**有限状态自动机**（或状态机）。有限状态自动机具有一组状态和两个函数（**下一状态函数**和输出函数）。状态集对应于内部存储的所有可能值。因此，对于 n 位存储，就有 2^n 个状态。下一状态函数是一种组合函数，给定输入和当前状态，就可以确定系统的下一个状态。输出函数根据当前状态和输入产生一组输出。图 A-10-1 给出了有限状态自动机的图示。

> **有限状态自动机**：一种时序逻辑函数。它包括一组输入、输出、将当前状态和输入映射到新状态的下一状态函数，以及将当前状态和输入映射到一组有效输出的输出函数。

> **下一状态函数**：一种组合函数，通过给定输入和当前状态，就可以确定有限状态自动机的下一个状态。

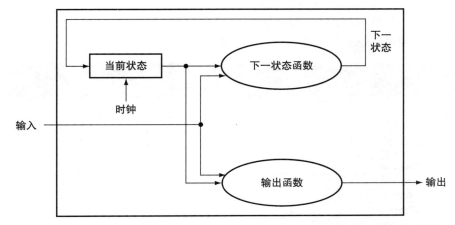

图 A-10-1　状态机由包含状态和两个组合函数（下一状态函数和输出函数）的内部存储器组成。通常，输出函数只会将当前状态作为其输入，这不会改变时序机的能力，但会影响其内部值

在本节和第 4 章讨论的状态机都是同步的。这说明状态随时钟周期变化，并且每个时钟周期计算一次新状态。因此，状态单元仅在时钟边沿更新。在本节和第 4 章中我们使用了这种方法，但通常不显式地表明时钟。在第 4 章中，我们使用状态机来控制处理器的执行和数据通路的操作。

为了说明有限状态自动机的运行和设计，让我们看一个简单的经典示例：控制交通信号灯。（第 4 章和第 5 章包含使用有限状态自动机控制处理器执行的更详细示例。）当有限状态自动机用作控制器时，输出函数通常仅依赖于当前状态。这种有限状态自动机称为摩尔机。这是我们在本书中所使用的有限状态自动机。如果输出函数依赖于当前状态和当前输入，则该机器称为米利机。这两种机器的功能相同，二者在物理上可相互转换。摩尔机的基本优势在于更快，而米利机则更小巧，因为它比摩尔机需要的状态更少。在第 5 章中，我们更详细地讨论了这些差异，并给出了使用米利机实现的有限状态控制的 Verilog 版本。

我们的示例是交通信号灯，其位于一个南北路线和东西路线相交的位置。为简单起见，我们只考虑绿灯和红灯，黄灯留作练习。我们希望灯在各方向的切换周期不超过 30 秒。因此采用了 0.033Hz 的时钟，以便信号灯在状态之间的控制周期不超过 30 秒。其中有两个输出信号：

- NSlite：当该信号有效时，南北方向上的交通灯为绿色；当该信号无效时，南北方向上的交通灯为红色。
- EWlite：当该信号有效时，东西方向上的交通灯为绿色；当该信号无效时，东西方向上的交通灯为红色。
- 此外，还有两个输入：
- NScar：表示汽车位于探测器处，探测器在南北向道路的交通灯前方（往南或往北）。
- EWcar：表示汽车位于探测器处，探测器在东西向道路的交通灯前方（往东或往西）。

只有当汽车正在等待向另一个方向行驶时，交通灯才会在红绿灯之间切换。否则，交通灯的状态不变，直到该方向上的最后一辆汽车通过交叉路口为止。

为了实现该交通灯，需要两个状态：

- NSgreen：南北向的交通灯为绿色。
- EWgreen：东西向的交通灯为红色。

我们还需要通过状态表来构造下一状态函数：

	输入		
	NScar	EWcar	下一状态
NSgreen	0	0	NSgreen
NSgreen	0	1	EWgreen
NSgreen	1	0	NSgreen
NSgreen	1	1	EWgreen
EWgreen	0	0	EWgreen
EWgreen	0	1	EWgreen
EWgreen	1	0	NSgreen
EWgreen	1	1	NSgreen

请注意，我们没有在算法中指定当汽车从两个方向接近时会发生什么。在这种情况下，上面的下一状态函数表需要修改以确保来自一个方向的汽车不会导致另一方向的堵塞。

有限状态自动机可通过指定输出函数来实现。

在研究如何实现这个有限状态自动机之前，我们先看一下有限状态自动机的图形表示。在该表示中，节点表示状态。在节点中，我们放置了一个对该状态有效的输出列表。有向弧用于指出下一状态函数，弧上的标签将输入条件指定为逻辑函数。图 A-10-2 给出了这种有限状态自动机的图形表示。

	输出	
	NSlite	EWlite
NSgreen	1	0
EWgreen	0	1

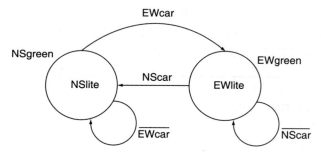

图 A-10-2　2 状态交通灯控制器的图形表示。我们简化了状态转换的逻辑函数。例如，在下一个状态表中从 NSgreen 到 EWgreen 的传输信号是 ($\overline{\text{NScar}} \cdot \text{EWcar}$) + (NScar · EWcar)，相当于 EWcar

有限状态自动机可以这样实现：利用寄存器保持当前状态，组合逻辑电路计算下一状态函数和输出函数。图 A-10-3 给出了状态量为 4 位的有限状态自动机，它最多可以有 16 个状态。要以这种方式实现有限状态自动机，首先要给状态标号，此过程称为状态分配。例如，我们可以将 NSgreen 指定为状态 0，将 EWgreen 指定为状态 1。状态寄存器保存 1 位数据。下一状态函数由以下公式计算：

$$\text{NextState} = (\overline{\text{CurrentState} \cdot \text{EWcar}}) + (\text{CurrentState} \cdot \overline{\text{NScar}})$$

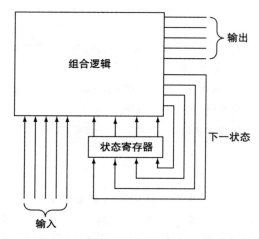

图 A-10-3　有限状态自动机用状态寄存器来实现，它包含一个当前状态以及用于计算下一个状态函数和输出函数的组合逻辑块。后两个函数经常被拆分并用两个独立的逻辑块实现，因为这样做需要的门电路更少

其中，CurrentState 是状态寄存器的值（0 或 1）。NextState 是下一状态函数的输出，会在时钟周期末尾被写入状态寄存器。输出函数也很简单：

$$\text{NSlite} = \overline{\text{CurrentState}}$$
$$\text{EWlite} = \text{CurrentState}$$

组合逻辑电路通常使用结构化逻辑来实现，例如 PLA。PLA 可以通过下一状态表和输出函数表自动构建。事实上，还可以使用计算机辅助设计（CAD）软件，它先把有限状态自动机进行图形或文本表示，然后再自动生成优化电路设计。在第 4 章和第 5 章中，有限状态自动机被用于控制处理器执行。附录 C 详细讨论了利用 PLA 和 ROM 来实现这些控制。

为了展示我们如何在 Verilog 中编写控制逻辑，图 A-10-4 给出了综合的 Verilog 版本。请注意，对于这个简单的控制功能，米利机没有用，但是在第 5 章中使用这种规范实现控制功能的就是米利机，并且比摩尔机拥有的状态更少。

```
module TrafficLite (EWCar,NSCar,EWLite,NSLite,clock);

    input EWCar, NSCar,clock;
output EWLite,NSLite;

reg state;

initial state=0;  //set initial state

//following two assignments set the output, which is based
only on the state variable
assign NSLite = ~ state; //NSLite on if state = 0;
assign EWLite = state; //EWLite on if state = 1

always @(posedge clock) // all state updates on a positive
clock edge
    case (state)
        0: state = EWCar; //change state only if EWCar

        1: state = ~ NSCar; // change state only if NSCar

    endcase
endmodule
```

图 A-10-4 交通信号灯的 Verilog 版本

自我检测 摩尔机最少要有多少个状态数，从而可以有更少状态的米利机？

a. 2，因为 1 状态的米利机可能做相同的事情。

b. 3，因为可能有一个简单的摩尔机，它跳转到两种不同的状态之一，并在此之后总是恢复到原始状态。对于这种简单情形，可以使用 2 状态米利机。

c. 至少需要 4 个状态才能体现米利机相对于摩尔机的优势。

A.11 定时方法

在本附录和本书剩余内容中，我们均使用边沿触发的定时方法。这种方法的优点在于，与电平触发的方法相比，它更易于解释和理解。在本节中，我们将更详细地阐述这种定时方法，并介绍对电平敏感的时钟控制。在本节末尾，我们会简要讨论异步信号和同步器，这对于数字逻辑设计人员来说也是一个重要问题。

本节的目的是介绍时钟同步方法的主要概念，并假定了一些重要的条件。如果有兴趣更详细地了解定时方法，请参阅本附录末列出的参考文献。

我们采用边沿触发的定时方法，因为它更容易解释，并且达到正确性几乎不需要什么规则。特别是，如果假设所有时钟同时到达，并且时钟周期足够长，那么可以保证，组合逻辑电路中具有边沿触发寄存器的系统，可以在没有竞争的情况下正确执行操作。当状态单元的值取决于不同逻辑元件的相对速度时，就会发生竞争。在边沿触发设计中，时钟周期必须足够长，以满足从一个触发器通过组合逻辑到另一个触发器的路径时间，另一个触发器还必须满足建立时间要求。图 A-11-1 显示了使用上升沿触发的触发器系统必须满足的时钟条件。在这样的系统中，时钟周期（或周期时间）必须至少与下式一样大：

$$t_{prop} + t_{combinational} + t_{setup}$$

对于这 3 种延迟的最坏情况值，定义如下：

- t_{prop} 是信号通过触发器传播的时间，有时也被称为 clock-to-Q。
- $t_{combinational}$ 是对于任何组合逻辑（定义为被两个触发器包围的部分）的最长延时。
- t_{setup} 是在时钟上升沿到来之前，触发器的输入必须保持有效的时间。

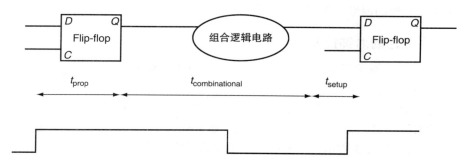

图 A-11-1　在边沿触发设计中，时钟周期必须足够长，以保证下一个时钟沿到来之前的信号在建立时间内有效。信号从触发器输入传播到触发器输出的时间是 t_{prop}，然后，信号需要 $t_{combinational}$ 的时间通过组合逻辑，并且必须在下一个时钟沿到来之前的 t_{setup} 时间内为有效

我们做了一个简化的假设：满足触发的保持时间的要求。这对于现代逻辑设计来说几乎不是问题。

边沿触发设计中必须考虑的另一个复杂因素是**时钟扭斜**。时钟扭斜是两个状态元件看到的时钟边沿间的绝对时间差。时钟扭斜产生的原因是时钟信号通常会使用两条不同的路径，经过略微不同的延时，到达两个不同的状态元件。如果时钟扭斜足够大，则状态元件的值可能会变化，从而导致另一个触发器的输入在第二个触发器看到时钟边沿之前发生变化。

时钟扭斜：两个状态元件看到时钟边沿的时间之间的绝对时间差。

抛开建立时间和触发器传播延迟，图 A-11-2 说明了这个问题。为避免错误发生，需要增大时钟周期以克服最大时钟扭斜。因此，时钟周期必须大于：

$$t_{prop} + t_{combinational} + t_{setup} + t_{skew}$$

给时钟周期加上这个限制条件后，允许两个时钟到达的先后次序颠倒，即第二个时钟提前 t_{skew} 到达，电路依然会正常工作。设计人员通过仔细设计时钟信号的路由来减少时钟扭斜问题，最大限度地缩短到达时间的差异。此外，聪明的设计人员还通过稍稍增大时钟周期来减少时钟扭斜，这些变化在逻辑元件和电源上都是允许的。由于时钟扭斜也会影响保持时间的要求，因此最小化时钟扭斜的值非常重要。

图 A-11-2　时钟扭斜如何导致竞争并导致错误操作。由于两个触发器看到时钟的时间不同，
存储在第一个触发器中的信号可以向前传输，并在时钟到达第二个触发器之前改
变第二个触发器的输入

边沿触发设计有两个缺点：需要额外的逻辑电路；有时可能会更慢。比较 D 触发器与用于构造触发器的电平敏感锁存器，边沿触发设计需要更多逻辑电路。另一种方法是采用**电平敏感的时钟控制**。由于对电平敏感方法的状态变化不是瞬时的，因此该方法稍微复杂一些，需要考虑额外的因素才能使其正常运行。

> **电平敏感的时钟控制：**一种定时方法，其状态变化发生在时钟的高或低电平，和边沿触发设计不同，它不是瞬时的。

A.11.1　电平敏感的时钟控制

在电平敏感的时钟控制中，状态变化发生在高电平或低电平，但不是瞬时的，因为它们不采用边沿触发。由于状态的非瞬时变化，很容易发生竞争现象。如果时钟足够慢，为确保电平敏感设计也能正常工作，设计人员使用了双向时钟控制。双向时钟控制是一种利用两个非重叠时钟信号的方法。由于两个时钟（通常称为 Φ_1 和 Φ_2）是非重叠的，因此在任何给定时间，如图 A-11-3 所示，至多有一个时钟信号为高电平。我们可以使用这两个时钟来构建一个包含电平敏感锁存器的系统，且不受任何竞争条件的影响，就如边沿触发设计一样。

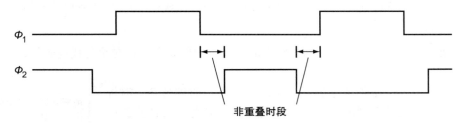

图 A-11-3　双向时钟控制机制，显示了每个时钟的周期和非重叠时段

设计这种系统的一种简单方法是交替使用在 Φ_1 上处于开状态和在 Φ_2 上处于开状态的锁存器。因为两个时钟不同时有效，所以不会发生竞争现象。如果组合逻辑的输入是 Φ_1 时钟，则其输出会在 Φ_2 时钟被锁存，该输出仅在输入锁存器闭合的 Φ_2 期间开放，因此输出为有效。图 A-11-4 显示了具有双向时钟控制和交替锁存器的系统如何工作。和边沿触发设计一样，我们必须注意时钟扭斜问题，特别是在两个时钟相位之间。通过增加两个相位间的非重叠量，就可以减少潜在的误差范围。因此，如果每个相位足够长并且相位间的非重叠量足够大，则能保证系统正确操作。

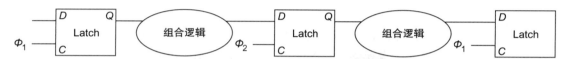

图 A-11-4　具有交替锁存器的双向时钟控制方法，表明了系统如何在两个时钟相位上工作。锁存器的输出在与 C 输入相反的相位上是稳定的。因此，第一个组合模块输入在 Φ_2 期间具有稳定的输入，并且其输出在 Φ_2 时钟锁存。第二个（最右边）组合模块以相反的方式运行，在 Φ_1 期间具有稳定的输入。因此，通过组合块的延时确定了各个时钟必须有效的最短时间。非重叠周期的大小由最大时钟扭斜和各逻辑块的最小延时决定

A.11.2　异步输入和同步器

通过使用单个时钟或双相时钟，如果时钟扭斜问题得到了解决，就可以消除竞争现象。然而，使用单个时钟支持整个系统功能且仍然保持很小的时钟扭斜是不切实际的。即使 CPU 可能使用单个时钟，I/O 设备也可能有自己的时钟。异步设备可以通过一系列握手操作与 CPU 通信。要将异步输入转化为可用于改变系统状态的同步信号，需要使用同步器，其输入是异步信号和时钟，其输出是与输入时钟同步的信号。

构建同步器的第一步是使用边沿触发的 D 触发器，如图 A-11-5 所示，输入信号 D 是异步信号。因为使用握手协议进行通信，且信号将被一直保持有效直到它被确认，所以是在当前时钟还是下一个时钟上检测到异步信号的有效状态并不重要。因此，除了一个小问题之外，这种简单的结构已经足以准确地对信号进行采样。

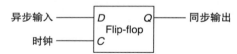

图 A-11-5　由 D 触发器构建的同步器，用于采样异步信号以产生与时钟同步的输出。这个"同步器"无法正常工作

问题在于会出现**亚稳态**的情况。假设当时钟边沿到达时，异步信号在高电平和低电平之间振荡。显然，此时就难以判断信号的高电平还是低电平被锁存。这个问题可以先被搁置，然而更糟的是：当采样的信号在建立时间和保持时间内不稳定时，触发器可能进入亚稳态。在这种状态下，输出将不具有合法的高值或低值，而是介乎二者之间，处于一种不确定状态。此外，触发器不能保证在有限的时间内退出该状态。一些逻辑块看到的触发器的输出可能为 0，而其他逻辑块看到的可能为 1。这种情况被称为**同步失败**。

在同步系统中，通过确保始终满足触发器或锁存器的建立时间和保持时间，可以避免同步失败问题，但是当输入是异步时，则无

亚稳态：信号在建立时间和保持时间内不稳定时被采样，导致采样值落在高值和低值之间的不确定区域的一种情况。

同步失败：触发器进入亚稳态，导致读取触发器输出的某些逻辑块看到的是 0，而其他逻辑块看到的是 1 的情况。

法避免了。这种情况下，唯一可能的解决方案是在查看触发器的输出之前等待足够长的时间以确保其输出稳定或已退出亚稳态。但究竟要等多久呢？由于触发器处于亚稳态的概率呈指数级下降，因此在很短的时间内，触发器处于亚稳态的概率就非常低。但是，概率永远不会变成 0！因此设计人员等待的时间足够长的话，同步失败的概率就会非常低，下一次失败可

能是数年甚至数千年之后了。

对于大多数触发器设计，等待时间会比建立时间设置得长几倍，从而使同步失败的概率非常低。如果时钟周期长于潜在的亚稳态周期（很可能），则可以使用两个 D 触发器构建一个安全的同步器，如图 A-11-6 所示。如果读者有兴趣了解有关这些问题的更多信息，请进一步查阅参考文献。

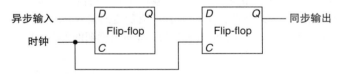

图 A-11-6 如果亚稳态周期小于时钟周期，则此同步器将正常工作。虽然第一个触发器的输出可能是亚稳态的，但是在第二个时钟之前，任何其他逻辑元件都不会看到它。当第二个时钟到来时，第二个 D 触发器对信号进行采样，此时该信号不应再处于亚稳态

自我检测 假设我们的设计具有非常大的时钟扭斜，比寄存器的传播时间还长。对于该设计，是否总是可以将时钟减慢，从而保证逻辑的正常运行？

> **传播时间**：触发器的输入传播到其输出所需的时间。

a. 可以，即使时钟扭斜很大，如果时钟足够慢的话，信号也总是能正常传播，所以该设计能正常工作。

b. 不可以，因为可能有这样一种情况：对于同一个时钟边沿，两个寄存器看到的时间相差足够大，以至于在同一个时钟边沿，其中一个寄存器会发现另一个寄存器已被触发，且输出已经传播出去了。

A.12 现场可编程设备

在定制或半定制芯片中，设计人员可以利用底层结构的灵活性来轻松实现组合或时序逻辑。对于不想使用定制或半定制 IC 的设计人员来说，如何利用可用的高集成度电路实现复杂的逻辑？除了定制或半定制 IC 之外，时序和组合逻辑设计的最常用组件是**现场可编程设备**（FPD）。FPD 是包含组合逻辑的集成电路，并可能包括可由终端用户配置的存储器设备。

> **现场可编程设备**：一种包含组合逻辑的集成电路，也可能包含可由终端用户配置的存储设备。

FPD 通常分为两大阵营：**可编程逻辑设备**（PLD），它是纯粹的组合逻辑；**现场可编程门阵列**（FPGA），它提供组合逻辑和触发器。PLD 有两种形式：**简单 PLD**（SPLD），通常是 PLA 或**可编程阵列逻辑**（PAL）；复杂 PLD，允许多个逻辑块以及块之间的可配置互联。当谈到 PLD 中的 PLA 时，指的是具有用户可编程与阵列和或阵列的 PLA。PAL 与 PLA 类似，除了它的或阵列是固定的以外。

> **可编程逻辑设备**：一种包含组合逻辑的集成电路，组合逻辑的功能由终端用户配置。

> **现场可编程门阵列**：一种可配置的集成电路，包括组合逻辑和触发器。

在讨论 FPGA 之前，讨论如何配置 FPD 很有帮助。配置本质上是一个关于在何处建立或断开连接的问题。门和寄存器结构是静态的，但是连接是可配置的。注意，通过配置连接，用户可以决定实现什么逻辑功能。考虑一个可配置的 PLA：通过确定连接在与

> **简单可编程逻辑设备**：可编程逻辑设备，通常包含单个 PAL 或 PLA。

> **可编程阵列逻辑**：包含一个可编程与阵列和固定的或阵列。

阵列和或阵列中的位置，用户可以指定在 PLA 中运算的逻辑功能。FPD 中的连接是永久性的或可重新配置的。永久连接涉及在两根连线之间建立或破坏连接。目前的 FPLD 都使用**反熔断**技术，允许在编程时建立连接，然后永久保持连接。配置 CMOS FPLD 的另一种方法是通过 SRAM。上电时下载配置信息到 SRAM，其内容控制开关的设置，进而确定连接的金属线。SRAM 控制的优点在于可以通过改变 SRAM 的内容来重新配置 FPD。基于 SRAM 控制的缺点有两个：配置是易失性的，必须在上电时重新加载；并且将有源晶体管用于开关会略微增加这种连接的电阻。

> **反熔断**：集成电路中的一种结构，当对其编程后，在两根线路之间形成永久连接。

> **查找表**：在现场可编程设备中，单元对应的名字称为 LUT，因为它们由少量逻辑和 RAM 组成。

　　FPGA 包括逻辑和存储设备，通常采用二维阵列结构，其中划分行和列的通道用于阵列单元之间的全局互连。每个单元都是门和触发器的组合，可以对其进行编程以执行某些特定功能。因为它们基本上都是小型可编程 RAM，所以也被称为**查找表**（LUT）。更新的 FPGA 包含更复杂的构建模块，例如加法器和可用于构建寄存器堆的 RAM 模块。有些 FPGA 甚至包含 64 位 RISC-V 内核！

　　除了对每个单元进行编程以执行特定功能之外，单元之间的互连也是可编程的，这使得具有数百个模块和数十万个门的现代 FPGA 可用于复杂的逻辑功能。互连是定制芯片的主要挑战，对于 FPGA 来说更是如此，因为阵列单元不代表结构化设计分解后的最小单位。在许多 FPGA 中，90% 的区域用于互连，只有 10% 用于逻辑和存储模块。

　　正如无法在没有 CAD 工具的情况下设计定制或半定制芯片一样，FPD 同样需要使用 CAD 工具。目前已开发出针对 FPGA 的逻辑综合工具，帮助从结构和行为 Verilog 中使用 FPGA 生成系统。

A.13　本章小结

　　本附录介绍了逻辑设计的基础知识。如果你已经消化了本附录中的内容，那么深入阅读第 4 章和第 5 章，这两部分都广泛使用了本附录中讨论的概念。

拓展阅读

　　有许多关于逻辑设计的好书。以下是一些参考。

Ciletti, M. D. [2002]. *Advanced Digital Design with the Verilog HDL*, Englewood Cliffs, NJ: Prentice Hall.

全面介绍使用 Verilog 进行逻辑设计的书。

Katz, R. H. [2004]. *Modern Logic Design*, 2nd ed., Reading, MA: Addison-Wesley.

关于逻辑设计的一本通识书。

Wakerly, J. F. [2000]. *Digital Design: Principles and Practices*, 3rd ed., Englewood Cliffs, NJ: Prentice Hall.

关于逻辑设计的一本通识书。

A.14　练习

A.1　［10］< A.2 > 除了在本章中讨论的基本定理之外，还有两个重要的定理，称为德摩根定律：

$$\overline{A+B} = \overline{A} \cdot \overline{B} \qquad \overline{A \cdot B} = \overline{A} + \overline{B}$$

用真值表证明德摩根定律：

A	B	$\bar{A}$	$\bar{B}$	$\overline{A+B}$	$\overline{A \cdot B}$	$\bar{A} \cdot \bar{B}$	$\bar{A} + \bar{B}$
0	0	1	1	1	1	1	1
0	1	1	0	0	0	1	1
1	0	0	1	0	0	1	1
1	1	0	0	0	0	0	0

A.2 ［15］< A.2 > 使用德摩根定律和 A.2 节所示的定理，证明 A.2.2 节例题中关于 E 的两个等式是等价的。

A.3 ［10］< A.2 > 证明，对有 n 个输入的函数，其对应的真值表中有 2^n 项。

A.4 ［10］< A.2 > 逻辑函数异或具有多种功能（包括用于加法器和计算奇偶校验）。只有当其中一个输入为真时，二输入异或函数的输出才为真。给出二输入异或函数的真值表，并使用与门、或门和反相器实现此函数。

A.5 ［15］< A.2 > 通过使用二输入或非门实现与、或、非功能，证明利用或非门可以实现各种逻辑功能。

A.6 ［15］< A.2 > 通过使用二输入与非门实现与、或、非功能，证明利用与非门可以实现各种逻辑功能。

A.7 ［10］< A.2, A.3 > 构造四输入奇校验函数的真值表（有关奇偶校验的说明，请参阅 A.9.3 节）。

A.8 ［10］< A.2, A.3 > 使用带有反向输入和输出的与门和或门实现四输入的奇校验函数。

A.9 ［10］< A.2, A.3 > 使用 PLA 实现四输入的奇校验函数。

A.10 ［15］< A.2, A.3 > 通过使用多选器构建与非门（或者或非门），证明二输入的多选器同样可以实现各种逻辑功能。

A.11 ［5］< 4.2, A.2, A.3 > 假设 X 由 3 位组成，分别为 $x2$、$x1$、$x0$，写出下面 4 个逻辑表达式：
- X 中只有一个 0。
- X 中有偶数个 0。
- 当 X 被当作无符号二进制数时小于 4。
- 当 X 被当作有符号数（补码）时为负。

A.12 ［5］< 4.2, A.2, A.3 > 使用 PLA 实现上题中的四个逻辑表达式。

A.13 ［5］< 4.2, A.2, A.3 > 假设 X 由 3 位组成，分别为 $x2$、$x1$、$x0$，Y 由 3 位组成，分别为 $y1$、$y2$、$y3$，写出下面 3 个逻辑表达式：
- 当 X 和 Y 被当作无符号二进制数时，$X < Y$。
- 当 X 和 Y 被当作有符号二进制数（补码）时，$X < Y$。
- $X = Y$。

A.14 ［5］< A.2, A.3 > 实现具有两个数据输入（A 和 B）、两个数据输出（C 和 D）和控制输入（S）的开关网络。如果 $S = 1$，则网络为直通模式，且 $C = A$，$D = B$。如果 $S = 0$，则网络为交叉模式，且 $C = B$，$D = A$。

A.15 ［15］< A.2, A.3 > 由 A.3.3 节中 E 的"合取范式"推导出"析取范式"形式，需要用到德摩根定律。

A.16 ［30］< A.2, A.3 > 设计一个算法，对于由与门、或门和非门组成的任意逻辑表达式，可给出其"积的和"表示。算法应该是递归的，且在过程中不能产生真值表。

A.17 ［5］< A.2, A.3 > 给出一个多选器的真值表（输入为 A、B 和 S，输出为 C），可以使用无关项简化真值表。

A.18 〔5〕< A.3 > 下面的 Verilog 模块实现了什么功能：

```
module FUNC1 (I0, I1, S, out);
    input I0, I1;
    input S;
    output out;
    out = S? I1: I0;
endmodule

module FUNC2 (out,ctl,clk,reset);
    output [7:0] out;
    input ctl, clk, reset;
    reg [7:0] out;
    always @(posedge clk)
    if (reset) begin
            out <= 8'b0 ;
    end
    else if (ctl) begin
            out <= out + 1;
    end
    else begin
            out <= out - 1;
    end
endmodule
```

A.19 〔5〕< A.4 > 根据 A.8.1 节 D 触发器的 Verilog 代码，写出 D 锁存器的 Verilog 代码。

A.20 〔10〕< A.3, A.4 > 写出 2-4 译码器（与 / 或编码器）的 Verilog 模块实现。

A.21 〔10〕< A.3, A.4 > 根据下面给出的累加器逻辑图，写出它的 Verilog 模块实现。假设使用正边沿触发寄存器和异步 Rst。

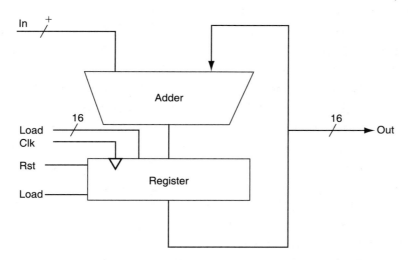

A.22 〔20〕< 3.3, A.4, A.5 > 3.3 节介绍了乘法器的基本操作及其实现。这种实现的基本单元是移位加法单元。给出此单元的 Verilog 实现，并说明如何使用此单元构建 32 位乘法器。

A.23 〔20〕< 3.3, A.4, A.5 > 根据上一题，实现一个无符号数的除法器。

A.24 〔15〕< A.5 > ALU 支持仅使用加法器的符号位设置小于（slt）。用该方法比较 7_{10} 和 6_{10}。简单起见，将二进制表示限制为 4 位：1001_2 和 0110_2。

$$1001_2 - 0110_2 = 1001_2 + 1010_2 = 0011_2$$

这个结果表明 $-7 > 6$，这显然是错误的。因此，判断时必须考虑溢出。修改图 A-5-10 中的 1

位 ALU 以正确处理 slt。可在此图的副本上进行更改以节省时间。

A.25 ［20］<A.6> 做加法时检查溢出的简单方法是查看最高有效位的 CarryIn 是否与最高有效位的 CarryOut 不同。证明该方法与图 3-2 所示的相同。

A.26 ［5］<A.6> 使用新表示法改写 16 位加法器的超前进位逻辑公式。首先，使用加法器各个位的 CarryIn 信号的名称。也就是说，使用 c4，c8，c12，…代替 C1，C2，C3，… 另外，$P_{i,j}$ 表示 i 位到 j 位的传播信号，$G_{i,j}$ 表示 i 位到 j 位的生成信号。例如，公式

$$C2 = G1 + (P1 \cdot G0) + (P1 \cdot P0 \cdot c0)$$

可被改写为

$$c8 = G_{7,4} + (P_{7,4} \cdot G_{3,0}) + (P_{7,4} \cdot P_{3,0} \cdot c0)$$

这种更通用的表示法在创建位数更宽的加法器时很有用。

A.27 ［15］<A.6> 使用上题中的新表示法写出 64 位加法器的超前进位逻辑表达式，以 16 位加法器作为构建模块。在你的解答中给出类似于图 A-6-3 的图。

A.28 ［10］<A.6> 下面计算加法器的相对性能。假设对应于某个公式的硬件运行时间为一个时间单位 T，该公式只包含或运算或与运算，例如 A.6.2 节的 pi 和 gi 的公式。由若干个与项进行或运算构成的公式运行时间为 $2T$，例如 A.6.2 节的 c1、c2、c3 和 c4。该时间包括需要 T 时间产生与项，以及另一个 T 时间来生成或运算的结果。分别计算 4 位行波进位加法器和超前进位加法器的运算次数和性能的比。如果公式中的项由其他公式定义，则为这些中间公式增加适当的时延，并递归地继续，直到加法器的实际输入位用于公式中。标记每个加法器的计算时延，并标明最坏情况时延的路径。

A.29 ［15］<A.6> 本题与上题类似，但这次只计算使用行波进位的 16 位加法器的相对速度，4 位超前进位组组成行波进位，超前进位使用 A.6.2 节的机制。

A.30 ［15］<A.6> 本题与上两题类似，但这次只计算使用行波进位的 64 位加法器的相对速度，4 位超前进位组组成行波进位，16 位超前进位组组成行波进位，超前进位使用 A.27 中的机制。

A.31 ［10］<A.6> 我们可以将加法器视为可以将三个输入 (a_i, b_i, c_i) 相加并产生两个输出 (s, c_{i+1}) 的硬件设备（而不是将两个数相加并将进位连接在一起的设备）。当将两个数相加时，该想法可能没什么作用。但当对两个以上操作数进行相加时，就可以降低进位的开销。这个想法是构造两个独立的和，称为 S'（和）和 C'（进位）。在过程的末尾，需要使用普通加法器将 C' 和 S' 相加。这种将进位传播延迟到加法最后阶段的技术称为进位保留加法。图 A-14-1 右下方的方框图给出了该结构，其中两级的进位保留加法器通过一个普通加法器连接在一起。

对于 4 个 16 位数的加法运算，分别计算利用完全超前进位加法器和带有超前进位加法器（用于形成最终累加和）的进位保留加法器的时延。（时间单位 T 与 A.28 中的相同。）

A.32 ［20］<A.6> 在计算机中最可能一次对多个数相加的情况是，试图在一个时钟周期内通过使用许多加法器将多个数相加来加快乘法操作的速度。与第 3 章中的乘法算法相比，带有许多加法器的进位保留机制可以快 10 倍以上。本题对使用组合逻辑乘法器计算两个 16 位正数乘法的开销和速度进行评估。假设有 16 个中间项 M15，M14，…，M0，称为部分积，它们分别表示被乘数与乘数的每一位（m15，m14，…，m0）与运算的结果。我们的想法是使用进位保留加法器将 n 个操作数减少到 $2n / 3$ 并行组，每组 3 个，并重复执行此操作，直到获得两个大数，最后用传统加法器对二者相加。

首先，根据图 A-14-1 右侧所示，画出 16 位进位保留加法器的结构组织，用来实现 16 个部分积相加。然后计算将这 16 个数相加的时延。将该时间与第 3 章中的迭代乘法方案进行比较，但仅假设使用的是具有完全超前进位的 16 位加法器进行 16 次迭代，其速度在 A.29 中已计算过。

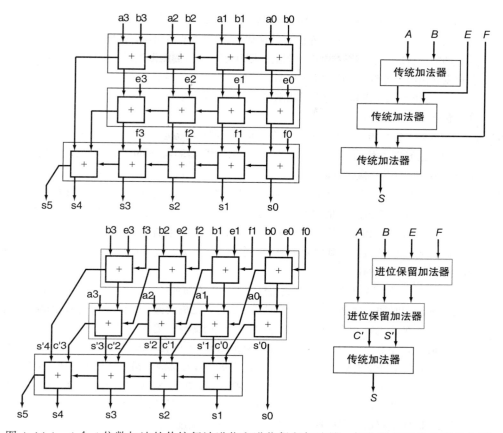

图 A-14-1　4 个 4 位数加法的传统行波进位和进位保留加法器。加法器细节参见图的左侧，单独信号用小写表示，相应的高层模块在图右，组合信号用大写表示。注意，4 个 n 位数的和可以取 $n+2$ 位

A.33 ［10］<A.6> 有时我们想要对一组数进行相加。假设用户想使用 1 位全加器对 4 个 4 位数（A，B，E，F）进行相加。现在先暂时忽略超前进位。将 1 位加法器按图 A-14-1 上方的组织形式连接起来。传统组织形式下面是一个完全加法器的全新组织形式。尝试使用这两种组织形式对 4 个数做加法，并确保能得到相同结果。

A.34 ［5］<A.6> 首先，如图 A-14-1 所示，画出 16 位进位保留加法器的组织结构，用来实现 16 个部分积相加。假设通过一个 1 位加法器的时间延迟是 $2T$。计算上下两个组织结构对 4 个 4 位数做加法的时间。

A.35 ［5］<A.8> 通常，你会期望得到一个时序图，其中包含对数据输入 D 和时钟输入 C 发生的变化的描述（分别如图 A-8-3 和图 A-8-6 所示），D 锁存器和 D 触发器的输出波形（Q）之间会有差异。用一两句话描述二者输出波形之间不存在任何差异的情况（例如，输入需要满足的性质）。

A.36 ［5］<A.8> 图 A-8-8 说明了 RISC-V 数据通路的寄存器堆的实现。假设要构建一个新的寄存器堆，但只有两个寄存器和一个读端口，并且每个寄存器只能存储 2 位数据。重画图 A-8-8，使图中的每条线仅对应 1 位数据（与图 A-8-8 中的图不同，其中一些线为 5 位，一些线为 32 位）。使用 D 触发器重画寄存器。无须描绘如何实现 D 触发器或多选器。

A.37 ［10］<A.10> 朋友希望你建立一个"电子眼"用作仿安全设备。该装置由连续排列的三个灯

组成，由输出 Left、Middle 和 Right 控制，如果某个信号有效，则相应的指示灯应该打开。一次只打开一盏灯，且灯光从左向右"移动"，然后再从右向左，从而吓跑相信设备正在监视其活动的小偷。绘制用于控制电子眼的有限状态自动机的图形表示。请注意，"电子眼"的移动速度将由时钟速度（不应太大）控制，并且没有输入信号。

A.38 ［10］< A.10 > 给上题构造的有限状态自动机分配状态编码，并为每个输出写出一组逻辑表达式，包含下一状态位。

A.39 ［15］< A.2, A.8, A.10 > 使用 3 个 D 触发器和若干逻辑门构建一个 3 位计数器。输入应包括一个将计数器复位为 0 的信号 reset，以及一个增加计数器的信号 inc。输出是计数器的值。当计数器的值为 7 并且继续增加时，重新归零。

A.40 ［20］< A.10 > 格雷码是一系列二进制数，其特性是序列中相邻的编码最多只有一位不同。例如，这是一个 3 位二进制格雷码序列：000，001，011，010，110，111，101，100。使用 3 个 D 触发器和 1 个 PLA，构造一个 3 位格雷码计数器，它有两个输入：reset，将计数器设置为 000；inc，使计数器转到序列中的下一个值。请注意，该编码序列是循环的，因此序列中 100 的下一个值为 000。

A.41 ［25］< A.10 > 我们希望在 A.10 节交通灯的示例中添加黄灯。通过将时钟更改为以 0.25Hz（4 秒的时钟周期时间，这是黄灯的持续时间）运行来完成此操作。为了防止绿灯和红灯循环太快，我们添加了一个 30 秒的计时器。计时器有一个输入，称为 TimerReset，该信号用于重新启动计时器；还有一个输出，称为 TimerSignal，表示已经过去 30 秒。此外，为了将黄灯包含进去，必须重新定义交通信号。我们通过为每个灯定义两个输出信号来实现，分别为 green 和 yellow。如果输出 NSgreen 有效，则绿灯亮；如果输出 NSyellow 有效，黄灯亮。如果两个信号均关闭，则红灯亮。不要同时将 green 和 yellow 信号置为有效，否则美国司机肯定会感到困惑，即使欧洲司机明白这其中的含义！为这个改进的控制器绘制有限状态自动机的图形表示。状态的名称不要和输出信号相同。

A.42 ［15］< A.10 > 写出上题中描述的交通灯控制器的下一状态和输出函数表。

A.43 ［15］< A.2, A.10 > 为交通灯示例中的状态分配状态编号，并使用上题的表格为每个输出写入一组逻辑表达式，包括下一状态输出。

A.44 ［15］<A.3, A.10> 使用 PLA 实现上题的逻辑表达式。

自我检测答案

A.2 节   否，如果 $A=1$，$C=1$，$B=0$，则第一个为真，第二个为假。

A.3 节 C。

A.4 节   全部相同。

A.4 节 $A = 0$，$B = 1$。

A.5 节   2。

A.6 节   1。

A.8 节   c。

A.10 节   b。

A.11 节   b。

术 语 表

absolute address 绝对地址 访问单个变量或函数时使用的内存地址。

abstraction 抽象 为实现复杂设计，对计算机系统的底层细节进行屏蔽的方法。

access bit 被访问位（也称为被使用位或引用位） 页表属性的一个字段，用来实现 LRU（最近最少使用）算法或其他替换算法。

acronym 缩写 单词首字母组成的字符串。比如，RAM 是 Random Access Memory（随机访问存储器）的缩写，CPU 是 Central Processing Unit（中央处理单元）的缩写。

active matrix display 有源矩阵显示器（也称为液晶显示屏） 使用晶体管来控制光在每个像素点的传输。

address 地址 用来描述在内存中的位置的数值。

address translation 地址转换（也称为地址映射） 将虚地址映射到内存访问的真实物理地址上。

address mode 寻址模式 通过对操作数和地址的不同处理来确定存储访问方式。

aliasing 别名 使用两个不同的地址访问同一个对象的情况，一般出现在使用虚拟存储的系统中。例如，在不同的进程中使用不同的虚拟地址访问相同物理页面。

alignment restriction 对齐限制 数据在内存中的地址需与自然边界对齐。

Amdahl's Law Amdahl 定律 对于一种给定的改进，其带来的性能提升受限于这种改进的改进量。这是收益递减规律的量化版。

AND 与 一种逻辑位操作。两数相与，都为 1 时结果为 1。

antidependence 反相关（也称为名字相关） 由于使用相同寄存器名而带来的指令之间的相关，与真相关不同，可以采取重命名技术消除。

antifuse 反熔断 可编程集成电路中的技术，可使得两条线永久相连。

application binary interface（ABI） 应用程序二进制接口 指令系统中的用户部分，加上操作系统与应用程序接口部分。ABI 标准用来保证不同机器间的二进制可移植性。

architectural registers 体系结构寄存器 处理器中可见的寄存器的指令系统，例如，在 RISC-V 中，有 32 个整型寄存器和 32 个浮点寄存器。

arithmetic intensity 算术强度 程序中浮点运算数量与程序从主存中访问的字节数的比值。

arithmetic logic unit（ALU） 算术逻辑单元 执行加法、减法和通常的逻辑运算（如与和或）的硬件。

assembler 汇编器 将符号语言的指令翻译为二进制语言的程序。

assembler directive 汇编制导 一种告诉汇编程序如何翻译程序但不产生机器指令的操作，总是以句号开始。

assembly language 汇编语言 能被翻译为二进制机器语言的符号语言。

asserted 有效 信号为逻辑高或为真。

asserted signal 有效信号 一个是逻辑高或 1 的信号。

backpatching 回填 在将汇编语言翻译为机器指令过程中的一种技术。汇编程序通过扫描一遍程序为每条指令建立一种（可能不完整的）二进制表示，再返回填写之前不确定的标签。

basic block 基本块 不包含分支指令（除非可能在结尾）、不包含分支指令目标指令或分支标签（除非可能在开头）的一段指令序列。

behavioral specification 行为规范 描述一个数字系统如何正常运作。

benchmark 基准程序 一个用于比较计算机性能的程序。

biased notation 偏移表示法 最大的负数用 $00\cdots000_2$ 表示，最大的正数用 $11...111_2$ 表示，0 一般用 $10...000_2$ 表示，即通过将数加一个偏移使其具有非负的表示形式。

binary digit **二进制位** 二进制数字之一，为 0 或 1，信息的基本组成。

bisection bandwidth **切分带宽** 多处理器中两个相等部分之间的带宽。这种测量表示多处理器的最差拆分情况。

block (or line) **块（或行）** 可出现或不出现在 cache 中的信息的最小单位。

blocking assignment **阻塞赋值语句** 在 Verilog 语言中，在执行下一条语句前完成的赋值语句。

branch address table **分支地址表（也称为分支表）** 由二选一的指令序列的地址构成的表。

branch-and-link instruction **带链接的分支指令** 分支到一个地址，同时将下一条指令的地址保存在寄存器（在 RISC-V 中通常是 x1 寄存器）的指令。

branch not taken or (untaken branch) **分支未发生跳转（或未发生的分支）** 一种分支指令，其分支条件不成立，程序计数器（PC）变为分支指令的下一条指令的地址。

branch prediction **分支预测** 一种解决分支冒险的方法。它预测分支的结果并沿预测方向执行，而不是等分支结果确定后才开始执行。

branch prediction buffer **分支预测缓冲（也称为分支历史表）** 由分支指令的低位部分索引的一小块存储，包含一至多位来表明最近分支是否发生。

branch taken **分支发生跳转** 一条分支指令，其分支条件满足，PC 变为分支目标地址。所有无条件分支指令都是发生的分支。

branch target address **分支目标地址** 在一个分支指令中指定的地址，如果分支发生，该地址成为新的 PC 的值。在 RISC-V 体系结构中，分支目标地址为该指令的立即数字段，与分支指令的地址的和。

branch target buffer **分支目标缓冲** 一种用来缓存分支目标 PC 或分支目标指令的结构。通常是一个带标签的 cache，比简单的预测缓冲消耗更多硬件。

bus **总线** 在逻辑设计中，被共同看作一个逻辑信号的一组数据线。或者，一组有多个源和用途的共享线。

cache memory **缓存** 一种小而快的存储器，作为大而慢存储器的缓冲。

cache miss **缓存失效** 由于数据不在缓存中，而无法填充缓存的数据请求。

callee **被调用者** 根据调用者提供的参数，执行一系列已经存储的指令。然后控制返回到调用者的过程。

callee-saved register **被调用者保存寄存器** 一种由程序保存的寄存器，进行过程调用。

caller **调用者** 调用一个过程并提供必要参数值的程序。

caller-saved register **调用者保存寄存器** 调用者程序保存的寄存器。由被调用的程序保存的寄存器。

capacity miss **容量失效** 一种缓存失效，因为即使是全相联也不能包含为满足请求所需要的所有块。

central processing unit (CPU) **中央处理单元（也称为中央处理器或处理器）** 计算机中包含数据通路和控制的活跃部分，做加法、比较、向 I/O 设备发信号使其激活等。

clock cycle **时钟周期数（也称为滴答数、时钟滴答数、时钟数、周期数）** 一个时钟周期的时间，通常是处理器时钟。

clock cycles per instruction (CPI) **每条指令时钟周期数** 执行一个程序或程序片段，平均每条指令的时钟周期数。

clock period **时钟周期长度** 一个时钟周期的长度。

clock skew **时钟扭斜** 两个状态元素看到时钟沿的时间之间的绝对时间差。

clocking methodology **时钟同步方法** 用来确定数据相对于时钟何时稳定和有效的方法。

cloud computing **云计算** 指通过互联网提供服务的大量服务器。一些提供商出租数量动态变化的服务器作为实用程序。

cluster **集群** 通过局域网连接的一组计算机，其作用等同于一个大型的多处理器。

clusters **集群** 一组通过 I/O 接口与标准网络交换机连接而形成的消息传递多处理机。

coarse-grained multithreading **粗粒度多线程** 硬件多线程的一种形式，暗示仅在一些重要事件（如缓存缺失）之后进行线程切换。

combinational element **组合单元** 一个操作单元，如 AND 门或 ALU。

combinational logic **组合逻辑** 一个逻辑系统，

其模块不包含存储器，因此在给定相同输入的情况下计算出相同的输出。

commit unit 提交单元 位于动态流水线或乱序流水线中的一个单元，用以决定何时可以安全地将操作结果发至程序员可见的寄存器和存储器。

compiler 编译器 将高级语言语句翻译为汇编语言语句的程序。

compulsory miss 强制失效（也称为冷启动失效） 第一次访问从未出现在 cache 中的块所引起的缓存失效。

conditional branch 条件分支指令 该指令测试一个值，并且允许根据测试的结果将控制转移到程序中的新地址。

conflict miss 冲突失效（也称为碰撞失效） 在组相联或者直接映射 cache 中，很多块竞争同一个组导致的失效。这种失效在使用相同大小的全相联 cache 中可被消除。

context switch 上下文切换 为允许另一个不同的进程使用处理器，改变处理器内部的状态，并保存返回正在执行的进程所需要的状态。

control 控制器 处理器中根据程序的指令，控制数据通路、存储器和 I/O 设备的部件。

control hazard 控制冒险（也称为分支冒险） 由于取到的指令并不是所需要的，或者指令地址的流向不是流水线所预期的，导致正确的指令无法在正确的时钟周期内执行。

control signal 控制信号 决定多选器的选择或指示功能单元操作的信号；与数据信号相比，数据信号包含功能单元所操作的信息。

correlating predictor 相关预测器 结合特定分支的局部行为，以及一些最近执行的分支的行为的全局信息的分支预测器。

CPU execution time CPU 执行时间（也称为 CPU 时间） CPU 为特定任务做计算的实际时间。

crossbar network 交叉开关网络 任何一个节点仅需一次即可与其他任意一个节点通信的网络。

D flip-flop D 触发器 有一个数据输入的触发器，它在时钟沿将输入信号的值存入内部存储器。

data hazard 数据冒险（也称为流水线数据冒险） 因无法提供指令执行所需数据而导致指令不能在预期的时钟周期内执行。

data race 数据竞争 如果来自不同线程的两个内存访问指向同一个地址，它们连续出现，并且其中至少一个是写操作，那么这两个存储访问形成数据竞争。

data segment 数据段 UNIX 目标文件或可执行文件中的一段，包含程序使用的初始化数据的二进制表示。

data transfer instruction 数据传送指令 在存储器和寄存器之间移动数据的命令。

data-level parallelism 数据级并行 对相互独立的数据执行相同操作所获得的并行。

datapath 数据通路 处理器中执行算术操作的部件。

datapath element 数据通路单元 一个用来操作或保存处理器中数据的单元。在 RISC-V 的实现中，数据通路单元包括指令存储器、数据存储器、寄存器堆、ALU 和加法器。

deasserted 无效 信号为逻辑低或假。

deasserted signal 无效信号 一个为逻辑低或 0 的信号。

decoder 译码器 一个为有 n 位输入和 2^n 个输出的逻辑块，每种输入的组合只对应一种输出。

defect 瑕疵 晶圆上或者图样化过程中的一个微小缺陷，包含这个缺陷会导致芯片失效。

delayed branch 延迟转移 不管分支条件是否成立，分支指令之后的那条指令总被执行的一种分支。

die 晶片 从晶圆中切割出来的一个独立的矩形区域，更正式的叫法是芯片（chip）。

direct-mapped cache 直接映射缓存 一种 cache 结构，每个内存地址正好只映射到 cache 中的一个位置。

dividend 被除数 被除的数。

divisor 除数 去除被除数的数。

don't-care term 无关项 逻辑函数的一个元素，输出与所有输入的取值无关。无关项可以用不同的方式指定。

double precision 双精度 以 64 位双字表示的浮点值。

doubleword 双字 计算机中另一种自然的访

问单元，通常是一组 64 位；对应 RISC-V 体系结构的一种寄存器的大小。

dynamic branch prediction 动态分支预测 根据运行信息在运行时进行分支预测。

dynamic multiple issue 动态多发射 实现多发射处理器的一种方式，其中很多决策是由处理器在执行阶段做出的。

dynamic pipeline scheduling 动态流水线调度 为避免阻塞对指令进行重排序的硬件支持。

dynamic random access memory（DRAM）动态随机访问存储 构建为集成电路的存储器，它提供对任何位置的随机访问。访问时间为 50 纳秒，2012 年每千兆字节的成本为 5 到 10 美元。

dynamically linked libraries（DLL）动态链接库 在程序执行过程中被链接的库例程。

edge-triggered clocking 边沿触发的时钟同步 所有状态的改变发生于时钟沿的时钟机制。

embedded computer 嵌入式计算机 用于运行一个预定应用程序或软件集合的另一个设备内的计算机。

EOR 异或 二元操作数的逻辑按位运算，计算两个操作数的异或。也就是说，只有两个操作数的值不同时，它才会计算 1。

error detection code 检错码 能够检测数据中的错误并纠正错误的代码，不能确定错误的准确位置。

exception 例外（也称为中断） 一种打断程序执行的非预期的事件，用于溢出检测。

exception enable 例外使能（也称为中断使能） 用于控制处理器是否响应异常的信号或动作；在处理器安全地保存重启所需信息之前，必须阻止异常的发生。

executable file 可执行文件 一个具有目标文件格式的功能程序，不包含未确定的引用。它可以包含符号表和调试信息。"被剥离的可执行程序"不包含这些信息。可能包含加载器所需的重定位信息。

exponent 指数（也称为阶码） 在浮点运算的数值表示系统中，放置在指数字段中的值。

external label 外部标签（也称为全局标签） 指向一个对象的标签，该标签可被除了定义该标签的文件之外的文件引用。

false sharing 伪共享 当两个不相关的共享变量放在相同的 cache 块中时，尽管每个处理器访问的是不同的变量，但是在处理器之间还是将整个块进行交换。

field programmable devices（FPD）现场可编程设备 包含组合逻辑，以及可能的存储器设备，且可由最终用户配置的集成电路。

field programmable gate array（FPGA）现场可编程门阵列 一个包含组合逻辑块和触发器的可配置集成电路。

fine-grained multithreading 细粒度多线程 硬件多线程的一种形式，暗示每条指令执行之后都进行线程切换。

finite-state machine 有限状态自动机 由一组输入和输出，以及下一状态函数和输出函数组成的时序逻辑函数。下一状态函数将当前状态和当前输入映射为一个新的状态，输出函数将当前状态和当前输入映射为一组确定的输出。

flash memory 闪存 一种非易失性半导体内存，价格和速度均低于 DRAM，但每一位比磁盘昂贵，比磁盘快。访问时间大约为 5 到 50 微秒，2012 年每千兆字节的成本为 0.75 到 1.00 美元。

flip-flop 触发器 一个存储元件，其输出等于元件内部存储状态的值，并且内部状态仅在时钟沿上改变。

floating point 浮点 计算机算术，表示二进制点不固定的数字。

flush 清除 因发生了意外而丢弃流水线中的指令。

formal parameter 形式参数 过程或者宏的参数，一旦宏被展开，这个参数将被变量替换。

forward reference 前向引用 一个标签在被定义之前就被使用。

forwarding 前递（也称为旁路） 一种解决数据冒险的方法，从内部缓冲中取回数据，而不是等到数据从程序员可见的寄存器或存储器中到达。

fraction 分数 值通常在 0 和 1 之间，放置在分数字段中。

frame pointer 帧指针 指向给定过程中保存的寄存器和局部变量的值。

fully associated cache 全相联缓存 一种缓存结构，一个块可以放在缓存中的任意位置。

fully connected network 全连接网络 通过在

每个节点之间提供专用通信链路，来连接处理器 – 内存节点的网络。

fused multiply add　混合乘加指令　一个浮点指令，既执行乘法又执行加法，但在加法后只舍入一次。

gate　逻辑门　实现基本逻辑功能的设备，如与、或。

global miss rate　全局失效率　在多级 cache 中所有级都缺失的那部分访问。

global pointer　全局指针　指向静态数据区的保留寄存器。

guard　保护位　在浮点数的中间计算期间，两个额外位的第一位保持在右侧；用于提高舍入精度。

handler　处理程序　用于"处理"例外或中断的软件程序的名称。

hardware description language　硬件描述语言　一种用于描述硬件的编程语言，用于生成硬件设计的模拟，也可作为生成实际硬件的综合工具的输入。

hardware multithreading　硬件多线程　当一个线程被阻塞时，通过切换到另一个线程来提高处理器的利用率。

hardware synthesis tools　硬件综合工具　计算机辅助设计软件，根据对数字系统的行为描述，可生成门级设计。

hexadecimal　十六进制　基数为 16 的数。

high-level programming language　高级编程语言　一种轻便的语言，如 C、C++、Java 或 Visual Basic，由单词和代数符号组成，可由编译器翻译成汇编语言。

hit rate　命中率　在一层存储层次结构中找到目标数据的存储访问比例。

hit time　命中时间　访问某存储器层次结构所需的时间，包括判断这个访问是命中还是缺失所需的时间。

hold time　保持时间　在时钟沿之后，输入必须保持有效的最短时间。

implementation　实现　遵循体系结构抽象的硬件。

imprecise interrupt　非精确中断（也称为非精确异常）　流水线处理器中的中断或异常，其不与导致中断或异常的指令精确地关联。

in-order commit　按序提交　流水线执行的结果以取出指令的顺序写回程序员可见寄存器的一种提交方式。

input device　输入设备　为计算机提供信息的装置，如键盘和鼠标。

instruction　指令　计算机硬件能够理解并且遵循的命令。

instruction count　指令数　程序执行的指令数量。

instruction format　指令格式　由二进制数组成的指令表示形式。

instruction latency　指令延迟　指令的固有执行时间。

instruction-level parallelism　指令级并行　指令间的并行性。

instruction mix　指令混合比例　一个或多个程序中指令的动态频率的度量。

instruction set architecture　指令系统体系结构（也称为体系结构）　低层次软件和硬件之间的抽象接口，包含了写一段能正确运行的机器语言程序需要的所有信息，包括指令、寄存器、存储访问和 I/O 等。

integrated circuit　集成电路（也称为芯片）　一种结合数十至数百万个晶体管的器件。

interrupt　中断　来自处理器之外的异常（一些体系结构对所有的异常都使用术语"中断"）

interrupt handler　中断处理程序　一段由于异常或中断而运行的代码。

issue packet　发射包　在一个时钟周期内发射的多条指令的集合。这个包可以由编译器静态生成，也可以由处理器动态生成。

issue slots　发射槽　指令在一个给定的时钟周期内可以发射的位置；做一个类比，这些位置对应着冲刺起跑的位置。

Java bytecode　Java 字节码　一个指令集中，为了解释 Java 程序而设计的指令。

just in time compiler（JIT）　即时编译器　一类通用编译器的名称，编译器能够在运行时将解释的代码段翻译成宿主计算机上的机器语言。

latch　锁存器　一个存储元件，其中输出等于元件内部存储状态的值，只要适当的输入改变并且时钟有效就改变状态。

latency（pipeline）　延迟（流水线）　流水线的级数，或执行过程中两条指令间的级数。

least recently used（LRU）　最近最少使用　一种替换策略，总是替换最长时间没有被使用的块。

least significant bit 最低有效位 RISC-V 双字中最右的一位。

level-sensitive clocking 电平敏感的时钟同步 一种时序方法,其中状态变化发生在高或低时钟电平,但不是瞬时的,因为这种变化发生在边沿触发设计中。

linker 链接器(也称为链接编辑器) 一个系统程序,把各个独立的汇编机器语言结合起来,并且确定所有未定义的标记,最后生成可执行文件。

liquid crystal display 液晶显示器 一种使用液态聚合物薄层的显示技术,可以根据是否施加电荷来传输或阻挡光线。

load-use data hazard 载入–使用的数据冒险 一种特定的数据冒险,指当载入指令要取的数据还没取回来时,其他指令就需要该数据的情况。

loader 加载器 把目标程序装载到内存中以准备运行的系统程序。

local area network (LAN) 局域网 一种在一定地理区域使用的传输数据的网络,通常在一个建筑物内。

local label 局部标签 指向一个对象的标签,只能在定义这个标签的文件中使用。

local miss rate 局部失效率 在多级 cache 中,某一级 cache 的缺失率。

lock 锁 一个时刻仅允许一个处理器访问数据的同步装置。

lookup tables (LUT) 查找表 在现场可编程设备中,由少量的逻辑和 RAM 组成的单元。

loop unrolling 循环展开 一种从存取数组的循环中获取更多性能的技术,其中循环体会被复制多份并且不同循环体中的指令可能被调度到一起。

machine language 机器语言 在计算机系统中,用以交流的二进制表示形式。

macro 宏 一种模式匹配和替换技术,为常用的指令序列提供简单的命名机制。

magnetic disk 磁盘(也称为硬盘) 由磁性记录材料涂覆的旋转盘片组成的非易失性二级存储器形式。它们是旋转的机械设备,访问时间大约为 5 到 20 毫秒,2012 年的每千兆字节成本为 0.05 到 0.10 美元。

main memory 主存 用于在程序运行时保存程序。现代计算机中,通常由 DRAM 构成内存。

memory 内存 程序运行时的存储空间,也包含程序运行时所需的数据。

memory hierarchy 存储层次 一种由多存储层次组成的结构,存储器的容量和访问时间随着与处理器距离的增加而增加。

message passing 消息传递 通过显式发送和接收信息的方式在多个处理器之间通信。

metastability 亚稳态 如果信号在设置和保持时间不稳定时进行采样,可能导致信号采样值落入高值和低值之间的不确定区域,这种情况即为亚稳态。

microarchitecture 微体系结构 处理器的组织架构,包括主要的功能单元及它们的互连关系与流水线控制。

million instructions per second (MIPS) 每秒百万条指令 基于数百万条指令的程序执行速度的度量。MIPS 被计算为指令总数除以执行时间与 10^6 的乘积。

MIMD 多指令流多数据流 一种多处理器。

minterms 小项(也称为乘积项) 通过 AND 操作连接的一组逻辑输入;乘积项形成可编程逻辑阵列(PLA)的第一个逻辑阶段。

miss penalty 失效损失或者失效代价 将相应的块从低层存储器替换到高层存储器所需的时间,包括访问块、将数据逐层传输、将数据插入发生缺失的层和将信息块传送给请求者的时间。

miss rate 失效率 在高层存储器中没有找到目标数据的存储访问比例。

most significant bit 最高有效位 在 RISC-V 双字节字中最左边的一位。

multicore microprocessor 多核微处理器 在单一集成电路上包含多个处理器(核)的微处理器。当今几乎所有台式机和服务器中的微处理器都是多核的。

multilevel cache 多级 cache 存储系统由多级 cache 组成,而不仅仅只有主存和一个缓存。

multiple issue 多发射 一种单时钟周期内发射多条指令的机制。

multiprocessor 多处理器 一种至少有两个处理器的计算机系统。与之对应的概念是单处理器。单处理器计算机只有一个处理器,现在这种计算机已经使用得越来越少了。

multistage network 多级网络 在每个节点上提供小型交换机的网络。

NAND gate 与非门 一个倒置的与门。

network bandwidth 网络带宽 非正式用语，用于表示网络传输速度的峰值；既可以指单一链路的速度，也可以指网络中全部链路的共同传输速度。

next-state function 下一状态函数 根据当前状态及当前输入来确定有限状态自动机下一状态的组合函数。

nonblocking assignment 非阻塞赋值 一种仅在求值右侧后才继续执行的任务，只有在右侧全部被求值后才能对左侧进行赋值。

nonblocking cache 非阻塞 cache 在处理器处理前面的 cache 缺失时仍可正常访问的 cache。

nonuniform memory access（NUMA） 非统一存储访问 使用单一地址空间多处理器的一种类型，某些存储访问速度高于其他访存，访存速度与访问哪个处理器及访问哪个字相关。

nonvolatile memory 非易失性存储 即使在没有电源的情况下也可保留数据的存储器形式，用于在运行之间存储程序。DVD 就是非易失性存储器。

nop 空指令 一种不进行任何操作或不改变任何状态的指令。

NOR 或非 具有两个操作数的逻辑逐位操作，用于计算两个操作数的或的非。也就是说，它只在两个操作数中都有 0 时才计算为 1。

NOR gate 或非门 一个倒置的或门。

normalized 规格化 没有前导 0 的浮点数。

NOT 非 一个逻辑逐位操作，该操作将操作数反转；也就是说，用 0 替换 1，用 1 替换 0。

object oriented language 面向对象语言 一种面向对象而非动作或数据的编程语言。

one's complement 反码 使用 $10...000_2$ 表示最大负数，$01...11_2$ 表示最大正数，正数和负数的数量相同，但保留两个零，即正零（$00...00_2$）与负零（$11...11_2$）。该术语也用于表示模式中每个位的反转，即由 0 变 1 或由 1 变 0。

opcode 操作码 表示指令操作和格式的字段。

OpenMP OpenMP 语言 在 C、C++ 或 Fortran 中用于共享内存多处理编程的 API，可以运行于 UNIX 和 Microsoft 平台。它包括编译器指示、库和运行时指令。

OR 或 使用两个操作数的逻辑逐位操作，只要两个操作数中有一个为 1，则计算结果为 1。

out-of-order execution 乱序执行 流水线执行的一种情况，即执行的指令被阻塞时不会导致后面的指令等待。

output device 输出设备 将计算结果传送给用户或另一台计算机的装置。

page fault 缺页异常 当访问页面不在主存中时发生的事件。

page table 页表 该表包含虚拟内存系统中的虚实地址转换。页表存储在内存中，通常由虚拟页面编号索引；如果页面当前在内存中，页表中的每个条目都包含该虚拟页面的物理页号。

parallel processing program 并行处理程序 可同时运行在多个处理器上的单一程序。

PC-relative addressing PC 相对寻址 一种寻址机制，它将 PC 和指令中的常数相加作为寻址结果。

personal computer（PC） 个人计算机 专为个人设计的计算机，通常包含图形显示器、键盘和鼠标。

personal mobile devices（PMD） 个人移动设备 连接到互联网的小型无线设备，依靠电池供电，并通过下载应用程序来安装软件。典型的例子是智能手机和平板电脑。

physical address 物理地址 主存中的地址。

physically addressed cache 物理地址 cache 使用物理地址寻址的 cache。

pipeline stall 流水线停顿（也称为气泡） 为了解决冒险而实施的一种阻塞。

pipelining 流水线 一种实现多条指令重叠执行的技术，与生产流水线类似。

pixel 像素 最小的单个图片元素。屏幕由数十万至数百万像素组成，以矩阵形式组织。

pop 出栈 从堆栈中移除元素。

precise interrupt 精确中断（也称为精确例外） 流水线处理器中的中断或异常与导致中断或异常的指令精确地关联。

prefetching 预取 使用特殊指令将未来可能用到的指定地址的 cache 块提前搬到 cache

中的一种技术。

procedure　过程　根据提供的参数执行特定任务的存储子程序。

procedure call frame　过程调用帧　用来保存被调用过程的参数，保存可能会被过程修改的寄存器的值，但是这些寄存器的值不会被调用者所修改，并为被调用程序的局部变量提供空间。

procedure frame　过程帧（也称为活动记录）　栈中包含过程所保存的寄存器以及局部变量的片段。

process　进程　包括一个或多个线程、地址空间和操作系统状态。因此，进程切换通常调用操作系统，而不是切换线程。

program counter（PC）　程序计数器　包含当前程序正在执行的指令地址的寄存器。

programmable array logic（PAL）　可编程阵列逻辑　PAL 由一个可编程的"与"平面和一个固定的"或"平面构成。

programmable logic array（PLA）　可编程逻辑阵列　可编程逻辑器件的一种，它是与/或阵列均可编程的、包含有记忆元件的大规模集成电路，能实现任意逻辑函数的组合电路以及时序电路。

programmable logic device（PLD）　可编程逻辑器件　包含组合逻辑的集成电路，其功能由最终用户配置。

programmable ROM（PROM）　可编程 ROM　一种只读存储器，可在设计人员知道其内容时进行编程。

propagation time　传播时间　从输入到触发器传播到触发器的输出所需的时间。

protection　保护　用于确保共享处理器、存储器或 I/O 设备的多个进程不会有意或无意地通过读取或写入彼此的数据来相互干扰的一组机制。这些机制还将操作系统与用户进程隔离开来。

pseudoinstruction　伪指令　汇编语言指令的一个变种，常被看作一条汇编指令。

Pthreads　并行线程　用于创建和操作线程的 UNIX API。它的结构是一个库。

push　压栈　向栈中增加元素。

quotient　商　除法的主要结果。该数乘以除数再加上余数得到被除数。

read-only memory（ROM）　只读存储器　一种存储器，其内容在创建时指定，之后只能读取内容。ROM 用作结构化逻辑，通过将逻辑功能中的术语用作地址输入并将输出用作存储器的每个字中的位来实现一组逻辑功能。

receive message routine　接收消息例程　具有私有存储器的机器中一个处理接收来自其他处理器消息的例程。

recursive procedures　递归程序　通过一连串的调用直接或间接调用自己的程序。

reduction　约简　处理一个数据结构并返回单一值的函数。

reference bit　引用位（也称为使用位或访问位）　每当访问一个页面时该位被置位，通常用来实现 LRU 或其他替换策略。

reg　寄存器　在 Verilog 中是一个寄存器。

register file　寄存器组（或寄存器堆）　状态元素，由一组寄存器组成，可通过提供要访问的寄存器编号进行读写。

register renaming　寄存器重命名　由编译器或硬件对寄存器进行重命名以消除反相关。

register use convention　寄存器使用惯例（也称为过程调用惯例）　管理过程（调用）使用寄存器的软件协议。

relocation information　重定位信息　UNIX 目标文件中的一段，根据绝对地址来区别数据字和指令。

remainder　余数　除法的次要结果。该数加在商和除数的乘积上产生被除数。

reorder buffer　重排序缓冲　动态调度处理器中用于暂时保存执行结果的缓冲区，等到安全时才将其中的结果写回寄存器或存储器。

reservation station　保留站　功能单元的缓冲区，用来保存操作数和操作。

response time Also called execution time　响应时间（也称为执行时间）　计算机完成某任务所需的总时间，包括硬盘访问、内存访问、I/O 活动、操作系统开销和 CPU 执行时间。

restartable instruction　可重启指令　一种在异常被处理之后能从异常中恢复而不会影响指令的执行结果的指令。

return address　返回地址　指向调用点的链接，

使过程可以返回到合适的地址。

rotational latency　旋转时间（也称为旋转延迟）
　　使得合适的扇区旋转到读/写头下的时间。

round　舍入　使中间浮点结果符合浮点格式的
　　方法，目标通常是找到可以形式化表示的
　　最近数字。它也是在中间浮点计算期间保
　　留在右侧的两个额外位的第二个的名称，
　　这提高了舍入精度。

scientific notation　科学记数法　使用小数点左
　　边的单个数字呈现数字的表示法。

secondary memory　辅助存储　非易失性存储
　　器，用来保存两次运行之间的程序和数
　　据；在现代计算机中，一般由磁盘组成。

sector　扇区　磁道上的一段弧称为扇区，是磁
　　盘中被读或者写的最小信息块。

seek　寻道　在一个读或者写操作中，把磁头定
　　位到合适的磁道的过程。

segmentation　分段　一种可变大小的地址映射
　　方案，其中地址由两部分组成：映射到物
　　理地址的段号和段偏移量。

selector value　选择器值（也称为控制值）　用
　　于选择多路复用器的输入值之一作为多路
　　复用器的输出的控制信号。

semiconductor　半导体　导电能力介于导体和
　　绝缘体之间。

send message routine　发送消息例程　具有私
　　有存储器的机器中一个处理器将消息发送
　　给另一个处理器的例程。

sensitivity list　敏感变量列表　指定何时应该重
　　新评估 always 块的信号列表。

separate compilation　单独编译　将程序划分
　　成多个文件，每个文件被编译时，并不知
　　道其他文件的信息。

sequential logic　时序逻辑　一组包含内存的逻
　　辑单元，因此其值取决于输入以及内存的
　　当前内容。

server　服务器　用于为多个用户运行较大程序
　　的计算机，通常是并行的，并且通常只能
　　通过网络访问。

set-associative cache　组相联 cache　cache 的
　　另一种组织方式，块可以放置到 cache 中
　　的部分位置（至少两个）。

setup time　建立时间　在时钟沿之前，存储器
　　设备的输入必须有效的最短时间。

shared memory multiprocessor（SMP）　共享
　　存储多处理器　具有单一地址空间的并行
　　处理器，存取时采用隐式通信的方式。

sign-extend　符号扩展　为增加数据项的长度，
　　将原数据项的最高位复制到新数据多出来
　　的高位。

silicon　硅　一种自然元素，是一种半导体。

silicon crystal ingot　硅锭　由硅晶体组成的棒，
　　直径 8 ~ 12 英寸，长约 12 ~ 24 英寸。

SIMD　单指令流多数据流　同样的指令在多个
　　数据流上操作，和向量处理器或阵列处理
　　器一样。

simple programmable logic device（SPLD）　简
　　单可编程逻辑器件　可编程逻辑器件，通
　　常包含一个 PAL 或 PLA。

simultaneous multithreading（SMT）　同时多线
　　程　多线程一个版本，通过利用多个问题
　　所需的资源、动态调度的微体系结构，降
　　低多线程成本。

single precision　单精度　以 32 位字表示的浮
　　点值。

single-cycle implementation　单周期实现（也称
　　为单时钟周期实现）　一个时钟周期执行一
　　条指令的实现机制。

SISD　单指令流单数据流　一个单处理器。

Software as a Service（SaaS）　软件即服务
　　软件不再是安装和运行在客户自己的计算
　　机上，而是运行在远程计算机上，通过网
　　络来使用。典型情况是通过网络接口为客
　　户服务，然后根据使用情况向客户收费。

source language　源语言　程序最初编写的高
　　级语言。

spatial locality　空间局部性　本地原则指出，
　　如果数据位置被引用，那么附近地址的数
　　据位置也将很快被引用。

speculation　推测　一种编译器或处理器推测指
　　令结果以消除执行其他指令对该结果依赖
　　的技术。

split cache　分离 cache　一级 cache 由两个独
　　立的 cache 组成，两者可以并行工作，一
　　个处理指令，另一个处理数据。

SPMD　单程序多数据流　传统的 MIMD 编程模
　　型，其中一个程序在所有处理器上运行。

stack　栈　被组织成后进先出队列形式并用于

寄存器换出的数据结构。

stack pointer 栈指针 指示栈中最近分配的地址的值。它指示寄存器被换出的位置，或寄存器旧值的存放位置。

stack segment 堆栈段 程序用来保存过程调用帧的那段内存。

state element 状态单元 一个存储单元，如寄存器或存储器。

static data 静态数据 包含数据的那部分内存，其大小为编译器所知，生命周期为整个程序的运行时间。

static multiple issue 静态多发射 实现多发射处理器的一种方式，其中决策是在执行前的编译阶段做出的。

static random access memory（SRAM）静态随机访问存储器 一种存储器的集成电路，但是更快，比 DRAM 集成度低。

sticky bit 粘滞位 除了保护位和舍入位之外，还有一位也用于舍入，只要舍入位右侧有非零位，就设置该位。

stored-program concept 存储程序概念 多种类型的指令和数据均以数字形式存储于存储器中的概念，存储程序型计算机即源于此。

strong scaling 强比例缩放 在多处理器上不需增加问题规模即可获得的加速比。

structural hazard 结构冒险 因缺乏硬件支持而导致指令不能在预定的时钟周期内执行的情况。

structural specification 结构规范 描述数字系统如何按照单元的层次连接进行组织。

sum of products 积之和 逻辑表示形式，将使用 AND 运算符连接的项做逻辑和（OR）的结果。

supercomputer 超级计算机 一类性能和成本最高的计算机；它们被配置为服务器，通常花费数十亿美元到数亿美元。

superscalar 超标量 一种先进的流水线技术，通过在执行期间选择它们，处理器可以在每个时钟周期执行多条指令。

supervisor mode 超级用户模式（也称作管理态、核心模式） 运行操作系统进程的模式。

swap space 交换区 为进程的全部虚拟地址空间所预留的磁盘空间。

symbol table 符号表 用来将标签的名字和指令占用的内存字的地址相匹配的表。

synchronization 同步 对可能运行于不同处理器上的两个或者更多进程的行为进行协调的过程。

synchronizer failure 同步故障 触发器进入亚稳态，其中一些逻辑块读取该触发器的输出为 0，但是其他逻辑块读取输出为 1。

synchronous system 同步系统 一种采用时钟的存储系统，只有当时钟指示信号值稳定时才读取数据信号。

system call 系统调用 将控制权从用户模式转换到管理员模式的特殊指令，触发进程中的一个异常机制。

system CPU time 系统 CPU 时间 在代表程序执行任务的操作系统中花费的 CPU 时间。

systems software 系统软件 提供常用服务的软件，包括操作系统、编译程序、加载程序和汇编程序。

tag 标签 表中的一个字段，包含了地址信息，这些地址信息可以用来判断缓存中的字是否就是所请求的字。

task-level parallelism or process-level parallelism 任务级并行或进程级并行 通过同时运行独立程序来利用多个处理器。

temporal locality 时间局部性 该原则规定如果一个数据位置被引用，那么它将很快被重新引用。

terabyte（TB）太（即兆兆字节） 最初表示 1 099 511 627 776（2^{40}）字节，尽管通信和辅助存储系统开发人员开始使用该术语表示 1 000 000 000 000（10^{12}）字节。为了减少混淆，我们现在使用 tebibyte（TiB）这个术语来表示 2^{40} 字节，定义 TB 表示 10^{12} 字节。（图 1.1 显示了十进制和二进制值的全部范围和名称。）

text segment 代码段 UNIX 目标文件中的段，包含源文件中例程对应的机器语言代码。

thread 线程 线程包括程序计数器、寄存器状态和堆栈。这是一个轻量级的过程；线程之间通常共享一个地址空间，进程则不会。

three Cs model 3C 模型 将所有的 cache 缺失都归为三种类型的 cache 模型，三类分别为强制缺失、容量缺失和冲突缺失。因其三类名称的英文单词首字母均为 C 而得名。

throughput 吞吐率（也叫带宽） 性能的另一种度量参数，表示单位时间内完成的任务数量。

tournament branch predictor 锦标赛分支预测器 具有多种预测机制的分支预测器。其带有一个选择器，对给定分支可选择其中一个作为预测结果。

track 磁道 磁盘面上的一个同心圆为一个磁道。

transistor 晶体管 一种由电信号控制的简单开关。

translation-lookaside buffer（TLB） 快表（也称为旁视缓冲器） 用于记录最近使用的映射信息的 cache，从而可以避免每次都要访问页表。

truth table 真值表 逻辑操作的一种表示方法，即列出输入的所有情况和每种情况下的输出。

underflow（floating-point） 浮点下溢 负指数变得太大而不适合指数字段的情况。

uniform memory access（UMA） 统一存储访问 无论访问的是哪个处理器，也无论访问的是哪个字，访存时间都大致相同的多处理器。

units in the last place（ulp） 最后位置单位 实际数字与可表示数字之间最低有效位中的错误位数。

unmapped 未映射 地址空间的一部分，在这个区域不会导致缺页异常。

unresolved reference 未解析引用 需要从外部获得更多信息以进行完善的引用。

use bit 引用位（也称为使用位、访问位） 每当访问一个页面时该位被置位，通常用来实现 LRU 或其他替换策略。

use latency 使用延迟 在装载指令与可以无阻塞使用其结果的指令间相隔的时钟周期数。

user CPU time 用户 CPU 时间 在程序本身花费的 CPU 时间。

valid bit 有效位 表中的一个字段，用来标识一个块是否含有有效数据。

vector lane 向量通道 一或多个向量功能单元和向量寄存器组的一部分。受高速公路上提高交通速度的车道启发，多车道同时执行向量操作。

vectored interrupt 向量式中断 由异常原因决定中断控制转移地址的中断。

Verilog 两种最常见的硬件描述语言之一。

very-large-scale integrated（VLSI）circuit 超大规模集成电路 一种含有数十万至数百万晶体管的器件。

very long instruction word（VLIW） 超长指令字 一类可以同时启动多个操作的指令集，其中操作在单个指令中相互独立，并且一般都有独立的操作码域。

VHDL 两种最常见的硬件描述语言之一。

virtual address 虚拟地址 虚拟空间的地址，当需要访问主存时需要通过地址映射转换为物理地址。

virtual machine 虚拟机 一种虚拟计算机，它的分支和取数指令没有延迟，且指令集比实际硬件更丰富。

virtual memory 虚拟存储 一种将主存用作辅助存储器 cache 的技术。

virtually addressed cache 虚拟地址 cache 一种使用虚拟地址而不是物理地址访问的 cache。

volatile memory storage 易失性存储 如 DRAM，只有在上电时才保留数据。

wafer 晶圆 厚度不超过 0.1 英寸的硅锭片，用来制造芯片。

weak scaling 弱比例缩放 在多处理器上增加处理器数量的同时按比例增加问题规模所能获得的加速比。

wide area network（WAN） 广域网 一个延伸数百公里的网络，可以跨越一块大陆。

wire 线 在 Verilog 中，指定一个组合信号。

word 字 计算机中的基本访问单位，通常是 32 位为一组。

workload 工作负载 运作在计算机上的一组程序，可以直接使用用户的一组实际应用程序，也可以从实际程序中构建。

write buffer 写缓冲 一个保存等待写入主存数据的缓冲队列。

write-back 写返回 当发生写操作时，新值仅仅被写入 cache 块中，只有当修改过的块被替换时才写到较低层存储结构中。

write-through 写直达（也称为写穿透） 写操作总是同时更新主存和 cache，以保持二者一致性的一种方法。

yield 成品率（或良率） 合格芯片数占总芯片数的百分比。

深入理解计算机系统（原书第3版）

作者：[美] 兰德尔 E. 布莱恩特 等 译者：龚奕利 等 书号：978-7-111-54493-7 定价：139.00元

理解计算机系统首选书目，10余万程序员的共同选择
卡内基–梅隆大学、北京大学、清华大学、上海交通大学等国内外众多知名高校选用指定教材
从程序员视角全面剖析的实现细节，使读者深刻理解程序的行为，将所有计算机系统的相关知识融会贯通
新版本全面基于X86–64位处理器

基于该教材的北大"计算机系统导论"课程实施已有五年，得到了学生的广泛赞誉，学生们通过这门课程的学习建立了完整的计算机系统的知识体系和整体知识框架，养成了良好的编程习惯并获得了编写高性能、可移植和健壮的程序的能力，奠定了后续学习操作系统、编译、计算机体系结构等专业课程的基础。北大的教学实践表明，这是一本值得推荐采用的好教材。本书第3版采用最新x86-64架构来贯穿各部分知识。我相信，该书的出版将有助于国内计算机系统教学的进一步改进，为培养从事系统级创新的计算机人才奠定很好的基础。

—— 梅 宏 中国科学院院士/发展中国家科学院院士

以低年级开设"深入理解计算机系统"课程为基础，我先后在复旦大学和上海交通大学软件学院主导了激进的教学改革……现在我课题组的青年教师全部是首批经历此教学改革的学生。本科的扎实基础为他们从事系统软件的研究打下了良好的基础……师资力量的补充又为推进更加激进的教学改革创造了条件。

—— 臧斌宇 上海交通大学软件学院院长